लिमिट स्टेट डीजाइन विधि से कांक्रीट संरचनाओं की रचना

[LIMIT STATE DESIGN OF CONCRETE STRUCTURES]

By the same author

Design of Steel Structures - 1
Design of Steel Structures - 2
Limit State Design of Concrete Structures
इस्पात, लकड़ी व चिनाई की संरचनाएँ

लिमिट स्टेट डीजाइन विधि से कांक्रीट संरचनाओं की रचना

[LIMIT STATE DESIGN OF CONCRETE STRUCTURES]

(पोलोटेक्निक विद्यालयों के सिविल इंजीनियरिंग के डिप्लोमा छात्रों के लिए)
नवीन कोड IS : 456-2000 पर आधारित S.I. Units के अनुसार

डॉ. रामचन्द्र

B.E (Civil), M.E (Hons), Ph.D. (I.I.T, Roorkee)

संरचनात्मक अभियान्त्रिक विभाग रिटायर्ड प्रोफेसर एवं पूर्व विभागाध्यक्ष
एम.बी.एम. इंजीनियरिंग कॉलेज, जोधपुर

वीरेन्द्र गहलोत

B.E. (Civil), M.E (Civil) Structures

कन्सलटेन्ट इंजीनियर, जोधपुर

SCIENTIFIC
PUBLISHERS (INDIA)

Published by:

Scientific Publishers (India)
5 A, New Pali Road, P.O. Box 91
Jodhpur 342 001 (India)

Branch Office
Scientific Publishers (India)
4806/24, Ansari Road, Daryaganj
New Delhi - 110 002 (India)

E-mail: info@scientificpub.com
Website: www.scientificpub.com

2nd Reprint 2013

ISBN:9788172335496 549-6

9 788172 335496
Price: 380/-

Laser typeset : Rajesh Ojha
Printed in India

अपने अध्यापकों
के
आदर में
समर्पित

Dedicated
to
our teachers

BOARD OF TECHNICAL EDUCATION

R.C.C. DESIGN AND DRAING

Rationale

A diploma holder in Civil Engineering will be required to handle simple R.C.C. structures in his professional life, therefore, he should be able to design simple structural elements of R.C.C. The student should also learn to use the latest relevant Indian Standard codes in his design practice.

Note: All designs are to confirm to the provisions of IS: 456-2000.

Contents

1. Introduction

1.1. Reinforced Cement Concrete - its meaning, constituents, functions and specifications as per I.S.; 1.2. Working stress method of design; 1.3. Limit state method of design; 1.4. Ultimate method of design; 1.5. Past practice and present practice for the design of structures; 1.6. Grades of concrete and steel; 1.7. Stress- strain curve for concrete and steel; 1.8. Load factors; 1.9. Steel concrete bond, development length, anchorage valve; 1.10. Effective span, specification of reinforcement as per BIS.

2. Flexural Members

2.1. Limit state of collapse; 2.2. Limit state of flexure; 2.3. Neutral axis, moment of resistance, balanced and unbalanced sections; 2.4. Limit state of shear, nominal shear stress, shear strength of beam; 2.5. Design of shear reinforcement; 2.6. Limit state of serviceability deflection and cracking criteria; 2.7. Curtailment of bars.

3. Analysis and Design of Beams

3.1. Singly reinforced beam; 3.2. Doubly reinforced beam; 3.3. T-beam; 3.4. Lintel; 3.5. Cantilever beam.

4. Slabs

4.1. Design criteria as per BIS; 4.2. Design of one-way slab; 4.3. Design of two-way slab with corners free to lift.

5. Compression Members (axially loaded columns)

5.1. Limit state of compression; 5.2. Load carrying capacity; 5.3. Design of short and long column (with lateral ties only).

6. Design of Footing

6.1. Critical section for shear and bending moment; 6.2. Design of an isolated footing of uniform depth for a square column; 6.3. Layout of reinforcement.

7. Retaining Wall

7.1. Types of retaining walls; 7.2. Design of Cantilever type retaining wall; 7.3. Reinforcement details.

8. Prestressed concrete

8.1. Definition, advantages and methods of prestressing; 8.2. Losses in prestressing; 8.3. Stress calculations for point loads and uniformly distributed load for different tendon positions.

प्रस्तावना (Preface)

वरिष्ठ लेखक ने अपनी सेवाएँ पोलिटेक्निक विद्यालय, जोधपुर से शुरू की थी। कुछ वर्षो की सेवाओं के पश्चात लेखक का इंजीनियरिंग कॉलेज, जोधपुर में स्थानान्तरण हो गया। कॉलेज में लेखक ने अंग्रेजी माध्यम में इस्पात एवं कांक्रीट की पुस्तकें लिखी। लेखक ने हिन्दी माध्यम में इस्पात, चुनाई और लकड़ी की संरचनाओं की डीजाइन पुस्तक लिखी। सेवाओं से अवकाश प्राप्ति के पश्चात लेखक निशुल्क कुछ समय पोलोटेक्निक विद्यार्थी के लिए फिर से अध्यापन किया। लेखक को कुछ ग्रीष्मकालीन कोर्सेज के अध्यापन का अनुभव रहा।

इस प्रकार लेखक ने यह पुस्तक अपने लम्बे समय के अनुभव के आधार पर लिखी है। यह पुस्तक कई राज्यों राजस्थान, हरियाणा, पंजाब, दिल्ली, उत्तरप्रदेश, मध्यप्रदेश के प्रावधिक शिक्षा परिषदों (Boards of Technical Education) द्वारा पोलिटेक्निक के विद्यार्थियों के लिए नवीन स्वीकृत पाठयक्रमानुसार लिखी है। इस पुस्तक में कुल पन्द्रह अध्याय हैं। विषय का प्रारम्भ से शुरू करते हुए पाठयक्रमानुसार पूर्ण विकास किया गया है।

लिमिट स्टेट डीजाइन विधि से प्रबल्लित कांक्रीट संरचनाओं की रचना कोड ऑफ प्रेक्टिस IS : 456-1978 में प्रथम प्रस्तुत किया गया। तत्पश्चात् IS : 456-2000 में रिविजन प्रकाशित हुआ। 1978 और 2000 दोनों में पाठयक्रम S.I इकाइयों का प्रयोग किया गया है।

उपरोक्त विषय के चार मूल तत्त्व होते हैं। (i) चरम लिमिट स्टेट (ULS); (ii) सेवा लिमिट स्टेट (SLS); (iii) टिकाऊपन लिमिट स्टेट, (iv) फटिग लिमिट स्टेट, इन मूल तत्त्वों के उप–तत्त्व, (a) विस्थापन में लिमिट स्टेट, (b) दरारों के लिए लिमिट स्टेट, (c) कम्पन्न के लिए लिमिट स्टेट।

यहाँ पर यह उल्लेख करना चाहता हूँ कि लेखक की अंग्रेजी माध्यम में Limit State Design of Concrete Structures का पहला संस्करण वर्ष 1990 में प्रकाशित हुआ था। जो कि आज तीसरे–चौथे संस्करण में सिविल इन्जीनियरिंग के डीग्री छात्रों द्वारा इस विषय के अध्ययन में बहुत उपयोगी है।

उपरोक्त विषय को इसी क्रम में प्रस्तुत करते हुए विकसित किया गया है। ताकि छात्र सरलता से विषय को समझ सकें। इस पुस्तक में प्रयोग में लाये गये हिन्दी तकनीकी शब्द भारत सरकार द्वारा प्रकाशित तकनीकी शब्दों की शब्दावली (Glossary of Technical Terms) से अपनाये गये हैं।

इस पुस्तक में पन्द्रह अध्यायों को सात भागों (i) कांक्रीट के तत्व और उनके गुण धर्म, Constituents of concrete and their properties, (ii) लिमिट स्टेट डीजाइन की धारणाएँ Concept of Limit State Design; (iii) लिमिट स्टेट डीजाइन विधि से प्रबल्लित कांक्रीट धरन की डीजाइन Limit State Methods of Design of Reinforced Concrete Beams; (iv) लिमिट स्टेट डीजाइन विधि से प्रबल्लित कांक्रीट स्लैबस की डीजाइन Limit State method of design of reinforced concrete slabs; (v) लिमिट स्टेट डीजाइन विधि से प्रबल्लित Limit state Design of Reinforced concrete columns; (vi) पृथक प्रबल्लित कांक्रीट फुटिंग Indepenet Isolated Footing; (vii) प्रास पुश्ता दीवार की डीजाइन (Design of Cantilever Retaining Walls) के शीर्षकों के अन्तगर्त प्रस्तुत किया गया है।

लेखक श्री राजेश ओझा को कम्प्यूटर पर सावधानी से मेक–अप तैयार करने और श्री पवन कुमार शर्मा (प्रोपराइटर, साइन्टिफिक पब्लिशर्स, पाली रोड़, जोधपुर) को इस पुस्तक को प्रकाशित करने के लिए हार्दिक धन्यवाद प्रस्तुत करते हैं।

इस पुस्तक से अध्यापन/अध्ययन करते समय यदि कोई अध्यापक अथवा छात्र इस पुस्तक में किसी प्रकार से कोई त्रुटि समझे, और वे यदि लेखक को सूचित करते हैं, तो लेखक उनके प्रति आभारी रहेंगे।

आशा है, यह पुस्तक डिप्लोमा के छात्रों के लिए बहुत उपयोगी सिद्ध होगा।

डॉ. रामचन्द्र
विरेन्द्र गहलोत

May 21, 2008
Jodhpur

अनुक्रमणिका

भाग–1. कांक्रीट के तत्व और उनके गुण धर्म
Part - I. Constitutents of concrete and their properties

भाग – 3. लिमिट स्टेट विधि से प्रबल्लित कांक्रीट धरन की डीजाइन
PART - III : (LIMIT STATE DESIGN OF REINFORCED BEAMS)

भाग – 5. लिमिट स्टेट विधि से प्रबल्लित कांक्रीट स्तम्भ की डीजाइन
PART - V : (LIMIT STATE DESIGN OF REINFORCED CONCRETE COLUMNS)

भाग – 7. प्रास पुश्ता दीवार की डीजाइन
PART - VII : (DESIGN OF CANTILEVER RETAINING WALLS)

भाग – 1 (Part -1)
कांक्रीट में उपयोगी तत्व, और तत्वों के गुण धर्म (USEFUL CONSTITUENTS OF CONCRETE AND THEIR PROPERTIES)

अध्याय – 1

प्रस्तावना

1.1. प्रस्तावना (Introduction)

इंजीनियर (Engineer) शब्द का अनुसंधान लेटिन शब्द एनजेनेरे (Ingenere) से हुआ है। भारतीय अथवा हिन्दु संस्कृति के अनुसार वह व्यक्ति जो निर्माण करता है। जिनको वस्तुओं का उत्पादक (i.e., विश्वकर्मा, ब्रह्माजी अथवा विधाता) कहा जाता है। इंजीनियर अपनी युक्ति, कल्पना शक्ति और क्षमता का उपयोग करते हुए मूल रूप से शिल्प–तथ्यों का उत्पादन निष्कटता और शुद्ध भाव से करता है। इसके साथ साथ दूसरे व्यक्ति की व्यय क्षमता और विवशता का भी ध्यान रखता है। ऐसे शिल्प तथ्य, निर्माण और उत्पादन जो संभव हो और व्यवहार में लाने योग्य भी हो। साधारण रूप से ऐसे भी कह सकते है, कि इंजीनियर जो इंसान (*i.e.*, कल, पुर्जो से बना हुआ यंत्र/मशीन) की रचना करता हो और उसका उत्पादन करता हो। इंजीनियर (अंग्रेजी शब्द) का अनुवाद करके उसे अभियन्ता कहते है। कई वर्षों पूर्व केवल मिलिट्री इंजीनियर (सैनिक अभियन्ता) और सिविल इंजीनियर (नागरिक अभियन्ता) दो प्रकार के इंजीनियर हुआ करते थे, जो सब कार्यों की देखरेख करते थे। परन्तु आजकल सूक्ष्म से सूक्ष्म क्षेत्र में अलग अलग इंजीनियर हुआ करते हैं और इनकी दक्षता अपने अपने क्षेत्रों में अधिक होती है। ये अपने कर्त्तव्य पालन करने में अधिक प्रवीण होते हैं।

आधुनिक समाज इंजीनियर से यह आशा करता है कि वह आर्थिक व्यवस्था, परियोजना का प्रबन्ध और तकनीकि सूचना की जानकारी के महत्व को समझे। इंजीनियर अपनी रचनाओं की विशिष्टता में उन्नति करें। आज का समय अन्य विशिष्ट अनुशासन में विस्तृत हैं। इस युग में पास से साथ साथ कार्य करना (सहकार्यता) की आवश्यकता है। अन्तर अनुशासन में परस्पर आपस के सम्बन्धों को प्रभावशाली तरीको से संचार करना और बनाये रखना भी आवश्यक है।

इंजीनियर की यह जुम्मेवारी भी रहती है कि यह सुनिश्चित करें कि उसके द्वारा बनाया गया अनुविशेष (Plan) उस अभिप्राय के लिए अनुकूल हो, आर्थिक दृष्टि से उचित और टिकाऊ (Durable) हो। उपयोग कर्त्ता के और पर्यावरण के दोनो के लिए सुरक्षित हो। बिना किसी लोक समाज के असुविधा के निर्माण योग्य हो और इनके साथ सौन्दर्यबोधी (aesthetically) रुचि के अनुसार प्रसन्न करने वाला हो।

सिविल इंजीनियरिंग (Civil Engineering नागरिक अभियान्त्रिकी) में आयोजना बनाना, डिजाइन करना, निर्माण करवाना, कार्यान्वित करना, अनुरक्षण करना (Maintenance) और पुनर्वास करना आदि कार्यो का वैज्ञानिक और कला (मिश्रित विषय) से अध्ययन करना होता है।

संरचनाओं में पुल (Bridges), भवन (Buildings), ऊँची मीनारे (Towers), बहुमंजिला इमारते (Multi-storey Buildings) अेर कई सिविल इंजीनियरिंग संरचनाएँ सम्मिलित होती हैं। जिन्हे बनाने के लिए कोई संरचनात्मक पदार्थ का उपयोग करते हैं।

संरचनात्मक इंजीनियरिंग (Structural Engineering संरचनात्मक अभियान्त्रिकी) सिविल इंजीनियरिंग की ही एक शाखा है, जो कि संरचनात्मक इंजीनियरिंग विश्लेषण (Structural Engineering Analysis) और संरचनात्मक इंजीनियरिंग डिजाइन (Structural Engineering Design संरचनात्मक अभियान्त्रिक रचना) दोनो विषयों से सम्बन्ध रखती है।

संरचनात्मक इंजीनियरिंग विश्लेषण विषय में संरचनात्मक अवयवों की संरचता के लिए एक उपयुक्त व्यवस्था विकसित करती है जो कि संरचनाओं पर बाहर से लगने वाले भार और बलों को वहन कर सके। संरचनाओं पर लगने वाले विभिन्न प्रकार के सोचनीय स्थिति उत्पन्न वाले और संयुक्त रूप से कार्य करने वाले भार का ध्यान रखा जाता है।

संरचनात्मक विश्लेषण में संरचना के विभिन्न अवयवों में उत्पन्न होने वाले आन्तरिक बल ज्ञात किये जाते हैं। अक्षीय बल (Axial force), बंकन आघूर्ण (Bending moment) और अपरूपण बल (Shear force) की गणना आन्तरिक बलों में की जाती है। संरचनाओं पर लगे भार से उत्पन्न विकृति या व्यावर्तन (Deformation) का भी आंकलन किया जाता है। इसके साथ साथ संरचनाओं के विभिन्न अवयवों में इनका प्रतिरोध करने की क्षमता है अथवा नहीं। इस विचार का ध्यान रखा जाता है। संरचना के विभिन्न अवयवों में सोचनीय संयुक्त रूप से उत्पन्न प्रतिबल का परिमाण (Magnitude), स्वभाव (Nature) और उनकी दिशा (Direction) भी ज्ञात की जाती है। ताकि उसके अनुसार अवयवों की डिजाइन की जा सके। कुल भार और कुल बाहरी बलों से उत्पन्न प्रतिक्रिया बलों (Reactions) को नींव पर स्थानान्तरण (Transfer) कर दिये जाते हैं। संरचनाओं के विश्लेषण विधि और सिद्धान्त संरचनाओ में उपयोग होने वाले पदार्थो से स्वतंत्र होते हैं। संरचनाओं में कई पदार्थ इस्पात (Steel) एल्युमिनियम (Aluminium), टिम्बर (Timber), प्लास्टिक, कांक्रीट और रीइनफोर्सड कांक्रीट (Reinforced Concrete) आदि का प्रयोग किया जाता है।

संरचनात्मक डिजाइन (Structural Design) अनुभव प्राप्त इंजीनियर के कला और विज्ञान विषयों के संयुक्त सोच के अनुसार संरचनाए [स्थैतिकी (Statics), गति विज्ञान (Dynamics) और पदार्थों के यांत्रिकी (Mechanics of Materials) के सिद्धान्तों का ठोस ज्ञान के अनुसार] कैसा व्यवहार करती है। संरचनात्मक डिजाइन में संरचना के लिए उपयुक्त पदार्थ का चयन करता है अवयवों का उचित माप, समानुपात के अनुरूप और आकार का संकलन किया जाता है। सभी अवयवों (Members) के जोड़ (Joints) की डिजाइन की जाती है। इन सब का संकलन (Selection) आर्थिक दृष्टि से किफायती और सुरक्षित किया जाता है। जो कि प्रतिबल की आवश्यकताओं को संतुष्ट करती है। अन्य में विन्यास (Layout) मय पूर्ण परिमाप के तैयार की जाती है। ड्राइंग तैयार की जाती है ताकि अवयवों और उनके सिरों को जोड़ने की सामग्री का फेब्रिकेशन किया जा सके) निर्माण कार्य शुरू करवाया जा सके।

कांक्रीट संरचनाओं की डिजाइन मानक विशिष्ट (Standard Specifications IS : 456-2000) के अनुसार की जाती है। जो कि संरचनाओं की राष्ट्रीय स्तर पर नियंत्रण रखती हैं। इसके अतिरिक्त राष्ट्रीय स्तर पर कार्यान्वयन (Practice) एक समान (Uniform) बनायी जाती है।

कांक्रीट संरचनाओं के निर्माण में कांक्रीट और प्रबलित कंक्रीट (Reinforced Concrete) का उपयोग किया जाता है। IS : 456-2000 में वर्णित उपबन्ध (Provisions) की पूरी पालना की जाती है। इन उपबन्ध की बुद्धिमता से व्याख्या की जाती है और सावधानी से प्रयोग की जाती है।

1.2 कांक्रीट (Concrete)

कांक्रीट एक असमधात (Non-homogeneous) उत्पादित पत्थर की तरह पदार्थ है, जो कि वर्गीकृत कणीय (दानेदार) अक्रिय द्रव्य (Inert-matter) से बनायी जाती है। ये दानेदार अक्रिय द्रव्य सीमेन्ट और पानी से इकट्ठे रखे जाते है। इस समानुपाती मिश्रण में सीमेन्ट, बारीक समुचित रेत (Fine aggregate/ Sand), मोटा (स्थूल) समुच्च्य (Coarse aggregate/Gravel) और इनमे पानी मिलाकर बनायी जाती है। सीमेन्ट इनको बांधकर (Binder) का कार्य करती है। यह सब मिलकर पत्थर की तरह कठोर पदार्थ बन जाते हैं। इसका वजन, कठोरता और सामर्थ्य पत्थर जैसा होता है। इन चार अंशों (Ingredients) को मिला कर कांक्रीट बनायी जाती है। इन चारों अंशों का अलग अलग कार्य (Function) होता है। मोटा समुच्चय (Coarse aggregate) मुख्य रूप से रिक्त स्थान को भरने का कार्य (Filler) करती है। बारीक समुच्चित रेत, बारीक रिक्त स्थान (Voids) को भरने का काम करती है। दोनो समुच्चय पदार्थ का आयतन बढ़ाते हैं।

कांक्रीट के अंशों को मिलाकर, पानी मिलाया जाता है। इससे एक प्लास्टिक मिश्रण (Wet Concrete) बनाया जाता है। भीगी हुई कांक्रीट को माउल्ड में उन्धेला जाता है। माउल्ड आवश्यक आकार और माप से बनाये जाते हैं।

भीगी हुई कांक्रीट को कार्य के लिए तैयार (Workable) रखने के पानी की अतिरिक्त मात्रा मिलायी जाती है, ताकि रसायनिक प्रतिक्रिया पूरी हो सके। सीमेन्ट और पानी को आवश्यक तापमान चाहिए। रसायनिक प्रतिक्रिया तीन चरणों में पूरी होती है। प्राथमिक पकने का चरण पर (Initial setting stage) पहुँचने में करीब 30 मिनट से 40 मिनट का समय उचित रहता है। अन्तिम पकने का चरण (Final setting stage) 5 घण्टे से 6 घण्टे का समय उचित रहता है। यह समय अवधि मूलरूप से पानी मिलाने और मिश्रण बनाने के शुरू करने से मापी जाती है। तत्पश्चात कांक्रीट लगातार कठोर होती जाती है और इसकी साम्मर्थ्य क्षमता अनिश्चित समय तक लगातार बढ़ती जाती है। साम्मर्थ्य क्षमता का बड़ा भाग तेजी से एक महीने की अवधि में प्राप्त हो जाता है।

कांक्रीट का व्यवहार संपीडन बल और प्रतिबल (Compressible forces and stresses) बहुत उचित रहता है।

लम्बे समय से कांक्रीट की रचना, सीमेन्ट, बारीक समुच्चय (Fine aggregate) और मोटा समुच्चय (Coarse aggregatre) के मिश्रण आयतन के हिसाब से रचना की जाती रही है। समानुपात उदाहरण के लिए (1:2:4), (1:1 1/2:3) इत्यादि रखा जाता रहा है। आधुनिक समय में इस मिश्रण को तोल अथवा मात्रा के समानुपाती रचना की जाती है। पानी की कुल मात्रा का उल्लेख भी किया जाता है। कांक्रिट के इन अंशों को अनुकूल मात्रा के अनुसार मिश्रण बनाकर उपयुक्त साम्मर्थ्य प्राप्त किया जाता है। विशेष (Special) सीमेन्ट का उपयोग करने से इच्छा और समय अनुसार मिश्रण बनाया जा सकता है। उदाहरण के लिए हल्का भार, मध्यम भार अथवा भारी भार वाला कांक्रीट का मिश्रण तैयार कर सकते है। शीघ्र साम्मर्थ्य का कांक्रीट मिश्रण (Early strength cement) का उपयोग बनाया जाता है।

उच्च संपीडन साम्मर्थ्य कांक्रीट मिश्रण स्तम्भ और डाट (Columns and arches) के लिए उपयुक्त रहती है। लघु तनन बल से भी किफायती प्रयोग उपयुक्त नहीं रहता। पूर्णतया तनन बल हो या अनुप्रस्थ

के छोटे भाग पर भी तनन बल हो तब भी कांक्रीट का उपयोग (Plain Concrete) उचित नहीं रहता उदाहरण के लिए [धरन (Beams) और नमन अवयव (Flexural members)], इस्पात के सरिये Reinforcing steel bars) का उपयोग किया जाता है। प्रबलन (Reinforcement) शब्द पुलिस और सेना के संगठन अथवा संस्थाओं में उपयोग में आने वाला शब्द है। इसका अर्थ वर्त्तमान में उपलब्ध क्षमता को बढ़ाने के लिए किया जाता है।

1.3 सीमेन्ट (Cement)

1.3.1 सीमेन्ट का संक्षिप्त इतिहास (Brief history of cement)

एक ब्रिटिश पत्थर के नागरिक जोजेफ एसपडिन (Joseph Aspdin) जो कि यॉर्कशायर (Yorkshire) का रहने वाला था ने अपने रसोई में सीमेन्ट का उत्पादन 1824 में किया और इसका एक स्चधिकारी (Patent) भी इंग्लैण्ड में करवाया। चूने के पत्थर को बारीकी से पीस कर और चिकनी मिट्टी (Clay) के मिश्रण को रसोई के स्टोव पर गर्म करके फिर इस मिश्रण को बारीक पाउडर बना लेता। यह पाउडर पानी मिलाने पर कठोर बन जाता। एसपडिन ने इस पाउडर को द्रव सीमेन्ट (Hydraulic cement) नाम दिया। क्योंकि यह पाउडर पानी मिलाने से कठोर हो जाता है। क्योंकि यह इसले पोर्टलेण्ड (Isle-Portland) से जो पत्थर खनन करके निकाला जाता है, उसके अनुरूप होता है, इसको पोर्टलेण्ड सीमेन्ट का नाम दिया गया। एसपडिन ने इस प्रकार आज के युग की सीमेन्ट की नींव बनायी।

सीमेन्ट अन्य अंशों को एक समान पकड़ कर रखने वाला पदार्थ होता है, जिससे चेपदार (Adhesive) और संयोग (Cohesive) गुण होते है। सीमेन्ट अक्रिय (Inert) समुच्चय (Aggregate) को एक ठोस पदार्थ की तरह बाँध कर रखती है। सीमेन्ट पर्याप्त क्षमता (Adequate strength) और स्थायी टीकाऊपन/स्थायित्व/चिरक्षमता (Durable) के गुण होते हैं। सीमेन्ट कंक्रीट का बहुत महत्वपूर्ण अंश होता है। सीमेन्ट में पानी मिलाने से एक रसायनिक क्रिया/जलयोजन क्रिया (Hydration) होती है। सीमेंट एक मुलायम पेस्ट बनाती है, जो कि ठोस पदार्थ की तरह कठोर हो जाती है। इसी कारण सीमेंट को द्रवीय सीमेंट (Hydraulic cement) कहा जाता है। विशिष्ट आवश्यकताओं के अनुसार विभिन्न (अलग–अलग) प्रकार की सीमेंट का प्रयोग किया जाता है।

विभिन्न प्रकार की सीमेंट को तीन प्रकार की सीमेंट में निम्नलिखित वर्गीकृत की जाती है।

1. पोर्टलेण्ड सीमेंट (Portland Cement)
2. विशिष्ट सीमेंट (Special Cement)
3. अन्य प्रकार की सीमेंट (Other Cement)

ये सीमेंट भारतीय मानक स्तर (Indian Standards : IS) और इसके उपयुक्त संख्या की प्रयोग किया जाता है, जिसके अनुकूल पूरी खरी उतरती है। रसायनिक बनावट (Chemical Composition) के अनुसार निम्न प्रकार की विभिन्न सीमेंट के उपयोग के लिए IS : 456–2000 अनुमति देता है।

1.3.2 विभिन्न प्रकार की सीमेंट (Various types of cements)

1. साधारण पोर्टलेण्ड सीमेंट (Ordinary Portlant Cement, O.P.C)

साधारण पोर्टलेण्ड (ओ.पी.सी.) का उपयोग सदियों से भवन निर्माण में किया जाता रहा है।

चूनेदार पदार्थ (उदाहरण के लिए चूने का पत्थर या चाक Calcareous material) और मृणमय पदार्थ (उदाहरण के लिए, शैल, क्ले Argillaceous material) मिलाकर क्लिंकर (खंगर Clinker) तापमान तक (1400°C-1450°C) तक जलाकर और क्लिंकर को पीस कर साधारण सीमेंट (पोर्टलेण्ड) बनायी जाती है। जिप्सम (खड्डी Gypsum) उपरोक्त पदार्थो को जलाने के बाद केवल अलग मिलाई जाती है। या फिर अन्य एजेन्ट (Agent) हवा के प्रवेश हेतु मिलाये जाते हैं।

व्यापारिक उत्पादन हेतु बड़ी मात्रा में साधारण पोर्टलेण्ड सीमेंट का मूल सीमेंट की तरह उपयोग किया जाता है। कठोर बनते और सेट होते समय यह सीमेंट सुकड़ती है और इस सीमेंट में बारीक दरारें आने की प्रवृति (Tendency) रहती है।

इस सीमेंट की रसायन बनावट इस प्रकार होती है।

सारणी 1.1. साधारण सीमेंट की रसायनिक बनावट

क्र.सं.	खनन संघटक Constituents	रसायनिक सूत्र Chemical formula	प्रतिशत Percentage
1.	लाईम Lime	CaO	59-65
2.	सिलिका Silica	Sio_2	19-24
3.	एल्युमिना Alumina	Al_2O_3	3-6
4.	आइरन ओक्साइड Iron oxide	Fe_2O_3	10-4
5.	मेगनेसिया Magnesia	MgO	0-5-4
6.	सल्फर ट्राई आक्साइड (Sulphur tri oxide)	SO_3	1-2-7-5
7.	एलकलीज (सोडा और पोटाश Alkalies Soda and Potash)	Na_2O+K_2O	0-5-1

जलने और गलन क्रिया (Burning and Fusion Process) के समय इस सीमेंट के संघटक निम्नलिखित खनन योगिक रसायनिक क्रिया के कारण बनाते हैं। प्रोफेसर पी.एच. बोग (Prof. P.H. Bogue) और प्रोफेसर डब्लू. लर्च (Professor W- Lerch) ने अपने तकनीकी शोध पत्र Hydration of Portland Cement Compounds जिसका प्रकाशन PCA & Fellowship पेपर 27 अगस्त 1934 में किया था। प्रोफेसर बोग के नाम के अनुसार बाद में इनको बोग यौगिक Bogue Compounds कहा गया।

सारणी 1.2. पोर्टलेण्ड सीमेंट के खनन यौगिक

क्र.सं.	खनन यौगिक Mineral compounds	लोकिक सूत्र Conventional formula	संक्षिप्त आकार
1.	ट्राई–केल्सियम सिलिकेट Tri-Calcium Silicate	$3CaO.\ Sio_2$	C_3S
2.	डाई केल्सियम सिलिकेट Di-Calcium Silicate	$2CaO.\ Sio_2$	C_2S
3.	ट्राई केल्सियम एल्युमिनेट Tri-Calcium Aluminate	$3CaO.\ Al_2O_3$	C_3A
4.	टेंट्रा केल्सियम एल्युमिनो फेराइट Tetra-Calcium Alumino Ferrite	$4CaO.\ Al_2O_3.\ Fe_2O_3$	C_4AF

जब सीमेंट में पानी मिलाते है, तब सीमेंट पेस्ट बन जाता है। सेटिंग और कठोर बनने के समय में सीमेंट पेस्ट धीरे धीरे अडोल (Stiffen) होता रहता है और एक ठोस पदार्थ बन जाता है। कुछ कम संपीडन साम्मर्थ्य प्राप्त हो जाता है। कठोरतम क्रिया में इसका पदार्थ अधिक होता रहता है। इसका संपीडन सामर्थ्य में वृद्धि होती रहती है, जैसे जैसे जलयोजन (Hydration) क्रिया समय के साथ बढ़ती है

प्रारम्भिक सेटिग और शीघ्र कठोरता कांक्रीट में जलयोजन क्रिया (Hydration) ट्राई केल्सियम एल्युमिनेट (C_3A) के कारण होती है। इस प्रबल रूप से प्रतिबल और सेटिंग के तेज प्रभाव को कम करने के लिए पर्याप्त मात्रा में मन्दन पदार्थ (Retarting agent) जिप्सम (Gypsum, $CaSO_4$) मिला दी जाती है। इसको नियंत्रण करने के लिए सल्फेटस नहीं मिलाये जाते। सल्फेटस कांक्रीट को कठोर बनने की क्रिया का विनाश (destroy) करता है। C_3A का प्रभाव शीघ्र होता है। 24 घंटे की समय अवधि में अधिकतम सामर्थ्य प्रभाव उत्पन्न हो जाता है। C_3A के प्रभाव से सामर्थ्य में वृद्धि 28 दिन तक होती रहती है। C_3A और C_4AF पानी के साथ सक्रिय होकर जनयोजित (Hydrated) पदार्थ बनाते हैं ये पदार्थ कांक्रीट में मध्यम सामर्थ्य थोड़े से घंटों की समय अवधि में या कुछ दिनों में उत्पन्न करते हैं, जब तक इन पदार्थो का अस्तित्व रहता है।

C_3S और C_2S दोनो यौगिक मिलकर सीमेट का 70-75 प्रतिशत भाग होता है। C_3S तीव्रता से जलयोजित होता है और शीघ्रता से सामर्थ्य और चरम सामर्थ्य जुटाता है।

C_2S की पानी के प्रतिक्रिया धीरे धीरे होती है और सामर्थ्य सात रोज के बाद प्रदान करता है। लम्बे समय तक C_2S की पानी के साथ प्रतिक्रिया से सामर्थ्य में सीमेंट कांक्रीट को वृद्धि प्रदान करता है। कांक्रीट पर तिजाब से और एलकलीज के आक्रमण का प्रतिरोध करता है और C_3S और C_2S के कारण कांक्रीट अधिक टिकाऊ हो जाती है। भारतीय मानक ब्यूरो (Bureau of Indian Standards) के अनुसार साधारण सीमेंट को तीन ग्रेडस 33, 43 और 53 ग्रेड में वर्गीकरण किया है।

(A) 33 ग्रेड की साधारण सीमेंट [33-grade Ordinary Portland Cement] (IS : 269) की (Conform) होती है। इस सीमेंट की उपयोग में बढ़ोतरी हो रही है।

भारतीय मानक ब्यूरो (BIS) के मापदण्ड के अनुसार जांच करने पर 33 ग्रेड सीमेंट 28 दिन में कम से कम 33 N/mm^2 (33 मेगापास्कल) संपीडन समर्थ्य प्राप्त कर लेती है। 3 दिन में 16 N/mm^2, 7 दिन में 22 N/mm^2 संपीडन सामर्थ्य प्राप्त करती है। यह सीमेंट पानी के साथ क्रिया करके (Hydration) ऊष्मा उत्पन्न करती है। इस कारण निर्माण के पश्चात दरारें बन जाती है। अतः इसका उपयोग नींव, साधारण कांक्रीट और प्रबलित कांक्रीट में किया जाता है।

विभिन्न प्रकार की अन्य सीमेंट निम्न प्रकार की होती है।

(i) मंद ऊष्मा पोर्टलेन्ड सीमेंट [Low Heat Portland Cement (IS :269)]

(ii) पोर्टलेन्ड पोज्जोलाना सीमेंट (Portland Pozzolana Cement (IS : 1489)]

(a) फ्लाई बेश आधारित सीमेंट [Flyash Based Cement (IS : 1489 Part I)

(b) केल साइनड क्ले आधारित सीमेन्ट [Calcined - Clay Based Cement (IS : 1489 - Part II)]

(iii) तीव्र कठोरता प्राप्त करने वाली सीमेन्ट [Rapid Hardening Portland Cement (IS : 8041)]

(iv) उच्च सामर्थ्य पोर्टलेन्ड सीमेन्ट [High - Strength Portland Cement (IS : 8112)]

(B) 43 ग्रेड साधारण पोर्टलेन्ड सीमेंट [43-grade Ordinarty Portland Cement (IS : 8112)

43 ग्रेड का उपयोग आजकल ज्यादा प्रचलित है। 43 ग्रेड सीमेंट 3 दिन में 23 N/mm^2, 7 दिन में 33 N/mm^2 और 28 दिन में 43 N/mm^2 संपीडन सामर्थ्य प्राप्त कर लेती है। इसके उपयोग में कम पानी की आवश्यकता होती है। इसका किया गया निर्माण अधिक टिकाऊ होती है। इसका उपयोग प्रबल्लि कांक्रीट में, बहुमंजिला घरेलू और व्यावसायिक इमारतो में, पुल, स्लैब इत्यादि में उपयोग की जाती है। इसके निर्माण में मध्यम तराई की आवश्यकता होती है।

(v) पोर्टलेन्ड स्लैग सीमेंट [Portland Slag Cement (IS : 455]

(vi) हाईड्रोफोबिक सीमेंट [Hydrophobic Cement (IS : 8043)]

(vii) सल्फेट निरोधक पोर्टलेन्ड सीमेंट [Sulphate Resisting Portland Cement]

(viii) जल अभेद्य पोर्टलेन्ड सीमेंट [Water Proof Portalnd Cement]

(ix) सफेद और अन्य रंग की पोर्टलेन्ड सीमेंट White and other Coloured Portland cement (IS : 8042)

(x) उच्च एल्युमिना सीमेंट [High Alumina Cements (IS : 6452)]

(xi) सुपर सल्फेटेड सीमेंट [Super Sulphated Cement (IS : 6909)]

(xii) तीव्र सेटिंग सीमेंट [Quick Setting Cement]

(xiii) विस्तरित सीमेंट [Expansive Cement]

(xiv) कम ऊष्मा पोर्टलेन्ड सीमेंट [Low-heat Portland Cement (IS : 12600)]

(xv) सल्फेट निरोधक पोर्टलेन्ड सीमेंट [Sulphate Resisting Portland Cement (IS : 12330)]

(C) 53 ग्रेड साधरण पोर्टलेन्ड सीमेंट (53 grade Ordinary Portland Cement (IS : 12269)]

53 ग्रेड सीमेंट 3 दिन में 27 N/mm^2, 7 दिन में 37 N/mm^2 और 28 दिन में 53 N/mm^2 संपीडन सामर्थ्य प्राप्त कर लेती है। शीघ्रता से अधिक शक्ति प्राप्त करने के कारण इसका उपयोग प्रीस्ट्रेस्ड कांक्रीट, रेल्वे स्लीपर्स बनाने के लिए काम में ली जाती है। प्रीकास्ट कांक्रीट प्रबल्लित कांक्रीट पाइपस पुल के निर्माण और स्लैब के निर्माण में इसका उपयोग किया जाता है। बहुमंजिले इमारते, पानी के टेंक पेवमेन्टस, हवाई जहाजों की दौड़ पट्टी के निर्माण में उपयोग की जाती है।

1.3.3 पोर्टलेन्ड सीमेंट के गुण (Properties of portland cements)

अधिकांश विशिष्ट विवरण (Specification) पोर्टलेन्ड सीमेंट पर रसायनिक और भौतिक बनावट और गुणों पर सीमाए निर्धारित करती है। व्यापक रूप से सीमेंट के भौतिक गुणों की जांच का उपयोग सीमेंट के गुण मालूम करने के लिए किये जाते है।

(1) संघनता (गाढ़ापन Consistency) : ताजा मिला हुआ सीमेंट पेस्ट अथवा गारा (Mortar) की बहने की योग्यता अथवा तुलनात्मक गति का उल्लेख करती है। सीमेंट के जाँच के समय सामान्य संघनता (Normal consistency) के अनुसार मिलाया जाता है। विकेट यंत्र की सूई (Vicat Apparatus needle) का 5 mm - 7 वेधन (धंसना Penetration) द्वारा परिभाषित किया जाता है। फ्लंजर (सूई Plunger) की लम्बाई 50 mm और व्यास 10 mm होता है। जबकि गारे के मिलावट से

पानी और सीमेंट के अनुपात ज्ञात किया जाता है, जो निर्धारित परास (Prescribed Range) के बहने की स्थिति की उपन (yield) करता है।

संघनता की इकाई सुखी हुई सीमेंट की मात्रा से पानी के प्रतिशत होती है। इसको p प्रतिशत द्वारा अंकित (Denote) किया जाता है।

(2) सूक्ष्मता (Fineness) : सीमेंट की सूक्ष्मता ऊष्मा के मुक्त होने जलयोजना (Hydration) की दर को प्रभावित करती है। सीमेट की अधिक सूक्ष्मता जलयोजना की दर में वृद्धि (बढ़ोतरी) करता है। इस प्रकार सामर्थ्य के विकास करने त्वरितता (Acceleration) प्रदान करता है। प्रथम सात दिनों में सामर्थ्य पर अधिक सूक्ष्मता का प्रभाव पड़ता है। सीमेंट की सूक्ष्मता व्यापक रूप से सीमेंट के इकाई भार का सतह के क्षेत्रफल द्वारा व्यक्त की जाती है। (m^2/gm)

(3) सेटिंग समय (Setting time) : सीमेंट के सेट होने की समय सीमा विकट यंत्र (Vicat Apparatus) द्वारा जांच करके ज्ञात की जाती है। सीमेंट पेस्ट का आरम्भिक सेट (Initial setting) शीघ्र नहीं होना चाहिए। इसी प्रकार (अन्तिम) सेटिंग (Final setting) का समय ज्यादा देर से नही होना चाहिए। ये सेटिंग समय (30-35 मिनट) और (6 घंटे से 10 घंटे) के अवधि के करीब उचित रहते है।

(4) समागता (स्वास्थ्य Soundness) : समागता सीमेंट पेस्ट को कठोर आकार (आयतन) को धारण रखने की योग्यता का उल्लेख करती है। समागता में कमी (या देरी से विनाश विस्तार) कठोर फ्री कम बुझा हुआ/जले हुए चुने के कारण या मेगनीसिया (Magnesia) के उपस्थिती के कारण होता है। अधिक जले हुए चून्ने की मात्रा ज्ञात की जाती है जो कि IS : 4031-1968 के अनुसार इसकी पुष्टि होनी चाहिए।

(5) सामर्थ्य जांच (Strength test) : कठोर सीमेंट की सबसे अधिकतम महत्व संपीड़न सामर्थ्य (Compressive strength) के गुण की जांच होती है। इस कारण प्रयोगशालाओं में सीमेंट की जांच से कोई आश्चर्य नहीं होना चाहिए कि सीमेंट का जांच महत्वपूर्ण निर्माण कार्यो में उपयोग से पहले की जाती है। सामर्थ्य जांच साफ सीमेंट पर नहीं की जाती क्योंकि सीमेंट के अधिक सुकड़ने और तत्पश्चात दरारे उत्पन्न होने की कठिनाइयाँ रहती है। इस्टेन्डर्ड रेत (Standard Leighton Buzzard Sand) का उपयोग किया जाता है।

इसकी पुष्टि IS : 650-1960 के अनुकूल होनी चाहिए। इसमें पानी का प्रतिशत (मात्रा से) [(Pa/4) + 3.0] होना चाहिए। जबकि p_a पानी का प्रतिशत सामान्य सघनता (Normal Consistency) के आवश्यक होता है। इसमें 12 घन बनाये जाते है। एक घन की एक सतह का क्षेत्रफल 0.50 m^2 होता है। तीन घन की जांच 24 घंटे पश्चात, द्वितीय तीन सेट 72 घंटे पश्चात और तृतीय तीन सेट का जांच 168 घंटों के पश्चात् यानि 1 दिन, 3 दिन और 7 दिन बाद की जाती है।

(6) जलयोजना ऊष्मा (Heat of hydration) : मंद ऊष्मा पोर्टलेन्ड सीमेंट और सुपर सल्फेट सीमेंट के लिए कलोरीज प्रतिग्राम (Calories per grm) द्वारा व्यक्त की जाती है।

इसका मान 7 दिन और 28 दिन के बाद किया जाता है। इसका मान निर्धारित सीमाओं से अधिक नहीं होना चाहिए।

(7) तनन सामर्थ्य (Tensile strength) इस जांच के 6 स्टेन्डर्ड ब्रिकेटस बनाये जाते है जांच के लिए एक भाग सीमेंट और तीन भाग (Standard Leighton Sand) स्टेन्डर्ड रेत का मिश्रण बनाकर नमूने बनाये जाते हैं। इन नमूने की एक दिन बाद (24 घंटों के पश्चात), तीन दिन बाद (72 घंटो के पश्चात) और सात दिन (168 घंटों के पश्चात्) जांच की जाती है।

उपरोक्त सभी सीमेंट के गुण और जांच की आवश्यकता सारणी (Table 1.3 सीमेंट की रसायनिक आवश्यकताएँ) और (Table 1.4 भौतिक आवश्यकताएँ) का उल्लेख किया गया है।

Table 1.3. Chemical requirements of cements

S.N.	Chemical characteristics	Portland cements					Special cements			Other cements
		Ordinary	Pazzalana	Rapid hardening	Low heat	Slag	High strength	Hydrophobic	Super sulphated	Massonary
1	Ignition loss	>5	5	>5	>5	>4	>5	>5	–	–
2	Insoluble residues	>2	*	>2	>2	>2.5	>2	>2	>4	–
3	Magnesia (per cent by mass)	>6	6	>6	>6	>8	>6	>6	>10	–
4	Sulphur content (Sulphuric anhydric percent by mass)	2.75	2.75	2.75	2.75	3	–	–	6	–
5	Manganese oxide (Mn_2O_2)	–	–	–	–	2	–	–	–	–

* Percentage value = [x+2.0 (100 - x)/100] where x is the actual percentage of pozzalana.

Table 1.4. Physical requirements of cements

S.N.	Physical characteristics	Portland cements					Special cements			Other cement
		Ordinary	Pazzalana	Rapid hardening	Low heat	Slag	High strength	Hydro phobic	Super sulphated	Masonary
1	Compressive strength min (N/mm²)									
	(24 hrs ± 0.5 hrs)	—	—	<15	—	—	—	—	—	—
	(72 hrs ± 1 hr)	<16	—	<27	<10	<16	<23	<15	<15	—
	(168 hrs ± 2 hrs)	<22	<22	—	<16	<22	<33	<21	<22	<2.5
	(672 hrs ± 4 hrs)	—	<31	—	<35	—	<43	<30	<30	<5.0
2	Fineness (m²/gm)	<0.2250	<0.3000	<0.3250	<0.3200	—	<0.2250	<0.3500	<0.4000	—
3.	Heat of hydration									
	7 days (cal/gm)	—	—	—	—	—	—	—	—	—
	28 days (cal/gm)	—	—	—	—	—	—	—	—	—
4	Setting time									
	Initial (minutes)	<30	<30	<30	<30	<30	<30	<30	<30	<90
	Final (minutes)	>600	>600	>600	>600	>600	>600	>600	>600	>1400
5.	Soundness (mm)	>10	>10	>10	>10	>10	>10	>10	>5	>10
	Tensile strength (N/mm²)									
6	24 hrs	<–	–	–	–	–	–	–	–	–
	72 hrs	<2	–	–	–	–	–	–	–	–
	168 hrs	<2.5	–	–	–	–	–	–	–	–

1.3.4 सीमेंट की जाँच (Cement tests)

भारतीय मानक भवन (संस्थान) (Indian Standard Institution) जिसको आजकल भारतीय मानक ब्यूरो Bureau of Indian Standards, BIS कहा जाता है) ने विशिष्ट विवरण परस्पर संबंधी IS - Codes अनुग्रहित (Recommend) किये है, उनके अनुसार सीमेंट के अलग अलग नमूनों की निम्नलिखित जाँच की जाती है।

1. सीमेंट की सूक्ष्मता की जाँच (Finess of cement) छलनी द्वारा विश्लेषण किया जाता है। दूसरी विधि Blaine's air permeability विधि भी अपनायी जाती है।
2. सीमेंट की समागता की जाँच (Soundness of cement test)
3. सीमेंट की संघनता (सुंसजता की जाँच (Consistency of cement test) : सीमेंट पेस्ट की मानक सुसंजनता इस प्रकार परिभाषित किया जाता है वह सुसंजनता विकेट फ्लंजर को 5 mm से 7mm पैंदे से भेदने/छेदने की विकट विधि में अनुमति देता है। पानी की मात्रा जो सीमेंट पेस्ट को मानक सुसंजता के लिए तैयार करता है।
4. सीमेंट की आरम्भिक और अन्तिम सेटिंग समय की जाँच (Initial and Final Setting Time Tests)
5. सीमेंट की तनन सामर्थ्य की जाँच (Tensile Strength of cement terst)
6. सीमेंट की संपीडन सामर्थ्य की जाँच (Compressive Strength of Cement test)

इस पुस्तक के बाद के अन्य अध्याय में इनकी जाँच करने की विधि का विवरण दिया गया है।

इन तथ्यों का ध्यान रखा जाता है कि सीमेंट के नमूने इनको संतोषजनक पुष्टि करते हैं।

1. सीमेंट की रसायनिक आवश्यकताएँ (Chemical requirements of cement) :

सीमेंट की निम्नलिखित रसायनिक आवश्यकताओं और की जाँच और विश्लेषण IS : 4032-1968 (Methods of chemical analysis of hydraulic cement) इसके अनुसार किया जाता है। यह देखा जाता है कि सीमेंट के नमूने इनकी संतोषजनक पुष्टि करते हैं।

1. ज्वलन (Ignition) में प्रतिशत हानि (मात्रा से) और अघुलनशील अवशेष (Residues) का प्रतिशत सारणी 1.1 में दिये गये मान से अधिक नहीं हो।
2. चूने का प्रतिशत मात्रा PL = (CaO – 0.7 SO_3) और सिलिका एल्युमिना और लोहे के आक्साइड का प्रतिशत PSAF = (2.8 Sio_2 + 1.2 Al_2O_3 + 0.65 Fe_2O_3) ज्ञात किये जाते हैं। PL और PSAF साधारण पोर्टलेन्ड सीमेंट और तीव्रता से कठोरता प्राप्त करने वाली सीमेंट के लिए 1.02 से अधिक और 0.66 से कम नहीं हों।
3. एल्युमिना और लोहे के आक्साइड PA और PF का प्रतिशत ज्ञात किया जाता है। इनका मान उपरोक्त सीमेंट के लिए 0.66 से कम नहीं हो।
4. उपस्थित मेगनिशियम आक्साइड और मेगनीज का प्रतिशत सारणी 1.1 में दिये गये मान से अधिक न हो।

5. सल्फरिक तत्वों की कुल मात्रा की गणना की जाती है (Sulphuric anhydride, SO_3) इसकी उपस्थिति सारणी 1.1 में दिये गये मान से अधिक न हो। [2.4 ($SioO_2$) + 1.2 (Al_2O_3) + 0.65 (Fe_2O_3)] और [1.9 (Sio_2) + 1.2 (Al_2O_3) + 0.65 (Fe_2O_3)] से कम न हो।

1.4 मिलावा (Aggregates)

रसायनिक क्रिया में अक्रिय पदार्थ (Inert material) कणीदार दानेदार (कणिक Granular) उदाहरण के लिए प्राकृतिक रेत स्लेग, लोहे के ब्लास्ट (जो हवा में ठण्डे किये गये हुए), चिकने कंकड़ (Pebbles), कंकड़ (Gravels) टूटे हुए पत्थर, टूटी हुई ईंटें, उद्योगों के बाई–प्रोडक्टस जो कि सीमेंट और पानी में मिलाकर कांक्रीट और गारा तैयार किया जाता है। मिलावे को सीमेंट पेस्ट में मिला कर मात्रा में वृद्धि की जाती है। 70 से 75 प्रतिशत भाग कठोर सीमेंट कांक्रीट का मिलावा होता है। शेष 30 से 25 प्रतिशत कठोर सीमेंट पेस्ट से बना होता है। मिलावा साफ, कठोर, टिकाऊ, संरचनात्मक स्वस्थ होना चाहिये ताकि सीमेंट कें साथ मिलाकर अच्छी कांक्रीट विकसित की जा सके। मौसम का प्रतिरोधक होनी चाहिए और पानी से प्रभावित नही होनी चाहिए। प्राकृतिक मिलावा को दो प्रकार में बांट सकते हैं। बारीक/सूक्ष्म (Fine aggregate) और स्थूल/मोटा (अपरिष्कृत Coarse gravel) मिलावा जिसकी IS : 883-1970 विशिष्ट विवरण के अनुसार पुष्टि होना चाहिए। सीमेंट की निम्नलिखित भौतिक आवश्यकताओं के अनुसार की जाती है।

1.4.1 मोटा मिलावा (Coarse aggregates)

टूटे हुए पत्थर, चिकनाईदार कंकड़, अन्य कंकड़ (Gravel) जो कि छलनी (Sieve) IS: 4.75 mm पर प्रतिधारण (रूका हुआ Retain) होती हैं। ऐसा पदार्थ मोटा (Coarse aggregates) कहलाते हैं। मोटा मिलावा अग्निमय चट्टान (Igneous-rock) से प्राप्त बड़े पत्थरों को कुचल कर बनाये जाते है। (उदाहरण के लिए : Granite, Gneiss rocks) अग्निमय चट्टान के उदाहरण है)। मोटा मिलावा तलछट चट्टान Sedimentary) के बड़े कंकड़ों को भी कुचल कर बनाये जाते है। (उदाहरण के लिए Sand stone तलछट चट्टान की ही उदाहरण है। रुपान्तरित चट्टान (Metamorphic rock) पत्थर से भी मोटा मिलावा तैयार किये जाते हैं। (उदाहरण के लिए रवेदार – पत्थर Crystalline stone रूपान्तरित चट्टान के उदाहरण हैं)।

मोटा मिलावा जो बहुत बारीक ग्रेनाइट पत्थर से बनाये जाते हैं, वे उच्च सामर्थ्य कांक्रीट में उपयोग में लाये जाते हैं। कठोर रेत के पत्थर भी कांक्रीट के उपयोग के लिए उपयुक्त रहते हैं। मोटा मिलावा जो मुलायम रेत के पत्थर से बनाये जाते है, वे कंकर में उच्च डीग्री से कांक्रीट के सुकड़ने पर दरारें आ जाती है। नजदीक दानेदार रवादार चून्ने का पत्थर प्लेन सीमेंट कांक्रीट के लिए उपयुक्त रहते हैं। टूटी हुई ईंटों से बने कंकर केवल प्लेन सीमेंट कांक्रीट के लिए उपयुक्त रहते हैं इसका सामर्थ्य कमजोर रहती है।

1.4.2 बारीक मिलावा (Fine aggregates)

रेत/बजरी और अन्य मिलावा जो IS: छलनी 4.75 mm से निकल जाते है, वह मिलावा/समुच्चय बारीक समुच्चय (Fine Aggregate) कहलाता है। बजरी नदियों से, झीलों से और समुद्र के किनारों से लायी जाती है। इस बजरी की अच्छी तरह से धुलाई की जाती है। इसका ध्यान रखा जाता है कि क्ले पदार्थ की बारीक फिल्म न रहे। क्ले फिल्म सीमेंट को मिलावे के कंकर से चिपकने में रुकावट डालती है।

क्ले और सिल्ट वे बारीक/सूक्ष्म पदार्थ होते हैं जो 75- माइक्रोन IS : छलनी से भी निकल जाते हैं। क्ले और सिल्ट यदि मौजूद हो तो उनकी उपस्थिति पानी की मात्रा बढ़ जाती है। डस्ट/धूल (Dust) भी कांक्रीट के लिए हानिकारक होती है।

अतः बारीक मिलावा/समुच्चय को धूल और ओरगनिक अशुद्धियों से स्वतंत्र रखना चाहिए। क्लोराइडस जो समुद्री पानी में रहता है, वह भी सफेद झागदार फिल्म बनाता है और हानिकारक होते हैं। लोहे की छड़े डाल कर कांक्रीट का सामर्थ्य बढ़ाते हैं, उन छड़ों में जंग उत्पन्न करके हानि पहुंचाते हैं। ताकतवर/मजबूत कांक्रीट, कोणिक दानेदार रेत का उपयोग किया जाता है। और अच्छा बारीक मिलावा तैयार किया जाता है। गोल (Round) दानों की उपस्थिति की रेत से एक दूसरों में गुथने की क्रिया (Inter locking) गुण की पूर्ति नहीं होती। अच्छी कांक्रीट जो मौसम निरोधक हो और टिकाऊ भी हो को तैयार की जा सकती है। वर्गाकार समुच्चय का प्रयोग किया जाता है।

बारीक और मोटा मिलावा की गुणवता (Quality of fine and coarse aggregates)

क्लोराइडस और सल्फेटस आदि कुछ हानिकारक रसायन कांक्रीट के मौलिक अंश (Constituents) पदार्थ (अर्थात सीमेंट, बारीक मिलावा, मोटा मिलावा, पानी और मिलाये हुए समिश्रण) आ सकते हैं। इनसे कांक्रीट के टिकाऊपन का ह्रास होता है। इन रसायन के आने की संभावनाए सावधानी से कांक्रीट के अंशों का चयन करने से कम की जा सकती है। इन रसायनों का स्तर सीमाओं से कम रख सकते हैं, (अर्थात इन पदार्थों की अधिकतम मात्रा मानक IS : 456-1978 के तृतीय रीविजन में उल्लेखित हैं।

कांक्रीट में क्लोराइडस की कुल मात्रा और पानी में घुलनशील सल्फेटस की कुल मात्रा (So_3 के रूप मे) कांक्रीट करते समय सीमेंट की मात्रा का 4 प्रतिशत सीमित रखना चाहिए और मानक IS : 456-2000 में इस तथ्य का अनुमोदन किया गया है कि (प्री स्ट्रेसड सीमेंट कांक्रीट) और (प्लेन और प्रबल्लित सीमेंट कांक्रीट के लिए) के लिए क्रमशः कुल तिजाब में घुलनशील क्लोराइडस की मात्रा 0.4 kg/m^3 और 0.6 kg/m^3 से कम होनी चाहिए। इन कांक्रीट में प्रबल्लित सिरिये कांक्रीट के अन्दर रखे जाते हैं।

1.4.3 सब वर्गीकृत मिलावा (All-in aggregate)

मोटे/स्थूली मिलावा (Coarse aggregate) और बारीक मिलावा (Fine aggregate) को मिला कर सब वर्गीकृत (All-in aggregate) तैयार की जाती है।

1.4.4 मिलावे का श्रेणीकरण (Grading of aggregates)

मिलावे के कणों के माप का श्रेणीकरण प्रकृति के अनुसार बदलता है। सरचनाओं कें प्रकार के अनुसार इसकी आवश्यकताओं पर भी निर्भर करता है। बारीक मिलावे और स्थूल/मिलावे का उचित श्रेणीकरण किया जाता है। मिलावे के अच्छे श्रेणी करण के हवा के खाली स्थान में कमी हो जाती है। सीमेंट बारीक मिलावे के खाली स्थान को भर देती है। सीमेंट और बजरी दोनो मिलकर मोटे/स्थूली मिलावे के खाली स्थानों को भर देते है। बारीक मिलावे के श्रेणीकरण से परिसज्ज्न (Finishing), सुकरता (Workability) और एक समान (Uniformity) आदि कांक्रीट के गुणों पर काफी प्रभाव पड़ता है। बारीक मिलावे के श्रेणी करण से अधिकतर प्राकृतिक अपने देश की बजरी को IS : 383-1970 के अनुसार निम्न चार क्षेत्रों में विभाजित किया गया है। वर्गाकार छिद्र वाली प्लेट टाइप और बारीक सुक्ष्म छिद्र वाली क्लोथटाइप छलनी वाली निम्नलिखित छलनी का प्रयोग किया जाता है।

(i) वर्गाकार छिद्र वाली प्लेट टाइप IS: छलनियाँ

80 mm, 63 mm, 50 mm, 40 mm, 31.5 mm, 25 mm, 20 mm, 16 mm, 12.5 mm, 10 mm, 6.3 mm

(ii) बारीक छिद्र की कपड़े के टाइप वाली IS: छलनियाँ

3.35 mm, 2.36 mm, 1.18 mm, 600- माइक्रोन, 300–माइक्रोन, 150–माइक्रोन, 75– माइक्रोन

प्राकृतिक बजरी निम्न चार क्षेत्रों के अनुसार (श्रेणी करण के अनुसार क्षेत्र I, II, III और IV) कांक्रीट के लिए उपयोग में ली जाती है। विशेष प्रकार की अच्छी बजरी क्षेत्र II की होती है। मोटा मिलावा और बारीक मिलावा के अनुपात के अनुसार बारीक बजरी और मोटी बजरी को मिला कर भी उपयुक्त ठीक तरह व्यवस्थित करके भी उपयोग में ली जा सकती है।

निबल कांक्रीट मिश्रण (Lean concrete mix) बनाना हो तो क्षेत्र I श्रेणीकरण को काम में नहीं लेना चाहिए। इसी प्रकार बहुत बारीक बजरी जो क्षेत्र IV की श्रेणीकरण में आती है, उसका भी उपयोग नहीं करना चाहिये।

एक ही माप की मोटे मिलावे के लिए (अश्रेणित) कांक्रीट के लिए उपयोग में ली जा सकती है। उसका कांक्रीट में 63 mm, 40 mm, 20 mm, 16 mm, 12.5 mm, 10 mm, माप की हो सकती है। एक ही माप की मोटे मिलावे की सीमा सारणी 1.5(A) में (IS : 387-1970) के अनुसार दी गयी है। दो या दो से ज्यादा माप श्रेणीकृत मोटे मिलावे के लिए 40 mm, 20 mm, 16 mm, और 12.5 mm माप की मिलायी जा सकती है। श्रेणीकृत मोटा मिलावे में गहन (Dense) पेक्टड मिलावा तैयार किया जा सकता है (प्राप्त होता है)। श्रेणीकृत मिलावे के लिए श्रेणी सीमाए सारणी 1.5(B) में (जो कि IS : 383-1970 के अनुसार) दी गयी है।

Table 1.5(A). GRADING LIMITS
(For single-sized coarse aggregate of nominal size (IS : 383-1970))

IS: Sieve Designation	Percentage passing					
	63 mm	40 mm	20 mm	16 mm	12.5 mm	10 mm
80 mm	100	—	—	—	—	—
63 mm	85-100	100	—	—	—	—
40 mm	0-30	85-100	100	—	—	—
20 mm	0-5	0-20	85-100	100	—	—
16 mm	—	—	—	85-100	100	—
12.5 mm	—	—	—	—	85-100	100
10 mm	0-5	0-5	0-20	0-30	0-45	85-100
4.75 mm	—	—	0-5	0-5	0-10	0-20
2.36 mm	—	—	—	—	—	0-5

Table 1.5(B). GRADING LIMITS
(For graded coarse aggregate of nominal size (IS : 383-1970))

IS: Sieve Designation	Percentage passing			
	40 mm	20 mm	16 mm	12.5 mm
80 mm	100	—	—	—
63 mm	—	—	—	—
40 mm	95-100	100	—	—
20 mm	33-70	95-100	100	100
16 mm	—	—	90-100	—
12.5 mm	—	—	—	90-100
10 mm	10-35	25-55	30-70	40-85
4.75 mm	0-5	0-10	0-10	0-10
2.36 mm	—	—	—	—

बारीक मिलावे के लिए श्रेणी सीमाए सारणी 1.6 में दी गयी है। मोटी बजरी श्रेणी क्षेत्र I से संबंधित होती है। श्रेणी क्षेत्र II विशेष अच्छी बजरी से संबंधित होती है। श्रेणी क्षेत्र III की बजरी कुछ छोटी बारीक मिलावे के लिए उपयुक्त होती है। श्रेणी क्षेत्र IV की बजरी बहुत ज्यादा बारीक मिलावे के लिए उचित रहती है।

Table 1.6. GRADING LIMITS
(For fine aggregate (IS : 383-1970))

IS: Sieve Designation	Percentage passing			
	Grading zone-I	Grading zone-II	Grading zone - III	Grading Zone - IV
10 mm	100	100	100	100
4.7 mm	90-100	90-100	90-100	95-100
2.36 mm	60-95	75-100	85-100	95-100
1.18 mm	30-70	55-90	75-100	90-100
600 miccron	15-34	35-59	60-79	80-100
300 miccron	5-20	8-30	12-40	15-50
150 micron	0-10	0-10	0-10	0-15

श्रेणी सीमाए All in aggregate के लिए सारणी 1.7 में दी गई है।

Table 1.7. GRADING LIMITS
(For all-in aggregates (IS : 383-1970))

IS: Sieve Designation	Percentage passing (Nominal size)	
	40 mm	20 mm
80 mm	100	—

40 mm	95-100	100
20 mm	45-75	95-100
4.75 mm	25-45	30-50
600 micron	8-30	10-35
150 micron	0-6	0-6

1.4.5 मिलावे में अशुद्धियाँ (Impurities in aggregate)

अच्छा सामर्थ्य, टिकाऊपन और मौसम निरोधी मिलावा प्राप्त करने के लिए मिलावे में कंकर की सतह पर अशुद्धियों [जैसे पाईराइट लोहा, कोयला, माइका, लोम सिल्ट, क्ले एलकली मुलायम, खण्डित कंकरी, समुद्री घोंघें, आर्गनिक पदार्थ और अन्य हानिकारक तत्व/पदार्थ) जोकि सीमेंट पेस्ट के बंध (Bond) कमजोर बनाते हैं] नहीं होनी चाहिये। अशुद्धियों के कारण अवांछित प्रतिक्रियाए सीमेंट और मिलावे के बीच उत्पन्न नहीं हो। ऐसे मिलावा जिसमें प्रतिकारी सिलिका (जैसे Chert और Chalcedone पदार्थ) मौजूद हों, का उपयोग नहीं करना चाहिये। कमजोर मिलावा जो कि मुलायम चुन्ने के पत्थर, मुलायम रेतीला पत्थर या छिद्रयुक्त पत्थर बना हुआ हो का उपयोग भी नही करना चाहिये।

IS : 383-1970 के अनुसार ऐसी अशुद्धियों की सीमाए सारणी 1.8 में दी गयी है।

Table 1.8. LIMITS OF DELETERIOUS MATERIALS

Deleterious substances	Percentage limits by weight			
	Coarse aggregate		Fine aggregate	
	Crushed	Uncrushed	Crushed	Uncrushed
Coal, lignite	1.00	1.00	1.00	1.00
Clay lumps	1.00	1.00	1.00	1.00
Material passing 75 micron sieve	3.00	3.00	15.00	3.00
Soft fragments	—	3.00	—	—
Shale	—	—	—	1.00
Total limit	5.00	5.00	2.00	5.00

1.4.6 मिलावे की कंकरी का माप (Size of aggregate)

प्लेन कांक्रीय और घन कांक्रीट (Mass concrete जिसका बंधे (Dams) के निर्माण में उपयोग होता हो, ऐसे मिलावे के कंकरी का अधिकतम माप (मोटे मिलावे के लिए) 200 mm और 63 mm क्रमश हो सकते हैं। 160 mm माप के प्लम्पस (Plumps) माप के और अन्य उचित (यथोचित) माप की कंकरी का प्लेन कांक्रीट कार्यों में (कांक्रीट के आयतन के अनुसार 20 प्रतिशत अधिकतम सीमा मे) के अनुसार उपयोग कर सकते हैं। प्लम्पस की वितरण एक समान होना चाहिये। सतह से करीब 150 mm की गहराई या इससे अधिक गहराई में रखने चाहिए। भारी संबधित कांक्रीट में मोटे मिलावे के लिए कंकरी की नोमिनल माप जितना बड़ा हो (सीमाओं के अन्दर), उतना उचित रहता है। फिर भी किसी भी परिस्थिती में अवयव की मोटाई के एक चौथाई से बड़ा नही होना चाहिए। साथ में यह भी देखना चाहिए कि कांक्रीट

डालने में किसी प्रकार की कठिनाई भी नही हो। कांक्रीट सबलित सिरियों के चारों तरफ अच्छी तरह से घेर सके। कोने मे कांक्रीट अच्छी तरह से पहुंच सके। साथ ही मधु कोम्ब (Honey comb) पोकिटस भी नही बने। ठीक तरह से वर्गीकृत कंकरी का अधिकतम संभवतया माप का उपयोग किया जाता है, ताकि पानी की मात्रा में कमी की जा सके। उच्च संपीडन सामर्थ्य के लिए के मन्द अधिकतम माप की कंकरी का उपयोग करना चाहिए।

कंकरी का अधिकतम नोमिनल माप (उज्ज्वली आड़ (ओट)) सबलित सिरियों के Clear cover से 5 mm कम ही होना चाहिए।

IS 456-2000 में न्यूनतम उज्ज्वली ओट; स्तम्भ माप 200 mm से अधिक हो और न्यूनतम माप 200 mm का हो तो) 40 mm, 25 mm, क्रमश रखा जाता है। अतः मोटे कंकरी का माप (40 – 5 = 35 mm) और (25 – 5 = 20 mm) क्रमश रखा जाता है।

IS 456-1978 में न्यूनतम उज्जवली ओट धारण (Beams) के लिए 25 mm रखा हुआ है। अत मोटे कंकरी का माप (25 – 5 = 20 mm) रखा हुआ है।

ठोस स्लेबस के लिए न्यूनतम उज्जवल ओट 15 mm रखी हुई है। अतः मोटे कंकरी का माप (15 – 5 = 10 mm) रखा जाता है।

1.5 अन्य प्रकार के मिलावे (Other types of aggregates)

कुछ विलक्षणित (Unusual/अलौकिक) और अप्रक्रमित (Unprocessed) मिलावा (जैसे ब्लास्ट फरनेस स्लेग, प्युमाइस, केल साइनड क्ले, डियाटोमेसिस सिलिका, एजबेस्टस, साडस्ट सब्जी धागे इत्यादि) का उपयोग थरमल इन्सुलेटर और ध्वानिकी (Acoustical) कांक्रीट के लिए उपयोग में लाये जाते है।

स्लेग और कुचले हुए (Crushed) अधिक जली हुई ईटें या टाइल मिलावा भी (सामर्थ्य और टिकाऊ विचार में और हानि कारक पदार्थों रहित) दूसरे क्रम के अप्रधान अवयवों के लिए उपयोगी हो सकते हैं ऐसे मिलावे में एक प्रतिशत से अधिक सल्फेट की माना नहीं होनी चाहिये। कांक्रीट में पानी की मात्रा का दस प्रतिशत भाग से अधिक अवशोषण (Absorb) नहीं करना चाहिए।

संरचनात्मक मिलावे को (i) हल्का वजन वाला (Light Weight) (ii) सामान्य वजन वाल (Normal Weight) और (iii) भारी वजन वाला (Heavy Weight) मिलावे में वर्गीकरण किया गया है।

1.5.1 हल्के वजन का मिलावा (Light weight aggregate)

ऐसा मिलावा जिसका इकाई भार 11 kN/m³ या इससे कम हो, उसको हल्के वजन का मिलाव कहा जाता है।

विस्तारित (Expanded) शेलस, क्लेज, स्लेटस, छोटे आकार की ठोस गेन्दनुमा फ्लाई एस मिलाव वजन में हल्का होता है। ऐसे मिलावे में छिद्र होते हैं। मिलावे के कंकर छिद्रिल (Cellular) होते हैं। ऐस मिलावा गैस या भाप से 1000°C से अधिक तापमान से भी बनाई जाती है। इस मिलावे को भी तीनों वर्ग में वर्गीकृत किया गया है।

(i) जिस मिलावे का इकाई भार; अथवा कम घनत्व 8 kN/m³) के करीब होता है, जो वि इन्सुलेशन (Insulation) कार्य में उपयोग किया जाता है।

(ii) परिमित (Moderate) सामर्थ्य वाला मिलावा (जिसका इकाई भार 9-10 kN/m³ तक होता है जो कि मुख्य रूप से भराव के कार्यो में उपयोग में लिया जाता है।

(iii) अधिक भार वाला कम वजनी मिलावा (Over weight light weight aggregate)। जिसका इकाई भार 14.40 - 14.20 kN/m^3 के करीब होता है।

1.5.2 सामान्य वजन का मिलावा (Normal weight aggregate)

IS : 383-1970 के अनुसार इस मिलावे का कण कंकर के आकार और बनावट (Shape and Texture) के अनुसार वर्गीकृत किया जाता है जो कि सारणी 1.9(A) और 1.9 (B) में दिये गये हैं।

Table 1.9(A). CLASSIFICATION OF AGGREGATE Based on particle shape (IS : 383-1970)

Classification	Description	Examples
Rounded	Fully waterworn, or completely shaped by attrition.	River or sea shore gravels; desert, seashore and wind-blown sands.
Irregular or partially rounded	Naturally irregular or partly shaped by attrition, and having rounded edges.	Pit sand and gravels: land or dug flints: cuboids rock.
Angular	Having well defined edges.	Crushed rocks of all types: talus, scress
Flaky	Usually angular whose thickness is small relative to width and length	Laminated rocks.

Table 1.9(B). CLASSIFICATION OF AGGREGATE Based on surface texture (IS : 383 - 1970)

Surface Texture	Examples
Glassy	Black flint
Smooth	Chert slate marble some rhyolite
Granular	Sand stone colites
Crystaline	
Fine	Basalt trachyte keratophyte
Medium	Delerite granophyte granulite microgranite some lime stone many dolomites
Coarse	Gabbro gneiss granite granodiorite syemite
Honey combed and porous	Scoriae pumica trass

1.5.3 भारी भार वाला मिलावा (Heavy weight aggregate)

नाभिकीय रिएक्टर/सयंत्र (Nuclear reactor) और इसी प्रकार के सयतंत्र के निर्माण में भारी भार/ वजन वाला मिलावा अत्यन्त/अत्यावशक्ता होती है। जिससे गामा और एक्स रे किरणों से बचाया जा सके। जो कि ढाल (Shield) की तरह उपयोगी होता है। विशेष कार्यो के लिए (उदाहरण के लिए

लिफ्ट ब्रिजेज में) काउन्टर वजन (Counter weight) के लिए उपयोग में लाया जाता है। लोहे के भारी खनिज, बेरियम सल्फ्रेट चट्टान के पत्थरों को कुचल कर इस्पात के इसक्रेप पंचिगज और शॉटस का उपयोग करते है। भारी भारयुक्त कांक्रीट का इकाई भार (प्राकृतिक भारी भार युक्त कंकरी का प्रयोग में लेते हुए) 32 kN / m^3 के करीब होता है। यदि खनिज पदार्थ बारीक मिलावे के लिए और इस्पात का मोटे मिलावे का केवल उपयोग करें तब इसका इकाई भार करीब 53 kN/m^3 के करीब होता है।

1.6 मिलावे का सूक्ष्मता गुणांक (Fineness modulus of aggregate)

सूक्ष्मता गुणांक से मिलावे की तुलनात्मक सूक्ष्मता प्रदर्शित होती है।

सूक्ष्मता गुणांक मिलावे का सूचकांक संख्या होती है। जो कि कंकरी के कण का माप सुचित करता है। IS : की छलनियाँ (80 mm, 40 mm, 20 mm, 10 mm, 4.75 mm, 2.36 mm, 1.18 mm, 600 माइक्रोन और 150 माइक्रोन कुल दस) पर प्रति धारित (Retained material) के जोड़ कर एक सौ का भाग देने से संख्या प्राप्त की जाती है। सूक्ष्मता गुंणाक को संक्षिप्त में F.M. संख्या कहा जाता है। मिलावे की औसतन सतह के क्षेत्रफल को सूचित करता है।

मिलावे का विभिन्न अलग अलग कंकरी माप में बंटी हुई हुए भी एक ही तरह का मिलता हुआ सूचांक गुणांक हो सकता है। मिलते जुलते सूचांक मिलते जुलते परिमाप से बनाई गयी कांकरी से मिलती जुलती प्लैस्टिकता / नम्यता की कांक्रीट तैयार होती है। एक विशिष्ट (Specific) सूक्ष्मता गुणांक P की मिलावे की इच्छानुसार तैयार कर सकते है। यदि बारीक और मोटे मिलावे का सूक्ष्मता गुणांक P_1 और P_2 होतो ज्ञात की जा सकती है। नौ छलनी के सेट से मिलावा छलनी करने से।

1.7 पानी (Water)

सीमेंट का मुलायम पेस्ट बनानें और रसायनिक क्रिया (Chemical Reaction Hydration) के लिए पानी की आवश्यकता होती हैं और पानी मिलाया जाता है। सीमेंट का मुलायम पेस्ट सेट होकर कठोर (एक ठोस पदार्थ) बन जाता है। सेटिंग होने में और कठोर बनने के दो हरान ऊष्मा (Heat of Hydration) उत्पन्न होती है। इस रसायनिक क्रिया को पूर्णतया सम्पन्न और पूरी होने में सीमेंट की मात्रा का 25 प्रतिशत मात्रा में पानी की आवश्यकता होती है। मिलावे का सतह को भिगोने और सीमेंट पेस्ट को वितरण करने के लिए अतिरिक्त पानी की मात्रा की आवश्यकता होती है। जिससे बारीक मिलावे और मोटे मिलावे के कंकरी के चारो तरफ सीमेंट पेस्ट का कोट बन जाता है। पानी मशीन यंत्रों के पूर्जो पर पोतने (स्नेह द्रव्य / Lubricant) की तरह कार्य करता है। जैसे पानी मिलाया जाता है, वैसे सुकरता (Workablity) बढ़ती जाती है। पानी मिलाने से मिलावे की तरलता (Fluidity) और नम्यता / प्लैस्टिकता (Plasticity) में वृद्धि होती है। इन दोनो गुणों के मिलने से कांक्रीट में सुकरता (Workability) में वृद्धि होती है। परन्तु सामर्थ्य में कमी आ जाती है। क्योंकि पानी की स्वतन्त्र मात्रा से कांक्रीट के आयतन में रिक्त स्थान (Voids) उत्पन्न हो जाते हैं। कांक्रीट की बाद में तराई (Curing) करने के लिए पानी की आवश्यकता होती है। माउल्डस में कांक्रीट डालने के बाद कांक्रीट की माउल्डस में ढलाई के बाद तराई की जाती है।

पानी मिलाने से भौतकी और रसायनिक फलन का कार्य करता है। मिलावे की कांक्रीट में पीने योग्य पानी का उपयोग सन्तोषजनक माना जाता है।

कांक्रीट के मिलावे के लिए और बाद में तराई करने के लिए उपयोग में लाया जाने वाला पानी में कांक्रीट और इस्पातीय सिरियों को हानि पहुंचाने वाले तत्व नहीं होने चाहिए। तेज, तिजाब, एलकलीज, लवण, ओरगनिक और इन ओरगनिक शक्कर (ऐसे तत्व) पानी में उनकी स्वीकृत मात्रा को अधिक नहीं होने

चाहिए। IS : 456-2000 मानक के अनुसार इन हानिकारक पदार्थो की सीमाओं का उल्लेख सारणी 1.10 में दिये गये हैं। ऐसे तत्व कांक्रीट और इस्पातिये सिरियों को हानि पहुंचाते हैं।

Table 1.10. PERMISSIBLE LIMITS FOR SOLIDS (If present in water)

Substances	Tested as per	Maximum permissible limits (mg per litre)
Organic	IS3025-part 18	200
Inorganic	IS3025-part 18	3000
Sulphates (SO_4)	IS3025-part 24	400
Chlorides (Cl)	IS3025-part 32	
(i) (for plain concrete)	for concrete not containing embeded steel and 500 mg/litre for reinforced concrete work 2000 mg/litre	2000
(ii) (for reinforced concrete)		1000
Suspended matter	IS3025-part 17	2000

दलदल, खानों और कोयला वाही (Colliery) उत्सृष्ट (Waste) पानी और कई उद्योगों का उत्सृष्ट पानी IS : 456-2000 मानक सीमा में निर्धारित आवश्यकताओं की पूर्ति नहीं करते। खनिज तेल (जिसमे पशुओं और सब्जियों का तेल का मिश्रण नहीं) का मात्र 2 प्रतिशत (मात्रा द्वारा) से अधिक नहीं हो। ऐसा पानी कांक्रीट के सामर्थ्य में 20 प्रतिशत की कमी कर देते हैं।

तेजाब या एलकलीज (यदि पानी में मौजूद हों) की सान्द्रता (Concentration) की सीमा स्वीकृत मान IS : 456-2000 की सीमा से अधिक नहीं होना चाहिए।

(i) फिनोलफ्थलेन (Phenolphthalein) का सूचक द्रव (Indicatory) का उपयोग करते हुए 200 mL नमूने के पानी को तन्त्रिक (Neutralise) करने के लिए, 2 mL (0.1 नोरमल NaOH) से अधिक की आवश्यकता नही होनी चाहिए।

(ii) मीथाइल ओरेन्ज (Methyl orange) का सूचक द्रव का उपयोग करते हुए 10 mL (0.1 नोरमल HCL) से अधिक की आवश्यकता नहीं होनी चाहिए।

सोडियम और पोटासियम कार्बोनेटस और बाई कार्बोनेटस से सीमेंट के सेटिंग समय पर प्रभाव पड़ता है। यदि ये लवण अधिकता से मौजूद हो तो कांक्रीट के सामर्थ्य को कम करते हैं। केल्सियम और मेगनीसियम कार्बोनेटस जो पानी मे घुलते नही हैं, ये लवण भी सार्थक मात्रा में (Significant quantity) में मौजूद नहीं रहने चाहिए। इन लवण के बाई कार्बोनेटस पानी में घुलनशील होते हैं। इन लवण के अंश 400 ppm से अधिक नहीं होने चाहिए।

सोडियम क्लोराइड लवण का हानिकारक प्रभाव नहीं होता है। फिर भी इनकी मात्रा 20,000 ppm से अधिक नही होनी चाहिए। मेगनीसियम क्लोराइड का भी हानिकारक प्रभाव नहीं होता है।

इसका अंश 40,000 ppm से अधिक नहीं होना चाहिए। दो प्रतिशत की केल्सियम क्लोराइड की मात्रा से सीमेंट के सेटिंग और कठोरता प्राप्त करने में तीव्रता प्रदान करती है। क्लोराइडस की कुल मात्रा क्लोराइडस के आईओन (Cl, के रूप में न कि Cl_2 के रूप में) 0.15 प्रतिशत सीमित रहनी चाहिए। ये इस्पातिय सीरियों के संक्षारण/जंग क्रिया (Corrosion) के लिए जुम्मेवार होते हैं।

सोडियम सल्फेट (यदि मौजूद हो तो) का कोई हानिकारक प्रभाव नहीं होता है। इसकी मात्रा 10,000 ppm से अधिक नहीं होनी चाहिए। मेगनिसियम सल्फेट का भी हानिकारक प्रभाव नहीं होता है। फिर भी इनकी मात्रा 40,000 ppm से अधिक नहीं होनी चाहिए। सल्फेटस की कुल मात्रा (So_3 के रूप में, न कि SO_4 के रूप में) कांक्रीट करते समय 4 प्रतिशत (मात्रा के आधार के अनुसार) में सीमित रहने चाहिए। मिट्टी में सान्द्रता (Concentration) SO_3 के रूप में IS : 456-2000 में दी गयी सीमा से कम होने चाहिए।

शक्कर (यदि मौजूद हों तो) इसका हानिकारक/ विपरीत असर नहीं होता जब तक इसकी मात्रा 500 ppm से कम हो शक्कर के प्रभाव से सीमेंट के सेटिंग समय पर प्रभाव पड़ता है।

प्लेन सीमेंट कांक्रीट के लिए समुद्री पानी में लवण की मात्रा 35,000 ppm (सोडियम क्लोराइड और अन्य लवण सहित) तक हो तो पानी का उपयोग मिश्रण तैयार करने और तराई करने में उपयोग में (यदि परिस्थितियां बदल नहीं सकते हों) लाया जा सकता है। परन्तु प्रतिबल्लित कांक्रीट के लिए समुद्री पानी का उपयोग नहीं करना चाहिए। समुद्री पानी में मौजूद कई प्रकार के लवण से प्रबल्लित सीरियों में संक्षारण/ जंग क्रिया (Corrosion) होता है। समुद्री पानी के उपयोग से कांक्रीट की सतह पर शोरे की परत/झाग (Efflorescence) भी बन जाते हैं।

कई दूर दूर क्षेत्रों में पीने का पानी उपलब्ध कहीं कहीं रहता है और घरेलू कार्यो मे काम में नहीं लिया जाता है। ऐसे पानी की उपयोग्यता शंका पूर्ण रहती है। जिंक (जस्ता), तांबा और लेड और विशेष कर सोडियम सल्फाइड से सामर्थ्य में काफी कमी होती है। यदि इनकी मात्रा काफी कम हो तो ऐसे पानी का उपयोग कर सकते हैं।

संपीडन सामर्थ्य और प्रारम्भिक सेटिंग समय ज्ञात करने के लिए प्रस्तवित पानी से कांक्रीट के लिए उपयोग करके जाँच की जाती है। 150 mm माप के तीन घन नमूने के पानी से तैयार करते हैं और 28 दिन की संपीडन सामर्थ्य ज्ञात करते हैं, जो 90 प्रतिशत से औसतन डिस्टिल्ड पानी से बनाये गये घन से कम नहीं हो। प्रारंभिक सेटिंग समय 30 मिनट से कम नहीं हो और pH मान छः से कम नहीं हो।

पानी की गुणवता (Quality of water)

कांक्रीट के मिश्रण में मिलाया जाने वाला और तराई के लिए काम में लाया जाने वाला पानी साफ होना चाहिए। तेल, तिजाब एलकलीज, लवण, शक्कर, जीवाणु पदार्थ अथवा अन्य पदार्थ कांक्रीट और प्रतिबल्लित सिरियों के लिए हानिकारक होते हैं। उपयुक्त पानी हानिकारक पदार्थ से मुक्त होने चाहिए।

कांक्रीट मिश्रण में पीने योग्य पानी का उपयोग सन्तोष जनक रहता है। मानक IS : 456-2000 में हानिकारक पदार्थो का अधिक अनुमेदित (Permissible) मान का मार्गदर्शन के लिए दिये गये हैं

(i) फीनोलफ्थलीन (Phenolphalene) का उपयोग सूचक (Indicator) की तरह किया जाता है। 100 mL नमुने के पानी के लिए [(0.02 सामान्य NaOH को उदासीन (Neutralise) करने के लिए] 5 mL की मात्रा से अधिक की आवश्यकता नहीं होनी चाहिए।

(ii) यदि मिश्रित सूचक (Mixed indicator) का उपयोग किया जाता है तब 100 mL नमुने के पानी के लिए 25 mL (0.02 सामान्य H_2SO_4) की आवश्यकता नहीं होनी चाहिए।

(iii) पानी का pH का मान 6 से कम नहीं होना चाहिए।

(iv) (एक लीटर में घुले हुए ठोस पदार्थो की) अनुमति युक्त सीमाओं का पानी के लिए IS : 456-2000 में निम्नलिखित उल्लेख किया गया है।

जीवाणु युक्त ठोस की मात्रा 20 mg/litre अजीवाणु युक्त पदार्थ की मात्रा 3000 mg/ litre, सल्फेटस SO_3 का मात्रा 400 mg/litre से अधिक नहीं। क्लोराइडस की मात्रा 2000 mg/Litre से अधिक नहीं और विश्व स्वास्थ्य संगठन WHO के अनुसार केवल 500 mg पानी में घुले हुए ठोस की स्वीकृति है।

1.8 रसायनिक समिश्रण (Chemical admixtures)

पोर्टलेन्ड सीमेंट, बारीक और मोटे मिलावे और पानी के अतिरिक्त कांक्रीट के गुणों को सुधारने और रूपान्तर करने के लिए अन्य पदार्थ जो मिलाये जाते हैं, उनको समिश्रण कहते हैं। सुकरता (Workability), सामर्थ्य और टिकाऊपन (Durability) गुणों में प्रगति करने के लिए रसायनिक समिश्रणों तैयार किये गये हैं और उनको विकसित किया गया है। ताजी और कठोर कांक्रीट के साधारण गुण को उदासीन करने (Neutralize) कांक्रीट को शीघ्र अथवा देर से कठोर बनने, तराई में मदद करने, कांक्रीट में रंग मिलाने और अन्य गुण देने के लिए समिश्रण मिलाये जाते हैं। कई समिश्रण इस तथ्य को स्थापित (Establish) कर दिया है कि समिश्रण मिलाना लाभकारक (Beneficial) रहता है। कई दफह समिश्रण मिलाने से ऐसी कठिनाइयों का हल हो जाता है, जिनका कि अनुमान ही नहीं लगाते थे। प्रत्येक समिश्रण विशिष्ट (Specific) आवश्यकता की पूत्ति करते हैं। IS : 9103-1999 में कई समिश्रणों के लिए मार्गदर्शक बिन्दुओं और रेखाओं (Points and Lines का उल्लेख किया गया है। समिश्रण के उपयोग से कांक्रीट के टिकाऊपन को हानि नहीं होनी चाहिए और प्रबल्लित सिरियों (Reinforcement bars) में संक्षारण (Corrosion) नहीं होना चाहिए। रसायनिक समिश्रण तरल पदार्थ आकार (Liquid form) में होते है। तैयार कांक्रीट के मिश्रण जिसको एक स्थान से दूसरे स्थान पर स्थानान्तरित करना होता है, उनके उत्पादन के लिए समिश्रण का उपयोग अनिवार्य रूप में करना होता है। रसायनिक समिश्रण में निम्न समिश्रण सम्मिलित हैं।

(i) गति बढ़ाने वाले (त्वरण समिश्रण Accelerating admixtures)

(ii) गति में विलम्ब करने वाले (मन्दक Retarding admixtures)

(iii) पानी की मात्रा कम करने वाले (Water reducing admixtures)

(iv) हवा को गिरफ्त करने वाले (Air entrainer admixture)

(v) हिमकरण निरोधक (Anti-freezing)

(vi) धुलाई निरोधक (Anti-washouts)

(vii) सुकड़न कम करने वाले (Shrinkage reducing)

(viii) पोलीमर मोडिफायर और बाइन्डर सिस्टम्स (Polymer modified concrete polymer impregnated concrete, polymer concrete)। उपरोक्त लिखित कुछ रसायनिक समिश्रण का विवरण यहाँ पर किया गया है।

(1) गति बढ़ाने वाले समिश्रण (Accelerating admixtures)

इनका उपयोग कांक्रीट में शीघ्र सामर्थ्य विकास करने के लिए किया जाता है। ये समिश्रण साधारण पोर्टलेन्ड सीमेंट के तत्वों के साथ रसायनिक प्रतिक्रिया करते हैं। इन समिश्रणों के उपयोग से फोर्म वर्क को जल्दी हटाने की सुविधा मिल जाती है। इनका उपयोग साधारण सेटिंग की गति बढ़ाने और तराई के

समय अवधि को कम करने के लिए किया जाता है। साधारण पोर्टलेण्ड सीमेंट के लिए केल्सियम क्लोराइड, ($CaCl_2$), फ्ल्युसीलिकेटस (**Fluosilicates**) और ट्राईएथनोलमाइन (**Tri-ethanolmine**) का उपयोग किया जाता है।

कैल्सियम क्लोराईट और नाइट्राट का उपयोग गर्म मौसम में किया जाता है। उत्पन्न ऊष्मा (**Heat of Hydration**) की मात्रा बढ़ जाती है। इससे दरारें आ जाती हैं। कठोर कांक्रीट में सुखने के बाद सुकड़न (**Shrinkage**) को बढ़ाती हैं। एलकलीज और मिलावे की प्रतिक्रिया से जो विस्तार (**Expansion**) होता है, उसमें वृद्धि होती है।

कांक्रीट की फ्रिजिंग और थाइंग (**Freezing and Thawing**) की प्रतिरोधी क्षमता में वृद्धि होती है। प्रबल्लिता इस्पाती सिरियों के संक्षारण (**Corrosion**) क्रिया को निषेध (**Prohibit**) करती है। इनका उपयोग आवश्यक मरम्मत के कार्यों में किया जाता है।

(2) गति में विलम्ब करने वाले समिश्रण (Retarding - admistures)

साधारण पोर्टलेण्ड सीमेंट की सेटिंग समय को धीमा करने और कार्य करने के समय में वृद्धि करते हैं। ये समिश्रण साधारण पोर्टलेण्ड सीमेंट के तत्वों (**Constituents**) के साथ रसायनिक क्रिया करते हैं। इन समिश्रण के उपयोग से अन्तिम तराई से प्राप्त सामर्थ्य पर कम से कम प्रभाव पड़ता है।

गति में विलम्ब करने वाले समिश्रण तुलना में कम खर्चीले पदार्थ होते हैं। उदाहरण के लिए इस्टार्चस, सेल्युलोज पदार्थ, शक्कर, लिगनिन, बोरेक्स टारटनिक तिजाब और लवण, हाईड्रोसिलल कार्बोसियल तिजाब और उनके लवण (सोडियम–टारट्रेंट) का उपयोग किया जाता है।

ये समिश्रण अवांछित गति बढ़ने में कमी करते हैं। जटिल (**Complicate**) कार्य और आयतन में अधिक मात्रा की कांक्रीट में ज्यादा समय की आवश्यकता होता है। यह समिश्रण कार्य–समय में वृद्धि करते हैं।

ये गति में विलम्ब करने वाले समिश्रण रसायनिक प्रतिक्रिया में तेज गति से ऊष्मा उत्पन्न करने वाले समुह के तत्व C_3A और C_3S हस्तक्षेप (**Interfere**) करते हैं। ये समिश्रण कांक्रीट को आकार में ढलने के समय प्रारम्भिक स्तर पर ऊष्मा उत्पन्न की शुरूआत करते हैं। गति में विलम्ब करने वाले समिश्रण 24 घंटे से 72 घंटे के समय अवधि में महत्वपूर्ण रहते हैं। ऊष्मा के उत्पादन में कमी करते हैं।

(3) पानी की मात्रा कम करने वाले समिश्रण (Water-reducing or plasticizing admixtures)

अधिक सुकरता (**Workabiity**) की अनुमति के लिए (दिये हुए पानी/सीमेंट के अनुपात के लिए) विकल्प के लिए (**Alternatively**) [पानी/सीमेंट अनुपात को कम करते हुए पहले जैसी सुकरता बनाये रखने के लिए ऐसे समिश्रण का उपयोग किया जाता है। प्लास्टिसाइजरस और सुपर–प्लास्टिजाइरस (**Plasticizers and Super-Plasticizers**) के उपयोग से कांक्रीट में उच्च सामर्थ्य प्राप्त होता है। इन समिश्रण के उपयोग से पानी की मात्रा में काफी कमी करना संभव है और उच्च सल्मस्ज (**Slumps**) बनाये रख सकते हैं। कांक्रीट को उच्चे स्तर पर पम्प की जा सकती है (बिना कांक्रीट के सामर्थ्य को प्रभावित करते हुए)। ये समिश्रय कांक्रीट को चिकनाहट प्रदान करते हैं। (**Lubricity**) अधिक सामर्थ्य और टिकाऊपन का लाभ पानी की कमी 5 प्रतिशत, 10 प्रतिशत यहाँ तक की 15 प्रतिशत संभव है।

ये समिश्रण कांक्रीट की यन्त्रिक जीवन में यंत्र की तरह कार्य करते हैं। ये समिश्रण कम जोर कार्यशील मिश्रण को चिपकने (Cohesion) और कोमलता (Plasticity) दो तरह से प्रदान करते हैं। न्यूनत्तम महत्व में ये समिश्रण छोटे–छोटे हवा के रिक्त स्थान भरने का काम करते हैं। सबसे अधिकत्तम महत्व का तथ्य यह कि यह समिश्रण कांक्रीट में बीच–बीच में खाली स्थान बनाये रखने में कार्य करते हैं। सें समिश्रण यन्त्रिक तरीके से कांक्रीट के कंकरी को अलग–अलग रखते हैं और आन्तरिक घर्षण में कमी करते हैं। ये समिश्रण अधिक सीमेंट पेस्ट अधिक सतह के क्षेत्रफल पर सीमेंट पेस्ट से भिगोने के कार्य करते हैं। इन समिश्रण के उपयोग से पानी के रसाव को रोकते हैं। सीमेंट को तह पर जमने में कमी करते हैं।

3(i) लिगनोसल्फेटस (Ligno-sulphates)

इन समिश्रण में मूल अंश होते हैं। इनमें शक्कर होती है। जिससे क्रिया में विलम्ब होता है। विकल्प के रूप में रीफाइनड शक्कर का प्रयोग करने से अधिक गति से विलम्ब नहीं होता। पोलीहाड्रोआक्सिल यौगिक का इस समिश्रण के मूल अंश की तरह उपयोग करते हैं। ये यौगिक अधिक खुराक के चेतनाशील होते है। जिससे ज्यादा विलम्ब हो सकता है।

3(ii) सुपर–प्लास्टिसाइजरस (Super-plasticizers)

ये समिश्रण का मूल आधार पर प्राकृतिक पदार्थों से कृत्रिम क्रिया से तैयार किये (Synthesized) गये जमाव/गाढ़े बनाये हुए (Condensates) होते हैं। उदाहरण के लिए मेलेमाइन फोरमलडीहाईड और नथ्थलेन सल्फोनेट–फोरमल्डीहाईड (e.g., melamine-formaldehyde and Napthalene sulphobnate - formaldehyde) पदार्थ होते हैं। पूर्ण रूप से प्रभावी बनाने के लिए इन सुपर–प्लास्टिसाइजरस से कांक्रीट को उच्च–द्रवता (High-Fluidity) दी जाती है। इस बात की भी ध्यान रखा जाता है कि इस समिश्रण के उपयोग से कोई अवांछनीय प्रभाव तो नहीं होते हैं। (जैसे पानी का रिसना और अलगाव (Bleeding and Segregation)

4. हवा को गिरफ्त में लेने वाले समिश्रण (Air-entraining admixtures)

1930 के दशक में हवा को गिरफ्त में रखने वाली कांक्रीट का विकास हुआ। आज के समय में करीब करीब हर एक व्यवसायिक प्रयोग (Application) के लिए इसी का अनुमोदन (Recommend) किया जाता है। ऐसे समिश्रण को सीमेंट के साथ ही पीसा जाता है।

इन हवा को गिरफ्त में लेने वाले समिश्रण अंश अति सूक्ष्म और अच्छी तरह छितरा कर (Disperse) हवा के बुलबुले सीमेंट के पेस्ट के साथ ही मिला दिये जाते हैं। जो कि स्थानिक (Local) प्रतिबल (Stress) तराई की हुई कांक्रीट के यह लाभ है, जो कांक्रीट आर्द्रता (moisture) के लिए खुली रहती है (Exposed)। ऐसे स्थान पर जहाँ पानी जम जाता है। और ऐसे स्थान पर जहाँ बर्फ पिघलती है (Thawing) विशेष करके जहाँ बर्फ हटाने वाले (De-icing) रसायन का उपयोग किया जाता है, वहाँ इस प्रकार के समिश्रणयुक्त कांक्रीट का उपयोग लाभप्रद रहता है। इनसे उत्पन्न अति सूक्ष्म हवा के बुलबुलों के कारण सुक्ष्मीय (Microscopically) स्थानीय विस्तार के लिए जगह प्रदान करते हैं। (करीब कांक्रीट के आयतन की 5 प्रतिशत स्थान घेर लेते हैं) एलकली और सिलिका से हानि की संभावना रहती है, वहाँ पर अवरोध (resistance) प्रदान करती है। ऐसी परिस्थितियों में जहाँ पर सल्फेट आक्रमक रहते हैं और हानि पहुँचा सकते हैं, वहाँ पर भी अवरोध प्रदान करते है चूंकि हवा दबाई जा सकती है, इस कारण इसके प्रभाव से कांक्रीट के सामर्थ्य में कमी होती है।

सुकरता (Workability) और टिकाऊपन (Durability) में बढ़ोतरी करने के लिए इन समिश्रणों का उपयोग इच्छानुरूप हवा के अति सूक्ष्म (Microscopic) बुलबुलों की नियंत्रित मात्रा में उपयोग किया जाता है। कांक्रीट के सेटिंग समय और कठोर बनने के समय को अधिक प्रभावित नहीं करे। ये सूक्ष्म हवा के बुलबुलों का बारीकी से वितरित किया जाता है कि वे स्थिर (Stable) रहते हैं, वे नहीं तो बाहर निकल सकते है, न ही उनको कुचला जा सकता है। इन से तह पर जमने में और कंकरी के अलग होने के प्रवृति में कमी होती है। इनसे कांक्रीट के इकाई भार में कमी होंती है।

इन समिश्रण का विस्तारिक उपयोग हो रहा है इनका उपयोग मुख्यतया पेवमेंट निर्माण में किया जाता है। ये जीवित पदार्थों के यौगिक (पशुओं अथवा सब्जियों की चरबी (Fats) या तेल होते हैं।

1.9 खनिज समिश्रण (Mineral admistures)

खान से संबंधित निम्नलिखित समिश्रण का भी उपयोग कांक्रीट में मिलाने और गुणों में सुधार और बदलाव लाने के लिए किया जाता है।

(i) धमन भट्टी स्लैग (Blast furnance slag)

(ii) सिलिका फ्यूम/धुआँ (Silica fame)

(iii) उच्च – अभिक्रियाशील मेटा काओलिन (Highly-reactive metakolin) और

(iv) फ्लाई–रास (Fly-ash)

खनिज समिश्रण बारीक दानेदार (Fine-granular) आकार के होते हैं। खनिज समिश्रय का उपयोग सीमेंट के साथ मिलाकर किया जाता है अथवा सीमेंट के अपूर्ण (Partial) बदलाव (Replacement) के लिए किया जाता है। IS : 2089 के अनुरूप (Conforming) इसका उत्पादन होना चाहिये।

1. धमन भट्टी स्लैग समिश्रण (Blast-furnance slag admixture)

पीसा हुआ, दानेदार या गुटखा–कृत धमन भट्टी स्लैग (Ground granulated blast furnace slag admixure) – लोहे के उत्पादन का उपोत्पाद/उपजात यह समिश्रण है। जब इसको तीव्रता से पानी से बुझाया/ठण्डा काँच की तरह किया जाता है और पीसा जाता है, तब इसमें गुप्त द्रवीय (Latent hydralicity) गुण आ जाता है। अधिकतर स्लैग पदार्थ जो इस प्रकार से उत्पन्न किये जाते हैं, वे सीमेन्टीयस पदार्थ होते हैं। कुछ अन्य पदार्थ सक्रिय कारक (Activators) (उदाहरणार्थः पोर्टलेण्ड सीमेन्ट और केल्सियम सल्फेट) के उपस्थिती में इसी प्रकार कार्य करते हैं। सीमेन्ट कांक्रीट में इनका प्रदर्शन (performace) स्वतंत्र रहती है। भले ही अन्तर्निहित (Inherent) सीमेन्टीयस हो अथवा नहीं।

पिग–आइरन (Pig iron) के उत्पादन के दोहेरान, और धमन भट्टी स्लैग के उत्पादन के दोहरान 18 प्रतिशत (1400°C -1500°C) के तापमान पर स्लैग प्रोसेस और हवा से ठंडा किया गया स्लैग, विस्तारित स्लैग (Expanded - slag), दानेदान स्लैग और गुटकाकृत स्लैग उत्पन्न होती है। दानेदार भट्टी स्लैग का उपयोग में लाने की तकनीकी विधि की पूरे विश्व में जानकारी है।

पोर्टलेण्ड सीमेंट को कुछ मात्रा में बदलकर जब स्लैग समिश्रण मिला दिया जाता है तब कांक्रीट के सेटिंग समय में वृद्धि हो जाती है। अन्तिम सेटिंग समय में कई घंटों में वृद्धि की जा सकती है। यह सब आसपास के वातावरण के तापमान पर कांक्रीट के तापमान पर, मिश्रण के अनुपात पर निर्भर करता है। 23°C के तापमान पर सेटिंग समय को बढ़ाने की आशा कर सकते हैं। 30°C के तापमान पर सेटिंग समय पर कम प्रभाव पड़ता है अथवा कुछ भी प्रभाव नहीं होता।

पोर्टलेण्ड सीमेंट के टिकाऊपन के गुण में धमन भट्टी स्लैग को मिलाने से वृद्धि होती है। यह बारीक और सूक्ष्म संरचना के कारण होता है। लीचड़ केल्सियम हाइड्रोआक्साइड से कठोर बने सीमेंट पेस्ट में आसानी से कमी के कारण होत है। केल्सियम हाइड्रे आक्साइड द्वारा पहले जो आयतन में व्याप्त स्थान को हाइड्रेसन पदार्थों से बाद में भर दिया जाता है। इससे आर्द्रता/नमी के प्रवेश के गुण में (Permeability) में कमी आ जाती है। इससे पदार्थ कम नमी के प्रवेश पदार्थ बन जाते हैं। नमी/आर्द्रता प्रवेश मे कमी आने से भौतिक और रसायनिक क्रिया आर्द्रता के स्थानान्तरण के कारण गुणों में जो कमी हो जाती थी, उसमें कमी हो जाती है। आर्द्रता/नमी पानी के प्रवेश से कांक्रीट का क्षय (Deterioration) की दर ज्ञात की जाती है।

2. सिलिका–फ्यूम/धुआँ समिश्रण (Silica-fume admixture)

इलेक्ट्रिक आर्क फरनेस में निमग्न/डूबे हुए (Submerged) सिलिकोन या विभिन्न सिलिकोन एलोयज के उत्पादन में गौण–उत्पादन (By-Product) के रूप में सिलिका–फ्यूम/धुआँ का निर्माण (Manufacture) होता है। इलेक्ट्रिक आर्क फरनेस में निमग्न/डूबा हुआ उत्पादित एलोय के रूप में और दो मुख्य उपयोगित अवयव क्वार्ज (Quartz) और कोयला (Coal) सिलिका फ्यूम/धुआ के रसायनिक बनावट को बहुत अधिक प्रभावित करता है। पश्चिमी देशों में व्यवसायिक दृष्टि से कई सिलिका फ्यूम/धुआँ की विभिन्न किस्में उपलब्ध (Available) हैं। उत्पादित सिलिका फ्यूम, सघन (Compact) सिलिका फ्यूम, पानी पर आधारित सिलिका–फ्यूम पतले गारे (Slurry) के रूप में इत्यादि कई विभिन्न इस प्रकार के समिश्रिण उपलब्ध हैं।

अन्य पोजोलानिक पदार्थों की तरह सिलिका–फ्यूम कांक्रीट के कैल्सियम हाइड्रो आक्साइड (Calcium-hydroxide $Ca(OH)_2$) के अंशों में कमी करता है। इससे कारबोनेशन (Carbonation) के तीव्र दर को उत्साहित (Promote) करता है। दूसरी तरफ इस प्रभाव को खिसकाती (Offset) है।

सिलिका फ्यूम मिश्रित कांक्रीट अपारगम्य/अभेद्य प्रवृत्ति जो कि कांक्रीट में कार्बन डाइ–आक्साइड (CO_2) के प्रवेश में विलम्ब उत्पन्न करने से होता है। शुद्ध/नवल (Net) प्रभाव कुछ परिवत्तर्नीय भी होता है, क्योकि यह विभिन्न घटक (factors) पर आधारित होता है। जैसे सिलिका–फ्यूम के तत्वों पर पानी और सीमेंटसियस पदार्थों के अनुपात पर और तराई के तरीके आदि। इन सब का हानिकारक प्रभाव परम/चरम (Ultimate) कैल्सियम हाइड्रोआक्साइड के तत्वों पर और कांक्रीट के पारगम्यता (Permeability) पर पड़ता है।

3. उच्च अभिक्रियाशील मेटाकाओलिन समिश्रण (Highly reactive metakaolin admixtures)

कांक्रीट के उपयोग के लिए बहुत अधिक क्रियाशील के रूप में नवीन (Recently समिश्रण उच्च अभिक्रियाशील मेटाकाओलिन (Highly-reactive metakaoline admixture) उपलब्ध हुआ है। यह समिश्रण अन्य समिश्रण की तरह गौण–उत्पादन पदार्थ (By-Product) नहीं हैं। (जैसे फ्लाईनाश, स्लैग या सिलिका फ्यूम)। यह समिश्रण उच्च शुद्धता वाले काओलिन क्ले उत्पादित (Manufacture) किया जाता है। इसमें 700°C-800°C तापमान क्षेत्र में केलसिनेशन (Calcination) क्रिया से बनाया जाता है। पदार्थ को 1–2 μm कण के माप में औसतन में बनाया जाता है। यह रंग में सफेद होता है। 1994 में अटलांटा में एक संयंत्र कमीशन Commissioned) किया गया था। इसमें बराबर के अनुपात में सिलिका और एल्युमिना (SiO_2 and Al_2O_3 मात्रा में) थी। इसमें 50 प्रतिशत सिलिका, 40 प्रतिशत एल्युमिना, एक

प्रतिशत आइरन–आक्साइड, दो प्रतिशत कैल्सियम आक्साइड, 0.01 प्रतिशत मैग्नीशियम–आक्साइड, 0.5 प्रतिशत एलकलीज और करीब दो प्रतिशत जलन क्रिया में हानि मानकर मिश्रण बनाया गया था।

मेटाकाओलित मुख्य आवश्यकता में नोन–क्रिसटालाईन एल्युमिनो–सिलीकेट (Si-Al-o) फेज के मिश्रण से बनाया जाता है। छोटी मात्रा में क्रिसटालाईन अशुद्धि मौजूद हो सकती है। (करीब एक से दो प्रतिशत क्वारज, फेल्ड स्पार या टिटोनिया हो सकता है।)

दो घटक (factors) नोन–क्रिसटालाईन संरचनात्मक और एक उच्च सतह क्षेत्रफल 20 m^2/gm इसको क्रियाशीलता प्रदान करते है। इस उच्च अभिक्रियाशील मेटाकाओलिन का अपेक्षिक गुरुत्व (Specific-gravity) 2.5 होती है।

4. फ्लाई–एश समिश्रण (Fly-ash admixture)

थर्मल–पोवर सयंत्रों में फ्लवेराइडज कोयले के जलने से फ्लाई–एश का गौण–उत्पादन (By-Production) होता है। एक धूल इकट्ठे करने के प्रणाली/व्यवस्था (System) से जली हुई गेसेज को वातावरण में मुक्त करने से पहले, बहुत बारीक सूक्ष्म अवशेष (Residue) विविक्त (Particulate) होता है, उसको इकट्ठा कर लिया जाता है। फ्लाई–एश उद्योगों के छीजत पदार्थ से बनायी जाती है।

फ्लाई–एश की रसायनिक बनावट, कोयले में अजलनशील पदार्थ की तुलनात्मक मात्रा से की जाती है। रसायनिक यौगिक और सिलिकोन एलयुमिनियम, लोहे, कैल्सियक और मैगनीशियम से बना ग्लास/कांच (Glass) जो कि 85 प्रतिशत अधिकतर फ्लाई–एशेज में होते हैं। साधारणतया फ्लाईएश सब बिट्युमिनस कोयले के पदार्थ के जलने से बना होता है, उसमे कैल्सियम मात्रा लोहे से अधिक होती है यदि हम बिटि्युमिनस कोयले से प्राप्त फ्लाई एश से तुलना करते हैं। पूर्व उल्लेखित फ्लाई–एश कार्बन की मात्रा बहुत कम होती है। वे संयंत्र जो पारी से (Intermittently) कार्य करते हैं और जले हुए बिट्युमिनस कोयले का उपयोग करते है, उनमें अधिकतम अजला कार्बन का ज्यादा उत्पादन होता है। फ्लाई–एश कण विशेष प्रकार के गोले के आकार के होते हैं, जिनका व्यास 1 μm – 150 μm से भी कम होता है। फ्लाई–एश पोजालानिक सक्रियता (Activity) प्रदर्शन करते हैं।

पोजालाना को अक्रिस्टलीय सिलिसियस (Amorphous silica) अथवा सिलिसियस और एलमिनअस पदार्थ द्वारा परिभाषित किया जाता है। जो कि स्वंम्य या तो बहुत कम या बिल्कुल भी नहीं सीमेन्टीयस होता है परन्तु जब चूने और पानी में मिलाया जाता है, तब सीमेन्टीयस यौगिक (साधारण तापमान पर) बनाता है। फ्लाई–एश विश्व में अधिकांश उपयोग में लाये जाने वाला पोजालाना है। ज्वालामुखी के बजाय मुख्यतया बिजली उत्पादन के संयंत्र से बनाया जाता है, जिसमें कोयला जलाया जाता है।

फ्लाई–एश में मेटा–स्थिर एलमिनो–सिलिकेटस होते हैं, जो कि केल्सियम आयोन (Ions) से आर्द्रता (Moisture) की उपस्थिति मे क्रिया करके कैल्सियम सिलिकेट हाइड्रेटस बनाते हैं।

करीब 1930 में, इस शब्द फ्लाई–एश का विद्युत उत्पादन उद्योग में पहली बार उपयोग किया गया था। 1948 में इसका बड़ा उपयुक्त (Application) को रिपोर्ट किया गया था। विस्तृत विश्व में फ्लाई–एश को कांक्रीट के अवयव में स्वीकार किया गया। धीरे–धीरे शुरू के प्रयास (Efforts) होते रहे और रूचि विशिष्टतया विचारणीय रही। ऊर्जा–शक्ति में तीव्र में और इसी के साथ सीमेंट की कीमतों में वृद्धि से इसके उपयोग में वृद्धि हुई। यह करीब 1970 में दोहरान हुआ।

दो प्रकार की फ्लाई–एश का उपयोग होता है। एक फ्लाई–एश साधारणतया लिगनाईट या सब–बिट्युमिनयस कोयले के जलने से उत्पादित है, वह C-श्रेणी की कहलाती है। दूसरी फ्लाई का साधारणतया उत्पादन बिट्युमिनअस कोल एनथ्रासाईट (Anthracite) के जलने से बनायी जाती है, वह F- एफ श्रेणी की कहलाती है।

कैल्सियम की कम मात्रायुक्त फ्लाई–एश से सीमेंट के सेटिम समय में विलम्ब होता है। IS : 3812 के अनुरूप (Conforming) इसका उत्पादन होना चाहिए।

C- श्रेणी और F- श्रेणी के फ्लाई–एश समिश्रण। दोनों कांक्रीट के साथ एक ही प्रकार की प्रतिक्रिया करते हैं।

फ्लाई–एश मिश्रण का मुख्य लाभ न केवल अटिकाऊ केल्सियम हाइड्रो आक्साइड (चुना / Lime) की मात्रा में कमी करते हैं, परन्तु इनको केल्सियम सिलिकेट हाइड्रेट (CSH) में बदल देते हैं जो कि बहुत सामर्थ्यवान और अधिकतम टिकाऊ होते हैं। फ्लाई–एश के प्रभाव से जब कांक्रीट प्लास्टिक अवस्था में होती है तब उसमें चिकनाई क्रिया आ जाती है। इससे निम्नलिखित लाभ होते हैं।

1. सकुरता (Workability) में वृद्धि हो जाती है। इससे कांक्रीटिंग आसानी से होती है। और प्रयास कम करना पड़ता है। कम्पन्न क्रिया में प्रतिवादन (Response) अच्छा मिलता है। माउल्डस और फोर्मस (Moulds and form) आसानी से भरे जा सकते हैं।
2. कांक्रीट को पम्प (Pump) करने में कम शक्ति (Energy) की आवश्यकता होती है और कांक्रीट को ज्यादा दूरी तक पम्प कर सकते हैं।
3. उन्नत परिसज्जन (Improved finishing) प्राप्त होता है।
4. रिसने (Bleeding) में कमी हो जाती है।
5. मोटे–मिलावे की अलगाव (Segregation) प्रवृत्ति में कमी आ जाती है।
6. फ्लाई–एश मुक्त चुन्ने के साथ मिलना जारी रखता है। इससे संपीडने सामर्थ्य में वृद्धि होती है।
7. आर्द्रता (Moisture) के प्रवेश मे कमी हो जाती है।
8. कांक्रीट के टिकाऊपन (Durability) में वृद्धि होती है।,
9. सल्फेट अतिक्रमण (Sulphate attack) में कमी हो जाती है।
10. सफेद परत (Effloscence) बनने में और कांक्रीट के फूलने में कमी होती है।
11. कांक्रीट में चिकनाई उत्पन्न होने से पानी की मात्रा की आवश्यकता में कमी हो जाती है और कांक्रीट के सूखने पर सुकड़न में कमी आती है।
12. हाइड्रेसन से उत्पन्न ऊष्मा (Head of hydration) में कमी हो जाती है। थर्मल दरारें जो आती हैं, उसमे भी कमी हो जाती है।
13. एलकली सिलिका (Alkali-silica) के प्रतिकार (Reaction) में कमी हो जाता है।

फ्लाई–एश से प्रबल्लित सिरियों (Reinforcing-bars) के संक्षारण (Corrosion) में कमी हो जाती है।

फ्लाई–एश के उपरोक्त लाभ के कारण श्रेष्ठ (Superior) श्रेणी की और ज्यादा टिकाऊ कांक्रीट प्राप्त होती है।

5. समिश्रण जिसमें गैस बनती है (Gas-forming admixtures)

रेत और सीमेंट (Sand and cement) मिश्रण में पाउडर–जस्ता, पाउडर–एल्युमिनियम और हाईजन पेरा–आक्साइड गैस के बुलबुले उत्पन्न किये जाते हैं। इनका उपयोग हल्के वजन की वायु–मिश्रित कांक्रीट में किया जाता है। जिसका उपयोग उच्च थर्मल इन्सुलेशन गुण के लिए किया जाता है। हालांकि भारी–भार को वहन करने के कार्यों मे नहीं किया जाता है।

1.10 कांक्रीट के गुण (Properties of concrete)

कांक्रीट के विभिन्न गुण जो कांक्रीट के सामर्थ्य (Strength) से संबंधित है, उनका उल्लेख अध्याय 2 में किया गया है। ताजा/फ्रेश कांक्रीट के अन्य महत्वपूर्ण गुणों का उल्लेख यहाँ पर किया गया है।

1. सकुरता (Workability)

वैज्ञानिक तरीके से ताजी (Fresh) कांक्रीट के लिए इस प्रकार परिभाषित किया जाता है कि कांक्रीट यह गुण जिससे कांक्रीट के पूर्ण सघन (Full-compaction) (IS : 6461 भाग VII - 1973 मानक के अनुकूल) के लिए उपयोगी आन्तरिक आवश्यक कार्य की मात्रा (Quantity) को निश्चित किया जा सकता है। यह ताजा कांक्रीट वह गुण है जिससे यह ज्ञात किया जा सकता है कि कितनी आसानी से एक ही प्रकार (Homogeneous) मिश्रण जो मिलाया जा सकता है, आकृति के अनुसार ढाली जा सके और जिसका पूर्ण सघन (Full compaction) किया जा सके और जिसको पूर्ण रूप से पूरा किया जा सके, जिसको अन्तिम आकार दिया जा सके। एक ताजा कांक्रीट को कई आवश्यकताओं को संतुष्ट करना होता है। एक कांक्रीट मिश्रण स्थायी होना चाहिए (अर्थात् मोटे–मिलावे में एक स्थान से दूसरे स्थान पर ढोने के दोहरान अलग होने की प्रवृति (Segregation) और सघन (Compaction) करते समय नहीं होनी चाहिए।

एक ताजा कांक्रीट मिश्रण में आर्द्रता (Moisture) का रिसाव (अर्थात्, पानी की अधिक मात्रा में होने के कारण सतह पर आने की प्रवृति (Bleeding) नहीं होनी चाहिए, या फिर कम होनी चाहिए इससे कांक्रीट में सूक्ष्म छिद्र बन जाते हैं।

कांक्रीट को संसंजक (Cohesive) और चलने–फिरने का गुण/गति युक्त (Mobile) काफी होना चाहिए, ताकि प्रबल्लित सिरियो के चारो तरफ सतह पर चिपक सके। कांक्रीट को आवश्यकता के अनुसार आकार मे ढाला जा सके। बड़े अनुप्रस्थ (Large-section) में यदि प्रबल्लित सिरिये कम होते हैं, तब कांक्रीट आसानी से की जा सकती है। जब कि कम मोटाई के अनुप्रस्थ में अधिक प्रबल्लित सिरियों के कारण कांक्रीट करना कठिन होता है। कांक्रीट का माउल्ड में हाथ से सघनन (Compaction) करने की सुविधा होनी चाहिए। कभी कभी हाथ से सघनन करना कठिन होता है। ऐसी स्थिति में यांत्रिक कम्पन्न सुई या सतह से कम्पन्न करने वाले प्लेटस का उपयोग किया जाता है।

कांक्रीट का सकुरता (Workability) का नियंत्रण (Control) पानी की मात्रा माप कर की जा सकती है। ताजा कांक्रीट के सकुरता अलग अलग विधि से (अर्थात् स्लम्प टेस्ट, सघनन खण्ड टेस्ट और वी–बी टेस्ट) से मापी जाती हैं।

स्लम्प टेस्ट (Slump-test)

सारभूत/मुख्यतय (Essentially) से कांक्रीट की स्लम्प टेस्ट में संघनता (Consistency) को मापा ता है या कांक्रीट का गिलापन (Wetness) मापी जाती है। किसी कोन के आकार का पात्र (Vessel) आधार के समान्तर कटे हुए (Frustum) पात्र जो कि उपर और नीचे दोनों तरफ से खुला हुआ हो र चपटी (Flat) सतह पर हुक द्वारा बन्धी होती है। इस तरह के तीन पात्र होते हैं चार बराबर मोटाई तहों (Layers) में ताजी मिश्रित कांक्रीट से भर दिया जाता है। प्रत्येक तह को 16 mm व्यास की र 600 mm की लम्बाई की टेम्परिंग रोड (सिरीया) द्वारा 25 दफह पीटा जाता है। पात्र को सावधानी से र उठाया जाता है, ताकि भरा हुआ कांक्रीट मिश्रण में कोई विघ्न (Disturb) न हो। मुक्त (Free) क्रीट को स्थापित होने की (Settle) अनुमति हो। अलग–अलग पात्र से बारी–बारी से कांक्रीट गिराई ती है। कांक्रीट मिश्रण के ऊर्ध्वाधर (Vertical) अवस्थापन (Settlement) को mm में मापा जाता है, र इसको स्लम्प (Slump) कहते हैं।

सड़क निर्माण मे उपयुक्त कांक्रीट मिश्रण को करीब (20 mm - 30 mm) या (25 mm - 30 mm) म्प की आवश्यकता होती है। जबकि घरन (Beam) और छत (Slab) स्तम्भ निर्माण, पुश्ता–दीवार etain-wall) आदि के निर्माण के लिए स्लम्प का मान क्रमशः (50 mm - 100 mm) और (75 mm - 0 mm) होना चाहिए। कम्पित कांक्रीट (Vibrated - concrete) के लिए स्लम्प का मान (12 mm - mm) का अपनाया (Adopt) जाता है। (25 mm - 125 mm) स्लम्प यह प्रदर्शित करता है कि क्रीट मध्यम अथवा उच्च श्रेणी के सुकरता (Wokability) की है। शुन्य स्लम्पवाला कांक्रीट मिश्रण त दृढ़ (Stiff) होती है।

स्लम्प जाँच (टेस्ट) में उपयुक्त उपकरण (Apparatus) सरल होता है। अतः कांक्रीट के निर्माण में उपकरण बहुत उपयोग में लाया जाता है। अलग अध्याय में इस टेस्ट का विवरण विस्तारपूर्वक etail) में दिया गया है।

सघनन खण्ड जाँच (Compaction - factor test)

सकुरता (Workability) को आन्तरिक कार्य के लिए जब परिभाषित किया जाता है, उस पर सघनन ड जाँच निर्भर करती है। अनुरूपता (Compatibility) [अर्थात् दी हुई कांक्रीट के मिश्रण की मात्रा को नन (Compaction) में कितना कार्य करने की आवश्यकता होती है, सकुरता का एक महत्वपूर्ण पहलू spect) होता है। एक अप्रत्यक्ष (Indirect) रीति (Procedure) का सकुरता मापने में प्रयोग में लायी ी है। प्राप्त सघनन के स्थिति (Degree) से कार्य की मात्रा मालूम की जाती है।

दो शंकुरूप के होपर जिनके पैंदे पर तेजी से खुलने वाले दरवाजे होते हैं, उनका उपयोग किया जाता ताजा कांक्रीट के मिश्रण को ऊपर वाले होपर में भरा जाता है और इसका दरवाजा खोला जाता है। से मिश्रण मध्य होपर में गिर जाता है और कांक्रीट मिश्रण को एक तीसरे बेलनाकार पात्र (Vessel) में ने दिया जाता है। कांक्रीट के इस मिश्रण का तोला जाता है। माना इसकी मात्रा m1 है। बाद में ीट के इस बेलनाकार पात्र में कांक्रीट मिश्रण को 50 mm मोटाई की परतों में भरा जाता है। हर इन परतों का सघनन (Compacted) की जाती है। इस कांक्रीट मिश्रण को तोला जाता है। माना इसकी मात्रा m_2 है। इस (m_1/m_2) के अनुपात को सघनन खण्ड (Compactor-factor) कहते हैं, किया जाता है। 0.9 और 0.8 यदि सघनन खण्ड का मान यह प्रदर्शित करता है, कांक्रीट मध्यम और सकुरता वाली है। यह विधि अधिक यथार्थ युक्त है। अधिक कम सकुरता युक्त कांक्रीट मिश्रण

जिसका सघनन खण्ड का मान = 0.7 और इससे भी कम हो) के लिए यह विधि उचित नहीं है। इस विधि का विस्तारपूर्वक विवरण इस पुस्तक के अलग अध्याय में दिया गया है।

3. वी–बी टेस्ट (Vee-bee test)

कांक्रीट मिश्रण जा कठोर होता है, अैर उसकी सकुरता कम अथवा अधिक कम हो, ऐसे मिश्रण का टेस्ट वी–बी टेस्ट किया जाता है। इस जाँच का यह लाभ (Advantage) होता है कि कांक्रीट मिश्रण के साथ ऐसा मिलता जुलता व्यवहार किया जाता है, जैसा कि व्यवहार मे होने वाला हो। इस विधि में एक इन्डेक्स संख्या ज्ञात की जाती है, जिसको वी–बी समय (Vee-bee Time) कहा जाता है। कांक्रीट की सतह से एक समान एक ग्लास डिस्क के चिपकने का समय लगता है, जो कि उपकरण (Apparatus) का राइडर होता है, उसे ज्ञात किया जाता है। जिसका द्दष्टि से ही निरक्षण (Visual inspection) किया जाता है।

इस जाँच विधि में गलती होने का सोत्र (Source उद्‌गम) रहता है। इस जाँच विधि में सिरे के बिन्दुओं को स्थापित करने में कठिनाई रहती है। यदि समय अत्यन्त कम (2 sec - 5 sec) हो, यह जाँच और भी कठिन हो जाती है। उच्च सकुरता (Workability) के कांक्रीट मिश्रण जिसका स्लम्प 75 mm और इससे भी अधिक हो, उसके लिए यह जाँच विधि उपयुक्त नहीं है।

ताजा कांक्रीट मिश्रण को सकुरत पानी की मात्रा, पदार्थ और मिलावे के अनुपात आदि कई विभिन्न घटक से प्रभावित होती है। पानी की मात्रा में बढ़ाने से सकुरता में वृद्धि होती है। मोटे मिलावे में कंकरी के बड़े माप से उच्च सकुरता मिलती है। जैसे कुल सतह के क्षेत्रफल में और कंकरी में विघ्न (Interference) में कमी होती है। बारीक मिलावे के साथ विशिष्ट (Specific) सतह का क्षेत्रफल व उतनी सकुरता के लिए पानी की ज्यादा मात्रा की आवश्यकता रहती है।

कांक्रीट कुछ जगहों पर डालने की शर्तों में कांक्रीट की सकुरता का मान मानक IS : 1199–1959 के अनुसार सारणी 1.11 के अनुसार रेन्ज में होनी चाहिए। इस जाँच की विधि का विस्तारपूर्वक विवरण इस पुस्तक के अलग अध्याय में दिया गया है।

Table 1.11

Conditions of placing	Degree of workability	Values of workability		
		Slump	Compaction factor	Vee-bee time
Concrete in shallow sections with vibration	Very low	—	0.75-0.80	20-10 sec
Concrete in lightly reinforced sections with vibrations	Low	—	0.80-0.85	10-5 sec
Concrete in lightly reinforced sections without vibration or heavily reinforced sections with vibration	Medium	5-75 mm for 20 min aggregate	0.85-0.92	5-2 sec
Concrete in heavily reinforced sections without vibration.	High	75-125 mm for 20 mm aggregate	Above 0.92	—

Note : For smaller aggregate the slump values will be lower

कांक्रीट की सघनता (Compaction of concrete)

कांक्रीट में मिलावे के बिना अलगाव के (Segregation) प्रयाप्त सघनना सुनिश्चित कर लेना चाहिए ताकि पूर्ण रूप से सकुरता (Workability) प्राप्त की जा सके। उपयुक्त रूप से कांक्रीट रखना, उपयुक्त सघनन उपकरण (Compaction - equipment) और विधि का उपयोग करने से प्राप्त की जा सकती है। पूर्ण सघनन विशेष कर निर्माण कार्य के आसपास गतिमय जोड़े के पास सघनन और ज्यादा महत्वपूर्ण होता है। उचित सघनन बाहरी सतह के पास जहाँ प्रबल्लित सिरियों का उपभोग जाता है लगाये जाते हैं, विशेषकर कांक्रीट को टिकाऊ बनाने के लिए। कांक्रीट में मिलावे का अलगाव नहीं होना चाहिए और रिसाव (bleeding) नहीं होनी चाहिए।

कांक्रीट का सघनन, अच्छी तरह से प्रबल्लित सिरियों के पास पूर्ण रूप से करना चाहिये।

यांत्रिक कम्पन्न उपकरण (Vibrator) का उपयोग करना चाहिए। अधिक सघनन और सघनन में कमी दोनो हानिकारक रहते हैं। ज्यादा भीगी हुई कांक्रीट का सघनन का परित्याग (avoid) कर देना चाहिए।

बाहर से कम्पन्न करने की आवश्यकता यदि हो तो कम्पन्न उपकरण का विशेष ध्यान रखना चाहिये। ताकि कांक्रीट का कुशलता (efficiently) सघनन किया जा सके।

२. कांक्रीट का टिकाऊपन (Durability of concrete)

वातावरण में पूर्व अनुमान के अनुसार उन्मुक्ति (Exposure) में कार्य के दोहरान जो कांक्रीट सन्तोषजनक पूरा करती है, वही टिकाऊ कांक्रीट कहलाती है। पदार्थ और मिलावे का समानुपात (Proportions) उल्लेखित होता हैं, उसी का उपयोग करना चाहिए। जिससे कि कांक्रीट की अखंडता (integrity) का निर्वाह (Maintain) की जा सके। कांक्रीट के भूगर्भ में रखे हुए प्रबल्लित सिरिये का संक्षारण (Corrosion) से बचाया जा सके।

मुख्य गुणों में पारगम्यता (Permeability) पानी, आक्सीजन और कार्बन डाई–आक्साइड को प्रवेश को अनुमति देती है, क्लोराइड, सल्फेट और अन्य हानिकारक पदार्थ जो कि कांक्रीट के टिकाऊपन को मुख्यतया प्रभावित करती है। संघटकता और कार्य कुशलता (Constituently and workmanship) से कांक्रीट में अपारगम्यता (Impermeability) नियंत्रित होती है।

पर्याप्त मात्रा में सीमेंट तत्व से साधारण भार वाली कांक्रीट में भी मंद (Low) पारगम्यता प्राप्त की जा सकती है। साथ ही पर्याप्त मुक्त (पानी/सीमेंट) अनुपात भी बना कर रखने से और पूर्ण सघननता सुनिश्चय करके और पर्याप्त तराई करने से भी यह प्राप्त करने में सहायक रहते हैं।

कांक्रीट के टिकाऊपन को इसके क्षय अथवा दूषित होने (Deterioration) के प्रतिरोध (Resistance) द्वारा भी परिभाषित कर सकते है और व्याख्या की जा सकती है। कभी कभी कांक्रीट में हानिकारक पदार्थ मौजूद रहते है और उनकी जानकारी नहीं होती। कभी कभी इसका अनुमान भी नहीं होता कि कांक्रीट का हानिकारक वातावरण में लगाया जा रहा है। ऐसी परिस्थितियों में कांक्रीट के टिकाऊपन में समस्याएं उत्पन्न हो जाती हैं।

कांक्रीट के टिकाऊपन के गुण को निम्न घटक (Factors) प्रभावित करते हैं।

(i) वातावरण (Environment)

(ii) प्रतिबल्लित सिरियों पर कांक्रीट के आवरण (Cover)

(iii) कांक्रीट के तत्वों की गुणवत्ता और किस्म

(iv) सीमेंट की मात्रा और पानी / सीमेंट का अनुपात जो कांक्रीट में मौजूद है।

(v) कार्य करने की कार्यकुशलता इत्यादि।

कांक्रीट के सेवा अवधि में उन्मुक्ति (Exposure) की तीव्रता का अनुमान (Anticipation) अ संगत घटक (Relevant factors) जो कि कांक्रीट के मिश्रण और बनावट से संबंध रखते कार्यकुशलता, रचना (Design) और विस्तारपूर्वक विवरण को भी विचाराधीन रखना चाहिए। परिस्थितियों के होते हुए कांक्रीट मिश्रण पर्याप्त टिकाऊ हो, ऐसी कांक्रीट का चयन (Select) यर्थाथ (Accuracy) को ध्यान में रखते हुए संबंधित जाँच प्रचलित विधि से की हुई हो। IS : 456–2000 अनुसार वर्णित और नियंत्रित हो और उसकी स्वीकृति (Compliance) भी हों, करनी चाहिए।

बाहरी बल [(मौसम, प्राकृतिक और उद्यौगिक द्रव्यों और गेसेज का आक्रमण, सूक्ष्म जीवाणु का विक (Growth)] अथवा आन्तरिक बल [जैसे हानिकारक एलकली मिलावे का प्रतिबल, मिलाव के थर्मल अ यांत्रिक गुणों की अनुरूपता (Compatibility) और सीमेंट पेस्ट, सल्फेटस और क्लोराइडस तत्वों कांक्रीट में उपस्थिति कांक्रीट के टिकाऊपन को कम करते है।

जब कांक्रीट में आर्द्रता (Moisture) में वृद्धि होती है और हवा का प्रवेश होता है तो इस्पात प्रबल्लित सिरियों में संक्षारण (Corrosion) में वृद्धि हो जाती है। इससे इस्पात के सिरियों का आयतन बढ़ोतरी हो जाती है। इस कारण कांक्रीट में दरारें बन जाती है और कांक्रीट के ढ़ेले (Lumps) गि शुरू हो जाता है।

3. थर्मल विस्तार (Thermal expansion)

सीमेंट का प्रकार, सीमेंट की मात्रा, मिलावा और तुलनात्मक नमी (Humidity) और अवयवों अनुभाग (Sections) के माप पर थर्मल विस्तार गुणांक पर निर्भर करता है। कांक्रीट के थर्मल विस्त गुणांक मान विभिन्न प्रकार के मिलावे (Aggregate) के अनुसार सारणी 1.12 के अनुसार उपयोग में सकते हैं।

सारणी 1.12.

Type of Aggregate	Coefficient of Thermal expansion for concrete/°C
Quartz	1.2 to 1.3 x 10^{-5}
Sandstone	0.9 to 1.2 x 10^{-5}
Granite	0.7 to 0.95 x 10^{-5}
Basalt	0.8 to 0.95 x 10^{-5}
Limestone	0.6 to 0.9 x 10^{-5}

4. कांक्रीट के टिकाऊपन गुण की आवश्यकताएँ (Requirement of durability concrete)

मानक IS : 456 – 2000 में उल्लेखित (Specified) आवश्यकताओं [जैसे : (i) अवयवों का आव और मान (ii) वातावरण के उन्मुक्ति (exposure) का दशा (iii) कांक्रीट की सतहों की रगड़ाई से घि की क्रिया और कांक्रीट का उन्मुक्ति सल्फेट आक्रमण आदि, को ध्यान मे रखते हुए कांक्रीट को ज्य

टिकाऊ बनाया जा सकता है। कांक्रीट के प्रबल्लित सिरियों पर आवश्यक आवरण (Cover) रखने से कांक्रीट मिश्रण में उपयुक्त तत्वों के समानुपात, सीमेंट की मात्रा बढ़ाने से, मिश्रित मौलिक अंश (जैसे क्लोराइड, सल्फेटस, एलकली–एग्रीगेट प्रतिक्रिया बल) आदि का विचार रखते हुए भी कांक्रीट को ज्यादा टिकाऊ बनाया जा सकता है। न्यूनत्तम सीमेंट तत्वों को अनुकूल बना करने (Adjust) से और पानी/सीमेंट के अनुपात को अनुकूल बनाकर इससे भी और अधिक टिकाऊ बनाया जा सकता है। समुद्री–पानी में आक्रमक मृदा में (Aggressive-soil) और पानी में कांक्रीट करने विशेष ध्यान देने की आवश्यकता रहती है [जैसे : पानी की निकासी (drainage) सघनता (Compaction), पूरा करने वाला (finishing), तराई (curing)] मानक IS : 456–2000 में उल्लेखित और सीमा में जैसे विशिष्ट विवरण दिया गया है, उसके अनुकूल कांक्रीट करने कांक्रीट टिकाऊ बनाया जा सकता है। एक घनिष्ट (Dense), सुकरतायुक्त (Workable), जो स्थान पर डाली जा सके और टिकाऊ भी हो, ऐसी कांक्रीट में जितनी संभव हो उतनी न्युनतम पारगम्यता (Permeability) होती है।

मानक IS : 456–2000 में कांक्रीट के टिकाऊपन गुण संबंधी घटक के संबंध में विस्तारपूर्वक दिशा निर्देश दिये गये हैं। इन घटक का विवरण आगे के अनुच्छेदों में दिये गये हैं। संरचनाओं की रचना में टिकाऊपन की जाँच (Checked) की जाती है। लम्बे समय में संरचनाओं के कार्य (Performance) की देख रेख रखी जाती है। कांक्रीट का टिकाऊ होना कांक्रीट के सामर्थ्य की तरह उतना ही महत्वपूर्ण होता है।

मानक IS : 456–2000 में मानक IS : 456–1978 की तुलना में विशेष दबाव (Emphasis) दिया गया है। उसके अनुकूल कांक्रीट के और प्रबल्लित सिरियों के लिए आवश्यक आवरण (Cover) का मान उल्लेखित किये गये हैं।

5. कांक्रीट की सघनता / कुटाई, परिसज्जित करना और तराई (Compaction, finishing and curing of concrete)

कांक्रीट का पर्याप्त सघनता बिना मिलावे के अलगाव के सुनिश्चित कर लेना चाहिए। यह कांक्रीट के सुविधाजनक टिकाऊपन का प्रबंध से हो जाता है। उचित ढंग से कांक्रीट करने से और सघनन साधन (Equipment) द्वारा सुनिश्चित किया जा सकता है। पूरा सघनन विशिष्ट महत्व रखता है। विशेषकर निर्माण के समीप (Vicinity) और गतिशील जोड़ (Joints) और कांक्रीट के रखे हुए भूगर्भ में परिबल्लित सिरिये।

अच्छी तरह से परिसज्जित कार्यान्वयन (Practices) कांक्रीट को टिकाऊ बनाने में अत्यंत आवश्यक है। जरूरत से अधिक सतह पर कार्य करना और पानी/सीमेंट के अनुपात परिसज्जित करने के उचित नहीं हैं और इसको अलग (avoid) रहना चाहिए। ऐसा करने से परिणाम से कांक्रीट की सतह पर दूध और (लैटेन्स Lataince) बनता है, उससे कांक्रीट के सामर्थ्य में और टिकाऊपन गुण कुछ क्षीण हो जाते हैं। विशेषकर भिगी हुई स्थिती में फ्रीजिंग और थाइंग जहाँ संभव हो, वहाँ कांक्रीट को कमजोर (Vulnerable) बनाते हैं।

पर्याप्त तराई की तकनीकि का कांक्रीट के पारगम्यता (Permeability) को कम करने के लिए उपयोग करना चाहिए। इससे कांक्रीट ज्यादा टिकाऊ होती है। विशेषकर के सीमेंट के जलयोजन (Hydration) क्रिया का सतह के क्षेत्र में विस्तार करने से कांक्रीट टिकाऊ होती है।

कांक्रीट की तराई (Curing of concrete)

कांक्रीट के तुरन्त पश्चात् कांक्रीट के आर्द्रता मे कमी के रोकने की क्रिया तराई कहलाती है। साथ साथ सन्तोषजनक तापमान भी बनाया हुआ रखते हैं। यदि पानी/सीमेंट का अनुपात विशेष रूप से कम हो और सीमेंट में उच्च सामर्थ्य का विकास शीघ्र कर रहे हो तो पानी की हानि रोकना और भी महत्वपूर्ण होता है। (जबकि कांक्रीट में धमन भट्टी का दानेदार मिश्रण अथवा फ्लवेराईजड ईधन–एश भी मिली हो)। तराई द्वारा कांक्रीट में उच्च तापमान ग्रेडियन्ट को विकसित होने से भी रोका जाता है। सीमेंट का उचित हाइड्रेशन यदि ताजी कांक्रीट की गयी हो तो उचित तराई करना आवश्यक होता है।

कांक्रीट में कम समय में शीघ्रता से सामर्थ्य विकास का दर सुपर–सल्फेड द्वारा की जा रही हो तो उसमें विख्यातिक (Significantly) कम तापमान पर आ जाती है। सुपर–सल्फेंटेड सीमेंट कांक्रीट गंभीर रूप से प्रभावित होती है यदि नाकाफी/अपर्याप्त तराई की गयी हो। कांक्रीट की सतहों को कम से कम 7 दिन तक भीगोकर रखना आवश्यक होती है।

मानक IS : 456–2000 में दो प्रकार की तराई का विवरण दिया गया है।

1. आर्द्रता से तराई (Moist-curing)
2. झिल्लि की तराई (Membrane-curing)

6. कांक्रीट की सुंसजनता (Consistency of concrete)

ताजा मिला हुआ और भीगा हुआ मिश्रण कांक्रीट के प्रबल्लित सिरियों के चारों तरफ और माउल्ड में कोने में मुक्त रूप से बहना चाहिए। कांक्रीट की तुलनात्मक सुंसजता, स्लम्प टेस्ट करके ज्ञात की जाती है।

1.11 कांक्रीट मिश्रण में इसके तत्वों का समानुपात (Proportion of constituents of concrete mix)

मुक्त पानी/सीमेंट अनुपात कांक्रीट के टिकाऊपन के लिए एक महत्वपूर्ण घटक (Factor) होता है। पानी/सीमेंट अनुपात का मान हमेशा न्युनतम रखा जाना चाहिए। सारणी 1.13 (A) और 1.13 (B) में न्यूनतम सीमेंट तत्व का मान और अधिकतम मुक्त पानी/सीमेंट अनुपात का मान विभिन्न उन्मुक्ति (Exposures) की स्थितियों के अनुसार दिये गये हैं। ये मान 20 mm की सामान्य मिलावे के माप के लिए उपयुक्त हैं।

TABLE 1.13 (A). Minimum cement content, Maximum water-cement ratio, and Minimum grade of concrete for different exposures with normal weight aggregate of 20 mm nominal maximum size (IS : 456-2000)

S.No.	Exposure	Plain concrete		
		Minimum cement content (kg/m³)	Maximum free-water cement ratio	Minimum grade of concrete
1	Mild	220	0.60	—
2	Moderate	240	0.60	M15
3	Severe	250	0.50	M20
4	Very severe	260	0.45	M20
5	Extreme	280	0.40	M25

TABLE 1.13(B)

S.No.	Exposure	Reinforced concrete		
		Minimum cement content (kg/m³)	Maximum free water cement ratio	Minimum grade of concrete
1	Mild	300	0.55	M20
2	Moderate	300	0.50	M25
3	Severe	320	0.45	M30
4	Very severe	340	0.45	M35
5	Extreme	360	0.40	M40

इस तथ्य का ध्यान रखना चाहिए कि ये मान सीमेंट के ग्रेड (श्रेणी) पर बिना विचार के उल्लेखित हैं। पीसी हुआ दानेदार धमन भट्टी स्लैग या फ्लाई–एश को मिलाते समय इन तथ्यों की गणना (account) कांक्रीट के बनावट करते समय रखनी चाहिए। पोजोलाना और स्लैग का मात्रा की सीमा से अधिक नहीं हो इसका भी ध्यान रखना चाहिए।

मिलावे के 20 mm माप के अलावा मिलावे के अन्य माप के लिए इनके मान में मानक IS : 456–2000 के अनुकूल परिवर्तन किया जाता है। जो कि सारणी 1.14 में दिये गये है।

TABLE 1.14. Adjustment to minimum cement contents, (for aggregate other than 20 mm nominal maximum size) as per IS : 456-2000

	Nominal maximum aggregate size (mm)	Adjustments to minimum cement content in Table 1.10 kg/m³
1	10	+40
2	20	0
3	40	– 30

सीमेंट की अधिकतम मात्राः 450 kg/m³ से अधिक बिना फ्लाई–एश और पीसा हुआ दानेदार धमन भट्टी स्लैग समिश्रण के सीमेंट की मात्रा का उपयोग नहीं करना चाहिए। मानक IS : 456–2000 में इसका अनुमोदन (Recommend) किया गया है। जब तक कि विशिष्ट विचार (कांक्रीट के सुखने के वक्त पतले बारीक अवयवों में दरारें उत्पन्न होने के खतरे पर) किया गया हो।

1.12 कांक्रीट में मिले हुए हानिकारक तत्वों की सीमा (Limits of deleterious mix constituents in concrete)

कांक्रीट के टिकाऊ होने और रहने के लिए मिश्रण और पदार्थों का चयन सावधानी से करना चाहिए। ताकि कांक्रीट के मिले हुए हानिकारक तत्वों की मात्रा सीमा से अधिक नहीं हो। क्लोराइडस, सल्फेटस और एलकलीज (यदि मिली हुई हों) तब प्रबल्लित सिरियों में संक्षारण (Corrosion) का खतरा रहता है। इनसे विस्तार होता है और कांक्रीट तितर–बितर (Disrupt) हो जाती है इससे विस्तार करने वाले प्रतिक्रिया बल उत्पन्न होते हैं। मानक IS : 456–2000 में निम्नलिखित रसायन के लिए के सीमा से मात्रा अधिक नहीं होनी चाहिए।

1. कांक्रीट में क्लोराइडस (Chlorides in concrete)

जब कांक्रीट में क्लोराइडस मौजूद रहते हैं, तब प्रबल्लित सिरियों में संक्षारण (Corrosion) के खतरे में वृद्धि हो जाती है। क्लोराइड तत्वों की उच्च मात्रा हो, और कांक्रीट का उन्मुक्ति (Exposure) गर्म आर्द्रता की स्थितियों हो तो संक्षारण (Corrosion) का खतरा बहुत ज्यादा बढ़ जाता है।

सभी तत्वों में क्लोराइडस हों और कांक्रीट भी बाहरी वातावरण के कारण क्लोराइडस से दुषित हो सकती है। हानिकारक रसायनिक लवण से कांक्रीट के ह्रास (Deterioration) की संभावनाए को कम जा सकता है। इस प्रकार के हानिकारक पदार्थ कांक्रीट में सीमेंट, मिलावे, पानी और समिश्रण से आ सकते हैं, इसके साथ वातावरण में विसरण (Diffusion) के कारण भी आ सकते हैं। क्लोराइडस की मात्रा सीमित होनी चाहिए। क्लोराइड तत्वों की कुल मात्रा (क्लोरीन के रूप) में कांक्रीट करते समय मानक IS : 456–2000 में अनुमोदित के अनुसार सारणी 1.15 कांक्रीट के उपयोग के अनुसार होनी चाहिए।

TABLE 1.15. Limits of chloride contents of concrete (as per IS 456-2000)

S.No.	Types or use of concrete	Maximum total acid soluble chloride content expressed at kg/m^3 of concrete
1	Concrete containing metal and steam cured at elevated temperature and pre-stressed concrete	0.4
2	Reinforced concrete or plain concrete containing embedded metal	0.6
3	Concrete not containing embedded or any material requiring protection from chloride	1.0

2. कांक्रीट में सल्फेटस (Sulphates in concrete)

आर्द्रतायुक्त सीमेंटस में और मिलावे में सल्फेटस मौजूद रहते हैं। पानी में घुले हुए अधिक मात्रा में सल्फेटस और अन्य मिश्रित तत्वों से विस्तार होता है और कांक्रीट में दरारें (Disruption) हो सकता है। इसको रोका जा सकता है। पानी में घुले हुए सल्फेट तत्व कांक्रीट के मिश्रण में SO_3 के रुप में यदि व्यक्त (Express) करें तब सीमेंट की मात्रा के 4 प्रतिशत से अधिक नहीं होने चाहिए।

सल्फेटस तत्वों की सभी अन्य तत्वों में मिश्रण में हो, कुल मात्रा मालूम की जाती है।

यदि कांक्रीट सुपर–सल्फेटस मानक IS : 6909 के अनुकूल उपयोग में ली गयी हो तो यह 4% का सीमा का पालन नहीं किया जाता है।

3. कांक्रीट में एलकली–मिलावे से प्रतिबल (Reaction from alkali-aggregate in concrete)

कुछ मिलावे में विशिष्ट विभिन्न प्रकार की सिलिका हो सकती है, जो कि एलकलीज ($Na2O$ और K_2O) के आक्रमण के प्रभावशील (Susceptible) हो सकती है। जो कि मूलः सीमेंट और अन्स स्रोतों से उत्पन्न हो जाते है, इससे विस्तार करने वाले प्रतिबल उत्पन्न होते हैं। इस कारण दरारें आती है और कांक्रीट में डिसरपशन (Disruption) हो जाता है। सामान्यतया ऐसा निम्नलिखित परिस्थितियों के कारण होता है।

(i) कांक्रीट के आर्द्रता का उच्च स्तर

(ii) सीमेंट मे एलकलीज की मात्रा अधिक हो

(iii) मिलावे में एलकलीज से प्रतिबल उत्पन्न करने वाले तत्व हों।

विशिष्ट सीमेंट/मिलावे के मिश्रण अच्छी तरह से स्थापित (Established) हो और किसी प्रकार से दरारों का एलकलीज और मिलावे के प्रतिबल के कारण दृष्टान्त (Instance) नहीं होता हो, तब और सावधानियों की आवश्यकता नहीं होती है। यदि पदार्थो से अवगत (familiar) नहीं हो, तो निम्नलिखित अथवा एक सावधानी रखनी चाहिए।

(a) ऐसा मिलावा जो प्रतिबल उत्पन्न नहीं करे, विकल्पित सोत्रों से लाकर उपयोग करना चाहिए।

(b) कम एलकली युक्त साधारण पोर्टलेण्ड सीमेंट में कुल एलकली तत्वों की मात्रा 0.6 प्रतिशत (Na_2O के तुल्य) अधिक नहीं हो, का उपयोग करना चाहिए।

फ्लाई–एश जो मानक IS : 3812 के अनुकूल हो या धमन भट्टी से प्राप्त स्लैग मानक IS : 12089 के अनुकूल हो का (*) प्रयोग करके लाभ प्राप्त करना चाहिए। फ्लाई एश तत्व कम से कम 20 प्रतिशत अथवा स्लैग कम से कम 50 प्रतिशत हो।

(c) संतृप्त कांक्रीट की मात्रा में कमी करने के लिए उपाय करना चाहिए।

(d) कांक्रीट मिश्रण में सीमेंट की मात्रा सीमित करते हुए एलकलीज की कुल मात्रा में कमी की जा सकती है।

1.13 आक्रमक मृदा और पानी में कांक्रीट (Concrete in aggressive soils and water)

यदि कांक्रीट आक्रमक मृदा और पानी के सम्पर्क में रहती है, तब इन तत्वों से विनाशकारी कार्य में उन्नति होती रहती है यदि कांक्रीट को अधिक सामर्थ्यशाली और अधिक अप्रवेश/अभेद्य (Impermeable) बनायी जाय, तो इस हानि के दर में कमी हो जाती है। पानी में लवण तत्वों में वृद्धि होने से हानि के दर में वृद्धि हो जाती है।

जहाँ संरचनाएं पानी में आंशिक रूप में डूबे हुए रहते हैं या फिर आक्रमक मृदा और पानी के सम्पर्क में एक तरफ से ही रहते हैं। वहाँ पर पानी के वाष्पीकरण (Evaporation) के कारण लवण के गंभीर सांद्रणता (Concentration) में वृद्धि हो जाती है और तत्पश्चात कांक्रीट के हानि में वृद्धि होती हे, हालांकि पूर्व में पानी में लवण की मात्रा कम ही रही हो।

मानक IS : 456–2000 में अनुमोदन के अनुसार निम्नलिखित घटक से कांक्रीट के टिकाऊपन में बढ़ोतरी कर सकते हैं।

नाली का निर्माण (Construction of drainage)

जमीन की सतह से नीचे पानी के जल स्तर में कमी करने के लिए बगल में नाली का निर्माण करके किया जा सकता है। जहाँ पर कि एलकली की सान्द्रणता (Concentration) ज्यादा हो या ज्यादा हो सकती है। तब एलकलीज कांक्रीट के सीधे सम्पर्क में नहीं रहेगी।

कांक्रीट के चेहरी की तरफ रसायन निरोधक पत्थर लगा कर अतिरिक्त बचाव किया जा सकता है। विकल्प के रूप (Alternatively) प्लास्टर ऑफ पेंरिस जिसमें उचित धागें (जैसे जूट) का उपयोग करके

प्लास्टर करके कर सकते है। जिसमें अच्छी तरह बिट्युमिनस पदार्थ का संसिक्त (Impregnate) कर सकते हैं।

1.14 समुद्री पानी के भीतर कांक्रीटिंग (Concreting in sea-water)

प्लेन कांक्रीट में कम से कम M20 श्रेणी/ग्रेड कांक्रीट का उपयोग करना चाहिए यदि समुद्री पानी के भीतर कांक्रीट रहती है या फिर समुद्र के किनारों के ठीक सामने रहती है। प्रबल्लित कांक्रीट मे M30 ग्रेड कांक्रीट का उपयोग में लेनी चाहिए। स्लैग अथवा पोजोलाना का उपयोग ऐसी परिस्थितियों में लाभ प्रद रहता है।

कांक्रीट मिश्रण की रचना करते समय अधिकतम संभवतया धनी कांक्रीट प्राप्त करने के लिए विशिष्ट ध्यान रखना चाहिए।

स्लैग, टूटी हुई ईंटों का, मुलायम चूने के पत्थर और अन्य छिद्रयुक्त (Porous) या कमजोर मिलावे का उपयोग नहीं करना चाहिए।

जहाँ तक संभव हो पूर्व में किये कास्ट (Pre-cast) अवयवों (जो कि प्रबल्लित नहीं हो) को प्राथमिकता से उपयोग करना चाहिए। अच्छी तरह से तराई की हुई, कठोर कांक्रीट अवयव जिनमें तीखे कोने (Sharp-corners) नहीं हों और सतह ट्रोवल फिनिश हो, जो कि दरारें अथवा अन्य दोष मुक्त हो। प्लॉस्टर भी नहीं करना चाहिए।

पानी की सतह के अन्दर 600 mm और पानी की तरंगों के 600 mm ऊपर निर्माण जोड़ (Construction joints) का निर्माण नहीं करना चाहिए। इस प्रकार अक्सर गंभीर स्थितियाँ हो या फिर घिसने और रगड़ने की क्रिया का (Abrasion) पूर्व अनुमान हो, उन भाग का बिट्युमिनस अथवा सलिको–फ्लोराईड कोटिंग करना चाहिए अथवा पत्थर लगाने चाहिए।

प्रबल्लित संरचनाओं में प्रबल्लित सिरियों के बचाव की पूरी सावधानी रखनी चाहिए। स्टोर में रखने के दौरान जहाँ लवण युक्त वातावरण में उन्मुक्ति (exposed) हो। प्रबल्लित सिरियों को गर्म करके सीमेंट का घोल लगाकर अथवा अन्य उपयुक्त विधि से बचाव करना चाहिए।

1.15 वातावरण में उन्मुक्ति स्थितियाँ (Environmental exposure conditions)

मानक IS : 456–2000 में निम्नलिखित घटक (अर्थात उन्मुक्ति स्थितियाँ, सतह की घसाई और रगड़ाई क्रिया फ्रीजिंग और थाइंग क्रिया भीगे हुए परिस्थितियों में और सल्फेट के आक्रमण द्वारा उन्मुक्ति हो) कांक्रीट के टिकाऊपन को प्रभावित करते हैं।

1. उन्मुक्ति स्थितियाँ (Exposure conditions): साधारण वातावरण में जहाँ कांक्रीट की उन्मुक्ति इसके कार्यशील अवधि में हो, ऐसे मानक IS : 456–2000 में पाँच स्तर पर निम्नलिखित के अनुसार वर्गीकृत किये गये हैं।

(i) मन्द वातावरण (Mild-ernvionment)

(ii) मध्य/परिमित वातावरण (Moderate-environment)

(iii) गंभीर वातावरण (Severe-environment)

(iv) बहुत गंभीर वातावरण (Very severe-environment)

(v) कर्कश प्रवृति का वातावरण (Extreme-environment)

2. कांक्रीट की सतह जो घसाई और रगड़ाई क्रिया के उन्मुक्ति हो (Concrete surfaces exposed to abrasive action)

3. कांक्रीट की सतह फ्रीजिंग और थाइंग के उन्मुक्ति हो (Concrete surfaces exposed to freezing and thawing)

4. कांक्रीट की सतह सल्फेट के आक्रमण के उन्मुक्ति (Concrete surfaces exposed to sulphate attack)

मानक IS : 456-2000 के अनुसार अनुमोदन सीमेंट की किस्म अधिकतम मुक्त पानी/सीमेंट अनुपात का मान, और न्युनतम सीमेंट की मात्रा जो कि विभिन्न सल्फेट कनसनट्रेशन जमीन के अन्दर पानी जिसका pH मान 6 से 0 तक हो कां सारणी 1.16 (A) और (B) में उल्लेख किया गया है।

TABLE 1.16 (A). Requirements for concrete exposed to sulphate attack. (as per IS : 456-2000)

S.N.	Class	Concentration of sulphates (expressed as SO_3)		
		(in soil)		(in gourd)
		Total SO_3	SO_3 in 2 : 1 water soil extract	g/litre
1	1	Traces (<<0.2)	Less than 1.0	Less than 0.3
2	2	(0.2 to 0.5)	(1.0 to 1.9)	(0.3 to 1.2)
3	3	(0.5 to 1.0)	(1.9 to 3.1)	(1.2 to 2.5)
4	4	(1.0 to 2.0)	(3.1 to 5.0)	(2.5 to 5.0)
5	5	More than 2.0	More than 5.0	More than 5.0

TABLE 1.16(B). Requirements for concrete exposed to sulphate attack (as per IS : 456-2000) [Following abbreviations have been used in this table for different types of cements] 1. OPC : Ordinary portland cement, 2. PSC : Portland slag cement 3. PPC : Portland pozzolana cement, 4. SSC : Super-sulphate cement 5. SRPC : Sulphate resisting portland cement, 6. PC : Portland cement

S.No.	Class	Type of cement	Dense fully compacted concrete with 20 mm nominal max. size aggregate complying with IS:383	
			Minimum cement content (kg/m^3)	Maximum face water cement ratio
1	1	OPC PSC PPC	280	0.55
2a	2a	OPC PSC PPC	330	0.50

2b	2b	SSC SRPC	310	0.50
3a	3a	SSC SRPC	330	0.50
3b	3b	PPC PSC	350	0.45
4	4	SSC SRPC PC	370	0.45
5	5	SRPC SSC	400	0.40

1.16 कांक्रीट की पारगम्यता (Permeability of concrete)

कांक्रीट की पारगम्यता अन्य मुख्य विशिष्ट गुणों में एक गुण है जो कि कांक्रीट के टिकाऊपन गुण पर प्रभाव रखती है। अन्य हानिकारक तत्वों के साथ पानी, आक्सीजन, कार्बन डाई आक्साइड, क्लोराइडस, सल्फेटस आदि तत्वों को कांक्रीट में प्रवेश करने के गुण को कांक्रीट की पारगम्यता (Permeability) कहते हैं। अपारगम्यता (Impermeability) को कांक्रीट के तत्वों और कार्य कुशलता (Workmanship) से कांक्रीट को तैयार करते समय रखने से नियंत्रित रख सकते हैं।

एक उपयुक्त कम स्तर की पारगम्यता सामान्य भार के मोटावे के साथ पर्याप्त मात्रा में सीमेंट तत्व और मुक्त पानी/सीमेंट के अनुपात से प्राप्त की जा सकती है। इसी के साथ पूर्ण सघनन और कांक्रीट की पर्याप्त तराई होनी चाहिए। IS : 456–2000 में विभिन्न ग्रेडस की कांक्रीट के लिए न्युनतम सीमेंट की मात्रा (Kg/m^3) और अधिकतम पानी/सीमेंट के अनुपात सारणी 1.13 (B) में अनुमोदित किये गये हैं सीमेंट की अधिकतम मात्रा 450 kg/m^3 से अधिक नहीं होनी चाहिए।

1.17 नीवों में कांक्रीट (Concrete in foundation)

नीवों में कांक्रीट जमीन की सतह के नीचे रहती है। जो कि आक्रमक मृदा के सम्पर्क में होती है। आक्रमक मृदा में सल्फेटस और क्लोराइडस होते हैं, जो कि कांक्रीट का ह्रास (Deterioration) करते हैं। यदि कांक्रीट को अधिक सामर्थ्यवान और अधिक अपारगम्यतायुक्त बनाई जाय तो कांक्रीट के ह्रास होने की दर में कमी की जा सकती है।

जबकि संरचनाओं का आंशिक/अधूरा हिस्सा ही जमीन के नीचे रहता है। वह भी इनकी एक फेस ही इसके सम्पर्क में रहते हैं। वाष्पीकरण के कारण लवण की तीव्रता गंभीर रूप से बढ़ जाती है और कांक्रीट के ह्रास को बढ़ावा देता है। जबकि शुरू में पानी में लवण की मात्रा कम होती है।

समुद्री पानी में और समुद्र के किनारों पर कांक्रीट सीधी उन्मुक्ति (Exposed) रहती है। अतः क्रमशः M20 ग्रेड/श्रेणी का प्लेन कांक्रीट में और M30 ग्रेड/श्रेणी का प्रबल्लित कांक्रीट में कम से कम (At least) होना ही चाहिए स्लैग सीमेंट और पोजोलाना सीमेंट का उपयोग लाभप्रद रहता है।

इन परिस्थितियों में सुपर सल्फेटेड सीमेंट का उपयोग करने स्वीकृत योग्य समय तक सेवा देती है। परन्तु कांक्रीट घनी होनी चाहिए और पानी/सीमेंट का अनुपात 0.4 या इससे कम रहना चाहिए। खनिज

तिजाब का pH मान 3.5 से कम रहना चाहिए। सुपर सल्फेटेड सीमेंट से कांक्रीट पोर्टलेण्ड सीमेंट की तुलना में अधिक टिकाऊ रहती है।

मिश्रण की सूचना अधिक घनत्व की कांक्रीट/घनी कांक्रीट (Dense concrete) के लिए विशिष्ट (Special) ध्यान रखने की आवश्यकता होती है। स्लैग, टूटी हुई ईंटों से, मुलायम चुन्ने के पत्थर या अन्य छिद्र युक्त या कमजोर मिलावे से बनी कांक्रीट का उपयोग नहीं किया जाता है। प्रीकास्ट कांक्रीट के लिए प्रबल्लित कांक्रीट का उपयोग किया जाता है। अच्छी तराई होनी चाहिए और अवयवों में नींकिले (Sharp) कोने नहीं होने चाहिए। टोवल द्वारा फिनिशड क जानी चाहिए। सतहों पर दरारे या अन्य विकार (Defects) नहीं होने चाहिए। प्लास्टर का उपयोग से बचना चाहिए। पानी के स्तर से 600 mm को गहराई तक निर्माण जोड़ नहीं रखने चाहिए। पानी की तरंगों से 600 mm की ऊँचाई अथवा गहराई पर भी जोड़ नहीं बनाने चाहिए। पानी में क्लोराइडस होते है जो कि सल्फेट के कार्य को प्रतिबन्धित (Restricts) करते हैं।

1.18 कांक्रीट के अवयवों के माप और आकृति (Shape and size of concrete component members)

कांक्रीट के अवयवों के माप (Size) और आकृति की रचना के अनुसार विस्तारपूर्वक विवरण उन्मुक्त संरचनाएं का इस प्रकार होना चाहिए कि पानी की नालियों का प्रात्साहित करें। पानी का एक जगह इकट्ठा होने और पानी के बहाव से बचना (Avoid) चाहिए। कांक्रीट में दरारें कम से कम करने का प्रयत्न करना चाहिए। ताकि पानी इकट्ठा न हो और पानी का प्रेषया (Transmit) किया जा सके।

शीघ्र आर्द्रता की हानि के नुकसानदायक होने से बचने के यह महत्वपूर्ण है कि कांक्रीट की पर्याप्त तराई की जाय।

अवयवों के मान और आकृतियाँ इस प्रकार हो कि अवयवों के अक्ष रेखाओं का प्रतिछेच्छ एक स्थान पर एक बिन्दु पर हों। कांक्रीट करते समय यह सुनिश्चित कर लेते है कि कांक्रीट का आसानी से बहाव हो सके। और कांक्रीट का उचित सघनन हो सके।

जब कांक्रीट की मोटाई कम होती है, तब मर्मक्षेत्र (Vulnerable zone) में कांक्रीट के ह्रास होने की संभावना रसायनों द्वारा अथवा वातावरण में ज्यादा होती है। जब कांक्रीट के एक तरफ पानी का दबाव होता है और कांक्रीट का कुछ भाग जो आंशिक रूप से पानी मे रहता है, वहाँ पर भी अवयवों के कोने और किनारों का ह्रास अधिक होने की संभावना रहती है।

कांक्रीट के अन्दर इस्पातीय प्रबल्लित सिरियों पर कांक्रीट की आड़ की मोटाई (Cover) अतिरिक्त बना कर संरचनाओं के जीवन को बढ़ाया जा सकता है। अवयवों के कोने पर भी कांक्रीट की अतिरिक्त मोटाई रख सकते है। कांक्रीट के सतह उचित कोटिंग करके बचाव किया जा सकता है। जिससे कि पानी, आक्सीजन, कार्बन डाई आक्साइड अथवा आक्रमक रसायन के प्रवेश में कमी कर सकते हैं।

1.19 कांक्रीट अवयवों में इस्पातीय प्रबल्लित सिरिये (Steel reinforcement bars in concrete)

अंग्रेजी का यह शब्द 'रीइनफोर्समेन्ट' पुलिस अथवा सेना संस्थान में उपयुक्त होता है। इसका अर्थ यह होता है कि किसी स्थान पर आवश्यक व्यवस्था बनाये रखने के लिए जितना भी सामर्थ्य हो, उसमें वृद्धि करने के लिए अधिक कुमक भेजी जाती है। अस्तित्व में जितना भी और जैसा भी सामर्थ्य हो, उसके अतिरिक्त बल की व्यवस्था की जाती है। कांक्रीट तनन (Tension) बल में कमजोर होती है और कांक्रीट

संपीडन (Compression) में अधिक सामर्थ्यवान होती है। फिर भी सपीडन अवयवों को और अधिक सपीडन भार वहन करने के लिए प्रबल्लित किया जाता है।

एक शुद्धालम्ब धरन (Simply supported beam) प्लेन सीमेंट कांक्रीट से बनी हुई है। धरन पर लगे हुए भार (Loads) नीचे की तरफ कार्यरत है। उदासीन अक्ष (Neutral axis) के ऊपर सपीडन बंकन प्रतिबल उत्पन्न होते हैं और उदासीन अक्ष के नीचे तनन बंकन प्रतिबल उत्पन्न होते है। चूंकि कांक्रीट तनन में कमजोर होती हैं, अतः धरन की भार ढोने की समता अनुज्ञेय तनन बंकन प्रतिबल (जो कि काफी कम होता है) से नियंत्रित होती है। अतः धरन बहुत कम भार वहन कर सकती है। यदि इस धरन के नीचे की तरफ इस्पातीय सिरिये डाल कर प्रबल्लित कर दी जाय जैसा कि Fig 1.1 (A) (ii) में दिखाया गया है, तब धरन प्रबल्लित कांक्रीट धरन कहलाती है। प्रबल्लित कांक्रीट धरन की समता प्लेन कांक्रीट की तुलना में 20 गुणा अधिक हो जाती है। अतः धरन की मौलिक (original) और पूर्व में प्लेन कांक्रीट की अस्तित्व में जो समता थी, वह प्रतिबल्लित सिरियों के उपयोग के कारण बहुत बढ़ जाती है। अतः यह माना जाता है कि प्रतिबल्लित कांक्रीट सपीडन बल का प्रतिरोध (Resist) करती है। और प्रबल्लित सिरियें तनन बल का प्रतिरोध करती है। प्लेन कांक्रीट की तनन बल का प्रतिरोध समता शून्य मान ली जाती है।

Fig. 1.1 (B) (i) और (ii) में प्लेन सीमेंट कांक्रीट से बनी प्रास धरन (Cantilever beam) दिखायी गई है। ऐसी धरन में उदासीन अक्ष के ऊपर पदार्थ में तनन बंकन प्रतिबल उत्पन्न होता है और उदासीन अक्ष के नीचे सपीडन बंकन प्रतिबल होता है। इस कारण इस्पात के प्रतिबल्लित सिरियों को उदासीन अक्ष के ऊपर, ऊपर की सतह के पास लगाये जाते हैं।

इस प्रकार यदि देखा जाय, जिसमें प्लेन सीमेंट कांक्रीट स्तम्भ दिखाया गया है। हालांकि कांक्रीट में केवल संपीडन प्रतिबल ही होता है, परन्तु इसकी भार वहन करने की समता काफी कम होती है। इसी स्तम्भ में वही माप रखते हुए के अनुसार कांक्रीट के अन्दर इस्पातीय प्रबल्लित सिरिये रख देते है, तब भार वहन करने की समता बढ़ जाती है। इस्पातीय सिरियों (जो कि कांक्रीट के भीतर रखे जाते है) की संपीडन सामर्थ्य अधिक होता है। कांक्रीट और इस्पात सिरिये दोनों को मिलाने से स्तम्भ की मौलिक (Original) स्थापित (Existing) सामर्थ्य में बहुत अधिक वृद्धि हो जाती है। इस्पातीय सिरियों को कांक्रीट में रखने से अतिरिक्त सामर्थ्य प्रदान करते हैं। ऐसे स्तम्भ को प्रबल्लित कांक्रीट स्तम्भ कहते हैं।

इस प्रकार ऐसा कह सकते हैं कि प्लेन–सीमेंट कांक्रीट में अस्तित्व में जो भी सामर्थ्य हो, (तनन बंकन प्रतिबल सामर्थ्य या संपीडन प्रतिबल), उसको बढाने के लिए इस्पातीय प्रतिबल्लित सिरियों का उपयोग किया जाता है।

स्तम्भ के अनुप्रस्थ काट (Cross-section) के माप यदि आवश्यक हो तो कम किये जा सकते हैं।

जैसा कि यह विद्यमान है कि कांक्रीट की तुलना में इस्पात उच्च सामर्थ्यवान है। प्रबल्लित कार्य में उपयोग में लाये जाने वाले साधारण इस्पातीये सिरियों को जिनको कांक्रीट के भीतर लगाते हैं, उनकी संपीडन सामर्थ्य संरचनाओं में उपयोग में की जाने वाली कांक्रीट के सामर्थ्य से 25 गुणा अधिक होती है। इसी प्रकार कांक्रीट के तनन सामर्थ्य से इस्पातीय सिरियों का तनन सामर्थ्य 75 गुणा अधिक होता है।

हालांकि इस्पातीय पदार्थो की कीमत कांक्रीट की तुलना में अधिक होती है। दोनो पदार्थों को संयोग रूप में उपयोग भौतिक गुण और यांत्रिक गुण के मेल से बहुत उत्तम रूप से किया जाता है।

अत्यंत प्रभावी प्रबल्लित क्रिया के दोनो पदार्थों की सामान्य आवश्यकताए होती हैं। कठोर बनी कांक्रीट और इस्पातीय सिरियों के बीच पर्याप्त मजबूत बन्धन (Bond) होना चाहिए। दोनों पदार्थों की विकृति (Deformation) एक साथ (together) होनी चाहिए। दोनो पदार्थों के बीच किसी भी प्रकार का चाल

(movement) नहीं होना चाहिए। इस्पातीय प्रबल्लित सिरियों के चारों तरफ अच्छी तरह से चिपकने से सिरियों को संक्षारण (Corrosion) और अग्नि से उत्तम बचाव (Protection) होता हैं।

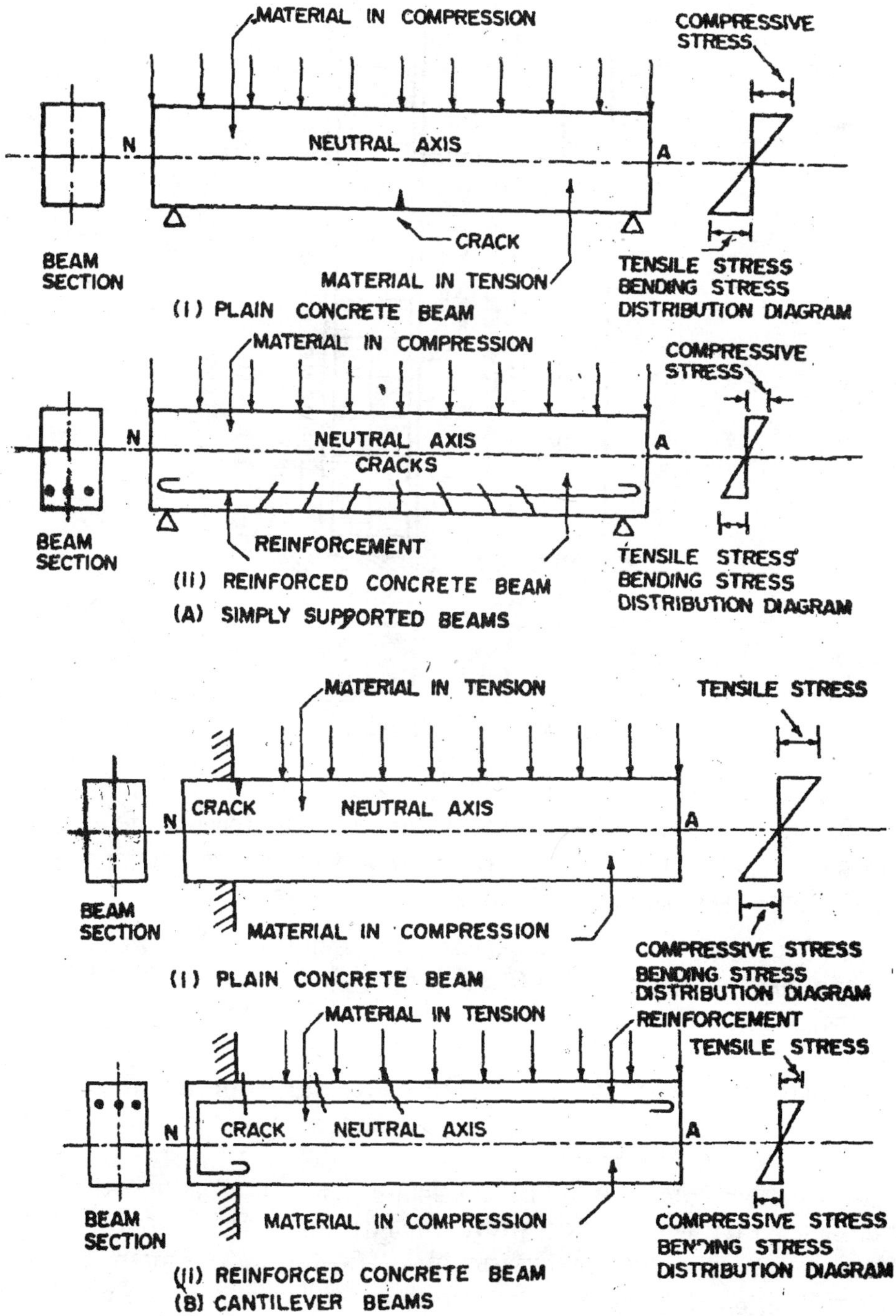

Fig. 1.1

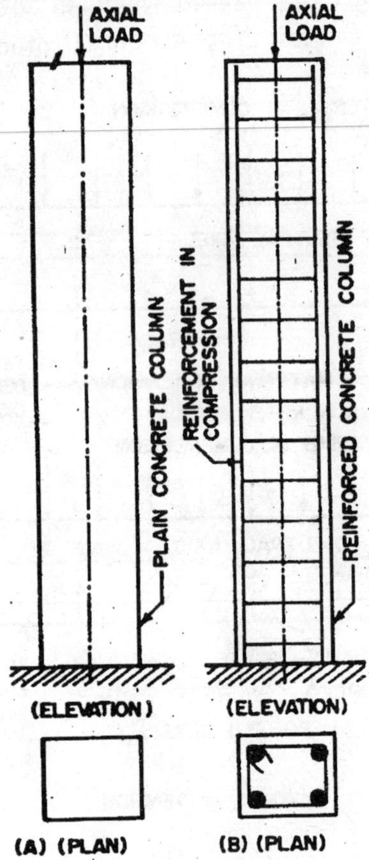

Fig. 1.2

इस्पात और कांक्रीट का थर्मल (तापमान से) विस्तार गुणांक क्रमशः 0.000012 प्रति °C और 0.000011 प्रति °C होता है। जो कि व्यवहारिक (Practically) बराबर ही हैं। उनके बीच तापमान के कारण अवकल (Differential) विकृति (Deformation) भी नहीं होता है।

इस्पात सिरियों पर ढीला जंग (Loose-rust) लगा हुआ नहीं होना चाहिए। रंग के लेप, तेल, ग्रीज, कीचड़ और किसी प्रकार का अन्य लेप भी नहीं होना चाहिए। जो कि कांक्रीट और सिरियों के बन्धन को कम या ह्रास करते हों।

1.20 विभिन्न प्रकार के इस्पातीय प्रबल्लित सिरियें (Various type of steel reinforcing bars)

संरचनात्मक प्रबल्लित कांक्रीट में निम्नलिखित विभिन्न प्रकार के इस्पातीय प्रबल्लित सिरियों का उपयोग किया जाता है। (i) प्लेन इस्पातीय सिरियें (ii) विकृत इस्पातीय सिरियें और (iii) ठण्डे (बिना गर्म हुए) – ऐंठे (twisted) हुए। इनके अतिरिक्त कड़े तार (Hard-drawn) इस्पातीय तार और बेल्लित इस्पातीय अनुभाग (Rolled-steel sections) का उपयोग भी किया जाता है। ये सब क्रम से अलग अलग मानक कोड के अनुकूल होते हैं।

. मृदु इस्पात और मध्यम तनन सिरिये मानक IS : 432 (भाग I) 1982 के अनुकूल (Mild steel and medium tensile bars conforming to IS : 432 (Part I) 1982

मृदु इस्पात (ग्रेड I) सिरिये गर्म–बेल्लित वर्त्ताकार आकार के प्लेन सतह के सिरिये होते हैं। इनका बल्लित कांक्रीट में सामान्य रूप से अधिक उपयोग होता रहता है। ये सिरिये वृताकार (गोल) आकार के लेन सतह के होते है। कांक्रीट पेस्ट इनकी सतह पर पर्याप्त रूप में इन सिरियों के सिरों पर अंकुश Hooks) और बंध (Bends) की आवश्यकता होती है, उनसे कांक्रीट के बीच लंगर (Anchor) कर दिया जाता है। इन सिरियों को आसानी से मोड़ा जा सकता है। इन सिरियों को झाला (Weld) जा सकता है। इन सिरियों 5 mm, 6 mm, 8 mm, 10 mm, 12 mm, 16 mm, और 20 mm, के सामान्य माप मे नेर्माण (Manufacture) किया जाता है। इसके अतिरिक्त 22 mm, 25 mm, 28 mm, 32 mm, 36 nm, 40 mm, और 45 mm के सामान्य माप में उत्पादन होता है। इनका अनुज्ञेय और चरम सामर्थ्य क्रमशः (255 N/mm^2 और 412 N/mm^2) और (236 N/mm^2 और 412 N/mm^2) होते हैं।

मृदु इस्पात (ग्रेड II) के सिरियों का उपरोक्त लिखे माप में और 231 N/mm^2 अनुज्ञेय प्रतिबल और 73 N/mm^2 चरम सामर्थ्य के प्रतिबल के निर्माण किये जाते हैं। 22 mm से 50 mm के सामान्य माप के सिरिये का उत्पादन 211 N/mm^2 अनुज्ञेय प्रतिबल और 373 N/mm^2 चरम सामर्थ्य प्रतिबल के उत्पादन किये जाते हैं।

मध्यम तनन बल के इस्पातीय सिरिये का निर्माण सामान्य माप में 200 mm तक किया जाता है। नका अनुज्ञेय प्रतिबल 353 N/mm^2 और चरम सामर्थ्य 538 N/mm^2 का होते हैं 22 mm से 40 mm सामान्य माप के सिरियों का अनुज्ञेय प्रतिबल 348 N/mm^2 और चरम सामर्थ्य प्रतिबल 538 N/mm^2 होते । 45 mm और 50 mm के सामान्य माप के सिरियों का अनुज्ञेय प्रतिबल 323 N/mm^2 और 538 N/mm^2 चरम सामर्थ्य होते हैं।

. गर्म बेल्लित विकृत सिरिये मानक IS : 1139-1966 (Hot-rolled deformed bars IS : 1139-1966)

इन इस्पातीय सिरियों का निर्माण (Manufacture) में सतह पर विकृतियां (deformations) बनायी जाती है। इससे चारों तरफ चिपकने वाली कांक्रीट पेस्ट का लोकिंग लंगर (anchor) हो जाता है।

इन प्रबल्लित सिरियों का कांक्रीट में अत्यंत उपयोग किया जाता है। इनकी गुणवता के लिए अनुज्ञेय तिबल का मान 412 N/mm^2 होता है। चरम सामर्थ्य प्रतिबल का मान 15 प्रतिशत अधिक होता है।

उच्च–सामर्थ्य विकृत इस्पातीये सिरिये (IS : 1786-1979) (High-Strength deformed steel bars (IS : 1786-1979)

ये सिरिये ठण्डे (बिना गर्म किये हुए) ऐठें (twisted) हुए मृदुइस्पात सिरिये होते हैं। ठण्डे ऐठें wisted) सिरियों के सतह पर विकृति (Deformations) उत्पन्न की जाती है। मनुष्य के पसलियों की रह सतह पर पसलियाँ (Ribs) बनायी जाती है।

ठण्डी–क्रिया से इस इस्पात का अनुज्ञेय बिन्दु (Yiled-point) स्पष्ट (Distinct) नहीं रहने दिया ाता है। साधारणतया ठण्डे सिरियों को नियंत्रित परिस्थितियों द्वारा ऐठने से इसके पदार्थ का अनुज्ञेय तेबल (Yield stress) का मान बढ़ा दिया जाता है। अतः इसको उच्च अनुज्ञेय इस्पात (Higher yield rength) बनाया जाता है। दोनो शब्दों के संयोग बनाकर अंग्रेजी में इन सिरियों को भ्लेक इस्पातीय सिरे

कहा जाता है। अनुज्ञेय प्रतिबल का मान 415 n/mm² और 500 N/mm² अनुज्ञेय के होते है। अतः इनको **Fe**415 और **Fe** 500 कहा जाता है।

इन सतह पर विकृतियों और पसलियों की तरह होने के कारण सिरियों और कांक्रीट में बंधन मजबूत हो जाता है। अतः बन्ध–सामर्थ्य (**Bond-strength**) में वृद्धि होती है। जिसका मान प्लेन इस्पातीय सिरियों की तुलना में 40 प्रतिशत अधिक होता है।

ये सिरिये 6 mm, 8 mm, 10 उउए 12 mm, 16 mm, 18 mm, 22 mm, 25 mm, 28 mm, 36 mm, 40 mm, 45 mm, और 50 mm, के माप में निर्माण की जाती है।

अनुज्ञेय प्रतिबल का मान अधिक होने के कारण इस सिरियों के सिरों पर हुक और मोड़ नहीं लंगर (anchor) करने की आवश्यकता नहीं होती है और बनाये भी नहीं जाते है। **Fig** 1.3 में ठण्डे रोठन से विकृत किये गये सिरिये दिखाये गये।

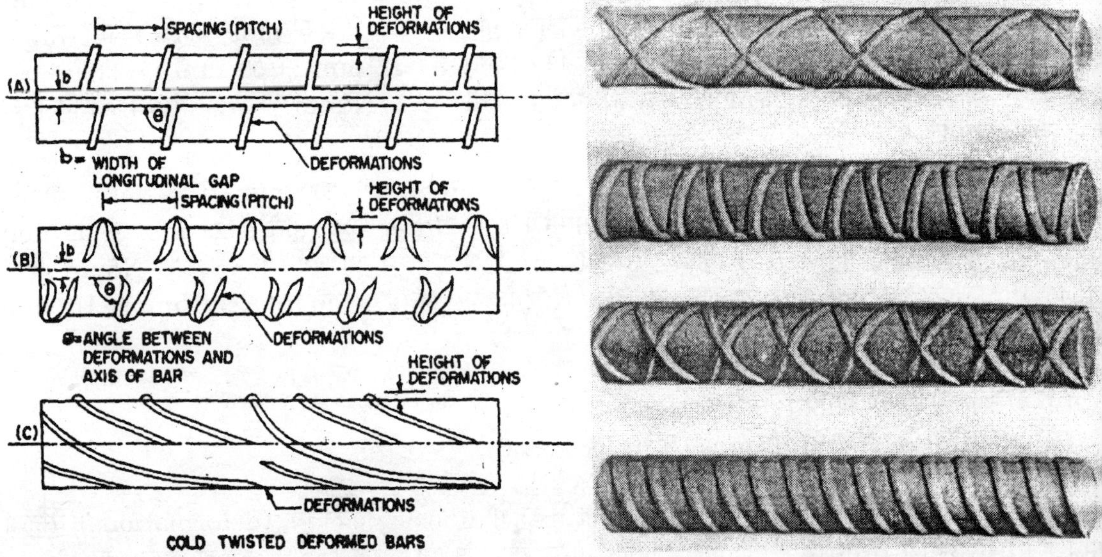

चित्र 1.3

4. संरचनात्मक इस्पात से बनाये गये बेल्लित इस्पातीय अनुभार (IS : 226-1975) (Rolled steel sections made from structural steel conforming to IS : 226-1975)

मृदु इस्पात (Mild-steel) ग्रेड I से उपरोक्त सिरियों के माप के अनुसार इनका सामान्य भी यह रखा जाता है। ग्रेड–II का सामान्य माप 20 mm तक इनका निर्माण किया जाता है। इस इस्पात व रसायनिक बनावट IS : 226.1975 मानक के अनुकूल ही होती है।

यंग का प्रत्यास्थता मापक (Young's mopdulus of Elasticity का मान E = 200 kN/mm (अर्थात् 2 x 10^5 N/mm²) होता है। प्रुफ प्रतिबल 0.2 प्रतिशत संबद्ध मानक में उल्लेखित हैं।

1.21 कांक्रीट में उपयुक्त संघटक पदार्थों का भण्डारीकरण (Storage of concrete constituent materials)

कांक्रीट में उपयुक्त संघटक पदार्थों (बारीक मिलावा मोटा मिलावा, इस्पातीय सिरिये, सीमेंट और अन्य पदार्थ) का भण्डारीकरण निर्माण स्थल (Construction site) पर ढ़ेर लगा कर (Stacked) भण्डारीकरण किया जाता है।

मानक IS : 4082-1977 में भण्डारीकरण के लिए सामान्य मार्गदर्शन करते हुए उल्लेख किया गया है। विभिन्न पदार्थों का उल्लेख निम्नलिखित विवरण के अनुसार किया जाता है।

1. सीमेंट (Cement) : सूखे हुए शेड के अन्दर जहाँ पर आर्द्रता नहीं हो, वहाँ पर जमीन से 0.2 m ऊचाई के प्लेटफार्म बनाकर सीमेंट बैगेज का भण्डारी किया जाता है। इन प्लेट–फोर्मस का निर्माण दिवारों से 0.30 m की दूरी रखी जाती है। इन सीमेंट बैगेज का उपयोग उसी क्रम में किया जाता है, जिस क्रम में सीमेंट बैगेज प्राप्त होते हैं। हाइड्रोफोबिक सीमेंट का भण्डारीकरण लम्बे समय तक किया जा सकता है।

2. मिलावा (Aggregates) : बारीक मिलावे का और मोटे मिलावे का अलग अलग प्लेटफोर्मस पर भण्डारीकरण किया जाता है। यह देखा जाता है कि इनका आपस में मिश्रण नहीं हो।

3. इस्पातीय प्रबल्लित सिरिये (Reinforcing steel bars): इस्पातीय प्रबल्लित सिरियों जमीन की सतह से 0.1 m की ऊँचाई पर किया जाता है। अलग अलग वर्गीकृत सिरिये जो माप में और लम्बाई में अलग अलग हो, उनका भण्डारीकरण अलग अलग किया जाता है। सतह पर सीमेंट का गोल लगा दिया जाता है। इन सिरियों को (जो सिरिये लम्बे समय तक या फिर समुद्र के किनारों के क्षेत्रों में भण्डारीकरण किया जाता है।)

1.22 इस्पातीय – प्रबल्लित सिरियों पर कांक्रीट का स्पष्ट आवरण (Clear concrete cover to steel-reinforcing bars)

इस्पातीय–प्रबल्लित सिरियों का संक्षारण (corrosion) से बचाव करना अत्यन्त आवश्यक होता है। इनका बचाव करने के लिए पर्याप्त मोटाई की और अच्छी गुणवता की कांक्रीट का आवरण रखा जाता है।

कांक्रीट की सतह से इस्पातीय प्रबल्लित सिरियों की रचना द्वारा प्राप्त कांक्रीट का स्पष्ट अनावरण रखा जाता है। इस माप का रचना में उपयोग किया जाता है। और ड्राइगज में भी दिखाया जाता है।

कांक्रीट के स्पष्ट आवरण की मोटाई सिरियों के व्यास से कम नहीं होनी चाहिए। कांक्रीट के विभिन्न अवयवों के लिए वातावरण के उन्मुक्ति की गंभीरता (Serious of atmospheric exposure) को देखते हुए रखा जाता है। स्पष्ट आवरण का उल्लेख मानक IS : 456-2000 में किया गया है। आवरण की मोटाई कांक्रीट के निर्माण के समय इस मानक के अनुकूल रखी जाती है।

1.23 कांक्रीट संरचनाओं की अग्नि निरोधक सामर्थ्य (Fire resistance of concrete structures)

कांक्रीट संरचनाओं की अग्नि निरोधक सामर्थ्य/प्रतिरोध समता (Resistance) को इस प्रकार से परिभाषित की जा सकती है कि कांक्रीट उल्लेखित समय अवधि के लिए आवश्यक स्थिरता (Stability), अखंडता (Integrity), थर्मल इन्सुलेशन और/अथवा अन्य अनुमोदित निष्पादन (Performance) की अग्नि जाँच में सामना कर सके।

संरचनाओं और भवनों के लिए अग्नि निरोधक सामर्थ्य/प्रतिरोध समता आवश्यक होती है, तावि उल्लेखित समय अवधि में इनमें रहनेवाले/उपभोग करने वाले (occupants) व्यक्तियों को अग्नि से बचने का अवसर मिल सके। साथ में अग्नि पर काबू पाने के लिए, अग्नि को नियंत्रण करने वाले व्यक्तियों को यथार्थ (Reasoable) सुरक्षा मिल सके।

अग्नि प्रतिरोध और इससे बचाव महत्वपूर्ण पहलु (Aspects) हैं जिसका संरचनाओं की रचना में (यदि इनके अन्दर अग्नि घटना हो जाय तब) ध्यान रखना चाहिए। पदार्थों के उच्च तापमान पर व्यवहार की समझ होनी चाहिए, जिससे सुरक्षा निश्चित की जा सके।

लोगों की अग्नि से सुरक्षा करना संरचनाओं की सुरक्षा की तुलना में सारभूत अभिप्राय होता है।

समय के पूर्व (Premature) ध्वस्त होने से बचाने का मुख्य सिद्धान्त (Criterion) होता है। संरचना का मुख्य ढांचा पर्याप्त समय तक खड़ा रह सके, ताकि इनके अन्दर रहने वाले लोग अग्नि से बचकर बाहर जा सके। इसके साथ ही अग्नि पर नियंत्रण करने वाले /बुझाने वाले/ लड़ने वाले योद्धाओं (Fire fighters) को अग्नि का विस्तार को रोकने का समय मिल सके। जिस संरचना में अग्नि की घटना हो जाय, उसके पड़ौस के लोगों की सुरक्षा को और सम्पति को किसी प्रकार की हानि नहीं हो या कम से कम हानि हो। इन संरचनाओं में सामान का जो स्टोर है, वे भी इस समय को प्रभावित करते हैं। अग्नि का विस्तार को जितने कम क्षेत्र में नियन्त्रित कर सकते हैं, उतनी ही हानि कम होती है, और उतना ही अग्नि बुझाने का समय कम होता है।

अवयवों के अनुप्रस्थ की मोटाई कम करके और प्रबल्लित सिरियों पर कांक्रीट का अनावरण (Cover) पर्याप्त रख कर अग्नि निरोधक सामर्थ्य/प्रतिबल सुनिश्चित करके प्राप्त कर सकते है।

ब्रिटेन में आवश्यक आकांक्षओं (Requirements) को भवन नियमों मे सम्मिलित हैं। भवन के अन्दर रहने वाले लोगों के अग्नि से बचकर सुरक्षित निकलने की समय अवधि (छोटे भवनों के लिए) 30 मिनट से बड़े भवनों और स्टोर्स के लिए 4 घंटे मानी जाती है। यह भवनों के नियमों में इसका उल्लेख है। इस समय अवधि का गणना अग्नि–प्रभावित आयतन से की जाती है। यदि यह आयतन बड़ा हो तो अधिक समय अवधि की आवश्यकता होती है। मानक IS : 1641 में इस समय अवधि को घंटों में (मिनट में भी) व्यक्त की जाती है।

सारे पदार्थों के सामर्थ्य में तापमान के वृद्धि पर कमी होती है। अन्तर्राष्ट्रीय स्तर पर स्वीकृत मानक समय तापमान वृद्धि कर्व चित्र में दिखायी गई है।

संरचनात्मक अवयवों के लिए अग्नि निरोधक सामर्थ्य ग्रेडिंग की जो समय अवधि की आवश्यकता होती है, उस स्तर को मानक अग्नि–जाँच के उल्लेख किया जाता है, उसको अग्नि निरोधक/प्रतिरोध स्तर (Fire-resistance level) कहते हैं।

प्रतिबल्लित कांक्रीट संरचनाएं और अवयवों अग्नि–प्रतिरोध की आवश्यकता होती है, उसके अनुसार उनमें अग्नि–लपटों का उनको न भेद सके, उतनी पर्याप्त समता होनी चाहिए। यह समता के आवरण की पर्याप्त मोटाई रखने से प्राप्त की जा सकती है। यह समता अवयवों के माप, इस्पातीय प्रबल्लित सिरियों के आवरण की मोटाई और कांक्रीट की किस्म (सामान्य वजन और हल्के वजन) पर निर्भर करते हैं। अग्नि से बचने के लिए मानक IS : 1642 में आवश्यकताओं का उल्लेख है। कांक्रीट के धरन की न्यूनतम चौड़ाई, फर्श की न्युनतम मोटाई और स्तम्भ के न्यूनतम पार्श्व–परिमाण (Lateral-dimensions) उल्लेखित हैं। अग्नि निरोधक समय अवधि के लिए मानक IS : 456.2000 में भी धरन, स्लैबस, स्तम्भस के लिए अलग अलग उल्लेखित है।

1.24 इस्पातीय प्रबल्लित सिरियों का टिकाऊपन और संक्षारण (Durability and corrosion of steel reinforcing bars)

इस्पात के स्थायित्व (टिकाऊपन) को प्रभावित करने वाले मुख्य कारण संक्षारण (जंग लगना), थकान और अग्नि है। कुछ कारणों में इस्पात के संरचनाओं की डिजाइन और निर्माण में ये मुख्य संबंध रखते हैं। इन कारणों पर अतिरिक्त ध्यान रखने की आवश्यकता है। संक्षारण (जंग लगना) का विवरण इस अनुच्छेद में दिया गया है जबकि थकान और अग्नि का विवरण बाद में अनुच्छेदों में दिया गया है।

इस्पात में जग लगना एक विद्युत रसायनिक विधि है। एनोड और कथोड इस्पात की सतह पर दो क्षेत्र बन जाते हैं। एनोड सिरे से विद्युत केथोड़ सिरे की तरफ बहती है। विद्युत रसायनिक संभाव्य अन्तर (विभवान्तर) के कारण ऐसा होता है। आर्द्रता की उपस्थिति विश्लेष्य (इलेक्ट्रोलाइट Electrolyte) की तरह कार्य करती है। आर्द्रता और ऑक्सीजन की उपस्थिति में विद्युत करेन्ट उत्पन्न होती है। एनोड घुलता जाता है। फेरस–आयन (Ferrous-ions) एनोड क्षेत्र से रिहा होकर (मुक्त होकर Release होकर) कथोड क्षेत्र की तरफ गति करते हैं और पानी और आक्सीजन के साथ मिश्रित होकर हाइड्रोक्सिल–आयन (Hydroxyl-ion) बनाते हैं। इनकी फेरस–आयन के प्रतिक्रिया होती है।

इस्पातीय सतह जिस पर धूल और जंग लगी होती है वे एनोड का कार्य करती है और अन्य सतह वातावरण की आक्सीजन पर खुली है केथोड की तरह कार्य करती है। जंग लगने की क्रिया आगे बढती है, तब ये क्षेत्र एक स्थान से दूसरे स्थान पर चली जाती है। जंग लगने की क्रिया से हाइड्रेटेड फेरेस आक्साइड (Hydrated ferrous oxide) उत्पन्न होता है, उसे जंग (Rust) कहते हैं। यह पीला–भूरा रंग का पाउडर होता है। इस पीले रंग के पाउडर का और आक्सीकरण (Oxidization) होता है, तब फेरिक आक्साइड (Ferric-oxide) बन जाता है और यह लाल धूल के रंग जैसी होता है। इस प्रकार इस्पात की सतह पर कई विद्युत बेट्रीज बनती रहती है। इस जंग से बनी धूल की आयतन ढाई गुणा (इस्पात के मूल आयतन) से बढ़ जाता है।

आर्द्रता (Moisture) और आक्सीजन (Oxygen) दोनों संक्षारण (जंग लगने Corrosion) के लिए आवश्यक है। जंग और जंग की गति पानी में उपस्थित अशुद्धियों पर निर्भर करती हैं। तुलना के गांव के क्षेत्र पर वातावरण काफी साफ होता है, तो जंग लगने की संभावना और तीव्रता कम रहती है। परन्तु दूषित वातावरण में विशेषकर औद्योगिक क्षेत्रों में धुआँ और कार्बनिक पाउडर जहां अधिक होता है, वहाँ पर जंग लगने की तीव्रता अधिक रहती है। जहां पर हानिकारक तत्त्व (उदाहरण के लिए सल्फर डाई आक्साइड) उपस्थित होते हैं, वहां पर इस्पात के अवयवों की मोटाई में 0.075 mm प्रतिवर्ष या इससे अधिक हो जाती है। समुद्र के आस पास के वातावरण में क्लोराइड–आयनस उपस्थित रहते हैं। ये तत्त्व जंग लगने की क्रिया को तेज कर देते हैं, और स्वम्य ज्यादा आक्रामक रहते हैं।

संक्षारण (जंग लगने की क्रिया Corrosion) विभिन्न प्रकार के होते हैं। उदाहरण के लिए (i) जंग लगने से गड्ढे बन जाना (Pitting corrosion) (ii) जंग लगने से दरार बन जाना (Crevice Corrosion) (iii) द्विधातु जंग लगना (Bimetallic corrosion) (iv) प्रतिबल के कारण जंग लगना (Stress corrosion) (v) टेडी (फ्रेटिंग Corrosion) (vi) जीवाणु करोजन (Bacterial corrosion)। इन संक्षारण (जंग लगने) की अलग अलग क्रियाओं को एक ही ग्रुप वातावरणिक करोजन (Atmospheric corrosion) में रख सकते हैं। जो कि साधारण वातावरण में होते रहते हैं। अन्य करोजन क्रिया को नमक (लवणीय) ग्रुप (Chloride) में रख सकते हैं।

इस्पात की जंग लगने की संभावना से बचाने के लिए सुरक्षित रखने के लिए आर्द्रता (Moisture) और आक्सीजन (Oxygen) से बचाके रखने की आवश्यकता रहती है। इससे जंग लगने का खतरा न्यत्तम हो जाता है।

इस्पात के अवयवों पर जंग लगने से बचाव के लिए उनकी सतह पर रंग की कोटिंग (Paint coating) उदाहरण के लिए लेंड आक्साइड लगा कर की जाती है। किसी धातु की कोटिंग (Metallic coating) उदाहरण के लिए गेल्वेनाइजिंग (Galvanizing) जो गर्म पिघले हुए जिंक से की जाती है। विशेष इस्पात जो कि जंग के प्रति प्रतिरोधक (Corrosion resistant) होते हैं, उनका उपयोग किया जा सकता है। ब्रिटेन मे ऐसे इस्पात को विकसित किया है, जिसे वेदरिंग इस्पात (Weathering steel) कहते हैं। वाणिज्य/व्यवसाय में ऐसे उपलब्ध इस्पात को कोर टेन (Cor-Ten) कहते हैं। मूल रूप में इस इस्पात को संयुक्त राज्य इस्पात निगम (United State Steel Corporation) द्वारा विकसित किया गया था। कोपर, निकल, क्रोमियम और फॉस्फोरस तत्त्व इस गुणवत्ता वाले इस्पात में मिलाये जाते हैं। इन तत्त्वों की मात्रा करीब तीन प्रतिशत होती है। ये इस्पात उत्तम कोटि की प्रतिरोधक क्षमता रखते हैं।

1.25. विशिष्ट विवरण प्रतियाँ विनिर्देश (Specifications)

इस्पात संरचनाओं के निर्माण में मुख्यतया चार पक्ष स्वामी, डिजाइनर (जो कि इंजीनियर और शिल्पकार) फेब्रिकेटरस और निर्माणकर्ता होते हैं। विशिष्ठ विवरण प्रति डिजाइन तैयार करता है। पदार्थों की गुणवता मानक और स्वीकृत हो और कार्यशैली फेब्रिकेशन में उचित परिभाषित हो। इनका विवरण विशिष्ठ विकरण इन प्रतियों में होता है। डिजाइनर तीन प्रकार की विशिष्ठ विवरण प्रतियाँ तैयार (प्रोजेक्ट इस्पेशिफिकेशन पदार्थों के मानक और डिजाइन कोड) किये जाते हैं।

विशिष्ठ विवरण प्रतियाँ तैयार करने का उद्देश्य आर्थिक किफायत, पदार्थों का उचित उपयोग और निर्माण में मूल्य राशि में किफायत रखना होता है। परन्तु इनके साथ ही सुरक्षा का किसी प्रकार से त्याग भी नहीं करना है।

प्रोजेक्ट विशिष्ठ विवरण प्रतियाँ में स्वामी और इंजीनियर्स की यथार्थ आवश्यकता और नियंत्रण का पूरा विवरण होता है।

पदार्थ संबंधी मानक में पदार्थों की गुणवता और किफायती आर्थिक उपयोग के लिए होता है। डिजाइन कोडस में विभिन्न भार के बारे में साधारण मार्ग प्रदर्शन करने वाला हो, स्वीकृत प्रतिबल के मान लिखित हो और डिजाइन सिद्धान्त और कार्य करने की रीति को बताता है। इन तीनों बातों को डिजाइन कोडस में संयोग करने वाला होता है। पूरे देश के लिए मार्ग प्रदर्शन करता है।

जटिल और अधिक समय व्यय करने वाले सूत्रों के स्थान पर डिजाइन के लिए उचित विधान कोडस में सम्मिलित किये जाते हैं। कोडस में उचित सारणियों तैयार करके सम्मिलित की जाती है, जा कि आंकलन और गणना के कार्यो को सरल बनाती है और कम करती है। राष्ट्र की सरकार द्वारा बनायीर गई संस्थाएं इन कोडस और विशिष्ठ विवरण प्रतियाँ तैयार करते हैं। अलग अलग देश में एक या एक से अधिक ऐसी संस्थाएँ होती है।

अमेरिका में अमेरिकन इन्स्टिट्यूट ऑफ स्टील निर्माण स्पेशिफिकेशन (American Intitue of Steel Construction Specifications) जिसको संक्षिप्त में AISC-Specifications कहते हैं। जिसमें डिजाइन, फेब्रिकेन और इरेक्शन संरचनात्मक इस्पातीय भवन से संबंधित विवरण दिया होता है। डिजाइन की विशेष छवि के बारे में निम्नलिखित विशिष्ठ विवरण प्रतियों में विवरण दिया गया है।

इस्पेसिफिकेशनस विशिष्ट विवरण प्रतियों का समय समय पर रीविजन किया जाता है। जो कि शोध संस्थाओं और प्रयोगशालाओं में कार्य कर रहे शोधकर्ता के अनुभव, कार्यों के विकास और शोधकार्यों पर निर्भर करते हैं।

AGGREGATES AND APPARATUS FOR TESTING AGGREGATES

1	9103-1979	Admixtures for concrete
2	383-1970	Aggregates (coarse and fine) from natural sources for concrete
3	5640-1970	Method of test for determining aggregates impact value of soft coarse aggregates
4	2430-1986	Methods for sampling of aggregates for concrete
5	2386 (Part 1) - 1963	Methods of test for aggregates for concrete (Particle size and shape)
6	2386 (Part 2) - 1963	Estimation of deleterious materials and organic impurites
7	2386 (Part 3) - 1963	Specific gravity density voids absorption and buckling
8	2386 (Part 4) - 1963	Mechanical properties
9	2386 (Part 5) - 1963	Soundness
10	2386 (Part 6) - 1963	Measuring mortar making properties of fine aggregates
11	2386 (Part 7) - 1963	Alkalies aggregates reactivity
12	650-1966	Standard sand for testng of cement
13	9377-1979	Apparatus for aggregate impact value
14	9376-1979	Apparatus for measurng aggregate crushing value and ten percent fines value
15	10079-1982	Cylindrical metal measures for use in tests of aggregate and concrete
16	10070-1982	Machine for abrasion testing of coarse aggregate
17	10086-1982	Moulds for use in tests of cement and concrete
18	3812 Part III	Fly ash for use as fine aggregate for mortar and concrete
19	2430-1969	Methods of sampling of aggregates for concrete
20	6925-1973	Methods of test for determination of water soluble chlorides as concrete admixtures.

CEMENTS CEMENT SAMPLING AND CEMENT TESTS

1	4845-1968	Definitions and terminology relating to hydraulic cement.
2	6452-1972	High alumna cement for structural use
3	8112-1976	High strength ordinary Portland cement
4	3535-1986	Hydraulic cements methods of sampling
5	4031-1968	Hydraulic cement physical tests for methods

6	8043-1978	Hydraulic Portland cement
7	4032-1985	Method of chemical analysis of hydraulc cement
8	8229-1986	Oil-well cement
9	269-1976	Ordinary and low heat Portland cement
10	1489-1976	Portland-pozzolana cement
11	8041-1978	Rapid hardening Portland cement
12	455-1976	Slag cement Portland
13	650-1966	Standard sand for testng of cement
14	6909-1973	Super sulphated cement
15	8042-1978	White Portland cement
16	5514-1969	Apparatus used in Lechatelier's test
17	11262-1985	Calorimeter for determination of heat of hydration of hydraulc cement
18	5536-1969	Constants flow type air-permeability apparatus (Lea and Nurse Type)
19	11263-1985	Cylinder measurs for determination of air content of hydraulc cement mortar
20	10078-1982	Jolting apparatus used for testing of cement
21	10890-1984	Planetary mixer used in tests of cement and pozzalana
22	5516-1969	Variable flow type air-permeability apparatus (Blaine type)
23	10510-1983	Vee-bee consistometer
24	10080-1982	Vibrator machine
25	5513-1976	Vicate apparatus
26	7509-1974	Thermal insulating cements (Type 750)
27	7510-1974	Thermal insulating cements (Tyle 350)
28	2645-1975	Integral cement water proofing compounds
29	5724-1970	Methods of tests for thermal insulating cement
30	4031-1968	Method of physical test for Hydraulc cement

CONCRETE CONCRETE DESIGN & CONSTRUCTION AND CONCRETE TESTING

1	7861-1975	Extreme weather concreting code of Practice
	(A) 7861 (Part 1)- 1975	Recommended practice for hot weather concreting
	(B) 7861 (Part 2)	Recommended practice for cold weather concreting
2	6461 (Part 1) - 1973	Glossary of terms relating to cement concrete
3	6241-1971	Methods of test for determination of stripping value of road aggregate
4	7325-1974	Apparatus for determining constituents or fresh concrete

5	9399-1979	Apparatus for flexural testing of concrete
6	9459-1980	Apparatus for use in measurement of length change of hardened cement paste, mortar and concrete
7	5515-1983	Compaction factor apparatus
8	7320-1964	Concrete slump test apparatus
9	456-2000	Plain and reinforced concrete code of practice
10	1343-1980	Prestressed concrete
11	10262-1982	Recommended guidelines for concrete mix design
12	9012-1978	Recommended practice for short concreting
13	9284-1979	Abraison resistance of concrete method test
14		Autoclaved cellular concrete products Methods of test
	6441 (Part 1) - 1972	Determination of unit weight or bulk density and moisture content
	6441 (Part 2) - 1972	Determination of drying shrinkage
	6441 (Part 4) - 1972	Corrosion protection of stress reinforcement in autoclave cellular concrete
	6441 (Part 5) - 1972	Determination of compressive strength
	6441 (Part 6) - 1973	Strength deformation and cracking of flexural members subjected to bending - short duration loading test
	6441 (Part 7) - 1973	Strength deformation and cracking of flexural members subjected to bending sustained loading
	6441 (Part 8) - 1973	Load tests for flexural members in diagonal tension
	6441 (Part 9) - 1973	Jointing of autoclaved cellular concrete elements
15	8142-1976	Determining setting time of concrete by penetration resistance test
16	9013-1978	Making curing and determining compressive strength of accelerated cured concrete test specimens method
17	3085-1965	Permeability of cement mortar and concrete method of test
18	2514-1963	Concrete vibrating tables
19	7246-1974	Recommendations for use of table vibrators for consolidating concrete
20	5816-1970	Method of test for spliting tensile strength of concrete cylinders
21	2770 (part I) - 1967	Methods of testng bond in reinforced concrete
22	516-1959	Method of test for strength of concrete
23	4925-1968	Concrete mixing and Rotating Plant
24	1791-1968	Batch type concrete mixer
25	5891-1970	Hand Operated Concrete Mixer
26	5892-1970	Concrete transit mixers and Agitators

27	2505-1968	Concrete vibrators immersion type
28	2506-1964	Screed Board Concrete Vibrators
29	3558-1966	Code for Practice for use of immersion vibrations for consolidation concrete
30	5452-1969	Autoclaved cellular concrete board
31	5751-1970	Precast concrete copies blocks
36	2185-1967	Hollow Cement Concrete Blocks
37	6041-1971	Code of Practice for construction for autoclaved cellular concrete block masonry
38	6042-1969	Code of Practice for construction of light weight concrete block masonry
39	2572-1963	Code of Practice for construction of hollwo concrete block masonry
40	456-2000	Code of Practice Plain and Reinforced Concrete Code of Practice (Fourth Revision)
41	3370 (Part I to VI)	Code of Practice for Concrete Structures for the storage of liquids
42	7861-1971	Code of Practice for extreme weather concrete
43	785-1964	Reinforced concrete poles for overhead power and telecommunication lines
44	2193-1962	Prestressed Concrete street lighting columns
45	1332-1959	Reinforced Concrete street lighting columns
46	2905-1966	Methods of test for poles for overheat power and telecommunication lines
47	1199-1959	Methods of Sampling and Analysis of Concrete
48	6003-1970	Intended wire for prestressed concrete
49	1343-1960	Code of Practice for prestressed Concrete
50.	10262-1982	Recommended guidelines for concrete mix-design

REINFORCEMENT

1	1786-1966	Cold twisted steel bars for concrete reinforcement
2	1139-1966	Hot rolled mild steel medium tensile steel and high yield strength deformed bars for concrete reinforcement
3	432-1982 Part 1 Part 2 Part 1. Steel bar Part 2. Hand drawn steel wire.	Mild steel and medium tensile steel bars and hard drawn steel wire for concrete reinforcement
4	1566-1982	Fabric for concrete reinforcement Hard drawn steel wire
5	5525-1969	Reinforcement for detailing of reinforcement in reinforced concrete works
6	2502-1963	Code of practice for bending and fixing of bars for Concrete Reinforcement

7	6006-1983	Uncoated stress relieved strand for prestressed concrete.
8	6003-1983	Indented wire for prestressed concrete
9	1785-1983 Parts 1, 2	Plain and Hard drawn steel wire for prestressed concrete.
10	6461 Part (3) - 1972	Glossary of terms relating to cement concrete Part 3.
11	1786-1985	High strength deformed steel bars and wires for Concrete Reinforcement
12	2090-1983	High tensile steel bars used in prestressed concrete
13	10790-1984 Part -I	Methods of sampling of steel prestressed and reinforced concrete
	10790-1984 Part- 1	Prestressing
	10790-1984 Part-2	Reinforcing

LOADS

	IS : 875-1987	Code of Practice for Design Loads (Other than Earthquake) for Buildings and structures
1	IS : 875 (Part 1) 1987	Dead Loads- Unit Weight of Building Materials and Stored Materials
2	IS : 875 (Part 2) 1987	Imposed Loads
3	IS : 875 (Part 3) 1987	Wind Loads
4	IS : 875 (Part 4) 1987	Snow Loads
5	IS : 875 (Part 5) 1987	Special Loads and Load Combinations

In addition to above codes, Bureau of Indian Standards have published following Special Publications (SP) which are useful as explanations for various provisions of codes and as an aid to design concerning to this subject.

1. SP : 22 (S & T) - 1982 Explanatory Handbook on Codes for Earthquake Engineering (IS:1893 and IS : 4326-1976)
2. SP : 23-1982 Handbook of Concrete Mixes
3. SP : 22-1983 Explanatory Handbook on Indian Standards for Plain and Reinforced Concrete, (IS : 456-1978).
4. SP : 25 (S & T) - 1984 Handbook on Causes and Prevention of cracks in Buildings
5. SP : 34 (S & T) - 1987 Handbook on Concrete Requirement and Detailing.

भाग – 2 (Part -2)
लिमिट स्टेट डिजाइन
सम्बन्धी धारणाएँ
(CONCEPT OF LIMIT STATE DESIGN)

अध्याय – 2

विशिष्ट भार, पदार्थों का विशिष्ट सामर्थ्य, डीजाइन विधि और आंशिक सुरक्षा गुणांक
(Characteristic Loads, Characteristic Strength of Materials, Methods of Design and Partial Safety Factors)

2.1 प्रस्तावना (Introduction)

संरचनाए और इनके अवयवों की डिजाइन (रचना) उपयोग संबंधी छवि और संरचनात्मक छवि प्राप्त करने के लिए की जाती है। दोनों छवि (Aspects) आपस मे परस्पर संबंधित है। एक भवन को कई उपयोग (Functions) में संतोषपूर्वक कार्य करने होते हैं।

उपयोग संबंधी छवि इस विचार को ध्यान में रखता है कि भवन की डिजाइन किस उद्देश्य से करनी है। भवन निर्माण में व्यय होने वाली राशि और स्थान की आवश्यकता को व्यवस्थित करने को ज्ञात करना होता है। संरचनाएं उन सेवाओं को संतोषपूर्वक कर सके, जिसके लिए बनायी गयी है। कार्यशील उपयोगिताओं के लिए स्थान का निर्धारण करना और उनकी व्यवस्था करना उपयोग संबंधी छवि में सम्मिलित होती है। भवन के उपयोग कर्त्ताओं को संतोषजनक हो। भवन की सुरक्षा, अग्नि से सुरक्षा आदि का भी ध्यान रखा जाता है। स्वास्थय के लिये उचित वेन्टीलेशन होना आवश्यक होते हैं। इनके अतिरिक्त विशेष उपकरण, मशीन और अन्य फीचर हो संरचनाओं के उचित कार्य करने लिये आवश्यक हो, उनकी व्यवस्था भी होना चाहिए। संरचनाओं का प्रारम्भिक ले–आउट (Lay-out) तैयार किया जाता है। संरचना के लिए परिमाण, आकृति निर्धारण करने में ले–आउट उपयोगी रहता है। संरचनाओं का परिमाण उनकी डिजाइन करने में उपयोग में आते हैं।

संरचनात्मक छवि में यह सुनिश्चित किया जाता है कि भवन अथवा संरचनाएँ सुरक्षित (Safe), सक्षम (Strong) और टिकाऊ (Durable) हो और आर्थिक दृष्टि से किफायती हो। प्राकृतिक विपदाओं से बचाव के लिये, मानव को आश्रय देने के लिए, संरचनाओं का निर्माण किया जाता है। भवन के उपयोगकत्ता अपने जीवन और सम्पत्ति के प्रति सुरक्षित महसूस करें। संख्या में बहुत से व्यक्तियों की सुरक्षा भवन की सुरक्षा पर निर्भर रहती है। कोडस (Codes) और विशिष्ट विवरण प्रतियाँ (Specifications) में न्यूनतम आवश्यकताओं का विवरण दिया हुआ होता है।

कोडस (Codes) और विशिष्ट विवरण प्रतियों (Specifications) में संरचनाओं पर कार्यरत होने वाले अचल भार (Dead Loads), चल भार (Live-Loads), वायु से उत्पन्न भार (Wind Loads), हिम भार (Snow Loads), भूकम्पन्न से उत्पन्न होने वाले भार (Seismic Loads) का विवरण दिया हुआ होता है। अन–आवश्यक, अतिभारी भार बिना उचित गणना के (उनकी धारणा) नहीं करनी चाहिए। संरचनाओं की डिजाइन उस पर व्यय होने वाली राशि में किफायत और उनकी सुरक्षा को ध्यान में रखते हुए की जाती है। संरचनाओं की डिजाइन तीन मुख्स सिद्धान्त (सामर्थ्य (Strength), दृढ़ता (Stability) और कठोरता (Stiffness) की पूर्ति करते हुए करनी चाहिए।

संरचनाओं के अवयवों में उन पर आने संरचनात्मक प्रभाव और डिजाइन भार वहन करने की क्षमता होनी चाहिए। सभी प्रकार के भार जो संरचनाओं पर अलग–अलग अथवा संयुक्त रूप से कार्यशील हो सकते हैं, उनको विचार में रखना चाहिए। बाहर से उपयुक्त बल (Externally applied forces) का भार (Loads) कहते हैं।

संरचनाओं पर निम्नलिखित विभिन्न भार कार्यशील हो सकते हैं।

1. अचल भार (Dead Load), 2. चल भार (Live Load) 3. वायु (पवन) भार (Wind Load) 4. हिम भार (Snow Load) 5. भूकम्पन्न भार (Seismic Load) 6. तापमान के प्रभाव (Temperature Effects)

उपरोक्त लिखित भार और प्रभाव के अतिरिक्त निम्नलिखित बल और प्रभाव भी डिजाइन के समय विचारणीय रहते हैं। इनका भी संरचनाओं पर [पदार्थ पर, सुरक्षा पर और प्रयोज्यता (Serviceability)] पर प्रभाव होता है।

1. नींव में हलचल (Foundation movement)
2. प्रत्यास्थी अक्षीय लघूकरण (Elastic axial shortening)
3. मृदा और द्रवीय दबाव (Soil and liquid pressure)
4. कम्पन्न (Vibrations)
5. फटीग (थकान) [Fatigue]
6. संघट्टन (टकराना) [गतिशील प्रभाव, Dynamic effect]
7. अनुलोमक भार (निर्माण भार Erection loads)
8. प्रतिबल केन्द्रित प्रभाव (Stress concentration effects)

सामर्थ्य की आवश्यकता के अनुसार क्रिया बल संरचनाओं के जोड़ पर बाह्य डिजाइन भार, बल और प्रभाव बराबर होने चाहिए। इन दोनों का जोड़ पर सन्तुलन आवश्यक है।

2.2 अचल / स्थायी भार (Dead/Permanent Loads)

संरचनाओं का स्वतः भार और उन पर लगे अतिरिक्त भार अचल भार के श्रेणी में आते हैं। डिजाइन करते समय स्वतः भार की पहले जानकारी नहीं होती। डिजाइन कर्त्ता अपने अनुभव से संरचनाओं के अवयवों के परिमाप मान कर ज्ञात करता है। यदि कोई सूत्र हो तो सूत्रों के उपयोग से ज्ञात कर लेता है। अतिरिक्त अचल भार निर्माण में प्रयोग होने वाले विभिन्न प्रकार के पदार्थों के भार (उनके प्रति आयतन या क्षेत्रफल) के अनुसार ज्ञात कर लेते हैं। इन पदार्थों का इकाई भार सारणी (Table) 2.1 में दिये गये हैं।

अचल भार पृथ्वी के गुरुत्व आकर्षण के कारण कार्यरत होते है। अतः इनको गुरुत्व भार (Gravity loads) भी कहा जाता है।

अचल भार स्थिति (Position) में स्थिर रहते हैं और इनके परिमाप (Magnitude) में भी कोई परिवर्तन नहीं होता है।

सारणी 2.1. भवन निर्माण के उपयोगी पदार्थों ईकाई भार, एवं भवन के भाग और भवन के सम्बन्धी घटक

संख्या	निर्माण–पदार्थ	नोमिनल	भार / मात्रा		
			kN	kg	per
	Building materials				
1	Asbestos naturals raw	–	29-8	3040	m^3
			5-90 to 8-95	600 to 900	
2	Asbcstos cement sheeting	–			
	corrugated (146 mm)	6 mm	0-118 to	12	m^2
		6 mm	0-130	13-3	m^2
	Semi corrugated (240 mm)	6 mm	0118 to	12	m^2
		6 mm	0-127	13	m^2
	plain	5 mm	0-090	9-16	m^2
3	Bitumen	–	0-102	10-4	m^2
4	Boards (cork)				
	Compressed	10 mm	0-040	4	m^2
	Ordinary	10 mm	0-020	2	m^2
5	Brisk, chips and broken bricks				
	Fine	–	14-20	1450	m^3
	Coarse	–	9-90	1010	m^3
6	Brick dust (Surkhi)	–	9-90	1010	m^3
7	Bricks (Engineering)	–	21-20	2160	m^3
8	Cement				
	Ordinary and Aluminious	–	14-10	1440	m^3
	Rapid hardening	–	12-55	1280	m^3
9	Plain cement concrete with sand and gravel or crushed natural stone	–	22 to 23-5	2240-2400	m^3
10	Reinorced cement concrete sandstone aggregate with				
	1 percent steel	–	22-75-24-20	2310-2470	m^3
	2 percent steel	–	23-25-24-80	2370-2530	m^3
	5 percent steel	–	24-80-26-50	2530-2700	m^3

11	Glass	–	24-384	2480	m^3
	Glass bricks	–	24-304	2480	m^3
	Window glass and Looking glass		24-304	2480	m^3
	Sheet		24-304	2480	m^3
			24-304	2480	m^3
		2-0	0-049	5-0	m^3
		2-5	0-062	6-3	m^3
		3-0	0-074	7-5	m^3
		4-0	0-098	10-0	m^3
		5-0	0-123	12-5	m^3
		5-5	0-134	13-7	m^3
		6-5	0-167	17-0	m^3
12	Gypsum				
	Mortar	–	11-75	1200	m^3
	Powder	–	13-89-17-25	1410-1760	m^3
13	Iron				
	Pig	–	70-60	7200	m^3
	Gray cast	–	68-95-69-70	7030-7130	m^3
	White cast	–	74-30-75-70	7530-7720	m^3
	Wrought	–	75-50	7700	m^3
14	Mastic asphlt	10 mm	0-215	2	m^2
15	Metal sheeting Galvanised steel sheets (plain and corrugated)				
	Case 1	1-60 mm	0-129	10-00	m^2
		1-25 mm	0-102	10-50	m^2
		1-00 mm	0-083	8-60	m^2
		0-80 mm	0-067	7-03	m^2
		0-63 mm	0-054	5-70	m^2
	Case 2	1-60 mm	0.129	13.16	m^2
		1-25 mm	0.102	10.41	m^2
		1-00 mm	0.083	8.45	m^2
		0-80 mm	0.067	6.73	m^2
		0-63 mm	0.054	5.40	m^2
	Case 3	1-60 mm	0.128	13.01	m^2
		1-25 mm	0.101	10.26	m^2
		1-00 mm	0.081	8.30	m^2
		0-80 mm	0.066	6.73	m^2
		0-63 mm	0.053	5.40	m^2

	Case 4	1-60 mm	0.127	12.94	m^2
		1-25 mm	0.100	10.19	m^2
		1-00 mm	0.081	8.22	m^2
		0-80 mm	0.065	6.66	m^2
		0-63 mm	0.052	5.32	m^2
16	Mortar				
	Cement	–	20.40	2080	m^3
	Lime	–	15.70-18.05	1600-1840	m^3
17	Plaster				
	Cement	–	20.40	2080	m^3
	Lime	–	17.25	1760	m^3
18	Soils and gravels				
	Alluvial ground (undisturbed)	–	15.60	1600	m^3
	Clay (dry and lump)	–	10.20	1040	m^3
	Dry (compact)	–	14.10	1440	m^3
	Damp. (compact)	–	17.25	1760	m^3
	Clay (wet and compact)	–	20.40	2080	m^3
	Undisturbed	–	18.85	1920	m^3
	Undisturbed bed gravelly	–	20.40	2080	m^3
	Earth				
	Dry	–	13.85-18.05	1410-1840	m^3
	Moist	–	15.70-19.60	1600-2000	m^3
	Gravel				
	Loose	–	15.70	1600	m^3
	Rammed	–	18.85-21.20	1920-160	m^3
19	Stone				
	Agale	–	25.50	2600	m^3
	Aggregate	–	15.70-18.05	1600-1920	m^3
	Basalt	–	27.95-29.05	2850-2960	m^3
	Granite	–	25.90-27.45	2640-2800	m^3
	Lime	–	23.55-25.90	2400-2640	m^3
	Marble	–	26.70	2720	m^3
	Sandstone	–	27.45	2800	m^3
20	Tiles clay				
	Mangalore pattern	–			
21	Timber				
	Hard wood (e.g. Babul)	–	6.27-9.41	640-960	m^3
	Light wood (e.g. Fir)	–	3.91-4.71	400-480	m^3
	Medium (e.g. Deodar)	–	4.71-6.7	480-640	m^3

	Building parts and components				
22	Cewiling (on wire netting)	10 mm	0.265	27	m^3
23	Flooring				
	Asphalt	10 mm	0.22	22	m^3
	Terrazo paving	10 mm	0.24	24	m^3
24	Roofing				
	Allahabad tiles (including battens)				
	Single	–	0.83	85	m^3
	Double	–	1.57	170	m^3
	Country tiles (with battens)				
	Single	–	0.69	70	m^3
	Double	–	1.18	120	m^3
	Mangalore tiles with battens (tiles with mortar)	–	0.64	65	m^3
	Slates (on battens)	–	0.34-0.49	35-50	m^3
	Glazed with aluminium alloy bars for span upto 3 m	6.4 mm	0.19	19.5	m^3
	Glazed with load covered steel bars at 0.6 m centres	6.4mm	0.25-0.28	26.29	m^3
25	Wall				
	Engg. bricks (in masonary)	–	23.55	2400	m^3
	Stone (masonry)				
	Granite ashlar	–	25.90	2640	m^3
	Granite rubble	–	23.55	2400	m^3
	Lime ashlar	–	25.70	2560	m^3
	Marble sand		26.5	2700	m^3
	Sand stone		22	2240	m^3

2.3 चल भार/परिवर्तनीय भार/आरोपित भार (Live Loads/Variable/Imposed live loads)

चल भार में भार की स्थिति (Position) या परिमाण (Magnutude) या दोनों में परिवर्तन होते हैं। चल भार को एक समान वितरित गतिहीन भार (Uniformly Distributed Equivalent Load) में व्यक्त किया जाता है। विभिन्न प्रकार के उपयोग में लाये जाने फर्शों को पृथक–पृथक श्रेणी में बाँट दिया गया है। इन फर्शों पर लगने वाले (प्रति इकाई क्षेत्रफल पर) भार का मान IS : 875 (Part 2) – 1987 के अनुसार सारणी (Table 2.2) में दिये गये हैं।

संरचनात्मक भवन जो विभिन्न प्रकार से अलग–अलग उपयोग में लाये जाते हैं, उनका वर्गीकरण निम्न श्रेणी में किया गया है।

1. संयोजन (सम्मेलन) भवन (Assembly Building)
2. व्यापारिक भवन (Business Building)
3. आफिस भवन (Office Buildings)
4. शिक्षण संस्थान भवन (Educational Institutional Buildings)
5. औद्योगिक भवन (Industrial Buildings)
6. संस्थान भवन (Institutional Buildings)
7. वाणिज्य भवन (Mercantile Buildings)
8- निवासनीय भवन (Residential Buildings)
9. भंडार (गोदाम) भवन (Storage Buildings)

आरोपित भार (Imposed Loads) का निर्धारण अधियोग (Occupany) और अभीष्ट (Intended) उपयोग को ध्यान में रखते हुए किया जाता है। ज्यादा परिमाप के आरोपित भार मुख्य आरोपित भार कहलाते हैं। कम परिमाप के चल–भार को साथ–साथ कार्यरत आरोपित भार (Accompanying imposed loads) कहते हैं।

सारणी 2.2 भिन्न भिन्न अधियोग के लिये आरोपित फर्श के भार

S.N.	Classification Occupancy	Uniformly Distributed Load (UDL)	Concentrated Load
(1)	(2)	(3)	(4)
(i)	**RESIDENTIAL BUILDINGS**	(kN/m2)	(kN)
	(a) Dwelling houses:		
	(1) All rooms and kitchen	2.0	1.8
	(2) Toilet and both rooms	2.0	–
	(3) Corridors, passages staircases including fire escapes and store rooms	3.0	4.5
	(4) Balconies	3.0	1.5 per metre run concentrated at the outer edge
	(b) Dwelling units planned and executed in accordance with IS: 8888-1989* only:		
	(1) Habitable rooms, kitchens, toilet and bathrooms	1.5	1.4
	(2) Corridors, passages and staircases including fire escapes	1.5	1.3
	(3) Balconies	3.0	1.5 per metre run concentrated at the outer edge

(c) Hotels, hostels, boarding houses, lodging houses, domitones, residential clubs:		
(1) Living rooms bed rooms and domitories	2.0	1.8
(2) Kitchen and laundries	3.0	4.5
(3) Biliards room and public lounges	3.0	2.7
(4) Store rooms	5.0	4.5
(5) Dining rooms, cafeterias & restaurants	4.0	2.7
(6) Office rooms	2.5	2.7
(7) Rooms for indoor games	3.0	1.8
(8) Baths and toilets	2.0	—
(9) Corridors, passages, staircases including fire escapes lobbies - as per the floor serviced (excluding stores and the like) but not less than	3.0	4.5
(10) Balconies	Same as rooms to which they give access but with a minimum of 4.0	1.5 per metre run concentrated at the outer edge
(d) Boiler rooms and plant room - to be calculated but not less than	5.0	6.7
(e) Garges:	2.5	9.0
(1) Garage floors (including parking area and repair workshop) for passenger cars and vehicles not exceeding 25 kN gross weight, including access ways and ramps - to be calculated but not less than		
(2) Garage floors for vehicles not exceeding 40 kN gross weight (including access ways and ramps) - to be calculated but not less than	5.0	9.0
(ii) EDUCATIONAL BUILDINGS		
(a) Class rooms and lecture rooms (not used for assembly purpose)	3.0	2.7
(b) Dining rooms, Cafterias and restaurants	3.0*	2.7
(c) Office, lounges and staff rooms	2.5	2.7
(d) Dormitories	2.0	2.7
(e) Projection rooms	5.0	—
(f) Kitchens	3.0	4.5
(g) Toilets and bathrooms	2.0	—
(h) Store rooms	5.0	4.5

(i) Libraries and archieves		4.5
(1) Stack room/stack area	6.0 kN/m² for a minimum height of 2.2 + 2.0 kN/m² per metre height beyond 2.2 m	4.5
(2) Reading rooms (without separate storage)	4.0	4.5
(3) Reading rooms (with separate storage)	3.0	4.5
(j) Boiler rooms and plant rooms - to be calculated but not less than	4.0	4.5
(k) Corridors, passages, lobbies, staircases including fire escapes - as per the floor services (without accounting for storage and projection rooms) but not less than	4.0	4.5
(l) Balconies	Same as rooms to which they give access but with a minimum of 4.0	1.5 per metre run concentrated at the outer edge
(iii) **INSTITUTIONAL BUILDINGS**		
(a) Bed rooms, wards, dressing rooms, dormitories and lounges	2.0	1.8
(b) Kitchens, laundries and laboratories	3.0	4.5
(c) Dining rooms, cafeterias and restaurants	3.0*	2.7
(d) Toilets and bathrooms	2.0	–
(e) X-ray rooms, operating rooms, general storage areas - to be calculated but not less than	3.0	4.5
(f) Office rooms and OPD rooms	2.5	2.7
(g) Corridors passages, lobbies and staircases including fire escapes - as per the floor services but not less than	4.0	4.5
(h) Boiler rooms and plant rooms - to be calculated but not less than	5.0	4.5
(i) Balconies	Same as the rooms to which they give access but with a minimum of 4.0	1.5 per metre run concentrated at the outer edge
(iv) **ASSEMBLY BUILDINGS**		
(a) Assembly areas :	4.0	–
(1) with fixed seats** (2) without fixed seats	5.0	3.6
(b) Restaurants (subject to assembly), museums and art galleries and gymnasia	4.0	4.5
(c) Projection rooms	5.0	—

	(d) stages	5.0	4.5
	(e) Office rooms, kitchens and laundries	3.0	4.5
	(f) Dressing rooms	2.0	1.8
	(g) Lounges and billiards rooms	2.0	2.7
	(h) Toilets and bathrooms	2.0	—
	(i) Corridors, passages, staircases including fire escapes	4.0	4.5
	(j) Balconies	Same as rooms to which they give access but with a minimum of 4.0	1.5 per metre run concentrated at the outer edge
	(k) Boiler rooms and plant rooms including weight of machinery	7.5	4.5
	(l) Corridors, passages subject to loads greater than from crowds, such as wheeled vehicles, trolleys and the like corridors, staircases and passages in grain Islands	5.0	4.5
(v)	**BUSINESS AND OFFICE BUILDINGS** (see also 3.1.2)		
	(a) Rooms for general use with separate storage	2.5	2.7
	(b) Rooms without separate storage	4.0	4.5
	(c) Banking halls	3.0	2.7
	(d) Bathroom computing machine rooms (with fixed computers or similar equipment)	3.5	4.5
	(e) Records/files store rooms and storage space	5.0	4.5
	(f) Vaults and strong room - to be calculated but not less than	5.0	4.5
	(g) Cafeterias and dining rooms	3.0*	2.7
	(h) Kitchens	3.0	2.7
	(i) Corridors, passages lobbies and staircases including fire escapes - as per the floor serviced (excluding stores) but not less than	4.0	4.5
	(j) Bath and toilet rooms	2.0	–
	(k) Balconies	Same as rooms to which they give access but with a minimum of 4.0	1.5 per metre run concentrated at the outer edge
	(l) Stationary stores	4.0 for each metre of storage height	9.0
	(m) Boiler rooms and plant rooms - to be calculated but not less than	–	6.7
	(n) Libraries	see Sl. No. (ii)	

(vi) MERCANTILE BUILDINGS		
(a) Retail shops	4.0	3.6
(b) Wholesale shops - to be calculated but not less than	6.0	4.5
(c) Office rooms	2.5	2/7
(d) Dining rooms, restaurants and cafeterias	3.0*	2.7
(e) Toilets	2.0	–
(f) Kitchens and laundries	3.0	4.5
(g) Boiler rooms adn plant rooms - to be calculated but not less than	5.0	6.7
(h) Corridors, passages, staircases, including fire escapes and lobbies	4.0	4.5
(i) Corridors, passages staircases subject to loads greater than from crowds, such as wheeled vehicles, trolley and the like	5.0	4.5
(j) Balconies	Same as rooms to which they give access but with a minimum of 4.0	1.5 per metre run concentrated at the outer edge
(vii) INDUSTRIAL BUILDINGS		
(a) Work areas without machines/equipment	2.5	4.5
(b) Work areas with machinery/equipments***		
1. Light duty (To be calculated but not less than)	5.0	4.5
2. Medium duty	7.0	4.5
3. Heavy duty	10.0	4.5
(c) Boiler rooms and plant rooms - to be calculated but not less than	5.0	6.7
(d) Cafeterias and dining rooms	3.0*	2.7
(e) Corridors, passages and staircases including fire escapes	4.0	4.5
(f) Corridors, passages, staircases subject to machine loads wheeled vehicles to be calculated but not less than	5.0	4.5
(g) Kitchens	3.0	4.5
(h) Toilets and bathrooms	2.0	—
viii. STORAGE BUILDINGS****		
(a) Stoarge rooms (other than cold storage) warehouses - to be calculated based on the bulk density of materials stored but not less than	2.4 kN/m2 per each metre of storage height with a minimum of 7.5 kN/m2	7.0
(b) Cold storage - to be calculated but not less than	5.0 kN/m2 per each	9.0

	metre of storage height with a minimum of 15 kN/m2	
(c) Corridors, passages and staircases including fire escapes - as per the floor serviced but not less than	4.0	4.5
passages subject to loads greater than from crowds such as wheeled vehicles trolleys and the like	5.0	4.5
(e) Boiler rooms and plant rooms	7.5	4.5

* Guide for requirements of low income housing

**Where unrestricted assembly of persons is anticipated the value of UDL should be increased to 4.0 kN/m2

***With fixed seats implies that the removal of the seating and the use of the space for other purposes is improbable. The maximum likely load in this acseis, therefore, closely controlled.

****The loading in industrial buildings (worships and factories) varies considerably and so three loadings under the terms light. medium and heavy are introduced in order to allow for more economical designs but the terms have no special meaning in themselves other than the imposed load for which the relevant floor is designed. It is, however, important particularly in he case of heavy weight loads, to assess the actual loads to ensure that they are not in excess of 10 kN/m^2. in case where they are in excess, the design shall be based on the actual loadings.

*****For various mechanical handling equipment which are used to transport goods, as in warehouses, workshops, store rooms, etc. the actual load coming from the use of such equipment shall be ascertained and designed should cater to such loads.

स्तंभ, एबटमेन्टस (Abutments), पिअर (Pier), दीवारें और उनको सहारा (आश्रय Support) करने वाले और नींव (Foundations) की डिजाइन करते समय सारणी 2.3 के अनुसार फर्श पर आने वाले चल भार के मान IS : 800–1984 के अनुसार कम कर दिये जाते हैं।

सारणी 2.3 चल भार के मान में प्रतिशत कमी

Storey	Percentage reduction
1- Top most storey	0
2- First storey below top most	10
3. Second storey below top most	20
4- Third storey below top most	30
5- Fourth storey below top most	40
6- All succeeding storeys	40

व्यापारिक भवन (Ware Houses), गैरेजेज (Garages) और अन्य भवन जो कि गोदाम कार्यों में उपयोग में आते हैं, और औद्योगिक फैक्ट्रीज और कार्यशालाएँ (Workshops) के चल भार में डिजाइन करते समय कमी नहीं की जाती है जि को 5 kN/m^2 के भार के लिये डिजाइन की जाती हैं। यदि इन

भवनों की डिजाइन 5 kM/m² भार से अधिक मान के लिए, की जाय तो ये कमी की जाती है यदि स्तम्भ पर आने वाले भार में 5 kN/m² आने वाले भार में कमी नहीं होती है।

2.4 पवन (हवा) से उत्पन्न भार (Wind Loads)

हवा के दबाव से उत्पन्न भार को पवन (हवा) भार (Wind-loads) कहते हैं। हवा का भार बहुत महत्वपूर्ण होता है इसका सही आकलन करना बहुत कठिन होता है।

हवा संरचनाओं पर दबाव डालती है। यह दबाव आन्तरिक और बाह्य दोनों प्रकार के होते हैं। हवा से उत्पन्न भार हवा की तीव्रता, संरचनाओं की भूगौलिक स्थिति और संरचनाओं की ऊँचाई पर निर्भर करता है। हवा का भार इसके अतिरिक्त संरचनाओं के स्वंम्य के आकार और परिमाप पर भी निर्भर करता है। हवा का भार अस्थिर भार (Transient Load) होता है जो कि थोड़े (कम) समय के लिये कार्यशील होता है।

पृथ्वी की सतह के तुलना में प्राकृतिक हवा गतिशील रहती है। हवा की एक धारा पृथ्वी के सतह पर प्रवाह करती रहती है। सूर्य और पृथ्वी से सम्बन्धित विकिरण (Radiations) के कारण तापमान में अव्यवस्था स्थापित हो जाती है, जिससे उष्मणता में संनयन (Convection) उत्पन्न हो जाता है। इससे ऊपर की तरफ अथवा नीचे की तरफ प्रवाहित होती है। हवा का प्रवाह पृथ्वी के सतह के क्षैतिज्य रहती है।

हमारे देश भारत में हवा के छः क्षेत्र बनाये गये हैं। जो कि हवा की मूल गति 55, 50, 47, 39 और 33 मीटर प्रति सैकिण्ड के अनुरूप है। IS : 875-Part III (हवा का भार) 1987 के अनुसार चित्र 2.1 में दिखाये गये हैं। यह हवा की मूल गति औसतन जमीन की सतह से 10 m की ऊँचाई के लिये उपयुक्त हैं।

हमारे देश भारत के कई प्रमुख शहरों के लिए हवा की मूल गति के मान सारणी 2.4 में IS : 875–Part III, 1987 के अनुसार दिये गये हैं।

सारणी 2.4 मूल वायु गति (मी./सैकण्ड)

शहर	गति	शहर	गति	शहर	गति
आगरा	47	देहरादून	47	मैसूर	33
अहमदाबाद	39	दिल्ली	47	नागपुर	44
अजमेर	47	दुर्गापुर	47	नैनीताल	47
अलमोरा	47	गंगटोक	47	नासिक	39
अमृतसर	47	गुवाहाटी	50	नैल्लोर	50
आसनसोल	47	गया	39	पन्जीम	39
औरंगाबाद	39	गोरखपुर	47	पटियाला	47
बहरेच	47	हैदराबाद	44	पटना	47
बंगलौर	33	इम्फाल	47	पाण्डिचेरी	50
बरोनी	47	जबलपुर	47	ब्लेअर	44
बरेली	47	जयपुर	47	पोर्ट	39
भटिंडा	47	जमशेदपुर	47	पुना	39

भिलाई	39	झाँसी	47	रायपुर	39
भोपाल	39	जोधपुर	47	राजकोट	39
भुवनेश्वर	50	कानपुर	47	राँची	39
भुज	50	कोहिमा	44	रूड़की	39
बीकानेर	47	कुमूल	39	राउरकेला	39
बोकारो	47	लक्ष्यद्वीप	39	शिमला	39
मुम्बई	44	लखनऊ	47	सुरत	44
कोलकाता	50	लुधियाना	47	त्रिचनापल्ली	47
कालीकट	39	चेन्नई	50	त्रिवेन्द्रम	39
चंडीगढ़	47	मदुराई	39	उदयपुर	47
कोयम्बटूर	39	मण्डी	39	वड़ोदरा	44
कटक	50	मंगलौर	39	वाराणसी	47
दरबंगाा	55	मुरादाबाद	47	विजयवाड़ा	50
दार्जलिंग	47			विशाखापट्टनम	50

इसके अतिरिक्त उपरोक्त हवा की गति से ज्यादा तीव्र चक्करदार आंधी (Cyclonic Wind) अैर इससे भी अधिक तीव्र प्रचंड आंधी (Tornado) घटित होती है। देश के किसी भी स्थान पर चक्करदार आंधी और प्रचंड आंधी की संभावना होती है। देश के उत्तरी क्षेत्रों में ये आंधियाँ अत्यन्त गंभीर भी हो सकती है।

इस तथ्य का भी विशेष ध्यान रखना चाहिए कि चित्र 2.1 में पूर्वी क्षेत्र और घाट क्षेत्र भी सम्मिलित हैं, और 1877 से 1982 की अवधि तक उपलब्ध रिकार्ड पर आधारित हैं। गंभीर चक्करदार आंधी (Cyclonic Storms), चक्रवाती आंधी (Hurricane Storms) और प्रचंड आंधी (Tarnado-Storms) की हवा की तीव्रता 87 मीटर प्रति सैकिण्ड और इससे भी अधिक हो सकती है। समुद्री तट्टों तक पहुँचते पहुँचते इनकी गति कम हो जाती है समुद्री तट्ट और तट्ट से 60 किलोमीटर की दूरी तक विस्तृत रहते हैं। 200 किलोमीटर दूरी के स्थान पर इसका मान, 1.15 गुणा (निकटतम समुद्री घाट क्षेत्र के मान से) ली जा सकती है।

2.5 हिम भार / अपवादात्मक भार (Snow Loads/Exceptional Loads)

किसी स्थान पर हिम भार उस स्थान के अक्षांश (Latitude) पर निर्भर करती हैं उस स्थान की भूगौलिक स्थिति पर भी निर्भर करती है। इसके साथ ही वातावरण में उपस्थित आर्द्रता (Humidity) पर भी निर्भर करती हैं। हिमभार ऊर्ध्वाधर (खड़ा Vertical) कार्यशील रहता है। इनका मान न्यूटन प्रति ईकाई क्षेत्रफल N/m^2 व्यक्त किया जाता है। ऐसे क्षेत्रों में ढलान वाली लोहे की कैचियों का (Sloping Roof Trusses) का उपयोग किया जाता है। हिम भार का मान इन कैंचियों के ढलान पर निर्भर करता है। इसके साथ ये कैंचियों कितना बर्फ धारण (Retain) कर सकती हैं। यदि वास्तविक हिमबार के आंकड़े उपलब्ध नहीं हो तो इसका मान 2.5 न्यूटन प्रति वर्ग मीटर एक मिली मीटर की गहराई (Depth) के अनुसार मान सकते हैं। इस बात की भी ध्यान रखना चाहिए कि हिमपात सारे क्षेत्र (Total Area) पर होता है या आंशिक क्षेत्र पर (Partial) पर होता है, जो कि दोनों संभव हैं कैंचियों के एक तरफ पूरा हिमपात हो और एक तरफ आधा हिमपात हो, ऐसी भी संभावना रहती है। यदि कैंची का ढलान 50 से अधिक हो तो हिम भार को उपेक्षित (Dis-regarded) रखा जाता हैं। अशमा सम्मिलित नहीं किया जाता।

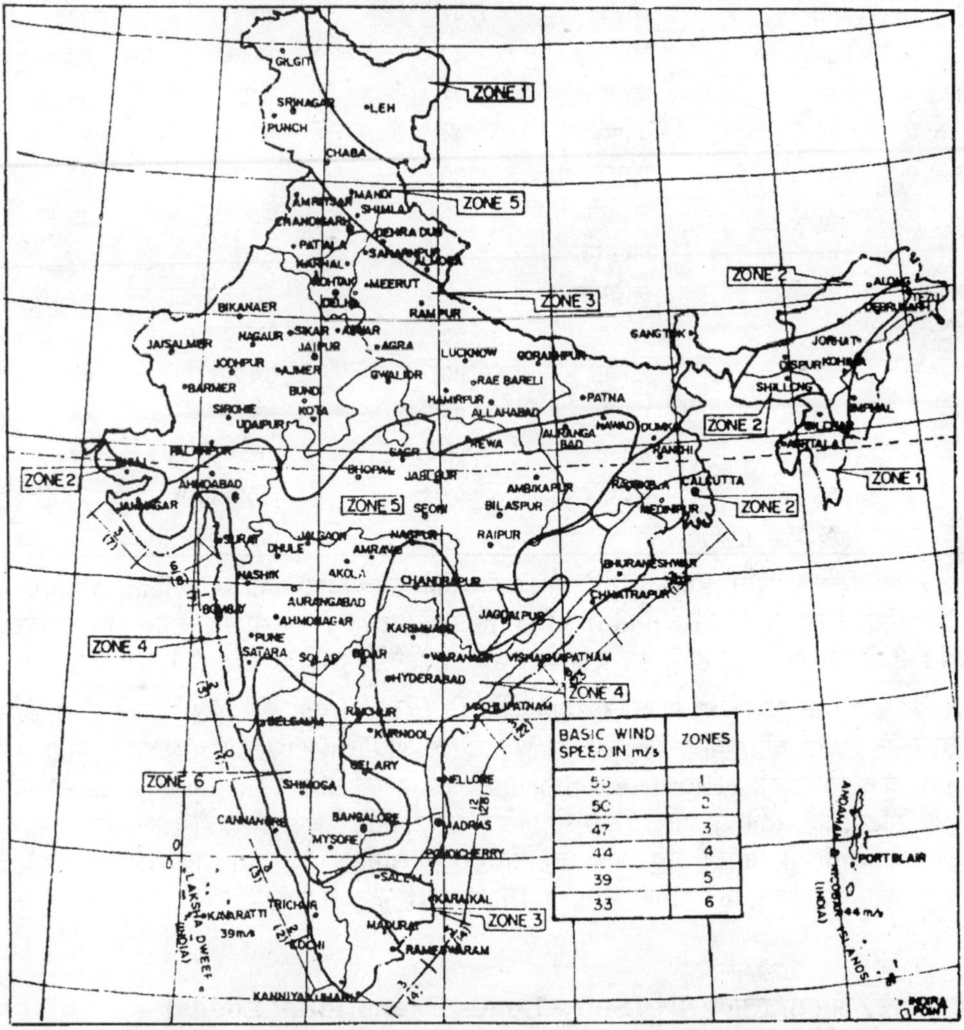

चित्र 2.1A.

इस बात को ध्यान रखना चाहिए कि हवा का भार, हिम भार और भूकम्पन्न से उत्पन्न भार में से एक समय पर एक ही भार का प्रभाव रचना/अभिकल्पना (Design) में सम्मिलित किया जाता है। इन तीनों में एक भार जो भी अत्यन्त/अधिक प्रभावित करता है।

2.6 भूकम्पन्न भार/बल (Seismic Load/Earthquake Forces)

पृथ्वी के भूकम्पन्न के कारण चाल/गति और कम्पन्न द्वारा जड़त्व बलों से संरचनाओं में उत्पन्न बल बलों को भूकम्पन्न भार कहते हैं।

जब संरचनाएं भूकम्पन्न क्षेत्रों में स्थित होती है, जहाँ पर बीते हुए समय में भूकम्पन्न से पीड़ित रहे हैं, वहाँ पर भविष्य में भूकम्पन्न की संभावना निश्चित रहती है, ऐसे स्थानों पर संरचनाओं का अभिकल्पना (design) करते समय भूकम्पन्न भार को भी सम्मिलित करना आवश्यक होता है।

भूकम्पन्न क्षेत्र भूगर्भीय युवा होते हैं और अस्थिर होते हैं। हिमालयन क्षेत्र, सिन्धु और गंगा के सपाट (Plain) क्षेत्र, पश्चिमी भारत मे कच्छ और काठियावाड़ हमारे देश में ऐसे स्थान है, जहाँ पर अक्षर भूकम्पन्न का अनुभव होता रहता है। कभी–कभी ये भूकम्प अधिक गंभीर और हिंसात्मक होते हैं।

भूकम्प के आकस्मिक आघात (Shock) के कारण यह भार उत्पन्न होते हैं। भूकम्प से जमीन में गहराई से सतह की गति और कम्पन्न उत्पन्न होते हैं। इसी फलस्वरूप संरचनाओं में कम्पन्न होता है। भूकम्प के कारण उत्पन्न कम्पन्न को परस्पर तीन दिशाओं में वियोजन (Resolve) कर सकते हैं, जो कि आपस में लम्बवत् होती है। इनमें दो क्षैतिज्य दिशाएँ होती हैं। और एक ऊर्ध्वाधर होती हैं। दोनों क्षैतिज्य दिशा के तुलना में एक क्षैतिज्य दिशा में वियोजित (Resolved) भाग ज्यादा प्रभावशाली होता है। कई दफ्ह संरचनाओं का अभिकल्पन (Design) एक क्षैतिज्य बलिष्ट प्रभाव से की जाती है। कई दफ्ह संरचनाओं का अभिकल्पन एक क्षैतिज्य बलिष्ट प्रभाव और दूसरा ऊर्ध्वाधर प्रभाव (दो बल प्रभाव) से की जाती है। भूकम्पन्न गति से उत्पन्न सिसमिक गुणांक (Seismic Coefficient) ज्ञात करते हैं। सिसमिक त्वरण और गुरुत्व आकर्षण त्वरण के अनुपात से सिसमिक गुणांक को परिभाषित किया जाता है। हमारे देश भारत को सिसमिक गुणांक ज्ञात करने के लिये सात क्षेत्र बनाये गये हैं। अलग अलग प्रकार की मृदाओं (Soils) के लिये भी सिसमिक गुणांक के मान इंजीनियर्स के मार्ग दर्शन के लिये दिये गये हैं। भूकम्पन्न से प्रभावित संरचनाओं के वास्तविक अभिकल्पन के IS : 1983 को अध्ययन करना चाहिए। सिसमिक शब्द का अर्थ पृथ्वी पर भूकम्प ही होता है।

चित्र 2.1(B). राजस्थान में भूकम्प संवेदनशील क्षेत्र

2.7 मृदा और स्थिर द्रवीय दबाव (Soil and Hydrostatic Pressure)

यदि संरचनाओं का निर्माण जमीन के स्तर पर होता है तब मृदा अथवा पानी अथवा दोनों द्वारा लगाये जाने वाले दबाव को भी डिजाइन में सम्मिलित करना चाहिए। मृदा द्वारा और द्रवीय दबाव स्थापित सिद्धान्तों के अनुसार ज्ञात किये जाते हैं।

2.8 निर्माण प्रभाव (Erection Effects)

संरचना और संरचनाओं के किसी भाग का अभिकल्पन (Design) करते समय निर्माण प्रभाव (भार) को विचार में रखना चाहिए। पदार्थों को परिवहन करने में निर्माण के उपकरणों को उपयोग करते समय ऐसे प्रभाव (भार) बनते हैं। निर्माण के ऊंचाई के अलग–अलग स्तर पर इनको विचाराधीन रख कर डिजाइन करनी चाहिए। निर्माण प्रभाव और भार से कई दफ्ह विपरीत प्रतिबल उत्पन्न होते हैं, जिससे मुख्य संरचना को या उसके किसी भाग को क्षति हो सकती है।

2.9 गति संबंधी प्रभाव (Dynamic Effects) और संघट्टन (Impact)

गतिशील भार से संरचनाओं में कम्पन्न (Vibrations) उत्पन्न होते हैं। और इस संघट्टन (Impact) प्रभाव भी पड़ता है। गतिशील भार और संघट्टन प्रभाव का आकलन संघट्टन गुणांक (Impact factor) किया जाता है। दोनो प्रभाव की आकलन गतिशील भार जोड़ संघट्टन गुणांक गुणा गतिभार द्वारा किया जाता है।

कई संरचनाओं के निर्माण में क्रेन का उपयोग किया जाता है। पुलों का निर्माण तो गतिशील भार के लिये ही किया जाता है।

2.10 तापमान / अस्थिर प्रभाव (Temperature/Transient Loads)

वातावरण में तापमान के बढ़ने से और तापमान में गिरावट से संरचनाओं के पदार्थों में प्रसार (Expansion) और सिकुड़न (संकोचन (Contraction) होते हैं। तापमान में विभिन्नता और परिवर्तन का परास (Range) अलग–अलग स्थानों पर, अलग अलग मौसम और अलग अलग दिन पर अलग अलग होती हैं। तापमान के प्रभाव को उचित तरीके से और पर्याप्त रूप में आकलन करना चाहिए। इसका प्रभाव अभिकल्पन (Design) में सम्मिलित करना चाहिए।

तापमान प्रभाव का अस्थिर भार (Transient loads) तरह मानक IS : 875 (Part - 5) - 1987 के अनुकूल विचार किया जाता है।

अन्य पदार्थों की तरह, कांक्रीट में भी तापमान में वृद्धि के साथ विस्तार होता है। तापमान में कमी के साथ सुकड़न होती है। तापमान के मान में वृद्धि और कमी का परास Range अर्थात् परिवर्तन (Variation) अलग–अलग शहरों और बस्तियों के भौगोलिक स्थितियों पर मौसम–मौसम और अलग अलग दिनों के अनुसार होता है। कांक्रीट में सुकड़ना (Contraction) के साथ सकुचन (Shrinkage) के प्रभाव से आपत्ति आ जाती है।

तापमान के परिवर्तन के कारण उत्पन्न हो जाते हैं। कांक्रीट में सीमेंट की मात्रा, मिलावे की किस्म और तुलनात्मक आर्द्रता और अवयवों के माप के अनुसार विस्तार / सुकड़न का गुणांक का मान निर्भर करता है। सन्तोषपूर्वक इसका मान (0.000/mm) mm °C ले सकते हैं। इनका मान कांक्रीट में मिलावे पत्थर के किस्म के अनुसार निम्नलिखित ली जाती है।

क्वारज	1.2
सेन्ड स्टोन	0.9
ग्रेनाइट	6.7

2.11 भार संयोजन (Combination of Loads)

संरचनाओं और इनके अवयवों को अनेक प्रकार के भार के अत्यन्त प्रतिकूल संयोजन से उत्पन्न प्रभाव को वहन करने की क्षमता होनी चाहिए। अचल भार, चल भार, आरोपित भार (Imposed Loads) वायु भार, अथवा भूकम्पन्न भार से साथ–साथ होने के कारण अत्यन्त प्रतिकूल संयोजन बनते हैं।

अभिकल्पन (Design) के लिए IS : 800–1984 में ऐसे संयोजनों को सुझाया है, जो कि अधिकतम बल और प्रभाव उत्पन्न करते हैं। वे संयोजन निम्नलिखित है।

(i) (अचल भार + आरोपित चल भार) (Dead Load + Imposed Live load)

(ii) (अचल भार + आरोपित चल भार + वायु अथवा भूकम्पन्न भार) (Dead Load + Imposed live load + Wind or earthquake loads) और

(iii) (अचल भार + वायु अथवा भूकम्प भार) (Dead Load + Wind Load or earthquake loads)।

2.12 कांक्रीट में संकुचन (Shrinkage in concrete)

कांक्रीट में संकुचन (Shrinkage) की कुल मात्रा कांक्रीट के संघटक (constituents), अवयवों के माप और वातावरण की स्थिती पर निर्भर करता है। ज्ञात आर्द्रता और तापमान पर कांक्रीट का कुल संकुचन कांक्रीट मे मौजूद पानी की मात्रा जिस समय कांक्रीट का मिश्रण तैयार किया जाता है, उनसे ज्यादा प्रभावित होता है। सीमेंट तत्व पर कम प्रभावित होता है।

आर्द्रता के वाष्पीकरण के कारण उत्पन्न कमी से कांक्रीट मे संकुचन होता है। संकुचन के कारण विकृति (Strain) कांक्रीट में प्रतिबल से स्वतंत्र होती है। यदि कांक्रीट प्रतिबन्धित (Restrained) हो, तब संकुचन के कारण उत्पन्न विकृति से दरारें आ जाता है। कांक्रीट के अवयवों में विस्थापन (Deflection) होता है और इस विस्थापन में समय के साथ वृद्धि होती रहती है।

Fig. 2.2 में विकृति में वृद्धि, संकुचन और समय के साथ वक्र द्वारा दिखाया गया है।

आंकडों की अनुपस्थिति में कुल संकुचन विकृति (Strain) का मान 0.0003 ले सकते हैं।

मोटे तौर पर, सकुचन प्रतिवर्ती/उलटवीं (Reversible) क्रिया (Phenomenon) है। यदि कांक्रीट पानी से सकुचन होने के बाद, संतृप्त (Saturate) कर दी जाय, तब कांक्रीट करीब करीब मूल आयतन प्राप्त कर लेती है। एकान्तरित (Alternately), कांक्रीट में आयतन में एकान्तरित सूखा और भीगी स्थितियों हों तो परिवर्तन होते रहते हैं विस्थापन (Deflection) में घटाव–बढ़ाव (fluctuations) आंशिक रूप से संकुचन क्रिया के कारण होते हैं।

2.13 कांक्रीट में सर्पण (Creep in concrete)

व्यवहारिक रूप में अनुमानित 28 दिन के छोटी समय अवधि में कांक्रीट का संपीडन सामर्थ्य संरचना की अभिकल्पना (Design) करते समय उपयोग में ली जाती है। कांक्रीट के सामर्थ्य में कमी लम्बे समय अवधि में भार के कारण होती है। जो कि कांक्रीट के ज्यादा उम्र के साथ उच्च सामर्थ्य प्राप्त करने के गुण से आंशिक रूप से हट कर होता है। ऐसा देखा गया है कि दीर्घकालीन भार (Sustained load) के

कारण संपीडन सामर्थ्य (जो कि 28 दिन की छोटी अवधि का अभिकल्पना (Design) में उपयोग में लिया जाता है) में करीबन 20 प्रतिशत कमी हो जाती है।

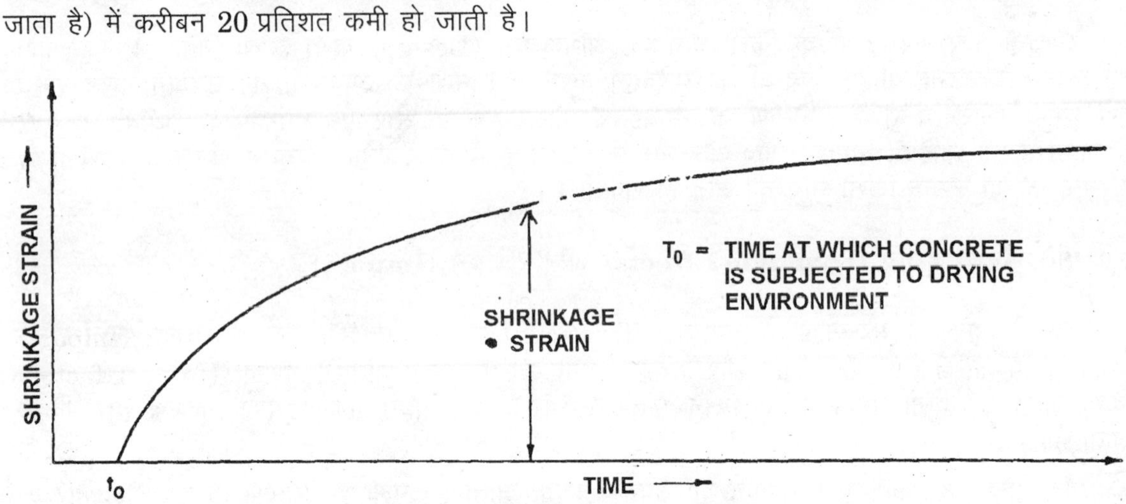

SHRINKAGE CURVE FOR CONCRETE

Fig. 2.2

कांक्रीट में प्रतिबल–विकृति संबंध समय का फलन (Function) होता है। धीरे–धीरे/क्रमिक समय के साथ विकृति में वृद्धि प्रतिबल (Stress) के कारण कांक्रीट में सर्पण विकृति (Creep-deformation) से होता है। कुल सर्पण विकृति पूर्व में प्रत्यास्थ (Elastic) विकृति से कई गुणा अधिक होता है। साधारणतया, सर्पण (Creep) का प्रभाव संरचना के सामर्थ्य पर कम होता है, परन्तु प्रबल्लित कांक्रीट के अवयवों में सर्विस भार विस्थापन से प्रतिबल के पुनर्वितरण (Redistribution of stress) प्रमाणित है। सर्पण विकृति (Creep-deformation) कुछ परिस्थितियों में लाभप्रद भी होता है। [उदाहरण के लिए अवकल–धसना (Differential settlement) में सर्पण के कारण कमी हो जाती है। तनन में सर्पण के कारण सकुचन (Shrinkage) से उत्पन्न दरारों में विलम्ब (Delay) हो जाता है।

2.14 लिमिट स्टेट डिजाइन विधि (Limit State design method)

लिमिट स्टेट डिजाइन विधि और आंशिक सुरक्षा गुणांक को (इनके वर्तमान रूप में प्रबल्लित कांक्रीट के अन्तर्राष्ट्रीय अभ्यास हेतु कोड के अनुमोदन के परिणामस्वरूप) विकसित किया गया। संभाव्यता अभिकल्पना विधि (Probable design method) की पहली आवश्यकता सुरक्षा को परिभाषित करना है। संरचनाओं की संभाव्यता विफलता (Probability of failure) द्वारा परिभाषित किया जाता है। संभाव्यता विफलता जितनी कम होती है, संरचनाओं की सुरक्षा इतनी ही ज्यादा होती है। यह सुनिश्चित किया जाता है कि संभाव्यता विफलता निर्धारित सीमा के मान से अधिक नहीं हो लिमिट स्टेट को इस प्रकार परिभाषित किया जाता है कि सीमा की स्थितियों (Limiting conditions) से बढ़ने से संरचनाएं संकल्पित कार्य को सार्थक करना बन्द कर देती है।

लिमिट स्टेट डीजाइन विधि का उद्देश्य एक स्वीकृत करने योग्य सम्भाव्यता (Acceptable probability) प्राप्त करना है, जिससे संरचनाएँ अपने जीवन के पूरे समय तक अनउपयोगी न हों। ऐसा सिद्धान्त (Criterion) बनाया जाता है, जिससे सभी प्रकार से जाँच करने पर यह ज्ञात हो सकता हैं कि संरचना उपयोग करने के लिए अयोग्य हो गयी हैं। **संरचनाओं के लिए वे स्थितियाँ जो यह बताती है**

कि संरचनाएँ उपभोग करने के अयोग्य हो गई हैं, वे स्थितियाँ लिमिट स्टेट कहलाती है। लिमिट स्टेटस के निम्नलिखित दो मुख्य तत्व होते हैं।

2.15 उच्चतम लिमिट स्टेट (Ultimate limit state, ULS)

अवयवों के पराभव सामर्थ्य (Yield Strength आकुचन सामर्थ्य (Buckling strength), स्थिरता (Stability) [उलटना (over-turning), सरकना (sliding), श्रान्ति (थकावट) सामर्थ्य (Fatigue) भंगुरता के कारण भंग (Brittle-Fracture) आदि सामर्थ्य के लिए जाँच करती है। उच्चतम लिमिट स्टेट (ULS) या सुरक्षा लिमिट स्टेट का अर्थ यह बताना होता है कि इस भार में वृद्धि करने पर संरचना अनउपयोगी स्थिति पर पहुँच जायेगी। **उच्चतम लिमिट स्टेट यह परिभाषित करता है कि** वे आपत्तिजनक परिस्थितियाँ (Catastrophic states) जिन पर अधिक विश्वासतता (Reliability) पर ध्यान देने की आवश्यकता है, जिससे कि संभाव्यता (Probability) घटना (Occurence) घटित होने की संभावना बहुत कम स्तर पर ला सकें। उच्चतम लिमिट स्टेटस वे स्थितियाँ है, जिन से बचना चाहिए।

यह (ULS) अधिकतम अल्पकल्पन भार वहन करने की समता से सम्बन्ध रखते है। पूरी संरचना, संरचना का कोई कोई भाग अनुमानित पहले से ज्ञात अधिक भार के कारण ढहना नहीं चाहिए।

उच्चतम लिमिट स्टेट में निम्नलिखित चार उपतत्व सम्मिलित होते हैं।

1. ढहने की लिमिट स्टेटस : संपीडन में (Limit State of collapse : Compression)
2. ढहने की लिमिट स्टेटस : बंकन में (Limit State of collapse : Flexure/Bending)
3. ढहने की लिमिट स्टेटस : अपरूपण में (Limit State of collapse : Shear)
4. ढहने की लिमिट स्टेटस : ऐठन में (Limit State of collapse : Torsion)

2.16 सेवा उपयोगिता लिमिट स्टेट (Serviceability Limit State, SLS)

सेवा उपयोगिता लिमिट स्टेट को इस तरह परिभाषित किया जाता है कि यह उन सीमाओं का संकेत करते है, जिसमें संरचनाओं द्वारा स्वीकृत सेवा (acceptable performance) मानी जाती है। सेवा उपयोगिता लिमिट स्टेटस (SLS) को केवल अवांछित (Undesirable) समझा जाता है। सेवा उपयोगिता लिमिट स्टेटस में समय सेवा भार (Service loads) अर्थात् विशिष्ट भार (Characterstic loads) संरचनाओं की प्रयाप्ता की जाँच की जाती है। संरचनाओं के अवयवों में विस्थापना (Deflection) संरचनाओं की आकृति/दिखावट (Appearance) को विपरीत तरीके से प्रभावित नहीं करता हो। यदि निर्धारित सीमाओं से ज्यादा हो जाय, तब संरचनाओं की सेवा की विफलता (Failure) समझा जाता है।

सेवा उपयोगिता लिमिट स्टेटस (SLS) के भी निम्नलिखित चार उपतत्व समझे जाते हैं

1. सेवा उपयोगिता लिमिट स्टेटस : विस्थापन (Limit States of Serviceability : Deflecton)
2. सेवा उपयोगिता लिमिट स्टेटस : दरारे (Limit States of Serviceability : Cracking)
3. श्रान्ति लिमिट स्टेटस (Fatigue Limit State, FLS)
4. सेवा उपयोगिता लिमिट स्टेटस : कम्पन्न (Limit States of Serviceability : Vibration)

श्रान्ति लिमिट स्टेटस वहाँ पर महत्त्वपूर्ण समझे जाते हैं, जहाँ पर संरचनाओं पर चक्रवत् भार का (Cyclic-loading) फिर से बारम्बार दुहराना (Repeated) होता है। कांक्रीट में दरारें की मोटाई स्वीकृत

मोटाई से अधिक नहीं होनी चाहिए। और संरचनाओं की आकृति/दिखावट पर विपरीत नहीं पड़ना चाहिए। अधिक मोटाई की दरारों से पानी कांक्रीट के भीतर प्रवेश कर जाता है।

जिससे इस्पातीय प्रबल्लित सिरियों का संक्षारण (Corrosion) होने की संभावना बढ़ जाती है। जो कि कांक्रीट के टिकाऊपन (Durability) को प्रभावित करती है।

कंपन्न क्रिया से संरचनाओं में रहने वाले को किसी प्रकार असुविधा नहीं हो।

लिमिट स्टेट डीजाइन से संबंधित कई शब्दों की परिभाषा एवं विवरण अनुवर्ती (subsequent) अनुच्छेदों दी गयी हैं।

2.17 विशिष्ट भार सेवा भार (Characterstic loads/Service Loads/Actions)

अधिकतम भारे आकन के लिए शब्द 'विशिष्ट भार' को सम्मिलित किया गया है, ताकि स्वभाव से संयुक्त रूप से जुड़े हुए घटक सम्बन्धी प्रबन्ध किया जा सके। यह शब्द ऊपर की ओर नीचे की दोनों सीमाओं का आशा कै अनुसार भार के पेटर्न का परास (Range of pattern) का प्रतिनिधित्व किया जा सके।

विशिष्ट भार को इस तरह से परिभाषित किया जा सकता है कि भार के वे मान संरचनाओं के जीवन–अवधि के दोहरान स्वीकृति संभाव्यता (Accepted probability) से बढ़ सकते हैं। ये विशिष्ट भार सांकेतिक चिन्ह W_{ck} से सूचित किया जाता है। आदर्श रूप में इन भार की गणना औसत भार इस भार से मानक डेवियेशन के साथ (Standard-deviation), की जाती हैं।

विशिष्ट भार = औसत भार

जहाँ पर S = मानक डेवियेशन का मान (Standard-deviation)

1.64 संख्या, एक स्थिर अंक के मान के अनुकूल है, जिसका बढने की संभावना (Chance) 5 प्रतिशत रहती है।

मानक IS : 456-2000 के अनुसार विशिष्ट भार (Characterstic load) का अर्थ उस भार के मान में 95 प्रतिशत संभाव्यता (Probability) संरचनाओं के जीवन अवधि के दोहरान नहीं बढेंगे। इसके मान के बढने की संभावना केवल 5 प्रतिशत होती है जैसा कि Fig. 2.3

विशिष्ट भार W_{ck} का मान निम्न समीकरण से ज्ञात कर सकते हैं।

$$W_{ck} = (W_{mean} + 1.64\ S)$$

विशिष्ट भार स्टेटिस्कल आंकड़े (Statistical data) (यदि वे उपलब्ध हों) के आधार पर प्राप्त किया जाता है। इनका मान अनुभव के आधार पर ज्ञात किया जाता है।

हालांकि, अभी तक इस प्रकार के स्टेटिस्कल आंकडों से व्यक्त नहीं गये हैं। अतः अचल भार (Dead-loads) का मान मानक IS : 875 - (Part I) - 1987 से नोट किया जाता है। चल भार (Live-loads) मानक IS : 875- (Part II) - 1987 के आधार पर नोट किया जाते हैं। पवन भार मानक IS 875 (Part III) - 1987 के अनुसार नोट किये जाते हैं। भूकम्प संबंध बल का मान IS : 1893-1975 के अनुसार नोट किये जाते हैं।

निम्नलिखित कारणों से वास्तविक भार का मान विशिष्ट भार से अधिक हो सकता है।

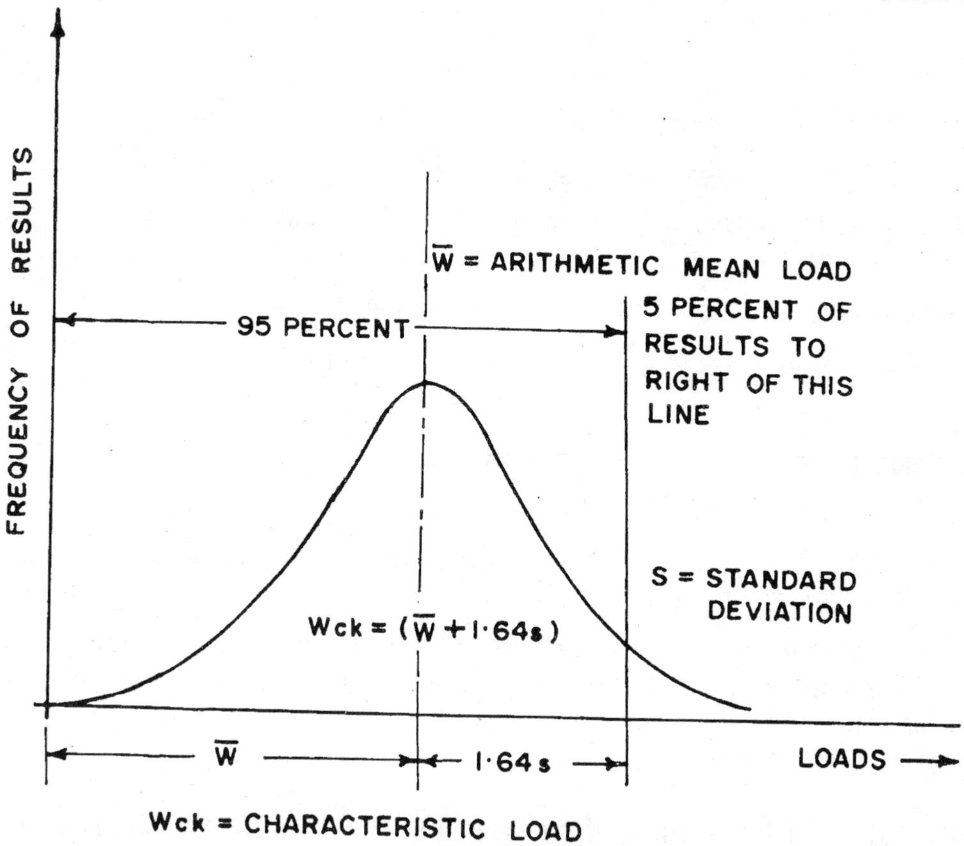

चित्र 2.3

वास्तविक निर्माण में अवयवों के माप में अधिक अथवा कम हो सकते हैं। इसके परिणामस्वरूप भार का मान ज्यादा या कम हो सकता है। शोचनीय (Critical) अनुप्रस्थों (Section) पर भार द्वारा उत्पन्न प्रभावों पर असर होता है। संरचनाओं का विश्लेषय (Analysis) करते समय और संरचनाओं के अवयवों के माप को अनुपातित करते समय, समीपता के करीब और सरल करने के लिए कुछ कल्पनाएँ (assumptionas) की जाती है। इसके परिणाम से, गणना किये गये बल, बंकन आघूर्ण (Bending moments) और प्रतिबलों प्रभावित होते हैं।

कांक्रीट में सकुचन (Shrinkage) सर्पण (Crep) और तापमान (temperature) के प्रभाव के भार में वृद्धि की जा सकती है। परन्तु इन प्रभावों की उपेक्षा (Ignore) [सामान्य संरचनाओं के लिए] कर दी जाती है। ऐसा करने के लिए कोड (Code) से अनुमति है।

2.18 अभिकल्पित क्रिया/अभिकल्पित भार/घटक भार (Design Load/ Factored Load/ Design Actions)

अभिकल्पित (घटक) भार W_{fd} का मान विशिष्ट (सेवा) भार W_{ck} को को भार के लिए आंशिक सुरक्षा गुणांक γ_{fL} से गुणा करने से ज्ञात किया जाता है, तत्पश्चात ही बंकन आघूर्ण (Bending moment), अपरूपण प्रतिबल (Shear) ज्ञात कर सकते हैं, जिनके द्वारा अवयवों की रचना की जा सकती है।

$$W_{fd} = (W_{ck} \,.\, \gamma_{fL})$$

जहाँ पर,

W_{fd} = अभिकल्पित/घटक भार (Design load)

W_{ck} = विशिष्ट (सेवा) भार (Characteristic/service loads)

(γ_{fL} = भार के लिए आंशिक सुरक्षा गुणांक (Partial safety factor), जैसा कि भार के लिए उचित हों और लिमिट स्टेट विचाराधीन हो।

यह भार के लिए आंशिक सुरक्षा गुणाक निम्नलिखित कारणों को विचाराधीन रखते हैं।

(i) संभवतया असामान्य भार में वृद्धि (विशिष्ट भार के मान ज्ञात करने के अतिरिक्त/इसके परे)

(ii) भार के प्रभावों को अनुमानित करने में यथार्थ में यदि कोई त्रुटि रही हो,

(iii) अवयवों के माप में यथार्थ में यदि कोई त्रुटि हो,

(iv) विचाराधीन लिमिट स्टेटस का महत्व

भार के लिए आंशिक सुरक्षा गुणांक का मान अलग अलग लिमिट स्टेटस के अनुसार और अलग अलग भार के संयोजन के लिए अलग अलग होते हैं।

अभिकल्पित/घटक भार संरचना के ढहने की स्थिती से संबंध रखते है। तत्पश्चात बंकन आघूर्ण (Bending moment) और अपरूपण बल (Shear force) के मान जो ज्ञात किये जाते हैं वे भी संरचना के ढहने का स्थिती का प्रतिनिधित्व करते हैं। अवयव और अवयवों के अनुप्रस्थ खण्ड (Members and sections) का उसके अनुसार अभिकल्पना/रचना की जाती है।

2.19 भार के लिए आंशिक सुरक्षा गुणांक (Partial Safety Factor for Loads)

भार के लिए आंशिक सुरक्षा गुणांक के लिए चिन्ह γ_{fL} का संकेत हेतु उपयोग किया जाता है। अभिकल्पित घटक भार की विशिष्ट/सेवा भार से गणना करने के लिए इसका उपयोग किया जाता है। संभवतया भार में वृद्धि, विभिन्न लिमिट स्टेटस और भार के प्रभाव के यथार्थ को विचाराधीन रखने के लिए इस गुणांक का उपयोग किया जाता है। मानक IS : 456-2000 के अनुसार सारणी 2.5 (A) और 2.5 (B), भार के लिए आंशिक सुरक्षा गुणांक के मान संरचना के ढहने की स्थिती (Limit State of collapse) और सेवायुक्तता (Limit State of Serviceability) की सीमाओं के लिए क्रमशः लिस्ट किये गये है।

सारणी 2.5 (A) VALUES OF PARTIAL SAFETY FACTOR γ_{fL} FOR LOADS

(For limit state of collapse)

Load combinations	Values of partial safety factors γ_{fL} for loads		
	DL	LL	WL
(DL + LL)	1.5	1.5	–
(DL + WL)	1.5 or	–	1.5
(DL + LL + WL)	1.2	1.2	1.2

सारणी 2.5 (B) VALUES OF PARTIAL SAFETY FACTOR γ_{fL} FOR LOADS

(For limit state of serviceability)

Load combinations	Values of partial safety factors γ_{fL} for loads		
	DL	LL	WL
(DL + LL)	1.0	1.0	–
(DL + WL)	1.0	–	1.0
(DL + LL + WL)	1.0	0.8	0.8

मानक IS : 456-2000 में भार के लिए आंशिक सुरक्षा गुणांक के मान का एक समान मान 1.5 का उल्लेख किया गया है जब (D.L + L.L) भार संयोजक संरचना के ढहने से संबंध में विचार किया जाता है।

सामान्यतया, भार के लिए आंशिक सुरक्षा गुणांक मान एक या एक से अधिक होता है। परन्तु नीचे बतायी गयी परिस्थिति में एक से कम भी होता है।

संरचनाओं की स्थिरता/दृढ़ता (Stability of structures) पर विचार किया जाता है, तब संरचनाओं के उलटने के विरुद्ध जब विचार किया जाता है। जहाँ पर उलटने से सम्बन्धित स्थिती क्रान्तिक स्थिति (Critical) बन जाती है। उस समय पक्ष के विपरीत परिस्थितियों के अचल भार का मान न्युनतम रखा जाता है। मानक IS : 456-2000 में γ_{fL} = 0.9 का अचल भार के लिए उल्लेख निम्न कारणों के लिए किया गया है।

(i) अवयव के अनुप्रस्थ का माप ड्राइंग में जो बताया गया है, सामान्य से छोटा माप हो।

(ii) पदार्थो का घनत्व रचना में जो अनुमानित है, उनसे कम हो।

2.20 कांक्रीट का विशिष्ट सामर्थ्य (Characteristic strength of concrete)

कांक्रीट का विशिष्ट सामर्थ्य इस प्रकार से परिभाषित किया जाता है कि कांक्रीट के सामर्थ्य का वह मान जो कि सामर्थ्य जाँच में जितने भी नमुनों (Specimen) की जाँच की जाय, उनमें केवल 5 प्रतिशत नमुने का सामर्थ्य कम हो सकता है।

सीमेंट, बारीक मिलावा, मोटा मिलावा और पानी मिलाने से कांक्रीट का मिश्रण तैयार किया जाता है। जब कांक्रीट में इन पदार्थो की मात्रा अलग–अलग अनुपात से मिलायी जाती है, तब जो अलग–अलग कांक्रीट के मिश्रण तैयार होते हैं, उनके सामर्थ्य के मान भी अलग–अलग होते हैं। कांक्रीट के सामर्थ्य का उल्लेख भी कांक्रीट के विशिष्ट सामर्थ्य से ही किया जाता है। कांक्रीट के विशिष्ट सामर्थ्य को चिन्ह f_{ck} से सांकेतिक किया जाता है।

कांक्रीट के विशिष्ट सामर्थ्य को इस प्रकार भी परिभाषित किया जाता है कि एक 150 mm घन की 28 दिन का संपीडन सामर्थ्य (जो कि N/mm^2 में व्यक्त किया जाता है), उनमें 5 प्रतिशत से अधिक जाँच के परिणाम में उस सामर्थ्य के मान से कम नहीं पाये जाने चाहिए।

कांक्रीट के अलग–अलग मिश्रण का श्रेणीकरण (Grading) किया जाता है। प्रत्येक मिश्रण को उसके ग्रेड निर्देशन (Grade designation) द्वारा किया जाता है। ग्रेड निर्देशन में कांक्रीट मिश्रण के लिए 'M'

अक्षर का प्रयोग किया जाता है। इसके बाद एक संख्या सूचांक (Numerial) का उल्लेख होता है, जो कांक्रीट मिश्रण के 28 दिन का संपीडन सामर्थ्य व्यक्त किया जाता है।

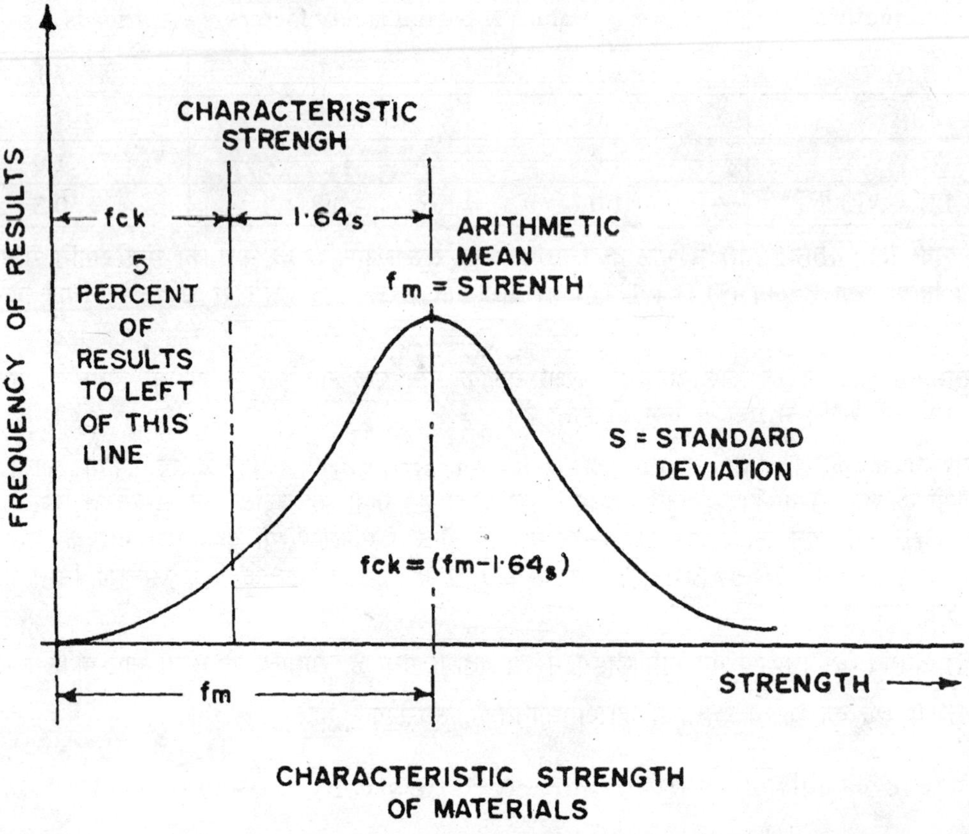

चित्र 2.4

कांक्रीट के अलग अलग मिश्रण को तीन समूहों में ग्रुप किया जाता है। M10, M15 और M20 ग्रेडस को सामान्य/साधारण ग्रुप में समझा जाता है। M25 और इससे अधिक कांक्रीट के ग्रेडस को स्टेंडर्ड कांक्रीट में समझा जाता है। M60 और इससे अधिक M80 ग्रेड कांक्रीट को उच्च सामर्थ्य की कांक्रीट समझी जाती है। सारणी 2.6 में विशिष्ट संपीडन सामर्थ्य ग्रेडस का मानक IS : 456-2000 के अनुसार उल्लेखित हैं।

सारणी 2.6 GRADES OF CONCRETE (Characteristic compressive strength of 150 mm cube at 28 days, f_{ck})

Group	Grade Designation	f_{ck} (N/mm²)
Ordinary concrete	M10	10
	M15	15
	M20	20

Standard concrete	M25	25
	M30	30
	M35	35
	M40	40
	M45	45
	M50	50
	M55	55
High strength concrete	M60	60
	M65	65
	M70	70
	M75	75
	M80	80

कांक्रीट का विशिष्ठ सामर्थ्य = (कांक्रीट का औसत सामर्थ्य – 1.64S)

जहाँ पर, S स्टेण्डर्ड डेविएशन और 1.64 एक स्थिर अंक का मान होता है, जो 5 प्रतिशत जाँच के परिणामों का सूचक है।

अविचरिव परिवर्तनीय घटक का वर्णनन संभाव्यता नियम (Probability law) से किया जा सकता है। जिसको कई तरह से निर्धारण (Characterization) किया जा सकता है। अधिकतम परिवर्तन घटकों का संभाव्यता बॉट (Probability distribution) द्वारा किया जा सकता है। सामान्य Normal अथवा Gaussian Probability Distribution Fig. 2.5 में दिखाया गया है। जिसका लिमिट स्टेट डीजाइन में उपयोग किया जाता है। जिसको निम्न उक्ति (Expression) द्वारा व्यक्त किया जाता है।

$$f_{(u)} = \frac{1}{S.\sqrt{2\pi}} . e^{\left[-0.5\left(\frac{f-r}{S}\right)^2\right]}, \qquad (-\sigma < \bar{x} < +\sigma)$$

जहाँ पर, $\bar{x}$ अंक गणित औसत और S स्टेण्डर्ड डेविएशन होते हैं।

(कांक्रीट का विशिष्ठ सामर्थ्य) = (कांक्रीट का अंकगणित औसत सामर्थ्य) – (K x स्टेण्डर्ड डेविएशन)

$$f_{ck} = (f_{mean} - k.S)$$

जहाँ पर, घटक k यह निश्चित करता है कि यथार्थ (Actual) मान की संभाव्यता (Probability) उस विशिष्ट मान से कम नहीं हो। मानक IS : 456-2000 इस तथ्य का अनुमोदन करता है कि विशिष्ट सामर्थ्य जो कि संपीडन सामर्थ्य होता है उस मान से 5 प्रतिशत जाँच परिणाम कम पाये जाने चाहिए। k = 1.64 अर्थात $f_{ck} = (f_{mean} - 1.64\ S)$

जहाँ पर, S = स्टेण्डर्ड डेविएशन होता है।

कांक्रीट का सामर्थ्य और आरोपित भार (Imposed-load) एक विशिष्ट क्षेत्रफल पर कार्यरत होते हैं जिसका कि निश्चितता से प्रबन्ध नहीं किया जा सकता। ऐसे परिवर्तनीय घटक (Variable) को प्रोबेबिलिटी के सिद्धान्त में अविचरित परिवर्तनीय घटक (Random variable) कहलाते है।

इस सामान्य बॉट (Normal distribution) के गणित की कई स्टेण्डर्ड हेन्ड बुक्स में स्टेण्डर्डाइडज वेरिबल, Z के रूप लिस्ट किया गया है, जहाँ पर Z का मान $Z = (\bar{x} - x)/S$ अर्थात्

$$f(z) = \frac{1}{2\pi}(e^{-0.5\,Z^2})$$

वक्ररेखा के नीचे का क्षेत्रफल

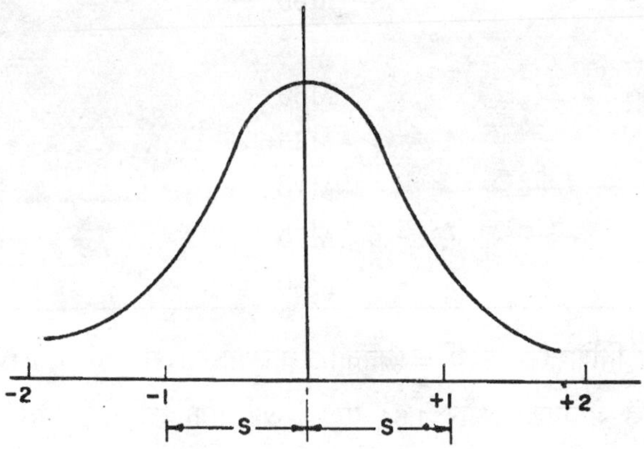

NORMAL DISTRIBUTION CURVE

Fig. 2.5

संख्या रूप में (Numerically) समाकलन (Integration) उपयुक्त सीमाओं के अन्दर उपरोक्त उक्ति (Expression) से प्राप्त किया जा सकता है। वक्ररेखा के मानक सारणियों से यह देखा गया है कि 95 प्रतिशत क्षेत्रफल – 1.64 और 00 सीमाओं में होता है। इसका अर्थ यह हुआ कि केवल 5 प्रतिशत संभाव्यता (Probability) जो कि परिणाम से मालूम होती है, वह ($f_{mean} - 1.64$ S) के नीचे होती है।

सामान्य बाँट वक्र रेखा (Normal distribution curve) ऊर्ध्वाधर–अक्ष (Vertical-axis) के सुडौल (Symmetrical) होती है, जो कि Z = 0 बिन्दु से गुजरती है, जिसका उच्चतम बिन्दु के निर्देशांक $(0, 1/\sqrt{2\pi})$ होते हैं। जो कि $Z = \pm 1$ परास (Range) में नीचे की तरफ नतोदर (Concave) होता है और इस परास (Range) के बाहर ऊपर की तरफ नतोदर होता है। Z-axis और वक्ररेखा के नीचे कुल क्षेत्रफल इकाई (unity) होता है।

f_{ck} की गणना करने के लिए गह जानते हैं कि $Z = (f - f_{ck})/S$ होता है। 5 प्रतिशत संभाव्यता (Probability) के लिए 0.05 मान के लिए सारणी से Z = 1.64 होता है। अतः

$$1.64 = (f_{mean} - f_{ck}) / S$$

$$f_{ck} = (f_{mean} - 1.64\ S)$$

जहाँ पर, f_{ck} कांक्रीट का विशिष्ट सामर्थ्य और f_{mean} औसत सामर्थ्य और S स्टेण्डर्ड डेविएशन होता है।

विशिष्ट भार (Characteristic loads) और घटना/वृतांत की बारंबारता (Frequency of occurence) Fig. 2.6 में दिखाये गये हैं। Fig. 2.6 में विशिष्ट सामर्थ्य (Characteristic strength)/ विशिष्ट प्रतिरोधक बल (Characteristic resistance) और घटना/वृतांत की वारंवारता (Frequency of occurence) भी दिखाये गये हैं।

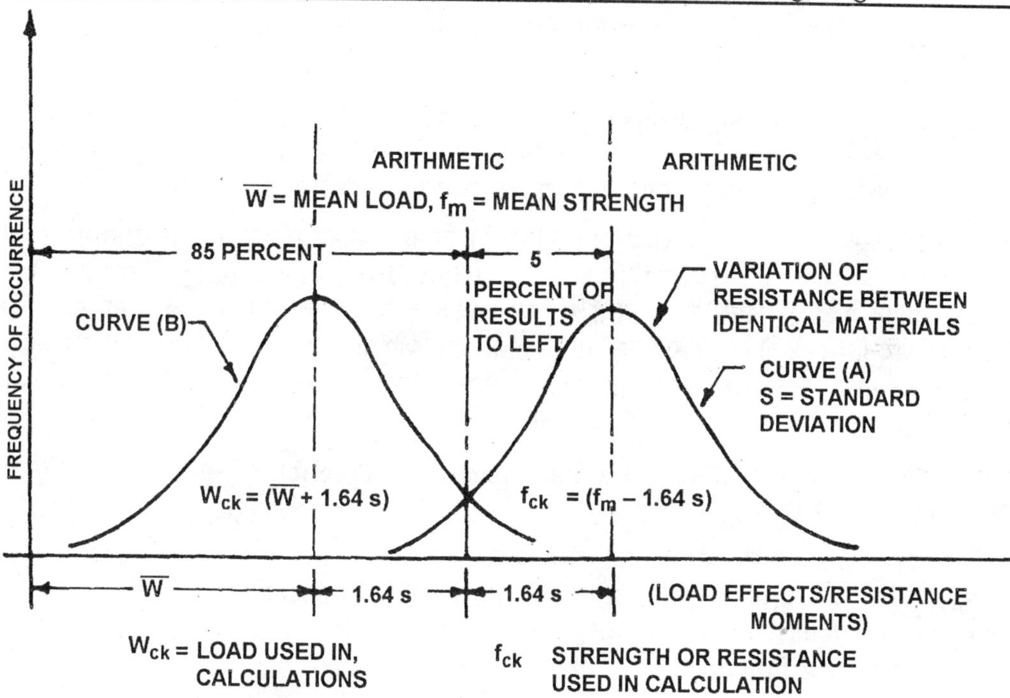

CHARACTERISTIC LOADS AND CHARACTERISTIC STRENGTH / CHARACTERISTIC RESISTANCE

Fig. 2.6

कांक्रीट की धरन बंकन (अवयवों) के लिए M20 ग्रेड कांक्रीट मिश्रण का उपयोग किया जाता है इसी ग्रेड की कांक्रीट का उपयोग कांक्रीट स्तंभ के लिए किया जाता है। M25 और M30 ग्रेडस की कांक्रीट का उपयोग पानी की टंकियों के निर्माण में किया जाता है। (M35 और M40) (M50 और M55) ग्रेडस की कांक्रीट का उपयोग स्टेण्डर्ड कांक्रीट और प्री स्ट्रेसड कांक्रीट के निर्माण में उपयोग M60 और इससे अधिक ग्रेडस की कांक्रीट का उपयोग उच्च सामर्थ्य के कांक्रीट के लिए किया जाता है। मानक IS : 456-2000 में इस तथ्य का अनुमोदन किया गया है कि M20 से कम ग्रेडस की कांक्रीट का उपयोग प्रबल्लित कांक्रीट के अवयवों में नहीं किया जायेगा। M5 और M7.5 ग्रेडस की कांक्रीट साधारण नींव और चुनाई में एवं अन्य कच्चे निर्माण के चुनाई में किया जाता है। M5 और M7.5 ग्रेडस की कांक्रीट की रचना/अभिकल्पना भी नहीं की जाती है।

बारीक मिलावे और मोटे मिलावे का अनुपात ऊपर की सीमा से नीचे की सीमा में प्रगतिशीलता (Progressively) के साथ अनुकूल (adjust) किया जाता है जैसे जैसे बारीक मोटावा और ज्यादा बारीक होता जाता है और मोटे मिलावे में कंकरी का माप और अधिक बढ़ता जाता है। ग्रेडेस मोटे मिलावे का उपयोग किया जाता है। कांक्रीट में सीमेंट : औसत बारीक मिलावा : का अनुपात 1 : 1 1/2 : 1 : 2 और 1 : 2 1/2 रखा और मोटे मिलावे में कंकरी माप 10 mm, 20 mm और 40 mm क्रमशः रखा जाता है।

उचित मार्गदर्शन के लिए आयतन के अनुसार, सामान्य मिश्रण के समानुपात M10, M15 और M20 ग्रेडस के लिए 1 : 3 : 6, 1 : 2 : 4 और 1 : 1 1/2 : 3 का क्रमशः उपयोग किया जाता है और सामान्य अधिकतम कंकरी का माप 20 mm का उपयोग करते हैं। सामान्य कांक्रीट के मिश्रण का उपयोग गौण

(minor) प्रकृति के निर्माण में किया जाता है। जिसमें कांक्रीट का सामर्थ्य में क्रान्तिक स्थिति (Critical) नहीं होती।

कांक्रीट का सामर्थ्य और अन्य गुणधर्म कुछ प्रमाण (Extent) में कांक्रीट मिश्रण के उत्पादन के समय अनुकूल (adjust) किया जाता है। अतः नींव के लिए एवं अन्य बड़ी संरचनाओं के लिए कांक्रीट को, एक आदर्श पदार्थ माना जाता है। जो संरचनाएँ संपीडन बल के लिए निरोधी होनी चाहिए।

कांक्रीट के सामर्थ्य में समय के साथ वृद्धि होती है। विभिन्न प्रकार की सीमेंट के उपयोग का कांक्रीट के सामर्थ्य पर प्रभाव पड़ता है। उच्च एलीमिना सीमेंट (High alumina cement) के उपयोग से सामर्थ्य में 1 दिन में काफी वृद्धि हो जाती है, 3 दिनों में और अधिक वृद्धि हो जाती है और 3 दिनों से 7 दिन, 28 दिन और 90 दिनों में अधिक से अधिक वृद्धि होती है। शीघ्रता/तीव्रता से कठोर बननेवाली सीमेंट (Rapid hardening cement) और साधारण पोर्टलैण्ड सीमेंट (Ordinary portland cement) के उपयोग से कांक्रीट के सामर्थ्य में समय के साथ ठीक ठीक ही वृद्धि होती है।

कम ऊष्मा की पोर्टलैण्ड सीमेंट (Low-heat portland cement) के उपयोग से समय के साथ सामर्थ्य में कमी ही होती है।

कांक्रीट के सभी तत्वों के अनुपात की सभी प्रकार के कांक्रीट ग्रेडस में उपयोगी कांक्रीट मिश्रण के लिए रचना/अभिकल्पना प्राथमिकता से करनी होती है। हालांकि सामान्य कांक्रीट के मिश्रण (अर्थात् सभी तत्वों की मात्रा का अनुपात) मानक IS : 456-2000 में जो अनुमोदित है M5, M7.5, M10, M15 और M20) का सारणी 2.6 में दिये गये हैं।

2.21 कांक्रीट और इस्पात पदार्थों के विशिष्ट प्रतिरोधक बल (Characteristic Resistance of Concrete and Steel Materials)

कांक्रीट और इस्पात पदार्थों के विशिष्ट प्रतिरोधक बल को इस प्रकार परिभाषित किया जाता है कि प्रतिरोधक बल का वह मान जिसके नीचे निर्धारित (Prescribed) प्रतिशत से जाँच परिणाम कम होने का अनुमान नहीं लगा सकते।

इस तथ्य का विचार रखना चाहिए कि शब्द 'विशिष्ट प्रतिरोधक बल अथवा सामर्थ्य' का आन्तरिक बल [जैसे बंकन घूर्ण (Bending moment), अपरूपण बल (Shear forces), ऐठन घूर्ण (torsional moment) एवं अक्षीय बल (Axial forces)] के लिए निर्देशित (Refer) किया जाता है। आन्तरिक बल अभिकल्पनात्मक/रचना भार (Design load, W_{fd}) से उत्पन्न होते हैं।

$$W_{fd} = (\gamma_{fL} \,.\, W_{ck})$$

जहाँ, (W_{ck}) विशिष्ट भार और (γ_{fL}) भार का आंशिक सुरक्षा गुणांक होता है।

विशिष्ट निरोधात्मक बल स्वयं में कोई स्थिर (Fixed) मात्रा/राशि/परिमाण (Quantiy) नहीं होता है। पदार्थों के सामर्थ्य में परिवर्तनों के कारण उन्हीं तत्वों में नाम मात्र (Nominally) घटित होते हैं। इसी कारण (as a consequence) वास्तविक (Actual) प्रतिरोधात्मक बल में परिवर्तन होने की आशा करते हैं।

इन अवयवों के सामर्थ्य का सांख्यिकीय वितरण (Statistical distribution) Fig. 2.6 में दिखाया गया है।

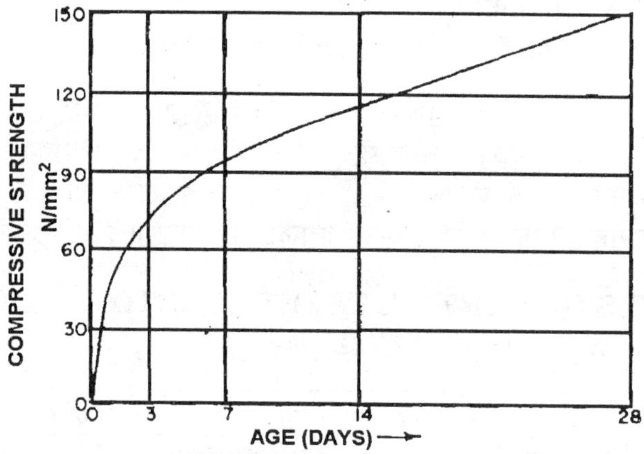

STRENGTH AGE RELATION SHIP
(M 15 CONCRETE MADE WITH PORTLAND CEMENT)
(WATER - CEMENT RATIO = 0.55)

चित्र 2.7

इसी तरह भार के अधिकतम मान में परिवर्तन भी Fig. 2.6 में दिखाया गया है। आन्तरिक बलों का (नये लिमिट स्टेट डीजाइन के शब्दों में) भार के प्रभाव (Load-effects) से सम्बोधित किया है। इन आन्तरिक बलों का भी Fig. 2.7 में वितरण (Distribution) दिखाया गया है। संरचनाओं पर लगने वाले भार और भार के वितरण दोनों के कारण परिवर्तन से अनिश्चता बनी रहती है। यदि किसी संरचना में कोई घटक (Component) विशेष स्थिती में कमजोर रह जाता है और भारी भार के कारण, उसमें बल सामर्थ्य से अधिक हो जाता है, तब संरचना का विनाश (Failure) हो जाता है।

2.22 पदार्थों के अभिकल्पना सामर्थ्य (Design strength of materials)

लिमिट स्टेट डीजाइन विधि में वास्तव में प्रत्येक लिमिट स्टेट में सामर्थ्य की जो आवश्यकता होती है, उसे पदार्थों का डीजाइन सामर्थ्य कहा जाता है। विशिष्ट सामर्थ्य में पदार्थों के सामर्थ्य आंशिक सुरक्षा गुणांक का भाग देकर ज्ञात किया जाता है। अर्थात्

पदार्थों का डीजाइन सामर्थ्य = (पदार्थों का विशिष्ठ सामर्थ्य) / γ_{ms}

$$S_d = (S_u / \gamma_{ms})$$

$$f_d = (f_{ck} / \gamma_{ms})$$

जहाँ पर,

s_d = पदार्थों की डीजाइन सामर्थ्य

f_{ck}, s_u = पदार्थों का विशिष्ट सामर्थ्य (पदार्थों के उच्चतम सामर्थ्य)

γ_{ms} = पदार्थों के सामर्थ्य के आंशिक सुरक्षा गुणांक

ग्लोबल सुरक्षा गुणांक अथवा पूर्ण रूप से सुरक्षा गुणांक (Overall factor of safety) का लघु रूप में भौतिक अर्थ रह जाता है। ($\gamma_{ms} . \gamma_{fL}$) का गुणन (Product) द्वारा इसे परिभाषित किया जा सकता है। इस गुणांक का मान सुरक्षा और आर्थिक कारणों से किया जाता है। जिससे यह कहा जाता है कि लिमिट स्टेट की स्थिति पहुँच गयी है।

2.23 पदार्थों के सामर्थ्य के आंशिक सुरक्षा गुणांक (Partial Safety Factor for Strength of Materials)

पदार्थ के सामर्थ्य के आंशिक सुरक्षा गुणांक का चिन्ह γ_{ms} द्वारा संकेत से बताया जाता है। ढहने के लिए (Collapse) लिमिट स्टेट, जबकि संरचना अथवा संरचना के अवयवों के सामर्थ्य का निर्धारण (Assessment) करते समय इस्पात के लिए γ_{ms} का मान 1.15 लिया जाता है। इनका मान सारणी 2.7 (A) में दिये गये हैं। सेवा हेतु लिमिट स्टेट के लिए इनका मान सारणी 2.7 (B) में दिये गये है।

सारणी 2.7(A) VALUES OF PARTIAL SAFETY FACTOR, γ_{ms} for Strength (For limit State of Collapse)

Values of partial safetty factor, γ_{ms} for strength of materials	
Concrete	Steel
1.5	1.15

सारणी 2.7(B) VALUES OF PARTIAL SAFETY FACTOR, γ_{ms} for Strength of materials (Limit of Serviceability)

	Values of partial safety factor γ_{ms} for strength of materials	
	Concrete	Steel
Deflection	1.0	1.0
Cracking	1.3	1.0

पदार्थों के सामर्थ्य के लिए आंशिक सुरक्षा गुणांक, γ_{ms} को लिमिट स्टेट डीजाइन में प्रेरित (Introduce) किया गया है। γ_{ms} का मान लिमिट स्टेट का महत्व को ध्यान में रखते हुए अपनाया जाता है।

संरचना अथवा संरचना के अवयव के सामर्थ्य में और उनके सामर्थ्य के जाँच के परिणामों में अन्तर (Difference) को विचार करते हुए अपनाया जाता है। कांक्रीट के लिए γ_{ms} का अधिक मान का अनुमोदन गया है। जैसा कि देखा जाता है कि कांक्रीट अवयवों के सामर्थ्य और कांक्रीट के सामर्थ्य के लिए जाँच के परिणामों में अन्तर अनेक कार्यों (Operation) के कारण (Several) [जैसे, ढुलाई (Transportation), कांक्रीट करना (Placing), कांक्रीट का सघनन करना (Compaction) और कांक्रीट की तराई (Curing of concrete) इत्यादि] लिया गया है। अपनाया गया है।

इस्पातीय प्रबल्लित सिरियों के लिए γ_{ms} का मान 1.15 अपनाया जाता है। सिरियों, के रखने पर ठीक स्थान में त्रिटु रहने के कारण इसके मान में कमी की गयी है। उत्पादन में निर्माणाधीन दोष (जैसे सामान्य व्यास के माप से कम) हो।

सेवा उपयोगिता लिमिट स्टेटस में पदार्थों के सामर्थ्य के लिए आंशिक सुरक्षा गुणांक, γ_{ms} का मान कांक्रीट और इस्पात दोनों के लिए 1.00 (Unity) लिया जाता है। इसलिए पदार्थों के गुणधर्म [प्रत्यास्थता मापांक, E विशिष्ट सर्पण (Specific creep), संकुचन (Shrinkage)] विस्थापन (deflection) के निर्धारण के अनुरूप/प्रासड़िगक (Relevant) हैं। ये गुणधर्म पदार्थों के सामर्थ्य से भी संबंधित (Associated) हैं। विस्थापन गणना में अभिकल्पना/रचना (Design) सामर्थ्य और विशिष्ट सामर्थ्य एक समान (identical) होते हैं।

2.24 लिमिट स्टेट डीजाइन में संरचनाओं का सुरक्षा (Safety of Structures in Limit State Design)

विभिन्न राष्ट्रीय और अन्तर्राष्ट्रीय कमेटीज ने इस क्षेत्र में कार्य करते हुए और इस उद्देश्य के साथ कि उनको एक विचारयुक्त/उचित (Rational) और स्वस्थ (Sound) दार्शनिक रचना (Design philosophy) प्रदान करनी है, उन कमेटियों ने एक अर्द्ध–संभाव्य (Semi-probability) लिमिट स्टेट विधि का अनुमोदन किया। प्रोबेबिलिस्टिक धारणाओं का स्पष्ट (Explicitly) रूप से डीजाइन से जोड़ा। यह माना गया कि स्टेटिस्टिकल (आंकड़ों पर आधारित) भार और पदार्थों का सामर्थ्य से संबंधी वितरण (Distribution) उपलब्ध है। भार और सामर्थ्य के दोनों के विशिष्ट मान का चयन किया जाता है, जिसमें स्वीकृत प्रोबेबलीटीज क्रमशः उच्च भार और कम सामर्थ्य का ध्यान रखा गया है। भार के लिए और पदार्थों के सामर्थ्य के लिए दो अलग अलग सुरक्षा गुणांक का उपयोग किया गया है।

आंशिक सुरक्षा गुणांक को इस प्रकार परिभाषित किये गये हैं कि वे घटक जो कि विशिष्ट भार से गुणा करके और विशिष्ट सामर्थ्य में भाग देकर प्रस्तुत (apply) किये जाते हैं। ये आंशिक सुरक्षा गुणांक इन तथ्यों को विचाराधीन रखते हैं कि भार का मान बढ़ने की संभावना और निर्धारित रचना के सामर्थ्य का मान उस मान के करीब नहीं पहुँचे।

भार के लिए आंशिक सुरक्षा गुणांक विशिष्ट (Particular) लिमिट स्टेट जो उपयुक्त हो रही है, उसके गंभीरता के साथ परिवर्तनीय है। दो या दो से अधिक भार एक साथ कार्यरत हो सकते हैं। विश्वस्वना का सिद्धान्त (Theory of reliability) का उपयोग किया है।

जबकि पदार्थों के सामर्थ्य के आंशिक सुरक्षा गुणांक नियंत्रित नमुनों के सामर्थ्य और वास्तविक संरचना में उपयोग में लिए पदार्थों के बीच अन्तर विचार करता है। भार और पदार्थों में रूपान्तर करते हुए प्रासगिक लिमिट स्टेट में संरचनाओं की सुरक्षा पर ध्यान रखते हैं।

संरचनाओं की रचना इस प्रकार की जाती है कि वे अपनी सेवायोग्य अवधि में पूर्ण तरह से सुरक्षित रहे।

2.25 अलग अलग प्रकार के प्रतिबल (Different Types of Stresses)

किसी पदार्थ पर बाह्य बल (External Force) लगने पर, वह पदार्थ विरूपित हो जाता है। पदार्थों का यह विरूपण बढ़ता भी रहता है। पदार्थ के कणों के बीच परस्पर परमाणु बल (Molecular Forces) उत्पन्न हो जाते हैं। ये बल विरूपण (Deformation) का प्रतिरोध करते हैं। जब पूर्ण आन्तरिक प्रतिरोध उत्पन्न हो जाता है, तब विरूपण का बढ़ना रूक जाता है। पदार्थ में बाह्य बल के प्रतिरोध में उत्पन्न आन्तरिक बल (Internal forces) को प्रतिबल (Stress) कहते हैं।

पृथक पृथक प्रतिबल निम्न प्रकार के होते हैं

1. अक्षीय प्रतिबल (Axial stress)

(i) संपीडन प्रतिबल (Compressive Stress)

(ii) तनन प्रतिबल (Tensile Stress)

जो बाह्य बल पदार्थों की लम्बाई कम करते हैं या कम करने की कोशिश करते हैं, उनको संपीडन बल (Compressive force) कहते हैं। संपीडन के प्रतिरोध में उत्पन्न आन्तरिक बल को संपीडन प्रतिबल कहते हैं।

जो बाह्य बल पदार्थों की लम्बाई मे वृद्धि करते हैं या वृद्धि करने की कोशिश करते हैं, उनको तनन बल या तनाव (Tension/Tensile Force) कहते हैं। तनाव के प्रतिरोध में उत्पन्न आन्तरिक बल को तनन प्रतिबल कहते हैं।

अक्षीय प्रतिबल को प्रत्यक्ष प्रतिबल (Direct Stress) भी कहते हैं।

2. धारण प्रतिबल (Bearing stress)

जब बाह्य बल एक सतह से दूसरी स्पर्शीय सतह को स्थानान्तरित होता है, तब उस सतह पर उत्पन्न प्रतिबल को धारण प्रतिबल (Bearing Stress) कहते हैं।

उपरोक्त प्रतिबलों के अतिरिक्त निम्नबल भी होते हैं।

3. बंकन प्रतिबल (Bending stress) और 4. अपरूपण प्रतिबल (Shear stress)

बंकन प्रतिबल और अपरूपण प्रतिबल का विवरण 'धरन की डिजाइन' के अध्याय में दिये गये हैं।

5. कार्यकारी प्रतिबल (Working stress)

कार्यकारी प्रतिबल को अनुज्ञेय प्रतिबल (Allowable or permissible stress) भी कहते हैं संरचनाओं के लिए सुरक्षित भार की क्षमता को ज्ञात करने के लिए कार्यकारी प्रतिबल की जानकारी आवश्यक है। डिजाइन भार से उत्पन्न वास्तविक प्रतिबल कार्यकारी प्रतिबल से अधिक नहीं होना चाहिए। इसकी जाँच आवश्यक रूप से कर लेनी चाहिए। ऐसी परिस्थितियों में संरचनात्मक अवयव सुरक्षित होते हैं और किसी भी प्रकार से संरचनात्मक को क्षति (Damage) होने की संभावना नहीं रहती। कार्यकारी अथवा अनुज्ञेय प्रतिबल का अधिकतम मान IS : 800-1984 से ज्ञात कर सकते हैं।

2.26 कार्यकारी / अनुज्ञेय प्रतिबल में वृद्धि (Increase in working/permissible stresses)

एक संरचना पर अलग अलग भार संयोजक (Different combinations of loads) कार्यशील होने की संभावना रहती है। ये भार ऐसे संयोजन के अधीन कम अवधि के लिए ही कार्यरत रहते हैं। अधिकतर राष्ट्रीय कोडस अनुज्ञेय प्रतिबल में वृद्धि की सिफारिश करते हैं। IS : 800–1984 में भी इस वृद्धि के लिये निम्न परिस्थितियों में सिफारिश की गयी है।

(i) जब वायु भार अथवा भूकम्पन्न भार अल्पकल्पन (Design) करते समय सम्मिलित किये गये हो तो अनुज्ञेय प्रतिबलों के दिये गये मान में 33.33 प्रतिशत की सिफारिश की गयी है।

(ii) रिवेट, बोल्ट और तनन छड़ के लिये अनुज्ञेय प्रतिबल में 25 प्रतिशत की सिफारिश की गयी है।

अनुज्ञेय प्रतिबलों के मान में वृद्धि करने के पश्चात् इनका कुल मान इस्पात के पराभव प्रतिबल से ज्यादा नहीं होने चाहिए।

2.27 सुरक्षा गुणांक कार्यकारी प्रतिबल विधि (Factor of Safety for working stress method)

सुरक्षा गुणांक को निम्न प्रकार से परिभाषित किया जाता है।

यदि पदार्थ के पराभव प्रतिबल (Yield stress) को अनुज्ञेय प्रतिबल (Permissible stress) से विभाजित करने पर प्राप्त हो, उसे सुरक्षा गुणांक कहते हैं।

$$\text{सुरक्षा गुणांक} = \left(\frac{\text{पराभव प्रतिबल}}{\text{अनुज्ञेय प्रतिबल}}\right) = \left(\frac{\text{Yield stress}}{\text{Permissible stress}}\right) \quad (2.1)$$

काफी समय पूर्व सुरक्षा गुणांक का मान ज्यादा होता था, (करीब 3)। इस कारण अनुज्ञेय प्रतिबल का मान काफी कम रहता था। संरचनात्मक अवयवों का परिमाप बड़ा होता था। जैसे–जैसे इंजीनियर्स का अनुभव बढ़ता गया और संस्थाओं की प्रयोगशाला में जाँच होती गयी, वैसे वैसे इस निष्कर्ष पर ज्ञात हुआ कि इतना ज्यादा सुरक्षा गुणांक के मान का आवश्यकता नहीं है। आजकल अपनाये गये सुरक्षा गुणांक का मान तुलनात्मक काफी कम है। इससे पदार्थ की मात्रा में प्रशंसनीय बचत हुई है। निम्न विचारों पर ध्यान रखते हुए सुरक्षा गुणांक ज्ञात किया जाता है।

1. प्रयोगशाला में संख्या में कई ज्यादा नमूनों (Specimen) की जाँच करने के बाद पदार्थों का औसत सामर्थ्य ज्ञात किया जाता है।
2. अभिकल्पन (Design) में उपयुक्त भार के मान भी अनिश्चित होते हैं। हालांकि अचल भार का आकलन ज्यादा सही किया जा सकता है। परन्तु चल भार, इम्पेक्ट भार, आरोपित भार, वायु भार आदि का आकलन ज्यादा सही ज्ञात नहीं किया जा सकता। इनका मान उपलब्ध आंकड़ों के अनुसार किया जाता है।
3. आन्तरिक उत्पन्न बलों का मान संरचनाओं के विश्लेषण करने से ज्ञात होते हैं। अलग अलग विधि से विश्लेषण की शुद्धता (Precision) में भिन्नता होती है। यदि संरचनाओं का विश्लेषण शुद्धता (Precisely) किया जाय, तब सुरक्षा गुणांक का मान कम रखा जा सकता है।
4. फेब्रिकेशन के समय में इस्पातीय अवयवों पर कई कार्य किये जाते हैं। अवयवों में छेद करते समय (Punching), अवयवों में विकृति उत्पन्न हो जाती है। उनसे अवयवों में उच्च अवशोषित (Residual) प्रतिबल बन जाते हैं विकृत संकलन (Warping) और रोठन (Buckling) वेल्डिंग क्रिया से भी उच्च अवशोषित प्रतिबल शेष रह जाते हैं। संरचनात्मक अवयवों में तत्त्वों में अनिश्चित निर्माण के समय उत्पन्न प्रतिबल शेष रह जाते हैं।
5. तापमान के मान बढ़त और घटत (परिवर्तन) होता रहता है। संरचनाओं की नींव पर सपोर्ट में अनिश्चित ढसना (Settlement) होता है। कई दफ्ह ठीक और बहुत अच्छी तरह से डिजाइन की हुई संरचनाएँ में इन प्रभावों के कारण क्षति हो जाती है।
6. कुछ छोटी संरचनाओं के और उनके अवयव फेल होना कम गंभीर होता है, उससे क्षति भी कम होती है, परन्तु भव्य संरचनाओं के फेल होने से या मुख्य अवयवों के फेल होने से क्षति बहुत अधिक होती है।

सुरक्षा गुणांक का न्यूनतम मान विवेकपूर्ण और उचित विधि से परिभाषित करके ज्ञात किया जा सकता है, सुरक्षा गुणांक को निम्न प्रकार से परिभाषित कर सकते हैं।

संरचना और संरचनाओं अवयवों की आंकलित सामर्थ्य, P और उनमें उत्पन्न आंकलित आन्तरिक बल F के अनुपात को सुरक्षा गुणांक कहते हैं। अतः

$$\text{सुरक्षा गुणांक, } m = (P/F) \quad (2.2)$$

न्यूनतम प्रायः होने वाले सामर्थ्य, P का परिमाण (मात्रा, Magnitude) कई प्रकार की अनिश्चितताओं (जो कि मैकेनिजम फेल्योर (यंत्रकला फेल्योर Mechanism failure) में पदार्थ के गुणवता और कार्यकुशलता में रहती है] से प्रभावित होती है। इसी प्रकार उच्चतम प्रायः होने वाले आन्तरिक बल **F** भी

संरचनाओं के व्यवहार और भार की अनिश्चिताओं से प्रभावित होते हैं। इन अनिश्चिताओं के कारण प्रायः होने वाले मान भी कम ज्यादा हो जाते हैं। न्यूनतम प्रायः होने वाले सामर्थ्य

$$P_{min} = (P - \Delta P) \quad \text{(i)}$$

उच्चतम प्रायः होने वाले आन्तरिक बल

$$F_{max} = (F + \Delta F) \quad \text{(ii)}$$

ΔP वास्तविक आंकल्लित सामर्थ्य में जहाँ पर अधिकतम विचलन (Deviation) है और ΔF वास्तविक आंकल्लित आन्तरिक बल में अधिकतम विचलन है।

संरचनाओं पर अधिकतम गंभीर परिस्थितियों के कारण फेल्योर रोकने के लिए न्यूनतम प्रायः होने वाला सामर्थ्य अधिकतम होने वाले आन्तरिक बल से कम से कम थोड़ा अधिक अन्यता बराबर हो सकता है। इस प्रकार

$$(P - \Delta F) < (F + \Delta F) \quad \text{(iii)}$$

अथवा $$P = \left[1 - \frac{\Delta P}{P}\right] > \left[1 + \frac{\Delta F}{F}\right] \quad \text{(iv)}$$

अतः सुरक्षा के गुणांक का न्यूनतम मान

$$m_{min} = \left(\frac{P}{F}\right) = \left[\frac{1 + (\Delta F / F)}{1 - (\Delta P/P)}\right] \quad (2.3)$$

ΔP और ΔF का अधिकतम मान 25 प्रतिशत (P और F के आंकल्लित मान) मानते हैं, तब सुरक्षा गुणांक का न्यूनतम मान निम्न होता है।

$$m_{min} = \left(\frac{P}{F}\right) = \left[\frac{1 + 0.25}{1 - 0.25}\right] = 1.67 \quad (2.4)$$

2.28 संरचनाओं के अभिकल्पन की पृथक विधि (Different Methods of Design)

इस्पातीय संरचनाएं अधिकतम विरोधी भार के संयोजन से (अचल भार, आरोपित भार, वायु भार, भूकम्पन्न बल जो भी छत और फर्श के उपयुक्त हो) उत्पन्न कुल भार को संभाल (Sustain) सकते हैं और उनमें उत्पन्न प्रतिबल का मान भी अनुज्ञेय प्रतिबल (Permissible stress) से अधिक नहीं हो सकता है। इसके लिए संरचनाओं के अभिकल्पन (Design) में निम्नलिखित विधियों का उपयोग कर सकते हैं।

(i) प्रत्यास्थी डिजाइन विधि/कार्यकारी प्रतिबल डिजाइन विधि (Elastic Design/Working Stress design method)

(ii) अर्द्ध–दृढ़ डिजाइन (Semi-rigid design)

(iii) पूर्ण–दृढ़ डिजाइन (Fully rigid design)

(iv) प्लास्टिक डिजाइन (Plastic design)

(v) सीमा अवस्था डिजाइन (Limit state design)

दूसरा, तीसरा और चौथा अभिकल्पन (Design) विधि को उच्च शिक्षा से सम्बन्धित समझ सकते हैं। अतः इनका विवरण सम्मिलित करना ठीक नहीं होगा।

प्रत्यास्थी डिजाइन विधि (Elastic design) प्रत्यास्थी सिद्धान्त (Elastic theory) पर आधारित है। इस विधि में ऐसा माना जाता है कि संरचनाओं के अवयवों के सिरों के जोड़ पर विरोधी अवरोधी (Restraint) घूर्ण (Moment) उत्पन्न नहीं होते हैं। अतः अवयवों के सिरों के जोड़े पिन जोड़ माने जाते हैं। प्रत्यास्थी विधि द्वारा किये गये अभिकल्पन (Design) सरल होते हैं। इस कारण इसी विधि को साधारण डिजाइन (Simple design) विधि भी कहते हैं। साधारण डिजाइन विधि में निम्न धारणा (Assumptions) मानी जाती है।

(i) धरन (Beams) शुद्धालम्ब (Simply supported) मानी जाती है।

(ii) धरन; कैंचियों के सिरों के जोड़ वास्तविक लचीली (Virutally flexible) होती है। जिनकी डिजाइन अवयवों के सिरों पर प्रतिक्रिया बल (Reactions) के लिए किया जाता है। ऐसा माना गया है कि प्रतिक्रिया बल उचित विलक्षण दूरी (Appropriate eccentricity) पर लगाये गये हैं।

(iii) संपीडांन अवयव (Compression members) पर भी यह बल उचित विलक्षण दूरी पर लगाये जाते हैं।

(iv) तनन अवयव पर तनन बल अक्षीय बल (अनुदैर्ध्य बल Longitudinal force) को अवयव के निकल अनुप्रस्थ क्षेत्रफल पर लगा हुआ माना जाता है।

(v) अवयवों के अक्ष के लम्बवत् समखण्ड (Plane sections) धरन के पश्चात् भी समखण्ड रहते है।

जो कि संरचनाओं और इनके अवयवों को विपरीत प्रभावित नहीं करते हैं। अवयवों के सिरों के जोड़ को पिन–जोड़ मान लिया जाता है। यह एक लौकिक (Conventional) विधि है। यह विधि सीधी रेखा विधि है। (जिसमें संरचनाओं पर लगने वाला भार W और उनकी विकृति Deformation का संबंध एक रेखा होती है इस प्रकार यह विधि बहुत लम्बे और पुराने समय से स्वीकृत विधि है। यह विधि बहुत स्थापित (Established) है।

2.29 संरचनाओं की स्थिरता / दृढ़ता (Stability of structures)

संरचनाओं की स्थिरता के लिये संरचनाएँ उलटनों के विरुद्ध और सरकने के विरुद्ध (Overturning and Sliding) के विरुद्ध स्थिर होनी चाहिए।

1. उलटना (Overturning) उलटने के विरुद्ध संरचनाओं की स्थिरता के लिए पूर्व स्थिति में लाने के लिये आघूर्ण (Restoring moment) का मान उलटने की कोशिश करने वाले अधिकतम आघूर्ण (Overturning) के मान से अधिक होना चाहिए।

पूर्व स्थिति में लाने वाले आघूर्ण, M_R का मान अधिकतम उलटने की कोशिश करने वाले आघूर्ण लाक्षणिक (Characteristic) अचल भार द्वारा, $M_{o,CDL}$ के 1.2 गुणा जोड़ अधिकतम उलटने की कोशिश करने वाले आघूर्ण लाक्षणिक आरोपित भार (Imposed load) के $M_{o,CIL}$ से कम नहीं होना चाहिए। IS : 800–1984 के अनुसार

$$M_R < (1.2\ M_{o.CDL} + 1.4\ M_{o.CIL})$$

यदि केवल अचल भार ही पूर्व स्थिति में लाने वाले आघूर्ण उत्पन्न करता है, तब केवल 0.9 गुणा लाक्षणिक भार पर ही विचार किया जाता है और लाक्षणिक आरोपित भार द्वारा उत्पन्न पूर्व स्थिति में लाने की कोशिश करने वाले आघूर्ण की उपेक्षा कर दी जाती है।

निर्माण अवधि में और सेवा के अवधि प्रलम्ब अवयवों के लिए लंगर (Anchorage) या प्रतिभार (Counter Weight) का।

2.30 कांक्रीट अवयवों में विभिन्न प्रकार के सामर्थ्य (Various types of strengths in concrete members)

कांक्रीट अवयवों में अलग अलग प्रकार के बाह्य बल कार्यरत होने पर निम्नलिखित अलग अलग बल उत्पन्न होते है :

1.कांक्रीट अवयवों में संपीडन सामर्थ्य (Compressive strength in concrete members)

कांक्रीट एक असमान (non-uniform) पदार्थ है। अतः जब कांक्रीट के अवयवों पर बाह्य बल कार्यरत होते हैं, तब इसमें प्रतिबल भी असमान होते हैं।

कांक्रीट के धन में संपीडन जाँच (Test) के समय प्रतिबल कठोर कणों के चारों तरफ एकाग्रित (concentrate होते हैं। इन कणों का उच्च प्रत्यास्थता गुणांक होता है। एक छोटे रिक्त स्थान के चारो तरफ प्रतिबल एक दूसरे के ऊपर (Over-lap) समीपवर्ती (adjacent) छिद्र पर करते हैं। इसके परिणामस्वरूप एक अक्षीय बल से भारित कांक्रीट धन बाह्य बल के समान्तर दिशा में (अनुदैर्ध्य दिशा Longitudinal direction) संपीडन प्रतिबल वहन करते हैं। और पार्श्विक दिशा (Lateral direction) में तनन बल उत्पन्न होते हैं।

संपीडन जाँच में कांक्रीट धन पार्श्व दिशा में तनन प्रतिबल के कारण फटते (Rupture) हैं। जैसे जैसे अक्षीय भार में वृद्धि होती हैं, वैसे वैसे सूक्ष्म दरारों चारों तरफ विकसित (develop) [बंधन विफलता (Bond-failure) के कारण] होती है। ये दरारें आपस में मिलकर दिखने लगती है। यह दरारें अक्षीय भार के समान्तर अथवा छोटा कोण बनाती है। धीरे धीरे दरारें खुलती रहती है और अन्त में धन पूरी तरह से फेल (Fail) हो जाता है।

कठोर बनी हुई कांक्रीट का संपीडन सामर्थ्य उसका सबसे अधिक महत्वपूर्ण गुण (Property) होता है। 150 mm माप के धन अथवा बेलनाकार नमूने को कुचलकर ज्ञात किया जाता है। कांक्रीट के संपीडन सामर्थ्य को अक्षर सब तरह से कांक्रीट की विशेषता (Quality) का संकेत माना जाता है।

साधारण रूप में बहुत से कांक्रीट के वांछित गुणों को [जैसे अपरूपण (Shear) और तनन सामर्थ्य, प्रत्यास्थता गुणांक, बंधन (Bond) समघात/टक्कर (impact), अन्याय पदार्थों के सम्पर्क से धिसने में (abrasion) निरोधक समता, टिकाऊपन का गुण इत्यादि] संपीडन सामर्थ्य से संबंधित किया जा सकता है। कांक्रीट की विशेषता (Quality) को अक्षर कांक्रीट के 28 दिन के संपीडन सामर्थ्य से उल्लेखित किया जाता है।

2. कांक्रीट का तनन सामर्थ्य (Tensile strength of concrete)

कांक्रीट का तनन सामर्थ्य कठोर बनी हुई सीमेंट पर निर्भर करता है, [सीमेंट और मिलावे के कंकरों पर सीमेंट का बन्धन (bond)]। कांक्रीट के तनन सामर्थ्य में सीमेंट की मात्रा बढ़ाकर, पानी और सीमेंट के

अनुपात को कम करके, टूटे हुए रफ कंकरों के उपयोग से वृद्धि की जा सकती है। कांक्रीट का तनन बल (दोनों बंकन और लम्बाई में फटने में) संपीडन सामर्थ्य से नजदीक से संबंधित होते है।

हालांकि दोनों के बीच कोई सीधा अनुपात नहीं होता है। जैसे जैसे कांक्रीट के संपीडन सामर्थ्य में वृद्धि होते है, वैसे वैसे कांक्रीट का तनन बल भी बढ़ता है, परन्तु यह धटती हुई दर से होता है।

3. कांक्रीट का बंकन तनन बल (Flexural tensile strength of concrete)

टूटने के गुणांक (modulus of rupture) (पहली दरारें उत्पन्न होने का घूर्ण) के अनुरूप होती है। इसका धरन के विस्थापन के गणना के लिए उपयोग होता है। कांक्रीट के बंकन तनन बल को इसके संपीडन सामर्थ्य से निम्नलिखित सूत्र द्वारा अनुमान कर सकते हैं।

$$F_{cr} = 0.7\ (f_{ck})^{1/2}$$

जहाँ पर, F_{cr} बंकन में कांक्रीट का तनन सामर्थ्य होता है और F_{ck} कांक्रीट का विशिष्ट संपीडन सामर्थ्य होता है।

4. कांक्रीट का लम्बाई में फटने संबंधी सामर्थ्य (Split tensile strength of concrete)

कांक्रीट की लम्बाई में फटने के सामर्थ्य को बेलन पर उपयुक्त संपीडन रेखा भार बेलन के आमने सामने व्यास रेखा पर लगा कर प्राप्त किया जाता है। कांक्रीट के धरन में अपरूपण के गणना में विचाराधीन होता है जब धरन के वेब में प्रबल्लित सिरिये लगे हुए नहीं होते है। और बेलनाकार द्रव्य भण्डारीकरन के संरचनाओं में भी इसका उपयोग किया जाता है। स्लैब की रचना करते समय भी इसको उपयोग में लिया जाता है।

कांक्रीट का फटने में तनन बल ज्यादा मार्मिक/संवेदनशील (Sensitive) होता है, जब कांक्रीट का अपर्याप्त तराई होती है। यह संभवतया असमान संकुचन (Shrinkage) के गंभीर प्रभाव के कारण होता है [जैसा कि धरन की जाँच (test) में होता है]। तनन सामर्थ्य और संपीडन सामर्थ्य के अनुपात का मान कांक्रीट जब हवा में तराई की गयी तो कम होता है, यदि इसका कांक्रीट में तराई पानी में की जाती है। मिलावे की श्रेणी (Grading) भी इस अनुपात को प्रभावित करता है।

2.31 कांक्रीट के सामर्थ्य पर प्रभाव डालने वाले विभिन्न घटक (Various factors influencing strength of concrete)

कांक्रीट का संपीडन सामर्थ्य सीमेंट के विशिष्टता पर, पानी और सीमेंट के अनुपात पर, मिलावे की विशिष्टता और समानुपता पर, समय पर सघनन की डिग्री पर, तराई की कार्यकुशलता/दक्षता (Efficiency) आदि कई घटक पर निर्भर करती है। पानी–सीमेंट के अनुपात और मिलावे और सीमेंट का अनुपात सबसे अधिक महत्वपूर्ण घटक होते हैं, जो कि कांक्रीट के संपीडन सामर्थ्य को प्रभावित करते हैं। उपरोक्त प्रत्येक घटक का प्रभाव का नीचे उल्लेख किया गया है :

1. पानी–सीमेंट का अनुपात (Water-cement ratio)

पानी–सीमेंट का अनुपात सबसे अधिक एक एकला महत्वपूर्ण घटक है, जो कि कांक्रीट मिश्रण को तैयार करने में उपयुक्त होता है। सभी वान्छित गुण (desirable properties) पानी–सीमेंट के अनुपात से सीधे संबंध रखते हैं।

रसायनिक क्रियाए [अर्थात् हाइड्रोलाइसिस (Hydrolysis) और हाईड्रेशन (Hydration)] के लिए पानी की आवश्यकता रहती है। पानी और सीमेंट की भी रसायनिक क्रिया साथ साथ है। **हाइड्रोलाइसिस** (Hydrolysis) को इस प्रकार परिभाषित किया जाता है कि पानी के रसायनिक क्रिया के परिणामस्वरूप सीमेंट के यौगिक पदार्थों में परिवर्तन होता है।

जबकि हाइड्रेशन (Hydration) को इस प्रकार प्रभावित किया जाता है कि अन्य पदार्थो और पानी का संयोजन होता है। जब पानी को सीमेंट में मुलायम पेस्ट तैयार करने लिए मिलाया जाता है, तब सीमेंट पेस्ट क्रम से धीरे धीरे दुर्नम्यता (Stiffness) प्राप्त होता है और वह एक ठोस पदार्थ बन जाता है। इस क्रिया को सेटिंग (Setting) और कठोर बनने की क्रिया (Hardening) कहते है। सीमेंट के सेटिंग क्रिया में सीमेंट दुर्नम्यता (Stiffness) प्राप्त करता है और प्रयाप्त दृढ़ता/ कठोरता (rigidity) प्राप्त करती है और स्वच्छन्द उल्लेखित दबाव को संभाल (Support) सकती है।

कठोर बनने की क्रिया में सीमेंट के सामर्थ्य में लम्बे समय तक वृद्धि प्राप्त करती है।

सीमेंट के कणों के सतह पर पानी सीमेंट पेस्ट को और अन्य पदार्थों का घोलता है। और एक जेल (gel) बनाता है। यह जेल (gem) क्रमशः धीरे धीरे आयतन में बढ़ती रहती है और दृढ़ (Stiff) होती जाती है। हाइड्रेशन क्रिया (Hydration) गहराई और अधिक गहराई पर सीमेंट के कणों में जारी रहती है, परन्तु स्पीड (रफ्तार speed) में कमी होती रहती है। साथ में दृढ़ता और कठोरता प्राप्त करना भी जारी रहता है।

पोर्टलैण्ड सीमेंट एसोसियेशन द्वारा प्रायोजित (Sponsored) शोधकार्य के परिणामस्वरूप, 1918 में प्रोफेसर डफ एब्राहम द्वारा लेविस संस्था में अनुष्ठान (Perform) किया गया। प्रोफेसर एब्राहम ने यह बताया कि कांक्रीट का संपीडन सामर्थ्य किसी समय अवधि के बाद और सामान्य तापमान पर पानी–सीमेंट के अनुपात पर मुख्यतया निर्भर करती है। पानी–सीमेंट अनुपात को इस तरह परिभाषित किया जाता है कि पानी की मात्रा जो मिश्रण तैयार करने में उपयोग में ली जाती है। (इसमें में जितना पानी मिलाव (Aggregate) सोखता है, उसमें शुद्धीकरण किया जाता है, उसके बाद) कांक्रीट के मिश्रण में सीमेंट की जितना मात्रा उपयोग में ली जाती है, उनके अनुपात को पानी–सीमेंट अनुपात कहते हैं। कांक्रीट का संपीडन सामर्थ्य अधिक होता है। जब पानी–सीमेंट का अनुपात कम होता है। प्रोफेसर एब्राहम ने पानी–सीमेंट अनुपात का कानून/नियम (Law) की घोषणा (Enunciate) की। दिये गये कांक्रीट के पदार्थ और जाँच की स्थितियों (Conditions), मिश्रण तैयार करने के लिए पानी की मात्रा कांक्रीट के सामर्थ्य को ज्ञात करती है, जब तक कि मिश्रण में सुकार्यता (Workable) सुघट्यता/प्लास्टिकता (Plasticity) है। इस कानून को निम्नलिखित समीकरण द्वारा व्यक्त कर सकते हैं :

$$CS = K_1 / (K_2)^{W/C}$$

$$\text{or } \log_e (CS) = \log_e K_1 - (W/C) \log_e K_2$$

जहाँ पर, CS कांक्रीट का संपीडन सामर्थ्य होता है और (W/C) पानी–सीमेंट का अनुपात होता है K_1 और K_2 अनुभवाश्रित (Empirical) निश्चतांक (Constants) होते हैं। रोज के रोज अभ्यास (Practice) में निश्चितांक ज्ञात नहीं किये जाते हैं। हालांकि, संपीडन सामर्थ्य और पानी–सीमेंट अनुपात के संबंध को अपना लिया जाता है। ये संबंध विस्तृत परास (Range) स्थितियों में सही माना जाता है निश्चितांक K_1 और K_2 कांक्रीट की अवस्था, सीमेंट की विशिष्टता और मिलावे और वातावरण की स्थिति आदि घटकों पर निर्भर करता है। Fig. 2.8 संपीडन सामर्थ्य और पानी–सीमेंट अनुपात (साधारण पोर्टलेण्ड सीमेंट और रेपिड हार्डनिंग पोर्टलेण्ड सीमेंट के लिए) पूरी तरह से सघनन (compact) की हुई कांक्रीट और तराई का समय (दिनों में) के संबंध प्रदर्शित करता है।

प्रोफेसर एच. रस्क H. Rusch द्वारा यह उल्लेख किया गया है कि पूरे हाइड्रेशन क्रिया के मात्रा का मात्रा सीमेंट की मात्रा का 25% होता है। सीमेंट पेस्ट को सर्वमान्य (Mobile - हिलने–डोलने वाला) बनाये रखने के लिए 10-15% अधिक पानी मिलाया जाता है। इस प्रकार न्यूनतम पानी सीमेंट का अनुपात का करीब 0.35 से 0.40 मात्रा से हो जाता है। पानी की कोई भी मात्रा 25 प्रतिशत से अधिक रसायनिक क्रिया के लिए आवश्यकता हो तो उससे सीमेंट पेस्ट में सुक्ष्म छिद्र हो जाते है।

कांक्रीट मिश्रण के लिए मिलावे–सीमेंट के अनुपात (Aggregate-cement ratio for concrete mix)

मिलावे के भौतिक गुण (Physical properties) उदाहरणार्थ सामर्थ्य, सतह की बनावट (Surface texture), कणों की आकृति, परतदार (Flakiness) और विस्तार इन्डीसेज, अधिकतम माप, ग्रेडिंग, हानिकारक तत्वों की उपस्थिति आदि कई घटक संपीडन सामर्थ्य को और कांक्रीट की सुकार्यता (Workability) पर निर्भर करता है। जब तक कांक्रीट की सुकार्यता सन्तोषजनक स्तर तक और पानी–सीमेंट अनुपात को निश्चित रखते हैं तब तक, कांक्रीट का संपीडन सामर्थ्य में वृद्धि होती जाती है। (मिलावे व सीमेंट के अनुपात की वृद्धि के साथ) परन्तु उच्च सामर्थ्य कांक्रीट मिश्रण जिसमें कम सुकार्यता हो, उसके लिए ऐसा कहना ठीक नहीं है। मिलावे–सीमेंट के अनुपात में वृद्धि के साथ सुकार्यता इतनी कम हो जाती है कि ताजा कांक्रीट को ठीक तरह से रख भी नहीं सकते और उसका ठीक से सघनन भी नहीं कर सकते।

2.32 कांक्रीट के लिए प्रतिबल–विकृति संबंध (Stress-strain relationship for concrete)

Fig. 2.9 में कांक्रीट के लिए संपीडन प्रतिबल और विकृति का संबंध दिखाया गया है। भार प्रयोज्यता (Applicability) की दर का कांक्रीट के व्यवहार पर सुस्पष्ट (Pronounced) प्रभाव होता है। यदि किसी नमुने (Specimen) पर धीरे दर से भार प्रयोज्यत (0.001 mm/mm) प्रति रोज किया जाता है, तब पदार्थों में विघटन (आन्तरिक) कम सुस्पष्ट प्रभाव होता है। परन्तु तुलनात्मक तेज गति से भार प्रयोज्यित किया जाय, तो पदार्थों का विघटन (Disintegration) अधिक सुस्पष्ट होता है। अधिक सामर्थ्य धीमी गति से भार लगाने पर कुछ कम और तेज गति से भार लगाने पर कुछ ज्यादा होता है।

प्रतिबल–विकृति वक्र की आकृति कई घटकों से प्रभावित होती है। [उदाहरणार्थ के लिए, क्रीप, मिलावे की किस्म, कांक्रीट का सामर्थ्य, कांक्रीट की अवस्था तराई की स्थिति आदि]। Fig. 2.9 विशिष्ट (Particular concrete) मिश्रण के लिए क्रीप का वक्र की आकृति का प्रभाव प्रदर्शित करती है। कांक्रीट के प्रारम्भिक प्रत्यास्थता मापांक (initial modulus of elasticity), स्पर्श प्रत्यास्थता मापांक (tangent modulus) और सीमेंट प्रत्यास्थता मापांक को Fig. 2.10 में प्रदर्शित किये गये हैं।

1. कांक्रीट का प्रत्यास्थता मापांक (Modulus of elasticity of concrete)

मिलावे का प्रत्यास्थता गुण से कांक्रीट का प्रत्यास्थता मापांक मुख्यतया प्रभावित होता है और कांक्रीट की तराई, कांक्रीट की अवस्था, मिश्रण के समानुपात और सीमेंट की किस्म से कम प्रभावित होते हैं। प्रत्यास्थता मापांक सामान्यतया कांक्रीट के संपीडन सामर्थ्य से संबंधित होता है। इस तथ्य को नोट करके रखना चाहिए कि उसी क्षण (Instantaneous) विकृति करीब 0.06 प्रतिशत होती है। अधिकतम विकृति 0.30 प्रतिशत होती है। क्रीप के कारण करीब 0.40 प्रतिशत विकृति होती है। इस तथ्य को भी नोट करना चाहिए अधिकतम प्रतिबल जो कि अनिश्चित अवधि के लिए नमुने को बिना फेल होने के प्रयोज्यत 0.82 गुणा (नमुने के) बेलनाकार होता है।

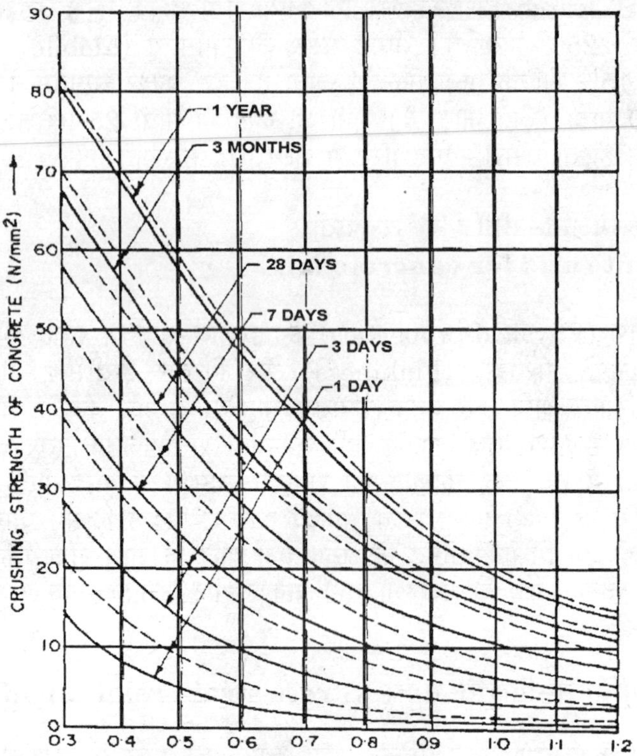

CRUSHING STRENGTH AND WATER CEMENT RATIO RELATIONSHIP
(FOR FULLY COMPACTED CONCRETE)

Fig. 2.8

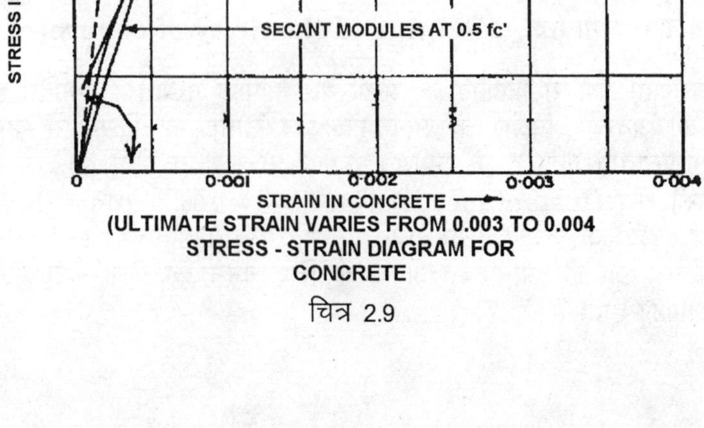

(ULTIMATE STRAIN VARIES FROM 0.003 TO 0.004
STRESS - STRAIN DIAGRAM FOR
CONCRETE

चित्र 2.9

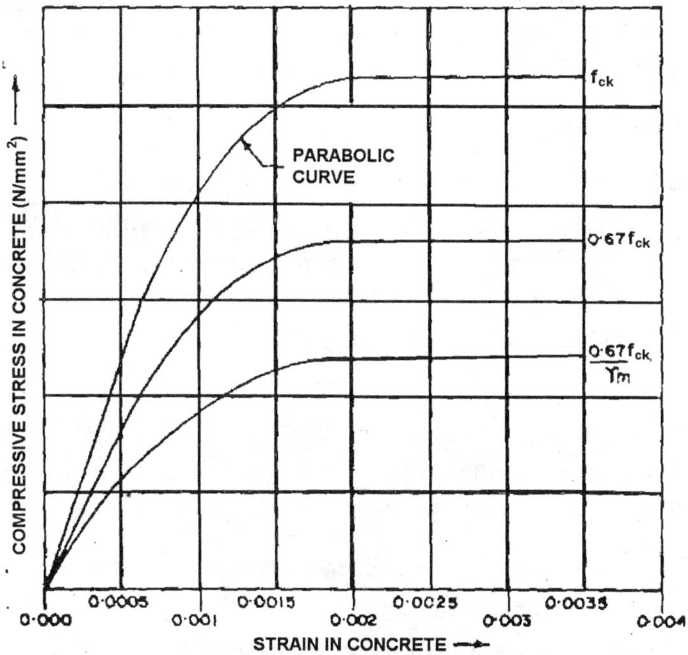

SHORT-TERM DESIGN STRESS-STRAIN RELATION FOR NORMAL WEIGHT CONCRETE

चित्र 2.10

कांक्रीट का प्रत्यास्थता मापांक संपीडन में, EC को इस प्रकार परिभाषित कि ईकाई प्रतिबल (N/mm^2) और प्रत्यास्थता विकृति deformation (mm/mm) गेज लम्बाई का अनुपात होता है। प्रतिबल–विकृति वक्र का प्रारम्भिक सीधी रेखा (भाग Portion) का ढलान (Slope) होता है। उद्गम बिन्दु (Origin) पर यह एक स्पर्श रेखा (tangent) होती है। प्रत्यास्थता मापांक के मान में इसके सामर्थ्य के साथ परिवर्तन होता है। मिलावे के प्रत्यास्थता के कारण मुख्यतया प्रभावित होती है। तराई की स्थिति और कांक्रीट की अवस्था, मिश्रण के अनुपात, सीमेंट की किस्म से कम प्रभावित होता है। भार की दर और कांक्रीट के नमुने के किस्म और माप से भी कम प्रभावित होती है। कांक्रीट कुछ स्थायी सेट (Permanent set) प्रदर्शित करती है। मानक IS : 456-2000 के अनुकूल निम्न प्रत्यास्थता का माप अपनाया जाता है। EC = 5000 $(f_{ck})^{1/2}$, जहाँ पर, कम समय पर आधारित स्थिरता प्रत्यास्थता मापांक और f_{ck} धन विशिष्ट सामर्थ्य होता है।

निम्नलिखित शब्दों की परिभाषा कांक्रीट के गुण–धर्मों से संबंधित है, विषय के अध्ययन हेतु बहुत उपयोगी और महत्वपूर्ण हैं।

1. **प्रत्यास्थता सीमा (Elastic-limit)** को इस प्रकार परिभाषित किया जाता है कि प्रतिबल की वह सीमा उसके पश्चात पदार्थ में स्थायी विकृति शुरू हो जाती है, उस इस सीमा के बाद विकृति पुनः पूर्व स्थिति प्राप्त नहीं कर सकती। इस सीमा के बाद प्रतिबल–विकृति संबंध एक सरल रेखा पर जारी वक्र रेखा धारण कर लेता है। वास्तविक मापा हुई उपरोक्त संबंध से प्राप्त मान से ± 20 प्रतिशत अन्तर हो सकता है।

2. कांक्रीट का प्रत्यास्थता का स्पर्श रेखीय मापांक (Tangent modulus of elasticity of concrete): प्रतिबल और विकृति संबंधित रेखा के बिन्दु पर स्पर्श रेखा के ढलान (Slope) को प्रत्यास्थता का स्पर्श रेखीय मापांक कहते हैं। इसे Ec अक्षर से चिन्हित करते हैं।

$$Ec' = (df_c / d\varepsilon_c)$$

जहाँ पर, df_c प्रतिबल में सुक्ष्म वृद्धि और $d\varepsilon_c$ विकृति में सुक्ष्म वृद्धि होता है।

3. कांक्रीट का प्रत्यास्थता का सीकेंट मापांक (Secant modulus of elasticity of concrete): इसको इस तरह से परिभाषित किया जाता है कि उस जीवा (Chord) का ढलान जो कि मूल बिन्दु (origin) से प्रतिबल–विकृति वक्र पर किसी दिये गये प्रतिबल के मान से जोड़ा गया हो। यह एक घटक है, इसका मान परिवर्तनीय है। इसका मान प्रारम्भिक स्पर्श प्रत्यास्थता मापांक से कम होता है।

पोइजनस अनुपात Poisson's ratio जब कांक्रीट पर एक दिशा में संपीडन दबाव होता है, इस दिशा के माप में कमी हो जाती है। तथा अनुप्रस्थ दिशा में वृद्धि हो जाती है। अनुप्रस्थ विकृति और अनुदैर्ध्य विकृति के अनुपात को पोइजनस अनुपात कहते है। इसका मान कांक्रीट के सामर्थ्य पर बनावट पर और कुछ अन्य घटक पर निर्भर करता है। कांक्रीट में प्रतिबल के छोटे मान पर है पोइजनस अनुपात का मान 0.15 से 0.20 होता है।

2.33 कांक्रीट के लिए आदर्श प्रतिबल–विकृति (Idealised Stress-Strain Curve for Concrete)

Fig. 2.10 में मानक IS : 456-2000 में स्वीकृत आदर्श–प्रतिबल–विकृति वक्र दिखाया गया है। प्रतिबल का अधिकतम विकृति के मान करीब 0.002 हो तब प्राप्त होता है। कांक्रीट का यह संबंध अनुवृत्तीय आयत संबंध होता है।

इस वक्र पर विकृति के मान शुन्य से 0.002 तक, यह वक्र एक द्वितीय ओर्डर अनुवृत्तीय (Parabolic) होता है। इस अनुवृत्तीय वक्र के भाग को निम्न संबंधित से व्यक्त कर सकते हैं।

$$f_c = f_d \left[Z\left(\frac{\varepsilon_c}{\varepsilon_d}\right) - \left(\frac{\varepsilon_e}{\varepsilon_d}\right)^2 \right]$$

जहाँ पर, $f_d = 0.446\ f_{ck}$ और $\varepsilon_d = 0.002$ होता है। अतः

$$f_c = 0.44C\ f_{ck} \left[\left(2\ \frac{\varepsilon_c}{0.002}\right) - \left(\frac{\varepsilon_c}{0.002}\right)^2 \right]$$

$$f_c = 0.446\ f_{ck} \times 1000\ [\varepsilon_c - 250\ \varepsilon_c^2]$$

इस वक्र के बाद का हिस्सा विकृति का मान 0.0020 से 0.0035 तक, एक सरल रेखा होता है। और प्रतिबल का मान स्थिर (एक निश्चित) मान रहता है कांक्रीट में जब तक विकृति का मान 0.0035 स्तर पहुँचता है, तब तक, देखने योग्य दरारें उत्पन्न नहीं होती।

अधिकतम संपीडन कांक्रीट संरचना विफल होने तक (कम समय तक अवयव पर भार हो) कांक्रीट के बेलन के सामर्थ्य, f_{cyl} के बराबर होता है। जो कि धन के सामर्थ्य के 0.80 गुणा होता है। अतः

$$f_{cyl} = 0.80\ f_{cube}$$

कांक्रीट में अधिक सामर्थ्य उन घटक को विचाराधीन रखते हुए, (जो कि कांक्रीट के सामर्थ्य को प्रभावित करते हैं, मुख्यतय, लम्बे समय पर अवयवों पर भार) बेलन के सामर्थ्य का 0.85 गुणा होता है। अतः

$$F_{c.max} = 0.85\ f_{cyl} = (0.85 \times 0.80 \times f_{cube}), \quad F_{c.max} = 0.67\ f_{ck}$$

Fig. 2.10 में मानक IS : 456-2000 में अधिकतम प्रतिबल का मान

$(0.67\ f_{ck} = 0.67\ f_{cube})$ का अनुमोदन किया है।

अभिकल्पान/रचना हेत (Design) संपीडन कांक्रीट सामर्थ्य संरचना में $0.67\ f_{ck}$ माना गया है। पदार्थ कांक्रीट के सामर्थ्य के आंशिक सुरक्षा गुणांक $\gamma_{ms} = 1.5$ का उपयोग किया जाता है। अतः अभिकल्पना हेतु अधिकतम संपीडन प्रतिबल का मान

$$f_c = (0.67\ f_{ck} / 1.5) = 0.446\ f_{ck}$$

उपयोग में लिया जाता है।

2.34 मृदु इस्पात के लिए प्रतिबल विकृति संबंध (Stress-Strain Relatinship for Mild Steel)

जब एक मृदु इस्पातीय छड़ पर अक्षीय तनन बल लगाया जाता है तब छड़ का लम्बाई में विस्तार होता है। इस विस्तार और छड़ की लम्बाई के समानुपात (Ratio) को विकृति (Strain) कहते हैं। विकृति की कोई इकाई (Unit) नहीं होती है। यह एक अविमितिय संख्या (Dimensional Number) होती है। प्रतिबल और विकृति समानुपातिकता की सीमा (Limit of Proportionality) के अन्दर समानुपात में होते हैं। प्रतिबल और विकृति सम्बन्ध का अध्ययन तनन परीक्षण (Tensile Test) द्वारा आरेख (Diagram) बनाकर किया जा सकता है।

जब तनन बल क्रमिकता से (Gradually) बढ़ाया जाता है, तब विकृति में विस्तार होता है। समानुपातिकता की सीमा (Limit of proportionality) के अन्दर प्रतिबल और विकृति समानुपात में बढ़ते हैं और एक सीधी रेखा से सम्बन्धित रहते हैं। समानुपातिकता की सीमा के पश्चात् प्रतिबल प्रत्यास्थता सीमा (Elastic limit) तक पहुँच जाता है और इस बीच विकृति भी तेजी से बढ़ती है। प्रत्यास्थता सीमा के पश्चात स्थायी विकृति शुरू हो जाती है। तनन बल के बढ़ने के कारण प्रतिबल उच्चतर पराभव बिन्दु (Higher yiled point) तक पहुँच जाता है। उच्चतर पराभव बिन्दु पहुँचते ही प्रतिबल शीघ्र घटता है और विकृति क्षणिक स्थिर रहती है।

तत्पश्चात् विकृति को बढ़ने के लिए प्रतिबल में बढ़ाव या तनन बल में बढ़ाव आवश्यक होता है। इस बिन्दु को स्ट्रेन हार्डनिंग (Strain hardening) बिन्दु कहते हैं। इस बिन्दु के बाद प्रतिबल के बढ़ने के साथ विकृति तेजी से बढ़ती है। तनन बल अधिकतम बल (Maximum load) या चरम सामर्थ्य (Ultimate strength) पर पहुँच जाता है। चरम सामर्थ्य तक छड़ का विस्तार छड़ की पूर्ण लम्बाई में होता रहता है।

चरम सामर्थ्य के बाद अनुप्रस्थ काट में स्थानीय (Local) लघुकर (Contraction) होने लगता है। इस स्थानीय अनुप्रस्थ काट पर एक कटि (Waist) बन जाती है और छड़ टूट जाती है।

यह प्रतिबल विकृति सम्बन्धीय आरेख चित्र 2.1 में दिखाया गया है।

छड़ के टूटने के समय पर जितना तनन बाह्य बल होता है, उसे प्रारम्भिक छड़ के क्षेत्रफल से विभाजित करने पर आंकलित भंजन प्रतिबल (Nominal breaking stress) का मान ज्ञात होता है। किन्तु इसी बल को छड़ के वास्तविक भंजन प्रतिबल का मान ज्ञात होता है।

2.35 इस्पातीय प्रबल्लित सिरियों का विशिष्ट सामर्थ्य (Characteristic strength of steel reinforcement bars)

मानक IS : 456-2000 के अनुसार इस्पातीय प्रबल्लित सिरियों का विशिष्ट सामर्थ्य निम्न पराभर प्रतिबल (Minimum Yield stress) के मान के बराबर माना जाता है। यदि इस्पातीय प्रतिबल सिरियों के कई सारे नमुने (Specimen) की तनन बल में जाँच की जाय जो उनमें आशा करते हैं कि 5 प्रतिशत सिरियों के तनन बल से अधिक पराभव प्रतिबल का मान कम नहीं पाया जायेगा।

यदि इस्पात की विशेषता/गुण (Quality) इस प्रकार हो कि तनन बल जाँच में स्पष्ट रूप से पराभव प्रतिबल (yield-stress) प्रदर्शित नहीं होता हो, तब मानक IS : 456-2000 यह अनुमोदन करता है कि इस्पातीय प्रबल्लित सिरियों का विशिष्ट सामर्थ्य 0.2 प्रतिशत स्थायी प्रुफ प्रतिबल के तुल्य माना जाता है। कई सारे इस्पातीय प्रबल्लित सिरियों का तनन बल की जाँच में ऐसी आशा करते हैं कि 5 प्रतिशत से अधिक नमुनों के मान इस मान से नीचे नहीं पाये जायेंगें।

प्रुफ प्रतिबल (Proof stress) वह प्रतिबल होता है जो कि एक सिरिये में भार होने पर विस्थापन 0. 2 प्रतिशत मूल गेज की लम्बाई के समानुपाती होता है।

उच्च सामर्थ्य इस्पात में तनन सामर्थ्य में जब जाँच करते हैं, तक स्पष्ट रूप पराभव बिन्दु (yield-point) चिन्हत नहीं होता। ऐसी परिस्थिति में 0.002 विकृति (Strain) का अधिकतर संरचनात्मक इस्पात में उपयोग करते हैं। प्रारम्भिक प्रत्यास्थता के समान्तर रेखा बनाई जाती है। यह रेखा प्रतिबल विकृति संबंधी वक्र को काटती है, वह बिन्दु पराभव बिन्दु समझा जाता है।

2.36 उच्च सामर्थ्य इस्पात के लिए प्रतिबल–विकृति संबंध (Stress-strain relationship for high strength steel)

उच्च सामर्थ्य इस्पात के लिए प्रतिबल विकृति सम्बन्ध Fig. 2.11 में दिखाया गया है। उच्च सामर्थ्य इस्पात के दो ग्रेड (श्रेणी) Fe 415 जिसका पराभव प्रतिबल 415 N/mm^2 होता है। और Fe 500 जिसका पराभव प्रतिबल 500 N/mm^2 होता है। इन इस्पात का उच्च पराभव प्रतिबल बिना गर्म किये (अर्थात् तण्डे इस्पात पर कार्य करने से Cold-workng) पराभव प्रतिबल ऊँचे मान का प्राप्त किया जाता है।

इन उच्च पराभव प्रतिबल युक्त इस्पात में स्पष्ट पराभव बिन्दु प्राप्त नहीं होता है। अतः इसका विशिष्ट सामर्थ्य 0.2 प्रतिशत प्रुफ प्रतिबल से ज्ञात किया जाता है।

इस्पात के लिए सामर्थ्य आंशिक गुणांक γ_{ms} का मान 1.15 होता है। अतः अभिकल्पना के लिए प्रतिबल $f_{yd} = (f_y / \gamma_{ms})$ प्राप्त करते हैं।

$$f_{yd} = (f_y / 1.15) = 0.87 f_y$$

मानक IS : 456-2000 के अनुसार सारणी 2.7 में प्रतिबल–विकृति के मान लिस्ट किये गये हैं।

ठण्डे इस्पातीय सिरियों को विकृत करते हुए पराभव प्रतिबल के मान 415 N/mm^2 और 550 N/mm^2 प्राप्त किये जाते हैं। उच्च पराभव प्रतिबल होने के कारण अंग्रेजी में High yield strength

शब्द का प्रयोग करते हैं। इसमें ठण्डे सिरियों पर विकृति (Deformation) से उच्च पराभव प्रतिबल प्राप्त किया जाता है, अतः यह सिरिये High yield strength deformed bars कहलाते हैं। संक्षिप्त में HYSD -bars कहा जाता है।

प्रतिबल–विकृति संबंध Fig. 2.11 से सारणी 2.8 में प्रतिबल के स्तर के अनुसार Fe415 ग्रेड इस्पात और Fe500 ग्रेड इस्पात के लिए विकृति के मान और प्रतिबल के मान को लिस्ट किये गये हैं।

इस ठण्डा–कार्य करते हुए उच्च प्रतिबल इस्पात में विकृति 0.8 fy प्रतिबल तक समानुपाती रहता है। इसके पश्चात प्रतिबल–विकृति सम्बन्ध वक्रीय रेखा धारण कर लेते है। जब विकृति का मान $[(f_y / E_s) + 0.002]$ पहुँच जाता है, तब प्रतिबल का मान पराभव प्रतिबल σ_y हो जाता है। इसके पश्चात विकृति का मान में जब वृद्धि होती है, तब प्रतिबल का मान स्थिर (constant) रहता है।

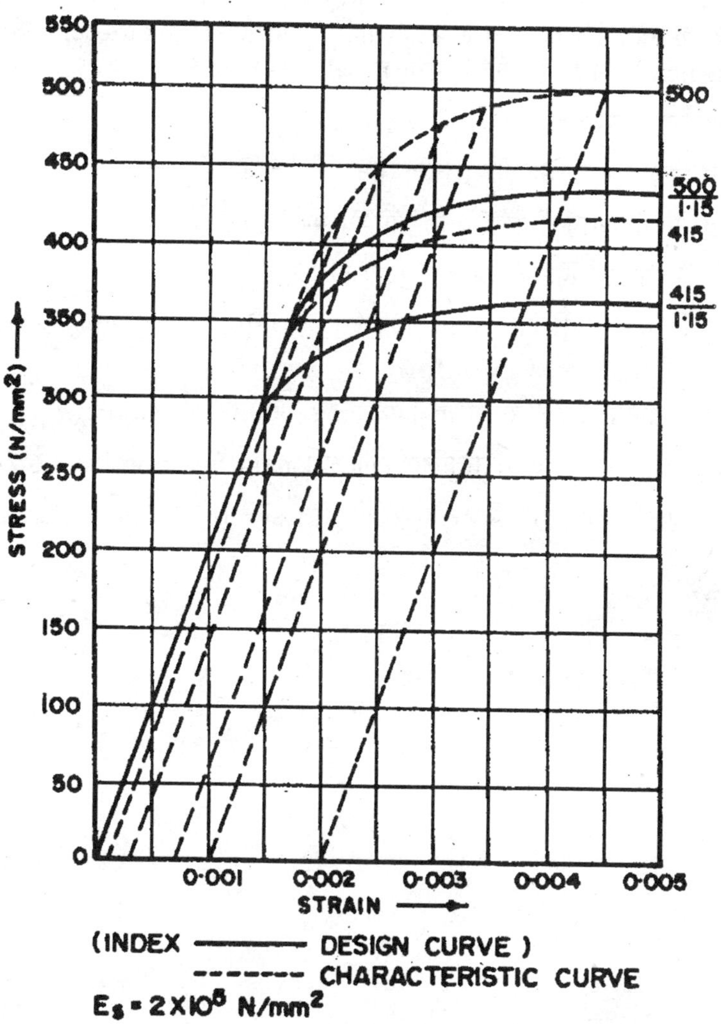

Fig. 2.11

सारणी 2.8. Design parameters for Fe 250, Fe 415 and Fe 500 Steel ($E_s = 2 \times 10^5$ N/mm²)

Type of steel reinforcement	Parameters								
	f_y (N/mm²)	$\left(\frac{f_y}{1.15\,E_s}\right)$	ε_{sy}	ε_{std}	ε_{stu}	$\varepsilon_{st.mx}$	η_b	η_{max}	η_{min}
Fe250	250	0.0011	0.0011	0.0031	0.2000	0.0200	0.76	0.53	0.15
Fe415	415	0.0018	0.0038	0.0038	0.1450	0.0145	0.48	0.48	0.19
Fe500	500	0.0022	0.0042	0.0042	0.1200	0.0120	0.46	0.46	0.23

अभिकल्पना (Design) संबंधी प्राचल (Parameter) इस्पात के तीन ग्रेड **Fe 250, Fe 415** और **Fe 500** के लिए उनके मान लिस्ट किये गये हैं। विभिन्न प्राचल (Parameter) के लिए निम्नलिखित संक्षिप्त संकेत (Notations) का प्रयोग किया गया है, जो इस प्रकार हैं :

ε_{sy} = इस्पात में विकृति पराभव प्रतिबल के अनुकूल

ε_{stu} = इस्पात में विकृति उच्चतम भार (तनन सामर्थ्य जाँच के अनुसार)

$\varepsilon_{st.max}$ = इस्पात में अधिकतम विकृति तनन सामर्थ्य के अनुकूल

$\varepsilon_{st.min}$ = इस्पात में न्यूनतम विकृति तनन सामर्थ्य के अनुकूल

ε_{std} = इस्पात में न्यूनतम विकृति तनन विफलता (Failure) के अनुकूल तन्यता (Ductility) सुनिश्चित करने हेतु

η_b = उदासीन अक्ष संबंधी घटक सन्तुलित विफलता $\varepsilon_1 = 0.0035$, $\varepsilon_{st} = \varepsilon_{sy}$

η_{max} = उदासीन अक्ष संबंधी घटक सन्तुलित विफलता **modified ductility** हेतु

η_{min} = उदासीन अक्ष संबंधी तनन विफलता से संबंधित $\varepsilon_1 = 0.0035$, $\varepsilon_{st} = \varepsilon_{st.max}$

भाग – 3 (Part -3)
लिमिट स्टेट विधि से
क्रांक्रीट प्रबल्लित धरन की डिजाइन
(LIMIT STATE DESIGN OF
REINFORCED CONCRETE BEAMS)

अध्याय – 3

धरन का बंकन में विफल होना एवं अकेले तनन में प्रबल्लित आयताकार धरन की रचना (LIMIT STATE OF COLLAPSE IN FLEXURE DESIGN OF SINGLY REINFORCED RECTANGULAR BEAMS) SRRB- I

3.1 प्रस्तावना (Introduction)

धरन को इस प्रकार परिभाषित किया जाता है कि संरचनाओं के वे अवयव जिस पर अक्ष के अनुप्रस्थ भार कार्यरत होते हैं। धरन पर अनुप्रस्थ भार के कारण बंकन आघूर्ण और अपरूपण बल उनके पूरी लम्बाई पर उत्पन्न होते हैं। अनुप्रस्थ भार के स्तर (Plane) जो कि अक्ष के लम्बवत् होते हैं और धरन के अनुप्रस्थ खण्ड के सममित (Symmetric) स्तर के समान्तर (Parallel) होते हैं। धरन पर भार इस प्रकार कार्यरत रहते है कि धरन में साधारण बंकन ही हो। धरन में उत्पन्न बंकन आघूर्ण और अपरूपण बल को आन्तरिक बल (Internal forces) कहा जाता है। धरन पर कार्यरत भार को बाह्य बल (External forces) कहा जाता है। भार को क्रिया–भार (Action loads) अथवा क्रिया (Action) द्वारा भी सम्बोधित किया जाता है। आन्तरिक बल को भार के प्रभाव (Load-effects) भी कहा जाता है। धरन का एक सिरा अथवा दोनों सिरे पर आलम्ब के प्रकार (Types of supports) के अनुसार धरन को निम्न लिखित नाम दिये गये हैं :

1. दोनों सिरे पर सरल आलम्ब होने पर इनको सरल आलम्बित धरन (Simply supported beams) कहा जाता है।
2. धरन का एक सिरा आबद्ध आलम्बित होने पर और दूसरा सिरे पर आलम्ब (Support) नहीं होने पर पूर्णतया (मुक्त) बाहु–धरन (केण्टिलीवर Cantilever beams) कहते हैं। इसे प्रास धरन भी कहते हैं।
3. यदि धरन के दोनों सिरों पर आबद्ध आलम्ब हो, तब इसको आबद्ध धरन (Fixed beam) कहा जाता है।
4. जब धरन दो से ज्यादा आलम्बों (Supports) पर आलम्बित होती है, तब उसे सतत धरन (Continuous beams) कहते हैं।
5. जब धरन के एक अथवा दोनों तरफ प्रलम्ब (Over-hange) होते हैं, उसे प्रलम्ब धरन (Overhanging beams) कहते हैं।

6. जब धरन के दोनों सिरों पर कब्जे (Hinge) होते हैं, उसे कब्जादान धरन (Hinged beams) कहते हैं।

धरन के अक्ष से अनुप्रस्थ दिशा में बाह्य भार कार्यरत होने पर धरन का झुकाव बाह्य भार की दिशा में होता है। यह झुकाव धरन के अनुदैर्ध्य अक्ष (Longitudinal-axis) के समतल होता है। इस झुकाव को बंकन (Bending) कहते है। यदि बाह्य भार का समतल धरन के अनुप्रस्थ खण्ड के जड़त्व के किसी एक मुख्य केन्द्रक अक्ष (Principal centroidal axis of inertia) के समतल के साथ संपतन (Coincide) हो जाता है, तब बाह्य भार से उत्पन्न बंकन को समतल बंकन (Plane bending) या साधारण/सरल बंकन (Simple bending) कहते हैं। जब बाह्य भार का समतल धरन धरन के अनुप्रस्थ खण्ड के जड़त्व के किसी एक मुख्य केन्द्र अक्ष के समतल के साथ संपतन नहीं होता, परन्तु उनमें झुकाव होता है, तब बाह्य भार से उत्पन्न बंकन को असममित बंकन (Unsymmetrical bending) या तिर्यक बंकन (Oblique bending) कहते हैं। इस अध्याय में धरन की रचना (Design) केवल साधारण बंकन के लिए ही की गयी है।

3.2 कांक्रीट धरन (Concrete beams)

अक्षर आयताकार आकृति की कांक्रीट धरन बनायी जाती है। आयताकार आकृति **xx-** अक्ष और **yy-** अक्ष (दोनों अक्ष) के सममित होती है। धरन की उदासीन अक्ष (Neutral-axis) धरन की इसकी आकृति के गुरूत्व–केन्द्र (Centre of gravity) से गुजरती है। धरन की इस आकृति के लिए उदासीन अक्ष अनुदैर्ध्य अक्ष (Longitudinal axis) संपतन (Coincide) रहती है। धरन की उदासीन अक्ष पर बंकन प्रतिबल (Bending stress) का मान शुन्य होता है।

Fig. 1.1 (A) में एक सरल आलम्बित धरन (Simply-supported beam) दिखायी गयी है। जो कि अप्रबल्लित धरन है। अर्थात प्रबल्लित सिरियों का उपयोग नहीं किया गया है। इस धरन पर अनुप्रस्थ भार नीचे की दिशा में कार्यरत है। इस धरन में बंकन प्रतिबल उदासीन अक्ष के ऊपर संपीडन प्रतिबल होता है, जिसका वितरण ऊपरी सतह तक त्रिभुजाकार होता है। इस ऊपरी सतह पर बंकन संपीडन प्रतिबल का मान अधिकतम होता है। इस धरन में बंकन प्रतिबल उदासीन अक्ष के नीचे तनन प्रतिबल होता है, जिसका वितरण नीचे की सतह तक भी त्रिभुजाकार होता है। अतः इस धरन में ऊपर की सतह पर अधिकतम बंकन संपीडन प्रतिबल और नीचे की सतह पर अधिकतम बंकन तनन बल होता है।

जबकि Fig. 1.1 (B) (i) में प्रास धरन (Cantilever-beam) दिखायी गयी है। प्रास धरन में अनुप्रस्थ भार नीचे की तरफ कार्यरत होने से ऊपर की सतह पर बंकन तनन प्रतिबल होता है। और नीचे की सतह पर बंकन संपीडन प्रतिबल होता है।

कांक्रीट धरन बंकन संपीडन प्रतिबल (सामर्थ्य) अधिक और सन्तोषजनक होता है। परन्तु इन धरन का बंकन तनन प्रतिबल (सामर्थ्य) बहुत कम होता है। अनुप्रस्थ भार का मान कम होते हुए भी थोड़ी से वृद्धि करने पर अप्रबल्लित धरन में तनन की सतह पर दरारें (Cracks) उत्पन्न हो जाता है। अतः धरन के बंकन तनन प्रतिबल की तरफ सतह के पास उचित कांक्रीट कवर छोड़ कर इस्पातीय सिरियों से प्रबल्लित कर दी जाती है। ऐसे कांक्रीट धरन को प्रबल्लित कांक्रीट धरन (Reinforced concrete beams) कहते हैं। Fig. 1.1 (A) (ii) में सरल आलम्बित धरन के नीचे की सतह के पास उचित कवर छोड़ कर इस्पातीय सिरियों से प्रबल्लित की गयी है, जबकि Fig. 1.1 (B) (ii) में प्रास धरन में ऊपर की सतह के पास उचित कवर छोड़ कर इस्पातीय सिरियों का उपयोग किया गया है।

कांक्रीट की तुलना में इस्पातीय सिरियों का सामर्थ्य अधिक होता है। साधारण इस्पातीय सिरियों का पराभव संपीडन सामर्थ्य करीब कांक्रीट के इस मान के करीब 25 गुणा अधिक होता है और इस्पातीय सिरियों का तनन सामर्थ्य कांक्रीट के इस मान के करीब 70 गुणा अधिक होता है। अतः इस्पात और कांक्रीट को संयोजित करके इनके भौतिक और यांत्रिक गुणों का अधिकतम उचित उपयोग किया जाता है।

इस अध्याय में अकेले तनन प्रबल्लित सिरियों का उपयोग करते हुए धरन की डिजाइन लिमिट स्टेट विधि द्वारा [(Limit State of Collapse in Flexure), बंकन में जो विफल हो सकती है] की गयी है। और इन धरन की डीजाइन की लिमिट स्टेट प्रयोज्यता (Limit State of Serviceability) विधि से जाँच की गयी है।

3.3 कांक्रीट धरन की डीजाइन के लिए पूर्व धारणाएं (Assumptions for the design of concrete beams)

कांक्रीट धरन की डीजाइन के लिए लिमिट स्टेट विधि द्वारा (Limit state of collapse in flexure) निम्नलिखित पूर्व धारणाएं मानी जाती है। ये धारणाएं उथली (Shallow) धरन के लिए मान्य (Valid) होती है, जिनका विस्तृति (Span) गहराई (Depth) अनुपात 2.5 से अधिक होता हो।

1. किसी भी अनुप्रस्थ खण्ड (Transverse cross-section), जो कि धरन के अनुदैर्ध्य अक्ष के लम्बवत् हो, वे अनुप्रस्थ खण्ड बंकन (Bending) से पूर्व समतल (Plane) होते हैं, वे बंकन के बाद भी समतल रहते हैं। अन्य शब्दों में ऐसा कहा जा सकता है कि बंकन विकृति (Flexural strain) उदासीन अक्ष से दूरी (गहराई / ऊँचाई) के साथ एकघात (रैखित Linearly) परिवर्तन (Variation) होता है।

2. कांक्रीट के सबसे अधिक (उदासीन रेखा से) दूरी की सतह पर संपीडन तत्व में बंकन विकृति का मान 0.0035 से अधिक नहीं लेते।

इस उल्लेखित विकृति के मान 0.0035 के बराबर पहुँचने पर, धरन का खण्ड अपनी अधिकतम घूर्ण (moment) क्षमता तक पहुँच गया है। जैसा कि कांक्रीट के लिए प्रतिबल–विकृति Fig. 2.12 में दिखाया गया है। बंकन तनन सतह के पास प्रबल्लित सिरियों के गुरुत्व केन्द्र (Centroid) तक बंकन विकृति का मान Fig. 3.1 (B) से कांक्रीट के अधिकतम विकृति के मान 0.0035 से निम्नलिखित संबंध से ज्ञात कर सकते हैं।

$$\left(\frac{\varepsilon_s}{d - xu}\right) = \left(\frac{0.0035}{x_u}\right), \; \varepsilon_s = \left[\frac{d - x_u}{x_u}\right](0.0035)$$

अतः
$$\left(\frac{x_u}{d}\right) = \left(\frac{0.0035}{0.0035 + \varepsilon_s}\right) = \left(\frac{\varepsilon_{cu}}{\varepsilon_{cu} + \varepsilon_s}\right) \tag{3.1}$$

3. संपीडन प्रतिबल वितरण और कांक्रीट में विकृति के बीच संबंध आयताकार परवलियक (Rectangular-parabolic) मानक IS : 456-2000 में माना गया है, जैसाकि Fig. 3.1 (C) में दिखाया गया है।

कांक्रीट के लिए बंकन संपीडन प्रतिबल एवं बंकन विकृति के बीच का संबंध एक आदर्श कर्व / वक्र द्वारा जैसा Fig. 2.12 में दिखाया गया है, वैसा मानक IS : 456-2000 द्वारा अनुमोदित किया गया है।

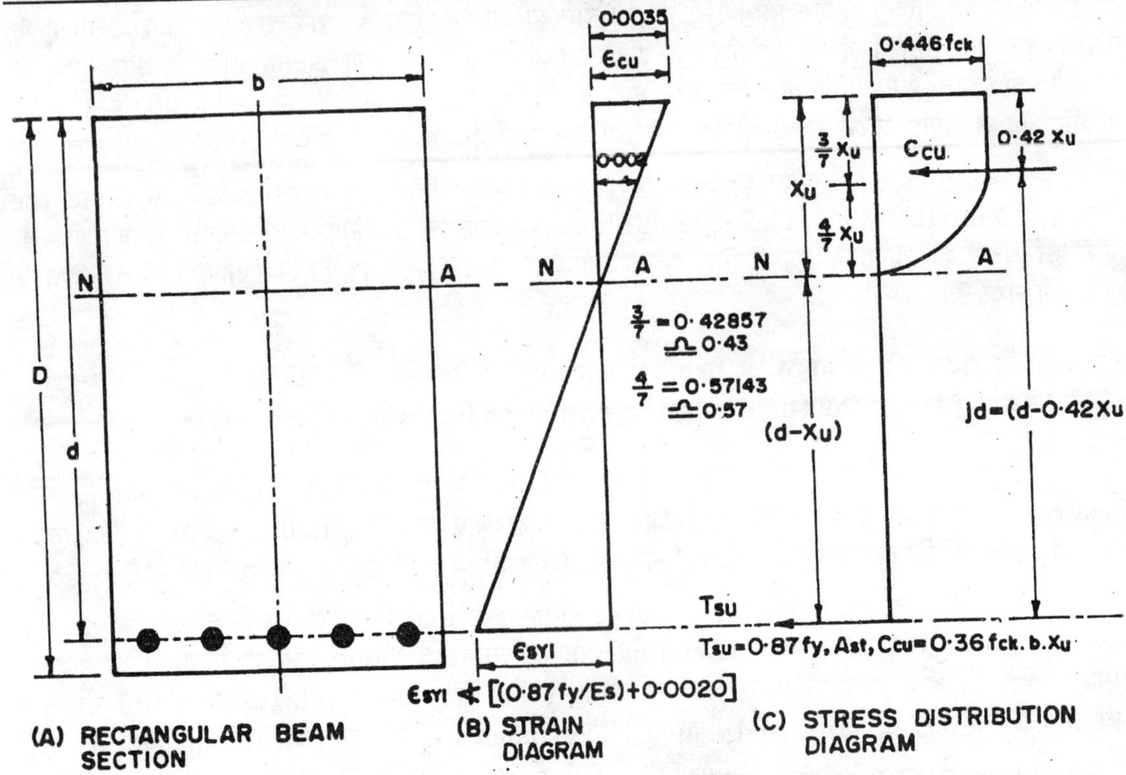

Fig. 3.1

डीजाइन कार्य हेतु, कांक्रीट की संपीडन क्षमता कांक्रीट के विशिष्ट क्षमता की 0.67 गुणा मानी जाती है। इसके अतिरिक्त पदार्थ के सामर्थ्य के लिए आंशिक सुरक्षा घटक, $\gamma_{ms} = 1.5$ का उपयोग किया जाता है। अतः कांक्रीट की डीजाइन क्षमता

$$= (0.67 \text{ x } f_{ck}) / 1.5 = 0.446 \, f_{ck}$$

अपनायी गयी है। मानक IS : 456-2000 द्वारा अनुमोदित प्रतिबल–विकृति संबंध Fig. 2.12 में जैसा दिखाया गया है, माना जाता है। अतः डीजाइन प्रतिबल ब्लोक के प्राचल (Parameters) निम्न अनुसार होते है।

1. प्रतिबल ब्लोक का क्षेत्रफल Fig. 3.1 (C)

= आयत का क्षेत्रफल + परिवलियक का क्षेत्रफल

$$= \frac{3}{3} \text{x} \frac{3}{7} x_u (0.446 \, f_{ck}) + \frac{2}{3} \text{x} \frac{4}{7} x_u (0.446 \, f_{ck})$$

$$= \frac{9}{21} \; x_u (0.446 \, f_{ck}) + \frac{8}{21} \; x_u (0.446 \, f_{ck})$$

$$= \frac{17}{21} \; x_u (0.446 \, f_{ck})$$

$= 0.80952 \times 0.446\ f_{ck} \cdot x_u = 0.36\ f_{ck} \cdot x_u$

टिप्पणी : प्रतिबल–ब्लोक में कांक्रीट के ऊपरी सतह पर संपीडन प्रतिबल का अधिकतम मान Fig. 3.1 (C)

$$= (0.67\ f_{ck} / \gamma_{ms}) \quad = \quad (0.67\ f_{ck} / 1.5) = 0.446\ f_{ck}$$

इसमें घटक 0.67 का उपयोग किया गया है। इस घटक का मान 0.67 निम्न तथ्य को ध्यान में रखते हुए किया गया है। धरन के बंकन में संपीडन क्षेत्र अथवा स्तम्भ के विफल होने के बिन्दु पर

= 0.85 गुणा बेलन के सामर्थ्य (माना जाता है।) (i)

चूंकि, बेलन का सामर्थ्य

= 0.80 गुणा घन के सामर्थ्य (माना जाता है) अतः डीजाइन (ii)

$= (0.80 \times 0.85)\ f_{ck} / 1.5$

$= (0.67\ f_{ck} / 1.5) = 0.446\ f_{ck}$ (iii)

Fig. 3.1 (B) में कांक्रीट में विकृति चित्र दिखाया गया है। जो कि एक त्रिभुजाकार आकृति का है। अतः कांक्रीट में विकृति और उदासीन अक्ष से दूरी (गहराई/ऊँचाई) समानुपाती होती है। इसलिए

$$\left(\frac{0.0035}{x_u}\right) = \left(\frac{0.0020}{\bar{y}_{NA}}\right),\ \bar{y}_{NA} = \left[\frac{0.0020}{0.0035}\right] x_u = \left(\frac{4}{7} x_u\right) \quad \text{(iv)}$$

और सबसे अधिक दूरी पर तत्व में

$$\bar{y}_{top} = \left(x_u - \frac{4}{7} x_u\right) = \left(\frac{3}{7} x_u\right) \quad \text{(v)}$$

यह पूर्व धारणा कांक्रीट (संपीडन) में एक आदर्श प्रतिबल के वितरण का उल्लेख करती है।

4. कांक्रीट का तनन सामर्थ्य बहुत कम होता है। अतः इसकी उपेक्षा (Ignore) कर दी जाती है।

5. इस्पातीय सिरिये (जो कि कांक्रीट को प्रबल्लित करने के लिए उपयोग में लाये जाते हैं) में प्रतिबल प्रतिनिधित्व करने वाले प्रतिबल–विकृति वक्र (Curve) [मृदु इस्पात के लिए Fig. 2.13 और HYSD इस्पात के लिए Fig. 2.14 से] ज्ञात किये जाते हैं। डीजाइन में इस्पात का सामर्थ्य आंशिक सुरक्षा घटक का मान 1.15 उपयुक्त होता है। इसलिये ($f_y/1/15 = 0.87\ f_y$) मान को प्रयोग में लिया जाता है।

6. इस्पातीय सिरियों में तनन में अधिकतम विकृति का मान $\varepsilon_{st.max}$ किसी अनुप्रस्थ खण्ड पर विफल होते समय मानक IS : 456-2000 द्वारा अनुमोदित मान से कम नहीं होना चाहिए।

$$(\varepsilon_{sy1} = \varepsilon_{st.max} < [(\sigma_y / 1.15) + 0.002])$$

$$(\varepsilon_{sy1} = \varepsilon_{st.max} < [0.87\ \sigma_y + 0.002])$$

जहाँ पर, $\varepsilon_{st.max}$ तनन में इस्पातीय सिरियों में अधिकतम विक्रम होती है।

f_y = इस्पातीय सिरियों में पराभव प्रतिबल

E_s = यंगज प्रत्यास्थता मापांक 2×10^5 N/mm²

निम्नलिखित इस्पातीय सिरियों के लिए $\varepsilon_{st.max}$ का मान

1. मृदु इस्पात, Fe 250, Fig. 3.1(B) से $\varepsilon_{st.max}$ = [(250/1.15) x 2 x 10^5 + 0.0020]

= 0.003087 = 0.0031 (i)

2. HYSD इस्पात, Fe 415, Fig. 3.1 (B) से $\varepsilon_{st.max}$ = [(415/1.15) x 2 x 10^5 + 0.0020]

= 0.0038 (ii)

3. HYSD इस्पात, Fe 500, Fig. 3.1 (B) से $\varepsilon_{st.max}$ = [(500/1.15) x 2 x 10^5 + 0.0020]

= 0.00417 = 0.0042 (iii)

उपरोक्त पूर्वधारणाओं के अनुसार उदासीन अक्ष की गहराई और धरन के प्रभावी गहराई के अनुपात का सीमित मान मानक IS : 456-2000 के अनुसार सारणी 3.1 में दिये गये हैं।

सारणी 3.1

Types of steel	Yield stress f_y (N/mm^2)	($x_{u.max}$/d)	Yield stran = ε_{sy1}
Mild steel Fe 250	250	0.53 (0.531)*	0.0031
Hysd Fe 415	415	0.48 (0.479)*	0.0038
Hysd Fe 500	500	0.46 (0.456)*	0.00417

*(These values are as per SP : 16 - 1980) These have been derived in Art 3.8).

उपरोक्त पूर्व–धारण धरन का तन्य (Ductile) विफलता को सुनिश्चित करने हेतु (यानि, इस्पातीय प्रबल्लित सिरियों में विफलता तन्य विफलता द्वारा हो) की गई है। साथ में इसका भी ध्यान रखा जाता है कि धरन की कांक्रीट में विफलता संपीडन तत्व में नहीं हो।

मानक IS : 456-2000 में प्रथम पद अधिकतम विकृति के लिए (σ_y/1.15) Es पराभव प्रतिबल, σ_y से सम्बन्धित विकृति का प्रतिनिधित्व करता है।

मानक IS : 456-2000 में ठण्डे ऐंठन किये गये सिरियों के लिए अनुमति दी गयी है। इसके लिए अच्छी तरह से पराभव बिन्दु दिखायी नहीं देता। अतः लौकिक रूप से (Conventional) मान 0.2 प्रतिशत प्रुफ प्रतिबल के अनुसार माना जाता है।

दूसरे पद द्वारा 0.002 अधिकतम विकृति में जोड़ा गया है। ताकि इस्पातीय सिरियों में निश्चित प्रतिबल के स्तर पर पर्याप्त (Sufficient) पराभवित विफल होने से पहले हो सके।

पूर्वधारणाए (2) और (6) कांक्रीट धरन में उदासीन अक्ष की गहराई को नियंत्रित रखते हैं। धरन में उदासीन अक्ष की अधिकतम गहराई सीधे प्रत्यक्ष रूप विकृति चित्र से तुल्य (Similar) त्रिभुजों से ज्ञात कर सकते हैं

$$\left[\frac{x_{u.max}}{d}\right]=\left[\frac{0.0035}{0.0035+\varepsilon_{st.max}}\right] \quad (3.2A)$$

जहाँ पर, Fig. 3.1 (B) से

$$\varepsilon_{st.max} = [(0.87\ \sigma_y / E_s) + 0.0020] \quad (3.2B)$$

3.4 धरन के अनुप्रस्थ खण्ड में उदासीन अक्ष की गहराई (Depth of neutral-axis in a beam section)

Fig. 3.1 में एक धरन का अनुप्रस्थ खण्ड दिखाया गया है। धरन अकेले तनन में प्रबल्लित है। धरन पर चरम भार नीचे की दिशा में कार्यरत है। धरन के दोनों सिरों पर सरल अवलम्ब है। अर्थात् धरन एक सरल अवलम्बित (Simply supported beam) है। इस धरन में अनुप्रस्थ खण्ड की उदासीन अक्ष (Neutral-axis) की गहराई धरन के सन्तुलन के सिद्धान्त से (Principle of equilibrium) इस प्रकार ज्ञात कर सकते हैं।

कांक्रीट में संपीडन क्षेत्र में कुल संपीडन बल, C_{cu} Fig. 3.1(C) से मालूम कर सकते हैं माना कि कुल संपीडन बल, C_{cu} है। Fig. 3.1 (C) में प्रतिबल ब्लोक दिखाया गया है। इस ब्लोक ऊपरी भाग आयताकार है। जिसकी ऊपर से गहराई (3/7) x_u = (0.43 . x_u) है। इस ब्लोक का नीचे का भाग परिवलियक (Parabolic) है। इसकी अपनी गहराई उदासीन रेखा तक (4/7). x_u = (0.57 x_u) है। इस

प्रतिबल ब्लोक क्षेत्रफल – (ब्लोक की चौड़ाई = 0.446 f_{ck} है)।

= ऊपरी भाग आयताकार का क्षेत्रफल + नीचे का भाग परिवलियक का क्षेत्रफल

$$= \frac{3}{3} \times \frac{3}{7} x_u \times 0.446\, f_{ck} + \frac{2}{3} \times \frac{4}{7} x_u \times 0.446\, f_{ck}$$

$$= \frac{9}{21} . x_u . (0.446\, f_{ck}) + \frac{8}{21} . x_u\, (0.446\, f_{ck}) = (17/21)\, x_u . (0.446\, f_{ck})$$

$$= 0.80952 \times 0.446\, f_{ck} . x_u$$

$$= \left(\frac{\text{प्रतिबल ब्लोक का क्षेत्रफल}}{x_u}\right) = 0.36\ (f_{ck}) \qquad \text{(i)}$$

इस उपरोक्त उक्ति (Expression) (i) के दाहिने तरफ को **एक औसत प्रतिबल** कांक्रीट ब्लोक (b.x_u) पर माना जा सकता है। जिसकी इकाई प्रतिबल की N/mm^2 है और कांक्रीट ब्लोक की इकाई mm^2 है। कांक्रीट ब्लोक पर बंकन में कुल संपीडन बल = (औसत प्रतिबल x कांक्रीट ब्लोक का क्षेत्रफल)

$$C_{cu} = 0.36\, f_{ck}. (b.x_u)$$

$$C_{cu} = 0.36\, f_{ck}\, (b.x_u) \qquad \text{(ii)}$$

मानक IS : 456-2000 में भी C_{cu} का मान (0.36 f_{ck} . b.x_u) उल्लेखित है।

इस्पातीय सिरिये जिसका उपयोग प्रबल्लित सिरियों (Reinforcement) का तरह किया गया है। चरम भार जो कि धरन पर कार्यरत है, उसके अनुरूप (Corresponding) बंकन में कुल तनन बल

$$T_{su} = (\text{तनन में इस्पातीय सिरियों का क्षेत्रफल}) \ . \ \left(\frac{\text{पराभव प्रतिबल}}{\gamma_{ms}}\right)$$

$$= A_{st}. (\sigma_y / 1.15)$$

अतः $$T_{su} = 0.87\, A_{st}.\, \sigma_y \qquad \text{(ii)}$$

चूंकि धरन का अनुप्रस्थ खण्ड सन्तुलित है और सन्तुलन के सिद्धान्त के अनुसार

(बंकन में कुल संपीडन बल) = (बंकन में कुल तनन बल)

अतः उक्तियों (Expressions) (i) और (ii) के अनुसार $C_{cu} = T_{su}$ $(0.36\ f_{ck}\ .\ x_u\ .\ b) = (0.87\ A_{st}.\ \sigma_y)$

$$(0.36\ f_{ck}.\ x_u.\ b) = (0.87\ A_{st}.\sigma_y)$$

इस धरन के लिए, उदासीन अक्ष की ऊपर से गहराई

$$x_u = \left(\frac{0.87\ A_{st} . \sigma_y}{b . d}\right)(.d) \qquad \left(\frac{x_u}{d}\right) = \left(\frac{0.87\ A_{st}.\sigma_y}{0.36\, f_{ck}\, .\, b.d}\right) \tag{3.3}$$

उदासीन अक्ष की गहराई एक सरल अवलम्बित धरन के लिए (अकेले तनन में प्रबल्लित धरन), सीमित मान

मृदु इस्पात, Fe = 250 $\qquad x_u = 0.53\ d$

HYSD इस्पात, Fe = 415 $\qquad x_u = 0.48\ d$

3.5 अकेले तनन प्रबल्लित कांक्रीट धरन का विफल होना (Failure of singly reinforced concrete beams)

Fig. 3.1 (A) में अकेले तनन प्रबल्लित कांक्रीट धरन का आयताकार अनुप्रस्थ खण्ड दिखाया गया है। धरन खण्ड की चौड़ाई, b और प्रभावी गहराई, d है। धरन खण्ड की उदासीन अक्ष की गहराई ऊपरी सतह (जो कि बंकन में संपीडन है) से, x_u है। Fig. 3.1 (C) में धरन के संपीडन क्षेत्र (उदासीन अक्ष के ऊपर) संपीडन प्रतिबल का वितरण दिखाया गया है, जो कि मानक IS : 456-2000 के अनुसार है। पिछले अनुच्छेद के अनुसार कुल संपीडन बल

$$C_{cu} = (0.36\ \ f_{ck}\ .\ b.\ x_u) \tag{i}$$

ऊपरी सतह से इस परिणाम बल की कार्यकारी रेखा की गहराई 0.42 x_u है, जैसा कि Fig. 3.1 (C) में दिखाया गया है। इस धरन में उपयोग किये गये इस्पातीय सिरियों का क्षेत्रफल, A_{st} है। इसके गुरुत्व केन्द्र की गहराई, d है। कुल तनन बल

$$T_{su} = (0.87\ f_{ck}\ .\ A_{st}) \tag{ii}$$

कुल संपीडन बल C_{cu} और कुल तनन बल T_{su} दोनों क्षैतिज बल हैं और एक दूसरे की विपरीत दिशा में कार्यरत है। इन दोनों के बीच लम्बवत् दूरी $(d - 0.42\ x_u)$ है, इस दूरी को **उतोलक दूरी** (Lever-arm/ लीवर–आर्म) भी कहते हैं। धरन की विफलता निम्न दो प्रकार की होती है।

1. **संपीडन विफलता (Compression-failure)** : यदि, इस्पातीय प्रबल्लित सिरियों का अनुप्रस्थ क्षेत्रफल अधिक होता है या HYSD इस्पातीय सिरियों का सामान्य से अधिक क्षेत्रफल होता है, तब कांक्रीट का कार्यरत बढ़ोतरी होने पर धरन की संपीडन सामर्थ्य इस्पातीय प्रबल्लित सिरियों के पराभवित (Yielding) के पहले समाप्त (Exhaust) हो जाती है। कांक्रीट अपने संपीडन क्षेत्र (Compression zone) में और बाहरी सतह पर कुचलना (Crushing) होने लग जाता है। कांक्रीट मे विकृति का मान करीब (0.003 – 0.004) हो जाता है। कांक्रीट का कुचलकर विफल होना अचानक और विस्फोटक होता है, और बहुत कम समय में होता है। इस तरह से कांक्रीट के विफल होने को **संपीडन विफलता** (Compression failure) कहते हैं। धरन के इस तरह विफल होने से पूर्व कोई चेतावनी भी नहीं मिलती।

2. तनन विफलता (Tension-failure) : यदि धरन के अनुप्रस्थ खण्ड में इस्पातीय प्रबल्लित सिरियों का सामान्य से कम होता है, तब कार्यरत धरन के भार के किसी मान पर पराभवित (Yield) होना शुरू हो जाती है। इन सिरियों में तनन बल, $T_{su} = (0.87\ A_{st}.\ \sigma_y)$ स्थिर रहता है। भार के मान में वृद्धि होने से प्लास्टिक विकृति (दीर्घाकरण/दैर्ध्यवृद्धि Elongation) का मान बढ़ने लगता है।

इससे कांक्रीट की नीचे की सतह (सरल अवलम्बित धरन में (Simply supported beam) में तनन प्रतिबल के कारण दरारें उत्पन्न होने लगती है। दरारों की चौड़ाई एवं गहराई बढ़ने लगती है, जो कि आंखों को दिखायी भी देती है। इसके साथ साथ धरन के विस्थापन (Deflection) का मान भी बढ़ने लगता है। इस तरह से धरन के विफल होने को **तनन विफलता** (Tension-failure) कहते हैं। आंखों से दिखायी देने से, दरारों से, धरन से पदार्थ गिरने से एक प्रकार से चेतावनी मिल जाता है। धरन के अवलम्बित छत के नीचे बैठे लोगों को बाहर सुरक्षित निकलने का काफी समय भी मिल जाता है। हानि भी कम होती है।

3.6 धरन में इस्पातीय प्रबल्लित सिरियों का प्रतिशत (Percentage of steel - reinforce-ment in beams)

यदि एक आयताकार अनुप्रस्थ खण्ड की चौड़ाई, b और प्रभावी गहराई, d है और इस अकेले तनन में प्रबल्लित सिरियों का क्षेत्रफल, A_{st} है, तब इन सिरियों का क्षेत्रफल A_{st} और धरन के अनुप्रस्थ खण्ड के क्षेत्रफल (b, d) के अनुपात को **इस्पातीय प्रबल्लित सिरियों का अनुपात** कहते हैं। इसको चिन्ह p से अंकित करते है। इसका मान

$$p = \left[\frac{A_{st}}{b.d}\right] \tag{3}$$

इसको प्रतिशत रूप में भी उल्लेखित किया जाता है। तब

$$p = \left[\frac{A_{st}}{b.d}\right] \text{x } 100 \tag{3}$$

इस प्रतिशत को धरन के अनुप्रस्थ खण्ड के सन्तुलन के सिद्धान्त से ज्ञात कर सकते हैं। पिछले अनुच्छेद से बंकन में कुल संपीडन बल

$$C_{cu} = (0.36\ f_{ck}\ .\ x_u\ .\ b) \tag{i}$$

बंकन में कुल इस्पातीय प्रबल्लित सिरियों में तनन बल

$$T_{su} = (0.87\ A_{st}\ .\ \sigma_y) \tag{ii}$$

चूंकि, धरन का अनुप्रस्थ खण्ड सन्तुलन में है

$$C_{cu} = T_{su} \tag{i}$$

$$(0.36\ f_{ck}\ .\ x_u\ .\ b) = (0.87\ A_{st}\ .\ \sigma_y)$$

$$x_u = \left[\frac{0.87\ \sigma_y}{0.36\ f_{ck}}\right] \text{x} \left[\frac{A_{st}}{b}\right] \tag{ii}$$

और

$$\left[\frac{x_u}{d}\right] \quad \left[\frac{0.87\ \sigma_y}{0.36\ f_{ck}}\right] \times \left[\frac{A_{st}}{b.d}\right] \tag{iii}$$

जब
$$p = \left[\frac{A_{st}}{b.d}\right] \tag{iv}$$

$$p = \left[\frac{0.36\ f_{ck}}{0.87\ \sigma_y}\right] \times \left[\frac{x_u}{d}\right] \tag{3.4}$$

$$p = \left[\frac{0.36\ \sigma_{ck}}{0.87\ f_y}\right] \times \left[\frac{x_u}{d}\right] \times 100 \tag{3.5}$$

कांक्रीट धरन के अनुप्रस्थ के माप b और d और A_{st} की तुलनात्मक माप के अनुसार कांक्रीट धरन के अनुप्रस्थ खण्ड निम्नलिखित तीन प्रकार के होते हैं।

1. संतुलित प्रबल्लित धरन खण्ड (Balanced reinforced beam-section)
2. अपर्याप्त प्रबल्लित धरन खण्ड (Under reinforced beam section)
3. अधिक प्रबल्लित धरन खण्ड (Over reinforced beam section)

इनका विवरण आगे के अनुच्छेदों में किया गया है।

3.7 संतुलित प्रबल्लित धरन खण्ड (Balanced reinforced beam-sections)

एक कांक्रीट की धरन जो कि अकेले तनन में प्रबल्लित हो, जिसमें प्रबल्लित सिरियों की क्षेत्रफल इतना हो, और धरन खण्ड की चौडाई b और प्रभावी गहराई, d हो कि इसको **संतुलित प्रबल्लित धरन** इस प्रकार से परिभाषित करते हैं कि कांक्रीट में बंकन संपीडन विकृति का मान ε_{cu} और प्रबल्लित सिरियो में विकृति का मान, $\varepsilon_{sy} = (\varepsilon_{st.max} + 0.002)$ एक साथ पहुंचे। जबकि इस्पातीय प्रबल्लित सिरियों मे पराभव प्रतिबल f_y उल्लेखित हो। Fig. 3.2 में विकृति का विवरण (Strain-distribution) दिखाया गया है।

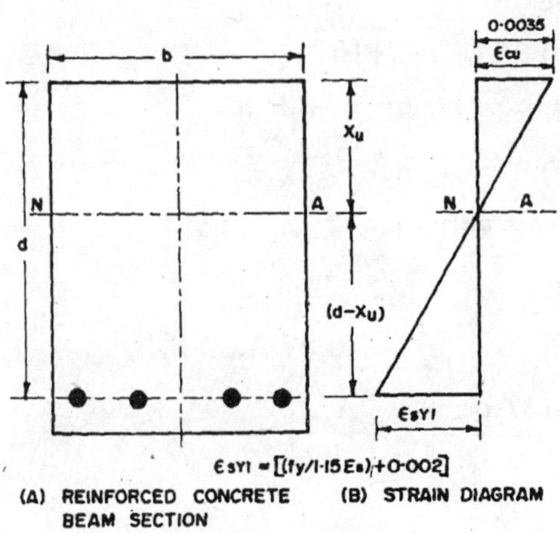

BALANCED BEAM SECTION

Fig. 3.2

प्रभावी गहराई (Effective depth)

धरन के अनुप्रस्थ खण्ड की प्रभावी गहराई को इस प्रकार परिभाषित करते हैं कि वह गहराई d बंकन में संपीडन अधिकतम विकृति के तत्व से प्रबल्लित सिरियों के गुरुत्व केन्द्र (Centre of gravity) तक मापी जाती हो। यह परिभाषा गहरी धरन के लिए उपयुक्त नहीं है। संतुलित प्रबल्लित धरन खण्ड Fig. 3.2 (A) और इसके अनुरूप Fig. 3.2 (B) विकृति विवरण दिखाया गया है। Fig. 3.2 (B) से

$$\left[\frac{x_u}{\varepsilon_{cu}}\right] = \left[\frac{d - x_u}{\varepsilon_{sy}}\right] \quad \text{अतः} \quad \left[\frac{x_u}{d}\right] = \left[\frac{\varepsilon_{cu}}{\varepsilon_{cu} + \varepsilon_{sy}}\right] \qquad (3.6)$$

पूर्व धारणा के लिमिट स्टेट विफलता पर अधिकतम विकृति संपीडन तत्व (Fibre) में 0.0035 ली जाती है। उपरोक्त समीकरण में इनका मान रखने पर

$$\left[\frac{x_u}{d}\right] = \left[\frac{0.0035}{0.0035 + \varepsilon_{sy1}}\right], \quad \text{जहाँ पर} \quad \varepsilon_{sy1} = [(\sigma_y / 1.15)\, E_S + 0.0020]$$

$$\left[\frac{x_u}{d}\right] = \left[\frac{0.0035}{0.0035 + (f_y / 1.15)\ E_s + 0.0020}\right] \qquad (3.7)$$

संतुलित प्रबल्लित धरन उप खण्ड के लिए

$$\left[\frac{x_u}{d}\right] = \left[\frac{x_{u.max}}{d}\right] \qquad (3.8)$$

x_u की सीमा में मान (Limiting value) इस प्रकार ज्ञात की जाती है। $E_s = 2 \times 10^5$ N/mm²

(i) मृदु इस्पात के लिए (For mild Stel), Fe = 250

$\sigma_y = 250$ N/mm², $\varepsilon_{sy} = 0.0031$ उपरोक्त समीकरण में रखने पर

$$\left[\frac{x_{u.max}}{d}\right] = \left[\frac{0.0035}{0.0035 + 0.0031}\right] = 0.53$$

(ii) HYSD इस्पात के लिए, Fe 415, $E_s = 2 \times 10^5$ N/mm²

$\sigma_y = 415$ N/mm² और $\varepsilon_{sy} = 0.0038$

$$\text{अतः} \quad \left[\frac{x_{u.max}}{d}\right] = \left[\frac{0.0035}{0.0035 + 0.0038}\right] = 0.48$$

(iii) HYSD इस्पात के लिए Fe 500, $E_s = 2 \times 10^5$ N/mm²

$\sigma_y = 500$ N/mm², और $\varepsilon_{sy} = 0.00417$

$$\text{अतः} \quad \left[\frac{x_{u.max}}{d}\right] = \left[\frac{0.0035}{0.0035 + 0.00417}\right] = 0.46$$

इस प्रकार $(x_{u\text{-}max}/d)$ का मान क्रमशः 0.53, 0.48 और 0.46 इस्पात Fe 250, Fe 415 और Fe 500 के लिए मानक IS : 456-2000 की सारणी Table 3.1 में उल्लेखित है।

अतः **एक संतुलित प्रबल्लित धरन के उपखण्ड** को इस प्रकार भी परिभाषित कर सकते हैं कि डीजाइन हेतु इस्पात प्रतिबल का मान डीजाइन सामर्थ्य $(F_y / \gamma_{ms}) = (f_y / 1.15) = 0.87\ \sigma_y$ और कांक्रीट में बंकन में संपीडन विकृति का मान 0.0035 एक साथ पहुंचे।

(p का मान = p_B)

संतुलित प्रबल्लित धरन खण्ड के लिए x_u का मान $x_{u.max}$ के मान के बराबर होता है।

3.8 अपर्याप्त प्रबल्लित धरन खण्ड (Under reinforced beams-sections)

एक कांक्रीट धरन के अनुप्रस्थ खण्ड को **अपर्याप्त प्रबल्लित धरन खण्ड** कह सकते है, जबकि इस्पातीय प्रबल्लित सिरियों का जो उपयोग धरन के अनुप्रस्थ खण्ड में किया है, उसमें इस्पात का अनुपात $p = (A_{st}/b.d)$ का मान संतुलित प्रबल्लित धरन खण्ड के लिए अनुपात p_B से कम हो। तब इस प्रकार देख सकते हैं कि जब बंकन घूर्ण (Bending moment) का मान में वृद्धि करते जाते हैं, तब सिरियों में विकृति का मान ε_{sy1} पहुंच जाता है, जबकि कांक्रीट में बंकन संपीडन विकृति का मान $(x_{u.max}/d)$ से कम रह जाता है। अपर्याप्त प्रबल्लित धरन उपखण्ड को Fig. 3.3 में दिखाया गया है। अपर्याप्त प्रबल्लित धरन खण्ड के लिए (x_u/d) का मान $(x_{u.max}/d)$ के मान से कम होता है।

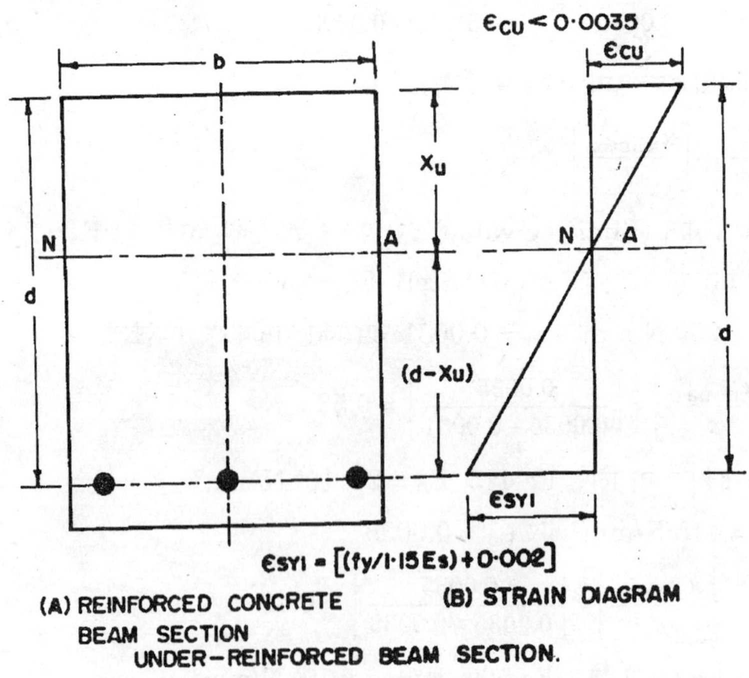

Fig. 3.3

एक अपर्याप्त प्रबल्लित धरन उपखण्ड में, [मृदु इस्पात या HYSD इस्पात की पराभव प्रतिबल हालाकि अलग अलग होता है, परन्तु प्रत्येक का f_y का मान f_y निश्चित होता है। इस्पातीय प्रबल्लित सिरियों का पराभव (yield) कांक्रीट का बंकन में संपीडन में कुचले जाने से पहले होता है। चूंकि, कांक्रीट का बंकन में संपीडन में कुचला जाना (Crushing) नहीं होता है, इस कारण बंकन घूर्ण के मान लगातार वृद्धि होती रहती है। उदासीन अक्ष ऊपर की तरफ स्थानान्तरित हो जाती है। लीवर आर्म = $(d-0.42\ x_u)$

में भी कुछ वृद्धि हो जाती है। जबकि कांक्रीट में बंकन में संपीडन बल के कुल मान नहीं बदलता। धरन खण्ड के विफल होने के समय बंकन विकृति का वितरण Fig. 3.3 में जैसा दिखाया गया है, वैसे होता है।

एक अपर्याप्त प्रबल्लित धरन उप खण्ड में इस्पातीय प्रबल्लित सिरियों में विकृति का मान ज्यादा और अधिक होने के विफल होती है। इसके कारण कांक्रीट में विस्तृत दरारें आता है और धरन का विस्थापन (Deflection) भी अधिक होता है। धरन के इस्पातीय प्रबल्लित सिरियों में तन्यता (Ductility) के कारण धरन के विफल होने के संकेत और चेतावनी का जानकारी हो जाती है। आर्थिक विचार और धरन के इस प्रकार विफल होने के कारण धरन की डीजाइन सोच विचार करके अपर्याप्त प्रबल्लित धरन खण्ड की तरह की जाती है। इनमें प्रबल्लित सिरियों का क्षेत्रफल संतुलित धरन के तुलना में कम रखा जाता है। $(p < p_B)$

अपर्याप्त प्रबल्लित धरन उपखण्ड को इस प्रकार भी परिभाषित किया जाता है कि जिस धरन में इस्पातीय सिरियों में डीजाइन सामर्थ्य का मान 0.87 fy पहले पहुंचता है, जब कांक्रीट में संपीडन तत्व (Fibre) में विकृति का मान $\varepsilon_{cu} = 0.0035$ से कम रहता है।

टिप्पणी : जब x_u का मान $x_{u.max}$ से कम होता है। धरन खण्ड अपर्याप्त प्रबल्लित होती है।

3.9 अधिक प्रबल्लित धरन खण्ड (Over reinforced beam-sections)

एक धरन खण्ड को अधिक प्रबल्लित कह सकते हैं, यदि इस्पातीय सिरियें जो धरन को प्रबल्लित करने के लिए उपयोग में लाये गये है, उनका इस्पात अनुपात $p = (A_{st}/b.d)$ संतुलित प्रबल्लित धरन खण्ड के लिए जो P_B उपयोग में लाया जाता है, उससे अधिक हो। ऐसा देखा जाता है कि कांक्रीट में विकृति का मान चरम विकृति $\varepsilon_{cu} = 0.0035$ पहुंच जाता है, और इस कारण धरन खण्ड इस्पातीय सिरियों में विकृति का मान $\varepsilon_{sy1} = \varepsilon_{st.max} = [(\sigma y/1.15)\ Es + 0.0020]$ पहुंचने से पहले विफल हो जाती है।

धरन पर भार इसके विफल होने के स्तर पर पहुंच पर विकृति का वितरण Fig. 3.4 में दिखाया है।

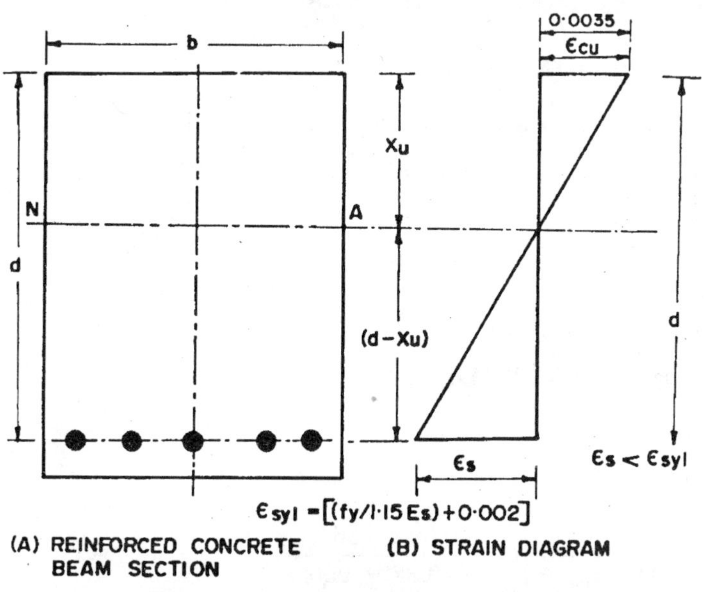

OVER – REINFORCED BEAM SECTION

Fig. 3.4

अधिक प्रबल्लित धरन खण्ड के लिए (x_u/d) का मान $(x_{u.max}/d)$ के मान से अधिक होता है।

अधिक प्रबल्लित धरन खण्ड में कुचले जाने से धरन का विफल होने की क्रिया कांक्रीट से आरंभ (Initiate) होती है। हालांकि, इस्पातीय सिरियों में विकृति का मान तुलना में कम ही रहता है।

$$\varepsilon_s < [(\sigma_y / 1.15) Es + 0.0020]$$

कांक्रीट के कुचले जाने से धरन का विफल होने के क्रिया के समय धरन की तनन सतह की तरफ अधिकाधिक दरारें नहीं बनती। अक्षर, कुचले जाने से धरन का विफल होने की क्रिया अचानक (कम समय में) और विस्फोटक होती है। इस क्रिया में पूर्व चेतावनी भी नहीं मिलती। दोनों सिरों पर सरल अवलम्बित धरन (Simply supported beam), कुचले जाने से धरन की विफलता ऊपरी सतह पर होती है, जो दिखायी भी नहीं देती।

अधिक प्रबल्लित धरन खण्ड को इस प्रकार भी परिभाषित किया जाता है कि डीजाइन कार्य हेतु, कांक्रीट से बंकन संपीडन विकृति का मान $\varepsilon_{cu} = 0.0035$ पहले पहुंच जाता है, जबकि इस्पातीय सिरियों में वास्तविक सामर्थ्य का मान डीजाइन सामर्थ्य के मान 0.87 f_y से कम रहता है। $(p < p_B)$ नीचे से अधिक प्रबल्लित धरन खण्ड की डीजाइन नहीं करनी चाहिए। इसका उपयोग भी नहीं करना चाहिए। जब x_u का मान $x_{u.max}$ से अधिक होता है तब धरन खण्ड अधिक प्रबल्लित होती है।

3.10 धरन में प्रबल्लित सिरियों के सीमित प्रतिशत का मान (Limiting values of percentage of reinforcement in beams)

धरन को इस्पातीय सिरियों का उपयोग करके प्रबल्लित किया जाता है। इस के लिए मृदु इस्पात fe 250, HYSD इस्पात Fe 415 और Hysd इस्पात fe 500 का उपयोग किया जाता है। इसमे इस्पातीय सिरियों का सीमित प्रतिशत प्रयोग किया जाता है। इन सीमित प्रतिशत का मान निम्न विधि से ज्ञात किये जाते हैं।

1. मृदु इस्पात, Fe 250 (Mild Steel, Fe = 250)

मानक IS : 456-2000 से $(x_{u.max}/d)$ का मान 0.53 होता है। (i)

संतुलित प्रबल्लित धरन खण्ड के लिए $(x_u/d) = (x_{u.max}/d)$ होता है। (ii)

इसके उक्ति (Expression)

$$\left[\frac{x_u}{d}\right] = \left[\frac{0.87\,\sigma_y}{0.36\,f_{ck}}\right] \cdot \left[\frac{A_{st}}{p.d}\right] \quad \text{(iii)}$$

उक्ति (iii) और (ii) से $p = (A_{st}/b.d)$

$$\left[\frac{0.87\,\sigma_y}{0.36\,f_{ck}}\right] \cdot \left[\frac{A_{st}}{p.d}\right] = 0.53$$

$$p_B = \left[\frac{0.53 \times 0.36\,f_{ck}}{0.87\,\sigma_y}\right] = \left[\frac{0.53 \times 0.36\,f_{ck}}{0.87 \times 250}\right]$$

$$p_{B.lim} = \left[\frac{0.53 \times 0.36 f_{ck}}{0.87 \times 250}\right] \times 100 = 0.087724 f_{ck} \quad (3.9)$$

इस समीकरण से

$$\left[\frac{p_{B.lim} \cdot f_y}{f_{ck}}\right] = (0.087724 \times 250) = 21.931 \quad (3.10A)$$

विभिन्न ग्रेडस की कांक्रीट के लिए

(a) M15 ग्रेड कांक्रीट (f_{ck} = 15 N/mm^2)

$p_{B.lim}$ = (0.087725 x 15) = **1.316**

(b) M20 ग्रेड कांक्रीट (f_{ck} = 20 N/mm^2)

$p_{B.lim}$ = (0.087725 x 20) = **1.7545**

(c) M25 ग्रेड कांक्रीट (f_{ck} = 25 N/mm^2)

$p_{B.lim}$ = (0.087725 x 25) = **2.193**

(d) M30 ग्रेड कांक्रीट (f_{ck} = 30 N/mm^2)

$p_{B.lim}$ = (0.087725 x 30) = **2.632**

इस प्रकार अन्य ग्रेड की कांक्रीट के लिए सीमित प्रबल्लित का प्रतिशत मान ज्ञात किया जा सकता है।

2. HYSD इस्पात F_e 415 (p = Ast/b.d)

मानक IS : 456-2000 से

$$(x_{u\text{-}max}/d) = 0.48 \quad \text{(i)}$$

संतुलित प्रबल्लित धरन खण्ड के लिए

$$(x_u / d) = (x_{u.max} / d) \quad \text{(ii)}$$

और $$\left[\frac{x_u}{d}\right] = \left[\frac{0.87 \; f_y}{0.86 \; f_{ck}}\right] \cdot \left(\frac{A_{st}}{b.d}\right) \quad \text{(iii)}$$

$$p_{B.lim} = \left[\frac{0.48 \times 0.36 \; f_{ck}}{0.87 \; f_y}\right] \times 100$$

$$p_{B.lim} = \left[\frac{0.48 \times 0.36 \; f_{ck}}{0.87 \times 415}\right] \times 100 = 0.04786 f_{ck} \quad (3.10B)$$

विभिन्न ग्रेड के कांक्रीट के लिए

(a) M15 ग्रेड कांक्रीट, $p_{B.lim}$ = (0.04786 x 15) = **0.718**

(b) M20 ग्रेड कांक्रीट, $p_{B.lim}$ = (0.04786 x 20) = **0.957**

$$\left(\frac{p_{B.lim} \cdot \sigma_y}{f_{ck}}\right) = (0.0478 \times 415) = 19.862$$

(c) M25 ग्रेड कांक्रीट, $p_{B.lim}$ = (0.04786 x 25) = **1.196**

(d) M30 ग्रेड कांक्रीट, $p_{B.lim}$ = (0.04786 x 30) = **1.436**

इसी प्रकार अन्य ग्रेड कांक्रीट के लिए सीमित प्रबल्लित का प्रतिशत मान ज्ञात किया जाता है।

3. **HYSD इस्पात Fe = 500, p = (A_{st}/b.d)**

मानक IS : 456-2000 से

$$(x_{u.max} \,.\, d) = 0.46 \qquad \text{(i)}$$

और संतुलित प्रबल्लित धरन खण्ड के लिए

$$(x_u / d) = (x_{u.max} / d) \qquad \text{(ii)}$$

$$\left(\frac{x_u}{d}\right) = \left[\frac{0.87\ f_y}{0.36\ f_{ck}}\right] \times \left[\frac{A_{st}}{b.d}\right] \qquad \text{(iii)}$$

$$\left[\frac{0.87\ f_y}{0.36\ f_{ck}}\right] \times \left[\frac{A_{st}}{b.d}\right] = 0.46$$

$$p_{B.lim} = \left[\frac{0.46\ \times 0.36\ f_{ck}}{0.87\ f_y}\right] = \left[\frac{0.46 \times 0.36\, f_{ck}}{0.87 \times\ 500}\right]$$

$$p_{B.lim} = (0.0381\ f_{ck}) \qquad (3.11)$$

विभिन्न कांक्रीट ग्रेड के लिए सीमित प्रबल्लित प्रतिशत का मान

(a) M15 ग्रेड कांक्रीट, $p_{B.lim}$ = (0.0381 x 15) = **0.572**

(b) M20 ग्रेड कांक्रीट, $p_{B.lim}$ = (0.0381 x 20) = **0.762**

(c) M25 ग्रेड कांक्रीट, $p_{B.lim}$ = (0.0381 x 25) = **0.953**

(d) M30 ग्रेड कांक्रीट, $p_{B.lim}$ = (0.0381 x 30) = **1.143**

$$\left[\frac{p_{B.lim} \cdot f_y}{f_{ck}}\right] = (0.0381 \times 500) = \mathbf{19.05}$$

इस प्रकार अन्य कांक्रीट ग्रेड के लिए भी सीमित प्रबल्लित प्रतिशत का मान ज्ञात किया जाता है।

उपरोक्त सीमित प्रबल्लित प्रतिशत का अलग अलग कांक्रीट ग्रेड और अलग अलग इस्पातीय सिरियों के सारणी 3.3 (A) में दिये गये हैं।

सारणी 3.3(A). Values of $p_{B.lim}$

Grades of concrete	Values of $p_{B.lim}$		
	Mild steel, Fe250	Hysd steel, Fe415	Hysd steel, Fe500
M15	1.316 (1.320)*	0.718 (0.720)*	0.572 (0.570)*
M20	1.755 (1.760)*	0.956 (0.960)*	0.762 (0.760)*
M25	2.193 (2.200)*	1.196 (1.190)*	0.953 (0.940)*
M30	2.632 (2.640)*	1.436 (1.430)*	1.143 (1.130)*

Note: (*These values have been noted from SP: 16-1980). The values are derived from Eqs. 3.20, 3.21 and 3.23 for three different grades of steel.

सारणी 3.3(B). Values of $[p_{B.lim} \cdot f_y/f_{ck}]$

Values of	Values of $p_{B.lim}$		
	250	415	500
$\left(\frac{p_{B.lim} \cdot f_y}{f_{ck}}\right)$	21.931 (21.970)*	19.862 (19.820)*	19.05 (18.870)*

उपरोक्त ($p_{B.lim} \cdot f_y / f_{ck}$) का मान अलग अलग इस्पातीये सिरियों के लिए सारणी 3.3 (B) में दिये गये हैं।

अधिक प्रबल्लित धरन खण्ड के लिए (Over reinforced concrete beam-sections)

कभी कभी पहले निर्मित अथवा पहले से जो अस्तित्व में धरन जिसका निर्माण हो चुका होता है, उसकी भी समीक्षा (Review) करने की जरूरत होती है। अधिक प्रबल्लित धरन खण्ड की बंकन में सामर्थ्य ज्ञात करने की आवश्यकता होती है। बंकन में धरन की विफलता के समय इस्पात में प्रतिबल का मान पराभव (Yield) प्रतिबल से कम होता है। जब तक इस्पात में प्रतिबल, f_s, पराभव प्रतिबल, f_y से कम रहता है, तब तक, इस्पातीय सिरियों में विकृति $\varepsilon_s = (f_s/1.15\ E_s)$ और

$$p = (A_{st}/b.d)$$

$$p = \left[\frac{0.36\ f_{ck}}{0.87\ \sigma_y}\right] \cdot \left[\frac{x_u}{d}\right]$$

$$p = \left[\frac{0.36\ f_{ck}}{0.87\ \sigma_y}\right] \cdot \left[\frac{x_u}{d}\right] \qquad \text{(चूंकि } f_s < f_y\text{)} \qquad \text{(i)}$$

f_s का मान लिखने पर

$$p = \left[\frac{0.36\ f_{ck}}{0.87\ (1.15\ E_s\ .\ \varepsilon_s)}\right] \cdot \left\{\frac{x_u}{d}\right\} \qquad \text{(ii)}$$

$$\varepsilon_s = \left[\frac{0.36\ f_{ck}}{0.87\ (1.15\ E_s)}\ \frac{1}{p}\right] \cdot \left\{\frac{x_u}{d}\right\} \qquad \text{(iii)}$$

चूंकि $\left\{\dfrac{x_u}{d}\right\} = \left[\dfrac{\varepsilon_{cu}}{\varepsilon_{cu} + \varepsilon_s}\right]$ (iv)

अतः $\left\{\dfrac{x_u}{d}\right\} = \left[\dfrac{\varepsilon_{cu}}{\varepsilon_{cu} + \left[\dfrac{x_u}{d}\right]\left\{\dfrac{0.36\ f_{ck}}{0.87\ x\ 1.15\ E_s}\right\}}\right] x \left(\dfrac{1}{p}\right)$

$$\left[\frac{0.36\ f_{ck}}{0.87\ x\ (1.15\,E_s)}\ x\ \frac{1}{p}\right]\left\{\frac{x_u}{d}\right\}^2 + \varepsilon_{cu}\cdot\left(\frac{x_u}{d}\right) - \varepsilon_{cu} = 0$$

माना कि $k = \left[\dfrac{0.87\,(1.15\,E_s)}{0.36\ f_{ck}}\right]$ तब उपरोक्त समीकरण

$$\frac{1}{p.k}\left[\frac{x_u}{d}\right]^2 + \varepsilon_{cu}\cdot\left[\frac{x_u}{d}\right] - \varepsilon_{cu} = 0$$

$$\left[\frac{x_u}{d}\right]^2 + p.k.\ \varepsilon_{cu}\cdot\left[\frac{x_u}{d}\right] - p.k.\ \varepsilon_{cu} = 0$$

और $\left[\dfrac{x_u}{d}\right] = + \left[(p.k.\ \varepsilon_{cu})^2 + p.k.\ \varepsilon_{cu}\right]^{1/2} - (p.k.\ \varepsilon_{cu}/2)$

उदासीन अक्ष घटक का मान (x_u/d) इस समीकरण से ज्ञात कर सकते हैं यदि अन्य मान ज्ञात हो। इस प्रकार, उदासीन अक्ष की गहराई का मान (x_u) अधिक प्रबल्लित धरन खण्ड के लिए ज्ञात कर सकते है।

3.11 बंकन में कुल संपीडन बल की उदासीन अक्ष से अधिकतम दूरी के संपीडन रेशे से गहराई (Depth of total compressive force in bending from the extreme fibre in compression)

Fig. 3.1 (A) में अकेले तनन प्रबल्लित आयताकार धरन खण्ड में दिखाया गया है। इस खण्ड की चौड़ाई, b और प्रभावी गहराई, d है। इस Fig. 3.1 (C) में प्रतिबल का वितरण दिखाया गया है। इस प्रतिबल का एक भाग आयताकार है। इसमें प्रतिबल का मान $0.446\ f_{ck}$ है। इस आयत की गहराई (3/7) x_u है, जहाँ पर, x_u उदासीन अक्ष की उस सतह से गहराई है। इस का दूसरा भाग परिवलियक (Parabolic) हैं। इसकी गहराई $(4/7)x_u$ है। अनुच्छेद 3.4 में प्रतिबल चित्र का कुल क्षेत्रफल ज्ञात किया गया है, जिसका मान ($0.36\ f_{ck}\ .\ x_u$) ज्ञात किया गया है। कांक्रीट में बंकन में कुल संपीडन का मान ज्ञात किया गया है, जो $C_{cu} = (0.36\ f_{ck}\ .\ b.x_u)$ है।

बंकन में इस्पातीय प्रबल्लित सिरियों में कुल तनन बल

$$T_{su} = (A_{st}.\ f_s)$$

चूंकि, धरन खण्ड संतुलन में है।

$\therefore C_{cu} = T_{su}$

$(0.36\ f_{ck}.\ x_u.b) = A_{st}\ .\ f_s$

$$f_s = \left[\frac{0.36\ f_{ck}\ x\ b}{A_{st}}\right].\ x_u$$

अतः संपीडन में औसत प्रतिबल

$$\left[\frac{\text{प्रतिबल ब्लोक क्षेत्रफल}}{x_u}\right] = \mathbf{0.36\ f_{ck}}$$

C_{cu} = (औसत प्रतिबल) . (कांक्रीट में संपीडन का क्षेत्रफल)

इस कुल क्षेत्रफल (अथवा आयताकार भाग + परिवलियक भाग) का उदासीन अक्ष से अधिकतम दूरी के रेशे घूर्ण (Moment)

= आयताकार भाग का क्षेत्रफल **x** ऊपरी सतह से गुरुत्व केन्द्र की दूरी
+ परिवलियक भाग का क्षेत्रफल **x** ऊपरी सतह से इसके गुरुत्व केन्द्र की दूरी

$$(0.36\ f_{ck}\ .\ x_u\ .\ b)\ \bar{y} = \left[[0.446\ f_{ck}\ \ x\ \ 0.43\ \ x_u]\ x\ \frac{0.43\ x_u}{2}\right] +$$

$$\left[\left[\frac{2}{3}x\ 0.446\ f_{ck}\ x\ 0.57\ \ x_u\right]\left[0.43 + \frac{3}{8}x\ 0.57\right]x_u\right] = 0.446 \times f_{ck}\ .\ {x_u}^2$$

$$\left[\frac{(0.43)^2}{2} + \frac{2}{3}x\ 0.57\ x\left(0.43 + \frac{3}{8}\ x\ \ 0.57\right) = 0.446\ f_{ck}\ \ .\ x_u^2\ [0.09245 + 0.38\ x\ 0.644]\right]$$

$= (0.446\ f_{ck}.\ x_u^2\ .\ 0.337)$

$$\bar{y} = \left[\frac{0.15033\ \ f_{ck}\ .\ x_u^2}{0.36\ \ f_{ck}.\ x_u}\right] = (0.4176\ \ x_u) \qquad \bar{y} = (0.42\ .\ x_u) \qquad (3.12)$$

यथाक्रम / विकल्प (Alternatively)

(प्रतिबल ब्लोक का आधूर्ण ऊपरी सतह से) = (आयताकार ब्लोक का आधूर्ण ऊपरी सतर से)
+ (परिवलियक ब्लोक का आधूर्ण ऊपरी सतह से)

$$(0.36\ f_{ck}\ .\ x_u\ .\ \bar{y}) = \left[0.446\ \ f_{ck}\ .\frac{3\ x_u}{7}\left[\frac{1}{2}.\frac{3}{7}.x_u\right]\right]$$

$$+\left[\frac{2}{3}.\ 0.446\ f_{ck}\ .\ \frac{4}{7}x_u\left(\frac{3}{7}\ x_u + \frac{3}{8}.\frac{4}{7}x_u\right)\right]$$

$$(0.36\ f_{ck}.\ x_u.\ y) = \left[\left(0.19114\ f_{ck}\ x\ \frac{3}{14}x_u^2\right) + \left(0.17\ f_{ck}\ .\ \frac{3}{7}(1.5).\ x_u^2\right)\right]$$

$$(0.36\ f_{ck}.x_u.y) = \left[\left(0.19114\ f_{ck} \cdot \frac{3}{14} x_u^2\right) + \left(0.255\ f_{ck} \cdot \frac{6}{14} . x_u^2\right)\right]$$

$$0.36\ f_{ck}.x_u.y = \left[\left(\frac{0.57342}{14} . f_{ck} . x_u^2\right) + \frac{(1.530)}{14} x_u^2\right]$$

$$\left(0.36\ f_{ck} . x_u . \bar{y}\right) = \left(\frac{2.10342}{14}\right) f_{ck} . x_u^2 \qquad \bar{y} = \left(\frac{0.15\ f_{ck} . x_u^2}{0.36\ f_{ck} . x_u}\right)$$

$$\bar{y} = (0.4167\, x_u) = (0.42\, x_u) \tag{3.13B}$$

उदाहरण (Example) 3.1. एक आयताकार धरन खण्ड अकेले तनन में प्रबल्लित है, जिसकी चौडाई 400 mm है। धरन खण्ड की प्रभावी गहराई 560 mm है। और प्रभावी कवर 40 mm है। इस्पातीय प्रबल्लित सिरिये 4 HYSD 18 mm व्यास के उपयोग किये गये हैं। कांक्रीट का ग्रेड M20 है। धरन खण्ड की उदासीन अक्ष गहराई ज्ञात करो।

वातावरण में मध्यम उन्मक्ति (Exposure) प्रचलित है। आग की संभावना नहीं है।

हल : कांक्रीट का ग्रेड M20 है। मानक IS : 456-2000 से कांक्रीट का विशिष्ट सामर्थ्य = 20 N/mm² है। प्रबल्लित सिरिये HYSD Fe 415 इस्पात का उपयोग किया गया है।

Step 1. कांक्रीट में कुल संपीडन बल चरम स्तर पर भार कार्यरत है।

$$C_{cu} = (0.36\ f_{ck}.\ b.\ x_u) \tag{i}$$

Step 2. इस्पातीय सिरियों में कुल तनन बल

$$T_{su} = 0.87\ A_{st}\ .\ f_y \tag{ii}$$

Step 3. इस्पातीय प्रबल्लित सिरियों का क्षेत्रफल

$$A_{st} = \left[4\ x\ \frac{\pi}{4} x\ 182\right] = 1017.87\ mm^2 \tag{iii}$$

Step 4. धरन के उदासीन अक्ष की गहराई ऊपर से

चूंकि, धरन खण्ड संतुलन में है।

इसलिये $C_{cu} = T_{su}$

$$0.36\ f_{ck}.\ x_u.\ b = 0.87\ \sigma_y\ A_{st}$$

$$x_u = \left[\frac{0.87\ \sigma_y\ A_{st}}{0.36\ f_{ck} . b}\right]$$

HYSD इस्पात के लिए $f_y = 415\ N/mm^2$

$$x_u = \left[\frac{0.87\ x\ 415\ x\ 1017.87}{0.36\ x\ 20\ x\ 400}\right]$$

$$x_u = 127.60485\ mm$$

मानक IS : 456-2000 से

HYSD इस्पात के लिए $(x_{u.max} / d) = 0.48$

$$x_{u.max} = (0.48 \times 560) = 268.8 \text{ mm}$$

चूंकि, x_u = 127.60485 mm, $x_{u.max}$ = 268.8 mm से कम है, अतः धरन खण्ड **अपर्याप्त प्रबल्लित** है। धरन खण्ड की गहराई x_u = **127.61 mm**

उदाहरण (Example 3.2). उदाहरण 3.1 में कांक्रीट धरन में बंकन में संपीडन में उदासीन अक्ष से अधिकतम दूरी के रेशे (Fibre) पर और इस्पातीय (तनन में) प्रबल्लित सिरियों में अधिकतम विकृति का मान ज्ञात करो। इस्पातीय सिरियों में भी प्रतिबल भी ज्ञात करो।

हल : (Solution) उदाहरण 3.1 से, उदासीन अक्ष की गहराई 127.61 mm है। चूंकि x_u का मान $x_{u.max}$ से कम है, अतः धरन खण्ड अपर्याप्त प्रबल्लित है। धरन खण्ड **Fig. 3.7** में दिखाया गया है। HYSD इस्पात Fe 415 के लिए $f_y = 415 \text{ N/mm}^2$ और $E_s = 2 \times 10^5 \text{ N/mm}^2$

Step 1 इस्पातीय सिरियों में अधिकतम विकृति का मान (जब कि धरन खण्ड अपर्याप्त प्रबल्लित होती है।)

$$\varepsilon_{sy1} = \varepsilon_{st.max} = [(\sigma_y / 1.15\ E_s) + 0.0020]$$

$$\varepsilon_{st.max} = \left[\frac{415}{1.15 \times 2 \times 10^5} + 0.0020\right]$$

$$\varepsilon_{st.max} = (0.0018 + 0.0020) = \mathbf{0.0038}$$

Step 2. कांक्रीट में बंकन में संपीडन में उदासीन अक्ष अधिकतम दूरी के रेशे में विकृति का मान Fig. 3.7 (B) में विकृति का विवरण दिखाया गया है।

$$\left[\frac{\varepsilon_{cu}}{x_u}\right] = \left[\frac{\varepsilon_{sy1}}{(d - x_u)}\right]$$

$$\varepsilon_{cu} = \left[\frac{\varepsilon_{sy1}}{d - x_u}\right] \cdot \varepsilon_{sy1} \qquad \varepsilon_{cu} = \left(\frac{127.61}{560 - 127.61}\right) \times 0.0038$$

$$\varepsilon_{cu} = \mathbf{0.00112148}$$

Step 3. इस्पातीय सिरियों में उपरोक्त स्थिति में प्रतिबल का मान $f_y = 415 \text{ N.mm}^2$

उदाहरण (Example) 3.3. एक कांक्रीट धरन खण्ड जो कि अकेले तनन में प्रबल्लित है, उसकी चौड़ाई, 400 mm है, और उसकी प्रभावी गहराई 560 mm है। धरन खण्ड के लिए इस्पातीय प्रबल्लित सिरियों का क्षेत्रफल ज्ञात करे। इस्पातीय सिरियों के क्षेत्रफल का प्रतिशत भी ज्ञात करें। कांक्रीट का ग्रेड M20 और HYSD, Fe 415, 20 mm व्यास के सिरियों का उपयोग किया गया है।

हलः (Solution) कांक्रीट धरन खण्ड में कार्यरत भार के कारण कुल संपीडन बल

$$C_{cu} = (0.36\ f_{ck} \cdot b \cdot x_u) \qquad \text{(i)}$$

कुल तनन (इस्पातीय प्रबल्लित सिरियों में) बल

$$T_{su} = 0.87\ f_y \qquad \text{(ii)}$$

धरन खण्ड संतुलन में है। अतः

$$C_{cu} = T_{su}$$

$$(0.36\, f_{ck} \,.\, b.\, x_u) = (0.87\ \sigma_y \,.\, A_{st}) \qquad \text{(iii)}$$

$$\left(\frac{x_u}{d}\right) = \left[\frac{0.87\,\sigma_y\,.\,A_{st}}{0.36\,f_{ck}\ \ b.d}\right] \qquad \text{(iv)}$$

Step 1. इस्पातीय सिरियों का प्रतिशत

$$p = \left[\frac{A_{st}}{b.d}\right] \times 100 = \left[\frac{0.36\ f_{ck}}{0.87\,\sigma_y}\right] \times \left(\frac{x_u}{d}\right) \times 100 \qquad \text{(v)}$$

संतुलित कांक्रीट धरन के अनुप्रस्थ खण्ड के

$$\left(\frac{x_u}{d}\right) = \left[\frac{\varepsilon_{cu}}{\varepsilon_{cu} + \varepsilon_{y1}}\right] = \left(\frac{0.0035}{0.0035 + \varepsilon_{sy1}}\right) \qquad \text{(vi)}$$

Step 2. HYSD इस्पातीय Fe 415 के लिए प्रतिशत

$f_y = 415$ N/mm², और $E_s = 2 \times 10^5$ N/mm²

$$\varepsilon_{sy1} = \left[\frac{f_y}{1.15\,E_s} + 0.0020\right] = \left[\frac{415}{1.15 \times 2 \times 10^5} \times\ 0.0020\right] = 0.0038 \qquad \text{(vii)}$$

संतुलित प्रबल्लित धरन खण्ड के लिए

$$\left(\frac{x_u}{d}\right) = \left[\frac{\varepsilon_{cu}}{\varepsilon_{cu} + \varepsilon_{y1}}\right] = \left(\frac{0.0035}{0.0035\ + 0.0038}\right) = 0.48$$

Fig. 3.2, संतुलित प्रबल्लित धरन खण्ड के लिए

$$p_B = \left[\frac{0.36\ f_{ck}}{0.87\ f_y}\right] \times 100 \times \left[\frac{x_u}{d}\right]$$

$$p_B = \left[\frac{0.36\ f_{ck}}{0.87\ \times 415}\right] \times 100 \times 0.48$$

$p_B = 0.04786 \quad f_{ck} = (0.04786 \times 20) = \mathbf{0.957\%}$

Step 3. इस्पातीय प्रबल्लित सिरियों का क्षेत्रफल

$$\left(\frac{A_{st}}{b.d}\right) = \left(\frac{0.957}{100}\right) \qquad A_{st} = \left(\frac{0.957}{100} \times 400 \times 560\right) = \mathbf{2144\ mm^2}$$

3.12 कांक्रीट धरन खण्ड के लिए प्रतिरोधक आघूर्ण (Moment of resistance for concrete beam sections)

Fig. 3.1 में धरन खण्ड (अकेले तनन में प्रबल्लित) की चौडाई, b और प्रभावी गहराई, d दिखायी गयी है। इस धरन खण्ड के लिए कार्यरत भार से कुल बंकन में संपीडन बल का मान

$$C_{cu} = (0.36\, f_{ck}\, .\, b\, .\, x_u) \qquad (i)$$

और कुल तनन बल (इस्पातीय प्रबल्लित सिरियों के लिए)

$$T_{su} = \left[A_{st} \cdot \frac{f_y}{1.15}\right] = (0.86\ f_y\, .\, A_{st}) \qquad (ii)$$

धरन खण्ड संतुलन में है। अतः इन दोनों बलों का मान बराबर है। दोनों की कार्यकारी दिशा विरोधी दिशा में है, जो कि लीवर आर्म दूरी (jd) पर कार्यरत हैं।

$$(0.36\, f_{ck}\, .\, b.\, x_u) = (0.87\, \sigma_y\, .\, A_{st})$$

$$\left(\frac{x_u}{d}\right) = \left(\frac{x_{u.max}}{d}\right) = \left(\frac{0.87\ \sigma_y}{0.36\ f_{ck}}\right) \cdot \left(\frac{A_{st}}{b.d}\right)$$

ये दोनों बल C_{cu} और T_{su} बल–युग्म (Couple) बनाते हैं। कांक्रीट धरन खण्ड की बंकन में सामर्थ्य (जैसा कि लिमिट स्टेट के अनुसार बंकन में विफल होने पर) इस कुल संपीडन बल का आघूर्ण तनन बल के कार्यरत रेखा पर लेने से ज्ञात कर सकते हैं। अतः $= (C_{cu}\, .\, LA)$

$$MR_{u.1} = (\text{कुल सपीडन बल})\ \ (\text{लीवर आर्म दूरी})$$

$$M_{Ru.1} = (C_{cu}\, .\, jd) = [0.36\, f_{ck}\, .\, b.\, x_u]\, .\, jd$$

$$MR_{u.1} = (0.36\, f_{ck}\, .\, b\, .\, x_u)\ \ (d - 0.42\, x_u)$$

$$= \left[0.36\ f_{ck} \cdot b\left(\frac{x_u}{d}\right) . d\right]\left[d - 0.42\ \frac{x_u}{d} . d\right]$$

$$MR_{u.1} = \left[0.36\, f_{ck} \cdot \left(\frac{x_u}{d}\right)\left(1 - \frac{0.42\, x_u}{d}\right) bd^2\right] \qquad (3.14)$$

टिप्पणी : (Note) यह समीकरण यदि $MR_{u.1}$ चरम घूर्ण (Ultimate moment) के अनुरूप हो, तब ही उपयुक्त रहती है।

$$MR_{u2} = (\text{कुल तनन बल इस्पातीय प्रबल्लित सिरियों})\ x\ (\text{लीवर आर्म दूरी})$$

$$MR_{u2} = T_{su}\, .\, jd = (T_{su})\ .\ (LA)$$

टिप्पणी : (Note) यदि इस्पातीय प्रबल्लित सिरियों के कुल तनन बल का आघूर्ण कुल संपीडन बल के कार्यरत रेखा पर आघूर्ण लेने से ज्ञात कर सकते हैं।

$$(0.87\, \sigma_y\, .\, A_{st})\ (d - 0.42\, x_u) = (0.87\, \sigma_y\, A_{st})\ (d - 0.42\, .\, x_u / d\, .\, d)$$

$$MR_{u2} = [0.87\, \sigma_y\ .\, A_{st}\, [d]\, [1 - 0.42\ \ x_u / d] \qquad (3.15)$$

टिप्पणी : (Note) समीकरण (3.14) और (3.15) में जो उल्लेखित हैं, ये उक्तियाँ IS : 456-2000 में उल्लेखित है। यदि निश्चित रूप से याद नहीं हो, तब भी IS : 456-2000 में उल्लेखित सूत्र देख सकते हैं।

इन समीकरण (3.14) और (3.15) में $(d - 0.42\ x_u) = d\,(1 - 0.42\ x_u / d)$

दूरी लीवर आर्म दूरी (Lever arm distance) कहलाता है। लीवर आर्म दूरी और प्रभावी गहराई d के अनुपात को **लीवर आर्म घटक** (Lever arm factor) भी कहते है।

$$\text{लीवर आर्म घटक} = \left(\frac{d - 0.42\ x_u}{d}\right)$$

$$jd = d \,.\, \frac{1}{d}\left(1 - 0.42\ \frac{x_u}{d}\right) \tag{3.16}$$

जबकि (x_u/d) को उदासीन अक्ष की दूरी और प्रभावी गहराई d का अनुपात कहते हैं। इसे **उदासीन अक्ष घटक** (Neutral axis factor) भी कहते है।

इस्पातीय प्रबल्लित सिरियों का क्षेत्रफल इन सूत्रों से भी निम्नलिखित विधि से ज्ञात कर सकते हैं

$$MR_{u2} = \left[0.87\ f_y\ A_{st}\left(1 - 0.42\ \frac{x_u}{d}\right)d\right]$$

$$A_{st} = \left[\frac{MR_{u.2}}{0.87\, f_y\left(1 - 0.42\,\frac{x_u}{d}\right)d}\right] \tag{3.17}$$

$$A_{st} = \left[\frac{MR_{u.2}}{0.87\, f_y\ j.d}\right] \tag{3.18}$$

जहाँ पर, $j = \left(1 - 0.42\ \frac{x_u}{d}\right)$

समीकरण (3.18) से

$$MR_{u.2} = \left[0.87\,\sigma_y\left(1 - 0.42\,\frac{x_u}{d}\right)d\right]$$

परन्तु $\left(\frac{x_u}{d}\right) = \left[\frac{0.87\ \sigma_y\ A_{st}}{0.36\ f_{ck}\,.\,b.d}\right]$

टिप्पणी : $\left(\frac{0.36}{0.87}\right)$ का मान 0.42 होता है।

(x_u/d) का मान उपरोक्त उक्ति में रखने पर

$$MR_{u2} = (T_{su} . jd) = (0.87\ f_y\ A_{st} . d)\left(1 - \frac{A_{st} . \sigma_y}{bd . f_{ck}}\right) \tag{3.19}$$

$$MR_{u2} = \left[(0.87\ f_y\ A_{st})(d)\left(1 - \frac{\sigma_y . A_{st}}{bd\ . f_{ck}}\right)\right]$$

$$MR_{u2} = \left[(0.87\ f_y\ A_{st})(d)\left(1 - p\ \frac{\sigma_y}{f_{ck}}\right)\right] \tag{3.20}$$

टिप्पणी : यह समीकरण तब ही उपयुक्त होती है, जब कि प्रतिरोधी आघूर्ण चरम आघूर्ण के अनुकूल होता है, क्योंकि, इस समीकरण को लिमिट स्टेट बंकन में यदि धरन विफल होती है, इसको आधार मान कर ज्ञात की गयी है।

प्रतिरोधी आघूर्ण के लिए अलग अलग धरन खण्ड की प्रबल्लित सिरियों के अलग अलग उक्तियाँ (Expressions) ज्ञात किये गये हैं।

1. संतुलित प्रबल्लित धरन खण्ड (Balanced reinforced concrete beam section)

संतुलित प्रबल्लित धरन खण्ड के लिए

$$(x_u / d) = (x_{u.max} / d),\ \ p = p_B = p_{B.lim} \tag{i}$$

लिमिट स्टेट में बंकन में विफल होने वाली धरन के खण्ड में उदासीन अक्ष से अधिकतम दूरी के रेशे में विकृति का मान $\varepsilon_{cu} = 0.0035$ होता है, और (ii) इस्पातीय प्रबल्लित सिरियों में तनन में विकृति

$$\varepsilon_{syl} = \varepsilon_{st.max} = [(f_y / 1.15\ E_s) + 0.0020] \tag{iii}$$

होता है। संतुलित प्रबल्लित धरन खण्ड के लिए **प्रतिरोधी घूर्ण** बंकन में संपीडन की तरफ ज्ञात करने पर

$$MR_{u.1} = 0.36\ f_{ck} . \left(\frac{x_{u.max}}{d}\right)\left(1 - 0.42\ \frac{x_{u.max}}{d}\right) bd^2 \tag{iv}$$

और बंकन में तनन की तरफ से ज्ञात करने पर **प्रतिरोधी घूर्ण** का मान

$$MR_{u.2} = 0.87\,\sigma_y . A_{st}\left[1 - 0.42\ \frac{x_{u.max}}{d}\right] d \tag{v}$$

अथवा $$MR_{u.2} = \left[(0.87\ \sigma_y\ A_{st}) d \left(1 - \frac{\sigma_y\ A_{st}}{f_{ck} . b.d}\right)\right] \tag{vi}$$

सीमा में धरन खण्ड के लिए प्रतिरोधी घूर्ण का मान

1. मृदु इस्पात के लिए $(x_{u.max} / d) = 0.53$

$$MR_{u.1} = MR_{lim} = 0.36\ f_{ck}\ (0.53)/\ (1 - 0.42 \times 0.53)\ .\ bd^2 = \mathbf{1.483\ f_{ck}\ .\ bd^2} \tag{vii}$$

2. HYSD इस्पात Fe = 415 के लिए, $(x_{u.max} / d) = 0.48$

$$MR_{u.1} = MR_{lim} = 0.36\ f_{ck}\ (0.48)/\ (1 - 0.42 \times 0.48) \times bd^2 = \mathbf{1.380\ f_{ck}\ .\ bd^2} \quad \text{(viii)}$$

3. HYSD इस्पात Fe = 500 के लिए $(x_{u.max} / d) = 0.46$

$$MR_{u.1} = MR_{lim} = 0.36\ f_{ck}\ (0.46)/\ (1 - 0.42 \times 0.46) \times bd^2 = \mathbf{1.3336\ f_{ck}\ .\ bd^2} \quad \text{(ix)}$$

MR_{lim} मान उपरोक्त उक्तियों से सारणी 3.4 में लिस्ट की गयी है।

सारणी 3.4(A). Limiting values of moment of resistance for Balanced section of beam.

Type of Steel Reinforcement	$M_{u.lim} = M_{u.B}$ (N mm)
Mild steel Fe 250	$0.1483\ f_{ck}\ .\ bd^2\ (0.1490\ f_{ck}\ .\ bd^2)$*
Hysd steel Fe 415	$0.1380\ f_{ck}\ .\ bd^2\ (0.1380\ f_{ck}\ .\ bd^2)$*
Hysd steel Fe 500	$0.13336\ f_{ck}\ .\ bd^2\ (0.1330\ f_{ck}\ .\ bd^2)$*

यदि f_{ck} का मान M15, M20, M25 और M30 कांक्रीट ग्रेडस उपरोक्त सारणी 3.4 (A) में रखते हैं, तब (MR_{lim} / bd^2) का मान Fe = 250, Fe = 415 और Fe 500 इस्पात के लिए ज्ञात कर सकते हैं। इनकी मान सारणी 3.4 (B) में लिस्ट किये गये हैं।

सारणी 3.4 (B). Limiting values for factorss of moment of resistance ($M_{u.lim}/bd^2$) in N/mm² for singly reinforced rectangular beam

Grades of concrete	Yield of stress of types of steel f_g (N/mm²)		
	250	415	500
15	2.24	2.07	2.00
20	2.98	2.76	2.66
25	3.73	3.45	3.33
30	4.47	4.14	3.99

Note: (These values are as per SP: 16-1980)

2. अपर्याप्त प्रबल्लित धरन खण्ड के लिए (Under-reinforced concrete beam section)

अपर्याप्त प्रबल्लित धरन खण्ड के लिए (x_u/d) का मान $(x_{u.max} / d)$ के मान से कम होता है। इस्पात का प्रतिशत p भी $(p_B = p_{B.lim})$ के मान से कम होता है। इस्पातीय सिरियों में डीजाइन प्रतिबल का मान $(f_y/1.15) = 0.87\ f_y$ होता है। इस्पातीय सिरियों का मान लिमिट स्टेट में बंकन में विफल होने के स्तर पर $[\varepsilon_{sy1} = (f_y / 1.15\ E_s) + 0.0020]$ के मान अधिक हो जाता है।

अपर्याप्त प्रबल्लित धरन के लिए **प्रतिरोधी आघूर्ण** का मान तनन की तरफ से ज्ञात किया जाता है।

$MR_{u.2} = T_{su}$. . लीवर आर्म दूरी

$$= T_{su} . (d - 0.42\ x_u) \quad \text{(i)}$$

$$MR_{u.2} = 0.87\,\sigma_y . A_{st} \left[d - 0.42\frac{x_u}{d}.d\right] \quad \text{(ii)}$$

$$MR_{u.2} = 0.87\ \sigma_y\ A_{st} . d \left[1 - \frac{0.42\ x_u}{d}\right] \quad \text{(iii)}$$

और

$$\left[\frac{x_u}{d}\right] = \left[\frac{0.87\ \sigma_y . A_{st}}{0.36\ f_{ck} . b.d}\right] = \left[\frac{\sigma_y . A_{st}}{(0.36/0.87)\ f_{ck} . bd}\right] \quad \text{(iv)}$$

$$\left(\frac{x_u}{d}\right) = \left[\frac{\sigma_y . A_{st}}{0.42\ f_{ck} . bd}\right] \quad \text{(v)}$$

(x_u/d) का मान उपरोक्त समीकरण में रखने से

$$MR_{u.2} = 0.87\ f_y . A_{st} . d \left[1 - \frac{f_y . A_{st}}{f_{ck} . b.d}\right] \quad (3.21)$$

3. अधिक प्रबल्लित धरन खण्ड के लिए (Over-reinforced concrete beam sections)

अधिक प्रबल्लित धरन खण्ड के लिए (x_u/d) का मान $(x_{u.max} / d)$ के मान से अधिक होता है। इस्पात का प्रतिशत p का मान $(p_B = p_{B.lim})$ के मान से भी अधिक होता है।

टिप्पणी (Note) : यदि डीजाइन के पश्चात् यह ज्ञात हो कि धरन खण्ड अधिक प्रबल्लित है, तब इसका फिर से डीजाइन की जाती है।

उदाहरण (Example 3.4): उदाहरण Example 3.3 में धरन खण्ड के लिए प्रतिरोधी आघूर्ण का मान ज्ञात करो।

हल (Solution) : कांक्रीट का ग्रेड M20 है। और धरन खण्ड संतुलित प्रबल्लित है। HYSD इस्पात Fe 415 का उपयोग किया गया है HYSD इस्पात, Fe 415 के लिए IS : 456-2000 से

$$\left[\frac{x_u}{d}\right] = \left[\frac{x_{u.max}}{d}\right] = 0.48$$

Step 1. धरन खण्ड के लिए प्रतिरोधी आघूर्ण (धरन का बंकन में सामर्थ्य)

$$MR_{u.1} = [C_{cu} . \text{लीवर आर्म दूरी}] = C_{cu} . jd$$

$$MR_{u.1} = [0.36\ f_{ck} . b.x_u\ (d - 0.42\,x_u)]$$

धरन खण्ड की चौड़ाई b = 400 mm और प्रभावी गहराई d = 560 mm है।

मानक IS : 456-2000 से HYSD इस्पात Fe = 415 के लिए

$(x_u / d) = 0.48, \quad x_u = (0.48 \times 560) = 268.8$ mm

$0.42\ x_u = (0.42 \times 268.8) = 112.896$ mm

$(d - 0.42\ x_u) = (560 - 112.896) = 447.104$ mm

कांक्रीट का ग्रेड M20, $\therefore f_{ck} = 20\ N/mm^2$

$$MR_{u.1} = \left[\frac{0.36\ \text{x}\ 20\ \text{x}\ 268.8\ \text{x}\ 447.104\ \text{x}\ 400}{1000\ \text{x}\ 1000}\right] = \mathbf{346.123\ kN\text{-}m}$$

Step 2. धरन खण्ड के प्रतिरोधी आघूर्ण का मान तनन की तरफ से

$MR_{u.2}$ = (T_{su} . लीवर आर्म की दूरी)

$= (0.87\ \sigma_y.\ A_{st})\ .\ jd$

$MR_{u.2} = 0.87\ \sigma_y\ .\ A_{st}\ .\ (d - 0.42\ x_u)$

HYSD इस्पात Fe 415 के लिए $A_{st} = 2144\ mm^2$ है। अतः

$$MR_{u.2} = \left[\frac{0.87\ \text{x}\ 415\ \text{x}\ 2144\ \text{x}\ 447.104}{1000\ \ \text{x}\ 1000}\right] = \mathbf{346.100\ kN\text{-}m}$$

टिप्पणी (Note) : उपरोक्त गणना में धरन खण्ड के **Fig. 3.6** लिए प्रतिरोधी आघूर्ण का मान बंकन में संपीडन की तरफ और तनन की तरफ (दोनों की तरफ से) ज्ञात किये गये हैं। चूंकि, धरन खण्ड संतुलित प्रबल्लित है, अतः दोनों तरफ से मान ज्ञात बराबर हैं, और इस तथ्य की पुष्टि भी होती है।

उदाहरण (Example 3.5). एक कांक्रीट धरन के खण्ड की चौड़ाई **400 mm** है। इसकी प्रभावी गहराई 560 mm है। धरन खण्ड अकेले तनन में प्रबल्लित हैं। धरन खण्ड HYSD इस्पात, के 4 सिरियों का उपयोग किया गया है। सिरियों का व्यास 18 mm है। कांक्रीट का ग्रेड M20 है। यह ज्ञात करना है कि धरन अपर्याप्त प्रबल्लित है अथवा नहीं। इसके साथ इस धरन खण्ड का बंकन में सामर्थ्य भी ज्ञात करें। मध्म उन्मुक्ति (**Mild expose**) का वातावरण बना रहता है। आग लगने की कोई संभावना नहीं है।

हल (Solution) : कांक्रीट का ग्रेड M20 है। अतः $F_{ck} = 20\ N/mm^2$ है। HYSD इस्पात सिरियों का उपयोग किया गया है, $f_y = 415\ N/mm^2$ है।

$C_{cu} = (0.36\ f_{ck} / b.\ x_u)$ (i

कुल तनन बल

$T_{su} = (0.87\ A_{st}.\ f_y)$ (i

इस्पातीय सिरियों का क्षेत्रफल

$$A_{st} = 4\ \text{x}\ \left(\frac{\pi}{4}\text{x}\,10^2\right) = 1017.87\ mm^2$$ (i

Step 1. कांक्रीट खण्ड की उदासीन अक्ष की गहराई

चूंकि धरन खण्ड संतुलन में है। अतः धरन खण्ड के लिए बंकन में कुल संपीडन बल और कुल तनन बल का मान बराबर होता है।

$C_{cu} = T_{su}$

$(0.36\ f_{ck}.\ b.\ x_u) = (0.87\ f_y\ \text{x}\ A_{st})$

$$x_u = \left[\frac{0.87\ f_y\ .A_{st}}{0.36\ f_{ck}\ .\ b}\right] = \left[\frac{0.87\ \text{x}\ 416\,\text{x}\,1017.87}{0.36\ \text{x}\,20\,\text{x}\,400}\right] = \mathbf{127.61\ mm}$$

मानक IS : 456-2000 से Fe = 415

$$\left[\frac{x_{u.max}}{db}\right] = 0.48, \qquad x_{u.max} = (0.48\ \text{x}\ 560) = \mathbf{268.8\ mm}$$

उदासीन अक्ष की वास्तविक गहराई $x_u = 127.61$ mm

संतुलित प्रबल्लित धरन खण्ड के $x_{u.max}$ = 268.8 mm से कम है। अतः धरन खण्ड **अपर्याप्त प्रबल्लित** है, जैसा कि Fig. 3.7 में दिखाया गया है।

Step 2. कांक्रीट धरन खण्ड के लिए प्रतिरोधी आघूर्ण का मान (धरन के लिए बंकन में सामर्थ्य)

धरन खण्ड अपर्याप्त प्रबल्लित है। अतः धरन खण्ड के लिए बंकन में तनन की तरफ से प्रतिरोधी आघूर्ण का मान ज्ञात करते हैं। तनन बल का आघूर्ण संपीडन बल के कार्यरत रेखा पर लेने से

$MR_{u.2}$ = (T_{su} x लीवर आर्म दूरी)

$$= 0.87\ \sigma_y\ A_{st}\ (d - 0.42\ x_u)$$

$$(d - 0.2\ x_u) = (560 - 0.42\ \text{x}\ 127.61) = \mathbf{506.41\ mm}$$

$$MR_{u.2} = \left[\frac{0.87\ \text{x}\ 415\,\text{x}\,1017.87\ \text{x}\,506.41}{1000\ \text{x}\ 1000}\right] = \mathbf{186.11\ kN\text{-}m}$$

3.13 धरन में बंकन में तनन में अनुदैर्ध्य इस्पातीय प्रबल्लित सिरियों के क्षेत्रफल की आवश्यकताए (Requirements of area of longitudinal steel reinforcement bars in tension in beams)

यदि कांक्रीट की आयताकार धरन की चौड़ाई, b और प्रभावी गहराई, d और इस्पातीय प्रबल्लित सिरियों (तनन) में क्षेत्रफल A_{st} है। धरन अकेले तनन में प्रबल्लित हैं। तब इस्पातीय सिरियों का क्षेत्रफल और धरन के अनुप्रस्थ खण्ड का क्षेत्रफल का अनुपात

$$p = \left[\frac{A_{st}}{b.d}\right] \text{ और} \qquad \text{(i)}$$

इस्पातीय प्रबल्लित सिरियों का प्रतिशत

$$p = \left[\frac{A_{st}}{b.d}\right] \text{x } 100 \qquad \text{(ii)}$$

चूंकि, धरन का अनुप्रस्थ खण्ड संतुलन में है, कांक्रीट के संपीडन क्षेत्र में कुल संपीडन बल और कुल तनन बराबर होते हैं। अतः इस्पातीय प्रबल्लित सिरियों का प्रतिशत, समीकरण (3.5) से

$$p = \left[\frac{0.36\,f_{ck}}{0.87\,f_y}\,\text{x}\,100\,\text{x}\,\frac{x_u}{d}\right] \qquad \text{(iii)}$$

समीकरण (3.5) से

$$\left[\frac{x_u}{d}\right] = \left[\frac{\varepsilon_{cu}}{\varepsilon_{cu} + \varepsilon_s}\right] \tag{iv}$$

उक्ति (Expression) (iii) में इसका मान रखने पर

$$p = \left[\left[\frac{0.36\ f_{ck}}{0.87\ f_y}\right] \times 100 \times \left[\frac{\varepsilon_{cu}}{\varepsilon_{cu} + \varepsilon_s}\right]\right] \tag{v}$$

उपरोक्त उक्ति (v) से, इस्पातीय सिरियों का प्रतिशत f_{ck}, f_{yu}, ε_{cu} और ε_s का मान रखने पर ज्ञात कर सकते हैं। अतः उपयोग में लाने के लिए इस्पातीय सिरियों का क्षेत्रफल (तनन में) कांक्रीट के आयताकार धरन खण्ड की चौड़ाई, b और प्रभावी गहराई, d का मान से ज्ञात कर सकते हैं।

$$A_{st} = \left[\frac{p \times b.d}{100}\right] \tag{vi}$$

यदि धरन खण्ड के लिए प्रतिरोधी आघूर्ण का मान हो, तब भी इस्पातीय सिरियों का क्षेत्रफल ज्ञात कर सकते है।

$$MR_{u.2} = 0.87\ \sigma_y\ A_{st}\ .\ (d - 0.42\ x_u)$$

$$A_{st} = \left[\frac{MR_{u.2}}{0.87\ \sigma_y\ (d - 0.42\ x_u)}\right] \tag{3.22}$$

जहाँ पर, $(d - 0.42\ x_u)$ लीवर आर्म दूरी है। और x_u उदासीन अक्ष की गहराई है। गणना के अनुसार आवश्यक इस्पातीय प्रबल्लित क्षेत्रफल से थोड़ा कम क्षेत्रफल प्रतियुक्त किया जाता है, ताकि धरन खण्ड अपर्याप्त प्रबल्लित रहे।

साधारणतया धरन के लिए 16 mm, 18 mm, 20 mm और 22 mm व्यास के इस्पातीय सिरियों के धरन अनुप्रस्थ खण्ड के ऊर्ध्वाधर (Vertical) अक्ष के सीमित व्यवस्थित किया जाता है। यदि आवश्यक हो तो 25 mm या इससे अधिक व्यास के सिरियों का भी उपयोग कर सकते हैं। इस्पातीय सिरियों का क्षेत्रफल, जो उपयुक्त किया जाता है, मानक IS : 456-2000 में अनुमोदित न्यूनतम आवश्यक क्षेत्रफल से अधिक और अधिकतम उल्लेखित सीमा से कम रखना चाहिए। इन सीमाओं का विवरण मानक IS : 456-2000 में उल्लेखित मान के अनुसार निम्न प्रकार होता है।

1. न्यूनतम तनन में इस्पातीय प्रबल्लित सिरियों का क्षेत्रफल (Minimum area of steel reinforcement in tension)

$$\left[\frac{A_{st.min}}{b.d}\right] = \left[\frac{0.85}{f_y}\right] \tag{3.23}$$

जहां पर, f_y विशिष्य पराभव सामर्थ्य (N/mm^2) होता है। मृदु इस्पात Fe 250 अथवा HYSD इस्पात Fe 415 और HYSD इस्पात Fe 500 का इन इस्पात के लिए पराभव प्रतिबल का मान क्रमशः 250 N/mm^2, 415 N/mm^2 और 500 N/mm^2 होता है।

1. मृदु इस्पात (Mild steel) fe 250

$$A_{st.min} = \left(\frac{0.85}{250}\right).bd = 0.3400 \text{ प्रतिशत}$$

2. HYSD इस्पात (HYSD Steel) Fe 415

$$A_{st.min} = \left(\frac{0.85}{415}\right).bd = 0.2048 \text{ प्रतिशत}$$

3. HYSD इस्पात (HYSD Steel) Fe 500

$$A_{st.min} = \left(\frac{0.85}{500}\right).bd \ 0.1700 \text{ प्रतिशत}$$

कभी वास्तु निर्माणकारक (Architectural) अथवा अन्य उपयोग हेतु, धरन अनुप्रस्थ का माप उन आवश्यक माप जो कि गणना और डीजाइन विचार और सामर्थ्य के विचार के लिए आवश्यक हो, उससे रखा जाता है। ऐसी परिस्थिति में इस्पातीय प्रतिबल्लित सिरियों का क्षेत्रफल गणना करने से बहुत कम होता है। ऐसे धरन के लिए सामर्थ्य (धरन अनुप्रस्थ खण्ड को दरार युक्त मान कर विचार करते हुए [यहाँ तक प्लेन कांक्रीट अनुप्रस्थ जो ज्ञात किया गया हो, जिसका विफलता मापांक (Modulus of rupture) के आधार पर]। ऐसे धरन अनुप्रस्थ अचानक विफल हो जाते हैं। इस प्रकार की संभावनाओं से बचने के लिए उपयुक्त इस्पातीय सिरियों का क्षेत्रफल न्यूनतम आवश्यक क्षेत्रफल से कुछ ज्यादा (अधिक) रखना आवश्यक होता है।

2. तनन में उपयुक्त इस्पातीय प्रबल्लित सिरियों का अधिकतम मान (Maximum reinforcement in tension)

तनन में उपयुक्त इस्पातीय प्रबल्लित सिरियों का क्षेत्रफल 0.04 bd (अर्थात् धरन अनुप्रस्थ खण्ड का 4 प्रतिशत) से ज्यादा नहीं रखा जाता है। ताकि, इस्पातीय सिरियों को ठीक से व्यवस्थित ढंग से रखने में प्रायोगिक (Practical) कठिनाई नहीं हो। साथ में कांक्रीट की सघनन (Compaction) करने में भी कठिनाई नहीं हो। इन सबका विचार रखते हुए इस्पातीय सिरियों का प्रतिशत धरन के अनुप्रस्थ खण्ड के कुल क्षेत्रफल (b x d) का 4 प्रतिशत से अधिक नहीं रखा जाता।

3. बाजु के फलक पर प्रबल्लित सिरियों (Side-face reinforcement)

जब कांक्रीट धरन की कुल गहराई, D 750 mm से अधिक हो जाती है, तब दोनों बाजु के फलक पर प्रबल्लित सिरियों का लगाना आवश्यक होता है। जैसा कि Fig. 3.5 द्वारा दिखाया गया है। कांक्रीट धरन के बेब (Web) पर दरारों की चौड़ाई की सीमा (Crack width limitation) और पार्श्व आकुंचन (Lateral buckling) को विचार में रखते हुए किया जाता है। इन बाजु के फलक (Side face) पर प्रबल्लित सिरियों का क्षेत्रफल वेब के क्षेत्रफल का 0.1 प्रतिशत रखा जाता है। इन सिरियों का दोनों फलक (Sides) पर बराबर वितरण किया जाता है। इन सिरियों के बीच ऊर्ध्वाधर दूरी (Vertical thickness) जो भी कम हो, उससे अधिक नहीं होनी चाहिए। इन सिरियों का व्यास $(S_v \,.\, b/\sigma_y)^{1/2}$ से कम नहीं होना चाहिए। ऊर्ध्वाधर दूरी S, Fig. 3.5 में दिखायी गयी है।

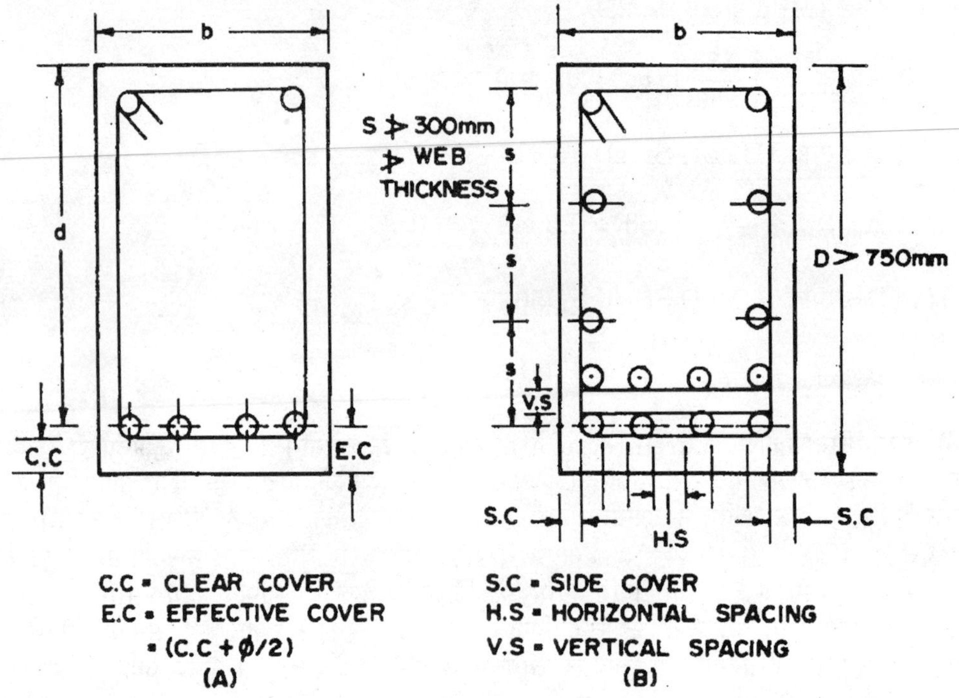

चित्र 3.5

4. प्रबल्लित सिरियों के बीच दूरी (Spacing of reinforcement)

कांक्रीट धरन में प्रबल्लित सिरियों के सब तरफ कांक्रीट का उचित रख–रखाव (placement) हो सके, इसको निश्चित रखने के लिए और इन सिरियों के सतह पर पूरा संपर्क प्राप्त कर सके (अर्थात्, अधिकतम बन्ध (Maximum bond) प्राप्त कर सके), संलग्न सिरियों के एक निश्चित न्यूनतम दूरी बनाये रखना आवश्यक होता है। कांक्रीट में हवा की पोकिटस (Air-pockets) रहने की संभावना होती है, इस संभावना से बचना चाहिए।

5. संलग्न सिरियों के मध्य न्यूनतम दूरी (Minimum distance between adjacent bars)

दो संलग्न (समान्तर मुख्य) सिरियों के बीच स्पष्ट (clear) क्षैतिज दूरी (Clear Horizontal distance), HS (जैसा कि Fig. 3.5 (B) में दिखाया गया है), निम्नलिखित अधिकतम मान से कम नहीं होनी चाहिए।

(i) यदि सिरियों का व्यास बराबर हो, सिरियों का व्यास

(ii) यदि सिरियों का व्यास बराबर नहीं हो तो सिरियों के बड़े व्यास

(iii) मोटे मिलावे के सामान्य माप से 5 mm अधिक

मोटे मिलावे का सामान्य अधिकतम माप प्रबल्लित सिरियों के न्यूनतम आवरण (Minimum cover) से 5 mm कम (अर्थात्, यदि न्यूनतम आवरण 25 mm हो तो, (25 – 5) = 20 mm) रखते हैं। अतः मोटे

मिलावा का सामान्य माप 20 mm होता है, तब, इस सामान्य माप को साधारणतया संतोषजनक समझा जाता है।

जैसा भी संभव हो यह क्षैतिज दूरी, HS, Fig. 3.5 (B), उपरोक्त न्यूनतम उल्लेखित दूरी से अधिक रखते हैं। यदि नीडल वाईब्रेटर (Needle-vibrators) का कांक्रीट के सघनन के लिए उपयोग किये जाते है। तब यह क्षैतिज्य दूरी (सिरियों के समूह में) उपयुक्त मोटे मिलावे के सामान्य अधिक माप का (2/3) रखकर कम कर सकते हैं। फिर भी सिरियों के समूह में पर्याप्त दूरी रखना आवश्यक है। ताकि, वाइब्रेटर कांक्रीट के सघनन हेतु ठीक से पहुँच सके।

कभी कभी, मुख्य प्रबल्लित सिरिये दो या दो से ज्यादा परतों (Layers) में रखे जाते हैं, जैसा कि Fig. 3.11(B) में दिखाया गया है, क्योंकि सब आवश्यक मुख्य सिरियों को एक परत में उनको समायोजन (Accommodate) नहीं कर सकें। ऐसी परिस्थितियों में, सिरियों को अलग अलग परतों में और ऊपर की परत में नीचे की परत के सिरिये ऊर्ध्वाधर रेखा (Vertical line) में रखे जाते हैं। संलग्न परतों में रखे गये सिरियों के बीच न्यूनतम ऊर्ध्वाधर दूरी V.S (Vertyical distance) (Fig. 3.5 (B) में जैसी दिखायी गयी है) निम्नलिखित अधिकतम दूरी से कम नहीं होनी चाहिए।

(i) 15 mm

(ii) मोटे मिलावे के अधिकतम माप की (2/3)

(iii) मुख्य प्रबल्लित सिरियों के अधिकतम व्यास

6. तनन में मुख्य प्रबल्लित सिरियों के बीच अधिकतम दूरी (Maximum distance between main bars in tension)

जब धरन का वातावरण मध्यम उन्मुक्ति (Moderate exposure) होती है, तब कांक्रीट की सतह पर दरारों की चौड़ाई साधारण रूप में 0.3 mm से अधिक नहीं होनी चाहिए। अधिक क्षैतिज्य दूरी मानक IS : 456-2000 में उल्लेखित मान से अधिक नहीं होनी चाहिए। इसका विवरण इस प्रकार है।

दो संलग्न समान्तर इस्पातीय प्रबल्लित सिरियों अथवा समूह के बीच, धरन के तनन फलक (Face) के पास क्रमशः 300 mm, 180 mm अथवा 150 mm इस्पात के विशिष्ट सामर्थ्य 250 N/mm^2, 415 N/mm^2 अथवा 500 N/mm^2 के लिए से अधिक नहीं होनी चाहिए। जहाँ पर पुनः वितरण का खण्ड पर या खण्ड से शुन्य होता है।

धरन की डीजाइन बंकन सामर्थ्य और मुख्य प्रतिबल सिरियों के अतिरिक्त अपरूपण सामर्थ्य (Shear strength) और अनुप्रस्थ (Transverse) प्रबल्लित सिरियों और बंधन के लिए विकसित लम्बाई का विचार किया जाता है। इसका विवरण इसके बाद के अध्याय में दिया गया है।

3.14 कांक्रीट धरन में इस्पातीय सिरियों के लिए आवरण (Cover in steel reinforcement in concrete beams)

मानक IS : 456-2000 में एक नये शब्द सामान्य आवरण (Nominal cover) का उपयोग किया। इस नये शब्द का प्रयोग कांक्रीट के टिकाऊपन गुण और इसके साथ–साथ इस्पातीय सिरियों के टिकाऊपन के गुण और कांक्रीट धरन का वातावरण में उन्मुक्ति को ध्यान में रखकर किया। इसे नये शब्द सामान्य आवरण (Nominal cover) का तात्पर्य IS : 456-2000 में स्पष्ट आवरण (Clear cover से ही है, जिसका उपयोग IS : 456-2000 से पहले से अभ्यास (Practice) में रहा।

सामान्य आवरण (Nominal cover) को इस प्रकार परिभाषित किया जाता है कि कांक्रीट का वह डिजाइन आवरण सारे इस्पातीय सिरियों अथवा लिंकस के लिए दिया जाता है। यह माप डीजाइन में उपयोग किया जाता है। इस माप को ड्राइंग में दिखाया जाता है। यह माप सिरिये के व्यास से कम नही होना चाहिए।

सामान्य भार युक्त मिलावे के लिए और सब इस्पातीय प्रबल्लित सिरियों और कड़ी (Links) के लिए सामान्य आवरण का न्यूनतम मान कांक्रीट का वातावरण में उन्मुक्ति की स्थिति के अनुसार होता है। कांक्रीट को टिकाऊ बने रहने के अनुसार और कांक्रीट के ग्रेड को ध्यान में रखते हुए IS : 456-2000 में सामान्य कांक्रीट के लिए न्यूनतम आवरण का मान सारणी 1.14 में IS : 456-2000 में अनुमोदित के अनुसार दिया गया है।

इस्पातीय प्रबल्लित सिरियों को संक्षारण (corrosion) से बचाव (Protection) हेतु और हानिकारक तत्व जो वातावरण में उपस्थित रहते हैं, उनसे बचाव हेतु, एक निश्चित कांक्रीट आवरण इस्पातीय प्रबल्लित सिरियों के बाहरी सतह से दिया जाता है। इस प्रकार, इस्पातीय सिरियों के सब तरफ कांक्रीट रहती है।

इस्पातीय प्रबल्लित सिरियों पर कांक्रीट आवरण (Concrete cover for steel reinforcement bars)

कांक्रीट IS : 456-2000 में निम्न लिखित अनुमोदन (Recommendations) उल्लेखित है।

1. धरन के प्रत्येक सिरे पर लम्बाई में प्रबल्लित सिरियों को आवरण 25 mm से अथवा सिरियों के व्यास का दुगने से कम नहीं होना चाहिए।

2. सिरियों के बाहरी सतह से तनन में सिरियों कें IS : 456-2000 स्पष्ट आवरण (नये शब्द के अनुसार सामान्य आवरण (Nominal cover) Fig. 3.5 में कांक्रीट की बाहरी सतह तक दिखाया गया है, 25 mm से अथवा सिरियों के व्यास से कम नहीं होना चाहिए।

3. यदि कांक्रीट की सतह जमीन पर अथवा मौसम की तरफ खुली उन्मुक्त हो और हानिकारक तत्व (उदाहरण के लिए, कुछ रसायन, तिजाब, वाष्प, लवण, सल्फर का धुआँ आदि) जो कि कांक्रीट को हानि पहुंचा सकते है, कांक्रीट का आवरण जिस का उपर अनुमोदन (Recommendations) उल्लेखित हैं, उनमें 15 mm से 50 mm तक अतिरिक्त वृद्धि कर दी जाती है।

4. यदि कांक्रीट धरन पूरी समुद्री पानी में डूबी हुई (Immersed) रहती है, तब उपरोक्त उल्लेखित मान में 40 mm की अतिरिक्त वृद्धि कर दी जाती है।

5. यदि प्रबल्लित कांक्रीट धरन, कुछ समय अवधि के लिए समुद्री पानी में डूबी हुई रहती है, तब उपरोक्त उल्लेखित मान से 50 mm अधिक रखी जाती है।

6. कांक्रीट का ग्रेड M25 या इससे अधिक हो, तब उल्लेखित आवरण में अतिरिक्त मोटाई से बढ़ादी जाती है।

इन सब विभिन्न अलग अलग परिस्थितियों पर कांक्रीट कवर 75 mm से ज्यादा नहीं रखा जाता है।

मुख्य प्रबल्लित सिरियों के गुरूत्व केन्द्र से मापा गया तनन में कांक्रीट की बाहरी सतह तक आवरण (जैसा Fig. 3.5(A) में दिखाया गया है) को **प्रभावी आवरण** (Effective cover) कहते हैं। बाजु के फलक (Side face) आवरण सिरियों के बाहरी सतह से बाहरी सतह तक मापा जाता है।

और Fig. 3.5 (B) में दिखाया गया है, 25 mm अथवा सिरियों के व्यास से कम नहीं होना चाहिए।

7. कांक्रीट धरन की कुल गहराई (Overall depth, d) में प्रभावी आवरण (उदाहरण के लिए, जैसे 40 mm) इसमें सिरियों के व्यास का आधा [यदि व्यास $\phi = 20$ mm हो तब 40 mm + $(\phi / 2)$ = 40 + (20/2) = 50 mm] जोड़ कर गणना की जाती है। इसके पश्चात 5 mm अथवा 10 mm अथवा 20 mm के करीब बढ़ाकर पूर्णांक कर दी जाती है।

8. इस्पातीय सिरियों को संक्षारण से बचाव करने के रखा गया कांक्रीट आवरण यदि आग लग जाय, तब आग से बचाव के लिए पर्याप्त नहीं होता है। उल्लेखित अवधि आग के लिए प्रतिरोधी के अनुसार IS : 456-2000 में धरन के लिए मान सारणी 3.5 में दिया गया है।

सारणी 3.5. Nominal cover to meet specified period of fire resistance (as per IS: 456-2000)

Fire resistance period (hours)	Nominal cover for beam	
	Simply supported (mm)	Continuous beams (mm)
0.5	20	20
1.0	20	20
1.5	20	20
2.0	40	30
3.0	60	40
4.0	70	50

3.15 कांक्रीट की अकेले तनन में प्रबल्लित धरन के लिए प्रभावी विस्तृति (Effective span for singly reinforced concrete beams)

कांक्रीट धरन पर किसी भी खण्ड पर अधिकतम बंकन घूर्ण (कार्यरत भार के कारण बनता हो, इसको ज्ञात करने के लिए प्रभावी विस्तृति की आवश्यकता होती है। मानक IS : 456-2000 द्वारा अनुमोदित अलग अलग अवलम्बित धरन के लिए प्रभावी विस्तृति निम्नलिखित युक्तियों (expressions) द्वारा ज्ञात करते हैं।

(i) सरल अवलम्बित धरन के लिए (For simply supported beams)

प्रभावी विस्तृति = स्पष्ट विस्तृति + प्रभावी गहराई

(Effective span) = (Clear span + effective depth)

अथवा ES = (C.S + d) (3.22)

(प्रभावी विस्तृति) = एक सिरे के अवलम्ब के केन्द्र से दूसरे सिरे के अवलम्ब के सिरे पर

ES = (Centre to centre of supports) (3.23)

दोनो समीकरणों (3.22) और (3.23) में गणना करने बाद, जो भी कम हो।

धरन की डीजाइन करने से पहले धरन खण्ड की चौड़ाई और गहराई दोनों माप ज्ञात नहीं होते है। इस कारण डीजाइन शुरू करते समय, धरन खण्ड की प्रभावी गहराई, d का स्पष्ट विस्तृति और धरन पर होने वाले कार्यकारी भार के अनुसार अनुमान इस प्रकार लगाया जाता है।

1. धरन के मध्यम विस्तृति और धरन पर आने वाले हल्के कार्यरत भार के लिए स्पष्ट विस्तृति का (1/10) प्रभावी गहराई मानी जाती है।

2. धरन के अधिक विस्तृति और धरन पर आने वाले भारी कार्यरत भार के लिए स्पष्ट विस्तृति का (1/8) प्रभावी गहराई मानी जाती है।

प्रभावी विस्तृति की गणना उपरोक्त उल्लेखित समीकरण से गणना करते हैं। धरन के दोनों सिरे पर अवलम्ब की चौड़ाई 300 mm से 600 mm तक मानी जाती है।

(ii) प्रास धरन (Cantilever beams) : प्रास धरन के लिए प्रभावी विस्तृति (effective span, ES) प्रास के मुक्त (Free) सिरे से अवलम्ब के फलक (Face) तक की दूरी जोड़ धरन खण्ड की आधी गहराई।

$$ES = (\text{स्पष्ट विस्तृति} + 1/2\ d) \qquad (3.24)$$

उदाहरण Example 3.6 : एक कांक्रीट धरन के अनुप्रस्थ खण्ड की चौड़ाई, b = 400 mm है। अनुप्रस्थ खण्ड की प्रभावी गहराई, d = 560 mm है और प्रभावी आवरण तनन की तरफ 40 mm है। धरन अकेले तनन में प्रबल्लित है। HYSD इस्पात Fe 415 का प्रबल्लित सिरियों का उपयोग किया गया है। कांक्रीट का ग्रेड M20 है। धरन में अपर्याप्त प्रबल्लित रखी है। धरन का बंकन में सामर्थ्य 180 kN-m है। धरन की उदासीन अक्ष की गहराई धरन के बंकन संपीडन रेशे (अधिकतम दूरी से) गहराई xu = 240 mm है। धरन में उपयोग में प्रबल्लित सिरियों का क्षेत्रफल ज्ञात करो।

हल (Solution) : Fig. 3.7 के अनुसार धरन खण्ड अपर्याप्त प्रबल्लित है। धरन खण्ड पर बंकन सामर्थ्य तनन में प्रबल्लित सिरियों से नियंत्रित होता है। उदासीन अक्ष की गहराई $x_u = 240$ mm है और कांक्रीट का ग्रेड M20 है।

$$MR_{u.2} = T_{su} \times \text{लीवर आर्म दूरी}$$

$$MR_{u.2} = 0.87\ \sigma_y \,.\, A_{st}\,(d - 0.42\ x_u)$$

Step 1. धरन के अनुप्रस्थ खण्ड का प्रतिरोधी आघूर्ण (धरन का सामर्थ्य) 180 kN-m है और HYSD इस्पात Fe 415 का उपयोग किया गया है। σ_y का मान 415 N/mm² है।

$$180 \times 106 = 0.87 \times 415 \times A_{st}\,(560 - 0.42 \times 240)$$

$$A_{st} = \left[\frac{180 \times 10^6}{0.87 \times 415 \times 459.20}\right] = \mathbf{1085.68\ mm^2}$$

Step 2. वास्तविक अनुपात $\left[\frac{x_u}{d}\right] = \left[\frac{240}{560}\right] = 0.4286$

धरन खण्ड के संतुलित प्रबल्लित के लिए जब Fe 415 HYSD इस्पात का उपयोग किया गया हो, मानक IS : 456-2000 से

$$\left[\frac{x_{u.max}}{d}\right] \text{अनुपात} = 0.48$$

$$x_{u.max} \text{ का मान} = (0.48 \times 560) = 268.8 \text{ mm}$$

उदासीन अक्ष की वास्तविक गहराई

x_u = 240 mm, $x_{u.max}$ = 268.8 mm से कम है। अतः धरन खण्ड **अपर्याप्त** प्रबल्लित है।

इस्पातीय प्रबल्लित सिरियों का क्षेत्रफल A_{st} = 1085 mm^2 है।

3.16 कांक्रीट की आयताकार धरन (अकेले तनन में प्रबल्लित) की डीजाइन (Design of singly reinforced rectangular beams)

अकेले तनन में प्रबल्लित आयताकार धरन की विश्लेषण (Analysis) और डीजाइन (Design) दोनों आपस में संबंधित समस्यायें हैं। फिर भी दोनों समस्याओं में मूलतः अन्तर है और इनको हल करने की अलग अलग तकनीक हैं। स्पष्ट रूप से इस अन्तर को समझना महत्वपूर्ण है।

1. अकेले तनन में प्रबल्लित धरन का विश्लेषण (Analysis of singly reinforced rectangular beams)

इस संबंध में धरन के अवलम्ब, धरन खण्ड के माप और धरन में उपयोग आने वाले इस्पातीये सिरियों का अनुप्रस्थ क्षेत्रफल आदि प्राचर (Parameters) की जानकारी होती है। प्रत्येक में उदासीन अक्ष की गहराई ज्ञात होती है। धरन अधिक से अधिक कितना भार वहन कर सकती है, इसको ज्ञात किया जाता है। धरन उपखण्ड की बंकन में समता अथवा प्रतिरोधी आघूर्ण की गणना हो जाती है। धरन खण्ड के लिए उदासीन अक्ष की गहराई और धरन खण्ड के प्रभावी गहराई का अनुपात (x_u/d) की गणना करली जाती है।

मानक IS : 456-2000 से उल्लेखित ($x_{u.max}$ / d) अनुपात का मान नोट कर लेते हैं। दोनों की तुलना करने से यह ज्ञात हो जाता है कि धरन अनुप्रस्थ खण्ड संतुलित अथवा अपर्याप्त अथवा अधिक प्रबल्लित है। इसके विकल्प में तनन में इस्पातीय प्रबल्लित सिरियों का प्रतिशत P की गणना करके P_B से तुलना कर सकते हैं। इससे यह मालूम हो जाता है कि धरन का अनुप्रस्थ खण्ड संतुलित या अपर्याप्त या अधिक प्रबल्लित है।

2. अकेले तनन में प्रबल्लित आयताकार धरन की डीजाइन (Design of singly reinforced rectangular beams)

कांक्रीट और इस्पात का उचित ग्रेड और गुण का चयन कर लिया जाता है। M20 ग्रेड कांक्रीट का धरन के लिए बहुत साधारणतया और अक्षर उपयोग किया जाता है। इस्पातीय प्रबल्लित सिरियों के मृदु इस्पात Fe 250, उच्च पराभव सामर्थ्य विकृत इस्पात Fe 415 और Fe 500 का तनन प्रबल्लित सिरियों के लिए उपयोग किया जाता है।

कांक्रीट और इस्पात पदार्थो का सामर्थ्य की पहले से जानकारी होती है। चल और अचल भार की गणना की जाती है। डीजाइन करने वाले धरन अनुप्रस्थ खण्ड के माप निश्चित कर लेते है। संपीडन बल और तनन बल के बीच संतुलन बना कर रखा जाता है।

3. आयताकार धरन अनुप्रस्थ खण्ड के लिए किफायती माप (Procedure for economic dimensions for a rectangular beam)

एक कम गहराई की धरन आवश्यक इस्पातीय प्रबल्लित सिरियों के अधिक भार के कारण अधिक खर्चीली होती है। लम्बाई में अधिक विस्तृति (Span) की धरन के लिए, ये धरन विस्थापन (Deflection)

में समस्या उत्पन्न करते हैं। एक अधिक गहराई की धरन हालाकि आर्थिक विचार से अधिक किफायती रहती है। इसकी मुल्य अधिक होता है। इस्टोरी ऊँचाई भी अधिक चाहिए। हेड–रूम की आवश्यकता के लिए कठिनाई होती है।

डीजाइन को शुरू करते समय धरन के अनुप्रस्थ खण्ड का माप का पूर्व अनुमान कुछ मार्ग–दर्शक बिन्दु को ध्यान में रखते हुए कर लिया जाता है। धरन पर होने वाले कार्यरत भार और स्पष्ट विस्तृति को भी ध्यान में रखा जाता है।

डीजाइन शुरू करते समय प्रभावी गहराई धरन के स्पष्ट विस्तृति का (1/10) मान ली जाती है। जब तक कार्यरत आने वाले भार हल्के हों और धरन की विस्तृति मध्यम होती है।

यदि धरन पर आने वाले भार भारी हों और धरन की विस्तृति का लम्बाई भी अधिक हो तब स्पष्ट विस्तृति का (1/8) मानी जाती है। निम्नलिखित इस्टेपस का साधारणतया अनुसरण किया जाता है।

Step 1. धरन के किसी भी अनुप्रस्थ खण्ड पर अधिकतम बंकन आघूर्ण का मान ज्ञात करने के लिए प्रभावी विस्तृति (Effective span) पूर्व अनुच्छेद में प्रभावी विस्तृति की गणना करने के लिए बता दिया गया है, फिर भी प्रभावी विस्तृति इस प्रकार ज्ञात करते हैं।

(i) दोनों सिरों पर सरल अवलम्बित धरन (For simply supported beam)

समीकरण (3.22), (3.23) से

प्रभारी विस्तृति = स्पष्ट विस्तृति + प्रभावी गहराई

$$ES = (CS + d/2) \quad (i)$$

अथवा प्रभावी विस्तृति = अवलम्ब से अवलम्ब के मध्य से दूरी

ES = (Centre to centre of supports) (ii

इन दोनों में जो भी कम हो। धरन के दोनों सिरों पर अवलम्ब की चौड़ाई 300 mm - 600 mm माना जाती है।

(ii) प्रास धरन (Cantilever beams) समीकरण (3.24)

प्रभावी विस्तृति = धरन के मुक्त सिरे से

अवलम्ब के फलक . प्रभावी गहराई की आधी

ES = (Clear span + 1/2 d) (ii

Step 2. धरन पर आने वाले अचल और चल भार की गणना की आवश्यकता होती है। ताकि अधिकतम बंकन आघूर्ण की गणना कर सके।

(i) अचल भार (Dead loads) धरण पर स्थायी रूप से कार्यरत भार की गणना धरन के अनुप्रस्थ खण्ड के माप और पदार्थ का ईकाई भार से गुणा करके ज्ञात किया जाता है। स्वयं धरन का भार भी माना जाता है।

धरन के अनुप्रस्थ खण्ड के माप (Proportions of beam)

(A) धरन की प्रभावी गहराई (Effective depth) का अनुमान उपरोक्त उल्लेख के अनुसार मार्ग दर्शक बिन्दुओं का विचार करते हुए किया जाता है।

(B) धरन अनुप्रस्थ खण्ड की चौड़ाई (Width of beam)

धरन की कुल गहराई की (1/2) अथवा (2/3) तक धरन की चौड़ाई रखी जाती है।

भवन निर्माण में छत कई धरन के समूह द्वारा अवलम्बित होती है। उन धरन की चौड़ाई और कुल गहराई भी बराबर रखते हैं। अकेले समतल छत के लिए फोर्म वर्क (Form work) लगाने के लिए भी यह किफायती रहता है।

(ii) चल भार (Live load) : धरन द्वारा अवलम्बित छत का जैसा प्रयोग किया जाता है, उसी के अनुसार छत का क्षैतिज्य क्षेत्रफल और चल भार का गणना IS : 875 - 1987 (Part 2) के अनुसार की जाती है। विशिष्ट भार (Characteristic loads) अथवा सेवा भार (Service loads) ज्ञात हो जाते है।

फेक्टरड डीजाइन भार (Factored desgin load) विशिष्य अथवा सेवा भार को उचित आंशिक सुरक्षा घटक, γ_{fL} से गुणा करके ज्ञात कर लिया जाता है।

विभिन्न भार का संभव एवं उचित संयोजन से (Possible combination of loads)

फेक्टरड डीजाइन भार ज्ञात किया जाता है।

(i) (D.L + L.L) संयोजन

फेक्टरड डीजाइन भार = (1.5 DL + 1.5 LL) = 1.5 (DL + LL)

(ii) (DL + WL) संयोजन

फेक्टरड डीजाइन भार = [(1.5 or 0.9) DL + LL]

(iii) (DL + LL + WL) संयोजन

W_{fd}, फेक्टरड डीजाइन भार = 1.2 (DL + LL + WL)

इस प्रकार W_{fd} फेक्टरड डीजाइन भार ज्ञात कर लिया जाता है।

Step 3. फेक्टरड डीजाइन बंकन आघूर्ण (Factored design moment) संरचनात्मक विश्लेषण करने फेक्टरड डीजाइन बंकन आघूर्ण

$M_{fd} = k. (W_{fd} . l^2_{eff})$ जहाँ पर

W_{fd} = फेक्टरड डीजाइन भार (एक समान वितरित माना जाता है)

l_{eff} = प्रभावी विस्तृति (Effective span)

k = एक स्थिर अंक सरल अवलम्बित धरन (Simply supoorted beam) पर एक समान वितरित भार के लिए, k का मान (1/8) = 0.125 होता है। अतः $M_{fd} = 1/8 (W_{fd} . l^2_{eff})$.

Step 4. लिमिट स्टेट विधि में बंकन में पर्याप्त सामर्थ्य जुटाना होता है।

पदार्थ का सामर्थ्य के लिए आंशिक सुरक्षा घटक (कांक्रीट के लिए γ_{ms} = 1.5 और इस्पातीय प्रबल्लित सिरियों के लिए (γ_{ms} = 1.15) का उपयोग किया जाता है। $(1 / \gamma_{ms}) = \phi$ का मान एक से कम हो जाता है। अतः ϕ को **सामर्थ्य कम करने वाला** घटक भी कहा जाता है। पदार्थ की डीजाइन सामर्थ्य

$$f_d = \left(\frac{1}{\gamma_{ms}} . f_{ck}\right) = (\phi . f_{ck})$$

धरन की डीजाइन सामर्थ्य सामान्य सामर्थ्य Mn को परिवर्तित (Modify) करके प्राप्त किया जाता है। $(M_{ds} = \phi . M_n)$

साधारणतया, एक अकेले प्रबल्लित कांक्रीट धरन को इस प्रकार समानुपाती रखा जाता है कि

$$(\phi . M_n > M_{fd}), \quad (\phi . V_n > V_{fd}), (\phi . P_n > P_{fd})$$

जहाँ पर, नीचे की लिखावट (Subscript), n सामान्य सामर्थ्य को चिन्हित करता है। fd चिन्ह फेक्टरड डीजाइन सामर्थ्य को चिन्हित करता है।

धरन के अनुप्रस्थ खण्ड की डीजाइन संतुलित प्रबल्लित अनुप्रस्थ की तरह की जाती है। संतुलित प्रबल्लित अनुप्रस्थ खण्ड के लिए

$$\left[\frac{x_u}{d}\right] = \left[\frac{x_{u.max}}{d}\right]$$

मानक IS : 456-2000 में इस्पात fe 250, Fe 415 और Fe 500 के लिए $(x_{u.max} / d)$ का मान क्रमशः 0.53, 0.48 और 0.46 होता है। इन से प्रभावी गहराई होने के कारण, उदासीन अक्ष की गहराई, x_u ज्ञात हो जाता है। अतः लीवर आर्म दूरी $jd = (d - 0.42\ x_u)$ ज्ञात हो जाता है।

संतुलित प्रबल्लित अनुप्रस्थ खण्ड के लिए प्रतिरोधी आघूर्ण संपीडन की तरफ से और प्रबल्लित तनन सिरियों की तरफ से ज्ञात हो जाती है। इन दोनों का मान बराबर होता है। अतः इसको प्रतिरोधी आघूर्ण का सीमा में मान कहा जाता है।

$$(M_{u.lim} = MR_{u.1} = MR_{u.2})$$

$$(M_{u.lim} = C_{u.jd} = T_{su} . jd)$$

$$MR_{u.1} = 0.36\ f_{ck} . \left(\frac{x_u}{d}\right)\left(1 - \frac{0.42\,x_u}{d}\right) bd^2$$

और $$MR_{u.2} = 0.87\ \sigma_y . A_{st} . d \left(\frac{x_u}{d}\right)\left(1 - \frac{0.42\ x_u}{d}\right)$$

और $$\phi\ M_n = MR_{u.1} = MR_{u.2}$$

Step 5 कांक्रीट धरन के अनुप्रस्थ खण्ड की प्रभावी गहराई, d

धरन के अनुप्रस्थ खण्ड की आवश्यक प्रभावी गहराई $M_{u.lim} = MR_{u.1}$ को फेक्टरड भार से उत्पन्न अधिकतम बंकन में आघूर्ण को बराबर करके गणना करली जाती है।

$$0.36\ f_{ck} \left[\frac{x_u}{d}\right] . \left[1 - 0.42\ \frac{x_u}{d}\right] b . d^2 = M_{Fd}$$

अनुप्रस्थ खण्ड की चौड़ाई, b और प्रभावी गहराई, d के लिए कई संयोजन संभव होते है। अनुप्रस्थ खण्ड की चौड़ाई b उपरोक्त विवरण से, पहले तय कर दी जाती है। b का मान, प्रभावी गहराई, d में व्यक्त कर दिया जाता है। उपरोक्त समीकरण से प्रभावी गहराई का मान ज्ञात कर लेते हैं। प्रभावी गहराई, d में स्थिति की आवश्यकताओं के अनुसार प्रभावी आवरण जोड़ देते है। इस प्रकार धरन के अनुप्रस्थ खण्ड के लिए चौड़ाई b और कुल गहराई, d निश्चित कर दी जाती है।

Step 6. धरन के अनुप्रस्थ खण्ड के लिए इस्पातीय प्रबल्लित सिरियों का क्षेत्रफल

धरन के अनुप्रस्थ खण्ड के लिए इस्पातीय प्रबल्लित सिरियों का क्षेत्रफल, Ast इस प्रकार ज्ञात किया जाता है।

$$0.87\ \sigma_y . A_{st} . (d - 0.42\ x_u) = M_{Fd}$$

$$A_{st} = \left[\frac{M_{fd}}{0.87\ \sigma_y\ . (d - 0.42\, x_u)}\right]$$

विकल्प में – इस्पातीय प्रबल्लित सिरियों का क्षेत्रफल धरन के अनुप्रस्थ खण्ड के लिए बंकन में कुल संपीडन बल C_{cu} को कुल तनन बल T_{su} को बराबर रख कर भी ज्ञात कर सकते हैं।

$$C_{cu} = T_{su}$$

$$0.36\ f_{ck} . b . x_u = 0.87\ \sigma_y . A_{st}$$

$$x_u = \left[\frac{0.87\ \sigma_y\ A_{st}}{0.36\ f_{ck}\ . b.d}\right] . d$$

अतः x_u का मान रखने पर

$$0.87\ \sigma_y\ A_{st}\ [d - 0.42\, x_u] = M_{Fd}$$

$$0.87\ \sigma_y\ A_{st} . \left[d - 0.42\ x\ \frac{0.87\ \sigma_y\ A_{st}}{0.36\, f_{ck}\ b.d} . d\right] = M_{Fd}$$

चूंकि (0.42 x 1) / [(0.36/0.87)]

(0.42 x 1) / [0.42 x 1] = 1 है

$$0.87\ \sigma_y\ A_{st} . d \left[1 - \frac{\sigma_y . A_{st}}{f_{ck} . bd}\right] M_{Fd}$$

यह उक्ति (Expression) द्वितीय घात उक्ति बन जाती है। इसको हल करने से (A_{st}) का मान ज्ञात हो जाता है। इस्पातीय प्रबल्लित सिरियों का प्रतिशत $p < p_B$ रहना चाहिए। ताकि धरन अनुप्रस्थ खण्ड अपर्याप्त प्रबल्लित खण्ड रहे। प्रबल्लित सिरियों के बीच की दूरी न्यूनतम दूरी और अधिकतम दूरी के नियम के अनुसार रखी जाती है।

PROBLEMS

3.1 एक सरल अवलम्बित अकेले तनन में प्रबल्लित आयताकार धरन की चौड़ाई 360 mm है। धरन की प्रभावी गहराई 480 mm है। प्रबल्लित सिरियों पर प्रभावी आवरण 40 mm है। इस्पातीय प्रबल्लित सिरियों के 4 HYSD इस्पात Fe415 16 mm व्यास का उपयोग किया गया है। कांक्रीट के लिए M20 ग्रेड का उपयोग किया गया है। धरन के अनुप्रस्थ खण्ड की उदासीन अक्ष की गहराई ऊपर की संपीडन सतह से ज्ञात करो।

3.2 प्रश्न 3.1 में, यदि बंकन आघूर्ण का मान 60 kN-M है। कांक्रीट में बंकन में संपीडन विकृति ε_{cu} का मान उदासीन अक्ष से अधिकतम दूरी/सतह के रेशे में और तनन में प्रबल्लित सिरियों के गुरुत्व केन्द्र पर विकृति का मान ज्ञात करो। इस्पातीय सिरियों में विकसित प्रतिबल का मान भी ज्ञात करो।

3.3 प्रश्न 3.1, बंकन के अनुप्रस्थ खण्ड का प्रतिरोधी आघूर्ण का मान ज्ञात करो। यदि उदासीन अक्ष से अधिकतम दूरी पर संपीडन रेशे पर विकृति का मान 0.0010 है। और तनन सिरियों में प्रतिबल का मान 245 N/mm^2 है, तब उदासीन अक्ष की ऊपर की सतह से गहराई ज्ञात करो।

3.4 एक सरल अवलम्बित अकेले तनन में प्रबल्लित आयताकार धरन की चौड़ाई 360 mm है। धरन की प्रभावी गहराई 480 mm है। यदि धरन का अनुप्रस्थ संतुलित प्रबल्लित है, तब इस्पात का प्रतिशत और प्रबल्लित सिरियों का क्षेत्रफल ज्ञात करो।

कांक्रीट का ग्रेड M20 है। इस्पातीय प्रबल्लित सिरिये HYSD इस्पात Fe 415 के हैं। सिरियों का व्यास 20 mm है। लिमिट स्टेट विधि का अनुसरण करते हुए प्रश्न को हल करो।

3.5 प्रश्न 3.4 में, धरन के अनुप्रस्थ खण्ड का प्रतिरोधी आघूर्ण (बंकन में धरन का सामर्थ्य) ज्ञात करो।

यदि (i) मृदु इस्पातीय प्रबल्लित का उपयोग किया गया है (ii) HYSD इस्पातीय सिरियों का उपयोग किया गया हो।

3.6 एक सरल अवलम्बित अकेले तनन में प्रबल्लित आयताकार धरन की चौड़ाई 360 mm है। धरन की प्रभावी गहराई 480 mm है। बंकन में तनन प्रबल्लित सिरियों पर प्रभावी आवरण 70 mm है। 4 मृदु इस्पात प्रबल्लित सिरियों का (16 mm व्यास के) का उपयोग किया गया है। कांक्रीट का ग्रेड M20 है। यह ज्ञात करो कि धरन का अनुप्रस्थ खण्ड अपर्याप्त प्रबल्लित है अथवा अधिक प्रबल्लित है। धरन के अनुप्रस्थ खण्ड का बंकन में सामर्थ्य भी ज्ञात करो। लिमिट स्टेट विधि (विफलता) का प्रयुक्त करो।

3.7 एक सरल अवलम्बित अकेले तनन में प्रबल्लित आयताकार धरन की चौड़ाई 360 mm है। धरन की प्रभावी गहराई 480 mm है। तनन प्रबल्लित सिरियों पर प्रभावी आवरण की मोटाई 40 mm है। 4 HYSD इस्पातीय सिरियों का 16 mm व्यास के प्रबल्लित कार्य के लिए उपयोग में लाये गये हैं। ग्रेड M20 कांक्रीट में रखा गया है। यह ज्ञात करो कि धरन का अनुप्रस्थ खण्ड अपर्याप्त प्रबल्लित है अथवा अधिक प्रबल्लित है। धरन के अनुप्रस्थ खण्ड का बंकन में सामर्थ्य भी ज्ञात करो। लिमिट स्टेट डीजाइन विधि को प्रत्युक्त करो।

3.8 एक सरल अवलम्बित अकेले तनन में प्रबल्लित आयताकार धरन खण्ड की चौड़ाई 360 mm है धरन की प्रभावी गहराई 480 mm है। धरन के तनन प्रबल्लित सिरियों पर प्रभावी आवरण की मोटाई 70 उउ है। HYSD इस्पात Fe 415 का प्रत्युक्त किया है। कांक्रीट का ग्रेड M20 है। धरन का बंकन आघूर्ण 210 kN-m है। उदासीन अक्ष की गहराई 180 mm है। इस्पातीय सिरियों का क्षेत्रफल ज्ञात करो।

3.9 एक सरल अवलम्बित अकेले तनन में प्रबल्लित आयताकार धरन की डीजाइन करनी है। धरन की स्पष्ट विस्तृति 5.80 m है। धरन पर एक समान वितरित अचल और चल भार का मान क्रमशः 18 kN/m और 26 kN/m है। कांक्रीट का ग्रेड M20 है और इस्पातीय सिरियों HYSD, Fe 415 का उपयोग करना है। IS : 456-2000 का उपयोग करके अनुज्ञेय प्रतिबल का मान नोट करें।

3.10 एक सरल अवलम्बित अकेले तनन में प्रबल्लित आयताकार धरन कांक्रीट धरन 360 mm है और इसकी प्रभावी गहराई 480 mm है। 4 HySD इस्पातीय सिरिये Fe 415 18 mm का धरन की लम्बाई के मध्य बिन्दु पर आघूर्ण बंकन में अधिकतम का प्रतिरोध करने के लिए उपयोग किया गया है। अवलम्ब के पास सिरियों को 45° कोण क्षितिज्य से रखते हुए मोड़ कर बंकन में संपीडन ऊपरी तरह पर ले जाया गया है। धरन का बंकन में प्रतिरोध आघूर्ण का मान ज्ञात करो।

अध्याय – 4

धरन का अपरूपण में विफल होना एवं अपरूपण में अकेले तनन में प्रबल्लित आयताकार धरन की रचना (LIMIT STATE OF COLLAPSE IN SHEAR DESIGN OF SINGLY REINFORCED BEAM IN SHEAR SRRB - II)

4.1 प्रस्तावना (Introduction)

धरन के किसी अनुप्रस्थ खण्ड का अपरूपण विफलता कुड़कीला (Brittle) और आपतिजनक प्रकृति का होता है। धरन के अनुप्रस्थ खण्ड की विफलता को तनन्य (Ductile) बनाये रखने के लिए, पर्याप्त अपरूपता में प्रतिरोधी समता धरन के सभी क्षेत्रों में जुटायी जाती है, ताकि भार में अधिक वृद्धि होने पर भी, धरन का भार वहन करने की समता अधिकतर बंकन (Flexure) द्वारा ही नियंत्रित रहे। मानक IS : 456-2000 में बंकन तनन प्रबल्लित सिरियों की लम्बाई काटने संबंध में उल्लेखित नियम भी सहयोग करते हैं और अपरूपण में धरन का विफल होने की संभावना न्यूनतम बनाये रखते हैं।

मानक IS : 456-2000 में उल्लेखित जो नियम है, उनकी धरन की डीजाइन करते समय पालन करने से सामान्य अपरूपण प्रतिबल (Nominal shear stress) का मान भी एक सीमित मान के तुल्य रखा जा सकता है। (ऐसी धरन जिसमें वेब में प्रबल्लित सिरिये भी नहीं हो)। यदि अपरूपण प्रतिबल, τ_v का मान डीजाइन अपरूपण प्रतिबल, $\tau_c^{'}$ से अधिक हो जाता है, तब अपरूपण प्रबल्लित सिरिये जैसे IS : 456-2000 में उल्लेखित हैं, वैसे जुटाये जाते हैं। यदि अपरूपण प्रतिबल, τ_v अधिकतम अपरूपण प्रतिबल $\tau_{c.max}$ से भी अधिक हो, तब धरन की फिर से डीजाइन करने की आवश्यकता होती है।

फेक्टरड (डीजाइन) अपरूपण बल प्रत्यास्थता विश्लेषण (Elastic analysiss) से धरन के लिए ज्ञात किया जाता है। उचित भार के लिए आंशिक सुरक्षा घटक, γ_{fL} उपयुक्त किया जाता है। **इस फेक्टरड (डीजाइन) अपरूपण बल में ऐंठन (Twisting घूर्ण द्वारा उत्पन्न सम्मिलित नहीं हैं। ऐंठन से उत्पन्न अपरूपण प्रतिबल के लिए मानक IS : 456-2000 में अलग से अनुच्छेद उल्लेखित हैं। अपरूपण के लिए शोचनीय (Critical) अनुप्रस्थ खण्ड का भी उल्लेख है।** इसका विवरण अन्य अनुच्छेद में दिया गया है।

4.2 एक समान पदार्थ के धरन के अनुप्रस्थ खण्ड पर अपरूपण प्रतिबल का वितरण (Distribution of shear stresses across beam cross-sections of homogeneous materials)

जब धरन की अनुदैर्ध्य अक्ष के अनुप्रस्थ दिशा से भार कार्यरत होता है, तब धरन में बंकन (Bending) होता है। धरन में बंकन से धरन के रेशों में फिसलने (Slide) की प्रवृति उत्पन्न हो जाती है। रेशों के एक दूसरों के ऊपर धरन के अन्दर फिसलने की इस प्रवृति को अपरूपण (Shear) कहते हैं। धरन के पदार्थों द्वारा इस फिसलने की प्रवृति के विरुद्ध प्रतिरोध को **अपरूपण सामर्थ्य** कहते हैं। बीज गणितज्ञ बाह्य भार की और बाह्य बलों की जोड़ [किसी काल्पनिक खण्ड (Tranverse section) द्वारा] इसके बायीं अथवा दायीं एक तरफ] को **अपरूपण बल** V कहते हैं। इसके साथ साथ बंकन में आघूर्ण, M भी अनुप्रस्थ खण्ड पर विकसित हो जाता है। बंकन आघूर्ण M के कारण बंकन में प्रतिबल f_b उत्पन्न होते हैं। इसी तरह अपरूपण बल, V के कारण अपरूपण प्रतिबल, τ_v भी विकसित होते हैं। इन अपरूपण प्रतिबल का मान और वितरण धरन के विभिन्न अनुप्रस्थ खण्डों पर धरन पर कार्यरत भार पर निर्भर करते हैं। इसके साथ साथ धरन के अनुप्रस्थ खण्ड की आकृति और माप पर भी निर्भर करते है। ऊर्ध्वाधर तुलनात्मक फिसलन से बायीं तरफ अथवा दायीं तरफ, k के कारण धरन के अनुप्रस्थ खण्ड पर **ऊर्ध्वाधर अपरूपण प्रतिबल** विकसित होते हैं। **क्षैतिज्य अपरूपण प्रतिबल** के कारण क्षैतिज्य अथवा धरन के अनुदैर्ध्य खण्ड पर क्षैतिज्य अपरूपण प्रतिबल विकसित होते हैं। ऊर्ध्वाधर अपरूपण प्रतिबल τ_{vv} और अनुदैर्ध्य अपरूपण प्रतिबल, τ_{vh} किसी अनुप्रस्थ खण्ड पर बराबर होते हैं ($\tau_{vv} = \tau_{vh}$) क्षैतिज्य अपरूपण प्रतिबल को **पूरक** (Complimentary) **अपरूपण प्रतिबल** कहते हैं। एक प्रकार के (Homoge-neous) पदार्थ वाली धरन के लिए उदासीन अक्ष से y की ऊँचाई पर किसी रेशे (Fibre) पर अपरूपण प्रतिबल का मान और वितरण इस प्रकार ज्ञात किया जाता है।

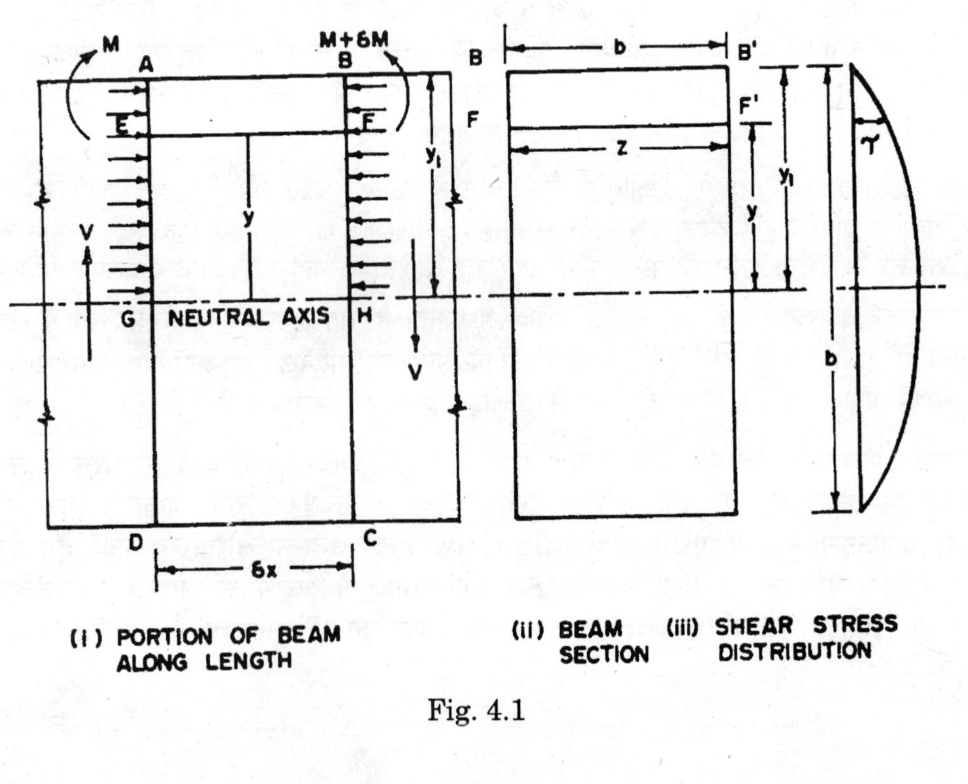

Fig. 4.1

एक सरल अवलम्बित simply supported और एक समान (एक प्रकार) के पदार्थ की धरन का आयताकार अनुप्रस्थ खण्ड का जैसा Fig. 4.1 A (i) में दिखाया गया है, वैसा अनुप्रस्थ खण्ड का एक छोटा भाग Fig. 4.1 में दिखाया गया है। इस धरन के AD और BC दो अनुप्रस्थ खण्ड है जो कि धरन की अनुदैर्ध्य अक्ष के लम्बवत है। इनके बीच की दूरी (Equ.) उदासीन अक्ष GH के समान्तर है। माना कि उदासीन अक्ष GH से y की ऊँचाई पर धरन खण्ड की चौडाई Z है। यह भी मान लेते हैं कि M और V और (M + δM) और V, धरन खण्ड AD और BC पर क्रमशः बंकन आघूर्ण और अपरूपण बल है। अनुदैर्ध्य अथवा क्षैतिज बंकन प्रतिबल किसी अनुप्रस्थ खण्ड AD पर, उदासीन अक्ष से y की ऊँचाई पर

$$\sigma_b = (M.y / I) \tag{i}$$

जहाँ पर, I = धरन के अनुप्रस्थ खण्ड का जड़त्व आघूर्ण है।

दो अनुप्रस्थ खण्ड AD और BC के बीच में ABEF धरन के एक भाग पर विचार करते हैं। यह भाग संतुलन में है। Z.dy क्षेत्रफल पर अनुदैर्ध्य बल किसी तत्व AE पर

$$F_{AE} = (\sigma_b . z . dy) = \left[\left(\frac{M}{I}\right) . y\right] z . dy \tag{ii}$$

उसी तत्व BF जिसकी ऊँचाई भी y है, पर अनुदैर्ध्य बल

$$F_{BF} = \left[\left(\frac{M + \delta M}{I}\right) . y\right] . z . dy \tag{iii}$$

दोनों बल F_{AE} और F_{BF} के बीच का अन्तर

$$(F_{BA} - F_{AE}) = \left[\left(\frac{\delta M}{I}\right) . y\right] z . dy \tag{iv}$$

दो अनुदैर्ध्य बलों के बीच कुल अन्तर

$$\Sigma (F_{BF} - F_{AE}) = \int_y^{y_1} \left[\frac{\delta M}{I}\right] (y . z . dy) \tag{v}$$

$$\Sigma (F_{BF} - F_{AE}) = \left(\frac{\delta M}{I}\right) \int_y^{y_1} y . z . dz \tag{vi}$$

धरन का यह खण्ड संतुलन में है। अतः दोनों बलों का कुल अन्तर इस ABFE पर शुन्य होता है। सतह EF पर क्षैतिज्य अपरूपण बल से इसका संतुलन होता है। माना कि τ अपरूपण प्रतिबल y ऊँचाई पर किसी रेशे पर (δx की लम्बाई में τ के मान के किसी अन्तर की उपेक्षा करते हुए) अपरूपण बल

$$\tau . z . \delta x = \left[\frac{\partial M}{I}\right] \int_y^{y_1} (y . z . dy) \tag{vii}$$

$$\tau = \left[\frac{\partial M}{\partial x}\right] . \frac{1}{I . z} \int_y^{y_1} (y . z . dz) \tag{viii}$$

$$\tau = \frac{V}{I . z} \int_y^{y1} y . z . \delta y \tag{4.1}$$

इस तथ्य को नोट करते हैं कि $\int_{y}^{y_1} (y.z.dy)$ BF f'b' क्षेत्रफल का आघूर्ण (उदासीन अक्ष से) है। जो कि क्षेत्रफल BF F'B' = A और उदासीन अक्ष के केन्द्र की दूरी y है। इस प्रकार

$$\tau = \left[\left(\frac{V}{I.z}\right).\left(A\ \bar{y}\right)\right] = \left[\frac{V.Q}{I.z}\right] \tag{4.2}$$

जहाँ पर, Q सतह से ऊपर के क्षेत्रफल का स्थिरता आधूर्ण (उदासीन अक्ष) सतह से बाहरी रेशे पर अतः अपरूपण प्रतिबल का मान शुन्य होता है।

धरन के आयताकार अनुप्रस्थ खण्ड के लिए,

I, और Z का समीकरण 4.1 में मान रखने पर, $\tau = \left[\left(\frac{V}{1/12 \text{ x } bh^3 . b}\right)\right] \int_{y}^{h/2} b.y.dy$ (ix)

$$\tau = \left[\frac{6V}{bh^3}\right]\left[\frac{h^2}{4} - y^2\right] \tag{x}$$

τ के विभिन्न मान को ओरडिनेट (Ordinate) मान कर और धरन की ऊँचाई, h को आधार मानकर प्लोट करने पर अपरूपण प्रतिबल, τ का वितरण देखने पर परवलियक (Parabolic) है, जबकि y = 0

$$\tau = \left[\frac{3}{2}\left(\frac{V}{b.h}\right)\right] = \left[\frac{1.5V}{b.h}\right]$$

उदासीन अक्ष पर τ का मान τ_{max} अधिकतम होता है।

4.3 कांक्रीट धरन के अनुप्रस्थ खण्ड पर अपरूपण प्रतिबल का वितरण (Distribution of shear stress across concrete beam cross section)

अनुच्छेद 4.2 में एक समान पदार्थ के धरन के अनुप्रस्थ खण्ड पर अपरूपण प्रतिबल का वितरण का उल्लेख किया गया है। परन्तु कांक्रीट धरन में पदार्थ एक समान नहीं होते। इस्पातीय प्रबल्लित सिरियों की कांक्रीट धरन को बंकन में तनन की तरफ दरार युक्त अनुप्रस्थ खण्ड माना जाता है। बंकन में तनन की दरार युक्त कांक्रीट की उपेक्षा कर दी जाती है। फिर इस्पातीय प्रबल्लित सिरियों में तनन में कांक्रीट में दोनों पदार्थों में सम्पूर्ण बंधन अस्तित्व में रहता है।

Fig. 4.2 में एक सरल अवलम्बित प्रबल्लित आयताकार धरन दिखायी गयी हैं।

इस धरन में दो अनुप्रस्थ खण्ड AD और BC जो कि, δx दूरी से दूर हैं, पर विचार करते हैं। इस धरन का एक छोटा भाग पर एक तरफ अनुप्रस्थ खण्ड AD पर बंकन आघूर्ण M और अपरूपण बल V कार्यरत है। जबकि अनुप्रस्थ खण्ड BC पर बंकन आघूर्ण (M + δM) और V कार्यरत है, जैसा कि Fig. 4.2 में दिखाया गया है। इन दोनों बंकन आघूर्ण के कारण बंकन में संपीडाग C और (C + δC) और बंकन में तनन बल T और (T + δT) विकसित हो जाते हैं। माना कि सबसे ऊपरी रेशे की उदासीन अक्ष से ऊर्ध्वाधर दूरी n है और इस्पातीय प्रबल्लित सिरियों के गुरुत्व केन्द्र तक की यह दूरी (d – n) क्रमशः होती है।

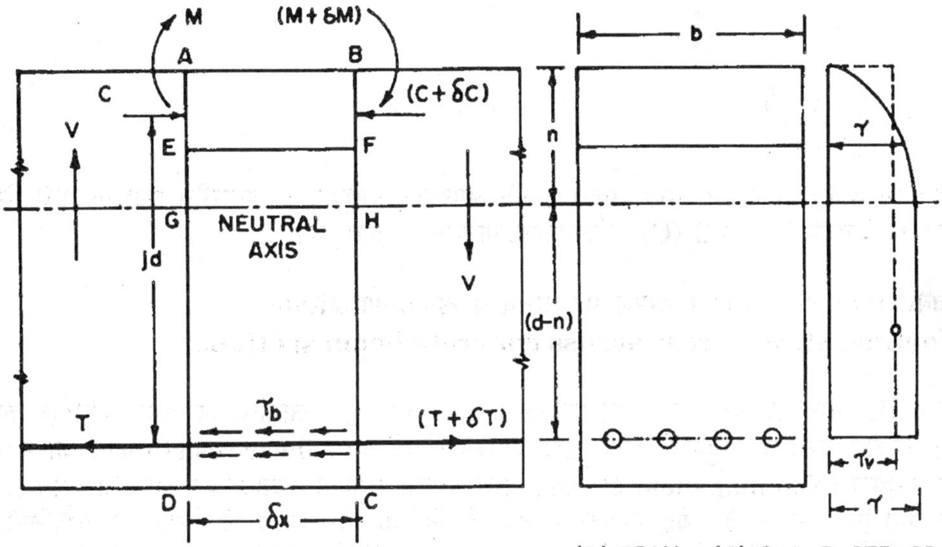

(A) PORTION OF BEAM ALONG LENGTH (B) BEAM SECTION (C) SHEAR STRESS DISTRIBUTION

Fig. 4.2

उदासीन अक्ष से ऊपर बंकन में कांक्रीट में अपरूपण प्रतिबल का वितरण उस धरन के अन्तरूप होता है, जिसमें पदार्थ एक समान होते हैं। अपरूपण प्रतिबल का मान समीकरण (4.1) से लिख सकते हैं।

$$\tau = \left[\frac{V}{I.z}\right] \int_{y}^{y_1} y\ .\ z\ dy \qquad \tau = \left[\frac{V}{I.z}\right] \int_{y}^{n} y\ .\ z\ dy$$

$$\tau = \left[\frac{V}{I.z}\right].b.\frac{1}{2}\left(n^2 - y^2\right) \tag{4.3}$$

जहाँ पर, प्रबल्लित कांक्रीट धरन के अनुप्रस्थ खण्ड में एक सतह (रेशा) उदासीन अक्ष से y की ऊँचाई पर है।

समीकरण (4.3) से देख सकते हैं कि अपरूपण प्रतिबल का वितरण ऊपरी सतह से परवलयिक (Parabolic) है, जैसा कि Fig. 4.2 (C) में दिखाया गया है। अनुदैर्ध्य अथवा क्षैतिज्य बलों के बीच अन्तर है। उदासीन अक्ष के नीचे $[(T + \delta T) - T] = \delta T$ का संतुलन अपरूपण बल द्वारा होता है।

$$\text{अतः } (t\ .\ b\ .\ \delta x\ =\ \delta T) \tag{i}$$

धरन का भाग ABCD संतुलन में है। अतः आघूर्ण का बीज गणितज्ञ जोड़ शून्य होता है। अतः

$$(T + \delta T)\ jd\ =\ \left[(T\ jd) + (V\ .\ \delta x)\right] \tag{ii}$$

$$\delta\tau\ =\ \left[\frac{V\ .\ \delta x}{jd}\right] \tag{iii}$$

उक्तियाँ (i) और (ii) से

$$\tau . b . \delta x = V . \left[\frac{\delta x}{jd}\right]$$

$$\tau = \left[\frac{V}{b\ .\ jd}\right] \quad (4.4)\ (A)$$

समीकरण 4.4 (A) से यह देख सकते हैं कि अपरूपण प्रतिबल τ, उदासीन अक्ष के नीचे स्थिर रहता है और इसका विवरण Fig. 4.2 (C) के अनुसार आयताकार होता है।

4.4 कांक्रीट धरन के अनुप्रस्थ खण्ड पर सामान्य अपरूपण प्रतिबल (Nominal shear stress across concrete beam sections)

मानक IS : 456-2000 में नयी धारणा के अनुसार नया शब्द सामान्य अपरूपण प्रतिबल का उपयोग किया है। कांक्रीट धरन के अनुप्रस्थ खण्ड द्वारा अपरूपण प्रतिरोध (Shear resistance) का माप सामान्य अपरूपण प्रतिबल (Nominal shear stress) द्वारा बताया गया है। यह केवल कांक्रीट धरन द्वारा अर्पित अपरूपण प्रतिरोध दिखाता है। यह आवश्यक नहीं है कि यह वास्तविक स्थितियों का प्रतिनिधित्व करता हो। सामान्य अपरूपण प्रतिबल एक समान गहराई पर प्रतिनिधित्व करने वाला τ_v से चिन्हित होता है। इसकी गणना इस प्रकार की जाती है।

$$\tau_v = \left[\frac{V_{Fd}}{b . d}\right] \quad (4.4)\ (B)$$

जहाँ पर, V_{Fd} फेक्टरड अपरूपण बल फेक्टरड भार द्वारा उत्पन्न होता है।

b = आयताकार धरन की चौड़ाई और

d = आयताकार धरन की प्रभावी गहराई होती है।

फेक्टरड अपरूपण बल (Factored shear force) शब्द का अर्थ वह अपरूपण बल है, जो कि धरन पर विशिष्ट भार (Characteristic loads) का भार के लिए उचित आंशिक सुरक्षा घटक, γ_{fL} से गुणा करने से प्राप्त होता है। यह भार घरन पर प्रत्युक्त काल्पनिक चरम भार (Imaginary hypothetical ultimate load) होता है।

सामान्य अपरूपण प्रतिबल का कांक्रीट धरन के अनुप्रस्थ खण्ड पर डोटेडे बिंदुओं द्वारा दिखाया हुआ Fig. 4.2 (C) औसतन अपरूपण प्रतिबल τ_c होता है, जो धरन की प्रभावी गहराई पर एक समान माना जाता है।

4.5 एक समान पदार्थ की प्रत्यास्थता धरन में विकर्ण तनन (Diagonal tension in homegeneous elastic beams)

एक समान पदार्थ की प्रत्यास्थता धरन (जैसे, इस्पात) सरल अवलम्बित अनुप्रस्थ धरन के भार कार्यरत है, और Fig. 4.3 में दिखाया गयी है। धरन के किसी अनुप्रस्थ खण्ड XX पर अपरूपण बल V और बंकन आघूर्ण M भार के कारण विकसित है। उदासीन अक्ष के ऊपरी भाग में बंकन संपीडाग प्रतिबल क्षैतिज्य दिशा (जो कि अनुदैर्ध्य अक्ष के समान्तर और अनुप्रस्थ XX के लम्बवत् है) उत्पन्न हो जाते हैं। इसी प्रकार उदासीन अक्ष के नीचे के भाग में बंकन में तनन प्रतिबल उत्पन्न हो जाते हैं।

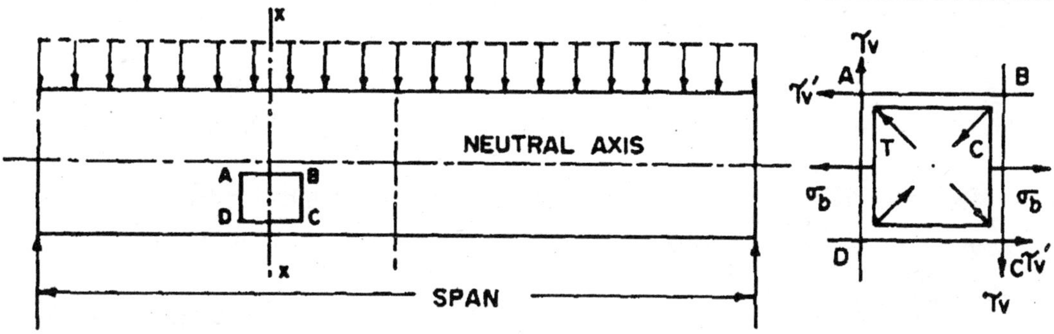

(A) SIMPLY SUPPORTED BEAM OF HOMOGENEOUS MATERIAL

(B) ELEMENARY SECTION

Fig. 4.3

बंकन प्रतिबल, $\sigma_b' = \left[\frac{M}{I}\right] . y$ (i)

धरन के अनुप्रस्थ खण्ड XX पर बंकन के साथ अपरूपण प्रतिबल भी हैं।

$$\tau_v = \left(\frac{V . A \bar{y}}{I . b}\right) \qquad \text{(ii)}$$

जहाँ पर, $A.\bar{y} = Q$ (स्थेटिक आघूर्ण) होते है।

A = उदासीन अक्ष के समान्तर रेखा के ऊपर अथवा नीचे धरन का भाग ऊपरी अथवा नीचे की सतह पर

$\bar{y}$ = उदासीन अक्ष से मापते हुए उपरोक्त क्षेत्रफल का गुरुत्व केन्द्र तक की दूरी।

I = धरन खण्ड का उदासीन अक्ष पर जड़त्व आघूर्ण

b = धरन के आयताकार अनुप्रस्थ की चौड़ाई

अपरूपण प्रतिबल τ_v उक्ति (ii) के अनुसार ऊर्ध्वाधर (जो कि, खण्ड XX के समान्तर है)। ऊर्ध्वाधर अपरूपण प्रतिबल के साथ साथ क्षैतिज्य अपरूपण प्रतिबल (जो कि, पूरक अपरूपण प्रतिबल Complimentary shear stress, τ_v कहलाते हैं) उत्पन्न होते हैं। दोनो का मान बराबर होता है।

Fig. 4.3 (B) धरन का सूक्ष्म भाग ABCD विस्तृत पैमाने पर दिखाया गया है, कहीं पर स्थित है, (परन्तु ठीक उदासीन रेखा अथवा बाहरी सतह पर स्थित नहीं है)

इस प्रकार, धरन के इस सूक्ष्म भाग पर छः प्रतिबल विकसित हैं। जैसे Fig. 4.3 (B) में दिखाया गया है। ये छः प्रतिबल का मुख्य प्रतिबल (Principal stresses) में संयोजन किया जा सकता है। (जो कि, तनन अथवा संपीडाग होते हैं।) ये दोनो मुख्य प्रतिबल आपस में लम्बवत् होते हैं। इन दोनों **मुख्य प्रतिबलों** का मान इस प्रकार ज्ञात कर सकते हैं।

$$p = \left[\frac{\sigma_b}{2}\right] \pm \left[\left(\frac{\sigma_b}{2}\right)^2 + (\tau_v)^2\right]^{1/2} \qquad \text{(iii)}$$

इन प्रतिबलों को झुकाव α और $(\alpha + 90)$ होता है, जहाँ पर

$$\tan 2\alpha = (2\tau_v / \sigma_b) \qquad \text{(iv)}$$

बंकन में प्रतिबल σ_b और अपरूपण में प्रतिबल, τ_v का मान खण्ड XX के अनुसार अलग अलग स्थिति के कारण अनुदैर्ध्य अक्ष (लम्बाई में) और ऊर्ध्वाधर उदासीन अक्ष से ऊँचाई (दूरी) के साथ बदलते हैं। इस तरह, **मुख्य प्रतिबलों** का माप और उनके झुकाव के कोण का माप भी बदल जाता है।

उदासीन अक्ष पर और सरल अवलम्बित धरन के सिरों पर σ_b का मान शुन्य होता है, $(\sigma_b = 0)$

उक्ति (iv) से

$$\tan 2\alpha = \left(\frac{2\tau_v}{\sigma_b}\right) = \left(\frac{2\tau_b}{\text{Zero}}\right) = \infty \qquad \text{(v)}$$

मुख्य प्रतिबल के झुकाव के कोण $\alpha = 45^o$ होता है। धरन के अवलम्ब (Support) पर (**Fig. 4.3** (B), मुख्य प्रतिबल विकर्ण AC की दिशा में **तनन प्रतिबल** होता है। इस प्रतिबल को **विकर्ण तनन मुख्य प्रतिबल** (Diagonal tensile principal stress) कहते हैं। संक्षेप में **विकर्ण तनन प्रतिबल** कहते हैं। इस का माप उक्ति (iii) से प्राप्त किया जा सकता है।

$$|\sigma| = |\tau_v| \qquad \text{(vi)}$$

बाहरी सतह पर $\tau_v = 0$ उदासीन अक्ष $\therefore \alpha = 0$

$$\tan 2\alpha = \left[\frac{2 \text{ x } \tau_v}{\sigma_b}\right] = \left[\frac{2 \text{x} (\text{Zero})}{\sigma_b}\right] = 0 \qquad \text{(vii)}$$

मुख्य प्रतिबल के झुकाव का कोण α का मान शुन्य होता है। यहाँ पर मुख्य प्रतिबल क्षैतिज्य दिशा में होता है।

टिप्पणी (Note) :– मुख्य तनन प्रतिबल बंकन और अपरूपण प्रतिबल के संयोजन से ज्ञात किये जाते हैं, उनको उल्लेख विकर्ण तनन से किया जाता है। इसका झुकाव के कोण का मान धरन के मध्य में शुन्य (अर्थात् क्षैतिज्य) होता है। और 45° अवलम्ब पर होता है। ये मुख्य प्रतिबल हर स्थान पर होते है। ये प्रतिबल धरन को हानि पहुंचा सकते हैं। कांक्रीट का तनन सामर्थ्य कम होता है। इनका सावधानी से ध्यान रखना चाहिए।

4.6 धरन बिना अपरूपण प्रबल्लित सिरियें के (Beams without shear reinforcement)

कांक्रीट धरन बिना अपरूपण प्रबल्लित सिरिये के एक समान पदार्थ प्रत्यास्थता धरन की तरह ही व्यवहार करती है, जहाँ तक अपरूपण में व्यवहार पर विचार किया जाता है। एक सरल अवलम्बित धरन जिस पर समान वितरण भार कार्यरत होता है, उसके मध्य में बंकन आघूर्ण का मान अधिकतम होता है। इस अनुप्रस्थ खण्ड पर जहां बंकन आघूर्ण का मान अधिक है, वहां पर धरन के बाहरी सतह पर बंकन में तनन प्रतिबल का मान भी अधिकतम होता है। जैसे अनुप्रस्थ भार में वृद्धि होती है, धरन के लम्बाई में मध्य स्थिति पर धरन के बाहरी सतह पर तनन में दरार बन जाती है।

अनुदैर्ध्य तनन में प्रतिबल्लित कांक्रीट धरन बिना अपरूपण प्रबल्लित सिरियों के पर्याप्त उच्च भार वहन कर लेती है। तनन में प्रबल्लित सिरियों के कारण आवश्यक बंकन सामर्थ्य जुटा लेते हैं (हालांकि,

बाहरी सतह पर तनन में दरारें उत्पनन होती है) और तनन सतह के पास अनुदैर्ध्य तनन बल को प्रतिरोध करती है।

अपरूपण प्रतिबल धरन में बंकन प्रतिबलों के साथ साथ विकसित होते हैं। जैसे जैसे अनुप्रस्थ भार में वृद्धि होती है, वैसे वैसे अपरूपण प्रतिबलों के मान में वृद्धि होती है। अपरूपण प्रतिबल और बंकन में प्रतिबल के संयोजन से मुख्स प्रतिबल उत्पन्न होते हैं। अनुदैर्ध्य प्रबल्लित सिरिये तनन में मुख्य प्रतिबलों का प्रतिरोध नहीं करते हैं। फिर कांक्रीट तनन में कमजोर होती है। मुख्य प्रतिबलों के मान में भी भार में वृद्धि के साथ, वृद्धि होती रहती है। अतः इन प्रतिबलों के लम्बवत दरारें उत्पन्न होती हैं। जैसा कि Fig. 4.4 में दिखाया गया है। इन दरारों को **विकर्ण दरारें** कहा जाता है। जो कि ऊर्ध्वाधर बंकन दरारों से भिन्न होती है।

ऊर्ध्वाधर बंकन दरारे अधिकमान के बंकन आघूर्ण क्षेत्रों में उत्पन्न होती है, जहां पर अपरूपण बल का मान कम अथवा शून्य होता है। सिरियों का लम्बाई में दीर्घाकरण (elongation) के कारण उत्पन्न होती है। ये दरारे अक्षर धरन के अनुदैर्ध्य अक्ष के करीब करीब लम्बवत होती है। **विकर्ण दरारे** (Diagonal cracks) उन क्षेत्रों में उत्पन्न होती हैं, जहां पर अपरूपण बल का मान अधिक होता है। अपरूपण और विकर्ण तनन प्रतिबल किसी भी दरार के एक किनार से दूसरी किनार पर अकेले अकेले कांक्रीट से प्रेसित (Transmit) नहीं हो सकती। भले ही कांक्रीट में दरारों की चौड़ाई बलों के मोटाई की तरह कितनी ही कम हो।

सरल अवलम्बित आयताकार इस्पातीय प्रबल्लित धरन में निम्नलिखित तीन प्रकार की दरारें विकसित होती है।

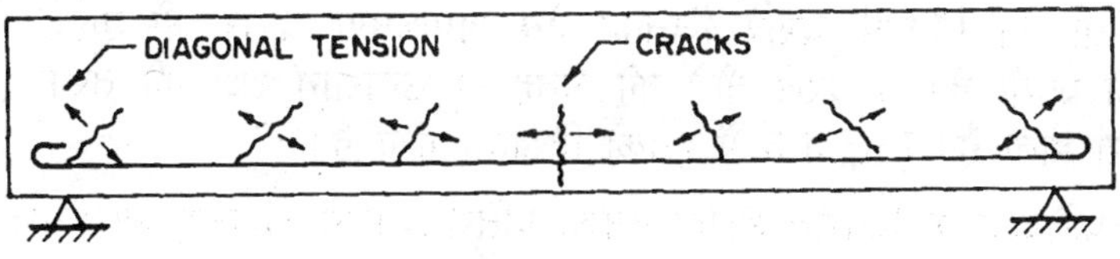

DIRECTION OF CRACKS DUE TO DIAGONAL TENSION

Fig. 4.4

1. बंकन दरारें (Flexural cracks)

ऐसी धरन जिसकी लम्बाई अधिक हो, तब, बंकन आघूर्ण का मान भी ज्यादा अधिक होता हैं, और धरन के विस्तृति के मध्य में बंकन में प्रतिबल का मान भी ज्यादा अधिक होता है। ऐसी स्थिति में मध्य क्षेत्र में जो दरारें उत्पन्न होती हैं, वे करीब करीब ऊर्ध्वाधर दरारें होती हैं। अर्थात् इन दरारों की दिशा तनन सतह (क्षैतिज्य) के लम्बवत होती है, जैसे कि Fig. 4.5 में दिखाया गया है। प्रबल्लित सिरिये पराभवित होते हैं। बंकन दरारें की चौड़ाई (मोटाई) बढ़ जाती है। जैसे जैसे भार में वृद्धि होती है, वैसे वैसे दरारें खुल जाती है, इन दरारों को **ऊर्ध्वाधर बंकन दरारे** कहा जाता है।

2. बंकन अपरूपण दरारे (Flexural shear cracks)

मध्यम विस्तृति की धरन में जैसे जैसे मध्य बिन्दु से अवलम्ब की तरफ बढ़ते हैं, वैसे वैसे उस क्षेत्र बंकन आघूर्ण और अपरूपण बल दोनों प्रचलित होते हैं, उन क्षेत्रों में पहले दरारे सतह के लम्बवत और उससे ऊपरी भाग में मध्य की तरफ झुकी रहती है। Fig. 4.5 में इन दरारों की दिखाया गया है।

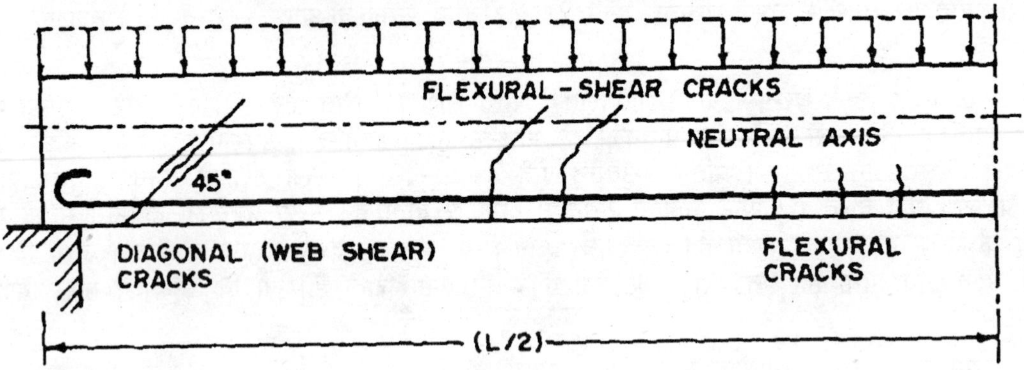

Fig. 4.5

3. विकर्ण दरारें (Diagonal cracks) अथवा वेब अपरूपण दरारे (Web shear cracks)

ऐसे धरन, जिनकी विस्तृति मध्यम लम्बाई से कम होती है, उनमें जैसे जैसे अवलम्ब के पास पहुंचते हैं, बंकन प्रतिबल के मान अधिक कम हो जाती है। यहां तक कि बंकन प्रतिबल की उपेक्षा की जा सकती है। परन्तु अपरूपण प्रतिबल का मान अधिक हो जाता है। विकर्ण तनन प्रतिबलों की दिशा नीचे की सतह से (जैसे बायें अवलम्ब के पास) ऊपर की सतह के बायीं तरफ हो जाती है। इनका झुकाव क्षेतिज्य से 45° हो जाता है। इन प्रतिबलों का मान माप में अपरूपण प्रतिबल के बराबर होता है। जो कि उदासीन अक्ष के पास अधिकतम होता है। **विकर्ण दरारे** जिनको **वेब अपरूपण दरारें** भी कहते हैं, तनन प्रतिबलों के लम्बवत उत्पन्न हो जाती है। ये दरारें नीचे की सतह से उदासीन अक्ष की तरफ (दाँयी तरफ) 45° के झुकाव पर विकसित होती है। Fig. 4.5 में इनको दिखाया गया है।

विकर्ण तनन प्रतिबलो के विपरीत अथवा इनका प्रतिरोध करने के लिए अपरूपण प्रबल्लित सिरियों का आवश्यकता होती है।

4.7 प्रबल्लित कांक्रीट धरन का अपरूपण में सामर्थ्य (Shear strength of reinforced concreter beams)

जब धरन पर अनुप्रस्थ भार कार्यरत होता है, तब धरन के प्रत्येक अनुप्रस्थ खण्ड पर बंकन आघूर्ण M और अपरूपण बल V विकसित हो जाते हैं। जब भार में वृद्धि होती जाती है, तब विकर्ण तनन (Diagonal tension) का मान कांक्रीट के तनन सामर्थ्य से बढ़ जाता है Fig. 4.6 (A) में उत्पन्न विकर्ण तनन दिखाया गया है। बाह्य अपरूपण बल V का प्रतिरोध धरन का आन्तरिक अपरूपण सामर्थ्य V_{int} करता है।

धरन का आन्तरिक अपरूपण सामर्थ्य V_{int} निम्नलिखित आन्तरिक सामर्थ्य के योगदान से बनता है।

1. बिना दरारे की कांक्रीट धरन का अपरूपण सामर्थ्य है, V_{cc} जो कि बंकन में संपीडाग क्षेत्र से होता है।

2. मिलावे का इन्टर लोक ऊर्ध्वाधर घटका V_{y1} बल का

3. डोवल क्रिया, V_{da} अनुदैर्ध्य इस्पाती सिरियों के अनुप्रस्थ खण्ड पर क्रियारत अपरूपण बल

अतः कांक्रीट धरन का आन्तरिक अपरूपण

$$V_{int} = (V_{cc} + V_{y1} + V_{da}) \quad \text{(i)}$$

चूंकि धरन संतुलन में है, अतः $V_{int} = V_{ext}$

$$V_{cc} = (V_{ext} - V_{y1} - V_{da}) \quad \text{(ii)}$$

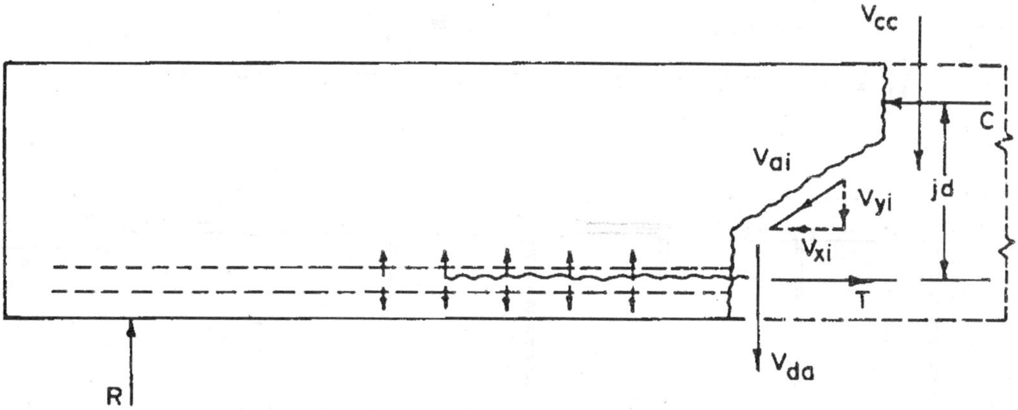

FORCES AT DIAGONAL CRACK IN A BEAM WITHOUT SHEAR REINFORCMENT

Fig. 4.6 (A)

कांक्रीट के गुण के साथ कांक्रीट में बिना दरारें के अपरूपण सामर्थ्य में वृद्धि होती है। इन्टर लोकिंग बल V_{ai} मिलावे पर निर्भर करता है। अनुदैर्ध्य प्रतिबल सिरियों के अनुप्रस्थ पर डोवल क्रिया, V_{da} का मान अक्षर कम होता है। मिलावे का इन्टर लोकिंग क्रिया V_{ai} का मान घटते घटते शुन्य हो जाता है। कांक्रीट में दरारें उत्पन्न होने के कारण डोवल क्रिया का बल V_{da} शुन्य हो जाता है।

बाह्य अपरूपण बल के प्रतिरोध में कांक्रीट का प्रतिरोध

$$V_{cc} = (\tau_c \,.\, b.d) \quad \text{(4.)}$$

जहां पर, τ_c कांक्रीट धरन में डीजाइन के लिए अनुज्ञेय अपरूपण प्रतिबल होता है, जबकि धरन में अनुदैर्ध्य बंकन प्रतिबल सिरिये होते है, परन्तु अपरूपण में प्रतिबल सिरिये नहीं होते हैं।

कांक्रीट धरन में डीजाइन के लिए अनुज्ञेय अपरूपण, τ_c दो अभिप्राय (Purpose) की पूर्ति करता है।

1. बिना अपरूपण प्रतिबल सिरियों के धरन के लिए, धरन द्वारा वहन अपरूपण की सीमा निर्धारित करता है।
2. इस कारण कांक्रीट धरण (प्रबल्लित सिरियों के साथ के लिए) के लिए अपरूपण का माप को निर्धारित करता है।

जब कांक्रीट का अपरूपण सामर्थ्य, V_{cc} अपर्याप्त होता है, तब दरार उत्पन्न होने के बाद कांक्रीट के दो भागों को आपस में गुथा हुआ रखने के लिए अपरूपण प्रतिबल सिरियों का प्रयोग किया जाता है।

कांक्रीट धरन में अपरूपण प्रतिबल सिरियों को वेब प्रतिबल अथवा अनुप्रस्थ प्रतिबल सिरिये भी कहा जाता है। कुल बाह्य अपरूपण बल का प्रतिरोध कांक्रीट का अपरूपण सामर्थ्य, V_{cc} और

अपरूपण प्रतिबल्लित सिरियों का अपरूपण सामर्थ्य V_s (जैसा कि Fig. 4.6 (B) में दिखाया गया है) के संयोजन से होता है।

$$V_{ext} = [(V_{cc} + V_{y1} + V_{da}) + V_{as}]$$

चूंकि $V_{y1} = 0$ और $V_{da} = 0$ हो जाते हैं,

अतः $V_{Fd} = (V_{cc} + V_{us})$ $\qquad V_{us} = (V_{Fd} - V_{cc})$

$$V_{us} = [V_{Fd} - (\tau_c \,.\, b.d)] \qquad (4.)$$

जहां पर, V_{us} = अपरूपण प्रबल्लित सिरियों द्वारा वहन होने वाला अपरूपण बल होता है।

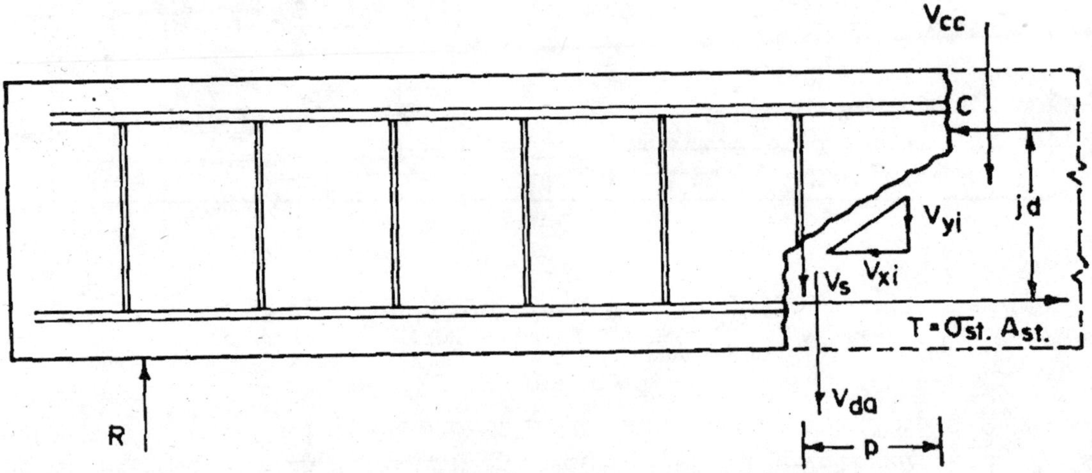

FORCES AT DIAGONAL CRACK IN A BEAM WITH VERTICAL STIRRUPS

Fig. 4.6 (B)

4.8 कांक्रीट धरन में अपरूपण प्रबल्लित सिरिये (Reinforced concrete beams with shear reinforcement)

जब कांक्रीट धरन के उदासीन अक्ष के सब तरफ विकर्ण तनन सामर्थ्य का मान कांक्रीट के तनन सामर्थ्य के मान के बराबर पहुंच जाता है, तब विकर्ण दरार विकसित होती है। विकर्ण तनन प्रतिबलों के प्रतिरोध के लिए और उत्पन्न होने वाली विकर्ण दरारों को रोकने के लिए, अपरूपण प्रतिबल्लित सिरिये (वेब अथवा अनुप्रस्थ प्रबल्लित सिरियों) का उपयोग धरन में किया जाता है। धरन में बंकन में अनुदैर्ध्य अथवा मुख्य प्रबल्लित सिरियों का उपयोग पहले ही किया जाता है। निम्न प्रकार के अपरूपण प्रबल्लित सिरियों का प्रयोग किया जाता है।

1. कांक्रीट धरन में ऊर्ध्वाधर छल्ले (Vertical stirrups)
2. मोड़ी हुई सिरिये (Bent up bars)
3. झुकाये हुए छल्ले (Inclined stirrups)

4.9 प्रबल्लित कांक्रीट धरन में ऊर्ध्वाधर छल्ले (Reinforced concrete beams with vertical stirrups)

ऊर्ध्वाधर छल्ले (Vertical stirrups)

अनुदैर्ध्य इस्पातीय सिरियों के लम्बवत अक्षर उपयोग में लिए जाते हैं। ये छल्ले विकर्ण तनन (Diagonal tension) का प्रभावी ढंग से प्रतिरोध करते हैं। इन छल्लों को कसकर इस्पातीय तार से बांधा जाता है, ताकि ये छल्ले क्षैतिज दिशा में स्लिप नहीं करे। धरन के निर्माण के समय इन छल्लों को आसानी से बांध कर रख देते हैं।

इस्पातीय सिरियों द्वारा (कम व्यास के सिरियों को) छल्ले बना कर उपयोग किया जाता है। 5 mm, 6 mm, 8 mm, 10 mm, अथवा 12 mm व्यास के सिरियों का उपयोग किया जाता है। ये ऊर्ध्वाधर छल्ले मुख्य प्रबल्लित सिरियों से अलग और स्वतंत्र होते हैं। ये छल्ले तनन क्षेत्र से संपीडाग क्षेत्र तक रखे जाते हैं, संपीडाग क्षेत्र में ही बांध दिये जाते हैं।

संपीडान क्षेत्र में छल्लों का बांधने के लिए होल्डिंग सिरिये (जिनको लंगर सिरिये भी कहते हैं) अनुदैर्ध्य दिशा में लगाये जाते हैं। होल्डिंग सिरिये ऊर्ध्वाधर छल्ला को उनकी स्थिति में बनाये रखते हैं। Fig. 4.7 कई प्रकार के ऊर्ध्वाधर छल्ले दिखाये गये हैं।

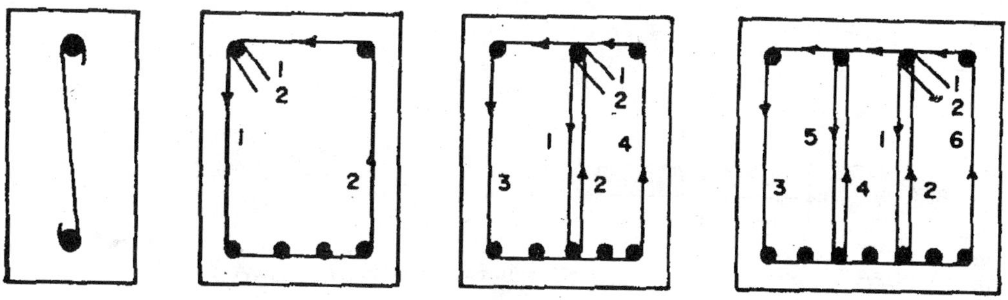

VARIOUS TYPES OF STIRRUPS

Fig. 4.7

Fig. 4.7 (i) में एक टांग वाले, (ii) दो टांग वाले (iii) में (Stirrups) चार टांग वाले (iv) में बहु टांगवाले छल्ले (Stirrups) दिखाये गये हैं। इन छल्लों द्वारा अपरूपण प्रबल्लित छल्लों के उपयोग किया जाता है।

इन छल्लों में क्षेतिज्य सिरिये को 90° के कोण से मोड़ा जाता है। जिस होल्डिंग सिरिये के ऊपर मोड़ा जाता है, उस बिन्दु से उसकी लम्बाई कम से कम व्यास से 8 गुणा रखी जाती है।

यदि इस क्षेतिज्य सिरे को 135° कोण पर मोड़ा जाता है, तो इसकी यह लम्बाई व्यास की छः गुणा रखी जाती है।

यदि ऊर्ध्वाधर छल्ले की एक टांग विकर्ण दरार को आरपार दूरी तय करती है, तब [1. A_{sv}. (0.87 σ_y)] बल की शक्ति धरन के उस भाग लगाता है। जहां पर, A_{sv} उस ऊर्ध्वाधर छल्ले के एक टांग का

अनुप्रस्थ क्षेत्रफल होता है, और ($0.87\ \sigma_y$) इस्पात का तनन में प्रतिबल होता है। यदि दो टांग का छल्ला दरार को आरपार दूरी तय करता है, तब ($2.A_{sv}.\ 0.87\ \sigma_y$) शक्ति धरन के उस भाग पर प्रतियुक्त करता है। यदि n छल्लों की टांगें दरारे के आरपार दूरी तय करता हैं, तब

$$V_{us} = [n\ .\ A_{sv}\ .\ (0.87\ \sigma_y)] \tag{i}$$

अपरूपण बल V का मान धरन की लम्बाई पर बदलती रहता है। अतः इन छल्लों की दूरी (spacing) भी बदलता जाता है। ऊर्ध्वाधर छल्लों की दूरी निम्न विधि से ज्ञात की जाती है।

2. ऊर्ध्वाधर संलग्न छल्लों के बीच की दूरी (**Spacing between adjacent vertical stirrups**) Fig. 4.6 (B) में विकर्ण दरार का क्षैतिज्य प्रक्षेप (Projection) दिखाया गया है।

यदि विकर्ण दरार की इस प्रक्षेप को n छल्ले आरपार दूरी तय करते हैं, और उनके आपस में संलग्न छल्लों के बीच की दूरी s_v है, तब छल्लों की n संख्या निम्न उक्ति से प्राप्त करते हैं।

$$n = (p / sv) \tag{ii}$$

इस प्रकार, ऊर्ध्वाधर छल्लों का अपरूपण प्रतिरोध इस प्रकार ज्ञात करते है।

$$n = \left(\frac{d}{s_v}\right) \tag{iii}$$

$$V_{us} = \left[A_{sv}\ .\ (0.87\,\sigma_y)\ .\ \left(\frac{d}{s_v}\right)\right]$$

$$\text{अतः}\ \ V_{us} = \left[\frac{0.87\ \sigma_y\ A_{sv}\ .\ d}{s_v}\right] \tag{4.6}$$

तब, दो संलग्न ऊर्ध्वाधर छल्लों के बीच की दूरी निम्नविधि से प्राप्त करते हैं।

$$s_v = \left[\frac{A_{sv}\ .\ (0.87\ \sigma_y)\ d}{V_{us}}\right] \tag{4.7}$$

$$\text{अतः}\ \ s_v = \left[\frac{0.87\ \sigma_y\ .\ A_{sv}\ .\ d}{V_{us}}\right] \tag{4.8}$$

ऊर्ध्वाधर छल्लों की दूरी इस प्रकार तय की जाती है कि एक विकर्ण दरार जो कि 45° कोण पर झुकाव दरार का प्रतिनिधित्व करती है, प्रदर्शित है, जो कि धरन के मध्य की आधी गहराई से विकसित होती है, और अनुदैर्ध्य तनन प्रबल्लित सिरियों से कम से एक ऊर्ध्वाधर छल्ला इसके आरपार है। धरन के सिरे से पहला ऊर्ध्वाधर छल्ला Sy की आधी दूरी पर लगाया जाता है। ऊर्ध्वाधर छल्लों का माप एक ही रखा जाता है और क्रान्तिकारी अनुप्रस्थ खण्ड वही एक ही दूरी रखी जाती है। अवलम्ब के फलक से क की दूरी लगाये जाते हैं। दो टांग या बहु टांग के छल्ले निर्माण कार्यों में विशेषकर सतह धरन के लिए लाभप्रद होते हैं। क्योंकि ये छल्ले तनन और संपीडाग प्रबल्लित सिरियों दोनों को पकड़ कर स्थिति में सुरक्षित रखते हैं।

3. ऊर्ध्वाधर संलग्न छल्लों के बीच अधिकतम दूरी (Maximum distance between adjacent vertical stirrups)

धरन के अनुदेर्घ्य अक्ष के साथ साथ मानक IS : 456-2000 द्वारा अनुमोदित प्रभावी गहराई की 0.75 गुणा से अधिक नहीं होगी। इससे यह निश्चित हो जाता है कि कम से कम एक ऊर्ध्वाधर छल्ला दरार को आर पार तय करता है। कभी भी यह दूरी 450 mm से अधिक नहीं होगी।

4. धरन में न्यूनतम अपरूपण सिरिये (Minimum shear reinforcement in beams)

यदि गणना से यह ज्ञात होता है कि अपरूपण प्रबल्लित सिरियों का आवश्यकता नहीं है, तब भी न्यूनतम अपरूपण प्रबल्लित सिरियों का क्षेत्रफल $A_{sv.min}$ का उपयोग करना जरूरी है।

$$\left[\frac{(A_{sv})_{min}}{b\ .\ s_v}\right] > \left[\frac{0.4}{0.87\ \sigma_y}\right] \tag{4.9}$$

$$(A_{sv})_{min} > 0.4\left[\frac{b\ .\ s_v}{0.87\ \sigma_y}\right] \tag{4.10}$$

जहाँ पर, f_y इस्पात का पराभव अथवा विशिष्ट सामर्थ्य होता है। मृदु इस्पात के लिए f_y का मान 250 N/mm^2 होता है। HYSD इस्पात Fe 415 ग्रेड और Fe 500 ग्रेड के लिए क्रमशः 415 N/mm^2 और 500 N/mm^2 होता है।

4.10 प्रबल्लित कांक्रीट धरन के लिए मोड़े हुए सिरियें (Bent up bars for reinforced concrete beams)

प्रबल्लित कांक्रीट धरन का अनुप्रस्थ खण्ड की डीजाइन बंकन आघूर्ण के अधिकतम मान के लिए की जाती है। सरल अवलम्ब धरन पर यदि एक समान वितरित अनुप्रस्थ कार्यरत होता है, तब बंकन आघूर्ण का अधिकतम मान धरन के मध्य में होता है। इस्पातीय प्रबल्लित सिरियों का माप एवं सिरियों की संख्या भी बंकन के आघूर्ण मान के लिए डीजाइन की जाती है। इन प्रबल्लित सिरियों को मुख्य अथवा अनुदैर्ध्य प्रबल्लित सिरिये भी कहा जाता है। जो कि धरन के तनन सतह के पास लगाये जाते हैं। बंकन में आघूर्ण का मान जैसे जैसे मध्य बिंदु से अवलम्ब का तरफ बढ़ते हैं, वैसे वैसे कम होता जाता है, घटता जाता है। अवलम्ब पर और अवलम्ब से मध्य बिन्दु से अन्य अनुप्रस्थ खण्डों पर प्रबल्लित सिरियों की इतनी संख्या की आवश्यकता नहीं होती। यदि इन अनुदैर्ध्य प्रबल्लित सिरियों की लम्बाई बीच में नहीं काटी जाती, तब अनुदैर्ध्य प्रबल्लित सिरियों के कम कम (1/2) संख्या अथवा इससे कुछ अधिक अवलम्ब के अन्दर जारी रहती है। शेष (2/3) संख्या को इस्पात के इन सिरियों को (45° या इससे अधिक कोण अनुदैर्ध्य सिरियों से) संपीडाग क्षेत्र की तरफ ऊपर मोड़ दी जाती है। Fig. 4.8 में इन मोड़ी हुई सिरियों की दिखाया गया है।

जब इन मोड़ी हुई सिरियों का विवरण अच्छी तरह से और अनुप्रस्थ खण्ड में सममित (Symmetrical) रखा जाता है, तब ये उत्तम अपरूपण अथवा वेब प्रबल्लित सिरियों का कार्य करते हैं। इन सिरियों को दो को एक साथ मोड़ा एक समय में सममित मोड़ी जाती हैं। इन मोड़ी हुई सिरियों को नीचे की सतह से ऊपर की सतह पर ले जाया जाता है। ऊपर की सतह पर ये सिरिये नेगेटिव (ऋणी) बंकन आघूर्ण का प्रतिरोध करता है।

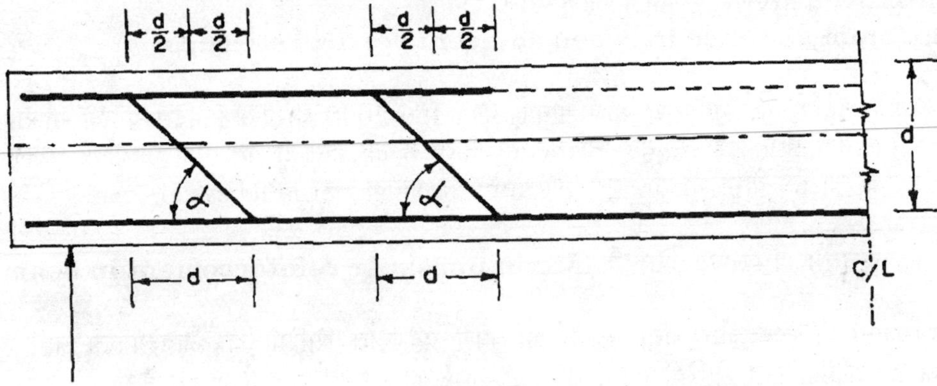

Fig. 4.8

इन मोड़े गये सिरियों को तनन विकर्ण प्रबल्लित सिरियों का तरह अधिक प्रभावी बना दिया जाता है। इन सिरियों की दूरी धरन के अक्ष के साथ धरन के प्रभावी गहराई d से कम रखी जाती है।

जब एक ही सिरियों को यदि मोड़ा जाता है या इनके बीच दूरी ज्यादा होती है, तब प्रभावी क्षेत्र तनन में विकर्ण प्रबल्लित सिरियों का विस्तार दोनों तरफ होता है। (इन सिरियों के उदासीन अक्ष से अनुच्छेद बिन्दु के दोनो तरफ धरन की गहराई का आधी)

मोड़े गये सिरिये यदि अपरूपण बल, V_{us} का प्रतिरोध करते हैं, तब इसका ऊर्ध्वाधर घटक (Vertical component) के बराबर होता है।

$$V_{us} = (0.87\ \sigma_y\ .\ A_{sv}\ .\ \sin\alpha) \quad (4.)$$

जहाँ पर, A_{sv} = मोड़े गये सिरियों का कुल अनुप्रस्थ क्षेत्रफल

चूंकि, $(f_y / \gamma_{ms} = \sigma_y / 1.15 = 0.87\ \sigma_y)$

α = धरन की अनुदैर्ध्य अक्ष और मोड़े गये सिरिये के बीच का कोण (जो कि 45° से कम नहीं होना चाहिए)

4.11 प्रबल्लित कांक्रीट के धरन में झुके हुए छल्ले (Inclined stirrups in reinforced concrete beams)

यदि Fig. 4.5 में सरल अवलम्बित धरन जिस पर एक समान वितरित भार कार्यरत है, को देखे, तब यह ज्ञात होगा कि अवलम्ब के पास (जैसे बायीं तरफ), दरारों का झुकाव 45° कोण पर अन्दर की तरफ है। जैसे जैसे, धरन के मध्य की तरफ आगे बढ़े उदासीन अक्ष के पास पहले धरन की नीचे की सतह पर लम्बवत होती है, परन्तु ऊपर की तरफ फिर उदासीन अक्ष की तरफ झुकी हुई रहती है।

इस्पातीय सिरिये अथवा छल्ले प्रतियुक्त किये गये है, जो कि कोण α (एल्फा 45° से कम नहीं) धरन की नीचे की सतह से (बायीं तरफ) बाहर की तरफ झुकती हुई लगायी जाती है। जो कि, तनन में विकर्ण प्रतिबल की दिशा में होती है। ऐसा कह सकते हैं, ये झुके हुए छल्ले इन दरारों के लम्बवत होते हैं। इन दरारों को बांध कर रखने वाले ये झुके हुए छल्ले अत्यन्त उपयुक्त अपरूपण प्रतिबल्लित छल्लों का कार्य करते हैं। तनन में विकर्ण प्रतिबल का झुकाव बदलता है। इन्ही के साथ इन झुके हुए छल्लों का झुकाव भी बदल देते हैं, जो कि दरारों के लम्बवत ही रहता है।

तनन में विकर्ण प्रतिबल का झुकाव (एक सरल अवलम्बित धरन में जिस पर कि एक समान वितरित अनुप्रस्थ भार कार्यरत होता है।) अवलम्ब के पास अधिकतम होता है। यह झुकाव (जैसे जैसे धरन के मध्य की तरफ बढ़ते हैं) कम होता जाता है। तनन में विकर्ण प्रतिबल के झुकाव का अनुसरण करते हुए, इन झुके हुए छल्लों का झुकाव भी बदलना चाहिए, जो कि संभाव्यत नहीं होता। जब झुके हुए छल्लों का उपयोग करते हैं, इनका झुकाव 45° या इससे अधिक रखते हैं, जैसा **Fig. 4.9** में दिखाया गया है। व्यववहार में इन झुके हुए छल्लों को मुख्य प्रबल्लित सिरियों से बांध कर रखना (ताकि, इनका स्थिति बना कर रख सके) कठिन होता है। अतः झुके हुए छल्लों का अपरूपण प्रबल्लित सिरियों में उपयोग बहुत ही कम किया जाता है।

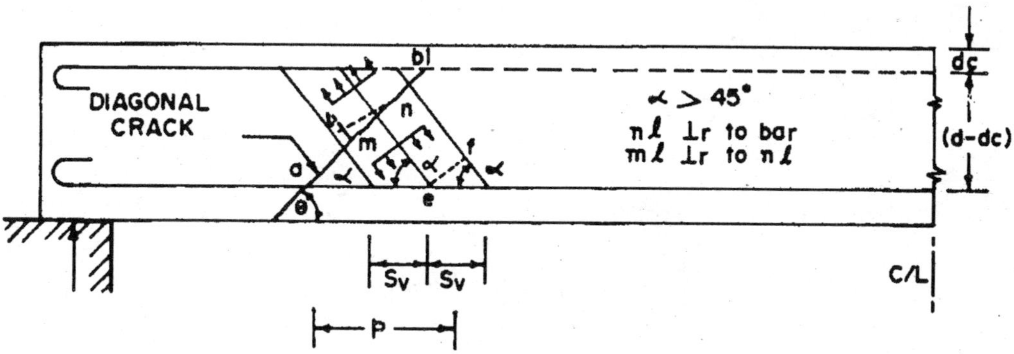

Fig. 4.9

Fig. 4.9 में एक विकर्ण दरार ab दिखायी गयी है, जो कि क्षेतिज्य से (θ कोण बनाती है। यह विकर्ण की दरार अनुदैर्ध्य (तनन) प्रतिबल्लित सिरियों से बंकन में संपीडाग क्षेत्र की तरफ फैलती है। यह दरार औसतन n झुकी हुई छल्लों का अनुच्छेद करती है, जैसा **Fig. 4.9** में दिखाया गया है।) एक सिरिये के लिए ऊर्ध्वाधर घटक (Vertical component) (A_{sv} (0.87 f_y)) के बराबर होता है। अपरूपण बल का वह भाग जो सब सिरिये प्रतिरोध करते है और दरार के आर पार होते है, उनका मान निम्न उक्ति से ज्ञात करते हैं।

$$V_{us} = [n \,.\, A_{sv} \,.\, (0.87\,\sigma_y).\ \sin\alpha] \qquad \text{(i)}$$

इन झुके हुए सिरिये n का मान जिनमें दूरी, sv होती है, और जो दरारों के आरपार होता है, इस प्रकार ज्ञात कर सकते हैं।

माना कि दरार ab का क्षेतिज्य प्रक्षेप p है और इसकी झुकी हुई लम्बाई, i है,

$$i = (p / \cos\theta) \qquad \text{(ii)}$$

दो संलग्न सिरियों के बीच दरार के दिशा के समान्तर दूरी mn है (इन दो मध्य बिन्दुओं m और n की बीच की दूरी)। लम्बाई mn ज्ञात करने के लिए एक लम्ब ml मध्य सिरियो के लम्बवत बनाते हैं। जो के ml, nl के लम्बवत है। माना कि

$$a = mn = nl.\ \sec\,(\text{कोण } mnl)$$

अथवा $a = mn = nl.\ \sec\,[90 - (\alpha + \theta)]$

अथवा $a = mn = nl\ .\ \text{cosec}\,(\alpha + \theta) \qquad \text{(iii)}$

लम्बवत दूरी nl दो संलग्न सिरियों के बीच लम्बवत दूरी के बराबर है

$$nl = ef = s_v \,.\, \sin\alpha \tag{iv}$$

अतः $a = mn = s_v \,.\, \sin\alpha \;.\; \text{cosec}\,(\alpha + \theta)$ (v)

$$a = \left[\frac{s_v}{\sin\theta\,(\cot\theta + \cot\alpha)}\right] \tag{vi}$$

दरारों के आर पार होने वाली सिरियों की संख्या

$$n = \left[\frac{i}{a}\right] = \left[\frac{p}{a\cos\theta}\right]$$

$$n = \left[\frac{p.\sin\theta\,(\cot\theta + \cot\alpha)}{\cos\theta\,.\,s_v}\right]$$

$$n = \left[\frac{p}{s_v}\right].\,(1 + \tan\theta\,.\cot\alpha) \tag{vii}$$

इस प्रकार, अपरूपण बल जिसका झुकी हुई सिरिये (छल्ले) प्रतिरोध करते हैं, उक्तियां (i) और (ii) से

$$V_s = \left[\frac{p}{sv}\right].\,(1 + \tan\theta.\,\cot\alpha)\,A_{sv}\,.(0.87\,\sigma_y)\,\sin\alpha$$

$$V_s = A_{sv}\;(0.87\,\sigma_y).\left[\frac{p}{sv}\right](\sin\alpha + \cos\alpha\,.\tan\theta) \tag{viii}$$

विकर्ण दरार का झुकाव θ है। जिसका मान बदलता है (जो कि कई विभिन्न प्रभावों पर निर्भर करता है)। इसको 45° मान लिया जाता है। तब उक्ति (viii) इस प्रकार लिख सकते हैं।

$$V_{us} = \left(\frac{A_{sv}\,.(0.87\,\sigma_y).\,p}{s_v}\right).\,(\sin\alpha + \cos\alpha) \tag{ix}$$

क्षेतिज्य प्रक्षेप की दूरी, p विकर्ण दरार को प्रभावी गहराई, d के बराबर मान ली जाती है। (जैसा कि ऊर्ध्वाधर छल्लों में होता है) अतः

$$V_{us} = \left[\frac{0.87\;\sigma_y\;.A_{sv}\,.\,d}{s_v}\right]\;(\sin\alpha\;+\cos\alpha) \tag{4.12}$$

$$\text{or}\qquad s_v = \left[\frac{0.87\;\sigma_y\;.A_{sv}\,.\,d}{V_{us}}\right](\sin\alpha\;+\cos\alpha) \tag{4.13}$$

टिप्पणी (Note) : ऊर्ध्वाधर छल्लों के लिए ज्ञात s_v दूरी समीकरण (4.11) और (4.12) की ही विशेष उक्ति है, जिसमें α = 90° मान होता है। समीकरण (4.11) और (4.12) दोनों सबसे अधिक साधारण उक्ति है।

4.12 अपरूपण बल के लिए क्रान्तिक अनुप्रस्थ खण्ड (Critical cross section for shear force)

अपरूपण बल की गणना क्रान्तिक अनुप्रस्थ खण्ड की स्थिति पर निर्भर करता है, जो कि धरन के अवलम्ब पर निर्भर करता है।

जब प्रतिबल (Reaction) की दिशा प्रत्युक्त अपरूपण बल की दिशा में हो, तब अवयव के सिरे के क्षेत्र में तनन पुरूः स्थापित (Introduce) होता है। ऐसी स्थिति में क्रान्तिक अनुप्रस्थ खण्ड अवलम्ब में फलक पर होता है, जैसा कि Fig. 4.10 (A) में दिखाया गया है। ऐसी स्थिति में अवलम्ब पर प्रतिबल संपीडाग पुरूः स्थापित नहीं करता, जैसा कि आयताकार पानी की टंकी के लिए आशा करते है। फलक पर विकर्ण दरार की संभावना रहती है।

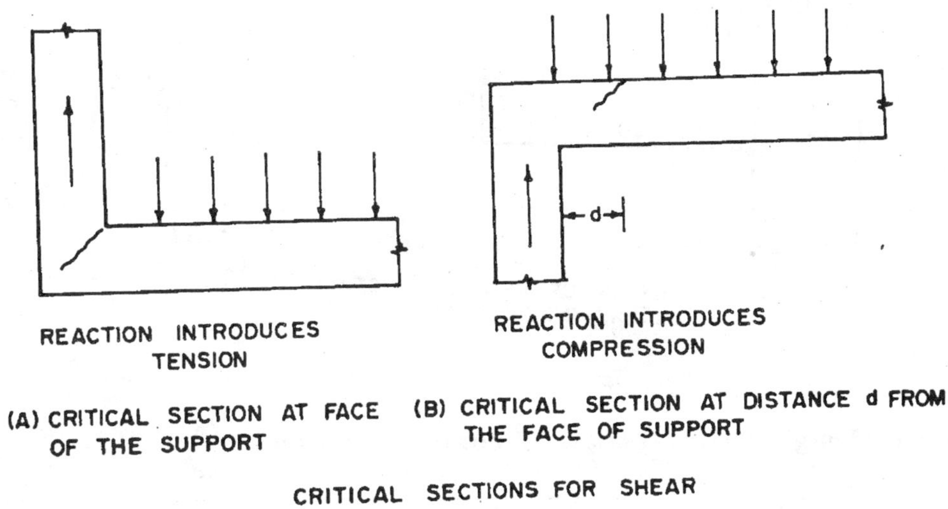

Fig. 4.10

जब प्रतिबल की दिशा प्रत्युक्त अपरूपण की दिशा में होता है, तब प्रतिबल अवयव के सिरे पर संपीडाग बल पुरूः स्थापित करता है। ऐसी स्थिति में अपरूपण बल ज्ञात करने के लिए क्रान्तिक अनुप्रस्थ खण्ड धरन के अवलम्ब से प्रभावी गहराई की दूरी पर, d होता है, क्योंकि विकर्ण दरारें अवलम्ब के फलक से दूर पर प्रदर्शित होती है। जैसा कि Fig. 4.10 (B) में दिखाया गया है।

विभिन्न प्रकार के अवलम्ब पर (अर्थात् (i) धरन बियरिंग (bearing) धरन के नीचे से अवलम्बित है (ii) धरन दूसरे अवयव के साथ पूर्ण सांख्यिकतः (Integrally) ढली हुई है, (iii) धरन पर अवलम्ब के पास एक संकेन्द्रित भार (concentrated load) कार्यरत है और (iv) धरन एक अवलम्ब पर अवलम्बित है, जैसा कि Fig. 4.11 (A), (B), (C) और (D) द्वारा क्रमशः दिखाया गया है।

4.13 कांक्रीट धरन का डीजाइन अपरूपण सामर्थ्य (Design shear strength of concrete Beams)

प्रबल्लित धरन में जब अपरूपण प्रबल्लित सिरियें नहीं हों, तब कांक्रीट का डीजाइन अपरूपण सामर्थ्य IS : 456-2000 में उल्लेखित और अनुमोदित के अनुसार सारणी 4.1 में दिये गये है।

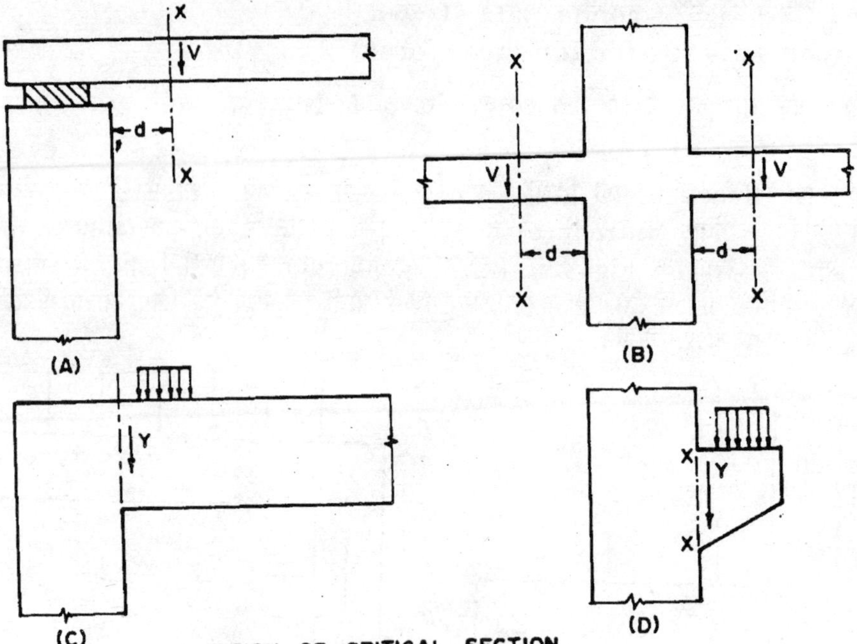

Fig. 4.11

सारणी **4.1. Design shear strength of concrete,** τ_c, N/mm^2

$\left(100\,\frac{A_s}{bd}\right)$	τ_c, N/mm^2					
	M 15	M 20	M25	M30	M35	M40 and above
(1)	(2)	(3)	(4)	(5)	(6)	(7)
<0.15	0.28	0.28	0.29	0.29	0.29	0.30
0.25	0.35	0.36	0.36	0.37	0.37	0.38
0.30	0.46	0.48	0.49	0.50	0.50	0.51
0-75	0.54	0.56	0.57	0.59	0.59	0.60
1.00	0.60	0.62	0.64	0.66	0.67	0.68
1.25	0.64	0.76	0.70	0.71	0.73	0.74
1.50	0.68	0.72	0.74	0.76	0.78	0.79
1.75	0.71	0.75	0.78	0.80	0.82	0.84
2.00	0.71	0.79	0.82	0.84	0.86	0.88

2.25	0.71	0.81	0.85	0.88	0.90	0.92
2.50	0.71	0.82	0.88	0.91	0.93	0.95
2.75	0.71	0.82	0.90	0.94	0.96	0.98
3.00	0.71	0.82	0.92	0.96	0.99	1.01

टिप्पणी (Note) : इस तथ्य पर ध्यान रखना है कि A_s अनुदैर्ध्य (मुख्य तनन) प्रबल्लित सिरियों का क्षेत्रफल है, जो कि अनुप्रस्थ खण्ड से एक प्रभावी गहराई की दूरी, d जारी रहता है। अवलम्ब पर उचित ढंग से बंधे हुए पुरे तनन प्रबल्लित सिरियों का क्षेत्रफल A_s है।

अनुज्ञेय अपरूपण प्रतिबल का अधिकतम मान $\tau_{c.max}$ (जोकि प्रबल्लित कांक्रीट धरन के लिए अपरूपण प्रबल्लित सिरियों के साथ IS : 456-2000 में उल्लेखित है, उसके अनुसार सारणी 4.2 में दिये गये हैं।

सारणी 4.2. Maximum shears stress $\tau_{c.max}$, in N/mm^2

Grade of concrete	M 15	M 20	M25	M30	M35	M40 and above
$\tau_{c.max}$, in N/mm^2	2.5	2.8	3.1	3.5	3.7	4.0

जब तक धरन के लिए सामान्य (Nominal) अपरूपण प्रतिबल, $\tau_{c.max}$ के मान से कम होता है, तब धरन की कांक्रीट विकर्ण संपीडाग प्रतिबल द्वारा नहीं कुचली जाती है।

मानक IS : 456-2000 में उल्लेखित $\tau_{c.max}$ का मान निम्नलिखित उक्ति से गणना की जाती है।

$$\tau_{c.max} = [0.83\ (f_c)^{1/2}]$$

$$\tau_{c.max} = [\ 0.83\ (0.85\ f_{ck})^{1/2}]$$

जहां पर, f_c = कांक्रीट के लिए बेलनाकार का सामर्थ्य होता है।

कांक्रीट के धरन के लिए बेलनाकार सामर्थ्य को धन के सामर्थ्य में परिवर्तित कर दिया जाता है।

$$(f_c = 0.85\ f_{ck})$$

0.85 घटक को प्रत्युक्त करने बाद एक पदार्थ के सामर्थ्य का आंशिक सुरक्षा घटक ($1/\gamma_{ms}$) प्रत्युक्त किया जाता है।

4.14 कांक्रीट धरन के अनुप्रस्थ खण्ड के लिए अपरूपण प्रबल्लित सिरियों की डीजाइन (Design of shear reinforcement for concrete beam cross sections)

प्रबल्लित कांक्रीट धरन विकर्ण तनन का प्रतिरोध करने के लिए अपरूपण प्रबल्लित सिरिये का प्रतियुक्त किया जाता है। धरन के अवलम्ब के पास विकर्ण तनन का मान सामान्य अपरूपण प्रतिबल τ_c होता है। अपरूपण प्रबल्लित सिरियों की धरन के अनुप्रस्थ खण्ड के लिए डीजाइन निम्न विवरण के अनुसार की जाती है।

Step 1. धरन पर कार्यरत कुल अनुप्रस्थ फेक्टर (डीजाइन) भार से उत्पन्न फेक्टरड डीजाइन अपरूपण बल, V_{Fd} किसी क्रान्तिक अनुप्रस्थ खण्ड पर विकसित ज्ञात किया जाता है। जो कि भार के लिए

आंशिक सुरक्षा घटक γ_{fL} से गुणा करने से प्राप्त किया गया है धरन के आयताकार अनुप्रस्थ खण्ड की चौड़ाई, b और प्रभावी गहराई, d ज्ञात है।

Step 2 इस अपरूपण बल V_{Fd} का कांक्रीट और अपरूपण प्रबल्लित सिरियों द्वारा मिलकर संयुक्त रूप से प्रतिरोध करते हैं। अनुज्ञेय अपरूपण प्रतिबल, τ_c धरन खण्ड के लिए (जिसमें अपरूपण प्रबल्लित सिरियों का उपयोग नहीं किया गया है।), ज्ञात किया जाता है। धरन के अवलम्ब पर उपयुक्त मुख्य प्रबल्लित सिरियों का क्षेत्रफल As और उपयोग में लाये जाने वाली प्रस्तावित कांक्रीट का ग्रेड पहले से ही ज्ञात है।

अपरूपण प्रतिबल, τ_c धरन खण्ड के लिए (जिसमें अपरूपण प्रबल्लित सिरियों का उपयोग नहीं किया गया है), ज्ञात किया जाता है। धरन के अवलम्ब पर उपयुक्त मुख्य प्रबल्लित सिरियों का क्षेत्रफल As और उपयोग में लाये जाने वाली प्रस्तावित कांक्रीट का ग्रेड पहले से ही ज्ञात है। **IS : 456-2000** से अधिकतम अपरूपण प्रतिबल का मान τ_{max} नोट कर लिया जाता हैं। सामान्य अपरूपण प्रतिबल, τ_c और अधिकतम अपरूपण प्रतिबल के मान $\tau_{c.max}$ से तुलना की जाती है।

धरन के अनुप्रस्थ खण्ड के लिए ज्ञात सामान्य अपरूपण प्रतिबल τ_c का मान $\tau_{c.max}$ के मान से अधिक नहीं होना चाहिए। यदि τ_c का मान $\tau_{c.max}$ के मान से बढ़ जाता है, तब धरन की प्रभावी गहराई d के मान में वृद्धि करदी जाती है। यह निश्चित किया जाता है कि τ_c का मान $\tau_{c.max}$ से कम रहे।

यदि धरन के अनुप्रस्थ खण्ड पर गणना से ज्ञात सामान्य अपरूपण प्रतिबल, τ_v, τ_c के मान से अधिक और $\tau_{c.max}$ के मान से कम हो, तब अपरूपण प्रबल्लित सिरियों की डीजाइन की जाती है।

Step 3 इस्पातीय अपरूपण प्रबल्लित सिरियों द्वारा अपरूपण बल का एक भाग, V_{us} ज्ञात किया जाता है।

$$V_{us} = (V_{Fd} - \tau_c \,.\, b \,.\, d) \qquad \text{(i)}$$

साधारणतया ऊर्ध्वाधर छल्लों का अपरूपण प्रबल्लित सिरियों के लिए उपयोग किये जाते हैं।

ऊर्ध्वाधर छल्ले (Vertical stirrups)

यदि ऊर्ध्वाधर छल्लों का उपयोग किया जाता है, तब अपरूपण प्रबल्लित सिरियों का क्षेत्रफल, A_{sv} का चयन करना सुविधाजनक रहता है। सिरियों का व्यास का ऊर्ध्वाधर छल्लों के लिए चयन कर लिया जाता है।

दो टांग, चार टांग या बहु टांग के छल्लों का चयन किया जाता है, ताकि संलग्न छल्लों के बीच न्यूनतम दूरी ज्यादा कम नहीं हो। (ऐसी प्राथमिकता की जाती है कि यह दूरी 100 mm से कम नहीं हो)। साथ साथ छल्लों की संख्या भी बहुत ज्यादा नहीं हो)।

अपरूपण बल V_{Fd} का वह भाग जिसका इस्पात के सिरिये A_{sv} क्षेत्रफल से उसका प्रतिरोध कर सके। अनुज्ञेय अपरूपण प्रतिबल, σ_{sv} तनन में और धरन के अनुप्रस्थ खण्ड की प्रभावी गहराई, d पहले से ही ज्ञात है। संलग्न ऊर्ध्वाधर छल्लों के बीच की दूरी

$$s_v = \left[\frac{0.87\ \sigma_y\ .\ A_{sv}\,.\,d}{V_{us}}\right]$$

उक्ति के उपयोग से ज्ञात कर लेते है।

प्रत्युक्त की जाने वाली दूरी Sv से कुछ कम ही रखी जाती है यदपि प्रत्युक्त Sv का मान अधिकतम अनुज्ञेय दूरी से ज्यादा नहीं होना चाहिए।

यदि आवश्यक ऊर्ध्वाधर छल्लों का उपयोग छोटी दूरी से किया जाता है, तब धरन की लम्बाई के लिए एक समान दूरी रख दी जाती है। यदि संभव हो तो, पूरे संरचना में सब धरन के लिए एक ही दूरी रख दी जाती है, ताकि किसी प्रकार की गलती की संभावना नहीं रहे, जो सुविधाजनक भी रहती है।

यदि अपरूपण प्रबल्लित सिरियों और छल्लों का उपयोग बड़ी दूरी से किया जाता है और यदि अपरूपण बल के मान में महत्वपूर्ण बदलाव हो तो, अलग अलग अनुप्रस्थ खण्डों पर छल्लों की दूरी की गणना करना किफायती रहता है।

ऊर्ध्वाधर छल्लों और बेन्ट अप बारस का संयुक्त उपयोग (Combined use of Vertical stirrups and bent-up bars)

जब ऊर्ध्वाधर छल्लों और बेन्टअप बारस का संयुक्त उपयोग होता है, वहां पर अपरूपण बल के भाग V_{us} का प्रतिरोध दोनों के सामर्थ्य मिलकर इनका प्रतिरोध करते हैं। अतः

$$V_{us} = (V_{us.BB} + V_{us.vs}) \qquad \text{(i)}$$

बेन्ट अप सिरियों का प्रतिरोध सामर्थ्य $V_{us.BB}$, V_{us} के आधे से ज्यादा तो हो सकता है ($V_{us.BB} <$ $0.5\ V_{us}$) परन्तु ($V_{us.BB}$, कुल V_{us} से अधिक नहीं होना चाहिए। बेन्ट अप सिरियों का अपरूपण सामर्थ्य

$$V_{us.BB} = (0.87\ \sigma_y\ .\ A_{sv}\ .\ \sin\alpha) \qquad \text{(ii)}$$

जहां पर α = अनुदेर्ध्य प्रबल्लित सिरियों के साथ बेन्ट अप सिरियों का कोण बेन्ट अप सिरियों का व्यास और अनुदेर्ध्य प्रबल्लित सिरियों का व्यास बराबर होता है। अत A_{sv} ज्ञात हो जाता है और $V_{us.BB}$ का अलग से मान ज्ञात हो जाता है। तब

$$V_{us.vs} = (V_{us} - V_{us.BB}) \qquad \text{(iii)}$$

$V_{us.vs}$ ज्ञात होने के पश्चात् ऊर्ध्वाधर छल्लों की डीजाइन और दो संलग्न छल्लों के बीच की दूरी पहले के विवरण के अनुसार कर दी जाती है। यदि अनुप्रस्थ खण्ड का क्षेत्रफल और अपरूपण प्रबल्लित सिरियों छल्लों के आकृति/प्रकार प्रबल्लित कांक्रीट धरन में किया गया है, और आवश्यक दो संलग्न छल्लों के बीच उपयुक्त दूरी दी हुई होती है, धरन की अपरूपण समता ज्ञात कर सकते है।

$$V_{Fd} = (V_{uc} + V_{us}), \quad V_{Fd} = (\tau_c - b.d) + V_{us}$$

उदाहरण 4.1 (Example 4.1). एक प्रबल्लित कांक्रीट आयताकार धरन की चौड़ाई 400 mm, प्रभावी गहराई 550 mm है। धरन में 4 HYSD सिरियों का उपयोग बंकन में आघूर्ण का प्रतिरोध करने के लिए किया गया है। 2 HYSD बेन्ट अप सिरियों का कोण 45° (क्षेतिज्य/अनुदेर्ध्य प्रबल्लित सिरियों के) साथ बनता है। इन बेन्ट अप सिरियों को ऊपर की तरफ अवलम्ब के पास ले जाया गया है। जबकि शेष दो अन्य प्रबल्लित मुख्य सिरियों को तनन में अवलम्ब के अन्दर सतत (continuous) रखा गया है। धरन एक सरल अवलम्बित धरन है।

इसके अतिरिक्त, दो टांग वाले HYSD इस्पातीय ऊर्ध्वाधर छल्लों का 8 mm व्यास है, और दो संलग्न छल्लों के बीच की दूरी 110 mm है। यह धरन Fig. 4.12 में दिखायी गयी है। कांक्रीट का उपयुक्त ग्रेड M20 है। उस अनुप्रस्थ खण्ड पर जो कि बेन्ट अप सिरियों के अनुप्रस्थ खण्ड से आरपार है, इस अनुप्रस्थ खण्ड की कुल अपरूपण सामर्थ्य ज्ञात करो।

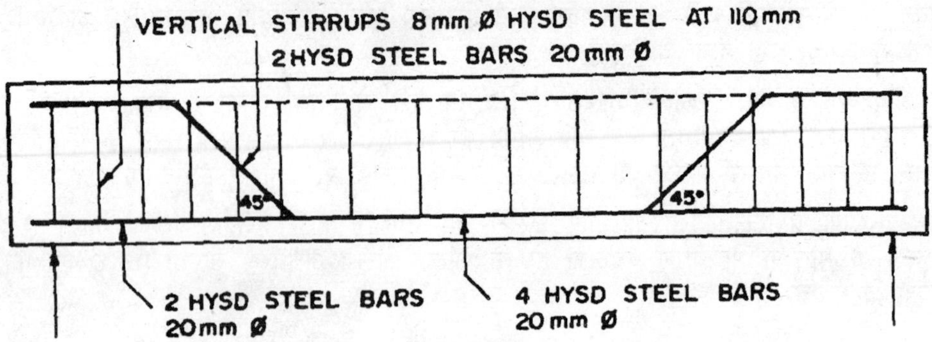

Fig. 4.12

हल (Solution) : 2 HYSD इस्पातीय मुख्य सिरिये 20 mm व्यास के अवलम्ब के भीत तनन में सतत रखे जाते हैं। अतः

$$A_{sv} = \left[2 \times \frac{\pi}{4} \times 20^2\right] = 628.32\ \text{mm}^2 \qquad \text{(i)}$$

$$\left[\frac{100\ A_s}{bd}\right] = \left[\frac{100 \times 628.32}{400 \times 550}\right] = 0.2856 \qquad \text{(ii)}$$

M20 ग्रेड कांक्रीट के लिए और (100 As/bd) = 0.2856 मान के लिए अनुज्ञेय अपरूपण प्रतिबल का मान IS : 456-2000 मानक से

$$\tau_c = \left[0.36 + \frac{(0.48 - 0.36)}{(0.50 - 0.25)} \times (0.2856 - 0.25)\right]$$

$$\tau c = (0.36 + 0.0171) = 0.3771\ \text{N/mm}^2 \qquad \text{(iii)}$$

Step 1. कांक्रीट धरन का अपरूपण सामर्थ्य, V_{uc}

$$V_{uc} = \left[\frac{0.3771 \times 400 \times 550}{1000}\right] = \mathbf{82.96\ kN} \qquad \text{(iv)}$$

2 HYSD इस्पातीय 20 mm व्यास के सिरिये 45° कोण पर (क्षेतिज्य/अनुदैर्ध्य प्रबल्लित सिरियों से) बेन्ट की गई है।

$$A_{sv} = \left[2 \cdot \frac{\pi}{4} \cdot 20^2\right] = 628.22\ \text{mm}^2 \qquad \text{(v)}$$

Step 2. बेन्ट अप सिरियों का अपरूपण सामर्थ्य $V_{us.BB}$

IS : 456-2000 से और HYSD इस्पात सिरिये Fe 415 के लिए $F_y = 415\ \text{N/mm}^2$

$$V_{us.BB} = [0.87\ f_y\ A_{sv} \cdot \sin\alpha]$$

$$V_{us.BB} = \left[\frac{0.87 \times 415 \times 628.32 \times 0.07}{1000}\right] = \mathbf{160.386\ kN}$$

Step 3. ऊर्ध्वाधर दो टांग के छल्लों का सामर्थ्य $V_{us.vs}$

दो टांग के ऊर्ध्वाधर छल्लों का व्यास 8 mm का अनुप्रस्थ क्षेत्रफल और 110 mm की दूरी

$$A_{sv} = \left[2 \cdot \frac{\pi}{4} \cdot 8^2\right] - 100.53 \text{ mm}^2$$

इन ऊर्ध्वाधर छल्लों का सामर्थ्य $V_{us.vs}$

$$V_{us.vs} = \left[\frac{0.87\ \sigma_y\ A_{sv} \cdot d}{s_v}\right]$$

$$V_{us.vs} = \left[\frac{0.87 \times 415 \times 100.53 \times 550}{110 \times 1000}\right] = \mathbf{181.48\ kN}$$

Step 4. धरन के इस अनुप्रस्थ खण्ड का कुल अपरूपण सामर्थ्य : धरन के इस अनुप्रस्थ खण्ड के लिए, जो कि बेन्ट अप सिरियों के आरपार रहता है, कुल अपरूपण सामर्थ्य

$$V = (V_{uc} + V_{us.BB} + V_{us.sv}) = (82.96 + 160.386 + 181.48) = \mathbf{424.826\ kN}$$

PROBLEMS

4.1 एक अकेले आयताकार सरल अवलम्बित धरन की डीजाइन करो।

धरन की स्पष्ट विस्तृति 5-6 m है। धरन पर एक समान वितरित विशिष्ट/सेवारत भार अचल और चल क्रमशः 18 kN/m और 26 kN/m है। M20 ग्रेड कांक्रीट का और HYSD इस्पात Fe 415 उपयोग करना है। IS : 456-2000 से अनुज्ञेय प्रतिबल का मान नोट करना है। धरन का अपरूपण प्रबल्लित सिरियों के लिए भी डीजाइन करनी है।

4.2 एक अकेले आयताकार कांक्रीट धरन की चौड़ाई, 360 mm है और प्रभावी गहराई 480 mm है। धरन के लिए उपयुक्त मुख्य तनन प्रबल्लित 4 सिरियों का व्यास 18 mm है, जो कि विस्तृति के मध्य बिन्दु पर अधिकतम बंकन आघूर्ण का प्रतिरोध करती है। इनमें से 2 HYSD इस्पात सिरियों को 45° कोण पर क्षैतिज्य से अवलम्ब के पास मोड़ के ऊपरी सतह पर संपीडाग क्षेत्र में ले जाये गये हैं और 2 HYSD इस्पात सिरियों को अवलम्ब के भीतर तनन में सतत (continuous) रखे।

इसके अतिरिक्त दो टांग वाले इस्पात के ऊर्ध्वाधर छल्ले 8 mm व्यास के 150 mm की बीच की दूरी 150 mm की रखते हुए उपयुक्त किये गये है। कांक्रीट का ग्रेड M20 है। उस अनुप्रस्थ खण्ड पर जो कि बेन्ट अप सिरियों के आरपार होता है, वहां पर, धरन के अनुप्रस्थ खण्ड का कुल अनुप्रस्थ सामर्थ्य ज्ञात करो।

अध्याय – 5

कांक्रीट धरन में विस्थापन के लिए लिमिट स्टेट ऑफ सर्विसेबिलिटी अकेले तनन में प्रबल्लित आयताकार धरन की डीजाइन (LIMIT STATE OF SERVICEABILITY FOR DEFLECTION (DESIGN OF SINGLY REINFORCED RECTANGULAR BEAMS SRRB - III)

5.1 प्रस्तावना (Introduction)

विफलता के लिए लिमिट स्टेट में, यह माना जाता है कि अवयव पर अधिक भार (विश्लेषण और डीजाइन के लिए) कार्यरत है। सिर्फ कोई धरन इस स्तर का भार वहन करती है। भार का मान भी इस स्तर तक नहीं पहुँचता है। यह भी निश्चित कर लिया जाता है कि बंकन अथवा अपरूपण के प्रतिरोध उचित सुरक्षा की गुंजाइश रखी जाती है। डीजाइन के निपुण विधि से इंजीनियरस इतने योग्य बन जाते है कि विफलता के लिए लिमिट स्टेट की आवश्यकताओं के लिए संतोषजनक पूर्ति करे।

कांक्रीट के संरचनात्मक अवयव (धरन) के लिए लिमिट स्टेट ऑफ सर्विसेबिलिटी डीजाइन के लिए महत्वपूर्ण विचार प्रत्युक्त करते हैं। यह देखा जाता है कि अवयव (धरन) की कार्यकुशलता सामान्य भार (जो कि धरन पर सेवा अवधि में कार्यरत रह सकता है) के वहन करने में संतोष रहे। सामान्य भार के कार्यरत रहते हुए लिमिट स्टेट ऑफ सर्विसेबिलिटी कांक्रीट इस्पातीय सिरियों से प्रबल्लित धरन के विस्थापन और दरारें से संबंधी व्यवहार का समावेश करती है। प्रबल्लित धरन में विस्थापन के कारण पार्टीशन की दीवारों को, फिनिशिगंज को, और दिखावट पर कोई विपरीत प्रभाव नहीं हो। इसी तरह दरारों के कारण भी धरन के टिकाऊपन गुण पर और दिखावट पर कोई विपरीत प्रभाव नहीं हो।

लिमिट स्टेट ऑफ सर्विसेबिलिटी में कांक्रीट धरन में बंकन में, अधिक विस्थापन बंकन में अधिक चौड़ी दरारे दो ह्ष्टिविषय (Phenomena) है, उन पर विचार किया जाता है। धरन में अधिक माप का विस्थापन, अधिक दरारें और दरारों की अधिक चौड़ाई के परिणाम से धरन का कार्य कुशलता उचित नहीं रहती। कुछ सरल डीजाइन के नियम से साधारण स्थितियों में विस्थापन के लिए स्वीकारयोग्य सीमा से यह निश्चित हो जाता है कि धरन की सेवा और कार्य कुशलता संतोषजनक रहेगी।

5.2 धरन पर विस्थापन का प्रभाव (Effects of deflections on beams)

जब धरन पर बाह्य भार कार्यरत होता है, धरन में झुकाव आ जाता है। धरन के प्रत्येक खण्ड पर धरन की प्रारम्भिक अक्ष और बंकन अक्ष के बीच में ऊर्ध्वाधर की दूरी हो जाती है। इस दूरी को धरन का विस्थापन कहते हैं।

धरन का सीमा से अधिक विस्थापन निम्न कारणों से **अवांछनीय (Undesirable)** होता है।

1. **सार्वजनिक स्थान पर बाह्य भार अधिभोक्ता (Occupants)** द्वारा होता है। सीमा से अधिक विस्थापन के कारण धरन में सूचना योग्य कम्पन्न होती है। इससे अधिभोक्ताओं के मस्तिष्क पर तकलीफ देने जैसा संवेदन (Sensation) उत्पन्न होता है। कम्पन्न से शोर–गुल उत्पन्न होता है। जिसको श्रवण–संबंधी प्रभाव (Auditory effects/कान से सुनने संबंधी) होता है, जो कि सुनने की चेतना से संबंध रखता है। इनको **मस्तिष्क संबंधी (Sensory-effects)** भी कहते हैं।

धरन का झुकाव (Sagging) और प्रास धरन का लटकना (Drooping) दृष्टि–संबंधी (Visual effect) गति प्रभाव (Dynamic effect) से कंपन्न उत्पन्न होते हैं, जिसको छूने से बोध होता है, इनको स्पर्श–योग्य (Tactile effects) कहते हैं।

2. **संरचना की सेवा योग्यता (Serviceability of structure)** छत की सतहों का उपयोग इस अभिप्राय से किया जाता है कि छत से पानी बह जाय और छत समतल रहे।

3. **असंरचनात्मक तत्वों पर प्रभाव (Effects on non-structural elements)** धरन के अधिक विस्थापन के कारण छत के प्लास्टर में, फर्श में, या विभाजक–दीवार (Partition wall) में दरारें आने की संभावना होती है।

4. **संरचनात्मक अवयवों पर प्रभाव (Effects on structureal members)** धरन के एक सिरे के धसकने से अतिरिक्त आघूर्ण उत्पन्न हो जाते हैं, जिससे धरन के व्यवहार में बदलाव आ जाता है।

5.3 विस्थापन को नियंत्रित करने के उपाय (Methods of controlling deflections)

संरचनात्मक अवयवों में ऊर्ध्वाधर विस्थापन या क्षैतिज्य विस्थापन अथवा दोनों विस्थापन हो सकते है। निम्नलिखित दो उपायों से विस्थापन को नियंत्रित कर सकते हैं।

1. पर्याप्त दुर्नम्यता/दृढ़ता से उपाय (Method of sufficient stiffness)

संरचना के अवयवों में कार्यरत सेवा भार से उत्पन्न प्रबल्लित कांक्रीट धरन में पर्याप्त दुर्नम्यता (Sufficient stiffness) द्वारा विस्थापन को सीमा में रख सकते हैं। IS : 456-2000 में विस्थापन पर नियंत्रण रखने के लिए और धरन की सेवा–योग्यता बनाये रखने के लिए सीमाओं का उल्लेख किया है।

सभी भार (तापमान का प्रभाव, क्रीप और श्रिकेंज आदि) सहित द्वारा उत्पन्न विस्थापन सामान्यता [विस्तृति (Span)/250] से अधिक नहीं होना चाहिए।

तापमान, क्रीप, श्रिकेंज आदि प्रभावों को सम्मिलित करने के बाद और विभाजक दीवारों (Partition-wall) के निर्माण करने के बाद विस्थापन विस्तृति (Span/350 या 20 mm जो भी कम हो इससे अधिक नहीं बढ़ना चाहिए।

विस्तृति (Span)/ प्रभावी गहराई, d के अनुपात का मूल मान एक सरल अवलम्बित आयताकार प्रत्याक्षी (Elastic) धरन पर एक समान वितरित प्रति ईकाई/लम्बाई, धरन की w पर विचार करते हुए ज्ञात किया गया है।

एक सरल अवलम्बित धरन जिस पर एक समान वितरित कुल भार (W = w.L) से धरन की लम्बाई के मध्य बिन्दु पर उत्पन्न अधिकतम आघूर्ण M है, और धरन की विस्तृति (Span) L है, तक

$$M = (\sigma_{cbc} . Z) = \left(\sigma_{abc} . bD^2/6\right) = \left(\frac{wL^2}{8}\right) \quad \therefore \; Z = \left(\frac{1}{6} b.D^2\right) \quad \text{(i)}$$

$$w = \left[8\, \sigma_{abc} . b\,(D/L)^2\, 6\right] \quad \text{(ii)}$$

धरन के मध्य में उत्पन्न अधिकत्तम विस्थापन

$$y_{max} = \left(\frac{5}{384}\right)\left[\frac{w.L^4}{EI}\right] = \left(\frac{5}{384}\right)\left(\frac{WL^3}{EI}\right)$$

$$y_{max} = \left[\left(\frac{5}{48}\right) \times \left(\frac{1}{8}\frac{WL}{EI}\right) . L^2\right] \quad \text{(iii)}$$

उक्तियों (ii) और (iii) से

$$\left(\frac{y_{max}}{L}\right) = \left[\frac{5}{24} \times \frac{\sigma_{abc}}{E}\right] \times \left[\frac{L}{D}\right] \quad \text{(iv)}$$

अथवा $\left[\frac{L}{D}\right] = \left[\frac{24}{5}\right]\left[\frac{E}{\sigma_{cbc}} . \frac{y_{max}}{L}\right]$ (v)

$$y_{max} = \left(\frac{5}{48}\right)\left(\frac{M_{max}}{EI}\right) . L^2$$

$$y_{max} = \left(\frac{5}{48}\right) . \left(\phi_{max} . L^2\right) = \left(K . \phi_{max} . L^2\right)$$

$$\left[\frac{M}{EI} = \left(\frac{1}{R}\right) = \phi_{max}\right]$$

जहाँ पर, ϕ_{max} = धरन में अधिकतम वक्रता (Curvature)

और $K_1 = \left(\frac{24}{5}\right) . \left[\frac{E}{\sigma_{cbc}}\right]$

धरन की (लम्बाई / प्रभावी गहराई) = (L/d) के अनुपात का (विस्थापन / विस्तृति) के सापेक्ष में प्रतिनिधित्व करती है।

IS : 456-2000 में उल्लेखित विस्थापन के लिए सीमाओं को डीजाइन करते समय ध्यान में रखा जाता है। जो कि विस्तृति (Span)/ प्रभावी गहराई, **d** पर सीधा सम्बधित है।

यह उपाय एक अप्रत्यक्ष उपाय है जो कि कई प्रस्थितियों में सरल और संतोषजनक है। कभी कभी अपवादित प्रस्थिति में वास्तव में होने वाले विस्थापन की गणना की जाती है और निर्धारित विस्थापन के मान से तुलना की जाती है।

धरन का विस्थापन विस्तृति (Span) का अंश भाग में सीमित रहता है। यदि विस्तृति (Span)/ गहराई, **d** अनुपात अथवा विस्तृति (Span)/ मोटाई का अनुपात एक निश्चित स्थिर अंक हो, तब IS:

456-2000 में विस्तृति (Span)/ प्रभावी गहराई d के अनुपात का मान निम्न विस्तृति के मान के लिए उल्लेखित होता है।

आयताकार धरन और स्लैब के लिए (ऊर्ध्वाधर विस्थापन की सीमाए)

(i) विस्तृति (Span) का मान 10 m तक के लिए

प्रास (Cantilever) धरन के लिए	7
सरल अवलम्बित (Simply supported) धरन के लिए	20
सतत (Continuous) धरन के लिए	26

(ii) विस्तृति (Span) का मान 10 m से अधिक

उपरोक्त उल्लेखित मान को (10/Span) से गुणा किया जाता है। जहां पर विस्तृति (span) metres में व्यक्त करना है। परन्तु प्रास (Cantilever) धरन में विस्थापन के लिए वास्तविक गणना की जाती है।

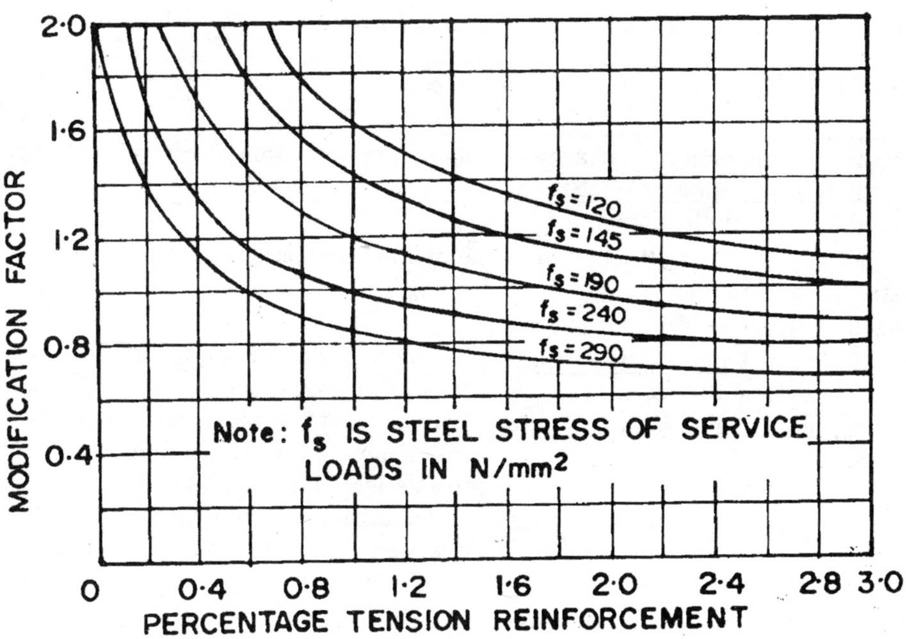

$$f_s = 0{\cdot}58\, f_y \frac{\text{Area of cross-section of steel required}}{\text{Area of cross-section of steel provided}}$$

MODIFICATION FACTOR FOR TENSION REINFORCEMENT

Fig. 5.1

विस्तृति (Span)/ प्रभावी गहराई, d के अनुपात के मूल मान में सुधार किया जाता है। यह सुधार तनन में प्रबल्लित सिरियों के क्षेत्रफल पर निर्भर करता है, जैसा धरन के लिए विस्थापन के लिए प्रबल्लित सिरियों के उपयोग से प्रभावित होते हैं। सरल अवलम्बित धरन के लिए और प्रास धरन के लिए क्रमश इस्पातीय सिरियों का क्षेत्रफल धरन के मध्य बिन्दु पर और अवलम्ब पर गणना की जाती है। उपरोक्त उल्लेखित मूल मान को गुणांक घटक (Multiplication factor), m से गुणा किया जाता है। इस घटक को मान को सुधारने वाला घटक (Modification factor) शब्द से IS : 456-2000 मानक में संबोधित किया गया है। Fig 5.1 के अनुसार (IS : 456-2000) के अनुसार इस्पात के विभिन्न ग्रेडस के लिए गुणांक घटक, m का मान इनके वक्र रेखाओं से मालूम किया जाता है।

2. विस्थापन की वास्तविक गणना से उपाय (Method of actual calculations of deflections)

विस्थापन की वास्तविक गणना की जाती है और इनकी तुलना IS : 456-2000 में उल्लेखित विस्थापन के लिए दी गई सीमाओं के मान से की जाती है। गणना किये गये विस्थापन के लिए दी गयी अधिकतम अनुज्ञेय मान सारणी 5.1 के अनुसार होने चाहिए।

TABLE 5.1. MAXIMUM ALLOWABLE CALCULATED DEFLECTIONS
(Reference : ACI Committee 318, `Building Code Requirements for Reinforced Concrete, (ACI 318-71), American Concrete Institute, Detroit, 1971 (pp. 78)

S. No.	Types of deflections	Deflections to be considered	Deflection limitations
1	Flat roofs not supporting or attached to non-structural elements likely to be damaged by large deflections	Immediate deflection due to live load	Span/180*
2	Floors not supported or attached to non-structural elements likely to be damaged by large deflections	Immediate deflection due to live load	Span/360
3	Roof or floor construction supporting or attached to non-structural elementslikely to be damaged by large deflections	That part of the total deflection which occurs after the attachment of the non- structural elements, the sum of long term deflection due to all sustained loads and the immediate deflection due to the any additional live load	Span/480**
4	Roof or floor construction supporting or attached to the non structural elements not likely to be damaged by large deflections		Span/240***

Note : * This limit is not intended to safeguard against ponding. The ponding should be checked by suitable deflection calculations.** This limit may be exceed if adequate measures are taken to prevent the damage to supported or attached elements. ***But not greater the tolerance provided for the non-structural elements. This limit may be exceeded if camber is provided so that the total deflection *minus* the camber does not exceed the limitation.

5.4 धरन पर कार्यरत बाह्य सेवा भार से उत्पन्न विस्थापन (Deflections produced in beams due to external service loads)

धरन में उत्पन्न प्रत्यास्थ (Elastic) विस्थापन (Deflection) धरन पर कार्यरत बाह्य सेवा भार, धरन के अवलम्ब की स्थिति, और धरन की विस्तृति पर निर्भर करती है। इसके अतिरिक्त धरन के ज्योमिति माप पर भी निर्भर करती है। प्रत्यास्थ विस्थापन निम्न प्रकार अभिव्यक्त कर सकते हैं।

$$\Delta = \frac{f\,(\text{loads, span, supports})}{E.I.} \qquad \text{(i)}$$

जहां पर, EI नमन दृढ़ता (Flexural rigidity) है।

वास्तविक (Actual) आघूर्ण–वक्रता संबंध $(M-\phi)$ अपर्याप्त प्रबल्लित धरन के लिए अ–रेखीय होती है। परन्तु प्रत्यास्थ संबंध को सरल रेखीय संबंध मान लेते हैं। आघूर्ण–वक्रता संबंध को भी सरल रेखीय मान लिया जाता है।

$$\phi = (M/EI) \qquad \text{(ii)}$$

उक्ति (ii) विस्थापन की गणना (Calculation) करने के लिए बहुत सुविधाजनक है। वक्रता (Curvature) ϕ का दो दफह समाकलन (Integration) किया जाता है। इस कार्य हेतु आघूर्ण क्षेत्रफल प्रमेय (Moment area theorem) बहुत मशहूर है। सरल बंकन सिद्धान्त (Theory of simple bending) से

$$\left(\frac{M}{I}\right)=\left(\frac{E}{R}\right), \left[\frac{M}{EI}\right] = \left[\frac{1}{R}\right] = \phi \qquad \text{(iii)}$$

एक सरल अवलम्बित धरन के विस्तृति के मध्य बिन्दु का विस्थापन एक समान वितरित भार से

$$\Delta = \frac{5}{384} \times \left[\frac{w.l^4}{EI}\right] \qquad \text{(iv)}$$

जहां पर, l = धरन की विस्तृति (Span) है।

EI = धरन की नमन दृढता (Fleuxral rigidity) होता है।

IS : 456-2000 से $E_C = 5000\,(f_{ck})^{1/2}$ N/mm^2

= यंगज प्रत्यास्थता मापांक (Young's modulus of elasticity) होता है।

I = कांक्रीट धरन के अनुप्रस्थ खण्ड का जड़त्व आघूर्ण होता है।

5.5 अन्य प्रयोज्यता के लिए आवश्यकताएँ (Other serviceability requirements)

संरचनाओं के अवयव (Members) स्तंभ, धरन, ... आदि का सेवा–अवधि (Service-life) कई अन्य प्रयोज्यता की आवश्यकताओं पर भी विचार किया जाता है। कांक्रीट संरचनाओं के टिकाऊपन का गुण, अग्नि घटनाओं के समय प्रतिरोध, थकान श्रान्ति (Fatigue) लुंठन भार से (Rolling - loads) मशीनों से उत्पन्न कम्पन्न, ताप संबंधी, अवरोधक (Insulaion) गुण... आदि अन्य प्रयोज्यता के लिए आवश्यकताओं

में सम्मिलित हैं। इनमें संरचनाओं के लिए टिकाऊपन का गुण (Durability) और अग्नि घटना के समय संरचनाओं का प्रतिरोध महत्वपूर्ण होते हैं।

5.6 धरन के लिए तनुता के लिए निर्धारित सीमाएँ (Slenderness limits for beams)

पार्श्विक स्थिरता (Lateral stability) को निश्चित करने हेतु और धरन बायीं अथवा दायीं तरफ बंकन (Sideways bending) और व्याकुंचन (Buckling) से विफल नहीं हो, इसको भी निश्चित करने के लिए, यह आवश्यक है कि संलग्न पार्श्विक अवलम्ब के बीच की स्पष्ट दूरी (विस्तृति के साथ साथ) पर भी सीमाएँ उल्लेखित की जाय।

IS : 456-2000 मानक में उल्लेखित सीमाएँ निम्न प्रकार हैं :

एक सरल अवलम्बित अथवा सतत धरन के लिए धरन के अनुप्रस्थ खण्ड के माप इस प्रकार समानुपाती बनाये जायें कि संलग्न पार्श्विक अवलम्ब के बीच की दूरी धरन की चौड़ाई की 60 गुणा (60.b) से अथवा ($250\ b^2/d$) के मान से, जो भी कम हो, उससे अधिक नहीं हो। जहां पर, संपीडन फलक (पार्श्विक अवलम्ब के बीच) की चौड़ाई, b और d प्रभावी गहराई है।

उदाहरण (Example) 5.1. एक सरल अवलम्बित आयताकार धरन की चौड़ाई 450 mm है। धरन की प्रभावी गहराई 680 mm है। तनन में प्रबल्लित सिरियों का प्रभावी आवरण 70 mm है। धरन की प्रभावी विस्तृति 8 m है।

धरन पर अचल भार 16 kN/m और चल भार 24 kN/m है। कांक्रीट का ग्रेड M20 है। इस्पात का ग्रेड Fe 415 है। ज्ञात करो कि

A (i) विस्तृति के मध्य बिन्दु पर विशिष्ट/सेवा भार के लिए तनन में प्रबल्लित सिरियों के केन्द्र स्तर पर विकृति का मान

(ii) धरन के तनन प्रबल्लित सिरियों की तरफ सतह पर

(iii) उदासीन अक्ष के नीचे 250 mm रेशों पर

(B) धरन के मध्य बिन्दु पर विस्थापन का मान

हल (Solution) : सरल अवलम्बित धरन के अनुप्रस्थ खण्ड के माप Fig. 5.2 में दिखाये गये हैं।

Step 1 (A) विशिष्य अथवा सेवारत भार से उत्पन्न विकृतियाँ (Strains due to service loads)

धरन की प्रभावी विस्तृति = 8m (i)

धरन द्वारा अवलम्बित अचल भार = 16 kN/m (ii)

धरन द्वारा अवलम्बित चल भार = 24 kN/m (iii)

कुल अवलम्बित सेवा भार = (16+24) = 40 kN/m

सेवा भार के आघूर्ण विस्तृति के मध्य बिन्दु पर

$$M_{SL} = \left(\frac{40 \times 8^2}{8}\right) = 320\ \text{kN-m} \quad \text{(iv)}$$

(A) Short-term strains due to service loads

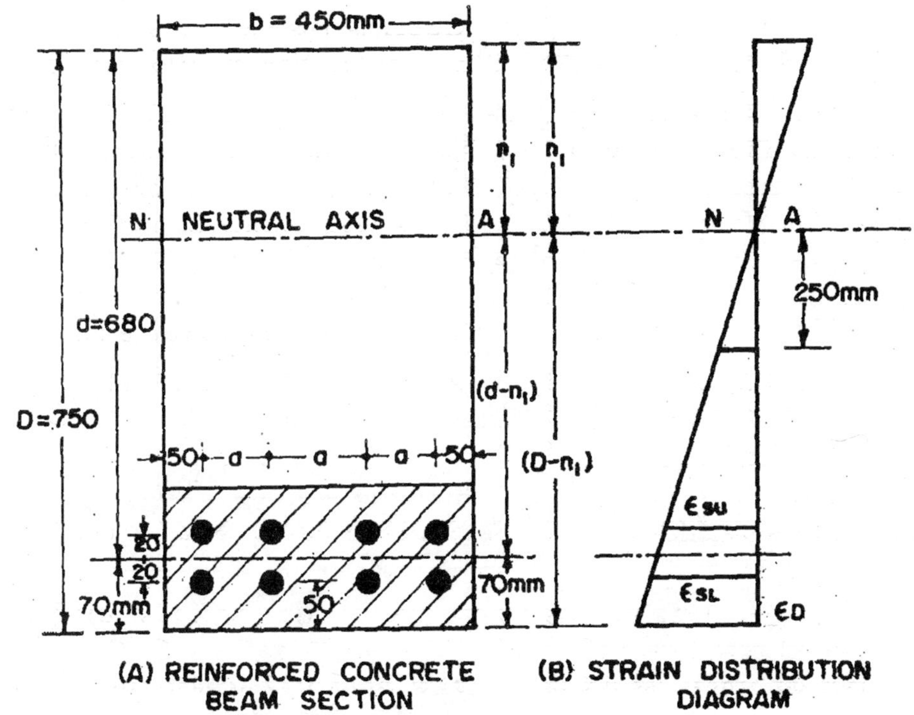

Fig. 5.2

यंगज प्रत्यास्थता मापांक (Young's modulus of elasticity) इस्पात Fe 415

$$E_s = 2 \times 10^5 \text{ N/mm}^2, f_y = 415 \text{ N/mm}^2$$

कांक्रीट के ग्रेड M20 के लिए

$$f_{ck} = 20 \text{ N/mm}^2$$

$$E_c = 5000\ (f_{ck})^{1/2}$$

$$= 5000 \times (20)^{1/2} = 0.2236 \times 10^5 \text{ N/mm}^2$$

तनन प्रबल्लित सिरियों के अनुप्रस्थ का क्षेत्रफल

$$A_{st} = \left[8 \times \frac{\pi}{4} \times 20^2\right] = 2513.28 \text{ mm}^2$$

A (i) सेवारत भार के स्तर पर उदासीन अक्ष की गहराई

भार के इस स्तर पर, धरन का अनुप्रस्थ खण्ड प्रत्यास्थी (Elastic) रहता है। कार्य प्रतिबल विधि से (Working stress method) उदासीन अक्ष की गहराई ज्ञात की जाती है। इस विधि में उदासीन अक्ष पर तुल्य क्षेत्रफलों का प्रथम आघूर्ण बराबर होता है।

कांक्रीट का मापांक अनुपात (छोटी अवधि क भार के लिए (Modular ratio)

$$m = \left[\frac{E_S}{E_C}\right] = \left[\frac{2\times10^5}{0.2236\times10^5}\right] = 8.944$$

अतः $b.x_1.\frac{x_1}{2} = m.A_{st}(d - x_1)$

जहाँ पर, x_1 = उदासीन अक्ष की ऊपरी सतह से गहराई

Fig. 5.6 से

$$450.(x_1^2/2) = 8.944 \times 2513.28\ (680 - x_1)$$

$$x_1^2 = \left[\frac{8.944\times2513.28}{(450/2)}\right].(680 - x_1)$$

$$x_1 = 232.83 \text{ mm}$$

(ii) धरन अनुप्रस्थ खण्ड का जड़त्व आघूर्ण धरन का दरारित अनुप्रस्थ खण्ड के आधार पर ज्ञात किया जाता है।

$$I_{CRI} = \left[\frac{1}{3}b.x_1^3 + m.Ast.(d - x_1)^2\right]$$

$$I_{CRI} = \left[\frac{1}{3}\times450\times232.83^3 + 8.944\times2513.28\times2\ (680 - 232.82)^2\right]$$

$$I_{CRI} = 6583.63\times10^6 \text{ mm}^4$$

(iii) सेवारत भार के लिए विकृतियाँ का मान – तनन में इस्पातीय प्रबल्लित सिरियों के केन्द्र पर (जो कि नीचे के टीयर में उपयोगित हैं) कांक्रीट में प्रतिबल

$$f_{c1} = \left[\frac{M_{SL}}{I_{CR}}\right](680 + 20 - 232.83)$$

तनन में इस्पातीय प्रबल्लित सिरियों के केन्द्र पर (जो कि नीचे के टीयर में उपयोगित है) इस्पात में प्रतिबल

$$f_{s1} = (m.f_{c1}) = \left[\frac{m_1.M_{SL}}{I_{CR1}}\right](700 - 232.83)$$

तनन इस्पातीय सिरियों में विकृति (नीचे के टीयर में)

$$\varepsilon_{s1} = \left[\frac{m_1 . M_{SL}}{E_s . I_{CR}}\right] \times 467.17 = \left[\frac{8.944 \times 320 \times 10^6 \times 467.17}{2 \times 10^5 \times 6583.63 \times 10^4}\right] = \mathbf{0.001048}$$

कांक्रीट में विकृति इसके बराबर ही होती है। अतः $\varepsilon_{c_1} = \varepsilon_{s_1} = 0.001048$

कांक्रीट में विकृति (धरन के तनन फलक/सतह पर)

$$\varepsilon_d = 0.001048 \times \left[\frac{750 - 232.83}{700 - 232.83}\right] = 0.001048 \times \left[\frac{517.17}{467.17}\right] = \mathbf{0.00116}$$

कांक्रीट में विकृति (इस्पातीय सिरिये जो कि ऊपरी टीयर में उपयोगित हैं।)

$$\varepsilon_{c1} = 0.001048 \times \left[\frac{467.17 - 40}{467.17}\right] = \mathbf{0.000958}$$

कांक्रीट में विकृति (उदासीन अक्ष के नीचे 250 mm के स्तर)

$$\varepsilon_{250} = 0.001048 \times \left[\frac{250}{467.17}\right] = \mathbf{0.000608}$$

(B) **धरन के लिए विस्थापन का मान**

धरन के मध्य बिन्दु पर एक समान वितरित भार के कारण अधिकतम विस्थापन का मान

$$y = \left(\frac{5}{384}\right)\left(\frac{w . l_{eff}^4}{E_c \times I_{eff}}\right)$$

$$y = \left(\frac{5}{384}\right)\left(\frac{40 \times (8 \times 1000)^4}{0.2236 \times 10^5 \times 6583.63 \times 10^6}\right)$$

$$y = 14.57 \text{ mm}$$

धरन के मध्य बिन्दु पर विस्थापन = 14.57 mm

PROBLEMS

5.1. एक सरल अवलम्बित धरन की प्रभावी विस्तृति 6 m. यह धरन पर अचल भार 12 kN/m और चल भार 20 kN/m कार्यरत है। दोनों भार का धरन पर एक समान वितरण है। कांक्रीट का ग्रेड M20 है, और इस्पात का ग्रेड Fe 415 है।

इस धरन पर निम्न ज्ञात करो।

A (i) विस्तृति के मध्य बिन्दु पर विशिष्ट/सेवा भार के लिए तनन में प्रबल्लित सिरियों के केन्द्र स्तर पर कांक्रीट में और इस्पात में विकृति का मान

(ii) धरन के तनन प्रबल्लित सिरियों की तरफ सतह पर और

(iii) उदासीन अक्ष के नीचे 180 mm रेशों पर

(B) धरन के मध्य बिन्दु पर विस्थापन का मान

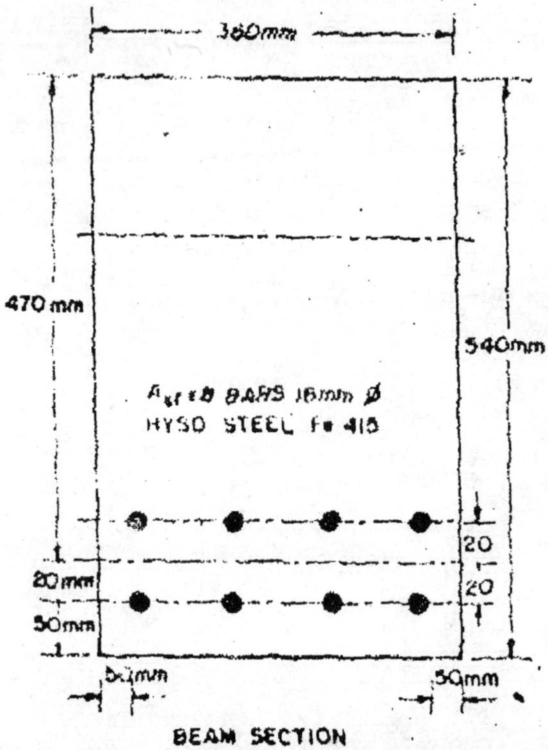

Fig. 5.3

धरन का अनुप्रस्थ (Cross-section) Fig. 5.3 में दिखाया गया है।

अध्याय – 6

कांक्रीट की धरन में दरारों से सबन्धित लिमिट स्टेट ऑफ सर्विसेबिलिटी अकेले तनन में प्रबल्लित आयताकार धरन की डीजाइन (SRRB - IV)
LIMIT STATE OF SERVICEABILITY FOR CRACKS (DESIGN OF SINGLY REINFORCED RECTANGULAR BEAMS - SRRB - IV)

6.1 प्रस्तावना (Introduction)

प्रबल्लित सिरियों की कांक्रीट धरन की बंकन में तनन सामर्थ्य का मान कम होता है। अतः इन धरन में दरारें विकसित होती है। साधारणतया सेवारत भार से काफी नीचे के स्तर से दरारे उत्पन्न होना शुरू हो जाती ह। संभव्यतया कांक्रीट के संकुचन (Shrinkage) के कारण ऐसा होता है। कांक्रीट धरन में बंकन मं दरारें अवश्य उत्पन्न होती है। इन दरारों को उत्पन्न होने से नहीं रोका जा सकता। वास्तव में धरन में प्रबल्लित सिरियों को ज्यादा प्रभावी बनाना आवश्यक है। ताकि, ज्यादा उचित ढंग से डीजाइन की गई धरन में चौड़ी दरारों की बजाय, उनसे कई अधिक बारीक दरारें विकसित हो और दरारों का अच्छा वितरण भी हो।

ये दरारें बाल की मोटाई से भी बारीक हो। कांक्रीट धरन की सतह पर दरारों की चौड़ाई 0.3 mm से अधिक नहीं होनी चाहिए।

कांक्रीट के संरचनात्मक अवयवों में दरारों का विकसित होना एक यादृच्छिक (Random) क्रिया है। यह क्रिया बहुत ही चर (Variable) है। यह क्रिया बहुत से घटक से प्रभावित होती है। वर्तमान में दरारों की चौड़ाई का पूर्व कथनीय (Prediction) मुख्यतया जांच प्रेक्षण (Observation) पर आधारित है। अधिकतर उक्तियाँ (Expression) जिनका विकास हुआ है, वे संभाव्य (Probable) दरारों की अधिकतम चौड़ाई पूर्व निर्धारण (Predict) करते हैं। अक्षर 90 प्रतिशत दरारों की चौड़ाई गणना की गई चौड़ाई से कम होती हैं यह आवश्यक है कि प्रबल्लित कांक्रीट में दरारों की संरचनाओं की दिखावट (Appearance) को दूषित (Spoil) नहीं करें। साथ ही इस्पातीय प्रबल्लित सिरियों का संक्षारण को प्रेरित नहीं करें। इन दो आवश्यकताओं की विकरण इस प्रकार है।

1. सौंदर्यानुभूति के लिए आवश्यकताएँ (Aesthetic requirements)

संरचनाओं की दिखावट के लिए उन दरारों की अधिकतम चौड़ाई को अहानिकारक की तरह मान सकते हैं, यह तथ्य दरारों की स्थिति पर निर्भर करता है। इसके अतिरिक्त दरारों की लम्बाई, चौड़ाई और

दरारों के कण के आकार (Texture) पर भी निर्भर करता है। सौंदर्यानुभूति के लिए स्वीकार करने के लिए सीमा का गठन करना कठिन है। क्योंकि व्यक्तिगत राय बहुत ही परिवर्त्तनीय होती है। दरारों की अधिकतम चौड़ाई जो कि संरचनाओं के दिखावट को भी हानि नहीं पहुँचाये और लोगों के लिए किसी चेतावनी की सृष्टि नहीं बने, वह चौड़ाई 0.254 mm से 0.381 mm तक परास (Range) करती है। हालांकि इनसे अधिक की दरारों की चौड़ाई भी सहनीय होती है।

2. इस्पातीय प्रबल्लित सिरियों के संक्षारण से बचाव (Protection of steel reinforcement bars against corrosion)

कांक्रीट के नीचे दबाई हुई (Embedded) इस्पातीय सिरियों को पोर्टलेण्ड सीमेन्ट कांक्रीट से संक्षारण के विरुद्ध अच्छा बचाव मिलता है।

इस्पातीय प्रबल्लित सिरियों का संक्षारण के लिए कांक्रीट की पारगम्यता (Permeability) एक महत्वपूर्ण प्रभाव करने वाला घटक है। प्रबल्लित सिरियों पर कांक्रीट का आवरण संक्षारण तत्वों के प्रवेश की दर को प्रभावित करते हैं। कांक्रीट के अवयवों की सतह पर दरारों को दृढतापूर्वक ज्यादा महत्व देना चाहिए।

संक्षारण की दर कांक्रीट का आवरण कांक्रीट की पारगम्यता, दरारों की चौड़ाई, लम्बाई और आकृति, दरारों का विकसित होने का समय और वातावरण का संक्षारण की प्रकृति कई विभिन्न घटक है, जो कि महत्वपूर्ण है। ये घटक कांक्रीट के टिकाऊपन और सिरियों के टिकाऊपन के गुण को बनाये रखने के लिए महत्वपूर्ण होते हैं। सिरियों का व्यास भी महत्वपूर्ण घटक होता है। छोटे व्यास के सिरियों में अनुप्रस्थ क्षेत्रफल की हानि का प्रतिशत अधिक होता है।

6.2 कांक्रीट में दरारें उत्पन्न होने के कारण (Causes of cracking of concrete)

कांक्रीट में विभिन्न कारणों से दरारें उत्पन्न होती है। अधिकतर कांक्रीट में निम्नलिखित एक अथवा एक से अधिक क्रियाओं के कारण विकसित होती है। इनका विवरण इस प्रकार है।

1. प्लास्टिक कांक्रीट के धसने के कारण दरारें

जब कांक्रीट प्लास्टिक स्थिति में होती है, और कांक्रीट में स्थायी विरूपन होना शुरू हो जाता है, और इसके साथ माउल्ड में कुछ धसने लगती है। इससे कांक्रीट प्रत्येक फलक से कुछ दूर हटने लगती है। इस्पातीय प्रबल्लित सिरियें अपनी स्थिती में बंधे रहते हैं, इस कारण दूसरी सतह पर कांक्रीट हटती है। प्रबल्लित सिरियों के दिशा में लम्बाई के साथ साथ दरारों की रेखायें विकसित होती है। कई दफह ऐसी दरारे धरने के छल्लों पर भी देखी जाती है। ऐसी दरारों को अच्छा कांक्रीट मिश्रण का उपयोग करके विकसित होने से रोका जा सकता है।

2. कांक्रीट के आयतन में परिवर्तन के कारण दरारें

कांक्रीट के सूखने पर, सकुचन (Shrinkage) अवधि में और थरमल (तापीय) प्रतिबल के कारण इसके आयतन में परिवर्तन होता है। यदि कांक्रीट किसी तरह से अवरुद्ध (Restrained) है, तब आयतन परिवर्तन होने से तनन प्रतिबल उत्पन्न होते है और इनके कारण कांक्रीट में दरारें विकसित होती हैं।

यदि गति अवरूद्ध होती है, तापमान के परिवर्तन से तनन प्रतिबल उत्पन्न होते हैं। सकुचन (Shrinkage) के कारण जो दरारें विकसित होती हैं, उनको नियंत्रित किया जा सकता है। सकुचन को कम करने के लिए अच्छे कांक्रीट के मिश्रण की डीजाइन करली जाती है। (अर्थात्, मिश्रण में जितना संभव हो सके, उतना पानी का मात्रा कम करदी जाती है।) प्रबल्लित सिरियों को उचित ढंग से लगाये जाते हैं। प्रबल्लित सिरियें दरारों को उत्पन्न होने से नहीं रोकते हैं। वास्तव में प्रबल्लित सिरिये स्थिती में अवरूद्ध होते हैं। अतः दरारों को उत्पन्न होने प्रवृति को बढ़ावा देते हैं। कांक्रीट और इस्पातीय सिरियों के बीच बंधन होता है। इस बंधन के कारण सकुचन (Shrinkage) विकृति (Strains) का वितरण सिरियों की लम्बाई के साथ साथ हो जाता है। इसके परिणामस्वरूप संख्या में कम चौड़ी दरारों के बजाय (कई) बारीक दरारें विकसित हो जाती है। स्लेबस में और दीवारों में प्रबल्लित सिरियों के बीच का दूरी और उनके अनुप्रस्थ क्षेत्रफल को न्यूनतम रखा जाती है। प्रबल्लित सिरियों को दरारों को नियंत्रित रखने के लिए पर्याप्त समझा जाता है, (जो दरारें सकुचन और तापमान प्रतिबलों के कारण उत्पन्न होती है। स्लेबस और दीवारों में जोड़ (Joints) पर नियंत्रण रखना एक प्रभावी विधि समझा जाता है। संकुचन (Shrinkage) के कारण अदर्शनीय दरारों से बचा जा सकता है। नियंत्रित जोड़ के निर्माण में ग्रूवज (Grooves) बनाये जाते हैं। जहाँ पर कांक्रीट मोटाई कम रखी जाती है। ताकि कांक्रीट में दरारें विकसित इन ग्रूव्ज के स्थान पर ही हो सके। अन्य स्थानों पर कांक्रीट में प्रतिबलों के मान में कमी आ जाती है।

6.3 कांक्रीट में उत्पन्न दरारों की चौड़ाई की गणना (Calculation of crack-width in concrete)

कांक्रीट में उत्पन्न दरारों की चौड़ाई की गणना करने के लिए एवं दरारों पर नियंत्रण करने के लिए कई शोधकर्ताओं ने कई विश्वविद्यालयों में अन्तर्राष्ट्रीय स्तर पर प्रयास हुए। कई सूत्र और समीकरण विकसित हुए। निम्न शोध कर्ताओं ने उक्तियाँ विकसित की।

1. Gergely-Lutz Equation
2. Beeby Equation
3. Ferry Borges' Equation
4. Kaar - Hognestad Equation
5. Base et al Equation

इस पुस्तक के लेखक ने अपनी किताब 'Limit State Design' अंग्रेजी संस्करण, 1990 में पांचों समीकरण से दरारों की चौड़ाई ज्ञात की। IS : 456-2000 में Beeby Equation का अनुमोदन किया। अतः इस पुस्तक में Beeby Equation और IS : 456-2000 द्वारा अनुमोदित उक्ति के आधार चौड़ाई की गणना की गयी है।

3. उपयुक्त भार और प्रतिबलों के परिणामस्वरूप उत्पन्न सीधे और बंकन प्रतिबलों के कारण दरारों का विकसित होना (Cracking due to direct and bending stresses resulting from applied load and reactions)

कांक्रीट के अवयवों में जिनमें सीधे प्रतिबल अथवा बंकन प्रतिबल होते हैं, उनमें तनन क्षेत्र में दरारें विकसित होती है। अवयवों के अनुदैर्ध्य अक्ष के लम्बवत दिशा में दरारें विकसित होती है, (जिनमें अक्षीय तनन अथवा बंकन में तनन प्रतिबल होते हैं।) इन अवयवों अपरूपण बल का मान कम होता है। जहाँ पर

अपरूपण बल का मान महत्व होता है, वहाँ पर दरारें झुकाव पर अवयवों के अक्ष से होती है। इन झुकाव पर दरारों **विकर्णीय तनन दरारे** कहते हैं।

Fig. 6.1 में कांक्रीट अवयव तनन में, बंधन प्रतिबल का वितरण, तनन प्रतिबल का वितरण और इस्पातीय सिरियों में वितरण दिखाया गया है।

(A) A R.C.C. MEMBER IN AXIAL TENSION

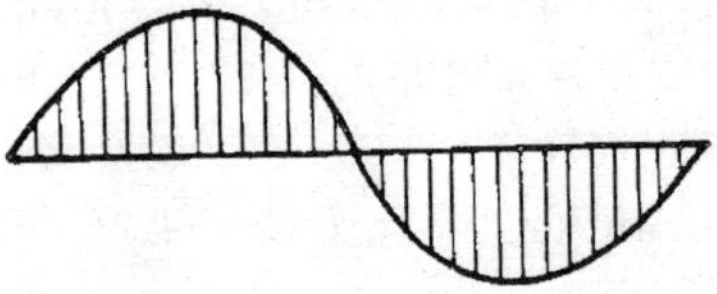

(B) DISTRIBUTION OF BOND STRESS

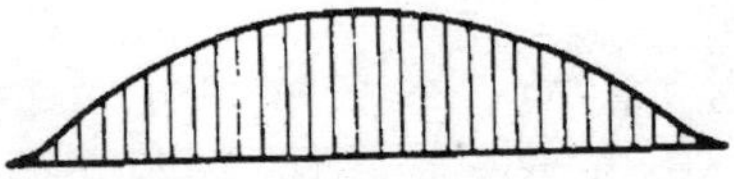

(C) DISTRIBUTION OF TENSILE STRESS IN CONCRETE

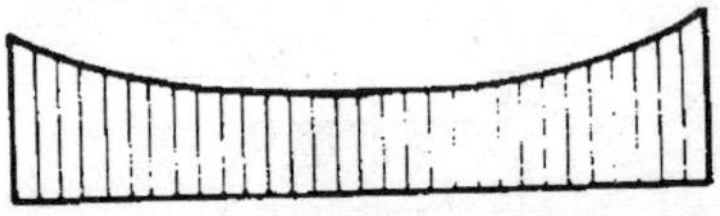

(D) DISTRIBUTION OF TENSILE STRESS IN STEEL

CRACKING OF A MEMBER
(WITH AXIAL TESION)

Fig. 6.1

प्रोफेसर बीबाई द्वारा विकसित दरारों की चौड़ाई का गणना करना

कांक्रीट में उत्पन्न दरारों की चौड़ाई ज्ञात करने के लिए निम्नलिखित समीकरण अपने शोध कार्य पर आधार पर विकसित की। इस चौड़ाई में 20 प्रतिशत की वृद्धि की जाती है।

$$w_{max} = \left(\frac{3\,c.\,\varepsilon_m}{1 + 2(C - C_c)/\ (D - kD)} \right) \tag{6.1}$$

जहां पर, D कांक्रीट धरन के आयताकार आकृति की पूर्ण गहराई होती है।

kd = संपीडन फलक से उदासीन अक्ष की गहराई

$$\varepsilon_m = \left[\left(\varepsilon_s - 2.5\frac{b.D}{A_{st}} \times 10^{-6}\right) \cdot \left(\frac{D - kd}{d - kd}\right)\right] \quad (6.2)$$

ε_s = कांक्रीट में दरार उत्पन्न होने के समय इस्पातीय सिरियों में विकृति

b = आयताकार अनुप्रस्थ की चौड़ाई

A_{st} = इस्पातीय सिरियों का क्षेत्रफल

d = धरन की प्रभावी गहराई

kd = उदासीन अक्ष की गहराई

पहले ब्रेकिट में ऋणात्मक टर्म (Term) काल्पनिक होता है। जो कि दृढता के प्रभाव को कांक्रीट में तनन में दरारों से संबंधित है। इसमे विकृति ग्रेडियेंट टर्म का उपयोग होता है और औसत विकृति का मान प्राप्त किया जाता है। यह मान अवयव में अधिकतम दूरी पर तनन के रेशों से सम्बधित है।

मानक IS : 456-2000 द्वारा अनुमोदित दरारों की चौड़ाई ज्ञात करने के लिए गणना

मानक IS : 456-2000 के अनुमोदन के अनुसार संरचनाओं के दिखावट पर और कांक्रीट के टिकाऊपन के गुण पर विपरीत प्रभाव नहीं होना चाहिए। दरारों की चौड़ाई की स्वीकार करने योग्य सीमा का निर्धारण (संरचनाओं और वातावरण के अनुसार) किया जाता है। अधिकतम अनुज्ञेय (Permissible) दरारों की चौड़ाई सारणी 6.1B में वातावरण और उन्मुक्ति (Exposure) के अनुसार अलग अलग स्थितियों के अनुसार दी गयी है।

दरारों की चौड़ाई निम्न सूत्र द्वारा ज्ञात की जाती है। यह सूत्र Appendix F, IS : 456-2000 में दिया गया है। तनन में इस्पातीय प्रबल्लित सिरियों की विकृति की सीमा ($0.8\,f_y/E_s$) निर्धारित है।

सतह पर दरारों की चौड़ाई

$$w_{CR} = \left[\frac{3\,a_{cr}\,.\,\varepsilon_m}{1 + \frac{2(a_{cr} - C_{min}}{(h - x)}}\right] \quad (6.1B)$$

समीकरण (6.1A) और (6.1B) के उक्ति चिन्ह एक ही हैं। केवल अक्षरों में अन्तर है। दोनों में अनुरूपता/समतुल्यता इस प्रकार है।

समीकरण (6.1A)		समीकरण (6.1B)	
A	B	A	B
C	a_{cr}	kd	x
Cc	C_{min}	w_{max}	w_{cr}
ε_m	ε_m	—	—
D	h	—	—

विकृति का औसत मान इस्पातीय सिरियों के लिए निम्न धारणाओं के आधार पर गणना की जाती है।

कांक्रीट और इस्पात दोनों प्रत्यास्थता (Elastic) तनन और संपीडान दोनों ही है।

E_s का मान 2×10^5 N/mm² है, और $E_C = 5000 (f_{ck})^{1/2}$ N/mm² क्रमशः होता है।

विकल्प के रूप : दरारों की चौड़ाई का निकटतम मान ज्ञात करने के लिए, सामान्यतयः यह संतोषजनक ही होता है कि इस्पातीय प्रबल्लित सिरियों में प्रतिबल की गणना कांक्रीट धरन को दरारित मान कर (Cracked) के आधार पर ज्ञात की जाती है। फिर उत्पन्न तनन बल को त्रिभुजाकार मानते हुए कम कर दी जाती है। उदासीन अक्ष पर इसका मान शुन्य होता है। तनन प्रतिबल सिरियों के केन्द्र पर इसका मान 1 N/mm² उसी क्षण पल भर में 0.55 N/mm² के मान तक कम हो जाता है। (लम्बी अवधि में तनन क्षेत्र पर कार्यरत/इस्पातीय सिरियों का क्षेत्रफल)। आयताकार तनन क्षेत्र के लिए मानक IS : 456-2000 में निम्न उक्ति दी गयी है।

$$\varepsilon_m = \varepsilon_1 - \left(\frac{b(h-x)\ (a-x)}{3\,E_s\,.\,A_s\,(d-x)} \right) \qquad (6.1C)$$

जहां पर, As = तनन में इस्पातीय प्रबल्लित सिरियों का क्षेत्रफल

b = तनन इस्पातीय सिरियों के केन्द्र पर अनुप्रस्थ खण्ड की चौड़ाई

d = आयताकार धरन की प्रभावी गहराई

ε_1 = गणना किया हुई विचारणीय स्तर पर विकृति का मान तनन क्षेत्र में कांक्रीट की दृढ़ता की अपेक्षा (Ignore) करते हुए

a = संपीडन फलक से दूरी उस बिन्दु तक जहां पर दरार की चौड़ाई की गणना कर रहे हैं।

6.4 दरारों के नियंत्रण के लिए ACI-CODE और IS : 456-2000 CODE की सिफारिशें (ACI-CODE AND IS : 456-2000 CODE Recommendations for crack-control)

दरारों का उत्पन्न होने की प्रकृति और दरारों की चौड़ाई का माप का wide scatter क्रियाए आकस्मिक (एकाएक उत्पन्न Random) क्रियाए होती है। यहाँ तक प्रयोगशाला की स्थितियों पर, दरारों की चौड़ाई ज्ञात करने में अधिक शुद्धता (Excessive precission) न्यायपूर्ण नहीं होती। ACI-Code की सिफारिशें दरारों की चौड़ाई के लिए निम्न है :

अनुज्ञेय दरारों की चौड़ाई (ACI - Code के अनुसार)

डीजाइन और प्रेक्टिस में, बंकन में दरारों की चौड़ाई का अनुज्ञेय मान (Permissible values) मुख्यतया वातावरण पर निर्भर करते हैं, जिस वातावरण में संरचनाओं की सेवाओं का उपयोग हो रहा है। विशेषतया, इस्पातीय प्रबल्लित सिरियों का संक्षारण (Corrosion) की संभावनाओं पर विचार किया जाता है। दरारों की चौड़ाई के अनुज्ञेय मान सारणी 6.1(A) में लिस्ट की गयी है।

सारणी 6.1A. Permissible crack widths in reinforced concrete (As per ACI Committee 224)

S.N.	Exposure conditions	Maximum permissible width of crack (mm)
1	Dry air or protective membrane	0.41
2	Humidity, moisted air, soil	0.30
3	Deicing chemicals	0.18
4	Sea water and sea water spray, wetting and drying	0.15
5	Water-retaining structures excluding non presure pipes	0.10

(Reference: ACI Committee 224, `Control of Cracking in Concrete Structures'. Journal ACI, Vol. 69, No. 12, December, 1972 (pp. 717-753).

फिर भी दो अधिकतम मान की चौड़ाई अनुज्ञेय है। **आन्तरिक उदभासन** (Exposure) के लिए अधिकतम अनुज्ञेय दरारों की चौड़ाई 0.41 mm और **बाह्य उदभासन** (Exposure) के लिए 0.33 mm होता है। आवश्यकता के अनुसार अनुज्ञेय अधिकतम दरारों की चौड़ाई

$$w_{max} > \left(10.93\,(dt.A)^{1/3} \times 1.2\,f_s\right) \times 10^{-6}\ \text{mm} \tag{6.2}$$

आन्तरिक उद्भासन के लिए ACI : 318-71 के अनुसार SI-इकाई में बदलने से $w_{max} = 0.41 mm$

$$f_s\,.\,(d_t\,.\,A)^{1/3} < \left(25.67 \times 10^6\right) \text{N/mm} \tag{6.3A}$$

बाह्य उद्भासन के लिए (ACI : 381-71 के अनुसार)

SI- इकाई में बदलने से $w_{max} = 0.336\ \text{mm}$

$$f_s\,.\,(d_t\,.\,A)^{1/3} < \left(21.037 \times 10^6\right) \text{N/mm} \tag{6.3B}$$

जब पराभव सामर्थ्य का मान (डीजाइन मान) से इस्पातीय सिरियों में अधिक हो जाता है, तब इस जाँच की आवश्यकता होती है। यदि संरचनाओं को बहुत अधिक आक्रमणकारी वातावरण में या पानी बिल्कुल नहीं रसे ऐसी आवश्यकता हो, तब समीकरण (6.3B) का उपयोग नहीं किया जाता। सारणी 6.1 के अनुसार अधिकतम अनुज्ञेय दरारों की चौड़ाई बहुत कम रखने की आवश्यकता होती है।

ACI - Code में यह सिफारिश की गयी है कि केवल विकृत (Deformed) इस्पातीय सिरियों का प्रयोग किया जाय। तनन प्रबल्लित सिरियों का कांक्रीट के तनन क्षेत्र में अच्छा वितरण होना चाहिये। इसका भी उल्लेख किया गया है कि $f_y = 552\ \text{N/mm}^2$ के इस्पात का उपयोग नहीं किया जाय।

अनुज्ञेय दरारों की चौड़ाई (मानक IS : 456-2000) के अनुसार

दरारों की चौड़ाई ज्ञात करने का प्रेक्टिकल उद्देश्य केवल डीजाइन करने वाले इंजीनियरस के मार्गदर्शन के लिए होता है। ताकि उचित संरचनात्मक व्यवस्थायें की जा सके और किसी बडी त्रुटि से बच सके।

मानक IS : 456-2000 में यह सिफारिशें की गयी है कि वातावरण के उद्भासन (Exposure) के अनुसार उल्लेखित दरारों की चौड़ाई अपनायी जा सके। इनका मान सारणी 6.1 (B) में लिस्ट किये गये हैं। जो कि निम्न है।

सारणी 6.1B. Permissible crack widths in reinforced concrete (As per IS: 456-2000)

Environment exposure conditions	Permissible values of width of crack (mm)
1. Mild	0.30
2. Moderate	0.25 (by interpretation)
3. Severe	0.20
4. Very severe	0.10
5. Extreme	0.00

उदाहरण (Example 6.1) – उदाहरण (Example 5.1) में यदि नीचे के टियर में इस्पातीय सिरियों में प्रति का मान सेवा भार के कारण 210 N/mm^2 पहुंचता है। तब इस तथ्य की जांच करती है कि इस्पातीय सिरियों की व्यवस्था बाह्य उद्भासन (Exposure) के लिए पर्याप्त है।

संभवतया विकसित होने वाली दरारों की अधिकतम चौड़ाई ज्ञात करो। Professor Beeby द्वारा (अर्थात् IS : 456-2000 में सिफारिश) का उपयोग करना है। इस्पातीय सिरियों के लिए $E_s = 2 \times 10^5$ N/mm^2 है।

हल (Solution) : Fig. 5.6 उदाहरण 5.1 से

$$A_C = [450 \times (40 + 20 + 20 + 20 + 40)]$$

$$= 630 \times 10^2 \text{ mm}^2 \quad \text{(i)}$$

एक इस्पातीय सिरिये के लिए कांक्रीट का क्षेत्रफल

$$A = \left(\frac{630 \times 10^2}{8}\right) = 78.75 \times 10^2 \text{ mm}^2$$

तनन में अधिकतम दूरी (संलग्न सिरियों के केन्द्रों की बीच

$$d_t = (40 + 10) = 50 \text{ mm} \quad \text{(ii)}$$

नीचे के टीयर में इस्पातीय प्रबल्लित सिरियों में सेवा भार पर प्रतिबल का मान f_s = 210 N/mm^2 (iv)

समीकरण (6.1C) से

$$f_s \cdot (d_t \cdot A)^{1/3} = \left[210 \times (50 \times 78.75 \times 10^2)^{1/3}\right]$$

$$\left[210 \times (394.75 \times 10^3)^{1/3}\right] = 0.0154 \times 10^6 \qquad \text{(v)}$$

tep 1 बाह्य उद्भासन के लिए (For Exterior exposure)

ACI : 318-71 उपागम (Approach) के अनुसार SI - इकाई में परिवर्तन करने के बाद (अर्थात् मी. (6.1)

$$f_s \cdot (d_t \cdot A)^{1/3} = (0.0154 \times 10^6) < (18.783 \times 10^6)\,\text{N/mm}^2$$

अतः 8 इस्पातीय सिरियों की व्यवस्था (जैसे Fig. 5.6, में दिखायी गयी है), जो कि तनन में बल्लित सिरियों के लिए की गयी है, संतोषजनक है।

Step 2 : दरारों की संभावित अधिकतम चौडाई : उदाहरण (Example 5.1) में धरन के अनुप्रस्थ ण्ड में Fig. 5.6 में दिखाया गया है

सेवा भार पर, उदासीन अक्ष की गहराई

$$x_1 = 204.17 \text{ mm} \qquad \text{(vi)}$$

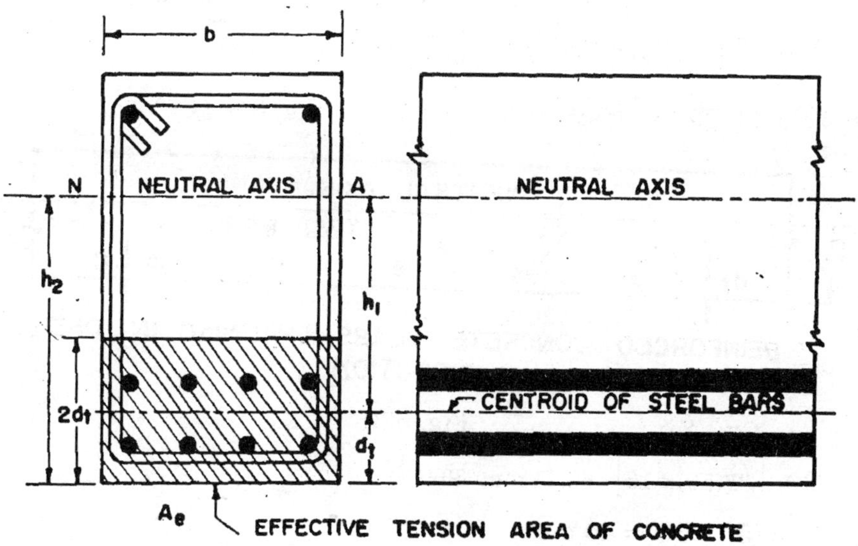

Fig. 6.2

उदासीन अक्ष से कांक्रीट के रेशों की अधिकतम दूरी

$$x_2 = (750 - 204.17) = 545.83 \text{ mm} \qquad \text{(vii)}$$

8 इस्पातीय सिरियों (जोकि दो टीयरस में लगाई गयी है) के केन्द्रीय रेखा की दूरी

$$x_1 = (x_2 - d_t) = (545.83 - 70) = 475.87 \text{ mm} \qquad \text{(viii)}$$

Step 3 दरारों की चौड़ाई के लिए प्रोफेसर बीबाई की समीकरण के अनुसार (Eq. 6.13 A), और 1 6.13 (B) IS: 456-2000 द्वारा अनुमोदित

$$\varepsilon_s = \left(\frac{f_s}{E_s}\right) = \left(\frac{210}{2\times10^5}\right) = 0.00105 \quad \text{(ix}$$

$$\left(\frac{b.D}{A_{st}}\right) = \left(\frac{450\times750}{2513.28}\right) = 134.29 \quad \text{(x}$$

और $$\left[\frac{D-kd}{d-kd}\right] = \left[\frac{750-204.17}{680-204.17}\right] = \left[\frac{545.83}{475.83}\right] = 1.147\text{ mm} \quad \text{(x}$$

Eq. 6.14 से

$$\varepsilon_m = \left(\varepsilon_s - 2.5\frac{b.D}{A_s}\times10^{-6}\right)\left(\frac{D-kd}{d-kd}\right) \quad \text{(xi}$$

उपरोक्त उक्ति (xii) में मान रखने पर

$$\varepsilon_m = \left|0.00105 - 2.5\times134.29\times10^{-6}\right|\times1.147 = 0.8193\times10^{-3} \quad \text{(xii}$$

कांक्रीट की सतह पर दरारों की चौड़ाई समीकरण 6.13 (A) और (B) से

$$w_{max} = \left(\frac{3.c.\varepsilon_m}{1+2\times(C-C_e)/(D-kd)}\right)$$

तनन में अधिकतम दूरी पर अनुप्रस्थ खण्ड एक कोने पर (Fig. 6.3) (x = c)

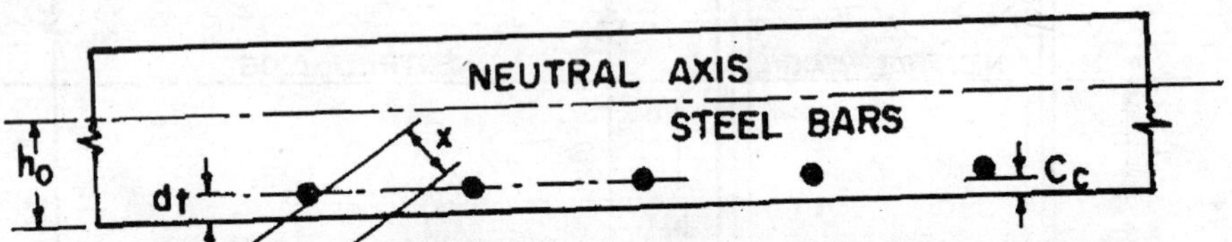

REINFORCED CONCRETE SLABS SPANNING IN ONE DIRECTION

Fig. 6.3

$C = \left|\sqrt{2}(50)-10\right| = 60.71$ mm और

$C_c = (50 - 10) = 40$ mm

$(C - C_c) = (60.71 - 40) = 20.71$ mm

$(D - kd) = (750 - 204.71) = 545.83$ mm

इस तरह

$$w_{max} = \left[\frac{3\times60.71\times0.8193\times10^3}{(1+2\times20.71/545.83)}\right] = \mathbf{0.1387\ mm} \quad \text{(x}$$

टिप्पणी (Note) : 1. उद्देश्य यह रहता है कि बारीक (fine) दरारें कम दूरी पर विकसित बजाय कुछ चौड़ी दरारें उत्पन्न हो।

ःरारों के लिए उल्लेखित लिमिट स्टेट ऑफ सर्विसेबिलिटी के लिए

2. IS : 456-2000 द्वारा अनुमोदित (Recommendations)

साधारणतया यदि संलग्न दूरी की आवश्यकताओं की यदि पूर्ति की जाती है, तब उल्लेखित ावश्यकताएँ बंकन में दरारों को नियंत्रण करने के लिए पर्याप्त है।

›ROBLEMS

.1. Problem 3.9 में, यदि इस्पातीय सिरियों में नीचे के टीयर में प्रतिबल का मान सेवाभार के स्तर पर 190 N/mm^2 हो जाता है। तब इस तथ्य की जांच करे कि बाह्य उद्भासन (Exposure) के लिए प्रबल्लित सिरियों का व्यवस्था संतोषजनक है।

IS : 456-2000 द्वारा अनुमोदित (Recommendations) का उपयोग करते हुए संभव्यतया उत्पन्न होने वाली दरारों की अधिकतम चौड़ाई ज्ञात करो। Ex = 2 x 10^5 N/mm^2

.2. Problem 3.10 में, यदि इस्पातीय सिरियों में नीचे के टीयर में प्रतिबल का मान सेवा भार के स्तर पर 180 N/mm^2 हो जाता है। तब इस तथ्य की जाँच करे कि बाह्य उद्भासन (Exposure) के लिए प्रबल्लित सिरियों की व्यवस्था संतोषजनक है।

IS : 456-2000 द्वारा अनुमोदित (Recommendations) का उपयोग करते हुए संभवतया उत्पन्न होने वाली दरारों की अधिकतम चौड़ाई ज्ञात करों। Es = 2 x 10^5 N/mm^2

अध्याय – 7

विफलता के लिए लिमिट स्टेट की अन्य आवश्यकताएँ अकेले तनन में प्रबल्लित आयताकार धरन की डीजाइन [LIMIT STATE OF COLLAPSE FOR OTHER REQUIREMENTS DESIGN OF SIGNLY REINFORCED RECTANGULAR BEAMS - (SRRB - V)]

7.1 प्रस्तावना (Introduction)

इस किताब के अध्याय तीन और चार में आयताकार अकेले तनन में प्रबल्लित धरन के लिए क्रमश बंकन आघूर्ण में और अपरूपण बल में विफलता के लिए लिमिट स्टेट द्वारा सामर्थ्य और डीजाइन विवरण का उल्लेख किया गया है। इसके अतिरिक्त अध्याय पाँच और छः में अकेले तनन में प्रबल्लि आयताकार धरन के लिए सेवारत भार के स्तर में लिमिट स्टेट और सर्विसबिलिटी के अनुसार विस्थाप और दरारों का नियन्त्रण और सम्भवतया दरारों की चौड़ाई ज्ञात करने की विधि का उल्लेख किया गया है इसके अतिरिक्त विफलता के लिमिट स्टेट की अन्य आवश्यकताओं का **विवरण इस अध्याय उल्लेखित किया गया है।**

प्रबल्लित कांक्रीट धरन में बन्ध (Bond) एक अभिलाग बल (Adhesive force) होता जो इस्पातीय सिरिये कांक्रीट के बीच विकसित होता है। यह अभिलाग बल उन बलों का प्रतिरोध करता जो कि सिरियों को धक्का देने अथवा खींचने का प्रयत्न करते है। अभिलाग, सकुचन के कारण उत्पन घर्षण और अनुदैर्ध्य अपरूपण बल सब बलों के लिए एक संयुक्त सामुहिक उक्ति होता है। यह अभिला बल अथवा बन्ध से उत्पन्न बल अन्तर–फलक (Inter-face) सामर्थ्य कांक्रीट और इस्पातीय सिरियों बीच उत्पन्न होता है, यह बल अन्तर–फलक पर संभावित होने वाली स्लिप (फिसलन Slip) को रोक है। कांक्रीट सेट (Set) होने के पश्चात इस्पातीय सिरियों के चिपक जाती है। प्रबल्लित कांक्रीट के लि यह अधिकाधिक महत्वपूर्ण होता है कि कांक्रीट और प्रबल्लित सिरियों के बीच आदर्श बन्ध/परिपूर्ण दो मुक्त (Perfect bond) अस्तिव (Existence) में रहे। जैसे कांक्रीट में विस्तृति उत्पन्न हो, उतनी विस्तृति इस्पातीय सिरियों में भी उत्पन्न हो। (अर्थात् $(\varepsilon_c = \varepsilon_s)$)

कांक्रीट और इस्पातीय सिरियों के बीच **बंधक सामर्थ्य** (Bond strength) रसायनिक अभिला (Adhesion), यांत्रिक घर्षण और घर्षण प्रतिरोध (फिसलन के विरुध्य प्रतिरोध) इन सबका एक संयु जुड़ा हुआ प्रभाव होता है। कांक्रीट और सिरियों के बीच रसायनिक अभिलाग इन दोनों के अन्तर–फल पर सीमेंट पेस्ट के कारण विकसित होता है। यह अभिलाग गुण सीमेंट जेल (Gel), (जो कि कांक्रीट सेटिंग के अवधि में उत्पन्न होती है) से मिले हुए माने जाते हैं। कांक्रीट के सकुचन के कारण यांत्रि

घर्षण के परिणाम से विकसित होता है। इस कारण प्रबल्लित सिरियों पर पकड़ मजबूत हो जाती है। फिसलन से उत्पन्न प्रतिरोध के कारण घर्षण होता है, जो कि प्राकृतिक खुदरापन (Roughness) प्लेन इस्पातीय सिरियों के सतह पर मिल–स्केल या HYSD इस्पातीय सिरियों के सतह पर कम दूरी पर विकृत सतह से होती है। प्लेन सिरियों के सतह पर प्रतिरोध HYSD सिरियों से 1/3 होती है।

प्लेन इस्पातीय सिरियों का जब धरन में उपयोग होता है, उनमें भारी भार के स्तर पर कांक्रीट और सिरियों के सतहों के बीच फिसलन हो सकती है, क्योंकि इस्पातीय सिरियों को बाहर खींचने की प्रवृति बन जाती है। इस कारण प्लेन सतह के इस्पातीय सिरियों के सिरों पर लंगर (Anchorages) बनाये जाते है। इनको सिरों का लंगर (End-Anchorages) कहते हैं। सिरों के लंगर हेतु दोनों सिरों पर हुक बनाये जाते है। इस्पातीय सिरों के दोनों सिरों पर पर्याप्त लंगर बनाये जाते हैं, जोकि टाइड–आर्च (Tied-arch) की तरह कार्यशील रहते हैं। फिर इनमें विफल होने की संभावना कम हो जाती है। यदि इनकी पूरी लम्बाई पर भी बंध टूट जाता है, फिर भी धरन विफल नहीं होती।

HYSD इस्पातीय सिरियों में कम दूरी पर प्रक्षेप (Projections) और इनके कन्धे (Shoulders) और पसलियों के आकार की विकृतिया (Deformations) सिरियों के सब तरफ लगी हुई कांक्रीट पर धारणाहित होते हैं। इस तरह दोनो पदार्थ आपस में गुंथे हुए (Inter-locked) होते हैं। इसके परिणामस्वरूप बंध के सामर्थ्य में बहुत वृद्धि हो जाती है। अतः HYSD इस्पातीय सिरियां को किसी प्रकार के लंगर की आवश्यकता नहीं होती। धरन में विस्थापन के मान में और दरारों की चौड़ाई के मान में कमी आ जाती है।

इस्पातीय सिरियो से प्रबल्लित धरन के किसी अनुप्रस्थ खण्ड पर बंध (bond) तीन परिमाप संबंधी (Dimensional) दृष्टि विषय/घटना (Phenomena) है। जो कि अनुप्रस्थ खण्ड के इस्पातीय सिरों के गुणों के अतिरिक्त दोनों दिशाओं में लंगर की लंबाई और सिरियों की कांक्रीट की पकड़ की लम्बाई (Grip-length) पर निर्भर करती है।

7.2 इस्पातीय सिरियों और कांक्रीट के बीच बंध प्रतिबल (Bond-streses between steel bars and concrete)

बंध प्रतिबल को इस प्रकार परिभाषित किया जाता है कि यह एक ईकाई सतह के क्षेत्रफल पर अभिलाग (Adhesive force) बल है। एक प्रबल्लित सिरियों के कांक्रीट धरन में धरन के एक भाग पर दो ऊर्ध्वाधर अनुप्रस्थ खण्डों AD और BC (जैसा Fig. 4.2) में दिखाया गया है) उस पर विचार करते हुए ज्ञात कर सकते हैं। धरन अनुप्रस्थ खण्ड को दरारित खण्ड माना जाता है। कांक्रीट में तनन की उपेक्षा कर दी जाती है। ऊर्ध्वाधर AD और BC के बीच छोटी दूरी δx है। AD पर आघूर्ण, M और तनन बल, T_{us} है और BC पर आघूर्ण $(M + \delta M)$ और तनन बल $(T_{us} + \delta T_{us})$ (आघूर्ण से उत्पन्न बल) है। तब

$$M = T_{us} . jd \quad \text{(i)}$$

और $$(M + \delta M) = (T_{us} + \delta\, T_{us})\ .\ jd \quad \text{(ii)}$$

इस प्रकार $$\delta M = \delta T_{us} . jd$$

अथवा $$\delta T_{us} = (\delta M / jd) \quad \text{(iii)}$$

उक्ति (iii) यह दर्शाती है। आघूर्ण के मान में परिवर्तन δM के कारण तनन बल में परिवर्तन उत्पन्न होता है। इस्पातीय सिरियें संतुलन में है। अतः तनन बल में परिवर्तन इस्पातीय सिरियों और कांक्रीट की

सतह के संपर्क के बीच प्रतिरोध से होता है। जिसके मान बराबर होते हैं और विपरीत दिशा में कार्यरत होते हैं। यह बल बंध के कारण विकसित होता है। तब

$$\tau_{bf} \,.\, (\Sigma\, 0\,.\, dx\,.1) = \delta\, T_{us} \tag{iv}$$

$$\tau_{bf} \,.\, (\Sigma\, 0.1) = \left[\frac{\delta\, T_{us}}{\delta x}\right] \tag{v}$$

जहां पर, τ_{bf} = कांक्रीट और इस्पातीय सिरियों के बीच उत्पन्न बंध प्रतिबल

बंध प्रतिबल तनन बल के परिवर्तन के कारण (या ऐसा कहें कि बंकन में आघूर्ण में परिवर्तन से उत्पन्न होता है। इस बंध प्रतिबल को **बंकन बंध प्रतिबल** कहा जाता है।

ΣO तनन में इस्पातीय सिरियों परिमाप की जोड़ होता है। इनका मान रखने पर

$$\tau_{bf} \,.\, (\Sigma\, 0.1) = \left[\frac{\delta M}{jd\,.\,\delta x}\right] \tag{7.1}$$

यांत्रिक इंजीनियरिंग के सिद्धान्त से यह विदित है कि बंकन आघूर्ण में परिवर्तन (δM) एक छोटी लंबाई δx पर बाह्य अपरूपण बल के V, के बराबर होता है। (अर्थात्, $[(\delta M / \delta x) = V]$)। इस प्रकार

$$\tau_{bd} = \left[\frac{V_{Fd}}{jd\,.\,\Sigma O}\right] \tag{7.2}$$

समीकरण (7.2) से यह देखा जाता है कि बंकन में बंध प्रतिबल फेक्टरड (डीजाइन) अपरूपण V_{Fd} का फलन (Function) है। यह संपर्क क्षेत्रफल पर एक समान वितरित होता है।

यदि इस्पातीय सिरिये उदासीन अक्ष से एक समान बराबर दूरी पर नहीं होते, तब बंकन बंध प्रतिबल τ_{bf} का मान इस प्रकार ज्ञात करते हैं। ऐसे विचार किया जाता है कि इस्पातीय सिरियों को उदासीन अक्ष से y दूरी पर प्रतियुक्त किये गये है। तब इस्पातीय सिरियों पर तनन में बंकन में प्रतिबल

$$\sigma_b = \left[m\,.\frac{M}{I}\,.\,y\right] (\therefore\ \sigma_{st} = 0.87\, f_y) \tag{vi}$$

यदि इस्पातीय सिरियों का व्यास ϕ है, तब

$$T_{us} = (0.87\, f_y)\,.\ A_{st} \tag{vii}$$

$$T_{us} = [A_{st}\,.\,\sigma_{st}] \tag{viii}$$

$$\text{और}\quad T_{us} = \left[\frac{\pi}{4}\phi^2\right].\left[m\,.\frac{M}{I}\,.\,y\right] \tag{ix}$$

उक्ति (iii) से

$$\delta\, T_{us} = \tau_{bd}\,.\,(\Sigma\, 0.\ dx\,.1)$$

एक इस्पात के सिरिये के लिए $\Sigma\, 0 = \pi\,\phi$

$$\therefore\ \tau_{bf}\,.\,(\pi\,\phi\,.1\text{-}\delta x) = \left(\frac{\pi}{4}\phi^2\,.\,m\,.\frac{M}{I}\,.\,y\right)$$

$$\tau_{bf} = \left[\frac{m}{4I}\cdot\left(\frac{\delta M}{\delta x}\right).y.\phi\right] \quad (x)$$

चूंकि $\left(\frac{dM}{dx}\right) = V_{Fd}$

$$\tau_{bf} = \left[\frac{V_{Fd}}{4I}.m.y.\phi\right] \quad (7.3)$$

जहां पर m = कांक्रीट के लिए मोडूलर मापांक

I = जड़त्व आघूर्ण (धरन का तुल्य क्षेत्रफल के लिए उदासीन अक्ष पर)

बंध प्रतिबल का मान किसी एक अनुप्रस्थ खण्ड के ज्ञात किया जाता है। इसकी जांच IS : 456-2000 में दिये गये मान से तुलना करके की जाती है। इसका मान अनुज्ञेय प्रतिबल के मान से अधिक नहीं होना चाहिए। पहले पूर्व में यह जाँच इस प्रकार ज्ञात की जाती थी। अब **विकसित लम्बाई** (Development length) ज्ञात करके की जाती है। इसका विवरण निम्न अनुच्छेद में दिया गया है।

7.3 तनन में प्रबल्लित सिरियों के लिए विकसित लम्बाई (Development length of reinforcement in tenion)

कांक्रीट धरन में इस्पातीय प्रबल्लित सिरियों की **विकसित लम्बाई** को इस प्रकार परिभाषित कर सकते हैं कि वह आवश्यक इस्पातीय सिरियों की न्यूनतम लम्बाई अनुप्रस्थ खण्ड d बायें अथवा दायें जरूरी हो, जो कि बंध के द्वारा तनन बल $(A_{st}.\sigma_{st})$ को विकसित कर सकें। जहाँ पर, A_{st} प्रबल्लित सिरियों का अनुप्रस्थ क्षेत्रफल होता है और σ_s सिरियों में तनन प्रतिबल उस विचारणीय खण्ड पर डीजाइन भार के स्तर पर होता है। इस विकसित लम्बाई को L_d से चिन्हित करते हैं।

इसको **सन्निहित (अर्थात् गाड़ी हुई लम्बाई** [Embedded length] **भी** कहते हैं। इस विकसित लम्बाई के उक्ति निम्न प्रकार से व्युत्पन्न (Derive) कर सकते हैं।

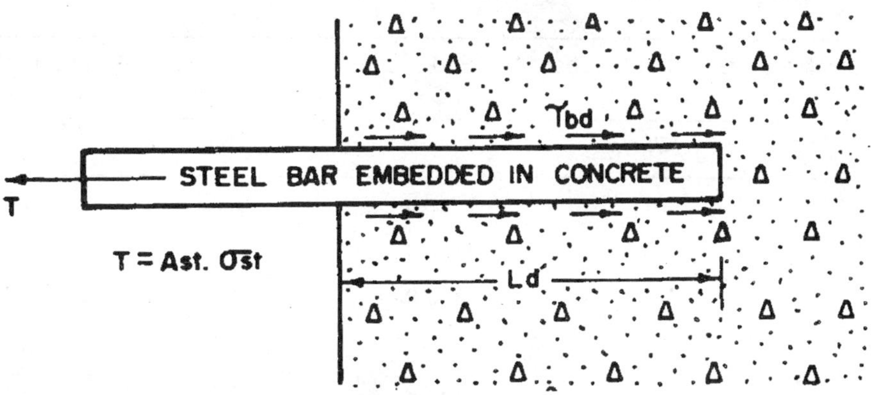

Fig. 7.1

कांक्रीट के अन्दर सन्निहित (गाड़ी हुई) लम्बाई दिखायी गयी है। इस सिरिये में तनन बल, $T_{us} = (A_{st}.\sigma_s)$ है। कांक्रीट के डाली हुई लम्बाई L_d से प्रसारण (Transmit) इस सिरिये के सतह के

क्षेत्रफल $\pi \phi L_d$ द्वारा बंध प्रतिबल द्वारा किया जाता है। जहाँ पर इस प्रबल्लित सिरिये का व्यास, ϕ है। इस सिरिये पर बन्ध बल जो विकसित होता है, उसका मान तनन बल T_{us} के बराबर और विपरीत दिशा में होता है। चूंकि यह इस्पात सिरिया संतुलन में है। (और $(\sigma_{st} = 0.87\, f_y)$)

$$(\tau_{bd} \,.\, L_d \,.\, \pi\, \phi) = \left[\left(\frac{\pi}{4}\right).\phi^2\right] .\;\; \sigma_{st}$$

$$L_d = \left[\frac{(0.87\, f_y).\ \phi}{\tau_{bd}}\right] \tag{7.4}$$

जहाँ पर, τ_{bd} डीजाइन बन्ध प्रतिबल का मान होता है।

इस इस्पातीय सिरिये में बंध बल लंगर के कारण (Anchorage) से उत्पन्न होता है, इस कारणवश इसको **लंगर बंध प्रतिबल** (Anchorage bond stress) भी कहा जाता है। यह बल बंकन बध बल से अलग होता है। समीकरण (7.4) में σ_{st} और τ_{bd} में उचित मान का प्रयोग करना चाहिए।

यदि इस्पातीय सिरियों का क्षेत्रफल जोकि उस खण्ड पर प्रत्युक्त किया गया है, और इसका मान डीजाइन के विचार से ज्ञात किये हुए आवश्यक क्षेत्रफल से अधिक होता है, तब विकसित लम्बाई में सुधार करना चाहिए। सुधार की गई विकसित लम्बाई

$$L_{dm} = \left[\frac{\text{आवश्यक } A_{st}}{\text{प्रतियुक्त } A_{st}}\right] \tag{7.5}$$

डीजाइन बंध प्रतिबल के तनन में बंध के मान और विकसित लम्बाई, L_d का मान प्लेन इस्पातीय सिरियों और HYSD इस्पातीय का मान जैसे IS : 456-2000 में उल्लेखित है और समीकरण (7.4) से गणना करनी है, वो क्रमशः सारणी 7.1 में दिये गये है।

सारणी 7.1. Design bond treses in bond in τ_{bd} N/mm² and development length, L_d intenion (as per IS 456-2000)

Grade of concrete	Plain mild steel bars f_y = 250 N/mm²		Hysd-steel bars Fe415 f_y = 415 N/mm²	
	τ_{bd} N/mm²		τ_{bd} N/mm²	
M 20	1.20	45.313	1.92	47.012
M 25	1.40	38.839	2.24	40.296
M 30	1.50	36.250	2.40	37.609
M 35	1.70	31.985	2.72	33.185
M 40 and above	1.90	28.618	3.04	29.692

विकृति सिरियों के लिए τ_{bd} का मान 1.60 गुणा प्लेन सिरियों के मान से होता है। (अर्थात् τ_{bd} के मान में 60 प्रतिशत की वृद्धि कर दी जाती है)।

यदि संपीडन में उपयुक्त इस्पातीय सिरियों के लिए उपरोक्त दिये गये मान में 25 प्रतिशत की वृद्धि की जाती है। इसका भी IS : 456-2000 में उल्लेख है।

जो सिरिये आपस में सम्पर्क रखते हुए बंडल बना कर रख दिये जाते है। इन बंडल में रखे हुए सिरियों के लिए विकसित लम्बाई उतनी ही होती है। जिसकी यह एक सिरिये के होती है। इसके अतिरिक्त दो बार को बंडल हो तो 10 प्रतिशत, तीन बार हो तो 20 प्रतिशत और चार सिरियों के लिए 33 प्रतिशत वृद्धि की जाती है।

7.4 तनन में प्लेन इस्पातीय सिरिये के लिए लंगर (Anchorage for plain steel bars in tension)

प्लेन मृदु इस्पातीय सिरियों से प्रबल्लित धरन में प्राकृतिक बंध सामर्थ्य तुलनात्मक विचार में कमजोर होते हैं। कांक्रीट और इस्पातीय सिरियों के बीच बंध टूट जाय और धरन विफल हो जाय, क्योंकि जितना इस्पातीय सिरियों में तनन बल विकसित होना चाहिए, उतना अकेले बंध से उत्पन्न नहीं होता। धरन के विफलता की यहाँ तक कि संभावना से बचने के लिए, विशेष प्रकार के लंगर सिरियों के सिरों पर प्रतियुक्त किये जाते हैं। साधारणतया सिरो को 90° पर मोड़ दिये जाते हैं या 180° पर हुक बनाये जाते है। लंगर की पर्याप्त व्यवस्था (सिरियों के सिरो पर) करने के बाद धरन की विफलता की कोई संभावना भी नहीं रहती, यहाँ तक कि कांक्रीट और इस्पातीय सिरियों के बीच पूरी लम्बाई पर भी बंध भंग हो जाय। धरन टाईड आर्च की तरह अस्तित्व में रहेगी।

हुक्स और मोड़ (Hooks and bends)

प्लेन इस्पातीय सिरियों के सिरो पर लंगर के लिए हुक्स और मोड़ को प्रतियुक्त किये जाते हैं, जो कि यांत्रिक युक्तियाँ (Mechanical devices) होती है। ये हुक्स और मोड़ कांक्रीट को हानि बगैर इस्पातीय सिरियों में तनन सामर्थ्य विकसित करने में योग्य होते हैं। Fig. 7.2 में मानक IS : 2502-1961 में अनुमोदन किये गये हुक और मोड़ के मानक माप दिखाये गये हैं।

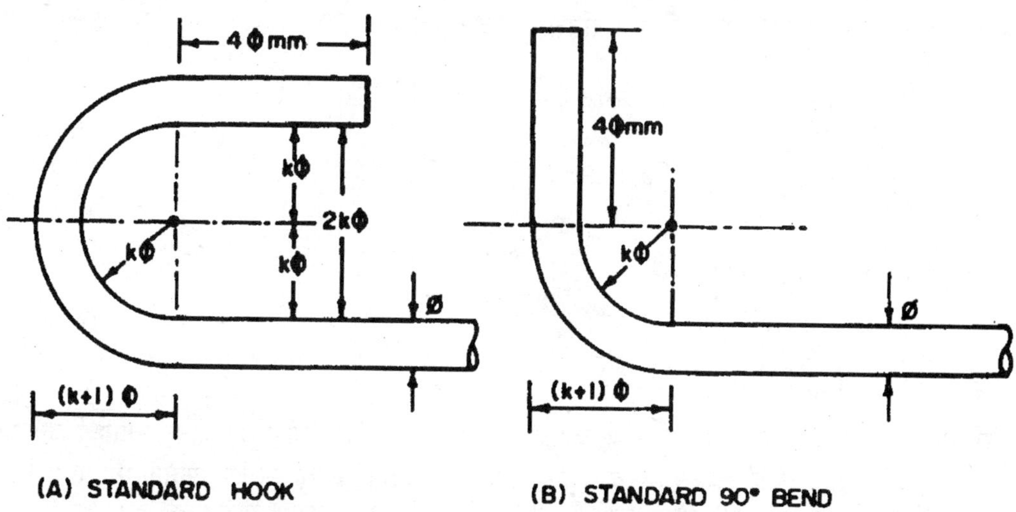

Fig. 7.2

हुक्स में सिरियों को 180° पर मोड़ कर (अर्ध–वृत बनाकर) उसकी लम्बाई में कम से कम व्यास के 4 गुणा लम्बाई का मुक्त सिरे पर विस्तार कर दिया जाता है, जैसाकि **Fig. 7.2 (A)** में दिखाया गया है।

90° मोड़ में सिरियों को सिरों पर उनकी लम्बाई के लम्बवत मोड़ दिये जाते हैं और मुक्त सिरे पर व्यास का 4 गुणा विस्तार कर दिया जाता है। जैसा कि **Fig. 7.2 (B)** में दिखाया गया है। मृदु इस्पातीय सिरियों के लिए **k** का न्यूनतम मान 2 और ठण्डे सिरियों पर कार्य किये गये सिरियों के लिए **k** का मान 4 होता है।

हुक्स और मोड़ के लंगर सामर्थ्य का मान
(Anchorages values of strength of hooks and bends)

इस्पातीय सिरियों की लम्बाई की दिशा में बंध और सिरों पर प्रतियुक्त हुक्स अथवा मोड़ के संयुक्त क्रिया से तनन बल का प्रतिरोध हुक्स और मोड़ द्वारा किया जाता है। इस्पातीय सिरियों की लम्बाई में तनन $T = (A_{st} . \sigma_{st})$ उत्पन्न होता है, जैसा कि **Fig. 7.3** में दिखाया गया है। लम्बवत मोड़ द्वारा संयुक्त रूप से बंध प्रतिरोध कांक्रीट और इस्पातीय सिरियों द्वारा किया जाता है।

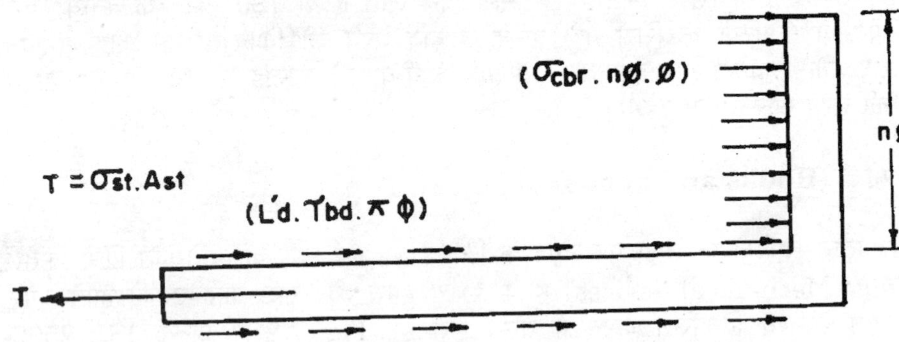

Fig. 7.3

इस्पातीय सिरिये लम्बवत मोड़ के साथ संतुलन में है। इस प्रकार

$$[L'_d . \tau_{bd} . \pi\phi + \sigma_{cbr} . n\phi . \phi] = \left(\frac{\pi}{4} . \phi^2 . \sigma_{st}\right)$$

$$L'_d + \left[\frac{n . \sigma_{cbr} . \phi}{\pi . \tau_{bd}}\right] = \left[\frac{\phi . (0.87\, f_y)}{4 . \tau_{bd}}\right] \quad \text{(i)}$$

समीकरण 7.4 के अनुसार

$$L_d = \phi \;.\; (0.87\, f_y)\,(4\ \tau_{bd})$$

$$L_d = (L_d + k . \phi) \quad \text{(ii)}$$

जहां पर, $k . \phi$ मोड़ के लंगर सामर्थ्य का प्रतिनिधित्व करता है। मोड़ का लंगर सामर्थ्य का मान 4 गुणा सिरियों के व्यास प्रत्येक 45° मोड़ के लिए किया जाता है। परन्तु इसका अधिकतम मान 16 गुणा सिरियों के व्यास से अधिक नहीं होना चाहिए। मानक इस प्रकार का U-किस्म के हुक के लिए लंगर सामर्थ्य का मान 90° मोड़ के लिए 12 गुणा व्यास का मान $8\phi + 4\phi =$ विस्तार $= 12\phi$ होता है।

7.5 धरन के तनन में प्रबल्लित सिरियों की लम्बाई में कटौती (Curtailment of tension reinforcement in beams)

एक सरल अवलम्बित धरन पर एक समान वितरित अनुप्रस्थ भार के कारण धरन के मध्य बिन्दु पर आघूर्ण का मान अधिकतम होता है। इस आघूर्ण का मान जैसे जैसे धरन के अवलम्ब की तरफ बढते हैं, उनके ऊर्ध्वाधर अनुप्रस्थ खण्ड घटता जाता है। धरन के मध्य बिन्दु पर आघूर्ण के अधिकतम मान के लिए प्रबल्लित सिरियों की व्यवस्था की जाती है। जैसे जैसे आघूर्ण के मान में कमी होती है, इतना प्रबल्लित सिरियों के क्षेत्रफल की आवश्यकता नहीं रहती। यह साधारण अभ्यास (Practice) रहा है कि तनन में प्रबल्लित सिरियों के क्षेत्रफल में कटौती कर दी जाती है, जहां पर उनकी आवश्यकता नही होती। किसी अनुप्रस्थ खण्ड पर आघूर्ण के प्रतिरोध के लिए तनन बल T_{us} है।

$$T_{us} = (A_{st} \cdot \sigma_{st}) = (A_{st} \cdot (0.87\, f_y)) = (M / jd)$$

जहाँ पर, jd = आघूर्ण के प्रतिरोध के लिए लीवर आर्म दूरी होती है।

T_{us}, तनन बल को आघूर्ण के मान M के सीधा समानुपाती (Directly proportional) मान सकते हैं। इस प्रकार, प्रबल्लित सिरियों की संख्या को करीब करीब आघूर्ण के मान के समानुपाती माना जा सकता है। ऐसा प्रयत्न रहता है कि जितनी प्रबल्लित सिरियों का उपयोग हुआ है, वे तनन में संभवतया पूरी प्रतिबल उत्पन्न हो। इस तरह आवश्यकता से अधिक सिरियों की संख्या में कटौती की जाती है।

यदि इस्पातीय सिरियों की अधिकतम आघूर्ण के प्रतिरोध के लिए N_c संख्या की आवश्यकता होती है और N_x उन सिरियों की संख्या मध्य बिन्दु के **x** दूरी से दोनो तरफ हो, जो काट दी गयी है, तब

$$\left[\frac{Nx}{N_c}\right] = \left[\frac{4x^2}{L^2}\right] \qquad \text{(i)}$$

$$x = \frac{1}{2}[N_x / N_c]^{1/2} \qquad (7.6)$$

विकल्प के रूप में : समीकरण (7.6) में फेक्टरड (डीजाइन) आघूर्ण और धरन के प्रतिरोधी आघूर्ण को बराबर करके ज्ञात की गयी है।

एक सरल अवलम्बित धरन के मध्य बिन्दु पर फेक्टरड (डीजाइन) भार से उत्पन्न आघूर्ण

$$M_{Fd} = (w_{Fd} \cdot L^2 / 8) \qquad \text{(ii)}$$

धरन अनुप्रस्थ खण्ड का प्रतिरोधी आघूर्ण का मान (जो कि, अधिक अधिकतम आघूर्ण का प्रतिरोध करता है),

$$MR = (T_{su} \cdot jd) = (A_{st} \cdot (0.87\, f_y)) \cdot jd$$

$$MR = N_c \cdot A_\phi \cdot (0.87\, f_y) \cdot jd \qquad \text{(iii)}$$

जहां पर, A_ϕ = एक इस्पातीय सिरिये का क्षेत्रफल उक्तियों (ii) और (iii) को बराबर रखने पर

$$(N_c \cdot A_\phi \cdot (0.87\, f_y) \cdot jd) = (w_{Fd}\; L^2/8) \qquad \text{(iv)}$$

यदि N_x कटौती की गयी सिरियों की संख्या हों तो, उक्ति (iv) की तरह निम्न उक्ति का उल्लेख कर सकते हैं।

$$[(N_c - N_x).A_s].(0.87 f_y).jd = \left[\frac{w_{Fd}.L^2}{8} - \frac{w_{Fd}.(2x)^2}{8}\right] \quad (v)$$

उक्ति (v) में उक्ति (iv) का भाग देने पर

$$\left(\frac{N_C - N_x}{N_C}\right) = \left[\frac{w_{Fd}.L^2/8 - w_{Fd}.4x^2/8}{w_{Fd}.L^2/8}\right] \quad (vi)$$

$$\left[1 - \frac{N_x}{N_c}\right] = \left[1 - \frac{4x^2}{L^2}\right] \quad (vii)$$

$$x = \left(\frac{L}{2}\right)(N_x / N_c)^{1/2} \quad (viii)$$

तनन प्रबल्लित सिरियों को ठीक ठीक उसी अनुप्रस्थ खण्ड पर (जिस पर थ्योरिटीकली ज्ञात किया है) नहीं काटा जाता है।

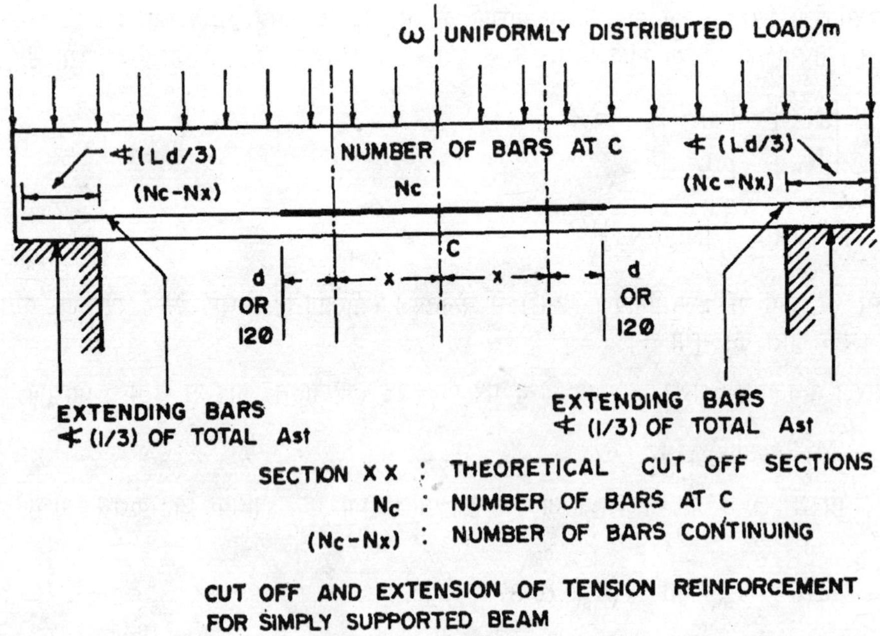

CUT OFF AND EXTENSION OF TENSION REINFORCEMENT FOR SIMPLY SUPPORTED BEAM

Fig. 7.4

कांक्रीट में दरारें उत्पन्न होने के पहले, इस्पातीय सिरियों में किसी बिन्दु पर तनन बल उस अनुप्रस्थ खण्ड के समानुपाती होते हैं। कांक्रीट में दरारें विकर्ण तनन के कारण उत्पन्न होने के पश्चात एक आन्तरिक बलों का फिर से वितरण होता है। इस तनन बल का नियंत्रण उस खण्ड पर आघूर्ण से जो कि मध्य बिन्दु के पास होता है, जो कि थ्योरीटीकल कट ऑफ बिन्दुओं के आघूर्ण से ज्यादा होता है।

वास्तविक आघूर्ण से ज्यादा होता है। वास्तविक आघूर्ण चित्र धरन के लिए उपयोग किये गये आघूर्ण चित्र से भिन्न होता है। इसका कारण वास्तविक भार के करीब करीब भार का मान अपनाने से होता है और धरन के सिरों के धंसने के कारण भी हो सकता है। IS : 456-2000 में इस तथ्य का उल्लेख किया गया है, कि जिस इस्पात सिरिये का काटना है, उसको उन बिन्दुओं से आगे सतत (Continuous) रखा जाती है। इस लम्बाई को 12 गुणा व्यास अथवा प्रभावी गहराई के बराबर (जो भी ज्यादा हो) सिवाय सरल अवलम्बों के जैसा कि Fig. 7.4 में दिखाया गया है। या फिर प्रास धरन के सिरे पर।

इसके अतिरिक्त, यह भी आवश्यक है कि प्रत्येक अनुप्रस्थ पर गणना करने से जो तनन प्रतिबल प्रबल्लित सिरियों में उत्पन्न होता है, उनमें पर्याप्त सन्निहित (गाड़ी हुई) लम्बाई पर सिरों के लंगर अथवा संयुक्त रूप से (दोनों में) विकसित होना चाहिए। अतः विकसित लम्बाई L_d क्रान्तिक अनुप्रस्थ के आगे तक प्रत्युक्त करनी चाहिए, जहाँ पर अधिकतम प्रतिबल (अधिकतम बंकन धूर्ण) सिरों पर अस्तित्व में अस्तिव में हो।

IS : 456-2000 में आगे आगे इस तथ्य का भी उल्लेख किया है, कि **तनन में प्रबल्लित सिरिये (जो कि + घनात्मक (positive) आघूर्ण के लिए) प्रतियुक्त होते है, उनका 1/3 भाग उसी की लम्बाई के साथ उसी फलक पर सतत रहेंगे।**

इसकी लम्बाई (L_d/3) के बराबर रखी जायेगी। यही तथ्य इस संभवतया अधिकतम बंकन प्रतिबल के स्थान के परिवर्तन की देख रेख करता है।

IS : 456-2000 इस तथ्य का भी अनुमोदन करता है कि कम से कम (1/3) कुल प्रबल्लित सिरियों का जिनका प्रतियुक्त ऋण आघूर्ण के लिए अवलम्ब पर किया गया है, उनकी लम्बाई रूक थ्योरीटिकल कटौती के बिन्दुओं से आगे तक (जहां पर आघूर्ण का मान शुन्य है) सतत रखी जायेगी। जिसकी लम्बाई कम से कम प्रभावी गहरी अथवा 12ϕ अथवा (1/16) स्पष्ट विस्तृति, जो भी बड़ी हो।

इस्पातीय सिरियों जिनको बंकन आघूर्ण के प्रतिरोध करने के लिए लगाये हैं, उनका तनन क्षेत्र में तब ही कटौती की जायेगी, निम्न अनुच्छेद में उल्लेखित शर्तो में यदि एक शर्त का पालन होता है।

7.6 बंकन के प्रबल्लित सिरियों का तनन क्षेत्रों में कटौती की शर्तें (Conditions for curtailment of flexural reinforcement in tension zone)

बंकन के प्रबल्लित सिरियों का तनन में कटौती करने के परिणामस्वरूप इस्पात में तीव्र असातत्य (Sharp-discontinuity) स्थिती बन जाती है। इस कारण बंकन दरारें का शीघ्र बनना और दरारों की चौड़ाई का बढ़ना शुरू हो जाता है। इसके कारण तनन में विकर्ण दरारों का बनना समय से पूर्व (Premature) शुरू हो जाता है। इसके परिणामस्वरूप अपरूपण में सामर्थ्य क्षमता और लचीलेपन में (तन्यता Ductility) में कमी आ जाती है। विशेष सावधानियां बरतने के लिए IS : 456-2000 में निम्न उल्लेखित शर्तो का विवरण दिया गया है।

1. प्रबल्लित सिरियों के कटौती के बिन्दुओं पर अपरूपण सामान्य अनुज्ञेय मान के (2/3) के मान से अधिक नहीं हो। इसमें (प्रतियुक्त वेब प्रबल्लित सिरिये भी सम्मिलित हैं) अपरूपण सामर्थ्य

2. अपरूपण के लिए आवश्यक क्षेत्रफल से अधिक छल्लों (Stirrups) का क्षेत्रफल कटौती की गयी सिरियों पर कटौती के बिन्दुओं से (3/4) धरन की प्रभावी गहराई के बराबर लम्बाई में प्रतियुक्त किये जाते हैं। जो छल्लों का अतिरिक्त क्षेत्रफल प्रतियुक्त किया जाता है, ($0.4\ b.s_v/f_y$) के मान से कम नहीं होना चाहिए।

जहां पर s_v संलग्न छल्लों के बीच की दूरी, b धरन के अनुप्रस्थ खण्ड की चौड़ाई और लि अपरूपण प्रबल्लित सिरियों के लिए विशिष्ट सामर्थ्य होता है। जिसकी ईकाई (N/mm^2) होती है। परिणामस्वरूप प्राप्त दूरी $[(d/8)/(\beta_b)]$ से अधिक नहीं होनी चाहिए। जहां पर, β_b काटी गयी सिरियों के क्षेत्रफल और कुल सिरियों के क्षेत्रफल का अनुपात है d धरन के लिए प्रभावी गहराई होती है।

3. 36 mm व्यास या इससे छोटे व्यास के सिरियों के लिए, जो सिरिये सतत रखे जाते हैं, कटौती बिन्दु से, बंकन में आवश्यक सिरियों के क्षेत्रफल का दो गुना रखा जाता है, और अपरूपण बल (3/4) के अनुज्ञेय मान से अधिक नहीं होना चाहिए।

यदि उपरोक्त उल्लेखित शर्तों में, कोई एक शर्त संतोषप्रद हो तो या तो अपरूपण प्रतिबलों का मान कम रखा जाता है (यदि पहली) अथवा अतिरिक्त अपरूपण प्रबल्लित सिरियों का उपयोग किया जाता है (शर्त – दूसरी) अथवा अतिरिक्त बंकन प्रबल्लित सिरिये उपलब्ध हैं (शर्त – तीसरी)। अपूर्व परिस्थिति में (rare) पहली अथवा दूसरी शर्त संतोषप्रद नहीं हो सकती और 36 mm से ज्यादा सिरियों का व्यास उपयोग किया जाता है।

तीसरी–शर्त तभी अनुकूल (Applicable) होती है, जब प्रबल्लित सिरियों का व्यास 36 mm या इससे कम हो। यदि सिरियों का व्यास 36 mm से अधिक होता है तब या तो पहली शर्त या दूसरी शर्त को संतोषप्रद रखा जाता है।

7.7 आघूर्ण का मान जहां शुन्य होता है, उनके पास के बिन्दु पर तनन प्रबल्लित सिरियों की कटौती के लिए विशेष आवश्यकताएँ (Special requirements near points of zero moment for curtailment of tension reinforcement)

पूर्ण विकसित लम्बाई उस बिन्दु से आगे तक जहां तक सिरिये में अधिकतम प्रतिबल संबंधी **उपबंध** मूल आवश्यकता है। डीजाइन बंध विपत्ति (Distress) के विरुद्ध सुनिश्चित करने के लिए, यह आवश्यकता पर्याप्त नहीं हो।

एक सरल अवलम्बित धरन जिस पर एक समान वितरित भार डीजाइन भार कार्यरत हो, उसकी डीजाइन इस तरह से की गयी हो, जिसमें विस्तृति के मध्य बिन्दु पर डीजाइन प्रतिबल विकसित हो रहा हो और धरन को फेक्टरड अधिकतम आघूर्ण $M = (w_{Fd} . L^2/8)$ को प्रतिरोध करना हो। बंकन आघूर्ण चित्र की आकृति परबलयिक (Parabolic) है। बायें अवलम्ब A को मूल बिन्दु से इस परबलयिक बंकन आघूर्ण चित्र की समीकरण

$$y = (4a/L^2) . x. (L-x) \quad \text{(i)}$$

दूरी $x = (L/2), \quad y = M_{Fd}, (\therefore M_{Fd} = a)$

$$y = [4 M_{Fd} . x . (L-x)/L^2] \quad \text{(ii)}$$

दूरी $x = (L/4), \quad y = 0.75 M_{Fd}$ (iii)

अवलम्ब A से (L/4) दूरी पर, प्रबल्लित सिरियों को 0.75 M_{Fd} आघूर्ण का प्रतिरोध करना है, जहां की प्रबल्लित सिरियों में केवल आधा ही डीजाइन प्रतिबल विकसित करना है। इस तरह मानक IS : 456-2000 में अनुमोदित आवश्यकता की संतोषप्रद, (L/4) दूरी पर नहीं विकसित नहीं कर सकते। इस कारण विशेष आवश्यकता का उल्लेख IS : 456-2000 में तनन प्रबल्लित सिरियों का अवलम्ब पर और ऐसे बिन्दु पर आघूर्ण का मान शुन्य हो, IS : 456-2000 में अनुमोदित किया गया है कि सरल अवलम्ब पर और ऐसे

बिन्दु पर आघूर्ण का मान शुन्य हो, वहाँ पर धनात्मक आघूर्ण के तनन प्रबल्लित सिरियों का व्यास सीमित हो, ताकि विकसित लम्बाई जिसकी 0.87 f_y प्रतिबल के लिए गणना की गयी हो, उसकी लम्बाई [($1.30\ M_1/v$) + L_o] से अधिक नहीं हो। अर्थात्

$$L_d > [(1.30\ M_1\ ./\ V) + L_0] \quad (7.7)$$

जहां पर, M_1 प्रतिरोधी आघूर्ण का उस अनुप्रस्थ खण्ड पर माना जाता है, जिस अनुप्रस्थ खण्ड पर प्रबल्लित सिरियों पर प्रतिबल 0.87 लिए कार्यरत हो। V उस खण्ड पर डीजाइन भार के कारण अपरूपण बल है और Lo लंगर के लिए उन लम्बाई की जोड़ (अवलम्ब के मध्य बिन्दु से और तुल्य लंगर मान (किसी हुक अथवा अन्य यांत्रिक लंगर तक सरल अवलम्ब Fig. 7.5 और उस बिन्दु पर जहां पर आघूर्ण का मान शुन्य है।

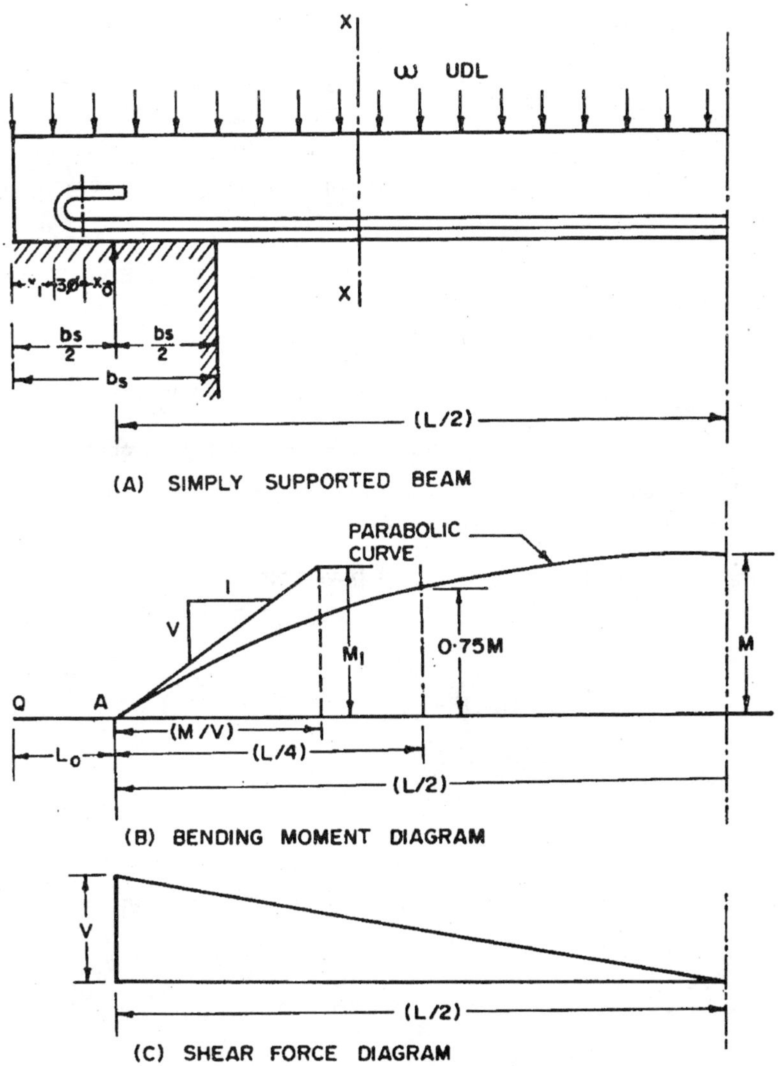

Fig. 7.5

Lo लम्बाई धरन की प्रभावी गहराई के बराबर सीमित है, अथवा 12 x सिरियों के व्यास के जो भी बड़ा हो। ϕ सिरियों का व्यास है।

समीकरण (7.7) में (M_1/V) के मान में 30 प्रतिशत वृद्धि कर दी जाती है (अर्थात् 1.30 M_1/V ली जाती है) जबकि सिरियों के सिरों पर संपीडाग प्रतिक्रिया बल कार्यरत हो।

एक अवलम्ब के बहुत पास में एक सूक्ष्म दूरी पर विचार करिये। यह स्पष्ट है कि यदि विकसित लम्बाई की आवश्यकता उस बिन्दु P पर संतोषप्रद पायी जाती है, तब IS : 456-2000 में उल्लेखित विकसित लम्बाई की आवश्यकता साथ साथ संतोषप्रद ही पायी जायेगी। (P बिन्दु के बायें भाग पर)। इस बिन्दु P को निम्न प्रकार से निर्धारण (Locate) कर सकते हैं :

अनुच्छेद 7.1 उक्ति (V) से, धरन में तनन में प्रति ईकाई बंध बल (Bond force)

$$\tau_{bd} .(\Sigma\, 0.1) = (dM/jd)\,(dx) \tag{iv}$$

उक्ति (iv) यह प्रदर्शित करती है कि प्रति ईकाई लम्बाई पर बंध बल जो कि बंकन द्वारा विकसित हुआ है, जो कि बंकन आघूर्ण चित्र के ढलान के समानुपाती होता है। प्राथमिक यांत्रिकी से (dM/dx) किसी बिन्दु पर फेक्टरड डीजाइन अपरूपण बल उस बिन्दु पर, V_{Fd} के बराबर होता है। उस बिन्दु पर, (जहां पर आघूर्ण का मान शुन्य के बराबर है) बंकन आघूर्ण चित्र पर एक स्पर्श रेखा बनाओ। Fig. 7.5 में ढलान अपरूपण बल, V के बराबर है। [Fig. 7.5 (B)]

यदि M_1 प्रतिरोधी आघूर्ण का मान है जो कि उन प्रबल्लित सिरियों द्वारा प्रतियुक्त है, जो सिरिये शुन्य आघूर्ण के आगे विस्तृत है, और बंकन आघूर्ण चित्र को अधिक रूढी से यह मानते हैं कि इस स्पर्श रेखा के साथ सरल रेखीय परिवर्तित है, तब

$$(M_1/a_1) = V_{Fd}\ ,\quad a_1 = (M_1/V_{Fd}) \tag{v}$$

तब, P बिन्दु AP दूरी = $a_1 = (M_1/Y_{Fd})$ से अवलम्ब तक होती है। दूरी AP, विकसित लम्बाई Ld से अधिक होनी चाहिए। अथवा Ld का मान (M_1/V_{Fd}) से अधिक नहीं होना चाहिए, ताकि सिरियों को बाहर नहीं खींचा जा सके।

हालांकि, प्रबल्लित सिरियों को उस बिन्दु A (वह बिन्दु जहां पर आघूर्ण का मान शुन्य है, उसक बायीं तरफ, Fig. 7.5 (B)) Q बिन्दु तक। यह विस्तार की गयी प्रबल्लित सिरियों की लम्बाई उस गाड़ी हुई लम्बाई में एक योगदान है।

अवलम्ब (Support) की चौड़ाई, b_s ज्ञात होती है, इससे लम्बाई $L_o = AQ$ की गणना कर सकते हैं।

$$L_o = (x_o + 16\,\phi) \tag{vi}$$

$$\text{और } x_o = [(b_s/2) - x_1 - 3\phi] \tag{vii}$$

जहाँ, x_1 सिरे पर प्रबल्लित सिरियों पर आवरण होता है और 16ϕ एक लंगर का मान (मानक हुक के लिए) होता है। इस प्रकार उक्तियाँ (vi) और (vii) से

$$L_o = [(b_s/2) - x_1 - 3\phi] + 16\phi \tag{viii}$$

$$L_o = [(b_s/2) - x_1 - 13\phi] \tag{7.8}$$

यदि, हुक का प्रयोग नहीं किया गया है, तब

$$L_o = [(b_s/2) - x_1] \tag{7.9}$$

यदि समीकरण (7-8) में किसी प्रकी की विषमता (Inequality) उत्पन्न होती है, तक इसको सुधारने के लिए प्रबल्लित सिरियों की A अवलम्ब में संख्या बढ़ाकर संतुलन बनाया जा सकता है, जिससे M_1 के मान में वृद्धि हो जाती है। अन्यथा L_o लम्बाई में वृद्धि की जा सकती है, उसके लिए अवलम्ब की चौड़ाई बढ़ा सकते है। परन्तु L_o का मान धरन के प्रभावी गहराई अथवा 12ϕ (दोनों में, जो भी अधिक हो) से सीमित होता है। छोटे व्यास के सिरियों का उपयोग करना ज्यादा ठीक रहता है, ताकि L_d का मान कम किया जा सकता है।

7.8 प्रबल्लित सिरियों में इस्प्लाईस (Splices in reinforcement bars)

छोटे व्यास के इस्पातीय सिरियों का संग्रह (Stock) 6 m से 12 m की लम्बाई तक रखा जाता है। बड़े व्यास के इस्पातीय सिरियों का संग्रह 18 m की लम्बाई तक रखा जाता है कई दफ्ह, सिरियों की आवश्यक लम्बाई उनकी उपलब्ध लम्बाई से अधिक आवश्यकता होती है। कई बार छोटे व्यास के सिरियों का उपयोग सुविधाजनक रहता है। इस कारण इस्पातीय सिरियों की लम्बाई में जोड़ लगाना (Splice) आवश्यक हो जाता है। Fig. 7.6 में इस्पातीय सिरियों के सिरों के पास कुछ लम्बाई तक एक के ऊपर दूसरे सिरिये की कुछ लम्बाई रख कर (Over-lap) दिखायी गयी है।

Fig. 7.6

इसको (Over-lapping) लम्बाई कहते हैं। इसको पर्याप्त लम्बाई पर Over-lap रखते है, ताकि बंध (Bond) से प्रतिबल स्थानांतरित हो जाय। इस तरह जोड़ लगाने की व्यवस्था को सिरियों की इस्पाईसिंग कहते हैं।

कांक्रीट के ऊंधेड़ने के दोहरान सिरियों को उनकी स्थिती में रखने के लिए Over-lapped सिरियों को कस कर एक दूसरे के संपर्क में रखते हुए अक्षर इस्पातीय तार से बांध दिये जाते हैं। इसके विकल्प के रूप में प्रबल्लित सिरियों पर वेल्डिंग कर दी जाती है।

प्रबल्लित सिरियों की इस्प्लाईसिंग उन बिन्दुओं से अलग रख कर की जाती है, जहां पर अधिकतम प्रतिबल होता है। इस्प्लाईसिंग जोड़ को विचलित (Stagger) करके रखा जाता है।

IS : 456-2000 में यह अनुमोदन किया गया है कि बंकन अवयवों में उन बिन्दुओं पर इस्प्लाईसिंग नहीं करनी चाहिए, जहां पर बंकन आघूर्ण प्रतिरोधी आघूर्ण के 50 प्रतिशत मान से अधिक हो। किसी अनुप्रस्थ खण्ड पर इस्प्लाईस की गयी सिरियों की संख्या उस अनुप्रस्थ खण्ड सिरियों के कुल संख्या के आधी से भी कम हो। यदि अनुप्रस्थ खण्ड पर जहां पर अधिकतम प्रतिबल हों अथवा वहां पर आधी से ज्यादा सिरियों का इस्प्लाईसिंग करना हो, वहाँ पर विशेष सावधानी बरतनी चाहिए। (जैसे इस्प्लाईसिंग को ज्यादा रखना अथवा सर्पणी (Spirals) का उपयोग करना अथवा छल्लों को कम दूरी पर रखकर कर सकते हैं)

तनन में लेप इस्प्लाईस : IS : 456-2000 में उल्लेखित तनन में सिरियों का लेप इस्प्लाईस निम्न तरीके से करना चाहिये।

यदि इस्पातीय सिरियों का व्यास 36 mm व्यास से अधिक हो तो उनका लेप इस्प्लाईसिंग नहीं करनी चाहिये। जिनका व्यास ज्यादा होता है, उन सिरियों का इस्प्लाईसिंग वेल्डिंग से करनी चाहिए। यदि वहां पर वेल्डिंग संभव नहीं हो तो, 36 mm व्यास के सिरियों के लिए Over-lapping की स्वीकृति दे देनी चाहिए, ऐसी परिस्थितियों में अतिरिक्त सर्पणी को प्रयोग (Over-lapped) सिरियों पर करना चाहिए। लेप इस्प्लाईसिंग को विचलित (Staggered) तब मान सकते हैं इस्प्लाईसेज के मध्य बिन्दु से मध्य बिन्दु के बीच की दूरी 1.3 गुणा लेप का लम्बाई के हो।

इसकी गणना इस प्रकार कर सकते है।

बंकन तनन में लेप लम्बाई हुक द्वारा लंगर के मान को सम्मिलित करते हुए Ld अथवा 30ϕ (जो भी अधिक हो) और सीधे तनन बल के लिए 2 L_d अथवा 30ϕ (जो भी अधिक हो)। लेप की सीधी लम्बाई 15ϕ अथवा 200 mm से कम नहीं होनी चाहिए।

सर्पणी (Spirals) का व्यास (जिसका लेप लम्बाई पर उपयोग किया जाता है) 6 mm व्यास से कम नहीं रखना चाहिए। पिच की दूरी 100 mm से अधिक नहीं होनी चाहिए। सिरियों के सिरों पर हुक्स बनाने चाहिए।

यदि सिरियों के इस्प्लाईस दो अलग अलग व्यास के सिरियों के लिए किया जाता है, लेप लम्बाई की गणना छोटे व्यास के सिरिये से करना चाहिए।

यदि सिरियों के बंडल बनाकर उपयोग किया जा रहा है, तब बंडल के एक एक सिरिये का इस्प्लाईस एक दफह करना चाहिए। इन अकेले सिरियों का इस्प्लाईसिंग को विचलित (Saggered) कर दिया जाता है।

वेल्ड इस्प्लाईस का अथवा अन्य यांत्रिक जोड़ का डीजाइन सामर्थ्य 80 प्रतिशत ही माना जाना चाहिए। जब इस्प्लाईस क्षेत्रफल कुल अनुप्रस्थ खण्ड पर सिरियों के क्षेत्रफल से 20 प्रतिशत अधिक हो, तब डीजाइन सामर्थ्य 100 प्रतिशत माना जा सकता है।

यदि वेल्डेड तार रेशों का इस्प्लाईसिंग करनी होती है, तब तार रेशों को लेप इस्प्लाईस कर तो दी जाती है, परन्तु Over-lap (अधिकतम दूरी के अनुप्रस्थ तार) से जो मापा जाती है, वह अनुप्रस्थ तार की दूरी + 100 mm रखनी चाहिए।

उदाहरण (Example 7.1) उदाहरण 5.7 में धरन को अपरूपण प्रबल्लित सिरियों के लिए डीजाइन करो। मुख्य प्रबल्लित सिरियों को विकसित लम्बाई के (Devlopment length) जांच करो।

डीजाइन : उदाहरण (Example 5.7) से फेक्टरड (डीजाइन) भार (कुल प्रतिमीटर वितरित भार गुणा भार के लिए आंशिक सुरक्षा घटक धरन के विस्तृति कार्यरत 34.44 kN/m, और धरन की प्रभावी विस्तृति (Sapn), L = 5.58 m हैं। Fig. 7.7 में दिखाया गया क्रान्तिक अनुप्रस्थ खण्ड xx, जो कि अवलम्ब से दूरी, d = 340 mm, अवलम्ब के फलक से दूरी पर है। फेक्टरड अनुप्रस्थ बल, क्रान्तिक अनुप्रस्थ खण्ड xx पर

$$V_{Fd} = \left[\frac{1}{2} \times 34.44 \times 5.58 - 3.44\,(0.440 + 0.300)\right] = 70.60 \text{ kN} \qquad \text{(i)}$$

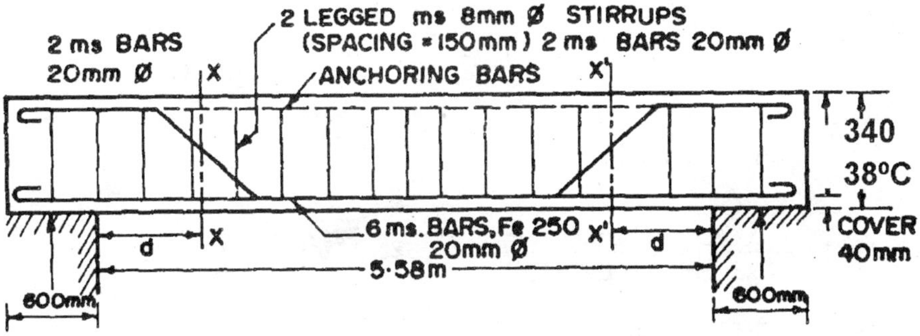

Fig. 7.7

Step 1. सामान्य अनुप्रस्थ प्रतिबल

उदाहरण (Example 5.7) से

$$b = 320 \text{ mm}, \quad \text{और} \quad d = 340 \text{ mm}$$

$$\tau_v = \left[\frac{V_{Fd}}{b.d}\right] = \left(\frac{70.60 \times 1000}{320 \times 340}\right) = 0.608$$

Step 2. कांक्रीट के लिए डीजाइन अपरूपण प्रतिबल

20 mm व्यास के 6 मृदु इस्पात कुल सिरियों में 2 सिरियों को अवलम्ब के पास ऊपर संपीडन सतह की तरफ मोड़ दिये गये। 4 सिरिये अवलम्ब में सतत रखे जाते हैं। **Fig. 7.7** ऐसा दिखाया गया है। क्रान्तिक अनुप्रस्थ खण्ड पर प्रबल्लित सिरियों का क्षेत्रफल

$$A_{st} = \left[4 \times \frac{\pi}{4} \times 20^2\right] = 1256.64 \text{ mm}^2$$

$$\left[\frac{100\, A_{st}}{b.d}\right] = \left[\frac{100 \times 1256.64}{320 \times 340}\right] = 1.155$$

IS : 456-2000 से M20 ग्रेड कांक्रीट के लिए, डीजाइन अपरूपण प्रतिबल

$$\tau_c = \left[0.62 + (0.67 - 0.62)\ \frac{(1.155 - 1.00)}{(1.250 - 1.000)}\right] = [0.62 + 0.031] = 0.651 \text{ N/mm}^2$$

$$\tau_c = \left[0.56 + (0.62 - 0.56)\frac{(0.8925 - 0.7500\ )}{(1.000 - 0.750)}\right]$$

IS : 456-2000 से अपरूपण प्रतिबल का अधिकतम मान M20 ग्रेड कांक्रीट के लिए 2.8 N/mm² है। अतः सामान्य अपरूपण प्रतिबल τ_v का मान, $\tau_{c.max}$ से कम है। और τ_v का मान 0.401 N/mm² से कम है। अतः धरन के लिए न्यूनतम अपरूपण प्रबल्लित सिरिये (छल्लों) की आवश्यकता है। इसके लिए 2 टाँग वाले 8 mm ϕ के अपरूपण छल्ले मृदु इस्पात के धरन की पूरी विस्तृति पर **Fig. 7.7** में जैसे दिखाये गये हैं, लगाये जाते हैं।

Step 3 : दो संलग्न अपरूपण छल्लों के बीच दूरी

$$A_{sv} = \left[2\times\frac{\pi}{4}\times 8^2\right] = 100.531\ \text{mm}^2$$

IS : 456-2000 से $\left[\dfrac{A_{st}}{b.\,s_v}\right] > \left[\dfrac{0.4}{f_y}\right]$

$$s_v = \left[\frac{A_{st}\times f_y}{0.4\times b}\right] = \left[\frac{100.531\times 415}{0.4\times 320}\right] = 325.94\ \text{mm}$$

Step 4 : मुख्य प्रबल्लित सिरियों के लिए विकसित लम्बाई की जाँच : IS : 456-2000 से सरल अवलम्ब पर धन आघूर्ण का मान इस प्रकार सीमित है कि विकसित लम्बाई, L_d 0.87 f_y प्रतिबल के लिए गणना द्वारा ज्ञात से (1.30 M_1/V + L_o) से अधिक नहीं हो। समीकरण 7.7 से

$$L_d > \left[\frac{1.30\ M_1}{V_{Fd}} + L_o\right] \text{ और } x_u = 0.48\ d$$

अवलम्ब प्रतिरोधी आघूर्ण का मान उदाहरण Example 3.16 से

$$M_u = [0.87\ f_y\,.\,A_{st}\,.\,(d - 0.42\ x_u)] = [0.87\times 250\times 1256.64\ (340 - 0.42\times 0.48\times 340)/10^6]$$

$$= 93.49\ \text{kN-m}$$

अवलम्ब पर फेक्टरड अपरूपण बल

$$V_{Fd} = \left(\frac{1}{2}\times 34.44\times 5.58\right) = 96.08\ \text{kN}$$

समीकरण (7.7) से

$$L_d = [b_s/2 - x_1 + 13\,\phi]$$

सिरे पर आवरण 25 mm और अवलम्ब (Support) की चौड़ाई 600 mm है। इस प्रकार

$$L_d = \left[\left(\frac{600}{2}\right) - 25 + 13\times 20\right] = 535\ \text{mm}$$

$$\left[\frac{1.3\ M_1}{V_{Fd}} + L_o\right] = \left(1.30\times\frac{93.49}{96.08} + 0.535\right) = 1.08\ \text{m}$$

$$L_o = \left[\frac{54.375\times 20}{1000}\right] = 1.0875\ \text{m}$$

विकसित लम्बाई, L_d = ((1.30 M_1/V_{fd}) + Lo) के मान से अधिक नहीं है। इस प्रकार IS : 456-2000 की आवश्यकता संतोषप्रद है।

उदाहरण (Example 7.2) : उदाहरण (Example 5.6) में धरन की डीजाइन अपरूपण प्रबल्लित सिरियों के कीजिये।

अनुदैर्ध्य प्रबल्लित सिरियों की विकसित लम्बाई की जांच करो।

डीजाइन : उदाहरण 5.6 से फेक्टरड (डीजाइन) भार (कुल एक समान वितरित भार गुणा भार के लिए आंशिक सुरक्षा गुणांक) प्रति ईकाई (मीटर) लम्बाई के लिए (जो कि धरन पर कार्यरत है, 79.29 kN/m और धरन की प्रभावी विस्तृति का मान : = 5.52 m है। Fig. 7.8 में अपरूपण के लिए क्रान्तिक अनुप्रस्थ खण्ड xx दिखाया गया है, जिसकी अवलम्ब से दूरी धरन के प्रभावी गहराई, d = 540 mm (अवलम्ब के फलक) के बराबर है।

फेक्टरड (डीजाइन) अपरूपण बल V, क्रान्तिक अनुप्रस्थ खण्ड, xx पर

$$V_{Fd} = \left[\frac{1}{2}\times 79.29\times 5.25 - 79.29\times\left[0.540+\frac{0.450}{2}\right]\right] = 147.48\text{ kN}$$

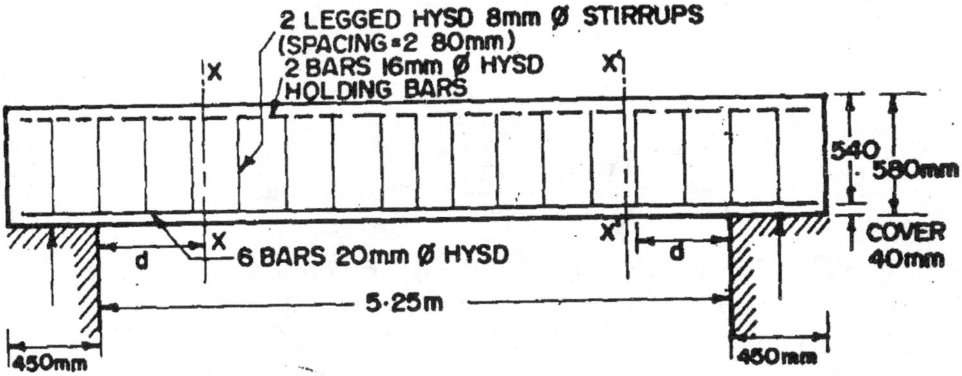

Fig. 7.8

Step 1 : सामान्य अपरूपण प्रतिबल

$$\tau_v = \left[\frac{V_{Fd}}{b.d}\right] = \left[\frac{147.48\times 1000}{360\times 540}\right] = 0.4078\text{ N/mm}^2$$

Step 2 : कांक्रीट में डीजाइन प्रतिबल

Fig. 7.8 में 4 HYSD, Fe 415 सिरिये अवलम्ब पर सतत दिखाये गये हैं। क्रान्तिक अनुप्रस्थ खण्ड xx पर इस्पातीय प्रबल्लित सिरियों का क्षेत्रफल

$$A_{st} = \left[4\times\frac{\pi}{4}\times 20^2\right] = 1256.64\text{ mm}^2$$

$$\left[\frac{100\ A_{st}}{b.d}\right] = \left[\frac{100\times 1256.64}{3.60\times 546}\right] = 0.6464$$

M20 ग्रेड कांक्रीट के लिए, कांक्रीट में डीजाइन अपरूपण प्रतिबल (बिना अनुप्रस्थ प्रबल्लित सिरियों के)

IS : 456-2000 से

$$\tau_c = 0.46 + (0.54 - 0.46)\left[\frac{(0.6464 - 0.50)}{(0.75 - 0.50)}\right] = (0.46 + 0.0468) = 0.5068\text{ N/mm}^2$$

M20 ग्रेड कांक्रीट के लिए IS : 456-2000 से अपरूपण प्रतिबल का अधिकतम मान $\tau_{c.max}$ = 2.8 N/mm². सामान्य अपरूपण प्रतिबल, τ_v का मान $\tau_{c.max}$ के मान से कम है। अतः धरन के लिए न्यूनतम अपरूपण प्रबल्लित सिरियों की ही आवश्यकता है। इसके लिए 2 टांग के 8 mm व्यास के सिरिये HYSD इस्पात, Fe 415 का धरन की पूरी विस्तृति (Span) पर लगाये जाते हैं, जैसा कि Fig. 7.9 में दिखाया गया है।

Step 3 : अपरूपण छल्लों की दूरी

$$A_{sv} = \left[2 \times \frac{\pi}{4} \times 8^2\right] = 100.53 \text{ mm}^2$$

IS : 456-2000 से

$$\left[\frac{A_{sv}}{b, s_v}\right] > \left[\frac{0.4}{f_y}\right]$$

$$[s_v] = \left[\frac{A_{sy} \cdot f_y}{0.4\ b}\right] = \left[\frac{100.531 \times 415}{0.4 \times 360}\right] = 289.725 \text{ mm}$$

धरन के अनुदैर्ध्य अक्ष के साथ साथ अपरूपण प्रबल्लित सिरियों के बीच अधिकतम दूरी 0.75d = (0.75 x 540) = 405 mm (ऊर्ध्वाधर छल्लों के लिए) से अधिक नहीं होनी चाहिए। किसी भी परिस्थिती में इसका मान 450 mm से ज्यादा नहीं होनी चाहिए। ऊर्ध्वाधर छल्लों के बीच दूरी 280 mm रखी जाती है।

Step 4 : मुख्य प्रबल्लित सिरियों के लिए आवश्यक विकसित लम्बाई की जांच

IS : 456-2000 के अनुसार सरल अवलम्ब पर, धनात्मक आघूर्ण का मान सीमित दूरी तक होता है, ताकि विकसित लम्बाई, L_d, जोकि 0.87 f_y प्रतिबल के लिए गणना की जाती है, उसका मान $[(1.30\ M_1/V_{Fd}) + L_o]$ अर्थात् समीकरण (7.7)

$$L_d > \left[\frac{1.30\ M_1}{V_{Fd}} + L_o\right] \text{ और } (x_u = 0.48\ d)$$

अवलम्ब पर प्रतिरोधी आघूर्ण का मान

$$M_u = 0.87\, A_{st} \cdot (d - 0.42\, x_u)$$

$$\left|0.87 \times 415 \times 1256.64\,(540 - 0.42 \times 0.48 \times 540)/10^6\right| = 196.08 \text{ kN-m}$$

अवलम्ब पर फेक्टरड अपरूपण बल

$$V_{Fd} = \left[\frac{1}{2} \times 79.29 \times 5.25\right] = 208.136 \text{ kN}$$

समीकरण (7.8) से (चूंकि हुक का उपयोग HYSD इस्पात मे नहीं किया जाता है)

$$L_d = \left[\frac{b_s}{2} - x_1\right]$$

सिरे पर आवरण $x_1 = 25$ mm और अवलम्ब (Support) की चौड़ाई 450 mm है। अतः

$$L_d = \left[\left(\frac{450}{2}\right) - 25\right] = 200 \text{ mm}$$

$$\left[\frac{1.30\ M_1}{V_{Fd}} + L_o\right] = \left[\frac{1.30 \times 196.08}{147.48} + 0.20\right] = 1.928 \text{ m}$$

$$L_o = \left[\frac{47.012 \times 20}{1000}\right] = 0.904 \text{ m}$$

विकसित दूरी (Development length)

L_d का मान $[(1.30\ M_1/V_{Fd}) + L_o]$ के गान से अधिक नहीं है। इस प्रकार IS : 456-2000 की आवश्यकता की पूर्ति संतोषप्रद हो जाती है।

PROBLEMS

7.1 एक कक्षा के फर्श का माप 4 m x 7 m है। इसमें 150 mm मोटाई की प्रबल्लित स्लैब का उपयोग किया गया है। यह स्लैब अकेले तनन में प्रबल्लित आयताकार धरन से अवलम्बित है।

धरन की डीजाइन करो। IS : 456-2000 में अनुमोदित अनुज्ञेय प्रतिबल का उपयोग करो। धरन की अपरूपण प्रबल्लित सिरियों के लिए भी डीजाइन करो।

मुख्य प्रबल्लित सिरियो की अवलम्ब पर विकसित लम्बाई की जांच करो। उच्चतम विकृति का कांक्रीट के लिए संकुचन का मान = 0.0003 है।

अध्याय – 8

विफलता के बंकन, अपरूपण और अन्य आवश्यकताओं के लिए लिमिट स्टेट (दोहरी प्रबल्लित आयताकार धरन की सामर्थ्य)

[LIMIT STATE OF COLLAPSE IN FLEXURE, SHEAR AND OTHER REQUIREMENTS STRENGTH OF DOUBLY REINFORCED RECTANGULAR BEAMS, (DRRB-1)]

8.1 प्रस्तावना (Introduction)

जब अकेले तनन में प्रबल्लित धरन को बड़े माप के बंकन आघूर्ण का प्रतिरोध करने के लिए बड़ी गहराई की आवश्यकता होती है, तब धरन में तनन में प्रबल्लित सिरियों के अतिरिक्त बंकन में संपीडन में प्रबल्लित की जाती है, जैसा कि Fig. 8.1 (A) में दिखाया गया है। इसी प्रकार आयताकार की गहराई सीमित रख दी जाती है, ऐसी परिस्थिती में भी तनन प्रबल्लित सिरियों को संपीडन क्षेत्र में प्रबल्लित कर दिया जाता है। ऐसी धरन जिसमें तनन क्षेत्र और संपीडन क्षेत्र दोनों में प्रबल्लित सिरियों का उपयोग किया जाता है, उनको दोहरी प्रबल्लित धरन (Doubly reinforced beam) कहा जाता है।

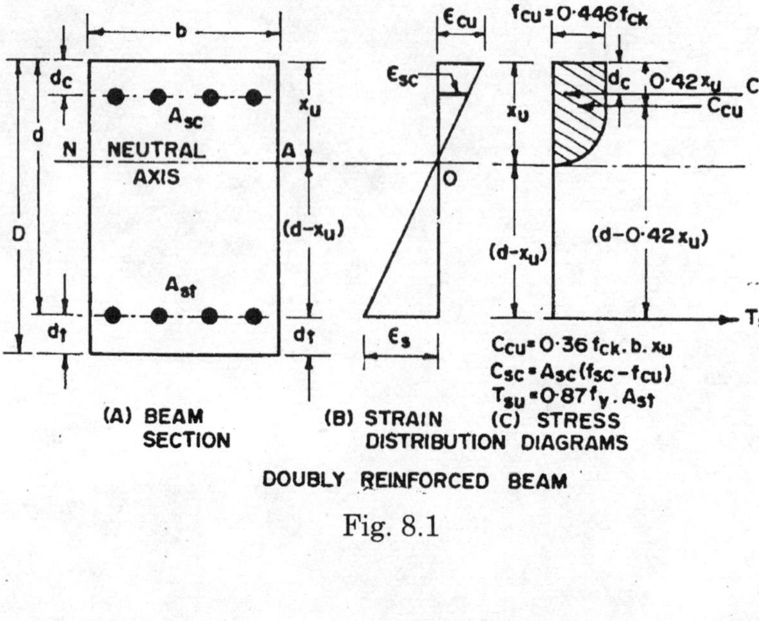

Fig. 8.1

दोहरी प्रबल्लित धरन में कांक्रीट और बंकन में संपीडन प्रबल्लित सिरिये दोनों संयुक्त रूप से मिलकर कुल संपीडन प्रतिबल का प्रतिरोध करती है। इसी प्रकार यदि धरन कई अवलम्ब में सतत (Continuous) रहती है। ऐसी परिस्थिती में भी दोहरी प्रबल्लित धरन का उपयोग किया जाता है।

जब धरन पर उत्केन्द्रीय (Eccentric) भार कार्यरत होता है, तब भी दोहरी प्रबल्लित धरन को काम लिया जाता है। सतत धरन पर (Continuous beams) गतिमान भार (Moving loads) कार्यरत हो, तब भी दोहरी प्रबल्लित धरन की आवश्यकता होती है।

दोहरी प्रबल्लित धरन किफायती (Econimical) नहीं होती। क्योंकि बंकन में संपीडन क्षेत्र में उपयुक्त प्रबल्लित सिरियों का उनकी क्षमता के अनुसार उपयोग नहीं होता। इन सिरियों में संपीडन प्रतिबल क्षमता से बहुत कम रहता है।

Fig. 8.1 में **दोहरी प्रबल्लित सिरियों** की (Doubly reinforced beam) आयताकार धरन दिखायी गई है। धरन की चौड़ाई, b और कुल गहराई, D है। बंकन में तनन में उपयुक्त अनुदैर्ध्य प्रबल्लित सिरियों का क्षेत्रफल (Longitudinal reinforcement in tension) A_{st} है, और बंकन में उपयुक्त अनुदैर्ध्य प्रबल्लित सिरियों का क्षेत्रफल (Longitudinal reinforcement in compression), A_{sc} है। उदाहरण के लिए सरल अवलम्बित धरन में ऊपरी सतह संपीडन प्रतिबल में होती है। इस सतह से **उदासीन अक्ष की गहराई**, x_u होती है। इस ऊपरी सतह से तनन में प्रबल्लित सिरियों के गुरुत्व केन्द्र बीच गहराई, d **प्रभावी गहराई** होता है। तनन सिरियों पर कांक्रीट का प्रभावी आवरण d_t से और संपीडन सिरियां पर कांक्रीट का प्रभावी आवरण, d_c होता है।

Fig. 8.1 (B) में **विकृति वितरण** (Strain-distribution) दिखाया गया है। जो कि सरल रेखीय विकृति वितरण होता है।

तनन प्रबल्लित सिरियों के विकृति, ε_{st} से चिन्हित की जाती है, जबकि संपीडन प्रबल्लित सिरियां के विकृति, ε_{sc} से चिन्हित किया जाता है। सरल अवलम्बित धरन के ऊपरी सतह से किसी भी गहराई पर आकृति अनुरूप त्रिभुजों से (Similar triangles) के सिद्धान्त से प्राप्त की जाती है (अर्थात् त्रिभुजाकार आकृति के ज्योमिती का उपयोग करने से ज्ञात करते है)

प्रबल्लित सिरियों के सब तरफ कांक्रीट से (Concrete surrounding steel bars) दोनों पदार्थों के बीच बंध परिपूर्ण (Perfect) माना जाता है। तब कांक्रीट और इस्पातीय सिरियों में दोनों में विकृति का मान बराबर होता है।

$$\varepsilon_{st} = \left[\frac{d - x_u}{x_u}\right] . \varepsilon_{cu} \tag{8.1}$$

$$\varepsilon_{sc} = \left[\frac{x_u - d_c}{x_u}\right] . \varepsilon_{cu} \tag{8.2}$$

जहां पर, तनन प्रबल्लित सिरियों में और संपीडन प्रबल्लित सिरियों में क्रमशः विकृति का मान ε_{st} और ε_{sc} है। जब कि कांक्रीट में ऊपरी सतह पर विकृति का मान ε_c होता है।

IS : 456-2000 द्वारा अनुमोदित कांक्रीट में बंकन अनुमोदित संपीडन के एक आदर्श प्रतिबल वितरित चित्र Fig. 8.1 (C) में दिखाया गया है। (उदाहरण के लिए सरल अवलम्बित धरन के लिए उदासीन अक्ष के उपर के भाग पर जहां, बंकन संपीडन प्रतिबल होता है। इस Fig. 8.1 (C) में, इस भाग में तिरछी रेखाएं बनायी गयी है। इस प्रतिबल वितरण चित्र को **स्ट्रेस ब्लोक (Stress-block)** हैं। इस स्ट्रेस

ब्लोक के निम्न **विशिष्ट लक्षण** (Characteristics) होते हैं। यदि धरन सरल अवलम्बित हो, अतः उदासीन अक्ष से अधिकतम दूरी पर ऊपरी रेशों मं संपीडन प्रतिबल होता है।

(i) इन सबसे ऊपरी सतह के कांक्रीट के रेशों पर संपीडन प्रतिबल का मान 0.446 f_{ck} होता है।

(ii) संपीडन बल की परिणाम कार्यरत रेखा की उच्चतम प्रतिबल की स्थिति पर कांक्रीट में 0.42 x_u होती है।

(iii) इसी रेखा पर स्ट्रेस ब्लोक का परिकेन्द्र/उत्कर्ण बिन्दु (Centroid) होता है, अर्थात् इसकी दूरी ऊपर से 0.42 x_u ही होती है।

(iv) कांक्रीट के जिस भाग पर तनन प्रतिबल होता है, उसकी उपेक्षा कर दी जाती है। बंकन में विफलता के लिए लिमिट स्टेट में ऐसी ही धारणा मानी जाती है।

इस अध्याय में दोहरी प्रबल्लित धरन का सामर्थ्य (**बंकन में विफलता के लिए लिमिट स्टेट विधि**) द्वारा ज्ञात किया है।

दोहरी प्रबल्लित धरन में अब यह ज्ञात है कि तनन प्रबल्लित सिरियों का भी बंकन में उपयोग किया जाता है। इस बात की ध्यान रखा जाता है, संपीडन में प्रबल्लित सिरिये आकुंचन (Buckling) के कारण टेड़े–मेडे नहीं हो जाय। इन सिरियों को लंगर इसी प्रकार बनाये जाते हैं, जिस प्रकार स्तंभ में पार्श्विक तान (Lateral ties) प्रतियुक्त की जाती है। ये पार्श्विक तान सिरियों के पूरी लम्बाई पर लगायी जाती है, जहां पर इन सिरियों की आवश्यकता होती है।

8.2 दोहरी प्रबल्लित धरन में उदासीन अक्ष की गहराई (Depth of neutral axis in doubly reinforced beams)

Fig. 8.1 में दोहरी प्रबल्लित धरन में उदासीन अक्ष की गहराई, x_u दिखायी गयी है। धरन पर उच्चतम भार (ultimate load) कार्यरत है (अर्थात्, धरन बंकन में बंकन सामर्थ्य की स्थिति पर पहुंच गयी है) उदासीन अक्ष की गहराई धरन संतुलन में होती है, इसी के आधार पर निम्न प्रकार ज्ञात की जाती है :

जब दोहरी प्रबल्लित धरन बंकन में उच्चतम भार के लिए बंकन में अधिकतम आघूर्ण की स्थिती पर पहुंच जाती है, तब तनन में प्रबल्लित सिरिये और संपीडन में प्रबल्लित सिरिये पराभव प्रतिबल सामर्थ्य (Yield stress/strength) पर पहुंच जाती है और नहीं भी पहुंचती है। यह प्रबल्लित सिरियों के क्षेत्रफल पर और उनकी धरन में स्थिती पर निर्भर करती है। धरन में कुल संपीडन बल कांक्रीट में संपीडन और संपीडन प्रबल्लित सिरियों में संपीडन बल दोनों के जोड़ के बराबर होता है।

कांक्रीट में संपीडन बल

$$C_{cu} = (0.36\, f_{ck}) \cdot (x_u \cdot b) \quad \text{(i)}$$

संपीडन प्रबल्लित सिरियों में संपीडन बल

$$C_{sc1} = \left(A_{sc} \cdot f_{sc}\right) \quad \text{(ii)}$$

चूंकि $\left(f_{cu} = 0.446\, f_{ck}\right)$

जहां पर, संपीडन प्रबल्लित सिरिये होते हैं, वहाँ कांक्रीट नहीं होती है। परन्तु, C_{cu} में पूरा क्षेत्रफल ($b.x_u$) गणना में सम्मिलित पहले से कर दिया गया है। उस स्थान संपीडन सिरिये होते हैं, वहां पर कांक्रीट नहीं होती, इस कारण कांक्रीट के क्षेत्रफल में कमी की जाती है। इस प्रकार

$$C_{cs2} = (A_{sc} . f_{cu})$$

संपीडन प्रबल्लित सिरियों को ऊपर की सतह से कब गहराई (आवरण की मोटाई) पर लगाये जाते हैं। फिर भी, संपीडन प्रबल्लित सिरिये स्ट्रेड ब्लोक के आयताकार भाग में होते है। संपीडन प्रबल्लित सिरिये के स्तर पर कांक्रीट में **Fig.** 8.1 (C) ($f_{cu} = 0.446\, f_{ck}$) संकल संपीडन बल (संपीडन प्रबल्लित सिरियों के स्तर पर)

$$C_{sc} = (C_{sc1} - C_{sc2}) = (A_{sc}\, f_{sc} - A_{sc}\, f_{cu}) \quad \text{(i)}$$

लगभग (सन्निकटता के लिए) दूसरी टर्म जो कि ब्रेकिट में प्रयोग हो रही है, उसकी उपेक्षा की जा सकती है।

$$C_{sc} = A_{sc}(f_{sc} - f_{cu}) \quad \text{(ii)}$$

$$C = [C_{cu} + C_{sc}] \quad \text{(iii)}$$

कांक्रीट के उस भाग पर जहां बंकन में तनन प्रतिबल होता है, उसकी उपेक्षा कर दी जाती है। इस प्रकार, तनन में प्रतिबल (तनन प्रबल्लित सिरियों में)

$$T_{su} = (f_{st} . A_{st}) \quad \text{(iv)}$$

जहां पर, इस्पात में तनन में, f_{st} और संपीडन में f_{sc} (प्रतिबल) विकृतिया ε_s और ε_{sc} प्रतिबल विकृति वक्ररेखा से संबंधित होते हैं।

चूंकि, धरन संतुलन में होती है।

संतुलन के सिद्धान्त से कुल संपीडन बल और कुल तनन बल बराबर होते हैं :

$$C_{Total} = T_{su} \quad \text{(v)}$$

$$\left.\begin{aligned} &0.36\, f_{ck} . b . x_u + A_{sc}(f_{sc} - f_{cu}) = f_{st} . A_{st} \\ &(0.36\, f_{ck}\, x_u . b) = [f_{st} . A_{st} - (f_{sc} - f_{cu}) A_{sc}] \end{aligned}\right\} \quad \text{(vi)}$$

उक्ति (vi), उदासीन अक्ष की गहराई, केवल x_u को ज्ञात करना है

$$x_u = \left(\frac{f_{st} . A_{st} - A_{sc}(f_{sc} - f_{cu})}{0.36\, f_{ck} . b . d}\right) . d \quad \text{(vii)}$$

$$\left(\frac{x_u}{d}\right) = \left(\frac{f_{st} . A_{st} - (f_{sc} - f_{cu}) A_{sc}}{0.36\; f_{ck}\, b . d}\right) \quad (8.3)$$

लगभग/सन्निकट मान हेतु : A_{sc}. f_{cu} टर्म की उपेक्षा की जा सकती है। वास्तविक प्रतिबल f_{st} और f_{sc} की गणना विकृति चित्र **Fig.** 8.1 (B) द्वारा अनुरूप त्रिभुजों से की जा सकती है।

$$\left(\frac{\varepsilon_{sc}}{(s_u - d_c)}\right) = \left(\frac{\varepsilon_{cu}}{x_u}\right) . \ \varepsilon_{sc} = \varepsilon_{cu} . \left(\frac{x_u - d_c}{x_u}\right) \quad (8.4)$$

कांक्रीट में विकृति का अधिकतम मान $\varepsilon_{cu} = 0.0035$ हो सकता है। तक

$$\varepsilon_{sc} = 0.0035 \left(\frac{x_u - d_c}{x_u}\right) \quad (8.5A)$$

संतुलित अनुप्रस्थ धरन खण्ड के लिए $(x_u = x_{max} = x_{u.lin})$

$$\varepsilon_{sc} = 0.0035 \left(\frac{x_{u.max} - d_c}{x_{u.max}}\right) \quad (8.5B)$$

इस्पातीय संपीडन सिरियों में संपीडन प्रतिबल

$$f_{sc} = \varepsilon_{sc} . E_s \quad \text{or} \quad f_y$$

$$f_{sc} = 0.0035 \left(\frac{x_u - d_c}{x_u}\right). E_s \quad (8.6)$$

संतुलित अनुप्रस्थ धरन के लिए $x_u = x_{max}$

$$f_{sc} = 0.0035 \left(\frac{x_{u\text{-}max} - d_c}{x_{u.max}}\right). E_s \quad (8.7)$$

जहां पर, f_{sc} = संपीडन प्रबल्लित सिरियों के लिए संपीडन प्रतिबल

जो कि, समीकरण 8.5 (B) ε_{sc} के अनुरूप (Corresponding) होता है और $x_{u.max}$ IS : 456-2000 के अनुसार x_u का अधिकतम सीमा का मान होता है। समीकरण 8.1 से, इस्पातीय सिरिये जिनका तनन प्रबल्लित सिरियों में उपयोग हुआ है

$$\varepsilon_s = \varepsilon_{cu} \left[\frac{d - x_u}{x_u}\right] = 0.0035 \times \left[\frac{d - x_u}{x_u}\right] \quad (8.8)$$

फिर भी, $\varepsilon_s \geq \varepsilon_{sy1}$

अथवा $\varepsilon_s > ((0.87 f_y/E_s) + 0.002)$ (viii)

इस्पातीय सिरिये जिनको तनन में प्रबल्लित सिरियों के लिए प्रतियुक्त किया गया है प्रतिबल

$$f_s = 0.0035 \left[\frac{d - x_u}{x_u}\right] . E_s \quad \text{or} \quad f_y \quad (8.9)$$

अभ्यास में त्रिटु और फिर से विचार (यत्न और भूल (Trial and error) प्रक्रिया (क्रिया विधि Procedure) अपनायी जाती है। उदासीन अक्ष की गहराई x_u का मान मान लिया जाता है और तब तनन और संपीडन इस्पातीय सिरियों में विकृति और उससे प्रतिबल की गणना की जाती है। यदि समीकरण (8.3) संतोषप्रद नहीं हो, तो x_u के मान में समंजन (Adjustment) किया जाता है। प्रक्रिया (Procedure) फिर से दुबारा बार बार किया जाता है। ताकि, समीकरण (8.3) को पर्याप्त रूप में करीब करीब संतोषप्रद हो जाय।

विकल्प के रूप में (Alternatively)

दोहरी प्रबल्लित धरन में अनुप्रस्थ खण्ड में विश्लेषण यह मान कर पहले किया जाता है कि तनन में और संपीडन इस्पातीय सिरियों में प्रतिबल (stress) पराभव की स्थिती (yielding) में है। बाद में गणना में सुधार कर लिया जाता है, जब यह ज्ञात हो कि कुछ इस्पातीय सिरियों में पराभव नहीं हो रहा है।

निम्न अलग अलग परिस्थितियों में विश्लेषण निम्न प्रकार से किये जाते हैं।

परिस्थिती (Case)A तनन में और संपीडन में प्रबल्लित सिरिये में पराभव प्रतिबल है:

तनन में इस्पातीय सिरियों में प्रतिबल $f_{st} = (0.87\, f_y)$ (i)

संपीडन में इस्पातीय सिरियों में प्रतिबल $f_{sc} = f_y$ (ii)

जहां पर, f_y इस्पातीय सिरियों का पराभव सामर्थ्य होता है। संपीडन बल (कांक्रीट संपीडन में)

$$C_{cu} = (0.36\, f_{ck}\, .\, x_u\, .\, b) \quad \text{(iii)}$$

संपीडन बल (संपीडन इस्पातीय सिरियों में) चूंकि $(f_{cu} = 0.446\, f_{ck})$

$$C_{sc} = (A_{sc}\,(f_y - f_{cu})) \quad \text{(iv)}$$

तनन बल (तनन इस्पातीय सिरियों में) $T_{su} = (0.87\ f_y\, .\, A_{st})$ (v)

अनुप्रस्थ खण्ड में संतुलन के लिए, कुल संपीडन बल कुल तनन बल के बराबर होता है।

$$C_{Total} = (C_{cu} + C_{sc}) = T_{su}$$

चूंकि, $(f_{cu} = 0.446\, f_{ck})$

$$[(0.36\, f_{ck}).(b\, .\, x_u) + A_{sc}\,(f_y - f_{cu}) = 0.87\, f_y\, A_{st}\ ]$$

$$\left(\frac{x_u}{d}\right) = \left(\frac{0.87\, f_y\, .\, A_{st} - A_{sc}\,(f_y - f_{cu})}{0.36\, f_{ck}\ b.d}\right) \quad (8.10)$$

सन्निकट मान हेतु : (A_{sc} . f_{cu}) टर्म की अपेक्षा कर दी जाती है। विकृति चित्र का अब प्रयोग जांच करने के लिए किया जाता है। तनन में इस्पातीय सिरियों का और संपीडन में इस्पातीय सिरियों में पराभव (yielding) हो रही है। अनुरूप त्रिभुजों से

$$\left(\frac{\varepsilon_s}{d - x_u}\right) = \left(\frac{\varepsilon_{cu}}{x_u}\right)$$

$$\varepsilon_s = \varepsilon_{cu}\ .\left[\frac{d - x_u}{x_u}\right] \quad \text{(vi)}$$

चूंकि $\varepsilon_s = 0.0035$ तब निम्न युक्ति (vii) लिख सकते हैं

$$\varepsilon_s = 0.0035\left[\frac{d - x_u}{x_u}\right] \quad \text{(vii)}$$

पराभव परिस्थिती पर, अधिकतम विकृति (तनन में प्रबल्लित सिरियों पर)। परन्तु

$$\varepsilon_s \geq \lfloor \varepsilon_{sy1} \lfloor (0.87\, f_y / E_s) + 0.002 \rfloor \rfloor$$

और $\left(\dfrac{\varepsilon_{sc}}{x_u - d_c}\right) = \left(\dfrac{\varepsilon_{cu}}{x_u}\right)$ तब

$$\varepsilon_{sc} = \varepsilon_{cu} \cdot \left(\frac{x_u - d_c}{x_u}\right)$$

$$\varepsilon_{sc} = 0.0035 \left(\frac{x_u - d_c}{x_u}\right)$$

चूंकि, $\varepsilon_{sc} = (f_{sc}/E_s) = (f_y/E_s)\ .\ 0.0035 \left(\dfrac{x_u - d_c}{x_u}\right) = (f_y/E_s)$

स्थिती B : संपीडन इस्पातीय सिरियों में प्रतिबल पराभव प्रतिबल से कम होता है।

यह संभव है कि जो इस्पातीय सिरिये तनन में प्रबल्लित सिरियों के लिए उपयोग किये जाते हैं, उनमें प्रतिबल पराभव प्रतिबल के स्तर पर पहुंच जाय। परन्तु यह आवश्यक नहीं कि संपीडन प्रबल्लित सिरियों में प्रतिबल विफलता के समय पराभव प्रतिबल के बराबर हो अथवा नहीं हो।

यदि संपीडन इस्पातीय सिरियों में पराभव हो जाता है, तब उनमें विकृति $\varepsilon_{sc} = \varepsilon_y$ हों, तब **Fig. 8.1** (B) से अनुरूप त्रिभुजों से (यानि, त्रिभुजों की ज्योमिती से)

$$\left[\frac{\varepsilon_{sc}}{x_u - d_c}\right] = \left[\frac{\varepsilon_{cu}}{x_u}\right],\ \therefore \varepsilon_y = \varepsilon_{sc} = \varepsilon_{cu} \cdot \left[\frac{x_u - d_c}{x_u}\right]$$

तब, $(\varepsilon_{cu} - \varepsilon_y) = \varepsilon_{cu} - \varepsilon_{cu} \cdot \left[\dfrac{x_u - d_c}{x_u}\right]$

$$(\varepsilon_{cu} - \varepsilon_y) = \left[\frac{\varepsilon_{cu} . x_u - \varepsilon_{cu} . x_u + \varepsilon_{cu} . d_c}{x_u}\right]$$

$$x_u = \left[\frac{\varepsilon_{cu}}{\varepsilon_{cu} - \varepsilon_y}\right] . d_c$$

अथवा $\left[\dfrac{x_u}{d}\right] = \left[\left(\dfrac{\varepsilon_{cu}}{\varepsilon_{cu} - \varepsilon_y}\right) \cdot \left(\dfrac{d_c}{d}\right)\right]$ (8.11)

चूंकि $\varepsilon_{cu} = 0.0035$, और $\varepsilon_y = (f_y / E_s)$

जहां पर $E_s = 2 \times 10^5\ N/mm^2$

यदि, संपीडन इस्पातीय सिरियों में प्रतिबल

$(f_{sc} < f_y)$, तब $(f_{sc} = \varepsilon_{sc} . E_s)$ (i)

जहां पर, संपीडन इस्पातीय सिरियों में विकृति

$$\varepsilon_{sc} = \varepsilon_{cu} \cdot \left[\frac{x_u - d_c}{x_u}\right] \quad \text{तब} \quad (f_{sc} = \varepsilon_{sc} \cdot E_s)$$

अथवा
$$f_{sc} = \left[\varepsilon_{cu} \cdot \left[\frac{x_{u.max} - d_c}{x_u}\right]\right] \cdot E_s \qquad \text{(ii)}$$

युक्ति (ii) से यह देखा गया है कि इस्पातीय सिरियों संपीडन प्रतिबल, ऐसे उदासीन अक्ष की गहराई में व्यक्त कर सकते हैं, जिसका मान ज्ञात नहीं हो। धरन के संतुलित अनुप्रस्थ खण्ड के लिए

$$(x_u = x_{u.max}) \quad \text{और} \quad (\varepsilon_{cu} = 0.0035)$$

IS : 456-2000, में यह उल्लेखित है कि

$$f_{sc} = \left[0.0035\left(\frac{x_u - d_c}{x_{u.max}}\right)\right] \cdot E_s$$

जहां पर, f_{sc} = संपीडन प्रबल्लित सिरियों में डीजाइन प्रतिबल होता है, जो कि विकृति के अनुरूप होता है। जहां विकृति $\left[0.0035\left(\frac{x_u - d_c}{x_{u.max}}\right)\right]$. और $x_{u.max}$, उदासीन अक्ष की गहराई का सामित मान होता है।

8.3 दोहरी प्रबल्लित धरन में तनन में और संपीडन में विफलताएं (Tension and compression failures of doubly-reinforced beams)

दोहरी प्रबल्लित धरन और अकेले तनन में प्रबल्लित धरन तनन में विफल हो सकती है या संपीडान में विफल हो सकती है या दोनों में विफल हो सकती है।

(A) तनन में विफलता : इसमें जो तनन में प्रबल्लित सिरिये का उपयोग किया जाता है, उन सिरियों में पराभव (yielding) हो जाता है। अभ्यास में तनन में इस्पातीय सिरियों का हमेशा पराभव में विफल होती हैं।

(B) संपीडान में विफलता : संपीडान विफलता में तनन इस्पातीय सिरिये प्रत्यास्थता परास (Elastic-range) में रहते हैं। बहुत अक्षर संपीडान सिरियों के स्तर पर विकृति इस्पात में बहुत बड़ी पर्याप्त होती है कि इस्पात साथ साथ पराभव सामर्थ्य में भी होता है। d_c और f_y के मान पर निर्भर करते हुए यह भी संभव है कि संपीडान इस्पातीय सिरिये में भी पराभव (yielding) हो जाता है।

दो प्रकार के विफलताओं में, संपीडान में इस्पातीय सिरियों में पराभव हो अथवा पराभव नहीं भी हो।

8.4 इस्पात का प्रतिशत (Percentage of steel)

इस तथ्य को उच्च प्राथमिकता दी जाती है कि यदि धरन में विफलता होती है, तब विफलता की शुरूआत इस्पातीय सिरियों के पराभव से हो कि कांक्रीट संपीडान में कुचली जाय। अकेले तनन में प्रबल्लित आयताकार धरन में इस तथ्य के कारणों का खुलासा किया गया था।

यदि दोहरी प्रबल्लित धरन में तनन इस्पात का अनुपात P का मान p_{max} से कम अथवा बराबर हो $(p_{max} = 0.75\ p_B)$, ACI में यह अनुमोदन किया गया है दोहरी प्रबल्लित धरन का सामर्थ्य सन्निकट मान के स्वीकार करने योग्य सीमा में (बिना इस तथ्य का विचार करते हुए कि संपीडन प्रबल्लित सिरियों का उपयोग किया गया है)। इस प्रकार ऐसा कह सकते हैं कि धरन का सामर्थ्य का नियंत्रण इस्पातीय सिरियों के तनन में पराभव से होता है।

लीवर आर्म दूरी (प्रतिरोधी आघूर्ण की गणना के लिए) संपीडन प्रबल्लित सिरियों की उपस्थिति से बहुत कम प्रभावित होती है तनन इस्पाती अनुपात के लिए एक उच्च सीमा निर्धारित करके यह विश्वस्त (Assure) किया जा सकता है।

Fig. 8.1(B) में जैसे दिखाया गया है, तनन में इस्पातीय सिरियों में अधिकतम विकृति का मान $\varepsilon_{sy1} = \lfloor (0.87\ f_y/E_s) + 0.002 \rfloor$ लेते हुए उदासीन अक्ष की गहराई, x_u धरन क संतुलित अनुप्रस्थ खण्ड के लिए गणना की जा सकती है।

संपीडन प्रबल्लित सिरियों के लिए दो संभावनाएं हैं, उन पर अलग अलग विचार करके विवेचना (Discuss) कर सकते हैं।

(A) संपीडन इस्पातीय प्रबल्लित सिरियों में प्रतिबल का मान पराभव प्रतिबल के बराबर हो।

यदि एक दोहरी प्रबल्लित धरन में तनन इस्पात अनुपात 0.75 p_B से अधिक हो तो, विस्तारपूर्वक विशेषण की आवश्यकता होती है। Fig. 8.1 में एक आयताकार धरन के अनुप्रस्थ खण्ड को दिखाया गया है। इसमें संपीडन प्रबल्लित (क्षेत्रफल A_{sc}) सिरियों को दिखाया गया है। इन सिरियों पर ऊपरी सतह से आवरण दूरी, d_c है। तनन प्रबल्लित सिरियों (क्षेत्रफल A_{st}) को ऊपर की सतह (संपीडन फलक से) प्रभावी गहराई, d पर रखे गये हैं। प्रारंभ में यह मान सकते हैं कि A_{sc} और A_{st} दोनों में अलग अलग प्रतिबल का मान पराभव प्रतिबल के बराबर है।

यह आसानी से बताया जा सकता है कि एक दोहरी प्रबल्लित धरन में संतुलित इस्पात अनुपात,

$$p_{BD} = \lfloor p_{BD} + p_{sc}\ (0.87\ f_y - f_{cu}) \rfloor \tag{8.12}$$

जहां पर, p_B = संतुलित इस्पात अनुपात अकेले तनन में प्रबल्लित धरन के अनुरूप है। और $p_B = (A_{st}/b.d)$ निर्णय निम्न प्रकार से कर सकते हैं :

Fig. 8.1 से और सीमा के अर्न्तगत संपीडन प्रबल्लित सिरियों में विकृति $\varepsilon_{sc} = \varepsilon_y$ है। Fig. 8.1 (B) में अनुरूप त्रिभुजों से (त्रिभुजों की ज्योमिती से)

$$\left[\frac{\varepsilon_{sc}}{x_u - d_c}\right] = \left[\frac{\varepsilon_{cu}}{x_u}\right],\ (\varepsilon_{sc} - \varepsilon_y) = \varepsilon_{cy}\ .\left(\frac{x_u - d_c}{x_u}\right) \tag{i}$$

$$(\varepsilon_{cu} - \varepsilon_y) = \left[\varepsilon_{cu} - \varepsilon_{cu}\left(\frac{x_u - d_c}{x_u}\right)\right] = \left(\frac{\varepsilon_c}{x_u}\right).\ d_c$$

अथवा $$x_u = \left(\frac{\varepsilon_{cu}}{\varepsilon_{cu} - \varepsilon_y}\right).\ d_c \tag{ii}$$

Fig. 8.1 (C) में जैसे दिखाया गया है कि क्षैतिज्य बल (अर्थात् Fig. 8.2 (A) में जैसे दिखाया गया है), Fig. 8.2 (B) में जैसे दिखाया गया है, उन क्षैतिज्य बलों के तुल्य है। धरन का अनुप्रस्थ खण्ड संतुलन में है। वे क्षैतिज्य बल बायीं तरफ से कार्यरत है, उन क्षैतिज्य बलों के बराबर है, जो दायीं तरफ से कार्यरत है। (यानि क्षैतिज्य बलों की बीजीय जोड़ का मान शुन्य है)। अतः

$$(C_{sc} + C_{cu}) = [C_{sc} + (T_{su} - C_{sc})] \tag{iii}$$

ये बल इस प्रकार हैं :

$C_{cu} = [0.36\, f_{ck} . (x_u . b)]$ $C_{sc} = A_{sc} . [0.87\, f_y - f_{cu}]$ और $T_{su} = [A_{st} . (0.87\, f_y)]$

p_{sc} = संपीडन इस्पातीय प्रबल्लित सिरियों इस्पातीय प्रतिशत अनुपात है, $(A_{sc} / bd) x 100$

सन्निकट मान में : समीकरण 8.12 में दूसरी टर्म की उपेक्षा कर सकते हैं।

मानक ACI कोड में इस तथ्य का अनुमोदन किया गया है कि अधिकतम प्रतिशत इस्पात अनुपात को इस प्रकार रख सकते हैं, ताकि दोहरी प्रबल्लित धरन में वही सुरक्षा (कुड़कीली (Brittle)/भंगुर कांक्रीट के लिए विफलता के विरुद्ध) निश्चित की जा सके, जो कि अकेले तनन में प्रबल्लित धरन में होती है।

$$p_{D.max} = (0.75\, p_B + p_C) \tag{8.13}$$

B) संपीडान इस्पातीय प्रबल्लित सिरियों में प्रतिबल का मान पराभव प्रतिबल से कम होता है।

क्या उन इस्पातीय सिरियों में जिनका उपयोग प्रबल्लित सिरियों में किया गया है, उनमें प्रतिबल का मान विफलता के समय पराभव प्रतिबल के मान के बराबर है अथवा कम है, इस का उक्ति (iii) में इन बलों का मान रखने पर

सन्निकट मान : टर्म $A_{sc} . f_{sc}$ की उपेक्षा की जा सकती है। चूंकि $(f_{cu} = 0.446\, f_{ck})$

$$(0.87\, f_y - f_{cu}) A_{sc} + (0.36\, f_{ck} . b . x_u) = A_{sc} . (0.87\, f_y - f_{cu}) + 0.87\, f_y . A_{st} - A_{sc} (0.87\, f_y - f_{cu})$$

अथवा $$(0.87\, f_y . A_{st}) = [0.36\, f_{ck} . b . x_u + A_{sc} . (0.87\, f_y - f_{cu})] \tag{vii}$$

अथवा $$0.87\, f_y \left(\frac{A_{st}}{b.d}\right) = \left[\left(\frac{0.36\, f_{ck}\, . b . x_u}{b . d}\right)\right] + \left[\frac{A_{sc}}{b.d}\right] . (0.87\, f_y - f_{cu})$$

अथवा $$\left(\frac{A_{st}}{b.d}\right) = \left[\left(\frac{0.36\, f_{ck} . b . x_u}{0.87\, f_y}\right)\right]\left(\frac{x_u}{d}\right) + \left(\frac{A_{sc}}{b.d}\right)(0.87\, f_y - f_{cu}) \tag{viii}$$

उक्ति (ii) से x_u का मान रखने पर

$$\left[\frac{A_{st}}{b.d}\right] = \left[\left(\frac{0.36\, f_{ck}}{0.87\, f_y}\right)\left(\frac{\varepsilon_{cu}}{\varepsilon_{cu} - \varepsilon_y}\right) . \left(\frac{d_c}{d}\right) + \left(\frac{A_{sc}}{b.d}\right)(0.87\, f_y - f_{cu})\right]$$

$$p_{D.lim} = \left[\left(\frac{0.36\, f_{ck}}{0.87\, f_y}\right) . \left(\frac{\varepsilon_{cu}}{\varepsilon_{cu} - \varepsilon_y}\right)\left(\frac{d_c}{d}\right) + \left(\frac{A_{sc}}{b.d}\right)(0.87\, f_y - f_{cu})\right]$$

$$p_{D.lim} = \left[\left(\frac{0.36\,f_{ck}}{0.87\,f_y}\right)\cdot\left(\frac{\varepsilon_{cu}}{\varepsilon_{cu}-\varepsilon_y}\right)\cdot\left(\frac{d_c}{d}\right)+p_c\,(0.87\,f_y - f_{cu})\right] \tag{8.14}$$

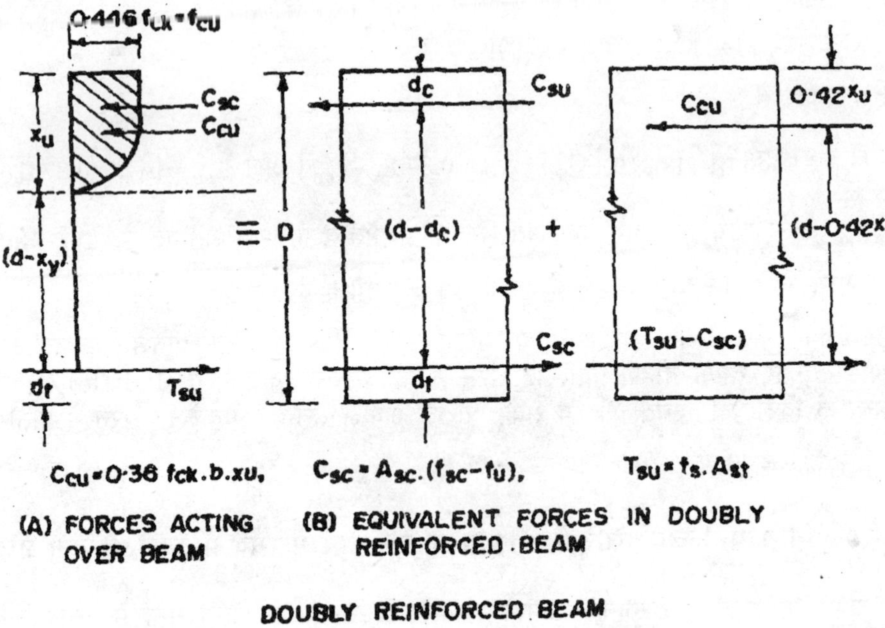

Fig. 8.2

सन्निकट मान : उक्ति (vii) और (viii) और समीकरण (8.14) में टर्म की उपेक्षा की जा सकती है। यह निश्चित किया जाता है कि संपीडन प्रबल्लित सिरिये विफलता के समय पराभव हो जाते हैं।

माना $\varepsilon_{cu} = 0.0035$ और $\varepsilon_y = (f_y / E_S)$

और $E_S = 2\times10^5\ N/mm^2$, तब

$$p_{D.lim} = \left[\left(\frac{0.36\,f_{ck}}{0.87\,f_y}\right)\cdot\left(\frac{d_c}{d}\right)\cdot\left(\frac{0.0035}{0.0035 - f_y/E_S}\right)\right] + p_{sc}\,(0.87\,f_y - f_{cu})$$

E_s का मान 2 x $10^5\ N/mm^2$ रखने पर

$$p_{D.lim} = \left[\left(\frac{0.36\,f_{ck}}{0.87\,f_y}\right)\left(\frac{d_c}{d}\right)\cdot\left(\frac{700}{700-f_y}\right)+p_{sc}\,(0.87\,f_y - f_{cu})\right] \tag{8.15}$$

सन्निकट मान के लिए : दूसरी टर्म ब्रेकिट में, f_{cu} की उपेक्षा की जा सकती है।

यदि तनन इस्पातीय अनुपात का मान इस सीमित मान से कम हो, उदासीन अक्ष काफी ऊँचाई प होती है, तब संपीडन प्रतिबल का मान पराभव प्रतिबल से कम होता है। समीकरण (8.12) से

$$p_{BD} = [p_B + p_{SC}\,(0.87\,f_y - f_{cu})] \quad (ix$$

कम गहराई की गहन और तुलना में उच्च सामर्थ्य इस्पात का अक्षर उपयोग होता है। इस उक्ति में सुधार की आवश्यकता है। उक्ति (ix) का यानि समीकरण (8.12)

$$p_{BD} = p_B + p_{SC} \cdot \left[\frac{f_{sc}}{f_y}\right] \tag{8.16}$$

जहाँ पर, $f_{sc} = (\varepsilon_{sc} \, . \, E_S)$ (x)

अथवा $f_{sc} = E_s \cdot \left[\varepsilon_{cu} - \left[\frac{d_c}{d}\right] . (\varepsilon_{cu} + \varepsilon_y)\right] (f_{sc} < f_y)$ (xi)

ACI कोड निम्न अधिकतम इस्पात अनुपात की स्वीकृति देता है।

$$p_{D.max} = \left[0.75\, p_B + p_{SC} \cdot \left(\frac{f_{sc}}{f_y}\right)\right] \tag{8.17}$$

यदि तनन इस्पात अनुपात का मान $p_{D.lim}$ से कम हो और p_{BD} से भी कम हो (जैसा समीकरण (8.16) से प्राप्त होता है), विफलता के स्तर पर तनन इस्पात में प्रतिबल का मान पराभव प्रतिबल के बराबर होता है। परन्तु, संपीडन, इस्पातीय सिरियों में प्रतिबल का मान पराभव प्रतिबल के बराबर नहीं होता है। ऐसी स्थिती में अनुच्छेद 8.2 की उक्ति (xxv) से

$$\varepsilon_{sc} = \varepsilon_{cu} \left[\frac{x_u - d_c}{x_u}\right] \tag{xiii}$$

इस प्रकार, $f_{sc} = (\varepsilon_{sc} \, . \, E_S) = \varepsilon_{cu} \left(\frac{x_u - d_c}{x_u}\right) . \, E_s$ (8.18)

उक्ति (vii) से जब ($f_{sc} = f_y$) नहीं होता है।

$$(0.87\, f_y \, . \, A_{st}) = [(0.36\, f_{ck} \, . \, b \, . \, x_u) + A_{sc}\, (f_{sc} - f_{cu})]$$

तब $(A_{st} \, . \, f_y) = \left[\left(\frac{0.36\, f_{ck} \, . \, b \, . \, x_u}{0.87}\right) + \frac{A_{sc}}{0.87}\, (f_{sc} - f_{cu})\right]$

चूंकि उक्ति (xiii) से

$$\varepsilon_{sc} = \varepsilon_{cu} \left(\frac{x_u - d_c}{x_u}\right), \quad (f_{sc} = \varepsilon_{sc} \, . \, E_s)$$

$$(A_{st} \, . \, f_y) = \left(\frac{0.36}{0.87} \, . \, f_{ck} \, . \, b \, . \, x_u\right) + \left(\frac{A_{sc}}{0.87}\right) \left[\varepsilon_{sc} \, . \, E_s \left(\frac{x_u - d_c}{x_u}\right)\right] \tag{8.19}$$

समीकरण (8.19) को x_u का मान ज्ञात करने के लिए हल कर सकते हैं।

सन्निकट मान प्राप्त करने के लिए समीकरण (8.19) में और उपरोक्त उक्ति (xiv) में टर्म (A_{sc} . f_{cu}) के मान की उपेक्षा कर सकते हैं।

f_{sc} का मान – संपीडन प्रबल्लित सिरियों में तीन विभिन्न गुण के इस्पात प्रबल्लित सिरियों (अर्थात् Fe250, HYSD इस्पात Fe415 और Fe 500) के मान नोट कर सकते हैं।

(A) मृदु इस्पात Fe 250 के लिए : पराभव प्रतिबल के स्तर पर पहुंचने के बाद प्रतिबल का मान स्थिर रहता है। हालांकि इस्पात में विकृति में लगातार वृद्धि होती रहती है। अतः ($f_{sc} = 0.87\ f_y$)

(B) HYSD इस्पात Fe415 और Fe500 के लिए – HYSD इस्पता के लिए Fig. 2.14 में विकृति–प्रतिबकल वक्र दिखाया गया है। प्रतिबल और विकृति में परिवर्तन इस वक्र रेखा के अनुसार होते हैं। इस चित्र से f_{sc} का मान इस प्रकार नोट कर सकते हैं :

(i) गणना की गयी विकृति के मान के अनुरूप f_{sc} का मान सारणी (8.2) से नोट कर सकते हैं।

सारणी 8.2. Values of f_{sc} N/mm²

Ratio (d_c/d)	(F_{sc} N/mm²) Grades of steel		
	Fe250	Fe415	Fe500
0.15	217	355	414
0.10	217	353	412
0.15	217	342	395
0.20	217	329	370

दो मान के बीच सरल रेखीय संबंध से क्षेपक (Inter polation) कर सकते है।

(ii) f_{sc} के मान (d_c/d) अनुपात पर निर्भर करते हैं। इस अनुपात के लिए f_{sc} का मान नोट कर सकते हैं। इस्पात के ग्रेड के अनुसार सारणी (8.1) से f_{sc} का मान नोट कर सकते हैं।

8.5 एक दोहरी प्रबल्लित धरन का बंकन में प्रतिरोधी सामर्थ्य [Bending (flexural) strength of a doubly reinforced beam]

एक दोहरी प्रबल्लित धरन का बंकन में चरम (ultimate) सामर्थ्य को अक्षर चरम प्रतिरोध आघूर्ण कहा जाता है।

Fig. 8.1 में, एक दोहरी प्रबल्लित धरन अनुप्रस्थ खण्ड पर एक संपीडन बल, C_{cu} (कांक्रीट में चरम संपीडन बल) कार्यरत है। इसके साथ C_{sc} (एक चरम संपीडन बल इस्पातीय संपीडन प्रबल्लित सिरिये में कार्यरत है। इनके अतिरिक्त एक तनन में चरम बल, T_{su} (तनन प्रबल्लित सिरियों में) कार्यरत है। इन बलों का मान निम्न लिखित है। कांक्रीट में संपीडन बल, $C_{cu} = [(0.36\ f_{ck}) . (b . x_u)$ (i)

संपीडन प्रबल्लित सिरियों में संपीडन बल

$$C_{sc} = [A_{sc} . (f_{sc} - f_{cu})] \quad \text{(ii}$$

यह संपीडान बल एक सरल अवलम्बित धरन में ऊपरी सतह से, प्रबल्लित सिरियों के आवरण की मोटाई के बराबर गहराई पर है।

जहाँ पर, $f_{cu} = 0.446\ f_{ck}$

f_{sc} = संपीडन प्रबल्लित सिरियों में प्रतिबल का मान है।

A_{sc} = संपीडन प्रबल्लित सिरियों के अनुप्रस्थ खण्ड का क्षेत्रफल है।

सन्निकट मान में : टर्म (A_{sc} . f_{cu}) की उपेक्षा कर देते है।

T_{su} की कार्य रेखा, ऊपरी सतह से प्रभावी गहराई, d पर होती है। तनन प्रबल्लित सिरियों में तनन बल

$$T_{su} = (f_{st} . A_{st}) \quad \text{(iii)}$$

जहां पर, A_{st} तनन में इस्पातीय प्रबल्लित सिरियों का क्षेत्रफल है।

Fig. 8.2 (A) और (B) में जैसे दिखाया गया है, वैसे C_{cu}, C_{su} अेर T_{su} चिन्हित बल उनके तुल्य बलों से दिखाये गये हैं। दोहरी प्रबल्लित धरन का कुल प्रतिरोधी आघूर्ण, M_4 अकेले तनन में प्रबल्लित धरन का लिमिटिंग प्रतिरोधी आघूर्ण $M_{u.lim}$ जोड़ अतिरिक्त प्रतिरोधी आघूर्ण M_{u2} होता है। अतः दो भागों की जोड़ के बराबर समझ सकते हैं।

$$M_u = (M_{u.lim} + M_{u2}) \quad \text{(iv)}$$

इसका पहला भाग

$M_{u.cu}$ कांक्रीट में संपीडन बल के कारण, तनन इस्पात प्रबल्लित सिरियों के केन्द्रीय क्षैतिज्य रेखा पर आघूर्ण होता है।

$$M_{u.cu} = [C_{cu} . (d - 0.42\, x_u)] = [(0.36\, f_{ck} . b . x_u) . (d - 0.42\, x_u)] \quad (8.20)$$

इसका दूसरा भाग

$M_{u.sc}$ संपीडन बल इस्पातीय संपीडन प्रबल्लित सिरियों के कारण है।

$$M_{u.sc} = [A_{sc} . (f_{sc} - f_{cu}) . (d - d_c)] \quad (8.21)$$

चूंकि $f_{cu} = 0.446\, f_{ck}$

जहां पर (d – d_c) लीवर आर्म दूरी अतिरिक्त प्रतिरोधी आघूर्ण होती है। जोकि संपीडन प्रबल्लित सिरियों और तनन प्रबल्लित सिरियों के, दोनों के केन्द्र के बीच गहराई है। अतः दोहरी प्रबल्लित धरन का कुल प्रतिरोधी आघूर्ण $(\therefore\ f_{cu} = 0.446\, f_{ck})$

$$M_u = (M_{u.cu} + M_{u.sc}) \quad (8.22)\text{A}$$

$$M_u = [(0.336\, f_{ck} . b . x_u)(d - 0.42\, x_u) + A_{sc}\,(f_{sc} - f_{cu}) . (d - d_c)] \quad (8.22)\text{B}$$

दोहरी प्रबल्लित धरन का कुल प्रतिरोधी आघूर्ण का मान कांक्रीट में प्रतिबल के केन्द्र पर Fig. 8.1 (C) के अनुसार आघूर्ण की गणना करके ज्ञात कर सकते हैं। चूंकि $(\therefore f_{cu} = 0.446\, f_{ck})$

$$M_u = [(0.336\, f_{ck} . b . x_u)(d - 0.42\, x_u) + A_{sc}\,(f_{sc} - f_{cu}) . (d - d_c)] \quad (8.23)$$

सन्निकट मान के लिए : समीकरण 8.21, 8.22 और 8.23 में अलग अलग टर्म ($A_{sc}. f_{cu}$) की उपेक्षा करके ज्ञात कर सकते हैं।

कुल प्रतिरोधी आघूर्ण M_u समीकरण 8.22 और 8.23 से गणना करने से यह ज्ञात होता है कि ये मान बराबर होते हैं। **Fig. 8.1** में एक आयताकार धरन (दोहरी प्रबल्लित) दिखायी गयी है। उपरोक्त थ्योरी साधारणतया सबके लिए (सभी प्रकार के अनुप्रस्थ खण्ड के लिए) न्यायपूर्ण (Valid) है।

अनुप्रस्थ खण्ड कैसे भी काल्पनिक हो। परन्तु खण्ड की ऊर्ध्वाधर अक्ष सममित (symmetrical) होना आवश्यक है।

यह भी संभव है कि विफलता के समय इस्पातीय सिरियों के तनन में और संपीडन (जिनका क्षेत्रफल A_{st} और A_{sc} क्रमशः है। प्रारंभ में पराभव प्रतिबल के तुल्य हो।

(A) तनन और संपीडन इस्पातीय सिरियों दोनों में पराभव प्रतिबल हों

दोहरी प्रबल्लित धरन के कुल प्रतिरोधी आघूर्ण का पहला भाग इस प्रकार व्यक्त किया जा सकता है। Fig. (8.2)B से

$$M_1 = [(T_{su} - C_{sc}).(d - 0.42\, x_2)] \quad \text{(i)}$$

$$M_1 = [A_{st} \cdot f_y - A_{sc}(f_y - f_{cu})]\,(d - 0.42\ x_u) \quad (8.24)$$

दोहरी प्रबल्लित धरन के कुल प्रतिरोधी आघूर्ण का दूसरा भाग इस प्रकार व्यक्त किया जा सकता है। Fig. 8.2 (B) से

$$(\therefore f_{cu} = 0.446\, f_{ck})$$

$$M_2 = [A_{sc}\ .\ (f_y - f_{cu})\,(d - d_c)] \quad (8.25)$$

इस दोहरी प्रबल्लित धरन का कुल प्रतिरोधी आघूर्ण दो भाग M_1 और M_2 की जोड़ करके लिख सकते हैं।

$$M_u = (M_1 + M_2)$$

$$M_u = [(A_{st} - A_{sc}).f_y.(d - 0.42\, x_u) + A_{sc}(f_y - f_{cu})\,(d - d_c)] \quad (8.26)$$

सन्निकट मान में : टर्म ($A_{sc}\ .\ f_y$) की समीकरण 8.24, 8.25 और 8.26 में अलग अलग उपेक्षा कर सकते हैं।

दूसरा संभावना यह है कि तनन प्रबल्लित सिरियों का पराभव होता हो और संपीडन इस्पातीय सिरियों में प्रतिबल का मान पराभव प्रतिबल से कम हो। इस स्थिती का विवरण निम्न प्रकार हैं :

(B) संपीडन प्रबल्लित सिरियों में प्रतिबल का मान पराभव प्रतिबल से कम हो

दोहरी प्रबल्लित धरन का बंकन सामर्थ्य (अर्थात् कुल प्रतिरोधी आघूर्ण) इस प्रकार लिख सकते हैं। $(\therefore f_{cu} = 0.446\, f_{ck})$

$$M_u = (M_{u.cu} + M_{u.sc}) \quad \text{(i)}$$

$$M_u = [0.36\, f_{ck}\, b \,.\, x_u \,.\, (d - 0.42\, x_u) + A_{sc}\, (f_{sc} - f_{cu})] \tag{8.27}$$

बहुत से समय अक्षर ऐसा होता है कि इस्पातीय सिरिये तनन में पराभवित हो और इस्पातीय सिरिये संपीडांग में प्रतिबल f_{sc}, पराभव प्रतिबल से कम रहे। इसकी बहुत उच्च इच्छा होता है कि विफलता इसी प्रकार हो। कांक्रीट संपीडन में नहीं कुचली जाय। तनन बल की तरफ से प्रतिबल के केन्द्र पर आघूर्ण लेने से ($\because f_{cu} = 0.446\, f_{ck}$)

$$M_u = (M_{u.TSU} + M_{u.csc}) \tag{ii}$$

$$M_u = [0.87\, f_y \,.\, A_{st} \,.\, (d - 0.42\, x_u) + A_{sc} \,.\, (f_{sc} - f_{cu})(0.42\, x_u - d_c)] \tag{8.28}$$

सन्निकट मान में : टर्म $A_{sc} \,.\, f_{cu}$ समीकरण 8.27 और 8.28 में अलग अलग उपेक्षा कर दी जाय।

यदि $M_{u.lim}$ अकेले तनन में प्रबल्लित धरन का (बिना संपीडन प्रबल्लित सिरियों के) प्रतिरोधी आघूर्ण है और $x_{u\text{-}max}$ उदासीन अक्ष की सीमा में गहराई है, तब कुल प्रतिरोधी आघूर्ण (दोहरी प्रबल्लित धरन के लिए) इस प्रकार व्यक्त कर सकते हैं।

IS : 456-2000 में यह उल्लेखित भी है।

$$M_{u.lim} = \left[0.36\, f_{ck} \left(\frac{x_{u.max}}{d}\right)\left(1 - 0.42\, \frac{x_{u.max}}{d}\right) bd^2\right]$$

$$M_u = [M_{u.lim} + f_{sc} \,.\, A_{sc} \,.\, (d - d_c)] \tag{8.29 A}$$

यह इस प्रकार भी व्यक्त की जा सकती है।

$$M_u = \left[0.36\, f_{ck} \,.\left(\frac{x_{u.max}}{d}\right)\left(1 - 0.42\, \frac{x_{u.max}}{d}\right)\right] bd^2 + A_{sc}\, (f_{sc} - f_{cu})(d - d_c) \tag{8.29B}$$

Equ. 8.29 निम्न प्रकार से भी लिखी जा सकती है।

(IS : 456-2000) के अनुकूल सारणी 8.4 (A) से भी $M_{u.lim}$ का मान नोट कर सकते हैं। वह इस प्रकार हो सकती है।

$$(M_u - M_{u.lim}) = A_{sc} \,.\, f_s\, (d - d_c) \tag{8.30A}$$

अथवा $$(M_u - M_{u.lim}) = A_{sc} \,.\, (f_s - f_{cu})\, (d - d_c) \tag{8.30B}$$

जहां पर, f_{sc} संपीडन प्रबल्लित सिरियों में प्रतिबल का मान विकृति ε_{sc} के अनुकूल

$$\varepsilon_{sc} = \left[0.0035\, \frac{(x_{u.max} - d_c)}{x_{u.max}}\right] \tag{8.31}$$

समीकरण 8.30A से

$$A_{sc} = [M_u - M_{u.lim}] / [f_{sc}\, (d - d_c)] \tag{8.32}$$

तनन में उपयुक्त कुल प्रबल्लित सिरियों का क्षेत्रफल निम्न उक्ति से प्राप्त कर सकते हैं।

$$A_{st} = (A_{st1} + A_{st2}) \tag{8.33}$$

जहां पर, A_{st} = तनन में प्रबल्लित सिरियों का अनुप्रस्थ खण्ड का क्षेत्रफल

A_{st1} = अकेले तनन में प्रबल्लित धरन के लिए तनन सिरियों का क्षेत्रफल

$$A_{st1} = \left(\frac{M_{u.lim}}{0.87\, f_y\, (d - 0.42\, x_u)}\right) \tag{8.34}$$

$$(0.87\, f_y \,.\, A_{st2}) = (f_{sc} \,.\, A_{sc}), \quad 0.87\, f_y\, A_{st2} = A_{sc} \,.\, (f_{sc} - f_{cu}) \tag{8.35}$$

इसके सिवाय समीकरण अक्ष रेखा पर बराबर करते है। तब उदासीन अक्ष की स्थिती में परिवर्तन नहीं होता है।

$$0.87\ f_y \,.\, A_{st2}\ (d - x_u) = f_{sc} \,.\, A_{sc}\, (x_u - d_c) \tag{8.36}$$

सन्निकट मान में : समीकरण 8.29 (B), 8.30 (B) और 8.35 (B) में अलग अलग टर्म $A_{sc} \,.\, f_{sc}$ की उपेक्षा कर दी जाती है।

उदाहरण (Example 8.1) एक दोहरी प्रबल्लित आयताकार धरन की चौड़ाई 400 mm है। इस धरन की प्रभावी गहराई 550 mm है और तनन और संपीडन प्रबल्लित सिरियों का प्रभावी आवरण 50 mm है। तनन और संपीडन प्रबल्लित सिरिये क्रमशः 4 सिरिये 20 mm व्यास के और 4 सिरिये 16 mm व्यास के प्रतियुक्त किये गये हैं। उदासीन अक्ष की गहराई ज्ञात करो।

इस दोहरी प्रबल्लित धरन के अनुप्रस्थ खण्ड का प्रतिरोधी आघूर्ण ज्ञात करो। M20 ग्रेड कांक्रीट और मृदु इस्पात का प्रयोग किया गया है।

हल (Solution) : M20 ग्रेड कांक्रीट और मृदु इस्पात का तनन और संपीडन प्रबल्लित सिरियों में प्रयोग किया गया है।

तनन में प्रबल्लित सिरियों का क्षेत्रफल

$$A_{st} = \left[4 \times \frac{\pi}{4} \times 20^2\right] = 1256.64\ mm^2 \tag{i}$$

संपीडन प्रबल्लित सिरियों का क्षेत्रफल

$$A_{sc} = \left[4 \times \frac{\pi}{4} \times 16^2\right] = 804.25\ mm^2 \tag{ii}$$

Step 1 : उदासीन अक्ष की गहराई (Location of neutral axis)

Fig. 8.3 में दोहरी प्रबल्लित आयताकार धरन दिखायी गयी है।

कांक्रीट में संपीडन बल

$$C_{cu} = (0.36\, f_{ck} \,.\, x_u \,.\, b) = \left[\frac{0.36 \times 20 \times x_u \times 400}{1000}\right] = 2.880\ x_u\ kN \tag{iii}$$

संपीडन प्रबल्लित सिरियों में संपीडन बल

$$C_{sc.1} = (A_{sc} \,.\, f_{sc}) = \left[\frac{804.25 \times f_{sc}}{1000}\right] = 0.80425\, f_{sc}\ kN \tag{iv}$$

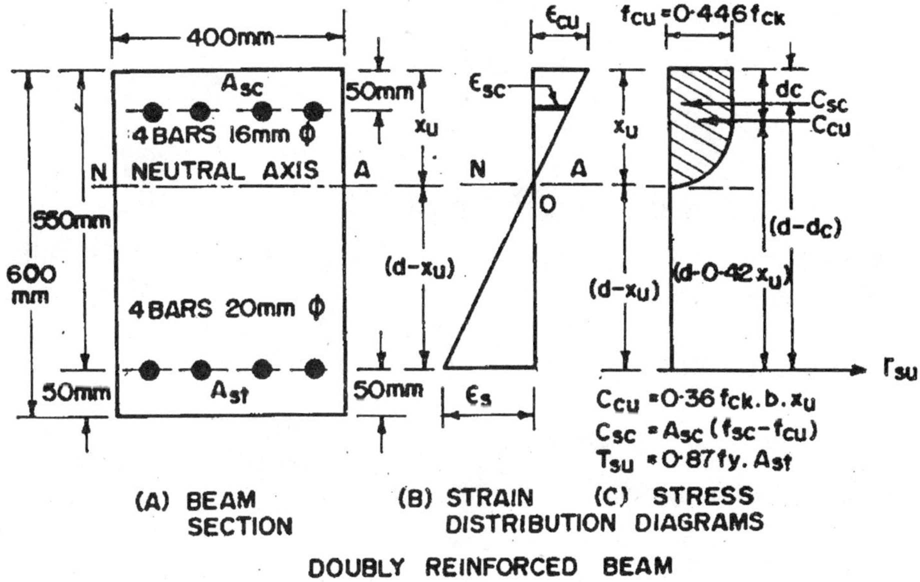

Fig. 8.3

संपीडन बल (उस स्थान पर जहां पर संपीडन प्रबल्लित सिरिये अस्तित्व में हैं और उस स्थान पर कांक्रीट नहीं लगाई जाती)

$$C_{sc.2} = (A_{sc} . f_{cu}) = \left[\frac{804.25 \times 0.446 \times 20}{1000}\right] = 7.17 \text{ kN} \quad \text{(v)}$$

तनन प्रबल्लित सिरियों में तनन बल

$$T_{su} = (0.87 f_y . A_{st}) = \left[\frac{0.87 \text{ x } 250 \text{ x } 1256.64}{1000}\right] = 27332 \text{ kN}$$

$$C_{Total} = (C_{cu} + C_{sc}) = (2.88\, x_u + 0.80425\, f_{sc} - 7.17) \quad \text{(vi)}$$

कुल संपीडन बल

$$C_{Total} = (C_{cu} + C_{sc}) = (2.88\, x_u + 0.80425\, f_{sc} - 7.17) \quad \text{(vii)}$$

धरन का अनुप्रस्थ खण्ड संतुलन में हैं।

कुल संपीडन बल = कुल तनन बल

$$C_{Total} = T_{su} . \text{ Total}$$

$$2.88\, x_u + (0.80425\, f_{cx} - 7.17) = 273.32 \text{ kN} \quad \text{(viii)}$$

मृदु इस्पात के लिए

$$f_{sc} = 0.87\, f_y = (0.87 \text{ x } 250) = 217.5 \text{ N/mm}^2$$

उक्ति (viii) से

$$2.88x_u + (0.80425 \times 217.5 - 7.17) = 273.32$$

$$2.88\, x_u + (174.92 - 7.17) = 273.32$$

$$x_u = \left(\frac{273.32 + 167.76}{2.88}\right) = 36.65 \text{ mm}$$

Step 2 : दोहरी प्रबल्लित धरन का प्रतिरोधी आघूर्ण

दोहरी प्रबल्लित धरन का चरम प्रतिरोधी आघूर्ण के लिए, उदासीन अक्ष की गहराई संतुलित अनुप्रस्थ खण्ड के लिए ज्ञात की जाती है।

IS : 456-2000 से, $f_y = 250 \text{ N/mm}^2$, $\left(\frac{x_{u.max}}{d}\right) = 0.53$

$$x_{u.max} = (0.53 \times 550) = 291.50 \text{ mm}$$

$x_{u.max} = 291.50$ mm और $x_u = 36.65$ mm

की तुलना करने से, यह कह सकते हैं कि धरन पर्याप्त प्रबल्लित नहीं है।

C_{cu} और C_{sc} का तनन प्रबल्लित सिरियों के गुरुत्व केन्द्र पर आघूर्ण लेने से

$$M_u = [0.36\, f_{ck} \,.\, b.\, x_u \,.\, (d - 0.42\, x_u) + A_{sc}\, (f_{sc} - f_{cu})(d - d_c)]$$

$$M_u = [0.36 \times 20 \times 400 \times 36.65\, (550 - 0.42 \times 36.65) + 804.2\, (0.87 \times 250) - 0.446 \times 20\, (550 - 50] \times 10^6$$

$$M_u = [(56.43 + 83.875)] = \mathbf{140.31 \text{ kN-m}}$$

8.6 दोहरी प्रबल्लित धरन में अपरूपण प्रतिबल (Shear stresses in doubly reinforced beams)

Fig. 8.4 (A) में एक दोहरी प्रबल्लित धरन दिखायी गयी है। इन धरन का दरार युक्त अनुप्रस्थ खण्ड Fig. 8.4 (B) में दिखाया गया है। दोहरी प्रबल्लित धरन में अपरूपण प्रतिबल का वितरण Fig. 3.8 (C) में दिखाये गये अपरूपण प्रतिबल (के वितरण चित्र में) का अर्थ समझाया गया है (अर्थात् व्याख्या) की गयी है।

Fig. 8.4 (B) में परत CD की उदासीन अक्ष से ऊँचाई y है। अपरूपण प्रतिबल की तीव्रता

$$\tau = \left[\frac{V_{fd} \,.\, Ay}{I.z}\right] \qquad \text{(i)}$$

जहां पर z = इस परत CD की चौड़ाई है। संपीडन प्रबल्लित सिरियों के ठीक ऊपर अपरूपण प्रतिबल की तीव्रता

$$\tau = \left[\frac{V_{Fd} \,.\, A\bar{y}}{I.\, b}\right] \qquad \text{(ii)}$$

Fig. 8.4 (B) में परत CD के ठीक नीचे परत AB की तुल्य चौड़ाई एकदम b चौड़ाई बढकर $(b + (m_c - 1) A_{sc})$ हो जाता है। इस कारण अपरूपण प्रतिबल की तीव्रता का मान τ_1 से घटकर τ_2 हो जाता है।

$$\tau_2 = \left[\frac{V_{Fd} \cdot A\bar{y}}{I.(b+(m_c-1)\dfrac{A_{sc}}{t}}\right] \quad \text{(iii)}$$

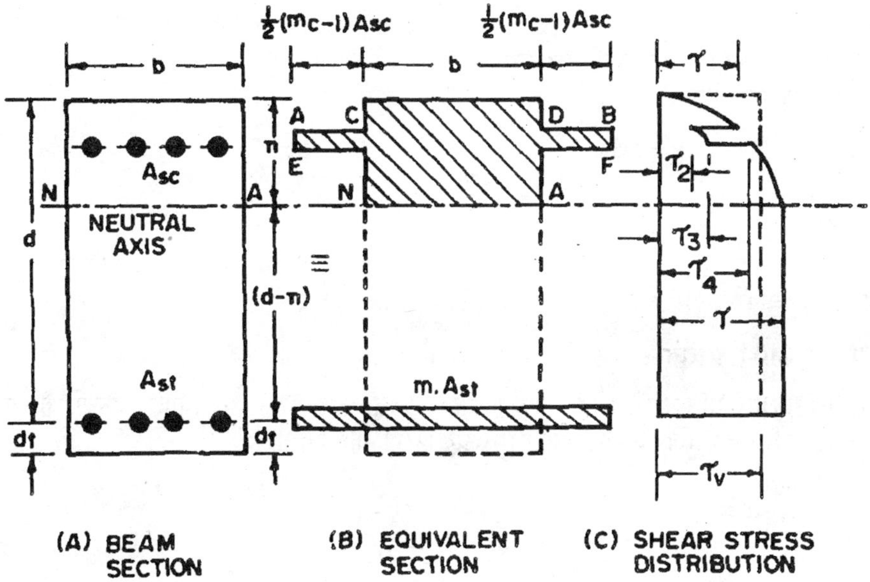

Fig. 8.4

अपरूपण प्रतिबल का मान परवलय (Parabolic) AE गहराई पर बढ़ता है। इसका मान τ_3 परत EF हो जाता है। इसके ठीक नीचे धरन की चौड़ाई फिर से b हो जाती है। (घट जाती है।)

$$\tau_4 = \left[\frac{V_{Fd} \cdot \left[A\bar{y} + (m_c - 1)\right]}{I.b} \frac{A_{sc}}{t}(x - d_c)\right] \quad \text{(iv)}$$

उदासीन अक्ष और परत EF के बीच की गहराई पर, y ऊँचाई पर

$$\tau_s = \frac{V_{Fd}}{I.Z} \int_y^{y_1} y.z\,dy = \frac{V_{Fd}}{I.b} . b . \frac{1}{2}\left(y_1^2 - y^2\right) \quad \text{(v)}$$

उदासीन अक्ष के नीचे

$$\tau = \left(\frac{V_{Fd}}{b \, . \, jd}\right) \text{ हो जाता है} \quad \text{(vi)}$$

जहां पर, jd लीवर आर्म दूरी पर है। दो संपीडन बल C_{cu} और C_{sc} के परिणामी बल से तनन बल T_{su} के बीच गहराई अथवा दूरी को लीवर आर्म दूरी कहते हैं। यदि y ऊपर के सतह से परिणामी बल की दूरी है, तब

$$\bar{y} = \left[\frac{C_u\,(0.42\,x_u) + C_{sc} \, . \, d_c}{C_{cu} + C_{sc}}\right]$$

$$\bar{y} = \left[\frac{0.36 f_{ck} . b . x_u . (0.42 x_u) + (m_c - 1) A_{sc} . f_{sc} . d}{0.36 f_{ck} . b . x_u + (m_c - 1) A_{sc} . f_{sc}}\right] \quad \text{(vii)}$$

इस प्रकार, लीवर आर्म दूरी = $(d - \bar{y})$

विकल्प के रूप में : लीवर आर्म दूरी $z = jd$ की गणना कुल तनन बल (इस्पाती सिरियों को तनन प्रबल्लित सिरियों में उनका उपयोग किया गया है। उनका आघूर्ण C_{cu} और C_{sc} दोनों बलों के परिणामी बल के कार्यरत रेखा पर लेने से भी प्राप्त कर सकते है। इस प्रकार

$$0.87 f_y . A_{st} . \quad z = M_{Fd}$$

$$z = \left(\frac{M_{Fd}}{0.87 f_y . A_{st}}\right) \quad \text{(viii)}$$

जहां पर $A_{st} = (A_{st1} + A_{st2})$ और $z = jd$

सामान्य अपरूपण प्रतिबल

IS : 456-2000 मानक में नई विचारधारा (Concept) को प्रस्तावित किया है जिसे सामान्य अपरूपण प्रतिबल कहते हैं। जिसकी गणना निम्न प्रकार से की जाती है।

$$\tau_v = \left[\frac{V_{Fd}}{b.d}\right] \quad \text{(ix)}$$

8.7 दोहरी प्रबल्लित धरन के लिए (विफलता के लिए) अपरूपण में लिमिट स्टेट (Limit state of collapse in shear for doubly reinforced beams)

अकेले तनन में प्रबल्लित धरन के लिए (विफलता के लिए) अपरूपण में लिमिट स्टेट का विवरण अनुच्छेद 4.1 किया गया है।

IS : 456-2000 उप–अनुच्छेद में **सामान्य अपरूपण प्रतिबल**, τ_v फेक्टरड (डीजाइन) अपरूपण बल, V_{Fd} की सीमा का उल्लेख उन धरन के लिए किया गया है, जिनके वेब में अपरूपण के लिए अपरूपण प्रतिबल, τ_v का मान, डीजाइन अपरूपण सामर्थ्य से अधिक होता है, तब धरन के वेब में अपरूपण प्रतिबल सिरिये लगाये जाते हैं। इसके अतिरिक्त τ_v का मान $\tau_{c.max}$ से भी अधिक होता है, तब धरन की फिर से डीजाइन की जाती है।

उचित आंशिक घटक सुरक्षा के मान से γ_{fL} सेवारत भार का गुणा करके फेक्टरड (डीजाइन) अपरूपण बल की गणना की जाती है। यह अपरूपण बल ऐंठन घूर्ण से उत्पन्न अपरूपण प्रतिबल को सम्मिलित नहीं करता। उसके लिए अलग से नियम का उल्लेख है।

अपरूपण बल के क्रान्तिक अनुप्रस्थ खण्ड का मानक/कोड में विवरण दिया गया है। अनुच्छेद 4.12 में इसका उल्लेख किया गया है।

दोहरी प्रबल्लित धरन के लिए डीजाइन उसी प्रकार की जाती है, जैसे कि अकेले तनन में प्रबल्लित धरन के लिए की जाती है, जिसका उल्लेख अनुच्छेद 4.14 में किया गया है।

संलग्न ऊर्ध्वाधर छल्लों के बीच अधिक दूरी (Maximum spacing) और न्यूनतम अपरूपण प्रबल्लित सिरियों को उसी प्रकार प्रयोग किया जाता है, जैसा कि अनुच्छेद 4.8 में उल्लेख किया गया है। अपरूपण छल्लों की डीजाइन निम्न प्रकार से गणना की जाती है।

$$V_{us} = (V_{Fd} - \tau_c \; . \; b.d) \quad \text{(i)}$$

ऊर्ध्वाधर छल्लों के लिए समीकरण (4.11) से निम्न उक्ति से गणना की जाती है।

$$V_{us} = (0.87\, f_y \, . \, A_{sv.d} \, / \, s_v) \quad \text{(ii)}$$

इस प्रकार, दो संलग्न ऊर्ध्वाधर छल्लों के बीच दूरी

$$s_v = (0.87\, f_y \, . \, A_{sv} \, . \, d \, / \, V_{us}) \quad \text{(iii)}$$

झुके हुए छल्लों के लिए, अपरूपण प्रतिरोध V_{us} की विवरण अनुच्छेद 4.10 में किया गया है और समीकरण 4.18 में दिया गया है। जब ऊपर की तरफ मोड़ी गयी है और ऊर्ध्वाधर छल्लों के साथ उपयोग किया जाता है, तब कुल अपरूपण प्रतिरोध क्षमता $V_{us} = V_{us.BB} + V_{us.vs}$

IS : 456-2000 में उल्लेखित अन्य विवरण अनुच्छेद 4.14 में दिया है।

8.8 संपीडान प्रबल्लित सिरियों में बंध प्रतिबल (Bond stresses in bars in compression)

अकेले तनन में प्रबल्लित कांक्रीट धरन के लिए बंध प्रतिबल का विवरण अनुच्छेद 7.1 और 7.2 में दिये गये हैं।

कांक्रीट के अन्दर से सिरिये को बाहर खींचने की तुलना में बाहर से अन्दर धकेलना कठिन होता है। कुल संपीडन बल का एक भाग कांक्रीट में गाड़ा हुआ (Embedded) सिरिये के पूरी लम्बाई पर बंध प्रतिबल से स्थानांतरित होता है और शेष भाग सिरो पर धारणा (Bearing) द्वारा कांक्रीट को स्थानांतरित होता है। इस कारण संपीडन में तनन की तुलना में संपीडन सिरियों में बंध प्रतिबल का मान अधिक रखा जाता है। इस कारण अनुज्ञेय बंध प्रतिबल के मान में संपीडन में प्रबल्लित सिरियों के लिए 25 प्रतिशत की वृद्धि की जाती है। मृदु इस्पात संपीडन प्रबल्लित सिरियों के लिए बंध प्रतिबल, $\tau_{bd.compr} = (1.25 \times \tau_{bd.tension})$

HYSD इस्पात संपीडन प्रबल्लित सिरियों के लिए

बंध प्रतिबल, $\tau_{bd.compr} = (1.25 \times 1.60 \times \tau_{bd.tension})$

सारणी 7.1 में $\tau_{bd.tension}$ का मान दिये गये हैं।

8.9 संपीडान प्रबल्लित सिरियों के लिए विकसित लम्बाई (Development length in reinforced bars in compression)

यदि प्रबल्लित सिरिये संपीडान में हैं, तब संपीडन बल का एक भाग बंध प्रतिबल द्वारा सिरिये की पूरी लम्बाई द्वारा स्थानांतरित होता है, और शेष भाग सिरों पर धारणा प्रतिबल द्वारा स्थानांतरित होता है। अनुच्छेद 8.8 में, यह उल्लेख किया गया है कि संपीडन प्रबल्लित सिरियों के लिए, बंध प्रतिबल के मान में तनन सिरियों के बंध प्रतिबल में 25 प्रतिबल वृद्धि की जाती है। सिरियों के सब तरफ घिरे हुए होने के

कारण कांक्रीट से काफी मुक्त रहती है। इस कारण संपीडन प्रबल्लित सिरियों के लिए तनन में प्रबल्लित सिरियों की तुलना में कम विकसित लम्बाई (Development length) की आवश्यकता है।

मृदु इस्पात के संपीडन में प्रबल्लित सिरियों के लिए प्रबल्लित सिरियों में विकसित लम्बाई

$$L_{d.compr} = [(0.87\, f_y \,.\, \phi)/(1.25 \times 4\, \tau_{bd})] \tag{8.41}$$

HYSD इस्पात के संपीडन में प्रबल्लित सिरियों के लिए

$$L_{d.compr} = [(0.87\, f_y \,.\, \phi)/\ (1.25 \times 1.60 \times 4\, \tau_{bd})]$$

सारणी 7.1 में प्लेन मृदु इस्पात के लिए बंध प्रतिबल के मान दिये गये है।

अनुच्छेद 7.5 में आघूर्ण के शुन्य मान के नजदीक बिन्दुओं के लिए विशेष आवश्यकता का उल्लेख किया गया है।

IS : 456-2000 में यह अनुमोदन किया गया है कि सरल अवलम्ब पर और उन बिन्दुओं पर जहां आघूर्ण का मान शुन्य मान होता है, उन बिन्दुओं से धनात्मक आघूर्ण तनन प्रबल्लित सिरियों की दूरी सीमित रखी जाती है, ताकि विकसित लम्बाई 0.87 f_y प्रतिबल के लिए जिसकी गणना की गयी है, समीकरण 7.7 में प्रस्तुत विकसित लम्बाई

$$L_d > [(1.30\, M/V_{Fd}) + L_o]$$

IS : 456-2000 में यह अनुमोदित किया गया है कि (M_1/V_{Fd}) उपरोक्त उक्ति में 30 प्रतिशत की वृद्धि कर दी जाती है, जब प्रबल्लित सिरियों के सिरों को संपीडन प्रतिक्रिया बल द्वारा परिरोधित हों (confined)

$$\therefore\ L_d > [(1.30\, M_1 / V_{Fd}) + Lo]$$

Step 4 फेक्टरड (डीजाइन) अपरूपण बल

कुल फेक्टरड (डीजाइन) अपरूपण बल

$$V_{Fd} = (15 \times 360 + 13\text{-}92 + 30 \times 3.6) = 175.92 \text{ kN}$$

Step 5 : सीमित प्रतिरोधी आघूर्ण

अकेले तनन में प्रबल्लित धरन के लिए (बिना संपीडन प्रबल्लित सिरियों के)

$$M_{u.lim} = 0.36\, f_{ck} \left[\frac{x_{u.max}}{d}\right]\left[1 - 0.42\frac{x_{u.max}}{d}\right].\ bd^2$$

HYSD इस्पातीय Fe 415 ग्रेड के सिरिये

$$(x_{u.max}/d) = 0.48 \qquad x_{u.max} = (0.48 \times 500) = 240 \text{ mm}$$

$$\left[1 - 0.42\frac{x_{u.max}}{d}\right] = (1 - 0.42 \times 0.48) = 0.7948$$

$$M_{u.lim} = \left[\frac{0.36 \times 20 \times 0.48 \times 0.7984 \times 275 \times 500^2}{1000 \times 1000}\right] = 189.70 \text{ kN - m}$$

अवलम्ब पर $\left(\frac{M_{u.lim}}{b.d^2}\right) = \left(\frac{189.70 \times 10^6}{275 \times 500 \times 500}\right) = 2.759$

Step 6 : अकेले तनन में प्रबल्लित धरन के लिए सिरियों का क्षेत्रफल

अकेले तनन में प्रबल्लित सिरियों की धरन के लिए सीमित प्रतिरोधी आघूर्ण

$$0.87\, f_y \,.\, A_{st.1}\; d\left(1 - 0.42\frac{x_{u.max}}{d}\right) = M_{u.lim}$$

8.10 प्लेन सिरियों की लंगर लम्बाई (Anchoarage length of plain bars in compression)

सीधी लम्बाई के संपीडन प्रबल्लित सिरियों में लंगर लम्बाई (Anchorage length) संपीडन प्रबल्लित सिरियों के लिए ली गयी लम्बाई के बराबर ली जाती है।

हुक्स, मोड (Bends) और सीधी लम्बाई मोड़ के आगे की प्रक्षेपित (Projected) लम्बाई (यदि संपीडन सिरियों का विचार कर रहे हों) उनका विकसित लम्बाई के लिए विचार किया जाता है।

8.11 संपीडान में चढाव के जोड (Lap splices in compression)

अनुच्छेद 7.7 में उल्लेखित आवश्यकताओं के अतिरिक्त और तनन में चढाव जोड़, निम्न अतिरिक्त आवश्यकताओं की भी संतोषप्रद पूर्ति होने चाहिए (जब चढ़ाव जोड पर संपीडन में विचार किया जाता है।)

संपीडन में चढाव जोड की लम्बाई विकसित लम्बाई (जिसकी गणना 8.9 अनुच्छेद में की गयी है) के बराबर लेनी चाहिए। परन्तु सिरियों के व्यास के 24 गुणा से कम नहीं रखनी चाहिए।

संपीडन सिरियों का चढाव जोड़ सीधा सिरों के धारणा द्वारा करना चाहिए, या फिर वेल्डिंग द्वारा या अन्य यांत्रिक विधि से कर सकते हैं, जो कि धनात्मक जोड की उपपति करते हो। सीधे और सिरों के धारणा द्वारा बनाये गये चढाव जोड जांच में और अनुभव द्वारा प्रभावी पाये गये हैं, जो संपीडन बल का स्थानान्तरण करते है। इसके लिए सिरियों को एक सरेरवण (Alignment) में रखने चाहिए। सिरियों के सिरे चपटे (Flat) रखने चाहिए।

उदाहरण (Example 8.2) एक बाहुधरन/प्रास आयताकार धरन (Cantilever beam) की डीजाइन करो। धरन की प्रभावी विस्तृति 3.60 m है। धरन पर अचल भार 10 kN/m (इसमें धरन का स्वयं का भार सम्मिलित नहीं है) और चल भार 20 kN/m है। M20 ग्रेड कांक्रीट और HYSD इस्पात Fe 415 ग्रेड के सिरियों का प्रयोग करना है। धरन का वातावरण में मध्यम उद्भासन (Exposuire) है। आग लगने की कोई संभावना नहीं है।

डीजाइन – M20 ग्रेड कांक्रीट और HYSD इस्पात सिरिये Fe 415 ग्रेड के उपयुक्त करने हैं। धरन की प्रभावी विस्तृति 3.60 m है। धरन आयताकार आकृति की डीजाइन करनी है। धरन का अनुप्रस्थ खण्ड संतुलित रखना है। बंकन में विफलता के लिए लिमिट स्टेट विधि का प्रयोग करना है।

Step 1 आयताकार धरन की कुल गहराई और चौडाई का अनुमान करना

अवलम्ब पर धरन की कुल गहराई को प्रभावी विस्तृति एक का सातवां भाग मानते हैं।

$$D=\left[\frac{1}{7}\times 3.60\times 1000\right] = 515.28\text{ mm}, \quad (D=550\text{ mm})$$

आयताकार धरन की चौडाई कुल गहराई की आधी

$$b = \left[\frac{1}{2}\times 550\right] = 275\text{ mm}$$

प्रबल्लित सिरियों पर प्रभावी आवरण 50 mm

अतः प्रभावी गहराई, d = (550 – 50) = 500 mm

IS : 456-2000 कोड के अनुसार, पार्श्व स्थिरता (Lateral stability) के लिए, धरन के मुक्त सिरे अवलम्ब तक की स्पष्ट दूरी 25 b अथवा (100 b^2/d) से अधिक नहीं होनी चाहिए। अतः

(25 x b) = (25 x 275) = 6875 mm अथवा

$$\left(\frac{100\text{ x }b^2}{d}\right) = \left[\frac{100\times 275\times 275}{500}\right] = 15125\text{ mm}$$

वास्तविक दूरी 3600 mm है, जो कि 6875 mm से कम है धरन के मुक्त सिरे पर गहराई की कम करते हुए 200 mm कर देते है। मुक्त सिरे पर आघूर्ण का मान शुन्य है।

Step 2 : धरन पर कार्यरत भार का अनुमान :

सेवा स्तर पर अचल भार = 10 kN/m

धरन का स्वयं का प्रतिमीटर लम्बाई का भार

$$\left(\frac{0.550+0.200}{2}\right)\text{ x } 0.275\text{ x } 3.6\text{ x } 25 = 9.28\text{ kN/m}$$

सेवा स्तर चल भार = 20 kN/m

फेक्टरड (डीजाइन) अचल भार (1.5 x 10) = 15 kN/m

फेक्टरड (डीजाइन) धरन का स्वयं का भार (1.5 x 9.28) = 13.92 kN

फेक्टरड (डीजाइन) चल भार = (1.5 x 20) = 30 kN/m

धरन के स्वयं भार की परिणामी भार की कार्यरत रेखा की अवलम्ब से दूरी

$$\left(\frac{2\times 0.220+0.550}{0.220+0.550}\right)\times\frac{3.6}{3}=1.52\text{ m}$$

Step 3 : फेक्टरड (डीजाइन) आघूर्ण

अचल भार से उत्पन्न अवलम्ब पर अधिकतम आघूर्ण

$$\left[\frac{15\text{ x }3.60\text{ x }3.60}{2}\right] = 97.2\text{ kN - m}$$

धरन के स्वंय भार से उत्पन्न अवलम्ब पर

अधिकतम आघूर्ण = (13.92 x 1.52) = 21.158

चल भार से उत्पन्न अवलम्ब पर अधिकतम

$$\left[\frac{30 \times 3.6 \times 3.6}{2}\right] = 194.4 \text{ kN-m}$$

कुल फेक्टरड (डीजाइन) आघूर्ण

$$M_{Fd} = (97.2 + 21.158 + 194.40) = 312.758 \text{ kN-m}$$

$$A_{st.1} = \left[\frac{M_{u.lim}}{0.87 f_y . d\left(1 - 0.42 \frac{x_{u.max}}{d}\right)}\right] = \left[\frac{189.70 \times 10^6}{0.87 \times 415 \times 500 \times 0.7984}\right] = 1316.16 \text{ mm}^2$$

$$\left[\frac{100 A_{st1}}{b.d}\right] = \left(\frac{100 \times 1316.16}{275 \times 500}\right) \times 100 = 0.9572$$

Step 7 : संपीडन प्रबल्लित सिरियों का क्षेत्रफल

चरम (फेक्टरड (डीजाइन) अनुप्रस्थ खण्ड पर प्रतिरोधी आघूर्ण का मान सीमित आघूर्ण के मान से ेक है। संपीडन प्रबल्लित सिरियों का अतिरिक्त आघूर्ण के लिए उपयुक्त करना है।

$$(M_{Fd} - M_{u.lim}) = (312.758 - 189.70) = 123.058 \text{ kN-m}$$

संपीडन प्रबल्लित सिरियों की क्षेत्रफल निम्न प्रकार से गणना की जाती है।

$$f_{sc} . A_{sc} (d - d_c) = M_{Fd} - M_{u.lim}$$

जहां पर, f_{sc} = संपीडन प्रबल्लित सिरिये के लिए अनुज्ञेय प्रतिबल (विकृति से संबंधित)

$$\varepsilon_{sc} = 0.0035\left(\frac{x_{u.max} - d_c}{d}\right) = 0.0035\left(\frac{240 - 50}{240}\right) = 0.00277$$

IS : 456-2000 से प्रतिबल विकृति वक्र Fe 415 ग्रेड HYSD इस्पात के लिए f_{sc} = 349.64 nm²

$$A_{sc} = \left(\frac{M_{Fd} - M_{u.lim}}{F_{sc}(d - d_c)}\right) = \left(\frac{123.058 \times 10^6}{349.64 \times (500 - 50)}\right) = 782.125 \text{ mm}^2$$

Fe 415 HYSD इस्पात के 4 सिरियों 16 mm व्यास

$$A_{sc} = \left(4 \times \frac{\pi}{4} \times 16^2\right) = 804.25 \text{ mm}^2$$

बाहुधरन (Cantilever)/ प्रास धरन का नीचे की सतह संपीडन में होती है। इन सिरियों को नीचे की ़ से 50 mm के आवरण से लगायी जाती है।

Step 8 : अतिरिक्त तनन प्रबल्लित सिरियों का क्षेत्रफल

IS : 456-2000 की Appendix E के अनुसार अतिरिक्त तनन प्रबल्लित सिरियों का क्षेत्रफल व निम्न प्रकार से गणना की जाती है।

$$(0.87 f_y A_{st.2})(d - x_{u.max}) = f_{sc} . A_{sc} (x_{u.max} - d_c)$$

अतिरिक्त तनन प्रबल्लित सिरियों में तनन बल का संपीडन प्रबल्लित सिरियों में संपीडन बल उदासीन अक्ष पर आघूर्ण लेने से उदासीन अक्ष की स्थिति नहीं बदलती।

अतः $0.87 f_y.A_{st2} (d - x_{u.max}) = f_{sc}.A_{sc} (x_{u.max} - d_c)$

$$A_{st2} = \left[\frac{f_{sc} . A_{sc} . (x_{u.max} - d_c)}{0.87 f_y (d - x_{u.max})}\right]$$

$$A_{st2} = \left(\frac{349.64 \times 781.12 (240 - 50)}{0.87 \times 415 \times (500 - 240)}\right) = 553.487 \text{ mm}^2$$

Step 9 : तनन में प्रबल्लित सिरियों का कुल क्षेत्रफल

$$A_{st} = (A_{st1} + A_{st2}) = (1316.16 + 553.487) = 1869.65 \text{ mm}^2$$

Fe 415 ग्रेड के 5 HYSD इस्पातीय सिरियों 22 mm व्यास के प्रतियुक्त करने हैं। इस प्रकार त में प्रबल्लित सिरियों का कुल क्षेत्रफल

$$Ast = \left(5 \times \frac{5}{4} \times 22^2\right) = 1900.66 \text{ mm}^2$$

बाहुधरन/प्रास धरन (Cantilever beam) की ऊपरी सतह तनन में होती है। इन इस्पातीय सि को ऊपरी सतह के पास 50 mm का प्रभावी कांक्रीट का आवरण रखा जाता है। दो संलग्न सिरियों केन्द्र से केन्द्र के क्षैतिज्य दूरी

$$= \left[\frac{275 - 2 \times 25 - 5 \times 22}{4}\right] = 28.76 \text{ mm}$$

यह दूरी इस्पातीय सिरियों के व्यास 22 mm से अधिक है। यह दूरी मोटे मिलावे के माप से भी है। (20 mm + 5 mm) = 25 mm । अतः संतोषप्रद है।

Step 10 : विकसित लम्बाई (Development length)

इस्पातीय सिरियों के अवलम्ब के अन्दर विकसित लम्बाई के बराबर L_d, गाड़ दिया जाता है त अवलम्ब के फलक के पास तनन में पूरा सामर्थ्य को विकसित कर सकें।

तनन में विकसित लम्बाई

$$L_d = \left[\frac{0.87 f_y . \phi}{4 \tau_{bd} \times 1.60}\right]$$

IS : 456-2000 कोड से f_y और τ_{bd} का मान प्रत्युक्त करने पर

$$L_d = \left(\frac{0.87 \times 415 \times 22}{1000 \times 4 \times 1.2 \times 1.60}\right) = 1.034 \text{ m}$$

संपीडन सिरियों के लिए विकसित लम्बाई

$$L_{dc} = \left(\frac{0.87 \times f_y \times \phi}{4 \times 1.25 \times 1.60 \times \tau_{bd}}\right) = \left(\frac{0.87 \times 415 \times 16}{4 \times 1.25 \times 1.60 \times 1.2 \times 1000}\right) = 0.602 \text{ m}$$

Step 11 : प्रबल्लित सिरियों की अनुदैर्ध्य लम्बाई में कटौती (Curtailment of reinforcement)

तनन में और संपीडन में यह देख सकते है कि क्रमशः 1.034 m और 0.602 m लम्बाई के पश्चात सिरियों की लम्बाई में कटौती कर सकते है। तनन में संपीडन प्रबल्लित सिरियों की (3.60/2) = 1.80 m अवलम्ब के फलक से कटौती की जा सकती है। इस प्रकार, सिरियों की कटौती की लम्बाई अवलम्ब के फलक से 1.80 m की दूरी पर रखी गयी है।

IS : 456-2000 कोड के अनुसार, कटौती के लिए इस्पातीय सिरियों का (थ्योरीकल कट–आफ बिन्दु से आगे) विस्तार किया जाता है। जिसको की बंकन में उतनी दूरी जो कि धरन के प्रभावी गहराई के बराबर, d अथवा 12 x सिरियों के व्यास के रखी जाती है, (इन दोनों में जो भी बड़ी हो, सिवाय सरल अवलम्ब पर अथवा बाहुधरन के मुक्त सिरे पर जहां आघूर्ण का मान शुन्य होता है।

इस तथ्य का अनुमोदन वास्तविक कटौती बिन्दुओं की स्थिती की जानकारी के लिऐ किया जाता है।

इसकी उलट अनुमोदन यह भी है कि वास्तविक कटौती की जानकारी प्राप्त करने के पश्चात थ्योरीटिकल कट–ऑफ बिन्दु की जानकारी निम्न प्रकार से प्राप्त कर सकते हैं।

विकसित लम्बाई ज्ञात करने के पश्चात, प्रबल्लित सिरियों की वास्तविक कटौती की गणना की जा सकती है, इसके बाद थ्योरीटिकल कट ऑफ बिन्दुओं की स्थिती की जानकारी की जा सकती है। अर्थात् आवश्यकता से अधिक प्रबल्लित सिरियों की जरूरत नहीं है। इसके लिए प्रभावी गहराई d या 12 गुणा सिरियों का व्यास की जानकारी की आवश्यकता होती है। सिवाय सरल अवलम्ब पर अथवा बाहुधरन के मुक्त सिरे पर (जहां पर आघूर्ण का मान शुन्य होता है।)

थ्योरीटिकल कट ऑफ बिन्दु की अवलम्ब के फलक से दूरी 1.80 m बाकी धरन की प्रभावी गहराई

अवलम्ब (Support) के फलक से दूरी 1.80 m बाकी धरन की प्रभावी गहराई

$$= 1.80 - \left[0.500 - \frac{(0.500 - 0.200)}{3.60}\right]$$

$$= 1.80 - \left[1 - \left(\frac{0.500 - 0.200}{3.60}\right)\right]$$

$$= 1.80 - [0.35/0.9167] \text{ m}$$

$$= (1.80 - 0.3818) = 1.4182 \text{ m}$$

थ्योरीटिकल कट ऑफ बिन्दु पर बंकन आघूर्ण का मान

$$M_{fd} = (15 + 30)\left(\frac{3.6 - 1.4182}{2}\right)^2 + 13.92 \text{ x } (1.52 - 1.4182)$$

$$(107.106 + 1.420) = 108.526 \text{ kN-m}$$

$(M_{Fd}/b.d^2)$ की गणना

$$= \left(\frac{108.526 \times 10^6}{275 \times 381.8 \times 381.8}\right) = 2.707$$

संतुलित अनुप्रस्थ खण्ड के लिए

$$\left(\frac{M_{u.lim}}{b.d^2}\right) = 2.707 \text{ और } \left(\frac{M_{Fd}}{bd^2}\right) < \left(\frac{M_{u.lim}}{bd^2}\right)$$

तनन में HYSD इस्पात 22 व्यास के 5 सिरियों से मध्य में जो सिरिया है, उसके बायें और दायें संलग्न सिरियों की कटौती की जाती है। इसी प्रकार संपीडन सिरिये 16 mm व्यास के हैं, उनमें से बीच के सिरियों की कटौती की जाती है।

$$\text{अवलम्ब पर, } (100\, A_{st1}/b_d) = 0.9572$$

थ्योरीटिकल कट आफ, वास्तविक तनन इस्पातीय सिरियों के क्षेत्रफल की जो आवश्यकता है,

$$A_{st1} = \left(\frac{0.9752}{100}\right) \text{x} (275 \text{ x } 381.8) = 1005.0123 \text{ mm}^2$$

3 इस्पातीय सिरियों 22 mm व्यास का क्षेत्रफल

$$A_{st1} = \left(3 \times \frac{\pi}{4} \times 22^2\right) = 1140.398 \text{ mm}^2$$

तनन में जो प्रबल्लित सिरिये सीमित प्रतिरोधी आघूर्ण के लिए प्रतियुक्त किये गये है, उनका क्षेत्रफ आवश्यक इस्पातीय सिरियों के क्षेत्रफल से ज्यादा है। अवलम्ब के ठीक पास, संतुलित अनुप्रस्थ खण्ड लिए

$$(x_{u.max}/d) = 0.48 \text{ (Hysd इस्पात Fe415)}$$

थ्योरीटिकल अनुप्रस्थ खण्ड

$$x_{u.max} = (0.48 \text{ x } 381.81) = 183.264 \text{ mm}$$

संपीडन प्रबल्लित 2 सिरियों का क्षेत्रफल

$$A_{sc} = \left[2 \times \frac{\pi}{4} \times 16^2\right] = 402.12 \text{ mm}^2$$

उदासीन अक्ष पर आघूर्ण

$$0.87 \text{ x } 415 \text{ x } A_{st2} (d - x_{u.max})$$

$$= f_{sc}.A_{sc}.\ (x_{umax} - d_c)$$

$$A_{st2} = \left[\frac{349.64 \times 402.12\,(183.264 - 50)}{0.87 \times 415 \times (381.8 - 183.264)}\right] = 261.386 \text{ mm}^2$$

तनन में प्रबल्लित सिरियों का कुल क्षेत्रफल $(A_{st.1} + A_{st2}) = (1005.012 + 261.386)$ 1266.358 mm^2

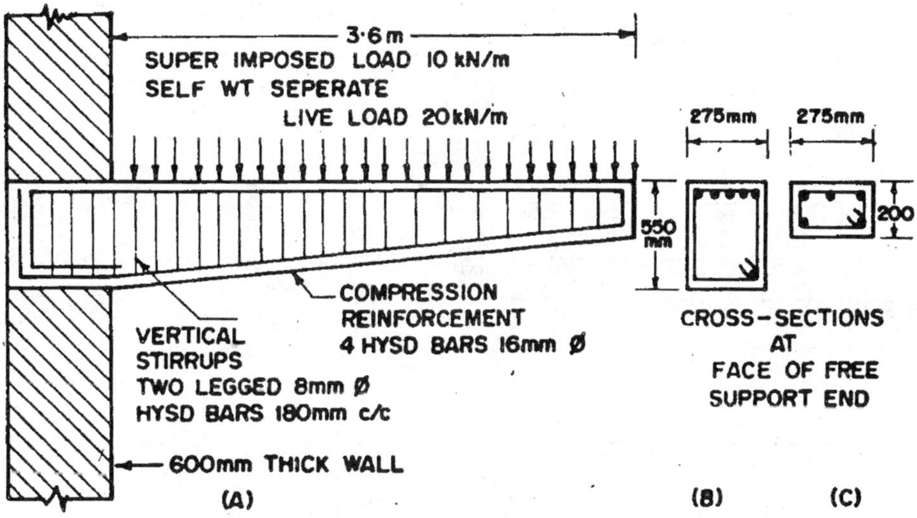

DETAILS OF REINFORCEMENT IN CANTILEVER BEAM

Fig. 8.5

140.398 mm^2 कुल तनन में प्रबल्लित सिरियों का क्षेत्रफल प्रतियुक्त किया गया है। धरन का अनुप्रस्थ अपर्याप्त प्रबल्लित खण्ड की तरह कार्य करेगा/व्यवहार करेगा।

Step 12 : अपरूपण बल के लिए धरन की डीजाइन

अवलम्ब पर, फेक्टरड (डीजाइन) अपरूपण बल

V_{Fd} = 175.92 kN, b = 275 mm और d = 500 mm

M_{Fd} = 312.758 kN-m

सामान्य अपरूपण प्रतिबल (धरन जो कि अवलम्ब से मुक्त सिरे तक ढालू है)

$$\tan\beta = \left(\frac{550-200}{3600}\right) = 0.0972$$

$$\tau_v = \left[\frac{V_{Fd}-(M_{Fd}/d)\tan\beta}{b.d}\right]$$

$$\tau_v = \left[\frac{175.92\times1000-(312.756\times10^6/500)\times0.0972}{275\times500}\right]$$

डीजाइन की डीटेल (विस्तारपूर्वक विवरण) **Fig. 8.5** में दिखाये गये हैं।

अनुदैर्ध्य (मुख्य) तनन प्रबल्लित सिरियों

कुल क्षेत्रफल A_{st} = 1900.66 mm^2

$$\left[\frac{100\ A_{st}}{b.d}\right] = \left[\frac{100\times1900.66}{275\times500}\right] = 1.383$$

IS : 456-2000 कोड से, कांक्रीट (बिना अपरूपण प्रबल्लित सिरियों के) का अपरूपण M20 ग्रेड कांक्रीट के लिए

$$\tau_c = \left[0.67 + (0.72 - 0.67)\left(\frac{1.383 - 1.250}{1.500 - 1.250}\right)\right] = 0.696\ \text{N/mm}^2$$

IS : 456-2000 कोड से, $\tau_{c.max} = 2.8\ \text{N/mm}^2$

चूंकि $\tau_c < \tau_v < \tau_{c.max}$, अपरूपण प्रबल्लित सिरियों की डीजाइन कर सकते हैं। दो टाँग के ऊर्ध्वाधर छल्लों का प्रयोग V_{su} के लिए करते है। जहाँ पर

$$V_{su} = (V_{Fd} - \tau_{cx}\ .\ bd) = \left(175.92 - \frac{0.696 \times 275 \times 500}{1000}\right) = 80.22\ \text{kN}$$

दो संलग्न ऊर्ध्वाधर छल्लों के बीच दूरी

$$s_v = \left[\frac{0.87\ f_y\ .\ A_{sv}\ .\ d}{V_{su}}\right] = \left[\frac{0.87 \times 415 \times 100.53 \times 500}{88.22 | \times 1000}\right] = 205.72\ \text{mm}$$

8 mm व्यास के दो टाँग के ऊर्ध्वाधर संलग्न छल्लों के बीच की दूरी 180 mm धरन की पूरी लम्बाई पर रखी जाती है।

PROBLEMS

8.1 एक दोहरी प्रबल्लित आयताकार धरन की चौड़ाई 260 mm है। धरन की प्रभावी गहराई 550 mm है। प्रबल्लित सिरियों पर तनन में और संपीडन दोनों में प्रभावी आवरण 50 mm के हैं। 4 Hysd इस्पात के सिरिये 18 mm व्यास के तनन प्रबल्लित सिरियों के लिए और 16 mm व्यास के संपीडन प्रबल्लित सिरियों के लिए उपयुक्त किये गये है। धरन दोनो सिरों पर सरल अवलम्बित है।

उदासीन अक्ष की स्थिती ऊपर की सतह से ज्ञात करो। इस दोहरी धरन के लिए प्रतिरोधी आघूर्ण का मान ज्ञात करो। M20 ग्रेड कांक्रीट और Fe 415 ग्रेड इस्पातीय सिरियों का प्रयोग करना है।

8.2 प्रश्न 8.1 में 2 टाँग के 8 mm व्यास के HYSD इस्पात के सिरिये Fe 415 के ग्रेड के प्रयोग (उचित दूरी = 150 mm) किये गये है। इस दोहरी प्रबल्लित धरन का अपरूपण क्षमता ज्ञात करो।

अध्याय – 9

बंकन और अपरूपण में विफलता के लिए लिमिट स्टेट और अन्य आवश्यकताएँ कोरदार धरन की डीजाइन (DFB) (LIMIT STATE OF COLLAPSE IN FLEXURE, SHEAR AND OTHER REQUIREMENTS) DESIGN OF FLANGED/TEE-BEAMS (DFB)

9.1 प्रस्तावना (Introduction)

प्रबल्लित कांक्रीट के निर्माण में, स्लैब धरन से अवलम्बित (Supported) रहती है। सरल कांक्रीट स्लैब्स साधारण मोटाई और भार की साधारणतया 3 m से 5 m के विस्तृति (Span) पर लगायी जाती है।

जब विस्तृति की लम्बाई अधिक होती है, ऐसी परिस्थितियों में स्लैब और धरन को अखण्ड–कांक्रीट प्रबल्लित बनाई जाती है। स्लैब और धरन में कांक्रीट साथ साथ ढाली जाती है। ऐसी धरन को कोरदार धरन (Flanged-beams) कहते हैं।

कोरदार धरन Fig. 9.1 में दिखायी गयी है। स्लैब धरन की कोर की तरह कार्य करती है। स्लैब, धरन और धरन के वेब में कांक्रीट एक साथ ढाली जाती है। इस प्रकार, स्लैब, धरन और धरन की वेब प्रभावी बंधित कार्य करते हैं। फर्श के आन्तरिक भाग में धरन के दोनों तरफ फ्लैंज (कोर की तरह) स्लैब होती है। Fig. 9.1 में आन्तरिक भाग में यह कोरदार धरन अंग्रेजी के अक्षर टी की बनावट दिखायी देते हैं। अतः इन कोरदार धरन को टी–धरन (Tee-beams) भी कहते हैं। फर्श के सिरों पर, स्लैब धरन के एक तरफ होती है, जो कि अंग्रेजी के अक्षर एल की बनावट दिखायी देती हैं। अतः इन कोरदार–धरन को एल–धरन (L-beams) भी कहते हैं।

प्रबल्लित कांक्रीट फर्श और छतों के लिए, धरन के सबसे नीचे की सतह (Soffits) और वेब के दोनों तरफ और स्लैब के नीचे की सतह के लिए फोर्म–वर्कस बनाये जाते हैं। पूरे निर्माण के लिए, भीगी हुई कांक्रीट को एक साथ उंधेल दी जाती है, ताकि स्लैब और धरन को अखण्ड–कांक्रीट प्रबल्लित बनाई जाती है।

आयताकार धरन में उदासीन अक्ष (दोनों सिरों पर सरल अवलम्बित धरन) के ऊपर का भाग संपीडन प्रतिबल में होता है और इसका क्षेत्रफल कम होता है। इस कारण, इस ऊपरी क्षेत्र की संपीडन क्षमता कम होती है। यह भाग Fig. 3.1 (अध्याय 3) में दिखाया गया है।

टी–धरन (कोरदार धरन) में, स्लैब एक बड़ा अथवा पूरा भाग, धरन के ऊपरी भाग के साथ कार्य करता है। जो कि बंकन में अनुदैर्ध्य में संपीडन प्रतिबल का प्रतिरोध करता है। इस प्रकार टी–धरन (कोरदार धरन) को एक बड़ा भाग (क्षेत्रफल) संपीडन में होता है। इस धरन की संपीडन क्षमता बढ़ जाती है। धरन का उदासीन अक्ष से नीचे का भाग तनन में रहता है।

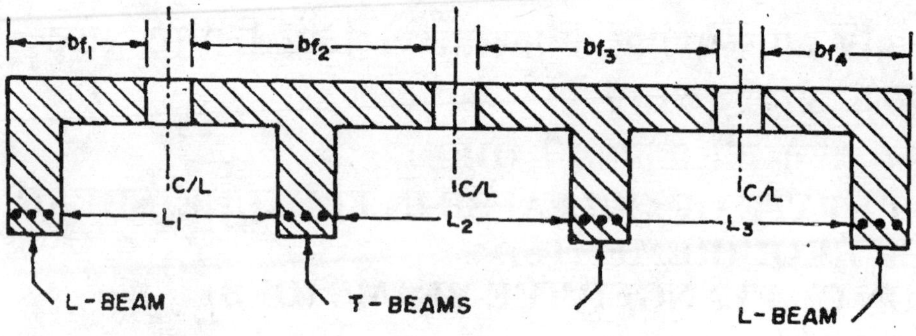

Fig. 9.1

तनन के इस नीचे के भाग में दरारें आ जाती है। इस क्रेकड–भाग की उपेक्षा कर दी जाती है। कांक्रीट तनन का प्रतिरोध नही करती। तनन में प्रबल्लित सिरियों का उपयोग है। इन सिरियों में तनन बल को प्रतिरोध करने की पूरी क्षमता होती है।

टी–धरन में (कोरदार धरन में), ऊपरी भाग की चौड़ाई बढ़ जाती है। इस प्रकार कांक्रीट में संपीडन प्रतिरोध करने के लिए क्षेत्रफल में वृद्धि हो जाती है। अतः आयताकार धरन के तुलना में टी–धरन (कोरदार धरन) की संपीडन बल वहन करने की क्षमता ज्यादा होती है। उदासीन अक्ष के नीचे का कांक्रीट का भाग प्रबल्लित सिरियों को सब तरफ से गाड़े (Embedded) रखती है।

अकेले तनन में प्रबल्लित धरन के लिए जो धारणाएँ (Assumptions) मानी जाती है। टी–धरन (कोरदार धरन) के लिए भी उपयुक्त (Applicable) हैं। विभिन्न ग्रेडस की कांक्रीट के लिए तनन में बंकन में प्रतिबलों का मान और अपरूपण प्रतिबलों के मान के लिए वही होती है, जिनका अकेले तनन में प्रबल्लित आयताकार धरन के लिए उल्लेखित हैं। IS : 456-2000 से ही इनका मान अपनाया जाता है।

टी–धरन (कोरदार धरन) अकेले तनन में प्रबल्लित की जाती है। आवश्यकता के अनुसार टी–धरन दो हरी प्रबल्लित भी की जाती है। अर्थात् तनन के अतिरिक्त संपीडन में भी अर्थात् दोनों में भी प्रबल्लित की जाती है।

टी–धरन को विचार के लिए ऐसा समझ सकते हैं कि इसके दो भाग होते हैं। आयताकार भाग जिसकी चौड़ाई, b_w होती है और प्रभावी गहराई, d होती है। इसका शेष भाग की चौड़ाई $(b_f - b_w)$ और कोर (Flange) की गहराई/मोटाई, D_f होती है। टी–धरन (कोरदार–धरन) को Fig. 9.1 में दिखाया गया है।

9.2 टी–धरन (कोरदार–धरन) की फ्लैन्ज की प्रभावी चौड़ाई (Effective width of flange of tee-beams)

सिद्धान्तिक रूप से (Theoretically), टी–धरन (कोरदार धरन) की फ्लैन्ज की प्रभावी चौड़ाई अभी तक ज्ञात नहीं की जा सकी है। फिर भी जैसे Fig. 9.2 में दिखाया गया है कि दो संलग्न धरन के वेबस का लगभग बीच का भाग को कह सकते हैं कि ऊपरी कोर की चौड़ाई की तरह कार्य करती है। जो भाग

वेबस के सीधे ऊपरी भाग होते है, उन भाग में ज्यादा प्रतिबल उत्पन्न होता है। इसके पास शेष भाग में बंकन में अनुदैर्ध्य संपीडन प्रतिबल का मान कम होता है। वास्तविक अनुदैर्ध्य संपीडन में प्रतिबल के मान में इस प्रभाव के कारण परिवर्तन रहता है।

इस कोरदार धरन के लिए **फ्लैन्ज की प्रभावी चौडाई** b_f का धरन की डीजाइन में उपयोग करते है। ऐसा समझा जाता है कि इस पर अधिकतम मान पर प्रतिबल का वितरण एक समान होता है।

यह देखा गया है कि कोर (Flange) की प्रभावी चौड़ाई b_f मुख्यतया धरन की विस्तृति वेब की चौड़ाई, b_w और कोर (Flange) की मोटाई, D_f पर निर्भर करती है। IS : 456-2000 कोड में प्रभावी चौडाई के लिए निम्नलिखित सूत्रों का उल्लेख किया गया है।

A (i) सममित टी–धरन के लिए (Tee - Beams)

$$b_f = [(l_o/6) + b_w + 6D_f] \tag{9.1}$$

(ii) वे धरन जिनके एक तरफ सिर्फ स्लैब होती है (L-beams)

$$b_f = [(l_o/12) + b_w + 3\,D_f)] \tag{9.2}$$

समीकरण (9.1) से अथवा समीकरण (9.2) से गणना की गयी प्रभावी चौड़ाई, b_f का मान (वेब की चौड़ाई + दो संलग्न धरन बायीं तरफ और दायीं तरफ की स्पष्ट दूरी की जोड़ की आधी) से अधिक नहीं होना चाहिए।

अर्थात् $[0.5\,(L_1 + L_2) + b_w]$ Fig. 9.1,

अर्थात् $[0.5\,(L_2 ++ L_3) + b_w]$ Fig. 9.1

कुछ टी–धरन का और एल–धरन का पृथक परिस्थिती में निर्माण किया जाता है, ऐसी धरन में फ्लैंज (कोर) को केवल अतिरिक्त संपीडन क्षेत्रफल प्रतियुक्त करने के लिए किया जाता है। इन धरन को **एकांकी पृथक (Isolated)** धरन कहा जाता है। यह एकांकी धरन (टी–धरन) एक अकेली धरन होती है, जिसमें स्थिर फ्लैंज की चौड़ाई (जो कि सिरों पर At ends धरन असतत) होती है।

IS : 456-2000 कोड में एकांकी धरन के लिए अलग से प्रभावी चौड़ाई, b_f का उल्लेख किया गया है

B (i) एकांकी टी–धरन

$$b_f = \left[\frac{l_o}{(l_o/b) + 4} + b_w\right] \tag{9.3}$$

(ii) एकांकी एल–धरन

$$b_f = \left[\frac{0.5\, l_o}{(l_o/b) + 4} + b_w\right] \tag{9.4}$$

$$b_f > [0.5\,(L_1 + L_2) + b_w]$$

अथवा $b_f > [0.5 (L_2 + L_3) + b_w]$

जहाँ पर l_o दो संलग्न शुन्य आघूर्ण बिन्दुओं के बीच की दूरी

b = वास्तविक धरन की चौड़ाई

सतत धरन के लिए l_0 का मान 0.7 गुणा प्रभावी विस्तृति के लिए लिया जाता है।

9.3 उदासीन अक्ष की स्थिति (Location of neutral axis)

टी–धरन (कोरदार धरन) के अनुप्रस्थ खण्ड में उदासीन अक्ष की स्थिति अनुप्रस्थ खण्ड के माप, तनन और संपीडन प्रबल्लित सिरियों के क्षेत्रफल और पदार्थों के सामर्थ्य पर निर्भर करती हैं। **एक स्थिति में,** उदासीन अक्ष धरन के फ्लैंज (कोर) के अन्दर हो सकती है, अर्थात् उदासीन अक्ष की गहराई, x_u, फ्लैंज (कोर) की मोटाई, D_f से कम हो सकती है। **द्वितीय स्थिती में,** उदासीन अक्ष धरन के वेब में हो सकती है, अर्थात् उदासीन अक्ष की गहराई, x_u फ्लैंज (कोर) की मोटाई, D_f से ज्यादा हो सकती है। उदासीन अक्ष की गहराई, x_u दोनों स्थितियों में अलग अलग निम्न प्रकार से ज्ञात की जा सकती है।

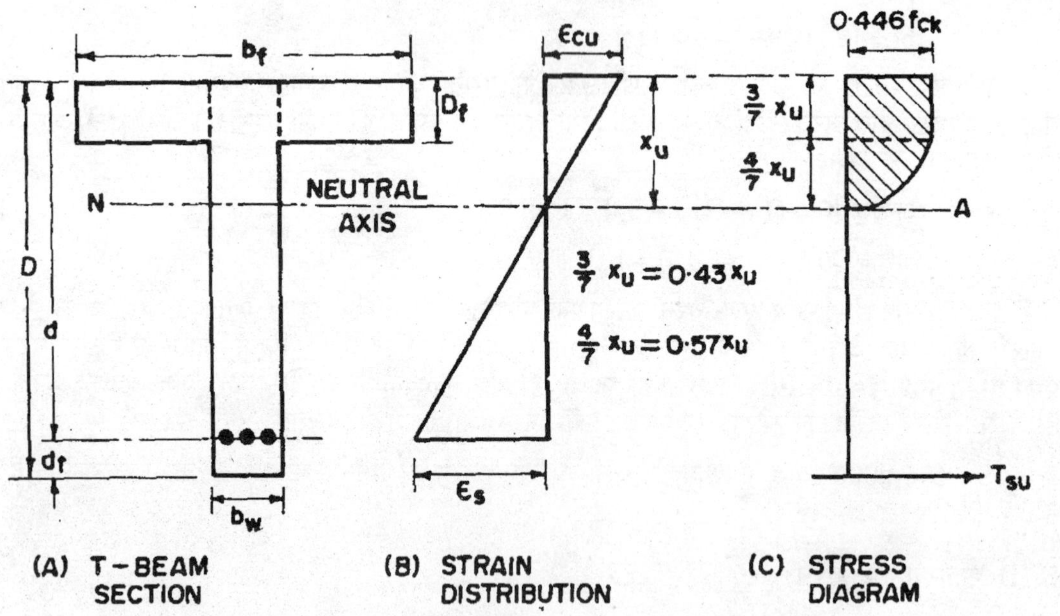

STRAIN AND STRESS DISTRIBUTION DIAGRAMS FOR T-BEAM

Fig. 9.2

Fig. 9.2(A) में एक टी–धरन (कोरदार धरन) दिखायी गयी है। विकृति और प्रतिबल का वितरण क्रमशः Fig. 9.2(B) और (C) में दिखाये गये हैं। प्रतिबल वितरण चित्र का एक आयताकार भाग की गहराई [(3/7), $x_u = 0.43\ x_u$] होती है और दूसरा परवलयिक (Parabolic) भाग की गहराई [(4/7) $x_u = 0.57\ x_u$] होती है, जहाँ धरन के अनुप्रस्थ खण्ड में, उदासीन अक्ष की गहराई, x_u होती है। ये प्रचार (Parameters) प्रतिबल ब्लोक में IS : 456-2000 के अनुसार Fig. 9.2(C) में दिखाये गये हैं।

1. प्रथम स्थिति : (उदासीन अक्ष फ्लैंज के अन्दर)

एक टी–धरन (कोरदार धरन) और प्रतिबल वितरण क्रमशः Fig. 9.3(A) और (B) में दिखाये गये हैं। टी–धरन के अनुप्रस्थ खण्ड के विभिन्न माप (अर्थात् फ्लैंज की प्रभावी चौड़ाई, b_f, फ्लैंज की मोटाई, D_f, धरन की प्रभावी गहराई, d और उदासीन अक्ष की ऊपरी सतह से गहराई, x_u) Fig. 9.3(A) में दिखाये गये हैं। धरन में तनन प्रबल्लित सिरियों का क्षेत्रफल, A_{st} हैं।

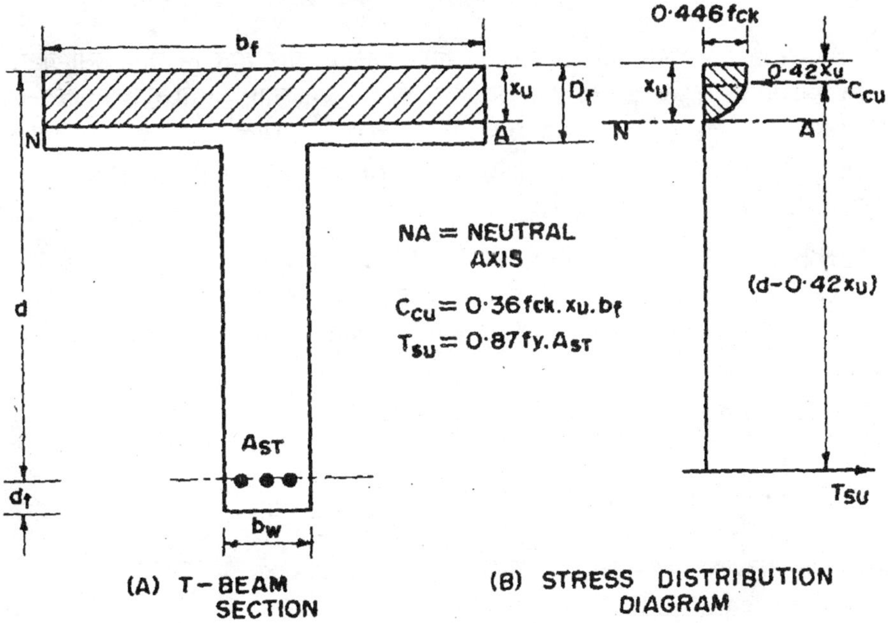

NEUTRAL AXIS WITHIN FLANGE

Fig. 9.3

धरन का अनुप्रस्थ खण्ड संतुलन में है। अतः कांक्रीट में संपीडन बल C_{cu} और प्रबल्लित सिरियों में तनन बल, T_{su} को बराबर करते हुए, उदासीन अक्ष की गहराई, x_u ज्ञात कर सकते हैं। उदासीन अक्ष के नीचे के कांक्रीट d भाग को दरार युक्त मानते हैं। अतः कांक्रीट में तनन क्षेत्र की उपेक्षा कर दी जाती है।

संपीडन कांक्रीट में संपीडन बल, C_{cu}

$$C_{cu} = (\text{औसत प्रतिबल}) \ . \ (\text{कांक्रीट का क्षेत्रफल})$$

$$C_{cu} = (0.36\ f_{ck})\ (x_u.\ b_f) = (0.36\ f_{ck}.b_{xu}) \qquad \text{(i)}$$

तनन प्रबल्लित सिरियों में तनन बल

$$T_{su} = (0.87\ f_y.\ A_{st}) \qquad \text{(ii)}$$

धरन का अनुप्रस्थ खण्ड संतुलन में है। $(\therefore C_{cu} = T_{su})$

$$(0.36\, f_{ck} \,.\, x_u \,.\, b_f) = (0.87\, f_y \,.\, A_{st})$$

$$x_u = [(0.87\, f_y \,.\, A_{st}) / (0.36\, f_{ck} \,.\, b_f)] \qquad (9.5)$$

$$\left[\frac{x_u}{d}\right] = \left[\frac{0.87\, f_y}{0.36\, f_{ck}}\right]\left[\frac{A_{st}}{b_f \,.\, d}\right] \tag{9.6}$$

उदासीन अक्ष की गहराई, x_u और (x_u/d) का अनुपात क्रमश, समीकरण 9.5 और 9.6 से ज्ञात कर सकते हैं।

2. द्वितीय स्थिति : (उदासीन अक्ष फ्लैंज के बाहर अर्थात् फैन्ज के नीचे)

जब टी–धरन (कोरदार धरन) की उदासीन अक्ष फ्लैंज के बाहर होती है, तब ऐसा कह सकते है कि उदासीन अक्ष धरन के वेब के अन्दर है। इस स्थिति में भी दो संभावनाएँ बनती है। यह इस तथ्य पर निर्भर करता है कि फ्लैंज की मोटाई D_f गहराई 0.43 x_u से कम है, अथवा 0.43 x_u से अधिक है। D_f की तुलना 0.43 x_u (अर्थात् (3/7) x_u) ज्यादा युक्ति संगत (Rational) है। क्योंकि 0.43 x_u प्रतिबल ब्लोक के आयताकार भाग की गहराई 0.43 x_u है।

फिर भी IS : 456-2000 (Appendix B) में इस तथ्य का अनुमोदन किया गया है कि **(i) (D_f/d) अनुपात 0.2 से कम है,** तब टी–धरन की फ्लैंज को छोटा कह सकते हैं। वास्तव में तथ्य है कि D_f की तुलना फिर भी 0.43 x_u से की जाती है, परन्तु इस सन्निकट मान 0.2 किया जाता है। जो कि निम्न प्रकार होता है :

$$D_f < 0.43\, x_u$$

अथवा $\left[\frac{D_f}{d}\right] < 0.43 \left[\frac{x_u}{d}\right]$

जब धरन का अनुप्रस्थ खण्ड संतुलित प्रबल्लित होता है, तब x_u का मान $x_{u.max}/d$ के बराबर होता है। (x_u/d) का मान = $(x_{u.max}/d)$ उपरोक्त अभियुक्ति में रख सकते हैं और इस्पातीय सिरियों के तीन ग्रेडस के लिए अलग अलग निम्न होता है।

f_y	$(x_{u.max}/d)$	$(0.43\, x_u/d)$
250 N/mm^2	0.53	(0.43 x 0.53) = 0.2279 = 0.2
415 N/mm^2	0.48	(0.43 x 0.48) = 0.2064 = 0.2
500 N/mm^2	0.46	(0.43 x 0.46) = 0.1978 = 0.2

उपरोक्त सब $(0.43\, x_u/d)$ का मान 0.2 के सन्निकट है। अतः इन दो अलग–अलग परिस्थितियों में उदासीन अक्ष की गहराई निम्न प्रकार से ज्ञात कर सकते हैं।

2(A) D_f का मान 0.43 x_u से कम अथवा बराबर है ($D_f < 0.43\, x_u$)

यदि संपीडन प्रतिबल का वितरण फ्लैंज में एक समान है।

उदासीन अक्ष के ऊपर कांक्रीट संपीडन जो होती है उनके दो भाग समझे जाते हैं।

(i) संपीडन कांक्रीट का वह भाग, जो धरन के वेब में होता है और

(ii) संपीडन कांक्रीट का वह भाग, जो धरन के फ्लैंज में होता है, जो कि वेब से अलग होता है।

Fig. 9.4 में जैसा दिखाया गया है।

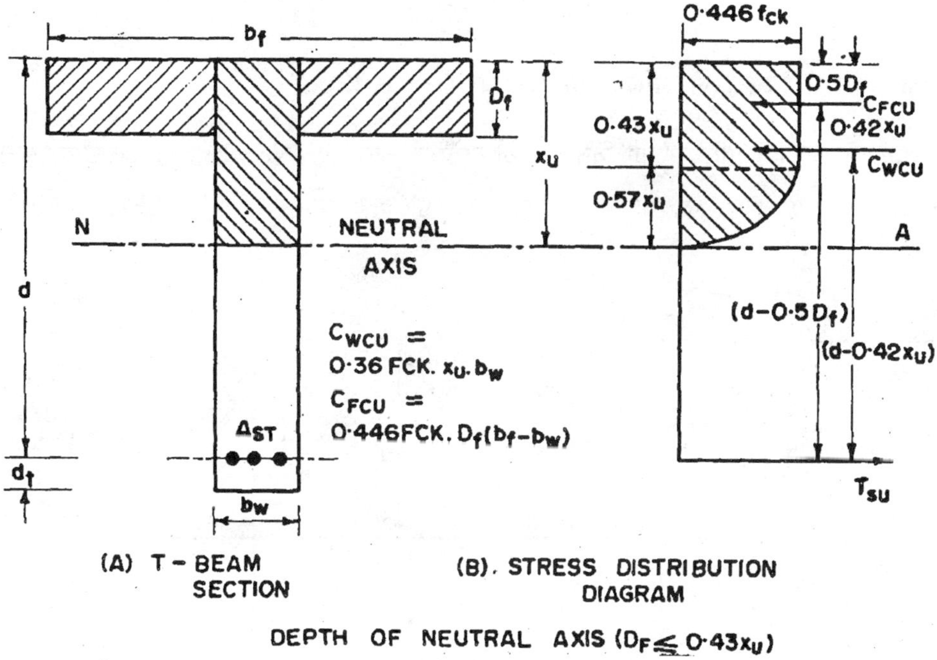

Fig. 9.4

इस प्रकार कुल संपीडन बल, C_{cu} भी दो अलग अलग भाग के जोड़ के बराबर होता है।

(i) कांक्रीट जो कि वेब में होती है, उसका संपीडन बल $C_{wcu} = (0.36\, f_{ck}\, x_u \,.\, b_w)$ (iii)

(ii) कांक्रीट जो कि वेब को छोड़ कर होती है, उसका संपीडन बल C_{fcu}

$$C_{fcu} = 0.446\ f_{ck}\ D_f\ (b_f - b_w) \qquad \text{(iv)}$$

चूंकि, D_f का मान 0.43 x_u से कम अथवा बराबर है, कांक्रीट (फ्लैंज) में औसत प्रतिबल का मान उतना होता है, जो कि प्रतिबल ब्लोक के आयताकार भाग पर होता है, अथवा 0.446 f_{ck}. इस प्रतिबल ब्लोक पर प्रतिबल करीब करीब एक समान है।

कुल संपीडन बल $C_{cu} = (C_{wcu} + C_{fcu})$ (v)

कुल तनन बल $T_{su} = (0.87\, f_y \,.\, A_{st})$ (vi)

चूंकि ($C_{cu} = T_{su}$) इनका मान प्रतियुक्त करने पर

$$[(0.36\, f_{ck} \,.\, x_u \,.\, b_w) + 0.446\, f_{ck} \,.\, D_f \,.\, (b_f - b_w)] = (0.87\, f_y \,.\, A_{st})$$

$$x_u = \left(\frac{[0.87\, f_y \,.\, A_{st} - 0.446\, f_{ck} \,.\, D_f \,.\, (b_f - b_w)]}{0.36\, f_{ck} \,.\, b_w}\right) \qquad (9.7A)$$

यदि इस आयताकार भाग पर प्रतिबल को 0.45 f_{ck} समझा जाता है, तब

$$x_u = \left(\frac{[0.87\, f_y \,.\, A_{st} - 0.45\, f_{ck}\, D_f\, (b_f - b_w)]}{0.36\, f_{ck}\,.\, b_w} \right) \quad (9.7B)$$

2(B) D_f का मान $0.43\, x_u$ से अधिक हो (अथवा $D_f > 0.43\, x_u$)

इस स्थिति में संपीडन प्रतिबल का वितरण वक्र रेखा के अनुसार (Non-linear अरेखीय) होता है।

टी–धरन (कोरदार धरन) का अनुप्रस्थ खण्ड और प्रतिबल का वितरण चित्र Fig. 9.5 में दिखाया गया है।

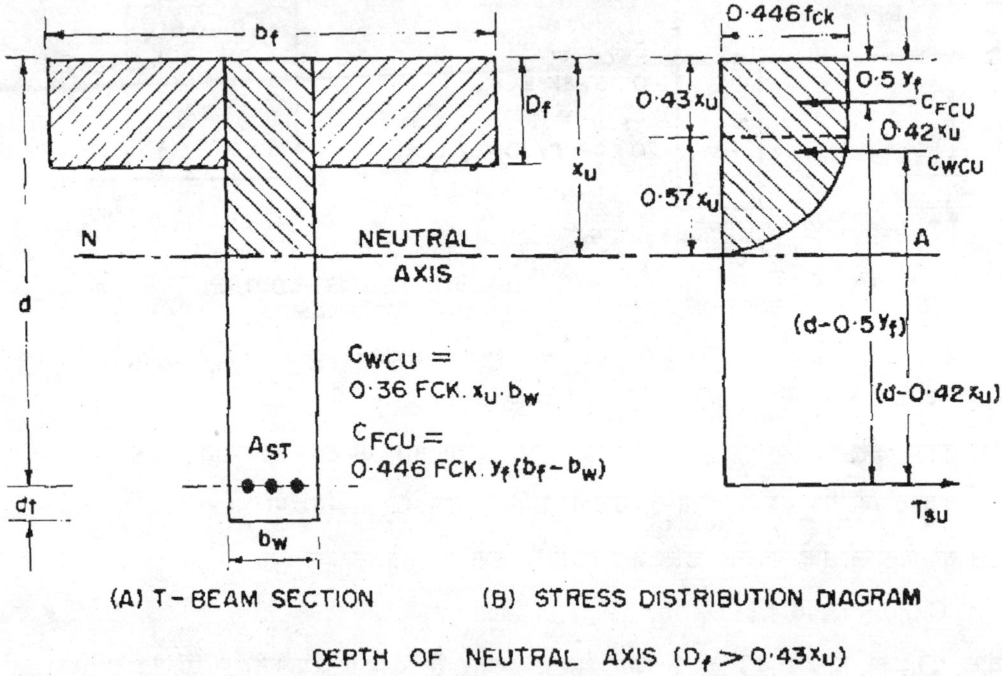

Fig. 9.5

संपीडन

टी–धरन के वेब के भाग और फ्लैंज का भाग अलग अलग इस प्रकार है।

(i) वेब के भाग पर संपीडन बल (C_{wcu})

टी–धरन का वेब का यह भाग आयताकार होता है। यह अकेले तनन में प्रबल्लित धरन से मिलता जुलता होता है। संपीडन प्रतिबल का वितरण Fig. 9.5 (B) में दिखाया गया है, जो कि अक्षर मानक आकृति (Standard shape) का है, जैसा कि IS : 456-2000 में उल्लेखित है।

$$C_{wcu} = \text{(औसत प्रतिबल) (कांक्रीट का क्षेत्रफल)}$$

$$= 0.36\, f_{ck}.\, b_w.\, x_u \quad \text{(ix)}$$

(ii) फ्लैंज के भाग पर संपीडन बल (C_{fcu})

इस स्थिति में, D_f का मान 0.43 x_u के मान से अधिक है (जो प्रतिबल ब्लोक के आयताकार भाग की गहराई 0.43 x_u होती है), जैसा कि Fig. 9.5 (B) में दिखायी गयी है। इस प्रकार, संपीडन प्रतिबल का वितरण कुछ गहराई पर एक समान है। (चूंकि $D_f = 0.43\ x_u$) अर्थात् फ्लैंज की मोटाई ($D_f = 0.43\ x_u$) के है।

इस गहराई पर औसत प्रतिबल का मान 0.446 f_{ck} होता है।

संपीडन प्रतिबल का वितरण शेष भाग पर (फ्लैंज की गहराई पर) जो कि ($D_f - 0.43\ x_u$) परिवलयिक (Parabolic) है।

फ्लैंज की कुल गहराई पर प्रतिबल का वितरण एक समान नहीं है।

संपीडन बल का मान फ्लैंज के इस भाग पर (वेब के भाग को छोड़कर) प्रतिबल के दो भाग बना कर ज्ञात किया जा सकता है। यह क्रिया गणना करने के लिए कुछ लम्बी होती है। IS : 456-2000 में फ्लैंज की मोटाई में गणना कार्य हेतु कुछ सुधार की धारणा अपनाई जाती है और इस मोटाई को y_f मानते है। y_f की गहराई पर औसत संपीडन प्रतिबल का मान $0.446\ f_{ck} = 0.45\ f_{ck}$ माना जाता है। जहां पर

$$y_f = (0.15\ x_u + 0.65\ D_f) \tag{9.8}$$

फ्लैंज की इस मोटाई y_f का मान वास्तविक मोटाई से (D_f) से अधिक नहीं होनी चाहिए।

इस प्रकार, C_{cfu} = (औसत प्रतिबल) (फ्लैंज का क्षेत्रफल)

$$= (0.446\ f_{ck})\ .\ (y_f)\ (b_f - bw) \tag{xi}$$

तनन प्रबल्लित सिरियों में तनन बल

$$T_{su} = (0.87\ f_y .\ A_{st})$$

धरन का अनुप्रस्थ खण्ड संतुलन में है। इस प्रकार, कांक्रीट में कुल संपीडन और प्रबल्लित सिरियों में कुल तनन बल दोनों बराबर है। कांक्रीट का वह भाग जो तनन में होता है, उसकी उपेक्षा कर दी जाती है। (अर्थात् धरन का अनुप्रस्थ खण्ड को दरायुक्त समझा जाता है।) इस तरह

$$C_{cu} = (C_{Wcu} + C_{fcu}) = T_{su}$$

$$[0.36\ f_{ck}\ .\ x_u\ .\ b_w + 0.446\ .\ f_{ck}\ .\ y_f\ .\ (b_f - b_w)] = 0.87\ f_y\ \ A_{st} \tag{9.9) A}$$

$$x_u = \left(\frac{0.87\ f_y\ \ A_{st} - 0.446\ f_{ck}\ .\ y_f\ .(b_f - b_w)}{0.36\ f_{ck}\ .\ b_w}\right) \tag{9.10) A}$$

यदि 0.446 f_{ck} का मान 0.45 f_{ck} माना जाता है

$$0.36\ f_{ck}.\ x_u\ .\ b_w + 0.45\ f_{ck}.\ y_f.\ (b_f - b_w) = 0.87\ f_y\ A_{st} \tag{9.9) B}$$

$$x_u = \left(\frac{0.87\ f_y\ \ A_{st} - 0.45\ f_{ck}\ .\ y_f\ .(b_f - b_w)}{0.36\ f_{ck}\ .\ b_w}\right) \tag{9.10) B}$$

9.4 टी–धरन (कोरदार धरन) का बंकन में सामर्थ्य [Bending (flexural) strength of tee-beams/flanged-beams]

टी–धरन (कोरदार धरन) के चरम बंकन सामर्थ्य को धरन का चरम प्रतिरोधी आघूर्ण (Ultimate moment of resistance) भी कहते हैं। इस प्रबल्लित धरन का चरम प्रतिरोधी आघूर्ण कांक्रीट में संपीडन बल (अथवा प्रबल्लित सिरियों में तनन बल) और इन दोनों बलों के बीच की दूरी (लीवर आर्म दूरी) पर निर्भर करता है। इन दोनों बलों का मान उदासीन अक्ष की गहराई, x_u (जो कि ऊपर की सतह से मापी जाती है। यह ऊपर की सतह उदासीन अक्ष से अधिकतम दूरी पर संपीडन में होता है। अनुच्छेद 9.3 में अलग अलग तीन स्थितियों में उदासीन अक्ष की गहराई x_u गणना करके प्राप्त की गयी है। इस टी–धरन (कोरदार धरन) के लिए तीन अलग अलग उदासीन अक्ष की परिस्थितियों के लिए अलग अलग ज्ञात किये गये है।

1. जब उदासीन अक्ष फ्लैंज के अन्दर होती है ($x_u < D_f$)

Fig. 10.4 में उदासीन अक्ष की इस स्थिति के लिए संपीडन बल और तनन बल दिखाये गये हैं। अनुच्छेद 10.3 में क्रमशः इन बलों को अभियुक्तियों का उल्लेख किया गया है। संपीडन बल और तनन बल, दोनों बल बराबर होते हैं, और विपरीत दिशा में कार्यरत रहते हैं। दोनों बलों के बीच की दूरी (लीवर आर्म दूरी)

$$z = (d - 0.42\ x_u) \tag{i}$$

संपीडन बल से गणना करते हुए टी–धरन (कोरदार धरन) का **प्रतिरोधी** आघूर्ण

$$M_{c.cu} = (C_{cu}.\ \text{लीवर आर्म दूरी})$$

इन दोनों के मान प्रतियुक्त करने पर

$$M_{c.cu} = [(0.36\ f_{ck}.\ x_u\ .\ b_f)\ (d - 0.42\ x_u)] \tag{ii}$$

$$M_{c.cu} = \left[0.36\ f_{ck}\left[\frac{x_u}{d}\right].\left[1 - 0.42\frac{x_u}{d}\right]\ b_f\ .\ d^2\right] \tag{9.11}$$

यदि (x_u/d) का मान इसके सीमित मान के बराबर है, तब प्रबल्लित इस धरन का **प्रतिरोधी आघूर्ण**

$$M_{u.lim} = 0.36\ f_{ck}\ .\left[\frac{x_{u.max}}{d}\right]\left[1 - \frac{0.42\ x_{u.max}}{d}\right].\ b_f\ d^2 \tag{9.12}$$

तनन बल की तरफ से गणना करने पर इस धरन का प्रतिरोधी आघूर्ण

$$M_{T.su} = (T_{su}\ .\ \text{लीवर आर्म दूरी}) \tag{iv}$$

इनका मान प्रतियुक्त करने पर

$$M_{T.su} = 0.87\ f_y.\ A_{st}.\ d\ (1 - 0.42.\ x_u/d) \tag{9.13}$$

($0.42\ x_u/d$) का मान निम्न संबंध से प्रतियुक्त करने पर

$$0.42\left[\frac{x_u}{d}\right] = 0.42 \times \left[\frac{0.87\ f_y\ .\ A_{st}}{0.36\ f_{ck}\ .\ b_f\ .\ d}\right] \tag{v}$$

$$M_{T.su} = 0.87\, f_y \,.\, A_{st} \,.\, d \left[1 - \frac{A_{st} \,.\, f_y}{f_{ck}\, b_f \,.\, d}\right] \quad (9.14)$$

इस तथ्य पर ध्यान रखना चाहिए कि x_u का मान D_f से कम है, तब टी–धरन के लिए प्रतिरोधी आघूर्ण का मान आयताकार धरन (बिना संपीडन प्रबल्लित सिरियों) के सूत्र से ज्ञात कर सकते हैं।

. टी–धरन (कोरदार धरन) में उदासीन अक्ष फ्लैंज के बाहर नीचे होती है ($x_u > D_f$)

टी–धरन के वेब (चौड़ाई, b_w) लेते हुए इस भाग का प्रतिरोधी आघूर्ण और फ्लैंज में कांक्रीट के भाग का प्रतिरोधी आघूर्ण को जोड़ कर टी–धरन का कुल प्रतिरोधी आघूर्ण ज्ञात कर सकते हैं। फिर भी इसका मान फ्लैंज का मोटाई, D_f पर निर्भर करती है। फ्लैंज की मोटाई के अनुसार दो अलग अलग स्थितियाँ बन जाती है।

(A) जब फ्लैंज की मोटाई $D_f < (0.43\, x_u)$ से कम होती है (अर्थात् ($D_f < 0.2\, d$))

टी–धरन के वेब के भाग पर प्रतिरोधी आघूर्ण (कांक्रीट में संपीडन बल, C_{wcu} और फ्लैंज के भाग पर प्रतिरोधी आघूर्ण (कांक्रीट में संपीडन बल, C_{fcu}) दोनों के जोड़ से टी–धरन का प्रतिरोधी आघूर्ण ज्ञात किया जाता है।

वेब में कांक्रीट में संपीडन बल, जैसा Fig. 9.4 में दिखाया गया है।

$$C_{wcu} = (0.36\, f_{ck}.\, x_u \,.\, b_w) \quad \text{(i)}$$

C_{wcu} और T_{su} दोनों बलों के बीच की दूरी

$$\text{(लीवर आर्म दूरी)} = (d - 0.42\, x_u) \quad \text{(ii)}$$

वेब में कांक्रीट में संपीडन बल से उत्पन्न प्रतिरोधी आघूर्ण

$$M_{cwcu} = C_{wcu} \,.\, (d - 0.42\, x_u) \quad \text{(iii)}$$

$$\text{अथवा } M_{cwcu} = 0.36\, f_{ck}\, x_u \,.\, bw\, (d - 0.42\, x_u) \quad \text{(iv)}$$

$$\text{अथवा } M_{cwcu} = 0.36\, f_{ck}. \left(\frac{x_u}{d}\right)\left[1 - \frac{0.42\, x_u}{d}\right] b_w \,.\, d^2 \quad \text{(v)}$$

टी–धरन के फ्लैंज में कांक्रीट में संपीडन बल से उत्पन्न प्रतिरोधी आघूर्ण

फ्लैंज में कांक्रीट में संपीडन बल (वेब के भाग को छोड़ कर) से उत्पन्न प्रतिरोधी आघूर्ण जैसा Fig. 9.4 में दिखाया गया है

$$C_{fcu} = (0.446\, f_{ck}.\, D_f.\, (b_f - b_w)] \quad \text{(vi)}$$

इस स्थिति में संपीडन प्रतिबल फ्लैंज की मोटाई D_f पर एक समान वितरित है। इस संपीडन बल की कार्यरत रेखा की दूरी 0.5 D_f पर (ऊपरी सतह से) होती है। इस प्रकार,

$$\text{लीवर आर्म दूरी} = (d - 0.5\, D_f) \quad \text{(vii)}$$

फ्लैंज के इस भाग पर संपीडन बल से उत्पन्न प्रतिरोधी आघूर्ण

$$M_{cf.cu} = C_{fcu}\,(d - 0.5\,D_f)$$

$$= 0.446\,f_{ck}\,D_f(b_f - b_w)\,(d - 0.5\,D_f) \qquad \text{(viii)}$$

कांक्रीट में संपीडन से उत्पन्न कुल प्रतिरोधी आघूर्ण

$$M_{cu} = (M_{cwcu} + M_{cfcu})$$

$$M_{cu} = \left[0.36\,f_{ck}\left[\frac{x_u}{d}\right]\left[1-0.42\,\frac{x_u}{d}\right]b_w\,.\,d^2 + 0.446\,f_{ck}\,.\,D_f\,(b_f - b_w)(d - 0.5\,D_f)\right] \qquad (9.15)$$

जब उदासीन अक्ष की गहराई अधिकतम होती है, तब कुल प्रतिरोधी आघूर्ण का मान भी अधिकतम होता है।

$$M_{cu} = \left[0.36\,f_{ck}\left[\frac{x_{u.max}}{d}\right]\left[1-0.42\,\frac{x_{u.max}}{d}\right]b_w\,.\,d^2 + 0.446\,f_{ck}\,.\,D_f\,(b_f - b_w)(d - 0.5\,D_f)\right] \qquad (9.16)$$

समीकरण (9.16) को इस प्रकार लिख सकते हैं

$$M_{cu} = M_{u.lim.web} + 0.45\,f_{ck}\,.\,D_f\,(b_f - b_w)(d - 0.5\,D_f) \qquad (9.17)$$

जहां पर, $M_{u.lim.web} = 0.36\,f_{ck}\left(\frac{x_{u.max}}{d}\right)\left(1-0.42\,\frac{x_{u.max}}{d}\right)$

टिप्पणी : IS : 456-2000 कोड में Appendix में समीकरण 9.17 सूत्र दिया हुआ है।

2(B) प्रबल्लित टी–धरन (कोरदार धरन) में फ्लैंज की मोटाई ($D_f > 0.43\,x_u$) (अथवा $D_f > 0.2\,d$))

प्रबल्लित टी–धरन (कोरदार धरन) में फ्लैंज की मोटाई, D_f का मान 0.43 x_u से जब अधिक होता है (अथवा D_f का मान 0.2 d से अधिक होता है, तब समीकरण 9.16 और 9.17 से प्रतिरोधी आघूर्ण का ज्ञात किया हुआ मान सही नहीं है। (ठीक नहीं है) क्योंकि संपीडन प्रतिबल का वितरण फ्लैंज की मोटाई (गहराई) पर एक समान नहीं हैं। जैसा कि Fig. 9.5 में दिखाया गया है।

धरन के वेब की कांक्रीट में संपीडन बल से उत्पन्न प्रतिरोधी आघूर्ण

Fig. 9.5 में जैसे दिखाया गया है, धरन की वेब में कांक्रीट में संपीडन बल

$$C_{w.cu} = 0.36\,f_{ck}.\,x_u\,.\,b_w \qquad \text{(i)}$$

$C_{w.cu}$ और T_{su} के बीच की दूरी (लीवर आर्म दूरी)

$$= (d - 0.42\,x_u) \qquad \text{(ii)}$$

धरन के वेब में कांक्रीट में संपीडन बल से उत्पन्न प्रतिरोधी आघूर्ण का मान

$$M_{cw.cu} = 0.36\,f_{ck}\,.\,x_u\,.\,b_w\,(d - 0.42\,x_u) \qquad \text{(iii)}$$

$$= 0.36\ f_{ck}\ .\ \left(\frac{x_u}{d}\right)\left[1-\frac{0.42\ x_u}{d}\right]\ b_w.d^2 \qquad \text{(iv)}$$

धरन के फ्लैंज में कांक्रीट में संपीडन बल से उत्पन्न प्रतिरोधी आघूर्ण का मान

वेब की उपेक्षा करते हुए, जैसा कि Fig. 9.4 में दिखाया गया है।

$$C_{fcu} = 0.446\ f_{ck}\ .\ y_f\ (b_f - b_w) \qquad \text{(v)}$$

$C_{f.cu}$ और T_{su} के बीच की दूरी (लीवर आर्म दूरी) = $(d - 0.5\ y_f)$ (vi)

धरन के फ्लैंज में कांक्रीट में संपीडन बल से उत्पन्न प्रतिरोधी आघूर्ण का मान (वेब की उपेक्षा करते हुए)

$$M_{cf.cu} = 0.446\ f_{ck}\ .\ y_f\ (b_f - b_w)\ (d - 0.5\ y_f)$$

संपीडन बल से उत्पन्न कुल प्रतिरोधी आघूर्ण

$$M_{cu} = (M_{cw.cu} + M_{cf.cu})$$

$$M_{cu} = 0.36\ f_{ck}.\ \left[\frac{x_u}{d}\right]\left[1-\frac{0.42\ x_u}{d}\right]\ b_w\ .\ d^2 + 0.446\ f_{ck}\ y_f\ .$$

$$.\ (b_f - b_w)\ (d - 0.5\ y_f) \qquad (9.18)$$

कुल प्रतिरोधी आघूर्ण का मान अधिकतम होता है, जब उदासीन अक्ष की गहराई x_u का मान $x_{u.max}$ अधिकतम होता है। इस प्रकार

$$M_{cu} = 0.36\ f_{ck}.\ \left[\frac{x_u}{d}\right]\left[1-\frac{0.42\ x_u}{d}\right]\ b_w\ .\ d^2 + 0.446\ f_{ck}\ y_f\ (b_f - b_w)\ (d - 0.5\ y_f) \qquad (9.19)$$

यदि 0.446 f_{ck} का सन्निकट मान 0.45 f_{ck} लिखते हैं, तब

$$M_{cu} = 0.36\ f_{ck}\left[\frac{x_u}{d}\right]\left[1-\frac{0.42\ x_u}{d}\right]\ b_w\ .\ d^2 + 0.45\ f_{ck}\ y_f\ (b_f - b_w)\ (d - 0.5\ y_f) \qquad (9.20)$$

जहाँ पर समीकरण 9.4 के अनुसार, फ्लैंज की सुधार की गयी गहराई

$$y_f = (0.15\ x_u + 0.65\ D_f)$$

टिप्पणी : IS : 456-2000 में समीकरण (9.20) को उल्लेखित किया गया है। शर्त Appendix B में दी गयी है। इसमें इसके अतिरिक्त इसका भी अनुमोदन किया गया है ($x_{u.max} > x_u > D_f$) तब प्रतिरोधी आघूर्ण की गणना समीकरण 9.17 से कर सकते हैं जब ($D_f < 0.43\ x_u$) और जब $D_f > 0.43\ x_u$ हो तो $x_{u.max}$ के स्थान पर x_u और समीकरण 9.20 से यह मान ज्ञात कर सकते हैं।

उदाहरण (Example 9.1) : एक प्रबल्लित स्लैब की मोटाई 120 mm है और टी–धरन द्वारा अवलम्बित है। दो संलग्न टी–धरन की केन्द्र से केन्द्र तक दूरी 3 m है। वेब की प्रभावी गहराई और चौड़ाई क्रमशः 580 mm और 450 mm है। 8 मृदु इस्पातीय सिरियों 20 mm व्यास के तनन में दो परतों में प्रतियुक्त किये गये हैं, जैसा कि Fig. 9.6 में दिखायी गयी है। नीचे की परत के इस्पातीय

सिरियों का प्रभावी आवरण 50 mm है। टी–धरन की प्रभावी विस्तृति 3.60 m है। कांक्रीट का ग्रेड M2 है। उदासीन अक्ष की गहराई और टी–धरन के लिए प्रतिरोधी आघूर्ण का मान ज्ञात करो।

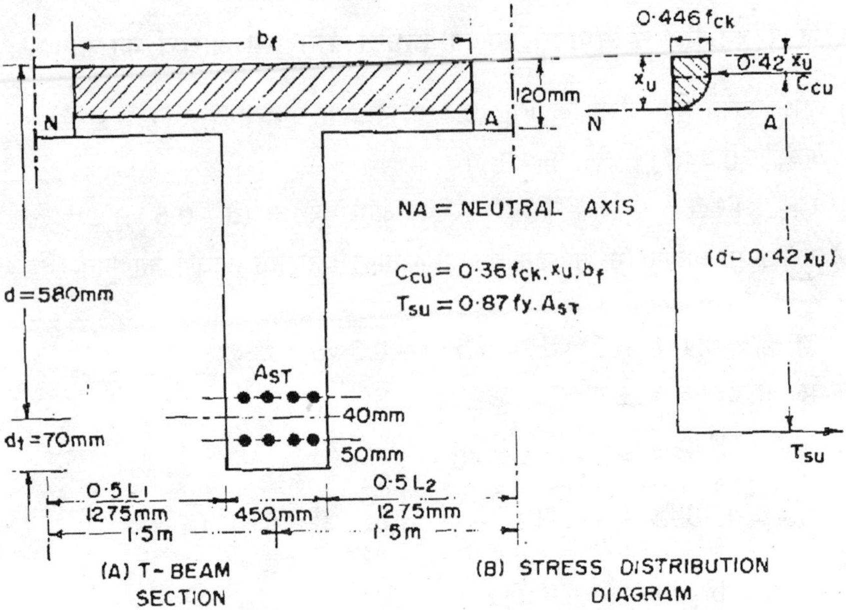

NEUTRAL AXIS WITHIN FLANGE

Fig. 9.6

हल (Solution) : कांक्रीट का ग्रेड M20 है। कांक्रीट का विशिष्ट सामर्थ्य $f_{ck} = 20\ N/mm^2$ मृदु इस्पातीय F250 का तनन प्रबल्लित सिरियों में उपयोग किया गया है। 8 सिरियों 20 mm व्यास दो परतों में जैसा Fig. 10.7 में दिखाये गये हैं, लगाये गये हैं। इस्पातीय सिरियों का क्षेत्रफल

$$A_{st} = \left[8 \times \frac{\pi}{4} \times 20^2\right] = 2513.27\ mm^2 \qquad \text{(i}$$

Step 1. टी–धरन की फ्लैंज की प्रभावी चौड़ाई

IS : 456-2000 कोड से

$$b_f = \left[\frac{l_o}{6} + b_w + 6\,D_f\right] \qquad \text{(i}$$

धरन में दो संलग्न शुन्य आघूर्ण के बिन्दुओं के बीच की दूरी $l_o = 3.6$ m

वेब की चौड़ाई $b_w =$ 450 mm (

फ्लैंज (स्लैब) की मोटाई, $D_f = 120$ mm (v

टी–धरन की फ्लैंज का प्रभावी चौड़ाई

$$b_f = \left[\frac{3600}{6} + 450 + 6 \times 120\right] = 1770\ mm \qquad \text{(vi}$$

चेक : धरन के बायेँ और दायें स्पष्ट दूरी

$$L_1 = L_2 = (3600 - 450) = 2550 \text{ mm} \quad \text{(ix)}$$

IS : 456-2000 कोड से $b_f > [0.5(L_1 + L_2) + b_w]$ $b_f > [0.5(2550 + 2550) + 450] = 3000 \text{ mm}$

Step 2. टी–धरन के लिए उदासीन अक्ष की गहराई

Fig. 9.6 में टी–धरन दिखायी गयी है। पहले यह माना जाता है कि उदासीन अक्ष फ्लैंज के अन्दर ही स्थित है। (अर्थात् $x_u < D_f$)

संपीडन कांक्रीट में संपीडन बल

$$C_{cu} = (0.36\, f_{ck} \,.\, x_u \,.\, b_f) \quad \text{(xi)}$$

तनन प्रबल्लित सिरियों में तनन बल

$$T_{su} = (0.87\, f_y .\, A_{st}) \quad \text{(xii)}$$

टी धरन का अनुप्रस्थ खण्ड संतुलन में है।

अतः $(C_{cu} = T_{su})$

$$(0.36\, f_{ck}.\, x_u.\, b_f) = (0.87\, f_y.\, A_{st})$$

समीकरण 9.1 से, इनका मान प्रतियुक्त करने पर

$$x_u = \left(\frac{0.87\, f_y \,.\, A_{st}}{0.36\, f_{ck} \,.\, b_f}\right) = \left(\frac{0.87 \times 250 \times 2513.27}{0.36 \times 20 \times 1770}\right) = \mathbf{42.89} \text{ mm}$$

x_u का मान $D_f = 120$ mm से कम है। अतः उदासीन अक्ष की स्थिति फ्लैंज में ही है।

Step 3 टी–धरन के लिए प्रतिरोधी आघूर्ण

IS : 456-2000 कोड से मृदु इस्पात के लिए

$$\left[\frac{x_{u.max}}{d}\right] = 0.53$$

धरन की प्रभावी गहराई d = 580 mm

$$x_{u.max} = (0.53 \times 580) = 307.4 \text{ mm} \quad \text{(xvii)}$$

उदासीन अक्ष की वास्तविक गहराई $x_u = 42.89$ mm

$x_{u.max} = 307.4$ mm से कम है। Fig. 10.7 में दिखाई गई धरन का अनुप्रस्थ खण्ड **अपर्याप्त प्रबल्लित** है। इस धरन का प्रतिरोधी आघूर्ण का मान तनन में प्रबल्लित सिरियों में तनन बल से ज्ञात करते हैं।

$$M_{Tsu} = (T_{su} \times \text{लीवर आर्म दूरी})$$

$$= [0.87\, f_y.\, A_{st}.\, (d - 0.42\, x_u)] \quad \text{(xviii)}$$

इन सबका मान प्रतियुक्त करने पर

$$M_{Tsu} = \left[\frac{0.87 \times 250 \times 2513.27 \times (580 - 0.42 \times 42.89)}{1000 \times 1000}\right] = 307.20 \text{ kN-m}$$

उदाहरण (Example 9.2) उदाहरण (Example 9.1) में यदि कांक्रीट M20 ग्रेड और HYSD इस्पातीय सिरियों का प्रयोग किया जाय, तब उदासीन अक्ष की स्थिति और धरन के लिए प्रतिरोधी आघूर्ण का मान ज्ञात करो।

हल (Solution) : कांक्रीट का ग्रेड M20 है। कांक्रीट की विशिष्ट क्षमता $f_{ck} = 20$ N/mm^2 (i)

HYSD इस्पातीय सिरियों का (Fe 415) का प्रयोग किया गया है,

$f_y = 415$ N/mm^2 (पराभव प्रतिबल का मान) (ii)

उदाहरण (Example 9.1) से

इस्पातीय सिरियों का क्षेत्रफल (तनन में) = 2513.27 mm^2 (iii)

Step 1 : इस टी–धरन के लिए उदासीन अक्ष की गहराई

Fig. 9.6 में इस धरन को दिखाया गया है। पहले यह मानते हैं कि उदासीन अक्ष फ्लैंज में स्थित है। (अर्थात् $x_u < D_f$)

संपीडन कांक्रीट में संपीडन बल

$C_{cu} = (0.36\, f_{ck} .\, x_u .\, b_f)$ (iv)

टी–धरन के फ्लैंज की प्रभावी चौड़ाई = 1770 mm (v)

तनन प्रबल्लित सिरियों में तनन बल

$T_{su} = (0.87\, f_y .\, A_{st})$ (vi)

टी–धरन का अनुप्रस्थ खण्ड संतुलन में है।

$(C_{cu} = T_{su})$ (vii)

$(0.36\, f_{ck} .\, x_u .\, b_f) = (0.87\, f_y\, A_{st})$ (viii)

इन सबका मान प्रतियुक्त करने पर समीकरण (9.1) से

$$x_u = \left[\frac{0.87\, A_{st}\, f_y}{0.36\, f_{ck} .\, b_f}\right] = \left[\frac{0.87 \times 415 \times 2513.27}{0.36 \times 20 \times 1770}\right] = \mathbf{71.20\ mm} \quad \text{(ix)}$$

$x_u = 71.20$ mm मान फ्लैंज की मोटाई (x)

$D_f = 120$ mm से कम है। अतः उदासीन अक्ष की स्थिति फ्लैंज में ही है।

Step 3 : टी–धरन के लिए प्रतिरोधी आघूर्ण

IS : 456-2000 से HYSD इस्पातीय सिरिये Fe 415 के लिए

$(x_{u.max}/d) = 0.48$, d = 580 mm (xi)

$x_{u.max} = (0.48 \times 580) = 278.40$ mm (xii)

उदासीन अक्ष की गहराई $x_u = 71.20$ mm, $x_{u.max} = 278.40$ mm के मान से कम है।

Fig. 9.6 में दिखायी गई धरन का अनुप्रस्थ खण्ड **अपर्याप्त प्रबल्लित** है। इस धरन का प्रतिरोधी आघूर्ण तनन बल से ज्ञात करते हैं। तनन बल T_{su} का आघूर्ण संपीडन बल के कार्यरत रेखा पर समीकरण 9.9 से

$$M_{Tsu} = (T_{su} \,.\, x \text{ लीवर आर्म दूरी})$$

$$= (0.87\, f_y\, A_{st})\,(d - 0.42\, x_u)$$

इनका मान प्रतियुक्त करने पर

$$M_{Tsu} = \left[\frac{0.87 \times 415 \times 2513.27\,(580 - 0.42 \times 71.20)}{1000 \times 1000}\right]$$

$$M_{Tsu} = \mathbf{499.166\ kN\text{-}m}$$

उदाहरण (Example 9.3). एक एकांकी (Isolated) टी–धरन की फ्लैंज की वास्तविक चौड़ाई 2400 mm है। वेब की प्रभावी गहराई 600 mm और चौड़ाई 450 mm है। तनन में इस्पातीय प्रबल्लित सिरियों नीचे की परत पर प्रभावी आवरण 50 mm है, ये 8 सिरिये 22 mm व्यास के हैं, इनको दो परतों में लगाया गया है। दोनों परतों में केन्द्र से केन्द्र तक सिरियों में ऊर्ध्वाधर दूरी 40 mm है। जैसा Fig. 9.7 में दिखाया गया है। इस सरल अवलम्बित धरन की प्रभावी विस्तृति 3.60 m है।

धरन के लिए उदासीन अक्ष की गहराई और प्रतिरोधी आघूर्ण ज्ञात करो। M20 ग्रेड कांक्रीट और Fe 415 HySD इस्पातीय सिरियों का प्रयोग किया गया है।

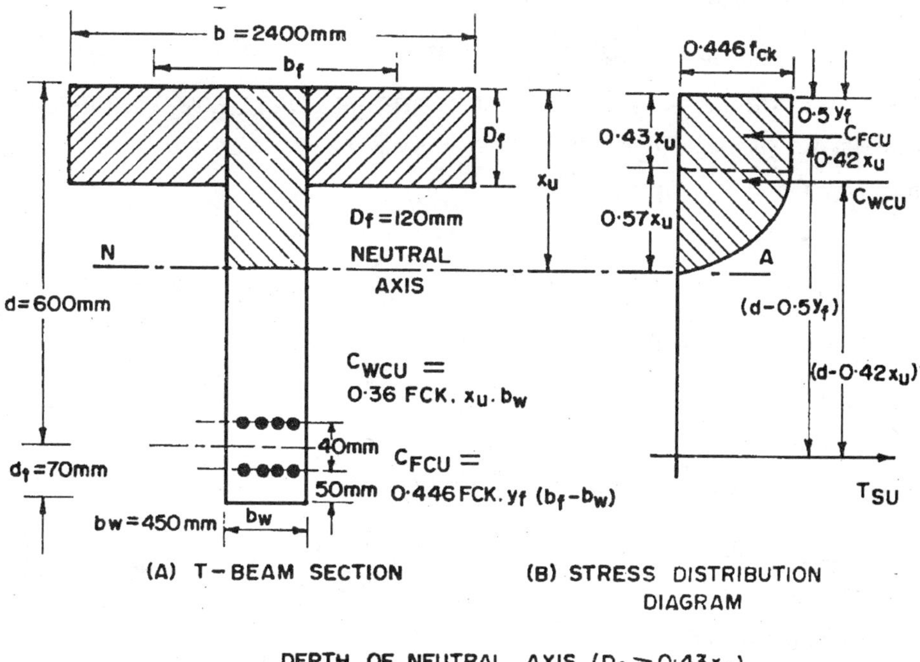

Fig. 9.7

हल (Solution) : M20 ग्रेड की कांक्रीट और HYSD इस्पातीय सिरिये Fe 415 का प्रयोग किया गया है। कांक्रीट की विशिष्ट क्षमता (सामर्थ्य) f_{ck} = 20 N/mm² है। इस्पातीय सिरियों के लिए पराभव

प्रतिबल $f_y = 415\ N/mm^2$ है। Fig. 9.7 में दिखाये गये 8 सिरिये 22 mm व्यास के लगाये गये हैं। तनन में प्रबल्लित सिरियों का क्षेत्रफल

$$A_{st} = \left(8 \times \frac{\pi}{4} \times 22^2\right) = 3041.06\ mm^2 \quad \text{(iii)}$$

Step 1. एकांकी टी–धरन की फ्लैंज की प्रभावी चौड़ाई

IS : 456-2000 कोड से इस धरन की फ्लैंज की प्रभावी चौड़ाई

$$b_f = \left[\frac{l_0}{(l_0/b)+4} + b_w\right] = 3.6\ m \quad \text{(iv)}$$

शुन्य मान के आघूर्ण के बिन्दुओं के बीच की दूरी

वेब की चौड़ाई $b_w = 450$ mm (vi)

फ्लैंज की मोटाई (गहराई) $d_f = 120$ mm (vii)

फ्लैंज की वास्तविक चौड़ाई b = 2400 mm (viii)

टी–धरन के फ्लैंज की प्रभावी चौड़ाई

$$b_f = \left[\frac{3600}{(3600/2400)+4} + 450\right] = 1104.55\ mm \quad \text{(ix)}$$

Step 2 : टी धरन के अनुप्रस्थ खण्ड में उदासीन अक्ष की गहराई

Step s(A) यदि ($x_u > D_f$) Fig. 9.7 में टी–धरन का अनुप्रस्थ खण्ड दिखाया गया है। पहले ऐसे मान लेते है कि उदासीन अक्ष की स्थिति फ्लैंज के अन्दर है, (अर्थात्, $x_u < D_f$)

संपीडन कांक्रीट में संपीडन बल

$$C_{cu} = (0.36\ f_{ck}.\ x_u.b_f) \quad \text{(x)}$$

तनन इस्पातीय प्रबल्लित सिरियों में तनन बल

$$T_{su} = (0.87\ f_y.\ A_{st}) \quad \text{(xi)}$$

धरन का अनुप्रस्थ खण्ड संतुलन में है। ($C_{cu} = T_{su}$)

$$(0.36\ f_{ck}.\ x_u.\ b_f) = (0.87\ f_y.\ A_{st}) \quad \text{(xii)}$$

समीकरण 9.1 में इनका मान प्रतियुक्त करने पर

$$x_u = \left[\frac{0.87\ f_y \cdot A_{st}}{0.36\ f_{ck} \cdot b_f}\right] = \left[\frac{0.87 \times 415 \times 3041.06}{0.36 \times 20 \times 1104.55}\right] = 138.06\ mm \quad \text{(xiii)}$$

पहले मानी गयी धारणा सही नहीं है।

x_u का मान D_f के मान से ज्यादा है। अतः धरन के अनुप्रस्थ खण्ड की गहराई फ्लैंज की मोटाई D_f = 120 mm से अधिक है। [$x_u > D_f$] (अर्थात् उदासीन अक्ष फ्लैंज के बाहर है।)

Step 2 (B) यदि फ्लैंज की मोटाई $D_f < 0.43\ x_u$

वेब के भाग में संपीडन बल

$$C_{wcu} = (0.36\ f_{ck}\ .\ x_u\ .\ b_w) \quad \text{(xiv)}$$

फ्लैंज के भाग में संपीडन बल

$$C_{fcu} = (0.36\ f_{ck}.\ D_f.\ (b_f - b_w) \quad \text{(xv)}$$

तनन इस्पातीय प्रबल्लित सिरियों में तनन बल

$$T_{su} = (0.87\ f_y.\ A_{st}) \quad \text{(xvi)}$$

धरन का अनुप्रस्थखण्ड संतुलन में है। $(C_{cu} = T_{su})$

$$(C_{wcu} + C_{fcu}) = T_{su}$$

$$(0.36\ f_{ck}\ .\ x_u\ .\ b_w) + 0.446\ f_{ck}.\ D_f.\ (b_f - b_w)] = (0.87\ A_{st}.\ f_y)$$

$$x_u = \left[\frac{0.87\ f_y\ .\ A_{st} - 0.446\ f_{ck}\ .\ D_f\ (b_f - b_w)}{0.36\ f_{ck}\ .\ b_w}\right]$$

इन सबका मान प्रतियुक्त करने पर

$$x_u = \left[\frac{0.87 \times 415 \times 3041.06 - 0.446 \times 20 \times 120 \times (1104.55 - 450)}{0.36 \times 20 \times 450}\right]$$

$$x_u = \left[\frac{1097.97 \times 10^3 - 700.63 \times 10^3}{3.24 \times 10^3}\right] = 122.64 \text{ mm}$$

प्रतिबल ब्लोक की गहराई

$$0.43\ x_u = (0.43 \times 122.64) = 52.734 \text{ mm} \quad \text{(xix)}$$

उपरोक्त धारणा भी सही नहीं है। फ्लैंज की गहराई (अर्थात्, स्लैब की मोटाई) $D_f = 120$ mm

अतः $(D_f > 0.43\ x_u)$

उदासीन अक्ष की गहराई फिर से ज्ञात की जाती है।

Step 2 (C) फ्लैंज की मोटाई $(D_f > 0.43\ x_u)$

वेब के भाग में संपीडन बल

$$C_{wcu} = (0.36\ f_{ck}.\ x_u.b_w) \quad \text{(xx)}$$

फ्लैंज के भाग में संपीडन बल (बिना वेब के)

$$C_{fcu} = [0.446\ f_{ck}\ .\ y_f\ (b_f - b_w)] \quad \text{(xxi)}$$

IS : 456-2000 से, y_f = फ्लैंज की सुधार की गयी मोटाई $(y_f = 0.15\ x_u + 0.65\ D_f)$ (xxii)

धरन का अनुप्रस्थ खण्ड संतुलन में है।

$$(C_{wcu} + C_{fcu}) = T_{su}$$

$$(0.36\ f_{ck}\ .\ x_u\ .\ b_w) + 0.446\ f_{ck}.\ y_f\ (b_f - b_w)] = 0.87\ f_y\ .\ A_{st} \quad \text{(xxiv)}$$

इन सबका मान प्रतियुक्त करने पर

$$[(0.36 \times 20 \times x_u \times 450) + 0.446 \times 20 \times y_f (1104.55 - 450)] = (0.87 \times 415 \times 3041.06)$$

$$3240\, x_u + 5838.586\, y_f = 10.98 \times 10^5 \quad \text{(xxv)}$$

$$3.240\, x_u + 5838\,(0.15\, x_u + 0.65 \times 120) - 1098$$

$$x_u = 156.13 \text{ mm},\ 0.43\, x_u = 67.136 \text{ mm},\ D_f = 120 \text{ mm}$$

$$y_f = (0.15\, x_u + 0.65\, D_f)$$

$$= (0.15 \times 156.13 + 0.65 \times 120) = (23.42 + 78) = 101.42 \text{ mm} \quad \text{(xxvii)}$$

$$\left(\frac{x_u}{d}\right) = \left[\frac{156.13}{600}\right] = 0.26$$

Step 3 : इस एकांकी टी–धरन के लिए

इस एकांकी टी–धरन को Fig. 10.8 में दिखाया गया है। IS : 456-2000 कोड के अनुसार उदासीन अक्ष की गहराई संतुलित धरन के लिए, Fe = 415 के लिए

$$(x_{u.max}/d) = 0.48$$

$$x_{u.max} = (0.48 \times 600) = 288 \text{ mm}$$

इस धरन की वास्तविक उदासीन अक्ष की गहराई 156.13 mm है, जो कि $x_{u.max}$ = 288 mm से कम है।

यह धरन अपर्याप्त प्रबल्लित धरन है। इस धरन के लिए प्रतिरोधी आघूर्ण तनन में इस्पातीय सिरियों में तनन बल की तरफ से गणना की जाती है। इस हेतु परिणामी संपीडन बल की कार्य रेखा को चिन्हित करना होता है। इस धरन का प्रतिरोधी आघूर्ण C_{wcu} और C_{fcu} का तनन बल की कार्यरत पर आघूर्ण की गणना करने से प्राप्त कर सकते हैं।

धरन के फ्लैंज की मोटाई D_f = 120 mm

$0.43\, x_u = (0.43 \times 156.13) = 67.136$ mm से अधिक है। (अर्थात्, D_f का मान 120 mm 0.2 x 600 = 120 mm के बराबर ही है परन्तु कम नहीं है। IS : 456-2000 से Appendix - G, समीकरण 9.14 से

$$M_{cu} = \left[0.36\, f_{ck}\left[\frac{x_u}{d}\right]\left[1 - \frac{0.42\, x_u}{d}\right] b_w \cdot d^2 + (0.446\, f_{ck} \cdot y_f)(b_f - b_w)(d - 0.5\, y_f)\right] \quad \text{(xxviii)}$$

इन सबका मान प्रतियुक्त करने पर

$$M_{cu} = \left[\frac{0.36 \times 20 \times 0.26}{1000 \times 1000} \times (1 - 0.42 \times 0.26) \times 450 \times 600^2\right]$$

$$+ \left[\frac{0.446 \times 20 \times 101.42}{1000 \times 1000} \times (1104.55 - 450) \times (600 - 0.5 \times 101.42)\right]$$

$= (270.148 + 325.262) =$ **595.41 kN-m**

उदाहरण (Example 9.4). एक क्लास रूम 6 m x 12 m माप के लिए टी–धरन (कोरदार धरन की **डीजाइन** करो। अकेले तनन में प्रबल्लित स्लैब की मोटाई 120 mm है। क्लास रूप की छत भी कक्षा के लिए उपयोग में लायी जायेगी। कांक्रीट M20 ग्रेड और मृदु इस्पात Fe 250 का प्रयोग किया जायेगा।

डीजाईन (Design) M20 ग्रेड कांक्रीट का विशिष्ट सामर्थ्य, f_{ck} = 20 N/mm² कक्षा का माप Fig. 9.8 में दिखाया गया है।

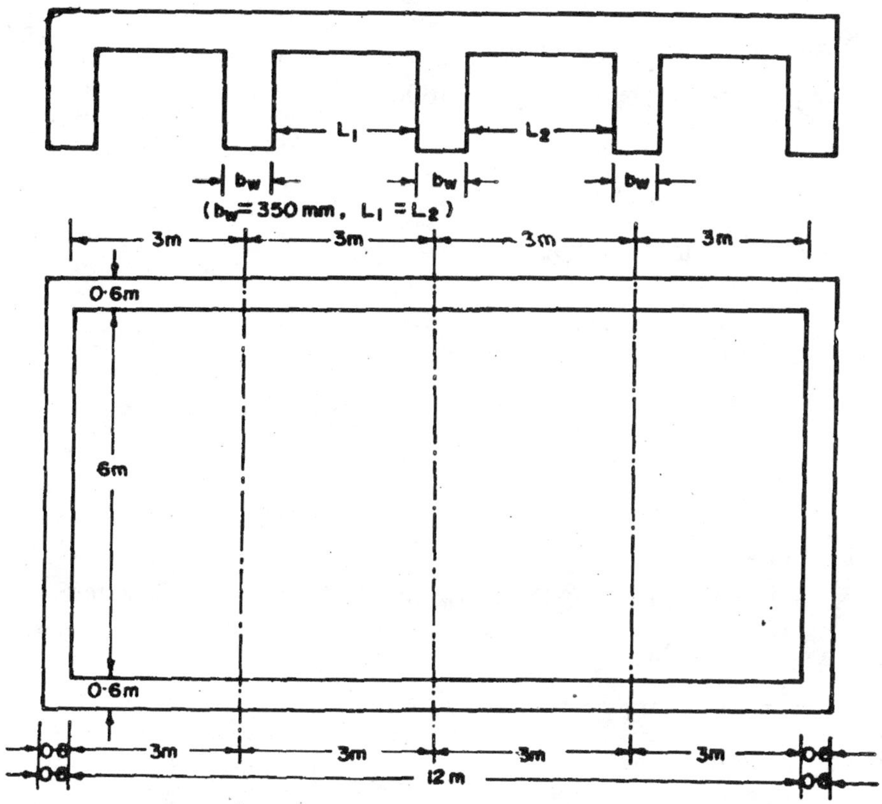

Fig. 9.8

Step 1. टी–धरन की प्रभावी विस्तृति

टी–धरन दोनों सिरों पर सरल अवलम्बित रहेगी। कक्षा कमरे की दीवारों की मोटाई 600 mm होगी। धरन की प्रभावी विस्तृति = अवलम्बों के केन्द्र से केन्द्र के बीच =

$$\left[6.00+\frac{0.6}{2}+\frac{0.6}{2}\right]=6.6 \qquad \text{(iii)}$$

टी–धरन की प्रभावी गहराई = (1/12 से 1/15) विस्तृति

$$d=\left[\frac{1}{12}\text{ x }6.60\text{ x }1000\right]=550\text{ mm}$$

प्रभावी विस्तृति ES = (C.S + d) = (6.00 + 0.550) = 6.550 m (iv)

दोनों में जो भी कम हो, $\therefore$ ES = 6.550 m

तनन में प्रबल्लित सिरियों के लिए प्रभावी आवरण की मोटाई 50 mm रखते है। टी–धरन की कुल गहराई (6.50 + 0.500) = 6.00 m

टी–धरन के माप

स्लैब (अर्थात् फ्लैंज) की मोटाई = 120 mm

टी–धरन की कुल मोटाई = 600 mm

टी–धरन में वेब की रिब = $(D - D_f) = (600 - 120) = 480$ mm (v)

वेब की चौड़ाई, $b_w = 350$ mm (vi)

टी–धरन के फ्लैंज की प्रभावी चौडाई

फ्लैंज की प्रभावी चौड़ाई IS : 456-2000 से

$$b_f = \left[\left[\frac{l_o}{6}\right] + b_w + 6\,D_f\right]$$

$$= \left[\left(\frac{6.550}{6}\right) + 0.350 + 6 \times 0.120\right] = 2.16166 \text{ m} = \mathbf{2161.66mm} \quad \text{(vii)}$$

Fig. 9.8 से संलग्न वेब के बीच स्पष्ट दूरी

$L_1 = L_2 = 2650$ mm

$$b_f > [0.5\,(L_1 + L_2) + b_w] > [0.5\,(2650 + 2650) + 350] = 3000 \text{ mm}$$

Step 2 (A) : टी–धरन पर कुल भार

प्रत्येक टी–धरन पर 1 m लम्बाई पर कार्यरत अचल भार

स्लैब (फ्लैंज) का स्वम्य का भार

$25 \times (3 \times 0.120 \times 1) = 9$ kN/m

वेब के रिब का स्वम्य का भार

$25 \times (0.350 \times 0.480 \times 1) = 4.2$ kN/m

कुल अचल भार = (9+4.2) = 13.2 kN/m (viii)

IS : 875-1987 (भाग 2 से कक्षा का कमरा (शिषण भवन) के लिए कार्यरत चल भार 3 kN/m^2

चल भार 1 m लम्बाई = $3 \times (3 \times 1) = 9$ kN/m (ix)

Step 2(B) टी–धरन के लिए फेक्टरड (डीजाइन) भार अचल भार और चल भार के लिए, फेक्टरड (डीजाइन) भार

$$w_{fd} = (\gamma_{fL1} \,.\, D.L + \gamma_{fL2} \,.\, L.L)$$

IS : 456-2000 से आंशिक सुरक्षा घटक

$\gamma_{fL1} = \gamma_{fL2} = 1.5$

$\therefore\ w_{fd} = 1.5(13.2+9) = 33.3$ kN/m

Step 2(C) टी–धरन के लिए फेक्टरड (डीजाइन) बंकन आघूर्ण

बंकन आघूर्ण का अधिकतम मान धरन के मध्य बिन्दु पर

$$M_{Fd} = \left[w_{fd} \cdot \frac{l_{eff}^2}{8}\right] = \left[\frac{33.3 \times 6.550 \times 6.550}{8}\right] = 178.58 \text{ kN-m}$$

Step 3 टी–धरन की प्रभावी गहराई

प्रभावी गहराई, $d = 550$ mm

वेब की चौड़ाई, $b_w = 350$ mm

फ्लैंज (स्लैब की) मोटाई $D_f = 120$ mm

Step 4 प्रतिरोधी आघूर्ण का सीमित मान

धरन की प्रभावी गहराई, $d = 550$ mm

धरन क अनुप्रस्थ खण्ड को संतुलित प्रबल्लित रखा जाये तब, इस्पात Fe 250 के लिए

IS : 456-2000 से

$(x_{u.max}/d = 0.53)\ x_{u.max} = (0.53 \times 550) = 291.5$ mm

$0.43\ x_{u.max} = (0.43 \times 291.5) = 125.345$ mm

फ्लैंज (स्लैब) की मोटाई $D_f = 120$ mm

प्रतिबल ब्लोक के आयताकार की गहराई $0.43\ x_{u.max} = 125.345$ mm) से कम है। अतः D_f की गहराई पर प्रतिबल का वितरण एक समान है। वेब में कांक्रीट (संपीडन में) की उपेक्षा करने पर और टी–धरन को संतुलित प्रबल्लित सबझते हुए

$$M_{u.lim} = (0.446\ f_{ck} \times b_f \times D_f\ (d - 0.5\ D_f))$$

इन सबका मान प्रतियुक्त करने पर

$$M_{u.lim} = \left[\frac{0.446 \times 20 \times 2161.66 \times 120 \times (550 - 0.5 \times 120)}{1000 \times 1000}\right] = 1133.78 \text{ kN-m} \quad \text{(xxi)}$$

फेक्टरड (डीजाइन) आघूर्ण, $M_{Fd} = 178.58$ kN-m (xxii)

फेक्टरड (डीजाइन) आघूर्ण का मान $M_{u.lim}$ के मान से काफी अधिक कम है। अतः धरन के अनुप्रस्थ खण्ड की डीजाइन **अपर्याप्त प्रबल्लित** की तरह डीजाइन की जायेगी।

Step 5 : धरन के अनुप्रस्थ खण्ड के लिए उदासीन अक्ष की गहराई, x_u

ऐसा मानते है कि उदासीन अक्ष धरन के फ्लैंज के अन्दर होगी। तब $M_{Fd} = M_{Ccu}$

$$M_{Fd} = (0.36\, f_{ck} \cdot b_f \cdot x_u \cdot (d - 0.42\, x_u))$$

$$178.58 \times 10^6 = (0.36 \times 20 \times 2161.66 \cdot x_u \cdot (550 - 0.42\ x_u)) = 21.00 \text{ mm} \quad \text{(xxv)}$$

उपरोक्त धारणा संतोषप्रद है। उदासीन अक्ष टी धरन के फ्लैंज में ही स्थित है।

Step 6 : तनन में प्रबल्लित सिरियों का क्षेत्रफल

उदासीन अक्ष की वास्तविक गहराई x_u का मान = 21.00 mm $x_{u.max}$ d मान (0.53 x 550) = 291.50 mm से बहुत कम है।

$$f_s = 0.87\ f_y,\ \text{चूंकि}\ M_{Fd} = M_{TSU}$$

$$M_{Fd} = 0.87\ f_y \times A_{st} \times (d - 0.42\ x_u)$$

$$178.58 \times 10^6 = 0.87 \times 250 \times A_{st}\ (550 - 042 \times 21.00)$$

$$A_{st} = \left[\frac{178.58 \times 1000 \times 1000}{0.87 \times 250 \times (550 - 0.42 \times 21.00)}\right] = 1517.16\ mm^2$$

4 इस्पातीय सिरिये 22 mm व्यास d उपयोग में लाये जायेंगे। इस्पातीय सिरियों का क्षेत्रफल

$$A_{st} = \left(4 \times \frac{\pi}{4} \times 22^2\right) = 1520.53\ mm^2$$

9.5 अपरूपण बल में विफलता के लिए लिमिट स्टेट (Limit State of collapse in shear)

अकेले तनन में प्रबल्लित आयताकार धरन के लिए अपरूपण बल में विफलता के लिए लिमिट स्टेट का विवरण अनुच्छेद 4.1 में दिया गया है। दोहरी प्रबल्लित धरन क लिए यह विवरण अनुच्छेद 8.1 में दिया गया है।

IS : 456-2000 कोड में अपरूपण के उपनियम के अनुसार, धरन जो कि वेब में अपरूपण के लिए प्रबल्लित नहीं हो, उसके लिए सामान्य अपरूपण प्रतिबल को τ_v, फेक्टरड अपरूपण बल V_{Fd} के लिए सीमाए निर्धारित की है। यदि सामान्य अपरूपण प्रतिबल का मान, τ_v डीजाइन अपरूपण प्रतिबल से अधिक हो तो, धरन के वेब में अपरूपण के लिए प्रबल्लित किया जाता है। यदि τ_v का मान डीजाइन प्रतिबल के मान से कम हो तो वेब को प्रबल्लित करने की आवश्यकता नहीं होती। तब सामान्य प्रबल्लित सिरिये ही लगाये जाते है। यदि τ_v का मान $\tau_{c.max}$ से अधिक होता है, तब धरन को फिर से डीजाइन करनी होती है।

9.6 टी–धरन (कोरदार धरन) में अपरूपण प्रतिबल (Shear stresses in tee-beams)

Fig. 9.9 (A) में टी–धरन का अनुप्रस्थ खण्ड और Fig. 9.9 (B) में अपरूपण प्रतिबल का वितरण दिखाये गये हैं।

उदासीन अक्ष के ऊपर किसी स्तर पर जिसकी ऊँचाई, y है, के लिए अपरूपण प्रतिबल की तीव्रता

$$\tau = \left[\frac{V_{Fd} \cdot A\bar{y}}{I . z}\right] \qquad \text{(i)}$$

जहाँ पर, z उस स्तर पर धरन की चौड़ाई है। फ्लैंज की मोटाई, D_f तक अपरूपण प्रतिबल की तीव्रता,

$$\tau_1 = \left[\frac{V_{Fd} \cdot A\bar{y}}{I \cdot b_f}\right] \tag{ii}$$

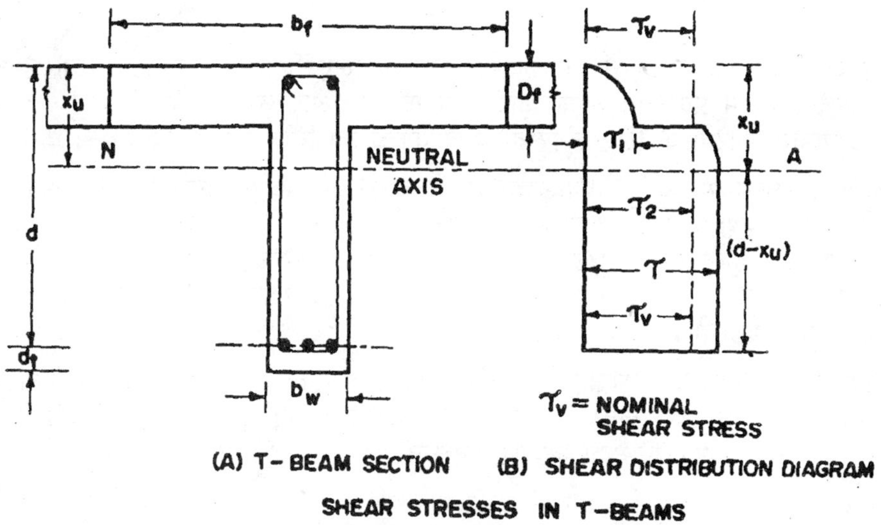

Fig. 9.9

फ्लैंज के नीचे की सतह पर ठीक नीचे से वेब शुरू हो जाती है, और चौड़ाई अचानक b_f से कम होकर रह जाती है और अपरूपण प्रतिबल की तीव्रता अचानक अधिक हो जाती है।

$$\tau_2 = \left[\frac{V_{Fd} \cdot A\bar{y}}{I \cdot b_w}\right] \tag{iii}$$

अपरूपण प्रतिबल में परवलयिक (Parabolic) वृद्धि हो जाती है। इसका मान उदासीन अक्ष पर अधिकतम हो जाती है।

$$\tau_{max} = \left[\frac{V_{Fd}}{b_w \cdot j_d}\right] \tag{iv}$$

उदासीन अक्ष के नीचे, अपरूपण प्रतिबल का मान स्थिर रहता है। उदासीन अक्ष के नीचे कांक्रीट में बंकन में तनन प्रतिबल होता है, कांक्रीट के इस भाग की उपेक्षा कर दी जाती है। कांक्रीट का यह तनन भाग दरारित हो जाता है। उदासीन अक्ष के नीचे अपरूपण प्रतिबल

$$\tau = \left[\frac{V_{Fd}}{b_w \cdot j_d}\right] \tag{v}$$

IS : 456-2000 कोड के अनुसार धरन की कुल गहराई पर अपरूपण प्रतिबल का वितरण एक समान माना जाता है। यह अकलित अपरूपण प्रतिबल (Nominal shear stress) कहलाता है। इसको τ_v से चिन्हित किया जाता है।

$$\tau_v = (V_{Fd} / b_w . d) \qquad (vi)$$

9.7 प्रबल्लित सिरियों की विकसित लम्बाई (Development length of reinforcement bars)

टी–धरन के लिए मुख्य तनन में प्रबल्लित सिरियों के लिए विकसित लम्बाई उतनी है आवश्यक है जितनी कि अकेले तनन में प्रबल्लित आयताकार धरन के लिए और उसका विवरण अनुच्छेद 7.3 में दिया गया है। मृदु इस्पातीय सिरियों के लिए लंगर की आवश्यकता का विवरण अनुच्छेद 7.4 में दिया गया है।

कभी कभी टी–धरन भी दोहरी प्रबल्लित बनायी जाती है अर्थात् तनन में और संपीडन दोनों में प्रबल्लित सिरियों का उपयोग किया जाता है। संपीडन में प्रबल्लित सिरियों के लिए उसी प्रकार विकसित लम्बाई की आवश्यकता होती है, जिस प्रकार दोहरी प्रबल्लित आयताकार धरन के लिए, जिसका विवरण अनुच्छेद 8.11 में दिया गया है। मृदु इस्पात के लिए संपीडन में लंगर के लिए आवश्यकताओं का विवरण अनुच्छेद 8.12 में दिया गया है।

तनन प्रबल्लित सिरियों की लम्बाई में कटौती की आवश्यकता, थ्योरीटिकल प्रबल्लित सिरियों की कटौती की लम्बाई और वास्तविक कटौती के लम्बाई की आवश्यकताए भी उसी प्रकार होती है, जैसे अकेले तनन में प्रबल्लित धरन के लिए, जिसका विवरण अनुच्छेद 7.4 में दिया गया है।

तनन क्षेत्र में कटौती की शर्तें बंकन में प्रबल्लित सिरियों के लिए और उन बिन्दुओं के लिए विशेष आवश्यकताए जहां पर आघूर्ण का मान शुन्य होता है, वे भी उसी प्रकार है, जैसे कि अकेले तनन में प्रबल्लित धरन के लिए, जिनका विवरण अनुच्छेद 7.4 और 7.5 में दिये गये है।

उदाहरण (Example 9.5). उदाहरण (Example 9.4) में टी–धरन की डीजाइन अपरूपण बल के लिए करो। इसके अतिरिक्त प्रबल्लित सिरियों की अवलम्ब पर विकसित लम्बाई की जांच करो।

डीजाइन (Design) : उदाहरण (Example 9.4) से

Step 1 धरन की प्रभावी विस्तृति ES = l_{eff} = 6.550 m

टी धरन की प्रभावी गहराई, d = 550 mm

टी–धरन के वेब की चौड़ाई, b_w = 350 mm

फेक्टरड (डीजाइन) भार, W_{fd} = 33.3 kN/m

अलम्ब की चौड़ाई, b_s = 600 mm

धरन दोनों सिरो पर सरल अवलम्बित है। अपरूपण बल के लिए क्रान्तिक अनुप्रस्थ खण्ड अवलम्ब के फलक से d दूरी पर है।

Step 2 : फेक्टरड (डीजाइन) अपरूपण बल

$$V_{Fd} = \left[\frac{w_{Fd} \cdot l_{eff}}{2} - w_{fd}\left(\frac{b_s}{2} + 2\right)\right]$$

$$= \left[\frac{33.3 \times 6.550}{2} - 33.3\left(\frac{0.6}{2} + 0.55\right)\right] = 80.753 \text{ kN}$$

अकलित (Nominal) अपरूपण प्रतिबल, $= \left[\dfrac{V_{Fd}}{b_w . d}\right]$

$$\tau_v = \left[\frac{80.753 \times 1000}{350 \times 550}\right] = 0.419\ N/mm^2 \qquad (vi)$$

Step 3 : कांक्रीट में डीजाइन अपरूपण प्रतिबल

उदाहरण (Example 9.4) से, 4 इस्पातीय सिरिये 22 mm व्यास, Fe 250 ग्रेड के उपयोग में लाये ये है, जो कि अवलम्ब के भीतर सतत है। जैसा, Fig. 9.10.

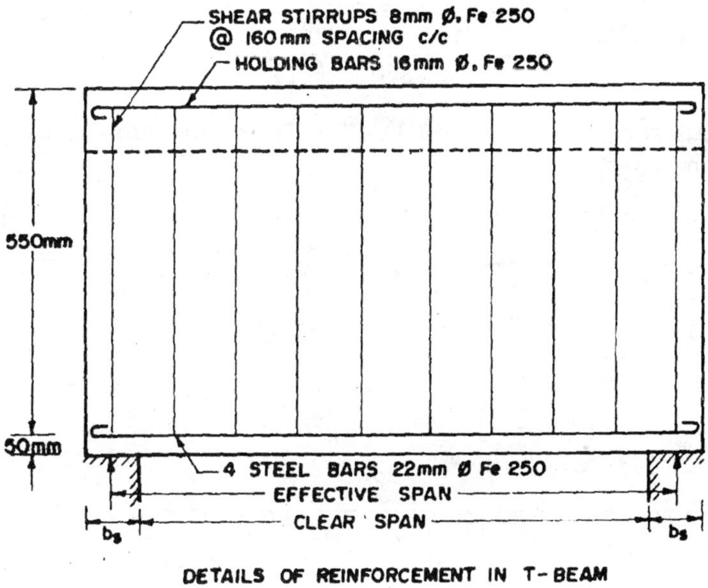

Fig. 9.10

तनन में प्रबल्लित सिरियों में क्षेत्रफल $\left[\dfrac{100\ A_{st}}{b_w . d}\right] = \left[\dfrac{100 \times 1520.53}{350 \times 550}\right] = 0.79\%$

M20 ग्रेड कांक्रीट के लिए कांक्रीट में अपरूपण प्रतिबल (बिना अपरूपण प्रबल्लित सिरियों)

IS : 456-2000 से

$$\tau_c = \left[0.56 + (0.62 - 0.56)\left(\frac{0.790 - 0.750}{1.00 - 0.750}\right)\right] = 0.5696\ N/mm^2$$

From IS : 456-2000 से अधिकतम अनुज्ञेय अपरूपण प्रतिबल कांक्रीट के लिए

$$\tau_{c.max} = 2.8\ N/mm^2$$

अकलित (Nominal) अपरूपण प्रतिबल, τ_v का मान कांक्रीट के लिए अनुज्ञेय प्रतिबल, τ_c से और $\tau_{c.max}$ से भी कम है। अतः धरन के लिए न्यूनतम अपरूपण प्रबल्लित सिरिये की ही आवश्यकता है।

Step 4 : अपरूपण प्रबल्लित सिरिये

2 टांग के ऊर्ध्वाधर छल्ले 8 mm व्यास के Fe 250 ग्रेड इस्पात के प्रतियुक्त करने हैं।

$$A_{sv} = \left[2 \times \frac{\pi}{4} \times 8^2\right] = 100.531 \text{ mm}^2 \quad \text{(xi}$$

दो संलग्न ऊर्ध्वाधर छल्लों के बीच दूरी

$$\left(\frac{A_{sv}}{b_w \cdot s_v}\right) = \left(\frac{0.4}{0.87 f_y}\right)$$

$$s_v = \left[\frac{A_{sv} \cdot f_y}{0.4 \; b_w}\right] = \left[\frac{100.531 \times 0.87 \times 250}{0.4 \times 350}\right] = 156.18 \text{ mm} \quad \text{(xii}$$

2 टांग के ऊर्ध्वाधर 8 mm व्यास के छल्ले Fe 250 ग्रेड के 150 mm दूरी (केन्द्र से केन्द्र के बीच धरन की पूरी लम्बाई पर लगाये जायेंगे।

Step 5 : प्रबल्लित सिरियों के लिए अवलम्ब पर विकसित लम्बाई की जांच

IS : 456-2000 कोड के अनुसार, सरल अवलम्ब पर, धनात्मक आघूर्ण प्रबल्लित सिरिये उस दू तक सीमित रहते हैं, जहां पर गणना की हुई L_d का मान $\left[1.30\left(\frac{M_{1.Fd}}{V_{1.Fd}}\right) + L_o\right]$ से अधिक नहीं हो।

$$L_d > \left[1.30\left(\frac{M_{1.Fd}}{V_{1.Fd}}\right) + L_o\right] \quad \text{(xiii}$$

अवलम्ब पर धरन खण्ड का प्रतिरोधी आघूर्ण का मान (आयताकार धरन मानते हुए)

$$M_1 = 0.87 f_y \cdot A_{st}\left(d - \frac{f_y \cdot A_{st}}{f_{ck} \cdot b_w}\right)$$

$$M_1 = \left[0.87 \times 250 \times 1520.53 \times \left(550 - \frac{250 \times 1520.53}{20 \times 350}\right)\right] = 163.93 \text{ kN-m}$$

फेक्टरड (डीजाइन) अपरूपण बल (अवलम्ब पर)

$$V_1 = \left(\frac{33.3 \times 6.550}{2}\right) = 109.058 \text{ kN}$$

$$\left(\frac{1.30 \, M_1}{V_1}\right) = \left(\frac{1.3 \times 163.93}{109.058}\right) = 1.954 \text{ m}$$

और $L_o = \left[\frac{b_s}{2} - x_1\right]$, $x_1 = 25$ mm $\qquad b_s = 600$ mm

$$L_o = \left(\frac{600}{2} - 25\right) = 275 \text{ mm}$$

$$\left(1.3\frac{M_1}{V_1} + L_0\right) = (1.954 + 0.275) = 2.229 \text{ m}$$

$$L_d = \left[\frac{0.87\, f_y \,.\, \phi}{4\, \tau_{bd}}\right] = \frac{1}{1000} \text{x} \left[\frac{0.87 \text{ x } 250 \text{ x } 22}{4 \text{ x } ----}\right] = 1.196 \text{ m}$$

विकसित लम्बाई L_d का मान $\left[\left(1.3\frac{M_1}{V_1}\right) + L_o\right]$ के मान से अधिक नहीं है। IS : 456-2000 कोड की आवश्यकता संतोषप्रद हैं। Fig. 9.10 में विस्तार से मुख्य प्रबल्लित सिरिये और अपरूपण प्रबल्लित सिरिये दिखाये गये है।

PROBLEMS

9.1 एक स्लैब 100 mm मोटाई की और वेब के साथ साथ ढाली गयी है। टी–धरन के केन्द्र से केन्द्र की बीच की दूरी 2.8 m है। धरन की प्रभावी गहराई 560 mm है। और वेब की चौड़ाई 320 mm है। मृदु इस्पात के 4 सिरिये 18 mm व्यास के प्रभावी आवरण 40 mm के तनन में प्रयोग के लाये गये है। धरन की प्रभावी विस्तृति 3.80 m है। कांक्रीट का ग्रेड M20 है। टी–धरन के अनुप्रस्थ खण्ड के लिए उदासीन अक्ष की ज्ञात करो। इसके अतिरिक्त धरन के अनुप्रस्थ खण्ड का प्रतिरोधी आघूर्ण का मान भी ज्ञात करो।

9.2 प्रश्न 9.1 में यदि कांक्रीट का ग्रेड M20 है और HYSD इस्पातीय सिरिये Fe 415 का उपयोग किया जाय, तब धरन के लिए उदासीन अक्ष की गहराई और प्रतिरोधी आघूर्ण का मान ज्ञात करो।

9.3 एक स्लैब 100 mm मोटाई की और वेब को एक साथ ढाली गई है। टी–धरन के केन्द्र से केन्द्र तक की दूरी 3.20 m है। वेब की प्रभावी गहराई, d = 520 mm है और वेब की चौड़ाई, b_w = 380 mm है।

8 मृदु इस्पात सिरिये तनन में दो परतों में 40 mm की दूरी पर लगाये गये हैं। नीचे की परत के सिरियों का प्रभावी आवरण 40 mm है। दोनों सिरों पर सरल अवलम्बित धरन की प्रभावी विस्तृति 3.80 m है M20 ग्रेड कांक्रीट का प्रयोग करना है।

टी–धरन के इस अनुप्रस्थ खण्ड के लिए उदासीन अक्ष की गहराई और प्रतिरोधी आघूर्ण का मान ज्ञात करो।

9.4 यदि प्रश्न 9.3 में M20 ग्रेड कांक्रीट और Fe 415 के सिरियों का प्रयोग किया जाये तब टी–धरन के अनुप्रस्थ खण्ड के लिए उदासीन अक्ष की गहराई और प्रतिरोधी आघूर्ण का मान ज्ञात करो।

9.5 एक कक्षा कमरा 5 m x 9 m माप का है। स्लैब की मोटाई 100 mm है। स्लैब की ऊपर की फर्श भी कक्षा–कमरा के उपयोग में आ सकती है। स्लैब की ऊपर 20 mm फिनिशिंग फर्श बनायी जायेगी। M20 ग्रेड कांक्रीट और HYSD, Fe 415 ग्रेड के इस्पातीय सिरियों का प्रयोग करना है। इस कक्षा कमरे के लिए टी–धरन की डीजाइन मुख्य प्रबल्लित सिरियों के लिए और अपरूपण बल के लिए वेब प्रबल्लित सिरियों की डीजाइन भी करो।

मुख्य प्रबल्लित सिरियों के लिए अवलम्ब पर विकसित लम्बाई के लिए जांच करो।

भाग – 4 (Part - 4)
लिमिट स्टेट विधि से
क्रांक्रीट प्रबल्लित स्लैबस की डिजाइ
(LIMIT STATE DESIGN OF
REINFORCED CONCRETE SLABS

अध्याय – 10

एक दिशा में विस्तृति–युक्त स्लैब की डीजाइन चरम लिमिट स्टेट और सेवा लिमिट स्टेट
(DESIGN OF SLABS SPANNING IN ONE DIRECTION, ULS AND SLS METHOD OF DESIGN)

10.1 प्रस्तावना (Introduction)

प्रबल्लित कांक्रीट स्लैबस दो आमने सामने समान्तर लम्बाई के किनारों पर अवलम्बित रखते हैं अ दो आमने समान्तर छोटी किनार पर बिना अवलम्ब पर मुक्त रखते हैं। स्लैब की संरचनात्मक क्रि आवश्यक तौर पर एक तरफ रहती है। स्लैब पर भार अवलम्ब पर रखी धरन के लम्बवत दिशा में (जै Fig. 10.1 में दिखाया गया है) होता है। ऐसी स्लैबस को जो एक दिशा में विस्तृति युक्त स्लैबस कहल है। इनको एक तरफ विस्तृति स्लैबस भी कहते हैं।

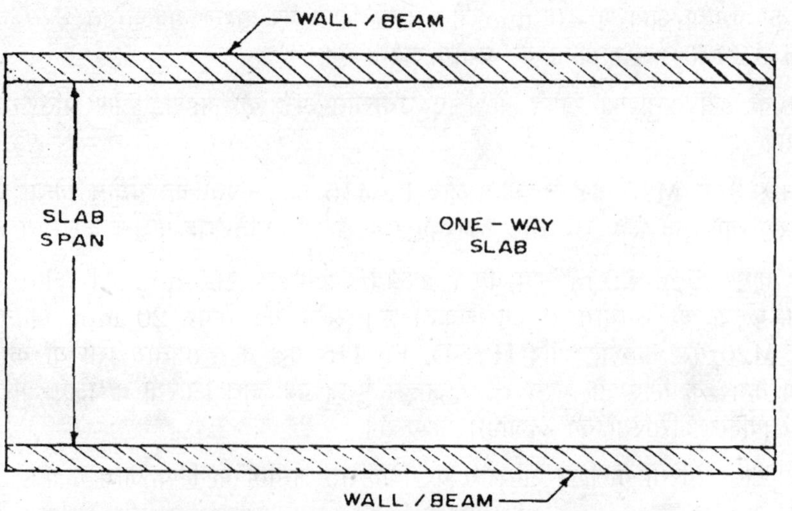

SLAB SPANNING ALONG ONE DIRECTION

Fig. 10.1

प्रबल्लित कांक्रीट स्लैबस चारों किनारों पर भी अवलम्बित रखते हैं। ऐसी स्लैबस जैसा कि **Fig. 10.2** में दिखाया गयी है, उनकी संरचनात्मक क्रिया दो तरफ होती है। व्यवहारिक तौर पर स्लैबस पर कार्यरत भार छोटी विस्तृति पर और लम्बी विस्तृति पर विभिन्न समानुपात में वहन होते है, जो कि लम्बी विस्तृति और छोटी विस्तृति के अनुपात का मान 2 से अधिक होता है, तब स्लैबस का करीब करीब पूरा भाग छोटी विस्तृति पर स्थानांतरित होता है, और इनका संरचनात्मक क्रिया भी व्यवहारिक तौर पर एक–तरफ हो जाती है, हालांकि स्लैबस चारों किनारों पर अवलम्बित है। ऐसे स्लैबस भी, एक तरफ विस्तृति युक्त स्लैब की तरह डीजाइन की जाती है।

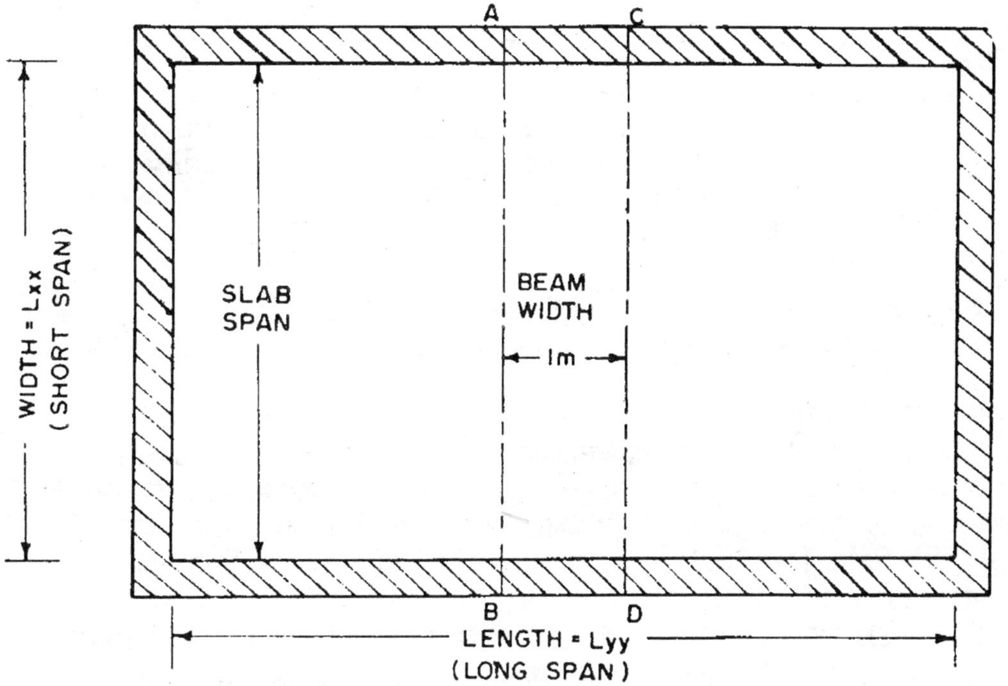

Fig. 10.2

Fig. 10.2 में **AB** और **CD** के बीच की चौड़ाई **1 m** है और **AB** और **CD** छोटी विस्तृति के समान्तर है। इस छोटी पट्टी में महत्वपूर्ण बंकन आघूर्ण उत्पन्न होता है और इसकी वक्रता **(Curvature)** भी करीब करीब पूरी स्लैब की इस चौड़ाई पर होती है। लम्बाई के समान्तर पट्टी करीब करीब समतल (चपटी **Flat**) ही रहती है। इस बंकन आघूर्ण का मान भी बहुत कम होता है।

स्लैबस जिसकी एक दिशा में विस्तृति रहती है (अर्थात् एक तरफ बंकन होता है), ऐसी स्लैबस का संरचनात्मक विश्लेषण भी और डीजाइन भी एक अकेले तनन में प्रबल्लित आयताकार धरन की तरह किया जाता है। केवल धरन की चौड़ाई **1 m = 1000 mm** समझते है। **Fig. 10.3** में चौड़ाई में अनुप्रस्थ खण्ड दिखाया गया है। इस धरन का स्पष्ट विस्तृति **AB** जो कि **Fig. 10.2** में दिखायी गयी है। (**Ab** = अवलम्बित किनारों के बीच की दूरी होती है)। स्लैब में ऐसी **1 m** की अन्य पट्टी में भी वक्रता और बंकन आघूर्ण एक ही प्रकार के और एक ही मान के होते हैं। लम्बाई जिन पट्टी की अधिक होती है, उनमें वक्रता और बंकन भी करीब करीब शुन्य ही रहता है। ऐसा कह सकते हैं कि एक दिशा में विस्तृति युक्त (छोटी विस्तृति वाली) पट्टी **1 m** की चौड़ाई की आयताकार धरन एक साथ समान्तर रख दी गयी है।

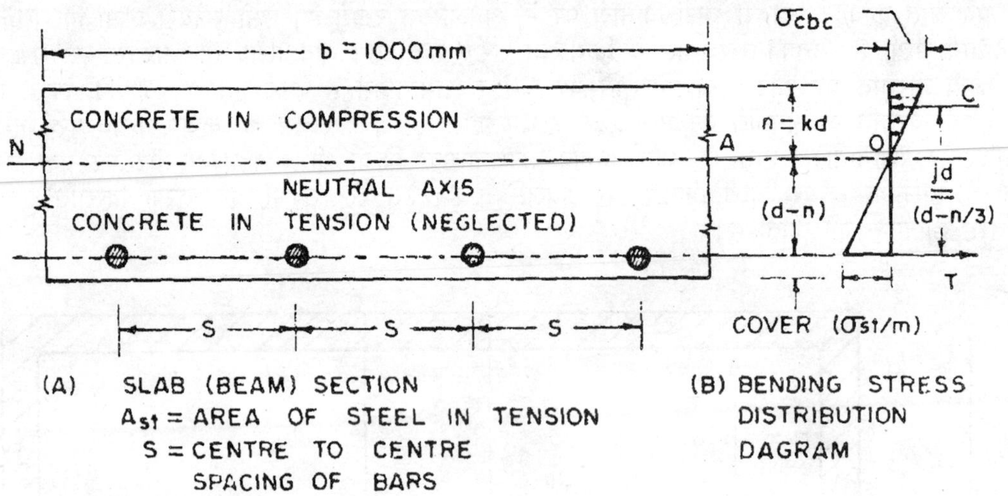

Fig. 10.3

10.2 एक दिशा में विस्तृति युक्त स्लैबस की डीजाइन (Design of slabs spanning in one direction)

एक दिशा में विस्तृति युक्त स्लैबस की डीजाइन आयताकार धरन की तरह की जाती है। जैसा कि Fig. 10.3 में दिखायी गयी है। धरन के आयताकार अनुप्रस्थ खण्ड की चौड़ाई 1 m = 1000 mm समझी जाती है। अनुप्रस्थ खण्ड को संतुलित प्रबल्लित अनुप्रस्थ खण्ड की तरह डीजाइन की जाती है। धरन का सामर्थ्य बंकन में आवश्यकता के अनुसार संतोषप्रद रखा जाता है। कांक्रीट का ग्रेड और इस्पातीय सिरियों का ग्रेड का निर्णय किया जाता है। तत्पश्चात्, स्लैबस की डीजाइन निम्न प्रकार की जाती है। साधारणतया M20 ग्रेड कांक्रीट का स्लैब के लिए प्रयोग किया जांता है। इसी प्रकार, मृदु इस्पात Fe 250 और HYSD इस्पात Fe 415 और Fe 500 का प्रबल्लित सिरियों के लिए उपयोग में लाये जाते हैं।

Step 1 : ($x_{u.max}/d$) के सीमित अनुपात के मान इन तीन प्रकार के इस्पातीय सिरियों के लिए स्लैब के संतुलित अनुप्रस्थ खण्ड के लिए निम्नलिखित मान IS : 456-2000 के अनुसार प्रयोग में लाये जाते हैं।

सारणी 10.1

Characteristic value of steel, f_y	Values of limiting ratios ($x_{u.max}/d$)
250 N/mm²	0.53 (*0.531)
415 N/mm²	0.48 (*0.479)
500 N/mm²	0.46 (*0.456)

* SP : 16-1980 से ये मान नोट किये गये हैं।

Step 2 : फेक्टरड (डीजाइन) बंकन आघूर्ण और फेक्टरड (डीजाइन) अपरूपण बल की गणना करने के लिए प्रभावी विस्तृति (Effective span) की आवश्यकता रहती है।

(i) सरल अवलम्बित स्लैबस (Simply supported slabs) : जैसे सरल अवलम्बित धरन के लिए प्रभावी विस्तृति की गणना की जाती है, उसी प्रकार सरल अवलम्बित स्लैबस की प्रभावी विस्तृति ज्ञात की जाती है।

(ii) बाहु स्लैबस/प्रास स्लैबस (Cantilever slabs) जैसे अध्याय 3 में बाहुधरन के लिए विस्तृति ज्ञात करना उल्लेखित है, उसी प्रकार से स्लैबस के लिए विस्तृति ज्ञात की जाती है।

(iii) सतत स्लैबस (Continuous slabs): जैसे अध्याय 3 में सतत धरन के लिए विस्तृति ज्ञात करते हैं, उसी प्रकार से स्लैबस के लिए विस्तृति ज्ञात करते हैं।

Step 3 : बंकन आघूर्ण का अधिकतम मान और अपरूपण बल का अधिकतम मान ज्ञात करने के लिए अचल और चल और अन्य भार यदि कोई हों तो, उनकी आवश्यकता होती है, उसी प्रकार स्लैबस द्वारा अवलम्बित भार की गणना की जाती है।

अचल भार (Dead Loads) : स्लैबस द्वारा अवलम्बित भार अवलम्बित पदार्थ और उनके ईकाई भार से ज्ञात किये जाते हैं। स्लैबस का स्वम्य का भार की गणना स्लैबस की मोटाई का अनुमान किया जाता है। स्लैबस की चौड़ाई 1000 mm मानी जाती है।

स्लैबस की मोटाई का अनुमान (Estimation of thickness of slabs)

स्लैब के किनारों के अवलम्ब और उन पर अवरोध (Restraints) के अनुसार (विस्तृति/गहराई) के अनुपात पर विचार करके स्लैबस की मोटाई का अनुमान जैसे अध्याय 3 में उल्लेखित है, वैसे किया जाता है। परिणामी फेक्टरड बंकन आघूर्ण और अपरूपण बल के प्रतिरोध के लिए आवश्यक मोटाई की गणना की जाती है।

चल भार (Live-Loads) स्लैब की छत/फर्श का जैसे कार्यों के लिए उपयोग में लायी जायेगी, उसी के अनुसार चल भार IS : 875-1984 के अनुसार kN/m^2 में मान अपनाया जाता है।

इस प्रकार स्लैबस द्वारा अवलम्बित कुल भार का विशिष्ट मान प्राप्त किया जाता है। भार के विशिष्ट मान w_{ck} और भार का आंशिक सुरक्षा घटक, γ_{fL} से गुणा करके फेक्टरड (डीजाइन) भार ज्ञात किया जाता है।

Step 4 : फेक्टरड (डीजाइन) भार से स्लैबस के लिए अधिकतम बंकन आघूर्ण और अधिकतम अपरूपण बल का मान ज्ञात किया जाता है, इनसे आवश्यक मोटाई ज्ञात की जाती है।

दोनों किनारों पर सरल अवलम्बित स्लैबस (Slabs simply supported at both ends)

फेक्टरड (डीजाइन) बंकन आघूर्ण

$$M_{Fd} = (W_{fd} \,.\, L / 8) \qquad \text{(i)}$$

जहां पर, $W_{fd} = (w_{fd} \,.\, L)$ (ii)

L = स्लैब के लिए प्रभावी विस्तृति

Step 5 : स्लैबस की प्रभावी गहराई (Effective depth of slabs)

एक दिशा में विस्तृति युक्त स्लैब की चौड़ाई b = 1000 mm ली जाती है। स्लैब का अनुप्रस्थ खण्ड आयताकार माना जाता है।

बेलेन्सड (संतुलित) अनुप्रस्थ खण्ड के लिए स्लैब की डीजाइन की जाती है। M_{Fd} और स्लैब के लिए प्रतिरोधी आघूर्ण बराबर होते हैं। अतः

$$(0.36\, f_{ck}\, .\, b\, .\, x_u)\,(d - 0.42\, x_u) = M_{Fd} \tag{10.1}$$

$$0.36\, f_{ck} \left[\frac{x_u}{d}\right]\left[1 - 0.42\,\frac{x_u}{d}\right] bd^2 = M_{fd} \tag{10.2}$$

समीकरण (10.2) में, f_{ck} (x_u/d), b और M_{Fd} का मान ज्ञात है। अतः समीकरण (10.2) को हल करने से, प्रभावी गहराई, d का मान प्राप्त हो जाता है। एक उपयुक्त कांक्रीट का आवरण इस प्रभावी गहराई, d में जोड़ देने से स्लैब की कुल गहराई D (मोटाई) ज्ञात हो जाता है। इस मोटाई का पूर्व में अनुमानित मोटाई से तुलना करते हैं। यह देखा जाता है, इनमें ज्यादा अन्तर नहीं है।

Step 6 : स्लैब में प्रबल्ल्ति सिरियों के बाहर सबसे बाहरी सतह की तरफ IS : 456-2000 में अनुमोदित है, वैसे प्रभावी आवरण रखा जाती है।

प्रबल्लित सिरियों पर कांक्रीट का अकलित आवरण (Nominal cover)

इस्पातीय प्रबल्लित सिरियों के बाहर, बाहर की तरफ कांक्रीट की अतिरिक्त मोटाई/गहराई रखी जाती है। यह मोटाई सिरिये के व्यास से कम नहीं होनी चाहिए।

टिकाऊपन के गुण की आवश्यकताओं की पूर्ति के लिए अकलित आवरण का न्यूनतम मान जो कि प्रबल्लित सिरियों पर रखना है, जो कि सारणी (10.2) में उल्लेखित स्थितियों पर निर्भर करता है।

सारणी 10.2

Exposure	Nominal concrete cover not less than following
Mild	20 mm
Moderate	30 mm
Severe	45 mm
Very severe	50 mm
Extreme	75 mm

Note : (1) For main reinforcement upto 12 mm diameter bar, for mild exposure, the nominal cover may be reduced by 5 mm

सामान्य भार के कांक्रीट के मिलावे के लिए अकलित आवरण का न्यूनतम मान, जैसे IS : 456-2000 में उल्लेखित है, सभी इस्पाती सिरियों के लिए अग्नि प्रतिरोध की आवश्यकताओं के लिए स्लैबस में सारणी 10.3 के अनुसार अकलित आवरण रखा जाता है।

सारणी 10.3. (IS : 456-2000 कोड के अनुसार)

Fire resistance periord (hours)	Nominal cover for slabs	
	Simply supported	Continuous
0.5	20 mm	20 mm
1.0	20 mm	20 mm
1.5	25 mm	20 mm
2.0	35 mm	25 mm
2.5	45 mm	35 mm
3.0	45 mm	35 mm
4.0	55 mm	45 mm

अकलित अधिकतम माप मोटे मिलावे के लिए अक्षर 5 mm प्रबल्लित सिरियों के लिए न्यूनतम आवरण से कम रहना चाहिए (अर्थात् $15 - 5 = 10$ mm)

Step 7 : निम्नलिखित प्रबल्लित सिरियों को प्रतियुक्त किया जाता है।

(i) मुख्य प्रबल्लित सिरिये (Main reinforcement)

सामर्थ्य की आवश्यकताओं की पूर्ति के लिए इस्पातीय प्रबल्लित सिरियों का उपयोग किया जाता है। मुख्य प्रबल्लित सिरियों को स्लैब की विस्तृति के समान्तर रखे जाते हैं। स्लैब की विस्तृति स्लैब की चौड़ाई (छोटी किनार) होती है।

तनन में प्रबल्लित सिरियों का क्षेत्रफल, A_{st} की गणना की जाती है। (चूंकि $(M_{TSU} = M_{Fd})$

अर्थात् $$0.87\, f_y\ A_{st}\,.(d - 0.42\, x_u) = M_{Fd} \tag{10.3}$$

$$A_{st} = \left[\frac{M_{Fd}}{0.87\, f_y\,.(d - 0.42\, x_u)}\right] \tag{10.4}$$

उदासीन अक्ष की गहराई, x_u का मान, प्रतियुक्त किया जाता है। (चूंकि $C_{cu} = T_{su}$)

$$0.36\, f_{ck}\,.\, b.\, x_u = 0.87\, f_y.\, A_{st}$$

$$x_u = \left(\frac{0.87\, f_y\,.\, A_{st}}{0.36\, f_{ck}\,.\, b}\right) \tag{10.5}$$

मुख्य इस्पातीय प्रबल्लित सिरियों का क्षेत्रफल A_{st} इनसे उत्पन्न द्विधात समीकरण को हल करके गणना की जाती है।

मुख्य प्रबल्लित सिरियों के लिए 8 mm, 10 mm और 12 mm व्यास के इस्पातीये सिरियों का उपयोग किया जाता है। IS : 456-2000 के अनुसार इस्पातीय सिरियों का व्यास स्लैब की मोटाई का (1/8) से अधिक नहीं होना चाहिए। स्लैबस में प्रबल्लित सिरियों की संख्या ज्ञात नहीं की जाती। इसके बजाय दो संलग्न सिरियों के बीच, दूरी s_v ज्ञात की जाती है। स्लैब की 1m = 1000 mm की चौड़ाई (जैसा Fig. 10.1(A) में दिखाया गया है) पर विचार किया जाता है।

1 m (अर्थात् 1000 mm) की चौड़ाई में s_v दूरी पर (केन्द्र से केन्द्र तक) प्रत्युक्त की जाती है। $(1000/s_v)$

यदि एक सिरिये का क्षेत्रफल $A\phi$ है तब 1 m में सिरियों की संख्या $(A_{st}/A\phi)$ होगी दोनों के मान बराबर रखने पर

$$\left(\frac{A_{st}}{A\phi}\right) = \left(\frac{1000}{s_v}\right)$$

$$s = (1000 \,.\, A\phi \,/\, A_{st}) \tag{10.6}$$

स्लैबस में प्रबल्लित सिरियों का उपयोग स्लैब की लम्बाई के समान्तर अथवा स्लैब की चौड़ाई के समान्तर 0.15 प्रतिशत कुल अनुप्रस्थ खण्ड का क्षेत्रफल (b.D) से कम नहीं होना चाहिए। फिर भी इस मान 0.12 प्रतिशत कम किया जा सकता है, जब उच्च पराभव सामर्थ्य के सिरियों का प्रयोग किया जाता है।

IS : 456-2000 में इस न्यूनतम प्रतिशत का उल्लेख स्लैब में तापमान और सुकड़न के प्रतिरोध के लिए किया गया है। पूर्व में इन प्रबल्लित सिरियों को तापमान और सुकड़न प्रबल्लित सिरिये कहा जाता था। IS : 456-1978 में इसको नया नाम दिया गया है। **वितरण प्रबल्लित सिरिये** (Distribution (reinforcement)

वितरण प्रबल्लित सिरिये, A_d एक दिशा में विस्तृति युक्त (एक–तरफ) स्लैबस में स्लैबस की लम्बाई के समान्तर लगाये जाते हैं।

अर्थात् मुख्य सिरियों के लम्बवत रखे जाते हैं (जो कि स्लैब की चौड़ाई छोटी विस्तृति के समान्तर लगाये जाते हैं)

वितरण प्रबल्लित सिरियों की आवश्यकताएं IS : 456-2000 में उल्लेखित है। जो कि न्यूनतम प्रतिशत के रूप में उपरोक्त पेरेग्राफ में दी गई है। अक्षर 6 mm और 8 mm व्यास के सिरियों का प्रयोग वितरण प्रबल्लित सिरियों के लिए किया जाता हैं। दो संलग्न वितरण प्रबल्लित सिरियों के बीच की दूरी, s_d की गणना निम्न प्रकार से की जाती है।

$$s_d = (1000 \,.\, A_{st}/A_d) \tag{10.7}$$

(iii) दो संलग्न सिरियों के बीच की दूरी (Spacing of reinforcement)

मुख्य प्रबल्लित दो संलग्न सिरियों के लिए बीच कांक्रीट में उत्पन्न होने वाली दरारों को नियंत्रण करने के लिए निश्चित की जाती है।

मुख्य प्रबल्लित समान्तर दो संलग्न सिरियों के बीच की क्षैतिज्य दूरी स्लैब की प्रभावी गहराई, d के तीन गुणा से अधिक नहीं होनी चाहिए। अथवा 300 mm से अधिक नहीं होनी चाहिए। (इनमें जो भी कम हो।)

वितरण प्रबल्लित समान्तर दो संलग्न सिरियों के बीच की क्षैतिज्य दूरी स्लैब की प्रभावी गहराई, d के पांच गुणा से अधिक नहीं होनी चाहिए। अथवा 450 mm से अधिक नहीं होनी चाहिए। (इनमें जो भी कम हो।)

स्लैब में अपरूपण बल से डीजाइन पर शायद ही कभी नियंत्रण होता है, जब विशेष कर तनन प्रबल्लित सिरियों का प्रतिशत कम हो। कांक्रीट का अकेली का अपरूपण सामर्थ्य (τ_c. b.d) हमेशा ज्यादा होता है।

सब तनन प्रबल्लित सिरिये जो धनात्मक आघूर्ण का प्रतिरोध करते है, उनको सीधा (Straight) रखा जाता है, और अवलम्ब में सतत होते हैं। अथवा 50 प्रतिशत सिरियों को संपीडाग क्षेत्र में मोड़ दिये जाते हैं। सिरियों के सिरों पर उचित लंगर रखा जाता है। सीधे सिरिये (Straight bars) अवलम्ब के अन्दर कम से कम 150 mm की लम्बाई तक विस्तृत रखे जाते हैं। 150 mm की स्लैब तक मोटाई 6 mm के हिसाब से रखते है। इससे अधिक मोटाई हो तो 12 mm के हिसाब से रखी जाती है।

Step 8 : बंकन में विफलता के लिमिट स्टेट विधि से स्लैब की गयी डीजाइन (सामर्थ्य के आवश्यकता के लिए) उसे सेवा के लिए लिमिट स्टेट के लिए जांच की जाती है। स्लैबस की अपरूपण बल के लिए भी जांच की जाती है।

10.3 सेवा के लिए लिमिट स्टेट (Limit State of serviceability)

स्लैबस की डीजाइन के लिए वास्तविक कसौटी (Criterion) सेवा के लिए लिमिट स्टेट से होता है। विशेषकर विस्थापन के लिए (Limit State of deflection)। स्लैब के लिए (विस्तृति/गहराई) के अनुपात के मान से नियंत्रित रखी जाती है। जैसा कि अध्याय 5 में उल्लेखित है। साधारण अथवा सामान्य स्थिति में स्लैब की मोटाई पर्याप्त होती है।

उदाहरण (Example 10.1). एक कक्षा कमरा 5 m x 10 m माप पर एक चारों किनारों पर सरल अवलम्बित स्लैब की डीजाइन करनी है। स्लैब पर एक फिनिशिंग कोट 20 mm सीमेंट कांक्रीट का लगाया जायेगा। स्लैब के ऊपर की सतह को भी कक्षा कमरे में उपयोग में लाये जायेगा। M20 ग्रेड कांक्रीट और मृदु इस्पात का प्रबल्लित सिरियों के लिए उपयोग में लाना है। स्लैब का वातावरण में मध्य उदभासन (Exposure) होगा। अग्नि की संभावना नहीं है।

डीजाइन (Design): कक्षा कमरा Fig. 10.4 में दिखाया गया है।

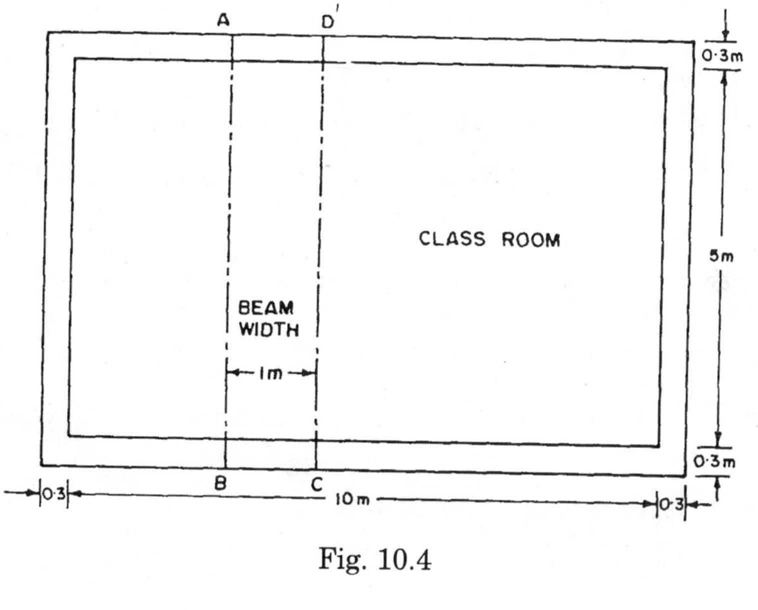

Fig. 10.4

कक्षा कमरे की स्पष्ट लम्बाई 10 m और स्पष्ट चौड़ाई 5 m है। स्पष्ट लम्बाई/स्पष्ट चौड़ाई का अनुपात (10/5) = 2 है।

स्लैब की डीजाइन सरल अवलम्बित स्लैब एक दिशा में विस्तृति युक्त की तरह डीजाइन की जायेगी। जिसकी स्पष्ट विस्तृति 5 m है। स्लैब का अनुप्रस्थ खण्ड एक आयताकार ABCD धरन की तरह की जायेगी। इस धरन की चौड़ाई b = 1 m = 1000 mm होगी। यह संतुलित अनुप्रस्थ खण्ड की तरह डीजाइन निम्न प्रकार से किया जायेगा।

Step 1 : डीजाइन स्थिर अंक (Design constants)

M20 ग्रेड कांक्रीट और मृदु इस्पात Fe 250 का प्रबल्लित सिरियों में उपयोग करना है। IS : 456. 2000 से $f_y = 250$ N/mm^2 और $(x_{u.max}/d) = 0.53$ (i)

Step 2 : स्लैब की मौटाई का अनुमान (Estimation of thickness of slabs)

स्लैब की विस्तृति और प्रभावी गहराई, d के अनुपात से स्लैब की प्रभावी मोटाई/गहराई का अनुमान लगाया जाता है। IS : 456-2000 में ऊर्ध्वाधर विस्थापन को नियंत्रण में रखने के लिए उल्लेख है। इस प्रकार, स्लैब की प्रभावी गहराई

$$d = \left[\frac{\text{स्लैब की विस्तृति}}{20 \text{ x सुधार हेतु घटक}}\right] \quad \text{(ii)}$$

M20 ग्रेड कांक्रीट और मृदु इस्पात Fe 250 प्रबल्लित सिरियों के लिए, प्रतिशत अनुपात इस्पात संतुलित अनुप्रस्थ खण्ड के लिए

$p_{u.lim} = 1.316$ इसके लिए सुधार घटक (Modification factor) = 1.6

$$\text{इस प्रकार } d = \left[\frac{5 \times 1000}{20 \times 1.6}\right] = 156.25 \text{ mm} \quad \text{(iii)}$$

स्लैब की कुल मोटाई 200 mm रख सकते है।

प्रभावी आवरण की मोटाई 20 mm रख सकते है।

प्रभावी गहराई/मोटाई अनुमानित 180 mm

Step 3 : स्लैबस के लिए प्रभावी विस्तृति (Effective span of slabs)

स्लैब की डीजाइन स्पष्ट विस्तृति 5000 mm के लिए की जायेगी। अवलम्ब दीवारों की मोटाई 300 mm मानते हैं। इस प्रकार,

$$\text{स्लैब की प्रभावी विस्तृति, ES} = \left(5000 + \frac{1}{2} \times 300 + \frac{1}{2} \times 300\right) = 5300 \text{ mm}$$

अथवा ES = (5000 + 180) = 5180 mm जो भी कम हो।

स्लैब की प्रभावी विस्तृति, d = 5180 mm

Step 4 : स्लैब पर भार

स्लैब पर फिनिशिंग सीमेंट कांक्रीट की सतह

अचल भार = (1 x 1 x 0.020) x 24 = 0.48 kN/m^2

स्लैब का स्वम्य का भार (अचल भार) = (1 x 1 x 0.200) x 25 = 500 kn/m^2

कुल विशिष्ट अचल भार = 5.48 kN/m

कक्षा कमरा के उपयोग के लिए = (1 x 1) x 4 = 4 kN/m^2

कुल विशिष्ट चल भार = 4.00 kN/m

1 m की चौड़ाई की पट्टी AB के लम्बाई के साथ

Fig. 10.4 जो कि ABCD सरल अवलम्बित है।

w_{fd} = (1.5 x 5.48 + 1.5 x 4.00) = 14.22 kN/m (iii)

Step 5 : फेक्टरड (डीजाइन) अधिकतम बंकन आघूर्ण

अधिकतम बंकन आघूर्ण का मान M_{Fd}, (सरल अवलम्बित धरन के मध्य में उत्पन्न होता है।

$$M_{Fd} = \left[\frac{w_{fd} \times L^2}{8}\right] = \left[\frac{14.22 \times 5.18 \times 5.18}{8}\right] = 47.695 \text{ kN-m}$$

Step 6 : स्लैब के लिए आवश्यक प्रभावी गहराई, d

1 मीटर चौड़ाई = b = 1000 mm, Fig. 10.3

$$0.36\ f_{ck}. \left[\frac{x_u}{d}\right]\left[1 - 0.42\frac{x_u}{d}\right] b.\,d^2 = M_{Fd}$$

$0\text{-}36 \times 20 \times 0.53 \times (1 - 0.42 \times 0.53) \times 1000 \times d^2 = 47.695 \times 10^6$

$0.1483 \times 20 \times 1000\ d^2 = 47.695 \times 1000 \times 1000$

$d = 126.814$ mm

स्लैब के लिए प्रभावी आवरण = 20 mm

स्लैब की कुल मोटाई = (126.814 + 20) = 146.81 mm

स्लैब की कुल मोटाई/गहराई = 175 mm मानते है।

स्लैब की प्रभावी गहराई = (175 – 20) = 155 mm

$$\left[\frac{\text{स्लैब की विस्तृति}}{\text{स्लैब की प्रभावी गहराई}}\right] \text{अनुपात} = \left[\frac{5 \times 1000}{155}\right] = 32.26$$

Step 7 : इस्पातीय Fe 250 प्रबल्लित सिरियों का क्षेत्रफल, A_{st}

$$\text{Fig. 10.5 से } x_u = \left[\frac{0.87\ f_y . A_{st}}{0.36\ f_{ck} . b}\right]$$

समीकरण 10.3 में प्रतियुक्त करने पर

$$0.87\ f_y A_{st} \left[d - \left(\frac{0.87\ f_y . A_{st}}{0.36\ f_{ck} . b}\right)\right] = M_{Fd}$$

$$0.87 \times 250 \times A_{st}\left[155-\left(\frac{0.87 \times 250 \times A_{st}}{0.36 \times 20 \times 1000}\right)\right] = 47.698 \times 1000 \times 1000$$

इस प्रकार, $A_{st} = 1628.7\ mm^2$

Step 8 : दो संलग्न मुख्य प्रबल्लित सिरियों के बीच दूरी

मृदु इस्पात की 20 mm व्यास के सिरियों का उपयोग किया जायेगा। एक सिरिये का क्षेत्रफल, $A\varphi = 314.16\ mm^2$

दो संलग्न सिरियों के केन्द्र से केन्द्र के बीच की दूरी

$$s = \left[\frac{1000 \times A\varphi}{A_{st}}\right] = \left[\frac{1000 \times 314.16}{1628.7}\right] = 192.89\ mm$$

20 mm व्यास के मृदु इस्पातीय सिरिये Fe 250 दो संलग्न सिरियों के केन्द्र से केन्द्र के बीच दूरी 150 mm छोटी विस्तृति AB, Fig. 10.4 के समान्तर रखते हैं। स्पष्ट दूरी (150 – 20) = 130 mm जो कि सिरियों के व्यास से अधिक है। मोटे मिलावे के माप से 5 mm अधिक (अर्थात् 10 mm + 5 mm) 15 mm से भी अधिक है। अधिकतम स्वीकृत दूरी 3 x प्रभावी गहराई अथवा 300 mm होती है। 3 x 155 = 465 mm से कम है।

Step 9 : मुख्य प्रबल्लित सिरियों के लिए स्पष्ट आवरण

$$\left(20-\frac{\text{सिरियों का व्यास}}{2}\right) = \left(20-\frac{20}{2}\right) = 10\ mm$$

जो कि सिरियों के व्यास से कम है।

Step 10 : वितरण प्रबल्लित सिरियें (Distribution reinforcement)

मृदु इस्पातीय सिरियों का उपयोग (वितरण प्रबल्लित सिरियों के लिए, A_d) किया गया है। इन सिरियों को न्यूनतम प्रबल्लित सिरियों की तरह लम्बी विस्तृति के समान्तर लगाया जाता है।

$$A_d = \left[\frac{0.15}{100} \times \text{अनुप्रस्थ क्षेत्रफल}\right] = \left[\frac{0.15}{100} \times 1000 \times 175\right] = 262.5\ mm^2$$

8 mm व्यास के सिरिये उपयोग में लाये जायेंगे। एक सिरिये का अनुप्रस्थ क्षेत्रफल

$$A\varphi = 50.265\ mm^2$$

दो संलग्न वितरण प्रबल्लित सिरियों के बीच दूरी

$$s_d = \left[\frac{1000 \times 50.265}{262.5}\right] = 191.485\ mm$$

दो संलग्न प्रबल्लित सिरियों के बीच की दूरी 150 mm (केन्द्र से केन्द्र तक) रखी जायेगी। अधिकतम अनुज्ञेय क्षेतिज्य स्पष्ट दूरी (दो संलग्न समान्तर सिरियों के बीच)

(5 x प्रभावी गहराई) = (5 x 155) = 775 mm

अथवा 450 mm (जो भी कम हो) से अधिक नहीं हो। वास्तविक रखी जाने वाली इनसे कम है।

मुख्य प्रबल्लित सिरियों तनन में और वितरण प्रबल्लित सिरियों की डीटेलस **Fig. 10.5** में दिखायी गयी है।

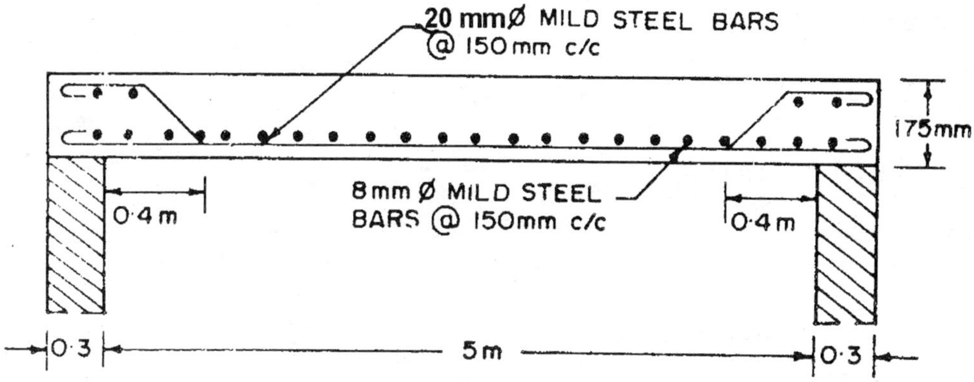

Fig. 10.5

एक को छोड़ एक सिरिये को अवलम्ब के पास ऊपर की तरफ मोड दिये जायेंगे। अवलम्ब से इन सिरियों को 0.15 x विस्तृति दूरी पर (0.15 x 5.18 x 1000) = 777 mm की दूरी मोड़ सकते है। परन्तु इनको 400 mm की दूरी पर मोड़ा जायेंगे।

Step 11 : अवलम्ब (Supports) के पास विकसित लम्बाई के लिए जाँच

(i) $(L_d/3)$ न्यूनतम दूरी अवलम्ब के अन्दर रखनी होगी।

$$L_d = \left[\frac{0.87\, f_y \,.\, \phi}{4\, \tau_{bd}}\right] = \left[\frac{0.87 \times 250 \times 10}{4 \times 1.0}\right] = 543.75 \text{ mm}$$

$$(L_d/3) = (543.75/3) = 181.25 \text{ mm}$$

सिरियें की वास्तविक लम्बाई जो कि अवलम्ब के अन्दर गाड़ कर रखी जायेगी (अर्थात्, अवलम्ब की चौड़ाई किनार पर आवरण) = (300 – 25) = 275 mm

(ii) सरल अवलम्ब पर अथवा उन बिन्दुओं पर आघूर्ण का मान शुन्य होता है, वहां पर निम्न लिखित विकसित लम्बाई के लिए उल्लेखित शर्त की संतोषप्रद पूर्ति होनी चाहिए।

$$L_d > \left[\frac{1.3\, M_1}{V_1} + L_o\right]$$

अवलम्ब के अन्दर वास्तविक इस्पातीय सिरियों का क्षेत्रफल

$$\frac{1}{2} \times \left[\frac{443.247 \times 177.19}{150}\right] = 261.8 \text{ mm}^2$$

अवलम्ब पर प्रतिरोधी आघूर्ण का मान तनन में उपलब्ध प्रबल्लित सिरियों पर निर्भर करता ह। एक को छोड़ कर एक सिरियों को मोड़ा जाता है।

$$M_1 = 0.87\, f_y \,.\, A_{st} .\, d\left(1 - \frac{A_{st} \,.\, f_y}{b.d \,.\, f_{ck}}\right)$$

$$M_1 = \frac{0.87 \times 250 \times 261.8 \times 155}{1000 \times 1000}\left[1 - \frac{261.8 \times 250}{1000 \times 155 \times 20}\right] = 8.639 \text{ kN - m}$$

अवलम्ब पर अपरूपण बल

$$V_{Fd} = \left(\frac{14.22 \times 5.18}{2}\right) = 36.83 \text{ kN}$$

$$\left[\frac{M_1}{V_{Fd}}\right] = \left[\frac{8.639}{36.83}\right] = 2.345 \text{ m}$$

अवलम्ब के मध्य बिन्दु से आगे लंगर की लम्बाई

$$L_o = \left[\frac{bs}{2} - x' + 13\phi\right] = \frac{1}{1000}\left[\frac{300}{2} - 15 + 13 \times 10\right] = 0.265 \text{ m}$$

$$\left(\frac{1.3\, M_1}{V} + L_o\right) = (1.3 \times 0.234 + 0.265) = 0.568 \text{ m}$$

$L_d = 0.544$ m $[(1.3\ M_1/V_1) + L_0]$ के मान 0.568 m से अधिक नहीं है। अतः लंगर की लम्बाई के लिए भी सुरक्षित है।

Step 12 : स्लैबस में अपरूपण बल का मान अक्षर बहुत कम ही होता है। कांक्रीट की अपरूपण क्षमता (τ_c. b.d) ही काफी पर्याप्त होती है। इससे अपरूपण में प्रबल्लित करने की आवश्यकता नहीं होती। स्लैबस की मोटाई का यदि आवश्यक हो तो बढ़ा दी जाती है। स्लैबस को अपरूपण प्रबल्लित नहीं किया जाता।

10.4 स्लैबस में अपरूपण (Shear in slabs)

स्लैबस में अपरूपण सामर्थ्य का नियंत्रण उन्हीं सिद्धान्तों से किया जाता है, जिनसे धरन पर किया जाता है। स्लैबस में अपरूपण प्रतिबल साधारण तया क्रान्तिक नहीं होते। अकलित (Nominal) अपरूपण प्रतिबल की गणना निम्न प्रकार की जाती है।

$$\tau_v = \left[\frac{V_{Fd}}{b.d}\right] \qquad \text{(i)}$$

जहां पर, V_{Fd} फेक्टरड (डीजाइन) अपरूपण बल का मान है। d प्रभावी गहराई/मोटाई होती है। b आयताकार अनुप्रस्थ खण्ड की चौड़ाई अभ्यास में b = 1000 mm ली जाती है।

प्लेन सीमेंट कांक्रीट (बिना प्रबल्लित करने के) का अपरूपण सामर्थ्य, τ_c

IS : 450-2000 कोड देख कर ज्ञात किया जाता है। अवलम्ब के फलक के पास स्लैब अपरूपण में विफल हो सकती है। अपरूपण में विफलता अवलम्ब फलक से प्रभावी गहराई की दूरी पर, d पर हो सकती है। 200 mm से कम मोटाई की स्लैबस का अपरूपण में प्रबल्लित करना संभव नहीं होता। अकलित अपरूपण प्रतिबल का मान अनुज्ञेय प्रतिबल के मान के आधे स अधिक नहीं होना चाहिए।

धारण स्लैबस की मोटाई को बढा दिया जाता है ताकि अपरूपण में स्लैबस को प्रबल्लित करने की वश्यकता नहीं होती।

.5 स्लैबस में प्रबल्लित सिरियों के लम्बाई में कटौती (Curtailment of length of reinforcement bars)

बंकन अवयवों में तनन में प्रबल्लित सिरियों के लिए लम्बाई में कटौती के लिए जो आवश्यकताएँ IS : 56-2000 कोड में उल्लेखित है। निम्न सरल बनाये हुए नियम की पालना की जाती है, जब कभी भी लैबस में वास्तव में एक समान वितरित भार (जिसका भार काफी होता है) वहन करना होता है।

सरल अवलम्बित स्लैबस (Simply supported slabs)

तनन में इस्पातीय सिरिये जो विस्तृति के मध्य स्थिति में लगाये जाते है, उनका कम से कम 50 तिशत 12 ϕ (जहां ϕ सिरिये का व्यास) की लम्बाई तक विस्तार करना चाहिए अथवा इसके तुल्य हुक्स थवा मोड़ द्वारा लंगर बनाये जाने चाहिए। शेष 50 प्रतिशत सिरिये स्लैबस के अवलम्ब के अन्दर (0.08 x स्तृति) रखने चाहिए।

बाहु/प्रास स्लैबस (Canti-lever slabs)

कम से कम 50 प्रतिशत सिरियें (तनन प्रबल्लित इस्पातीय) प्रास के सिरे तक विस्तृति होना चाहिए। ष 50 प्रतिशत दूरी (0.5 x विस्तृति) अथवा 45 गुणा सिरिये के व्यास के बराबर जो भी ज्यादा हो) स्तृति करना चाहिए।

सतत एक दिशा में विस्तृति युक्त स्लैबस (Continuous slabs spanning in one irection) (जिनमें विस्तृति बराबर हो और चल भार का मान अचल भार से अधिक नहीं हो)

सब तनन इस्पातीय प्रबल्लित सिरियों को (0.1 x विस्तृति) अथवा (45 गुणा सिरियों के व्यास के) जो ी ज्यादा हो, उस दूरी तक विस्तार करना चाहिए। 50 प्रतिशत कम से कम सिरियों को (0.3 x विस्तृति) ; बराबर दूरी के विस्तार करना चाहिए। तनन में प्रबल्लित सिरियों को आन्तरिक अवलम्ब के अन्दर (0.2 विस्तृति) और (0.1 x विस्तृति) बाह्य अवलम्ब पर विस्तार करना चाहिए। और 50 प्रतिशत अवलम्ब के न्दर रहने चाहिए।

0.6 स्लैबस का अग्नि प्रतिरोध (Fire resistance of slabs)

स्लैबस की अग्नि प्रतिरोध क्षमता स्लैबस की कुल मोटाई पर निर्भर करती है। इसके साथ कांक्रीट के ावरण पर भी निर्भर करती है। उदाहरण के लिए यदि कांक्रीट के आवरण की मोटाई 15 mm से कम हीं हो और स्लैबस की मोटाई 100 mm से कम नहीं हों, तब स्लैबस का अग्नि प्रतिरोध कम से कम क घण्टा अवधि का समझा जा सकता है।

यदि कांक्रीट आवरण 25 mm से कम नहीं हों और स्लैबस की मोटाई 150 mm से कम नहीं हो, ब स्लैबस का अग्नि प्रतिरोध अवधि चार घण्टे की अवधि समझी जा सकती है।

PROBLEMS

10.1 एक सरल अवलम्बित एक दिशा में विस्तृति युक्त प्रबल्लित स्लैब की कक्षा कमरा 3.5 m x 8 m माप के ऊपर डीजाइन करो। स्लैब की ऊपरी सतह पर एक फिनिशिंग कोट सीमेंट कांक्रीट का 20 mm मोटाई का लगाना है। स्लैब की ऊपरी फर्श भी कक्षा–कमरा के लिए उपयोग में लायी जायेगी। M20 ग्रेड कांक्रीट और HYSD इस्पात Fe 415 का उपयोग करना है।

अध्याय – 11

द्वि–दिशा में विस्तृति युक्त स्लैब की डीजाइन (चरम लिमिट स्टेट और सेवा लिमिट स्टेट) (DESIGN OF SLABS SPANNING IN TWO DIRECTIONS, ULS AND SLS METHOD OF DESIGN)

11.1 प्रस्तावना (Introduction)

यदि प्रबल्लित कांक्रीट स्लैब चारों किनारों पर धरन अथवा दिवारों पर अवलम्बित है और स्लैब की लम्बी विस्तृति और छोटी विस्तृति के अनुपात का मान दो से कम होता है, तब इस प्रकार की स्लैबस को **द्वि–दिशा में विस्तृति युक्त** अथवा **दो तरफ स्लैबस** कहते हैं। स्लैबस को अलम्बित करने वाली धरन पर्याप्त सुदृढ़ होनी चाहिए, तब इनको अपराभवित समझा जा सकता है। ऐसी स्लैबस की संरचनात्मक क्रिया दो–तरफा होती है। स्लैबस पर कार्यरत भार को लम्बी विस्तृति और छोटी विस्तृति दोनों पर वहन किया जाता है।

द्वि–दिशा में विस्तृति युक्त स्लैब में बंकन आघूर्ण और विस्थापन के मान भी एक दिशा में विस्तृति युक्त स्लैब की तुलना में कम होते हैं। विस्थापित सतह ऐसे स्लैब में वक्रता दो–तरफ होती है। ये स्लैब बंकन आघूर्ण का प्रतिरोध दोनों विस्तृति पर करते हैं। ऐसी स्लैबस को दोनो तरफ प्रबल्लित किया जाता है। छोटी विस्तृति के समान्तर इस्पातीय प्रबल्लित सिरियों के मुख्य प्रबल्लित सिरिये समझा जाता है। ऐसी स्लैबस की मोटाई एक तरफ विस्तृत स्लैब की तुलना में कम होती है। इस प्रकार ऐसी स्लैबस ज्यादा किफायती होती है। प्लान में ऐसी स्लैबस आयताकार होती है। ऐसी स्लैबस का अक्षर उपयोग होता है।

IS : 456-2000 कोड में अनुमोदित विधि चरम लिमिट स्टेट और सेवा लिमिट स्टेट विधि द्वारा ऐसी स्लैबस की डीजाइन की जाती है।

11.2 द्वि–दिशा में विस्तृति युक्त स्लैबस का व्यवहार (Behaviour of slabs spanning in two direction)

प्लान में आयताकार द्वि–दिशा में विस्तृति युक्त स्लैबस किनारों पर पर्याप्त अवलम्बित होती है। अवलम्ब सुदृढ़ होते हैं, उनका अपराभवित समझा जाता है। ऐसी स्लैबस का विस्थापन एक तस्तरी की सतह की तरह होता है। ऐसी स्लैबस का बंकन दोनों मुख्य अक्षों पर (दिशाओं पर) होता है। इस प्रकार दोनां तरफ बंकन आघूर्ण उत्पन्न होते हैं। इन बंकन आघूर्ण का मान स्लैब के वक्रता के समानुपाती होता है।

इन स्लैबस का संरचनात्मक विश्लेषण बहुत अधिक अपरिमित (Indeterminate) होता है। इ स्लैबस का व्यवहार भी जटिल (Complex) होता है। इन स्लैबस का विश्लेषण सन्निकट सरल विधि किया जाता है। इसका परिणाम भी संतोषप्रद ही होता है।

द्वि–दिशा (दो तरफ) विस्तृति युक्त अपने चारों किनारों पर सरल अवलम्बित Fig. 11.1 में प्लान दिखायी गयी है। जब इस स्लैबस पर एक समान वितरित भार कार्यरत होता है और इस भार के मान मे धीरे धीरे (जब तक स्लैब विफलता के स्तर तक पहुंच जाय) वृद्धि की जाती है और स्लैबस में दर दिखायी देने लगती है (जिनको डोटेड रेखाओं से दिखायी गयी है)। ये दरारें धनात्मक बंकन आघ (Sagging, i.e., positive bending moment) के कारण उत्पन्न होती है।

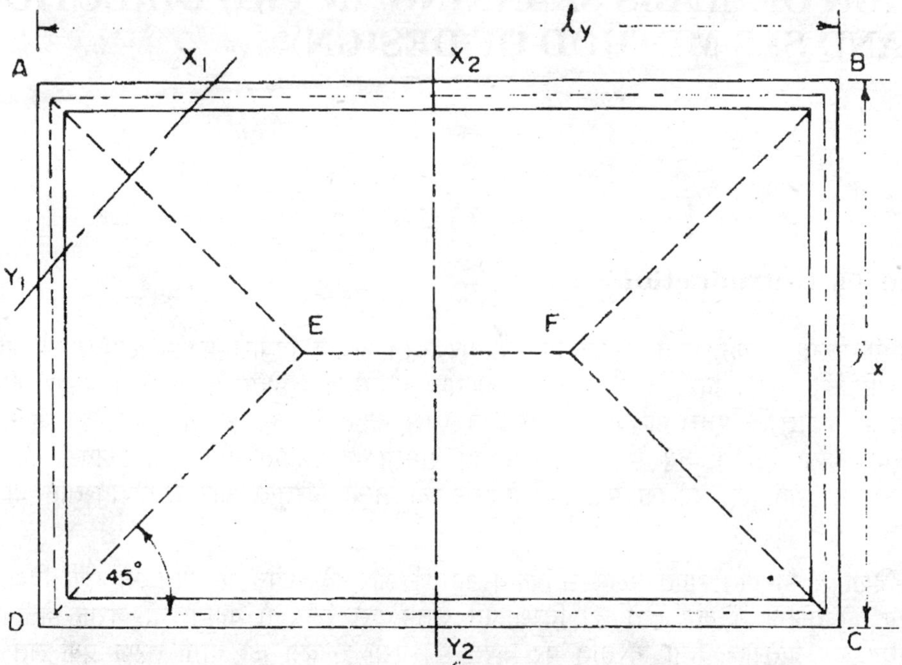

l_y = LONG SPAN, l_x = SHORT SPAN SIMPLY SUPPORTED SLAB SPANNING IN TWO DIRECTIONS

Fig. 11.1

इन स्लैबस में कोने के पास (जैसे कोना A) दरार रेखा X_1Y_1 से दिखायी गई है। यह दरार X_1Y दरार AE के लम्बवत होती है। ऐसा चारों कोने के पास (A, B, C और D) पर होता है। इस कार चारों कोने ऊपर उठ जाते हैं। जब तक इस दरार X_1Y_1 को रोकने का उपाय नहीं किया जाय, ऐ **स्लैबस के कोने ऊपर की तरफ उठने के मुक्त होती हैं**। इस अध्याय 11 में ऐसी ही **स्लैबस क डीजाइन तक पाठ्यक्रम (Text) को सीमित रखा गया है**।

स्लैब का मध्य रेखा पर बंकन रेखा X_2Y_2 (जो कि रेखा EF के लम्बवत होती है)। चरम विधि द्वा विश्लेषण दरारों के आकार (Pattern) के अनुसार किया जाता है। रेखाओं AE, BF, CF, DE और म रेखा EF को पराभवित रेखाएं (Yield lines) कहते हैं।

11.3 द्वि–तरफा स्लैबस का ग्रेसोफ–रेनकिन विधि द्वारा विश्लेषण (Analysis of two way slabs by Grashoff Rankine's method)

ग्रेसोफ रेनकिन विधि में प्रारम्भिक (Elementary) अथवा सरल की गयी (Simplified) विधि से इस स्लैबस का विश्लेषण किया जाता है। स्लैब पर एक समान वितरित भार कार्यरत है। ऐसा समझा जा सकता है कि यह स्लैब आन्तरिक जोड़ी गयी कई धरन से बनी हुई है। Fig. 11.2 में दो पट्टियां AB और CD जो कि आपस में एक दूसरे को लम्बवत काटती है। ये पट्टियां करीब करीब सरल अवलम्बित धरन के सन्निकट व्यवहार करती है। पट्टी AB पर w_y लम्बाई में और पट्टी CD पर w_x चौड़ाई में एक समान वितरित भार वहन करती है। यह भार दोनों पट्टियां मिल कर वहन करती है।

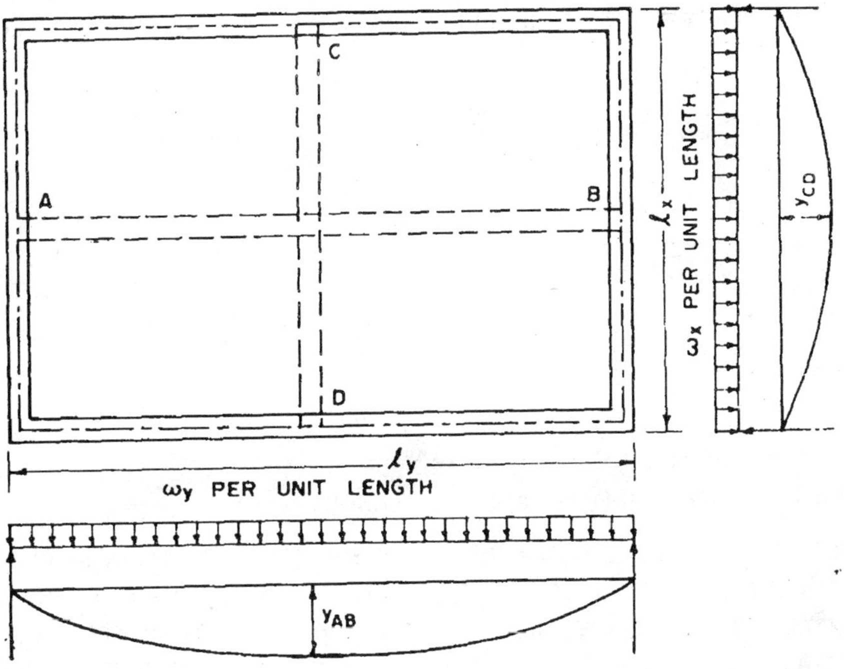

Fig. 11.2

ताकि दोनों पट्टियां का (जहां पर काटती हैं) विस्थापन बराबर होता है। इन पट्टियां के संलग्न धरन की उपेक्षा कर दी जाती है। इस प्रकार Fig. 11.2 से,

$$w = (w_x + w_y) \text{ और } y_{AB} = y_{CD} \qquad \text{(ii)}$$

$$\left[\frac{5}{384}\cdot\frac{w_y \cdot l_y^4}{E.I_{yy}}\right] = \left[\frac{5}{384}\cdot\frac{w_a \cdot l_x^4}{E\,I_{xx}}\right] \qquad \text{(iii)}$$

ऐसा मान लिया जाता है कि इन पट्टियां का जडत्व आघूर्ण $I_{xx} = I_{yy}$

अभियुक्ति (iii) से

$$w_x\, l_x^4 = w_y \cdot l_y^4$$

$$w_x = w_y \, . \, (l_y/l_x)^4 \tag{iv}$$

अभियुक्ति (i) और (iv) से

$$w_x = \left[\frac{l_y^4}{l_y^4 + l_x^4}\right] . \, w \tag{11.1)A$$

$$w_y = \left[\frac{l_x^4}{l_y^4 + l_x^4}\right] . \, w \tag{11.1)B$$

लम्बी विस्तृति और छोटी विस्तृति का अनुपात $(l_y/l_x) = r$ मानते हैं, तब समीकरण (11.1) से

$$w_x = \left[\frac{1.\, w}{1+(l_x / l_y)^4}\right] = \left[\frac{w}{1+(1/r^4)}\right] = r_x \, . \, w \tag{v}$$

$$w_y = \left[\frac{1}{(l_y / l_x)^4 + 1}\right] . \, w = \left[\frac{w}{1+r^4}\right] = r_y \, . \, w \tag{vi}$$

$$\text{और } r_x = \left(\frac{r^4}{1+r^4}\right) \text{ और } r_y = \left(\frac{1}{1+r^4}\right) \tag{11.2}$$

जब $r = 1$, $w_x = 0.5$ w और $r_y = 0.5$ w

जब $r = 2$, $w_x = 0.9412$ w और $w_y = 0.0588$ w.

टिप्पणी : जब r का मान 2 होता है, तब भार जो छोटे विस्तृति पर स्थानतरित होता है, तब 94.12 प्रतिशत होता है और लम्बी विस्तृति पर केवल 5.88 प्रतिशत ही स्थानतरित होता है। जब इस अनुपात का मान 2 से अधिक होता है तब इन भार का मान छोटी विस्तृति पर और ज्यादा और लम्बी विस्तृति पर और कम हो जाता है। इस कारण $r = (l_y/l_x)$ का मान 2 या 2 से अधिक होता है, तब स्लैब की डीजाइन एक तरफा स्लैब की तरह की जाती है। उपरोक्त सम्बंध स्लैब के मध्य के लिए सच्च हैं।

Fig. 11.2, अधिकतम बंकन आघूर्ण का मान पट्टी CD के मध्य में (अर्थात्, छोटी विस्तृति के लिए)

$$M_x = \left[\frac{w_x \, . \, l_x^2}{8}\right] = \left[\frac{l_y^4}{l_y^4 + l_x^2}\right] . \, \frac{w \, l_x^2}{8}$$

$$M_x = \left[\frac{(l_y / l_x)^4}{(l_y/l_x)^4 + 1}\right] . \left[\frac{w \, . \, l_x^2}{8}\right]$$

$$M_x = \frac{1}{8}\left[\frac{r^4}{1+r^4}\right] . \, w \, . \, l_x^2 = \alpha_x \, . \, w \, . \, l_x^2 \tag{11.3}$$

जहां पर, $\alpha_x = \left(l_y^4 / \left[(l_y / l_x)^4 + 1\right]\right) = \frac{1}{8}\left(\frac{r^4}{1+r^4}\right)$

Fig. 11.2, अधिकतम बंकन आघूर्ण का मान पट्टी AB (अर्थात्, लम्बे विस्तृति के लिए)

$$M_y = \left[\frac{w_y \cdot l_y^2}{8}\right] = \left[\frac{l_x^4}{l_y^4 + l_x^2}\right] \cdot \frac{w\,l_y^2}{8}$$

$$M_y = \frac{1}{\left[(l_y / l_x)^4 + 1\right]} \cdot \frac{w}{8}\, l_x^2 \cdot (l_y / l_x)^2$$

$$M_y = \frac{1}{8}\left[\frac{r^2}{1+r^4}\right] \cdot w \cdot l_x^2 = \alpha_y \cdot w \cdot l_x^2 \qquad (11.4)$$

α_x और α_y का मान सारणी 11.1 में दिये गये हैं।

सारणी 11.2. द्वि–तरफ अथवा द्वि–दिशा विस्तृति युक्त स्लैबस के लिए (चारों किनारों पर सरल अवलम्बित)

$(l_y/l_x)^4$	α_{xx}	α_{yy}	$(l_y/l_x)^4$	α_{xx}	α_{yy}
1.0	0.062	0.062	1.5	0.104	0.046
1.1	0.074	0.061	1.75	0.133	0.037
1.2	0.084	0.059	2.00	0.118	0.029
1.3	0.093	0.055	2.50	0.122	0.020
1.4	0.099	0.051	3.0	0.124	0.014

टिप्पणी : यह तथ्य विशेष करके ध्यान में रखना है कि IS : 456-2000 कोड में α_x और α_y गुणांक जो उपरोक्त सारणी में उल्लेखित है, वे मान **ग्रासफ रेनकिन थ्योरी** पर ही आधारित हैं। ये गुणांक द्वि तरफ अथवा द्वि दिशा में विस्तृति युक्त स्लैबस, जो कि चार किनारों पर सरल अवलम्बित है। विस्तृति एक दूसरे के लम्बवत है।

उदाहरण (Example 11.1). एक प्लान में आयताकार स्लैब (जो कि अपने चारों किनारों पर अवलम्बित है, और स्लैब के चारो कोने ऊपर उठने के लिए मुक्त है)। स्लैब कक्षा कमरा 4.8 m x 6.2 m माप के ऊपर लगानी है।

अचल भार (फिनिशिंग भार + स्लैब का स्वम्य का भार = 5.48 kN/m² है। चल भार (जो कि स्लैब क ऊपर की सतह पर कार्यरत होने की संभावना है) = 4 kN/m² अग्नि की संभावना नहीं है।

उपरोक्त स्लैब के लिए बंकन में फेक्टरड आघूर्ण का मान ज्ञात करो।

हल : (Solution): स्लैब चारों किनारों पर सरल अवलम्बित है। अवलम्ब दीवार की मोटाई 600 mm है। स्लैब की प्रभावी गहराई, d = 150 mm मानी जाती है।

Step 1(A) स्लैब के लिए छोटी प्रभावी विस्तृति

ES = (CS + d) = (4800 + 150) = 4950 mm (i)

ES = (CS + 1/2 + b_y + 1/2 b_x) = (4800 + 1/2 x 600 + 1/2 x 600) = 5400 mm (ii)

दोनों में जो भी कम हो। अर्थात् ES = 4950 mm (छोटी प्रभावी विस्तृति = l_x) (iii)

Step 1(B) : स्लैब के लिए लम्बी प्रभावी विस्तृति

ES = (6200 + 150) = 6350 mm (iv)

ES = (6200 + 1/2 x 600 + 1/2 x 600) = 6800 mm (v)

दोनों में जो भी कम हो। अर्थात्

ES = 6350 mm (लम्बी प्रभावी विस्तृति = l_y)

Step 2 : कुल एक समान वितरित भार

विशिष्ट अचल भार = 5.48 kN/m^2

विशिष्ट चल भार = 4.00 kN/m^2

कुल विशिष्ट भार = 9.48 kN/m^2 (vii)

फेक्टरड (डीजाइन) भार w_{Fd} = (1.5 x 9.48) = 14.22 kN/m (viii)

r = (l_y/l_x) = (6350/4950) = 1.283 (ix)

Step 3 : स्लैब के लिए बंकन आघूर्ण

(A) स्लैब की मध्य पट्टी के लिए (चौड़ाई 1m) छोटी प्रभावी विस्तृति के लिए ग्रेसफ रेनकीन थ्योरी (विधि) से

$$M_x = \frac{1}{8}\left[\left(\frac{r^4}{1+r^4}\right).w_{Fd}.l_x^2\right] = \alpha_x.\left[\frac{w_{Fd}.l_x^2}{8}\right] \quad \text{(ix)}$$

(B) स्लैब की मध्य पट्टी के लिए (प्रति 1 m चौड़ाई) लम्बी प्रभावी विस्तृति के लिए ग्रेसफ रेनकीन थ्योरी (विधि से)

$$M_y = \frac{1}{8}\left[\left(\frac{1}{1+r^4}\right).\frac{w_{Fd}.l_y^2}{8}\right] = \alpha_y.\left[\frac{w_{Fd}.l_y^2}{8}\right] \quad \text{(x)}$$

ग्रेसोफ रेनकीन गुणांक का मान सारणी 11.3 से

अनुपात	(लम्बी विस्तृति / छोटी विस्तृति)	
1.25	1.30	1.283
α_x = 0.709	0.741	0.730
α_y = 0.291	0.259	0.270

मध्य पट्टी के लिए (पट्टी की चौड़ाई 1m)

छोटी विस्तृति के लिए

$$M_x = 0.730 \text{ x } 1.5 \text{ x } \left[\frac{9.48 \text{ x } 4.950^2}{8}\right] = 31.794 \text{ kN-m}$$

लम्बी विस्तृति क लिए

$$M_y = 0.270 \text{ x } 1.5 \text{ x } \left[\frac{9.48 \text{ x } 6.350^2}{8}\right] = 19.351 \text{ kN-m}$$

11.4 द्वि तरफ (द्वि दिशा विस्तृति युक्त) स्लैब की डीजाइन IS: 456-2000 कोड की विधि से (Design of two way (Spanning in two directions perpendicular to each other by IS : 456-2000 method)

IS : 456-2000 कोड में Appendix D में दिये गये (प्लान में आयताकार पेनलस जो कि चारों किनारों पर सरल अवलम्बित हैं) गुणांक को उपयोग करके स्लैब की डीजाइन की जाती है।

सरल अवलम्बित स्लैब के चारों कोने ऊपर उठने के मुक्त (Free) हैं।

इन स्लैबस के लिए ऐंठन आधूर्ण (Torsion) का प्रतिरोध करने के लिऐ उपनियम कोड में उल्लेखित नहीं है। छोटी विस्तृति और लम्बी विस्तृति के लिए बंकन आघूर्ण प्रति इकाई चौड़ाई के लिए निम्न समीकरणों से गणना की जाती है :

$$M_x = (\alpha_x \,.\, W_{Fd} \,.\, \alpha_{x2}) \tag{10.19)A}$$

$$M_y = (\alpha_y \,.\, W_{Fd} \,.\, \alpha_{x2}) \tag{10.19) B}$$

जहां पर w_{Fd} = फेक्टरड (डीजाइन) भार जो कि एक समान प्रति इकाई क्षेत्रफल पर स्लैब पर कार्यरत होता है।

l_x और l_y = छोटी विस्तृति और लम्बी विस्तृति के मान हैं।

M_x और M_y = प्रति इकाई की चौड़ाई की पट्टियों के लिए बंकन आघूर्ण क्रमशः छोटी विस्तृति और लम्बी विस्तृति के l_x और l_y = बंकन आघूर्ण ज्ञात करने के लिए गुणांक सारणी 10.4 से नोट किये जाते हैं। इनका मान ग्रेसोफ–रेनकिन सूत्र पर आधारित है। जो कि स्लैबस के लम्बवत दोनों पट्टियों के मध्य लम्बाई पर कटाव पर बराबर लेकर आधारित होते हैं।

M20 ग्रेड कांक्रीट और इस्पातीय सिरिये का ग्रेड निर्णय कर लेते हैं। IS : 456-2000 कोड द्वारा अनुमोदित और कोड में उल्लेखित विधि द्वारा उनकी डीजाइन की जाती है।

Step 1 : डीजाइन स्थिर अंकों की गणना संतुलित अनुप्रस्थ खण्ड के लिए कांक्रीट के ग्रेड को और इस्पातीय सिरियों के ग्रेड को ध्यान में रख की जाती है (उदाहरण के लिए $(x_{u.max}/d)$ अनुपात का मान नोट कर लिया जाता है। लीवर आर्म दूरी $(d - 0.42\,(x_{u.max}/d))$ की गणना की जाती है।

Step 2 : स्लैबस की प्रभावी छोटी विस्तृति और प्रभावी लम्बी विस्तृति की गणना की जाती है।

Step 3 : इकाई चौड़ाई की पट्टियों के लिए अचल और चल भार की गणना की जाती है।

अचल भार की गणना के लिए स्लैबस की **मोटाई का अनुमान** किया जाता है।

इसके लिए (विस्तृति / गहराई) का अनुपात ज्ञात किया जाता है। IS : 456-2000 में उल्लेखित उप नियम के अनुसार दोनों विस्तृति में जो भी छोटी हो, प्रयोग में लायी जाती है।

(i) कम विस्तृति (करीब 3.5 m) के लिए और मृदु इस्पात सिरियों के लिए सारणी 18.5 के अनुसार मान नोट किये जाते हैं। जो कि ऊर्ध्वाधर विस्थापन की सीमा के लिए और 3 kN/m² के लिए संतोषप्रद होने चाहिए।

(ii) उच्च सामर्थ्य युक्त विकृत सिरिये **Fe 415** के लिए मृदु इस्पात के लिए उल्लेखित मान को 0.8 से गुना किया जाता है

सारणी 11.5

Edge support	Span to overall depth ratio	
	mild steel	HYSD steel
Simply supported	35	28
Continuous	40	32

स्लैबस का स्वम्य का भार प्रति ईकाई क्षेत्रफल और मोटाई को ध्यान में रख कर ज्ञात कर लिया जाता है। इसको अचल भार में जोड़ दिया जाता है। छोटी और लम्बी दोनों विस्तृति पर कुल भार प्राप्त कर लिया जाता है।

Step 4 : बंकन आघूर्ण के मान की गणना करने के पश्चात स्लैब की आवश्यक मोटाई ज्ञात की जाती है।

Step 5 : तनन में मुख्य इस्पातीय प्रबल्लित सिरियों का क्षेत्रफल और संलग्न सिरियों के बीच की दूरी

छोटी और लम्बी विस्तृति के लिए

$$0.87\, f_y\, .\, A_{stx}.\, d\left(1-\frac{f_y\, .\, A_{stx}}{f_{ck}\, .\, b.d}\right) = M_{Fd.x} \quad \text{(i)}$$

$$0.87\, f_y\, .\, A_{sty}.\, d\left(1-\frac{f_y\, .\, A_{stx}}{f_{ck}\, .\, b.d}\right) = M_{Fd.y} \quad \text{(ii)}$$

और $s_x = \left(\frac{1000\ A_{\phi x}}{A_{stx}}\right)$ (iii)

$$s_y = \left(\frac{1000\, A_{\phi y}}{A_{sty}}\right) \quad \text{(iv)}$$

जहां पर, $A_{\phi x}$ और $A_{\phi y}$ एक सिरिये के अनुप्रस्थ क्षेत्रफल क्रमशः छोटी और लम्बी विस्तृति के लिए

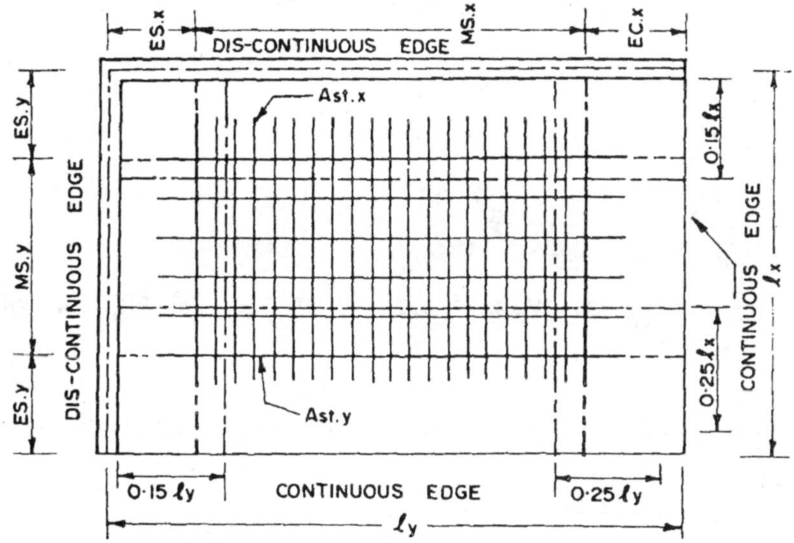

(A) POSITIVE REINFORCEMENT AT BOTTOM OF SLAB (MIDDLE STRIP)

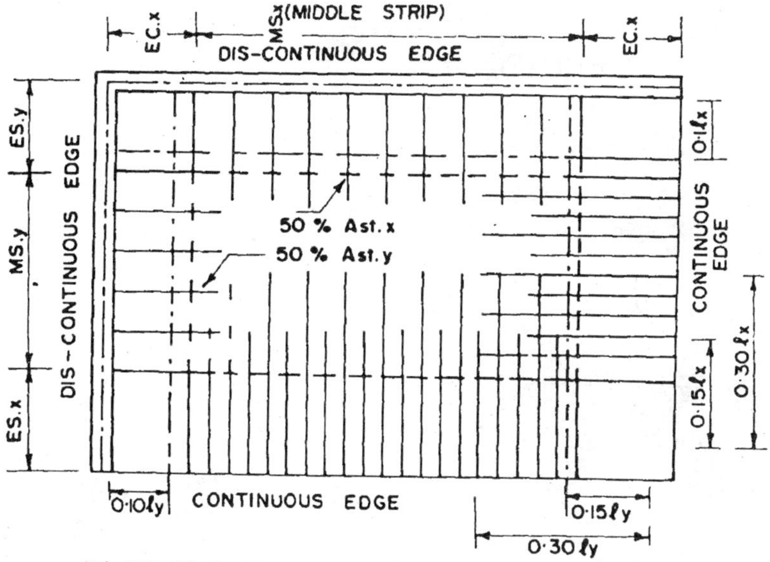

(B) NEGATIVE REINFORCEMENT AT TOP OF SLAB (MIDDLE STRIP)

Fig. 11.3

Fig. 11.3 में मुख्य प्रबल्लित सिरिये और दरारों के वितरण के लिए प्रबल्लित सिरिये दिखाये गये हैं।

11.5 द्वि तरफा (द्वि दिशा में विस्तृति युक्त) स्लैब में अपरूपण (Shear in two-way slabs)

द्वि तरफा स्लैब अपने चारों किनारों पर सरल अवलम्बित है। ग्रेसोफ रेनकिन विधि (Grasshoff - Rankine method) में यह देखा गया है कि प्रति इकाई क्षेत्रफल पर एक समान वितरित भार w, छोटी विस्तृति और लम्बी विस्तृति दोनों के द्वारा बांटा जाता है। समीकरण (11.1) से

$$w_x = \left[\frac{l_y^4}{l_y^4 + l_x^4}\right] . w = \left[\frac{(l_y / l_x)^4}{(l_y/l_x)^4 + (l_y / l_x)^4}\right] = \left[\frac{r^4}{1+r^4}\right] . w \qquad (i)$$

समीकरण (11.2) से

$$W_y = \left[\frac{l_y^4}{l_y^4 + l_x^4}\right] = \left[\frac{(l_x / l_x)^4}{(l_y/l_x)^4 + (l_x / l_x)^4}\right] = \left[\frac{r^4}{1+r^4}\right] . w \qquad (ii)$$

बंकन आघूर्ण का मान W_x और W_y के मान को उपयोग करके जो गणना की जाती है, वे मान संतोषप्रद प्राप्त होते हैं।

परन्तु किनारों पर अवलम्ब पर प्रतिबल (Reactions) का मान प्रयोग द्वारा प्राप्त मान से बिल्कुल अलग पाये जाते हैं। क्योंकि किनारों के पास स्लैबस (X_1Y_1 ij **Fig. 11.1, A** कोने के पास) इस प्रकार अवलम्बित होते है।

दो तरफा स्लैबस में अपरूपण की गणना यह मानकर की जाती है कि क्षेत्रफल **AED (Fig. 18.10** छोटी किनार **DA** और क्षेत्रफल **AEFB** लम्बी किनार **AB** द्वारा वहन किये जाते है। स्लैब में कुल अपरूपण किनार **DA** पर

(भार की तीव्रता) x क्षेत्रफल AED (Fig. 18.1)

$$= w . \frac{1}{2} . l_2 . \left(\frac{l_x}{2}\right) = \left(\frac{w\, l_x^2}{4}\right) \qquad (iii)$$

प्रति इकाई चौड़ाई पर औसत अपरूपण DA पर

$$= \left(\frac{1}{l_x}\right) . \left(\frac{w . l_x^2}{4}\right) = \left(\frac{w . l_x}{4}\right) \qquad (iv)$$

अधिकतम औसत अपरूपण प्रति ईकाई चौड़ाई **DA** के मध्य होता है। व्यवहार में यह माना जाता है कि

$$= \left(\frac{w . l_x}{3}\right) \qquad (v)$$

स्लैब के किनार AB (Fig. 11.1) पर कुल अपरूपण

(भार की तीव्रता) x क्षेत्रफल AEFB (Fig. 11.1)

$$= w . \left[\frac{AB + EF}{2}\right] . \left(\frac{l_x}{2}\right) = w . \frac{1}{2}\left[l_y + \left(l_y - 2 . \frac{l_x}{2}\right)\right] . \frac{l_x}{2}$$

$$= w . \left[\frac{l_x (2\, l_y - l_x)}{4}\right] \qquad (vi)$$

औसत अपरूपण प्रति ईकाई AB पर

$$= \left(\frac{w \cdot l_x}{l_y}\right)\left(\frac{l_y\left(2 - l_x/l_y\right)}{4}\right) = \frac{w \cdot l_x\left(2 - l_x / l_y\right)}{4} \qquad \text{(vii)}$$

यदि स्लैबस की मोटाई 200 mm से कम होती है, तब स्लैब में अपरूपण में प्रबल्लित करना असंभव होता है। अकलित (Nominal) अपरूपण प्रतिबल अनुज्ञेय प्रतिबल के मान से आधे से अधिक नहीं होना चाहिए। स्लैबस की मोटाई में साधारणतया इस प्रकार हिसाब से सुधार कर लिया जाता है कि अपरूपण में स्लैब को प्रबल्लित करने की आवश्यकता ही नहीं हो।

PROBLEMS

11.1 एक प्लान में आयताकार स्लैब अपने चारों किनारों पर सरल अवलम्बित है। स्लैब के चारों कोने ऊपर उठने के लिए मुक्त है। इस स्लैब को एक कक्षा कमरा 3.6 m x 4.6 m माप पर लगानी है।

फिनिशिंग सतह और स्लैब का स्वम्य का भार (कुल अचल भार) 4.6 kN/m^2 स्लैब पर चल भार 2 kN/m^2 रहेगा। ग्रेसोफ – रेनकीन विधि का उपयोग करते हुए, फेक्टरड (डीजाइन) बंकन आघूर्ण का मान ज्ञात करो।

भाग – 5 (Part - 5)

लिमिट स्टेट विधि से

प्रबल्लित क्रांक्रीट स्तम्भ की डिजाइन

(LIMIT STATE DESIGN OF REINFORCED CONCRETE COLUMNS)

अध्याय – 12

स्तम्भ का अक्षीय संपीडंन में लिमिट स्टेट लघु स्तम्भ की भार वहन क्षमता एवं उनकी डिजाइन (LIMIT STATE OF COLLAPSE IN AXIAL COMPRESSION LOAD CARRYING CAPACITY OF SHORT COLUMNS AND STRUTS AND THEIR DESIGN)

12.1. प्रस्तावना (Introduction)

एक संरचनात्मक अवयव जिस पर अनुदैर्ध्य अक्ष के समान्तर और संपतन बल कार्यरत होता है, उसे **स्तम्भ** (Column/Compression-member) कहते हैं। स्तम्भ साधारणतया ऊर्ध्वाधर होते हैं। कुछ अवस्था में स्तम्भ का क्षैतिज्य रेखा के साथ झुकाव भी होता है। स्तम्भ का उपयोग मुख्यतया संपीडांग भार वहन करने के लिए किया जाता है। IS: 456-2000 कोड के अनुसार को ऐसे परिभाषित किया गया है कि वे संपीडांग अवयव जिनकी प्रभावी लम्बाई तीन गुणा न्युनतम पार्श्व माप से अधिक होती है। यदि संपीडाग अवयव की प्रभावी लम्बाई तीन गुणा न्युनतम पार्श्व माप से अधिक नहीं होती तो, उनकों **स्तम्भ का आधार** (Pedesatl) शब्द केन्द्रित भार (Centrally loaded) अथवा एक केन्द्रीभूत भार (Concentrically loaded) के भी उपयोग में लाये जाते हैं।

यदि स्तम्भ पर भार का मान अत्याधिक भार कार्यरत के मान के स्तर पर पहुंच जाता है, तब स्तम्भ सीधे अक्षीय भार में विफल हो जाते हैं, (अर्थात्, संदलन कुचले/Crush जाते है, अथवा अधिक बंकन (Exclusive bending) में अथवा बंकन और ऐंठन में (Bending combined with twisting) स्तम्भ की विफला तनुता अनुपात (Slenderness ratio) पर निर्भर करती है। इन प्रकार की विफलताओं के लिए कार्यरत भार के मान में कमी होती जाती है, जैसे–जैसे संपीडन अवयवों की लम्बाई बढती जाती है, साथ ही अनुप्रस्थ खण्ड का क्षेत्रफल स्थिर रहता है। इस प्रकार संपीडन अवयवों का वर्गीकरण किया जाता है। (लघु–स्तम्भ और लम्बे (तनु स्तम्भ))।

लघु स्तम्भ (Short columns) जब स्तम्भ के लिए दोनों तनुता अनुपात (l_{ex}/D) और (l_{ey}/b) का मान 12 से कम होता है, तब इन स्तम्भ को लघु स्तम्भ (Short-columns) कहते है। जब इन स्तम्भ पर धीरे धीरे संपीडन में अक्षीय भार बढाते हैं, तब इन स्तम्भ की विफलता कांक्रीट में अव भजन (Crushing) द्वारा और इस्पातीय सिरियों में पराभव (Yielding) होती है क्योंकि कांक्रीट और इस्पातीय सिरियें दोनों में प्रतिबल उनकी अधिकतम भार वहन क्षमता के कारण साथ–साथ होती है।

दीर्घ लम्बे (Long) अथवा तनु (Slender) स्तम्भ

जब स्तम्भ के लिए (L_{ex}/D) अथवा (L_{ey}/b) अथवा दोनों का मान 12 से अधिक होता है, तब स्तम्भ को लम्बे अथवा तनु स्तम्भ कहते हैं। इन लम्बे स्तम्भ में पार्श्व विस्थापन का स्तम्भ के सामर्थ्य पर महत्वपूर्ण प्रभाव होता है।

यदि प्लेन कांक्रीट स्तम्भ का (Fig. 1.2 (A) अध्याय 1) उपयोग किया जाता है, तब इनका संपीडन भार वहन करने की क्षमता कम होती है। हालांकि स्तम्भ में संपीडन प्रतिबल ही उत्पन्न होता है। यदि प्लेन कांक्रीट स्तम्भ को इस्पातीय सिरियों से प्रबल्लित करके उपयोग किया जाय (Fig. 1.2 (B)), तब संपीडन भार वहन करने की क्षमता अधिक बढ जाती है। चूंकि कांक्रीट में अंदर गाड़ देने से इस्पातीय सिरियों की क्षमता अधिक हो जाती है। इस्पातीय सिरिये अतिरिक्त क्षमता प्रदान करते हैं। अब स्तम्भ प्रबल्लित कांक्रीट स्तम्भ हो गये हैं।

प्रबल्लित कांक्रीट स्तम्भ में इस्पातीय सिरियों को बाहरी परिमाप (Outer-periphery) के पास कांक्रीट सतह के अन्दर उचित स्पष्ट आवरण रखते हुए रखी जाती है। इन मुख्य प्रबल्लित सिरियों को पार्श्व में उचित दूरी पर छल्लों से बांध दिये जाते हैं। ताकि इस्पातीय सिरियों में व्यांकुचन (Buckling) नहीं हो।

इन प्रबल्लित स्तम्भ में इस्पातीय सिरिये को अनुदैर्ध्य अक्ष के समान्तर रखते हैं। इनको लम्बवत (अथवा पार्श्व प्रबल्लित सिरियों से) बांध दिया जाता है। जिनको पार्श्व छल्ले (अथवा अनुप्रस्थ तान Lateral/transverse ties) भी कहते हैं।

स्तम्भ में अनुप्रस्थ खण्ड वर्गाकार, आयताकार, बहुभुजाकार अथवा वृत्ताकार आकृति के भी होते हैं। इस्पातीय सिरियों की न्यूनत्तम संख्या इन स्तम्भ के आकृति पर निभर्र करते हैं।

लिमिट स्टेट डीजाइन विधि में स्तम्भ की डीजाइन चरम लिमिट स्टेट पर की जाती है और इसकी जांच सेवा लिमिट स्टेट द्वारा की जाती है। अक्षीय संपीडन और बंकन में विफलता के लिए कांक्रीट में अक्षीय संपीडन में विकृति का मान 0.002 से अधिक नहीं होना चाहिए।

12.2 अक्षीय भारित प्रबल्लित कांक्रीट स्तम्भ (Axially loaded reinforced concrete columns)

एक आदर्श स्तम्भ को पूर्णतः सीधा (Perfectly straight) और केन्द्रित भार युक्त माना जाता है। एक तनु आदर्श स्तम्भ ऊर्ध्वाधर स्थिति में आधार पर स्थिर और ऊपरी सिरे पर मुक्त Fig. 12.1

जब अक्षीय भार का मान, P **क्रान्तिक भार** (Critical Load) से कम होता है और प्रतिबल का मान **समानुपातिकता की सीमा** के (Limit of proportionality) अन्दर होता है, तब स्तम्भ सीधा रहता है। स्तम्भ **स्थायी साम्यावस्था** (Stable equilibrium) में होता है। (अर्थात्, एक सुक्ष्म पार्श्व भार यदि मुक्त सिरे पर प्रतियुक्त किया जाता है, तब स्तम्भ में विस्थापन हो जाता है। परन्तु, इस पार्श्व भार को हटा दिया जाय, तब स्तम्भ अपने पूर्व की ऊर्ध्वाधर स्थिती में आ जाता है, और विस्थापन का मान शुन्य हो जाता है) जब अक्षीय भार, P में स्नेह स्नेह वृद्धि की जाती है, तब एक स्थिति (Stage) ऐसी पहुंच जाती है, जब स्तम्भ की ऊर्ध्वाधर स्थिति **अस्थायी साम्यावस्था** (Unstable equilibrium) में पहुंच जाती है। (अर्थात्, एक सूक्ष्म पार्श्व भार प्रयुक्त करने पर स्तम्भ में विस्थापन हो जाता है। परन्तु इस पार्श्व भार को हटाने पर, इस विस्थापन के मान में कमी नहीं होती।) स्तम्भ पर यह भार जो कि स्तम्भ का विस्थापित स्थिति में रखता है, इस भार को **क्रान्तिक भार** (Critical load) कहते हैं। इस क्रान्तिक भार को स्तम्भ का

व्याकुंचन भार (Buckling Load) भी कहते हैं। इसे **विकलांगता भार** (Crippling Load) भी कहा जाता है।

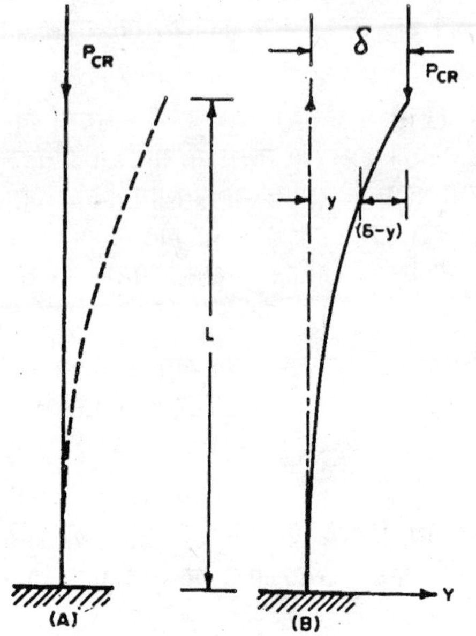

Fig. 12.1

व्याकुंचन भार (Buckling load) वह भार होता है, जिस स्तर में अवयव अथवा संरचना पूर्णतया **विफल** (Collapse) हो जाती है। **व्याकुंचन भार** को इस प्रकार परिभाषित किया जाता है कि जब अवयव में संपीडन प्रतिबल के कारण बंकन, (Bending), ऐंठना (Warping), कुतंल (Curling), विवलन/तोड मरोड (Crumpling) हो जाता है। स्तम्भ में व्याकुंचनता का दिशा स्तम्भ की बंकन दृढता (Flexural-rigidity, EI) पर निर्भर करती है। स्तम्भ (संपीडन अवयव) में उस अक्ष के लम्बवत दिशा में व्याकुंचनता होती है, जिस पर जड़त्व आघूर्ण (Moment of inertia) का मान न्यूनतम होता है।

करीब 1759 में प्रोफेसर लीयोन हार्ड इयुलर (Leonhard Euler, जो कि एक स्विस गणितज्ञ थे) ने सीधे, सकेन्द्रित भारित तनु स्तम्भ के व्यवहार के बारे में मूल सूचना दी। Fig. 12.2 में दिखाये गये स्तम्भ के लिए **क्रान्तिक भार** के लिए निम्न उल्लेखित सूत्र व्युत्पन्न (Derive) किया गया।

प्रोफेसर इयुलर ने निम्न परिकल्पना की :

(i) स्तम्भ प्रारम्भ में सीधा होता है, तथा इसका अनुप्रस्थ काट सम्पूर्ण लम्बाई में नियत होता है।

(ii) स्तम्भ में आरोपित भार से अक्षीय संपीडन बल होता है।

(iii) स्तम्भ का पदार्थ हुक के नियम (Hooke's law) की पालना करता है।

(iv) स्तम्भ केवल व्याकुंचन भार (Buckling load) के कारण विफल होता है।

(v) स्तम्भ का स्वम्य का भार नगण्य समझा जाता है।

स्तम्भ का एक सिरा स्थिर और दूसरा सिरा मुक्त (विस्थापन के लिए स्वतंत्र) होता है (Fig. 12.1) के लिए अवकलन समीकरण (विस्थापित आकृति के लिए) निम्न होती है।

$$EI - \left(\frac{d^2y}{dx^2}\right) = +M \text{ (Hogging)} \qquad \text{(i)}$$

स्तम्भ के विस्थापित आकृति के लिए किसी बिन्दु पर

बंकन आधूर्ण $\quad M = +P(\delta - y) \qquad$ (ii)

इस प्रकार, $\quad EI\left(\frac{d^2y}{dx^2}\right) = P(\delta - y) \qquad$ (iii)

$$\left(\frac{d^2y}{dx^2}\right) - \left(\frac{P}{EI}\right)(\delta - y) = 0 \qquad \text{(iv)}$$

माना कि $n = (P/EI)^{1/2}$, तब अवकलन समीकरण इस प्रकार लिख सकते हैं

$$\left[\frac{d^2y}{dx^2} + n^2.y - n^2\delta\right] = 0 \qquad \text{(v)}$$

इस अवकलन समीकरण का साधारण हल निम्न प्रकार है।

$y = A.\sin(nx) + B.\cos(nx) + \delta$ अत:

$x = 0$ पर $y = 0$, $\left(\frac{dy}{dx}\right) = 0$, $B = -\delta$, $A = 0$

इस प्रकार $y = \delta(1 - \cos nx)$, $x = l$, $y = \delta$, $\delta \cos nl = 0$

इससे या तो $\delta = 0$, अथवा $\cos(nl) = 0$ यदि $\delta = 0$, तो स्तम्भ में व्याकुचन नहीं होता। यदि/अगर cos (nl) = 0, तब

$n.l = \frac{\pi}{2}(2n - 1)$, जहाँ पर n का मान 1, 2, 3

$n = 1$ से, $n.l$ का मान न्यूनतम होता है, जो कि $(\pi/2)$ के बराबर रहता है। इस प्रकार

$$p_{cr} = \left[\frac{\pi^2 EI}{4l^2}\right] \qquad (12.1)$$

इस स्तम्भ के क्रान्तिक भार से, स्तम्भ के अन्य सिरों की स्थितियों के लिए अन्य सूत्रों का व्युत्पन्न (Derive) कर सकते हैं।

जब स्तम्भ दोनों सिरों पर कब्जेदार सिरों होते हैं,

$$p_{cr} = \left[\frac{\pi^2 . EI}{l^2}\right] \qquad (12.2)$$

जहां पर, P_{cr} = स्तम्भ के लिए क्रान्तिक भार होता है।

चूंकि, उपरोक्त स्तम्भ की इस स्थिति के लिए आधी साइन (Sine) तरंण की आकृति पूरे स्तम्भ के लिए होता है। दोनों सिरों पर कब्जेदार सिरों वाली स्थिति आधारभूत (Fundamental case) स्थिति अथवा व्यांकुचन (Bukling) के लिए मानक स्थिति (Standard case) कहलाता है। व्यापक (general) रूप में समीकरण (12.1) और (12.2) को इस प्रकार लिख सकते हैं।

$$P_{cr} = p_{cr} = \left[\frac{\pi^2 . EI}{\left(k . l^2\right)}\right] \qquad (12.3)$$

समीकरण (12.1) द्वारा प्राप्त क्रान्तिक भार पर आधी साइन (Sine) तरंग की फोर्म है। इस आकृति में बंकन आधूर्ण का मान $P . (\delta - y)$ अनुप्रस्थ खण्ड पर होता है। और उस खण्ड पर विस्थापन y के मान से सतत रूप से वृद्धि होती है। ऊपरी सिरे पर विस्थापन तेजी से बढता है। बढे हुए बंकन आघूर्ण से बंकन संपीडन प्रतिबल बढते है और स्तम्भ विफल हो जाता है।

12.3 स्तम्भ और संपीडन अवयवों की प्रभावी लम्बाई (Effective length of columns and compression members)

संपीडन अवयव की प्रभावी लम्बाई अवयव के सिरों की स्थितियों पर निर्भर करता है। सिरों की स्थिति निम्न दो प्रकार की होती है। (i) स्थिति अवरोध (Position restraint) (ii) दिशा अवरोध (Direction restraint)

(i) स्थिति अवरोध : स्थिति अवरोध में अवरोध अवयव के सिरे की स्थिति नहीं बदलती। परन्तु सिरे पर घूर्णन (Rotation) हो सकता है। जैसा कि Fig. 12.2 (A) में दिखाया गया है।

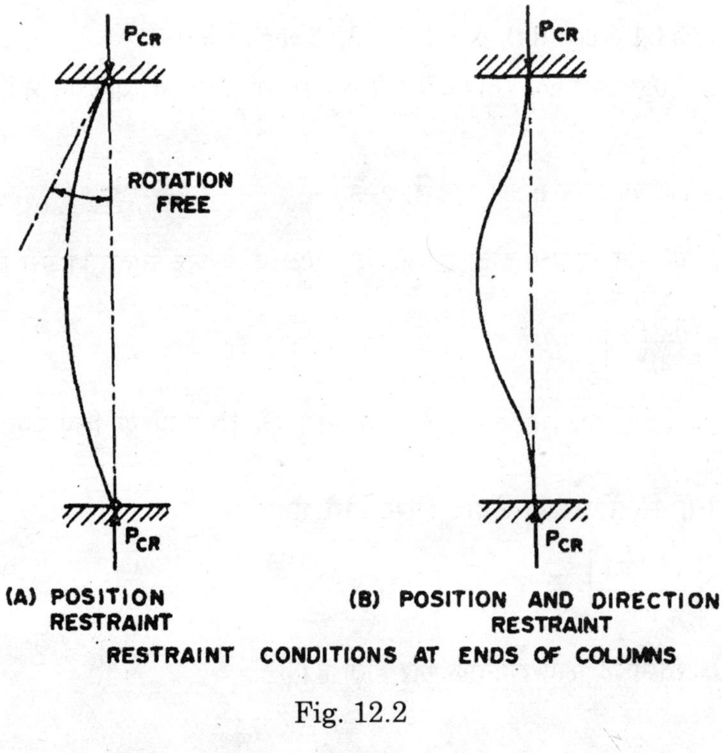

Fig. 12.2

ऐसे सिरे कब्जेदार सिरे होते हैं।

(ii) दिशा अवरोध : दिशा अवरोध में संपीडन अवयव का सिरा स्थिति बदल सकता है।

परन्तु सिरे पर घूर्णन (Rotation) नहीं कर सकता। Fig. 12.2 (B) में दिखाया गया है। संपीडन अवयव के दोनों सिरों पर अवरोध स्थिति एक जैसी हो सकती है और भिन्न भी हो सकती है।

जब किसी संपीडन अवयव के एक सिरे पर स्थिति और दिशा दोनों अवरोध होते हैं, तब वह सिरा न तो स्थिति बदल सकता है, न ही उस सिरे पर दिशा बदलती है। ऐसी स्थिति में घूर्णन भी नहीं हो सकता।

स्तम्भ के दोनों सिरों पर विभिन्न प्रकार से संयोजक अवरोध स्थितियाँ हो सकती है। निम्न स्थितियां कहलाती है।

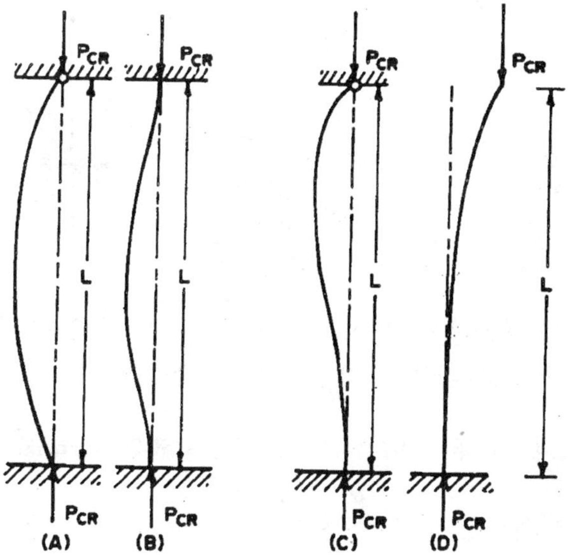

IDEAL CASES OF COLUMNS WITH DIFFERENT END CONDITIONS

Fig. 12.3

1. दोनों सिरे कब्जेदार (Both ends hinged)
2. दोनों सिरे अवरूद्ध (Both ends fixed)
3. एक सिरा आबध्य और दूसरा सिरा कब्जेदार (One end fixed and other end hinged)
4. एक सिरा आबद्ध और दूसरा सिरा मुक्त

जब स्तम्भ पर क्रान्तिक भार होता है, ऐसे स्थिति में स्तम्भ की विक्षेप आकृतियां (Deflected shape) Fig. 12.3 (A), (B), (C) और (D) में क्रमशः दिखायी गयी है।

प्रत्येक स्थिति में स्तम्भ की वास्तविक लम्बाई, l द्वारा चिन्हित की गयी है। Fig. 12.3 (A) में दिखाये गये स्तम्भ की प्रकार को मानक (Standard) मान कर अन्य प्रकार के स्तम्भ की तुल्य मान लम्बाई (Equivalent length) व्यक्त की जाती है। **तुल्यमान लम्बाई** दो संलग्न बिन्दुओं पर जिन पर आघूर्ण का मान शुन्य होता है, उनके बीच की दूरी होती है। (Length between two adjacents points of contraflexure) real or imaginary of a buckled column)

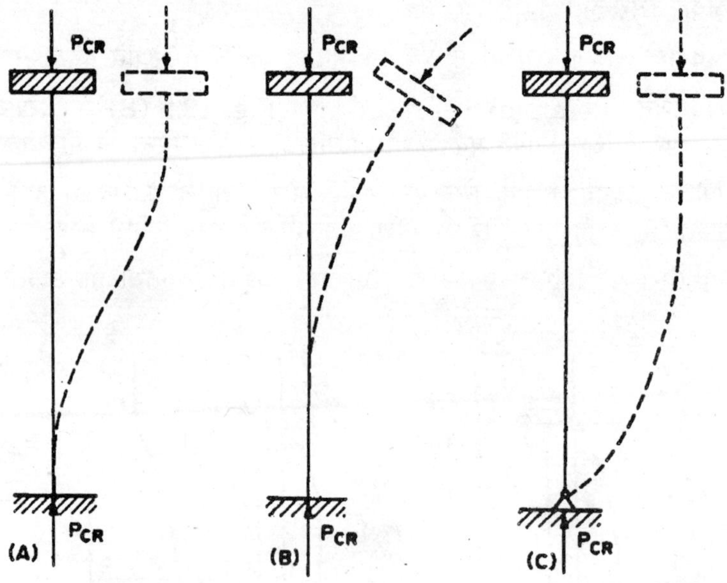

Fig. 12.4

Fig. 12.4 (A), (B) और (C) में तीन अन्य आदर्श स्थितियाँ स्तम्भ की दिखायी गयी हैं।

इन आदर्श स्तम्भ के लिए IS:456-2000 में सारणी 12.1 अनुमोदन किया गया है और उल्लेखित है।

सारणी 12.1. संपीडन अवयवों की प्रभावी लम्बाई IS : 456-2000 कोड के अनुसार

क्रम संख्या	संपीडन अवयवों की सिरों के अवरुद्ध (स्थिति)	प्रभावी लम्बाई	
		थ्योरिटिकल	अनुमोदित
1.	दोनों सिरों पर स्थिति अवरुद्ध, परन्तु घूर्णन (Rotation) अवरुद्ध नहीं (Fig. 12.3 (A))	1.00 l	1.00 l
2.	दोनों सिरों पर स्थिति अवरुद्ध, और घूर्णन (Rotation) भी अवरुद्ध (Fig. 12.3 (B))	0.50 l	0.65 l
3.	दोनों सिरों स्थिति अवरुद्ध, परन्तु घूर्णन के लिए एक सिरे पर अवरुद्ध (Fig. 12.3 (C))	0.70 l	0.80 l
4.	एक सिरा स्थिति अवरुद्ध और घूर्णन भी अवरुद्ध परन्तु दूसरे स्थिति भी अवरुद्ध नहीं और घूर्णन भी अवरुद्ध नहीं (अथवा दूसरा सिरा मुक्त) (Fig. 12.3 (D))	2.00 l	2.00 l
5.	एक सिरे पर स्थिति अवरुद्ध और घूर्णन अवरुद्ध परन्तु दूसरे सिरे पर घूर्णन अवरुद्ध परन्तु स्थिति अवरुद्ध नहीं (Fig. 12.4 (A))	1.00 l	1.20 l

6.	एक सिरे पर स्थिति अवरुद्ध और घूर्णन भी अवरुद्ध और दूसरे सिरे पर आंशिक घूर्णन अवरुद्ध परन्तु स्थिति अवरुद्ध नहीं। (Fig. 12.4 (B))	-	1.50 l
7.	एक सिरे पर स्थिति अवरुद्ध परन्तु धूर्णन अवरुद्ध नहीं, दूसरे सिरे पर घूर्णन अवरुद्ध परन्तु घूर्णन अवरुद्ध नहीं। (Fig. 12.4 (C))	2.00 l	2.00 l

टिप्पणी : l संपीडन अवयव की अ – अवलम्बित लम्बाई (Unsupported length)

वास्तव में संपीडन अवयवों की सिरों की आदर्शीय स्थिति नहीं होती है। अवयव का कोई भी सिरा न तो पूरी तरह कब्जेदार होता है, न ही पूरी तरह अवरुद्ध होता है।

12.4 इयुलर सूत्र की सीमायें (Limitations of Euler's formula)

इयुलर सूत्र की निम्न सीमायें होती हैं।

(i) इयुलर सूत्र के उपयोग के लिए स्तम्भ पूर्णतया सीधा होना चाहिए। परन्तु वास्तविक स्थिति में ऐसा संभव नहीं है।

(ii) स्तम्भ पर अक्षीय भार होना चाहिए। परन्तु स्तम्भ पर भार कुछ अपकेन्द्रीय (Eccentric) होता है।

(iii) इयुलर सूत्र में अक्षीय प्रतिबल के संदर्भ में कुछ भी उल्लेखित नहीं है। जिसके कारण इस सूत्र से गणना किया गया व्याकुचन भार (Buckling load) वास्तविक व्याकुचन भार से अधिक होता है।

इस सूत्र की वैधता केवल तभी है, जब स्तम्भ की विफलता व्याकुचन के कारण हो। विकलांगता (Crippling) के लिये इयूलर सूत्र इस प्रकार होता है।

$$P_{cr} = \left(\frac{\pi^2 \ EI}{l_e^2}\right) = \left(\frac{\pi^2 \ E \ A \, k^2}{l_e^{\ 2}}\right) \qquad (i)$$

जहां पर, A संपीडन अवयव के अनुप्रस्थ खण्ड की प्रभावी क्षेत्रफल और k जड़त्व आघूर्ण त्रिज्या तनुता अनुपात (l_e/k) अधिक होता है, तब विकलांगता प्रतिबल का मान कम हो जाता है। इस प्रकार (l_e/k) का मान शुन्य हो जाय (थ्योरीटिक्ली) तब विकलांगता प्रतिबल अनन्त हो जाता है। वास्तव में ऐसा संभव नहीं है। क्योंकि विकलांगता प्रतिबल के अनन्त होने से पहले ही स्तम्भ का पदार्थ अवभजित (Crush) हो जाता है। इस प्रकार विकलांगता प्रतिबल (Crippling stress) का सीमा पर मान अवभंजित प्रतिबल (Crushing stress) के तुल्य हो जाता है। फिर संपीडन अवयव की तनुता अनुपात भी शुन्य नहीं हो सकता।

अभिव्यक्ति (i) से

$$\left(\frac{P_{cr}}{A}\right) = \left(\frac{\pi^2 E}{(l_e/k)^2}\right) = \sigma_c \qquad (ii)$$

$$\left(\frac{l_e}{k}\right)^2 = \left(\frac{\pi^2 E}{\sigma_c}\right) \qquad (iii)$$

$$\left(\frac{l_e}{k}\right) = \left(\frac{\pi^2 E}{\sigma_c}\right)^{1/2} \qquad \text{(iv)}$$

मृदु इस्पात के लिए E का मान 2 x 10^5 N/mm^2 और σ_c = 33 N/mm^2 होता है। अतः

$$\left(\frac{l_e}{k}\right) = \left(\frac{\pi^2 .(2 \times 10^5)}{33}\right)^{1/2} = 79.25$$

अतः इयुलर सूत्र का उपयोग तब ही संभव हो जब तनुता अनुपात का मान 80 या इससे अधिक हो। यदि तनुता अनुपात का मान 79.25 से कम हो। तो इयुलर सूत्र का उपयोग संभव नहीं हैं।

12.5 संपीडन स्तम्भ का तुल्य (रूपांतरित) अनुप्रस्थ क्षेत्रफल (Equivalent/Transformed cross-sectional area of columns)

एक आयताकार प्रबल्लित कांक्रीट का स्तम्भ **Fig. 12.5** में दिखाया है। कांक्रीट प्रबल्लित स्तम्भ में दो पदार्थों का उपयोग कांक्रीट और इस्पात (**Concrete and steel**) होता है। (अर्थात्, संयुक्त/मिश्रित/मिला–जुला (**Composite**) इस्पातीय सिरियों के वास्तविक अनुप्रस्थ खण्ड के क्षेत्रफल को एक कल्पित/बनावटी/कृत्रिम (**Fictitious**) खण्ड कांक्रीट में रूपान्तरित क्षेत्रफल में गणना की जाती है। इस कृत्रिम, अनुप्रस्थ खण्ड को **तुल्य अथवा रूपान्तरित** अनुप्रस्थ खण्ड कहते है, जो कि Fig. 12.5 (B) or (C) में दिखाये गये हैं। जो कि वास्तविक कांक्रीट के क्षेत्रफल AC + इस्पातीय सिरिये के अनुप्रस्थ खण्ड का तुल्य क्षेत्रफल के बराबर होता है।

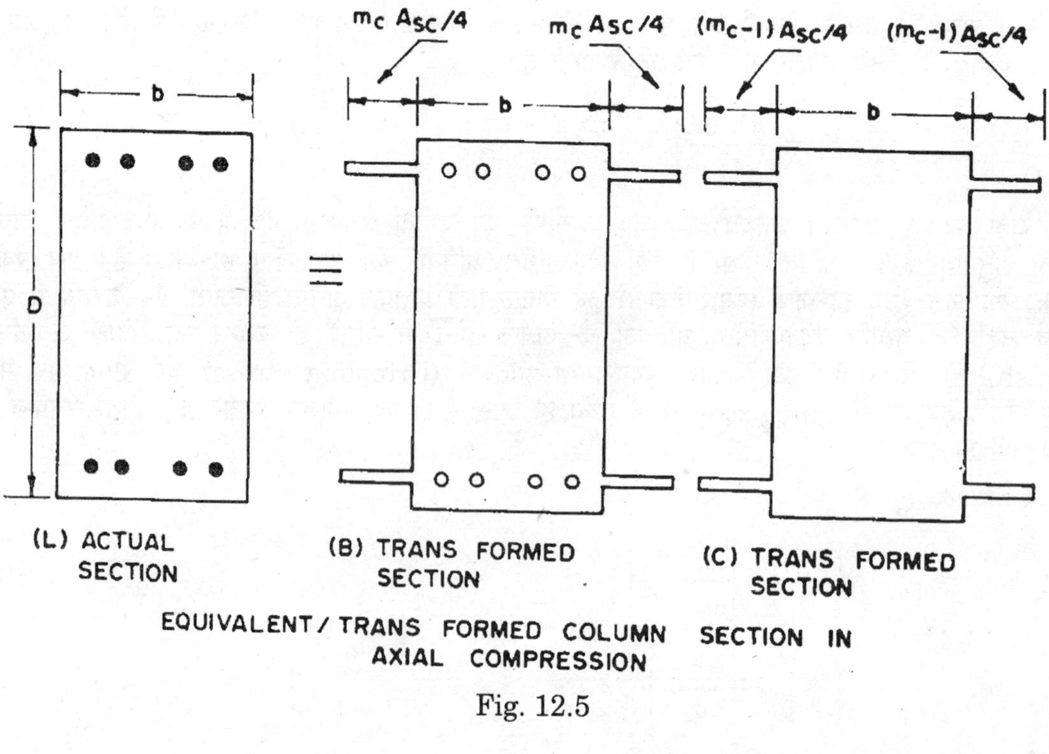

EQUIVALENT / TRANS FORMED COLUMN SECTION IN AXIAL COMPRESSION

Fig. 12.5

कांक्रीट के तुल्य इस्पातीय सिरियों के इस क्षेत्रफल का मान

$$= m_c \, . \, A_{sc} \qquad (m_c = 1.5 \, m)$$

जहां पर m को निश्चायिक अनुपात (modular ratio) कहते हैं। क्षेत्रफल $m_c \, . \, A_{sc}$ का सही स्थान इस्पातीय सिरियों के स्तर पर रहता है। संपीडन स्तम्भ का तुल्य (रूपान्तरित) क्षेत्रफल Fig. 12.5 B(C) में दिखाया गया है।

Fig. 12.5 (A) में चार सिरिये ऊपरी सतह के पास और चार सिरिये नीचे की सतह के पास ऐसा सोचा जाता है कि इनको हटाकर उतनी ही दूरी पर अतिरिक्त कल्पित कांक्रीट का क्षेत्रफल $m_c.A_{sc}$ जोड़ा जाता है। माना A_g अनुप्रस्थ खण्ड का सकल (Gross) क्षेत्रफल (b x D), A_c कांक्रीट का क्षेत्रफल और A_{sc} इस्पातीय सिरियों का कुल अनुप्रस्थ क्षेत्रफल संपीडन में है। स्तम्भ का तुल्य रूपान्तरित क्षेत्रफल

$$A_e = A_c + m_c \, . \, A_{sc} \tag{12.6}$$

$$A_e = (A_g - A_{sc}) + m_c \, . \, A_{sc} \tag{i}$$

$$A_e = [A_g + (m_c - 1) \, A_{sc}] \tag{12.7}$$

जहां पर, A_e तुल्य/रूपान्तरित क्षेत्रफल (Equivalent/Transformed area) कहलाता है। इस क्षेत्रफल पर यदि σ_c संपीडन प्रतिबल होता है, तब स्तम्भ का सामर्थ्य उतना ही होता है, जैसा कि मूल क्षेत्रफल का होता है। यह प्रबल्लित कांक्रीट स्तम्भ की ज्योमिति गुण होता है।

12.6 स्तम्भ खण्ड की परिभ्रमण त्रिज्या (Radius of gyratuion of a column section)

संपीडन अवयव प्रबल्लित कांक्रीट स्तम्भ खण्ड का एक ज्योमिति गुण (Geometrical property) होती है। जिसका निम्न समीकरण से ज्ञात किया जाता है।

$$r = [I_e/A_e]^{1/2} \tag{12.8}$$

जहां पर, A_e = तुल्य/रूपान्तरित क्षेत्रफल और I_e = तुल्य जड़त्व आघूर्ण होता है।

IS : 456-2000 कोड के अनुसार प्रबल्लित कांक्रीट खण्ड का जड़त्व आघूर्ण की गणना किसी एक के आधार पर की जा सकती है।

1. **सकल क्षेत्रफल (Gross-sectional area)** को आधार मान कर और इस्पातीय सिरियों की उपेक्षा करते हुए गणना की जा सकती है।
2. **रूपान्तरित क्षेत्रफल (Transformed sectional area)** को आधार मान कर गणना की जा सकती है। उब संपीडन में निश्चायिक अनुपात (m_c = 1.5 m, समीकरण (12.6) और (12.7) का उपयोग करते हुए ।
3. **दरारित खण्ड का क्षेत्रफल (Cracked section)** सपीडन में कांक्रीट का क्षेत्रफल जोड प्रबल्लित रूपान्तरित क्षेत्रफल m_c पर आधारित कांक्रीट का तनन में क्षेत्रफल का उपेक्षा करदी जाती है।

12.7 संपीडन अवयव का तनुता अनुपात (Slenderness ratio of compression member)

स्तम्भ की अ–अवलम्बित लम्बाई unsupported length और न्यूनतम परिभ्रमण त्रिज्या का अनुपात (λ) को तनुता अनुपात कहते हैं।

$$\lambda = (l / r) \qquad (12.9)$$

आयताकार, वर्गाकार और वृताकार आकृतियां प्रबल्लित कांक्रीट स्तम्भ की मुख्य आकृतियां होती है।

एक स्तम्भ जो कि एक सिरे पर स्थिति और दिशा अवरुद्ध होती है और ऊपर का सिरा मुक्त होता है। ऐसे स्तम्भ में बंकन किसी भी अक्ष पर हो जाती है। वर्गाकार अथवा वृताकार आकृति के लिए परिभ्रमण त्रिज्या का मान किसी भी अक्ष पर नहीं रहता है। ऐसे स्तम्भ में अन्य आकृति हो तो बंकन सबसे कमजोर अक्ष पर होती है।

बहुत से समय बाह्य अवरुद्ध से स्तम्भ का बंकन सबसे ज्यादा ताकतवर अक्ष पर किया जाता है। तब स्तम्भ का बंकन ऐसी ताकतवर अक्ष पर रखा जाता है। तब परिभ्रमण त्रिज्या का मान ताकतवर अक्ष पर सबसे अधिक होता है। इससे तनुता अनुपात का मान न्यूनतम हो जाता है। इस प्रकार, σ_c अनुज्ञेय संपीडन प्रतिबल का मान अधिक प्राप्त होता है।

IS : 456-2000 कोड में स्तम्भ के लिए तनुता की सीमा अ–अवलम्बित लम्बाई न्यूनतम पार्श्व माप अधिक नहीं होगी। यदि प्लेन मे स्तम्भ का एक सिरा अ–अवलम्बित इसकी अ–अवलम्बित लम्बाई (100 b/D) से अधिक नहीं होगी।

12.8 स्तम्भ और संपीडन अवयवों की अ–अवलम्बित लम्बाई (Unsupported length of columns and compression members)

IS : 456-2000 कोड में अ–अवलम्बित लम्बाई (Unsupported length) को परिभाषित किया गया है। अ–अवलम्बित लम्बाई अवयवों के सिरों के अवलम्ब की बीच की स्पष्ट लम्बाई ली जाती है। निम्न स्थितियां इसके अपवाद होती है। IS : 456-2000 कोड में अलग अलग किस्म के निर्माण के लिए अ–अवलम्बित लम्बाई को परिभाषित किया है।

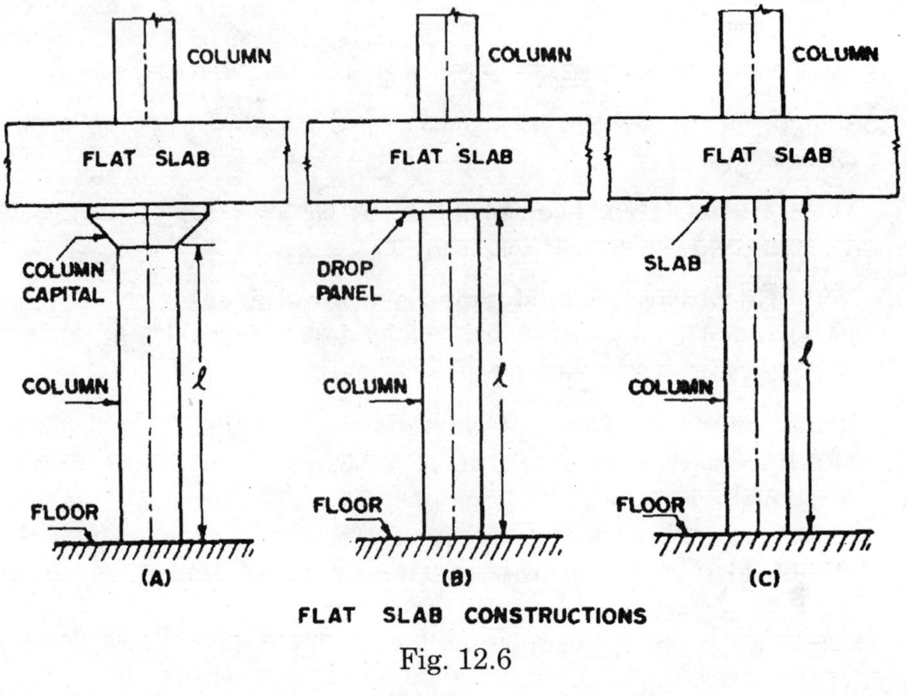

Fig. 12.6

(i) फ्लैट स्लैब निर्माण के लिए: फर्श और स्तम्भ के केपीटल, ड्रोप पेनल अथवा स्लैब (जो भी कम हो) के नीचे की छोर (Lower extremity/ अधः शाखा) जैसा कि Fig. 12.6 (A), (B) और (C) में क्रमशः दिखाया गया है।

(ii) धरन और स्लैब निर्माण के लिए : फर्श और छिछली धरन (Shallower) जो कि स्तम्भ में प्रत्येक दिशा से स्तम्भ के साथ फ्रेम होती है। की नीचे के सतह से निकट की आगामी उच्चतर फर्श स्तर के बीच की स्पष्ट दूरी होती है, जैसा कि Fig. 12.7 में दिखाया गया है।

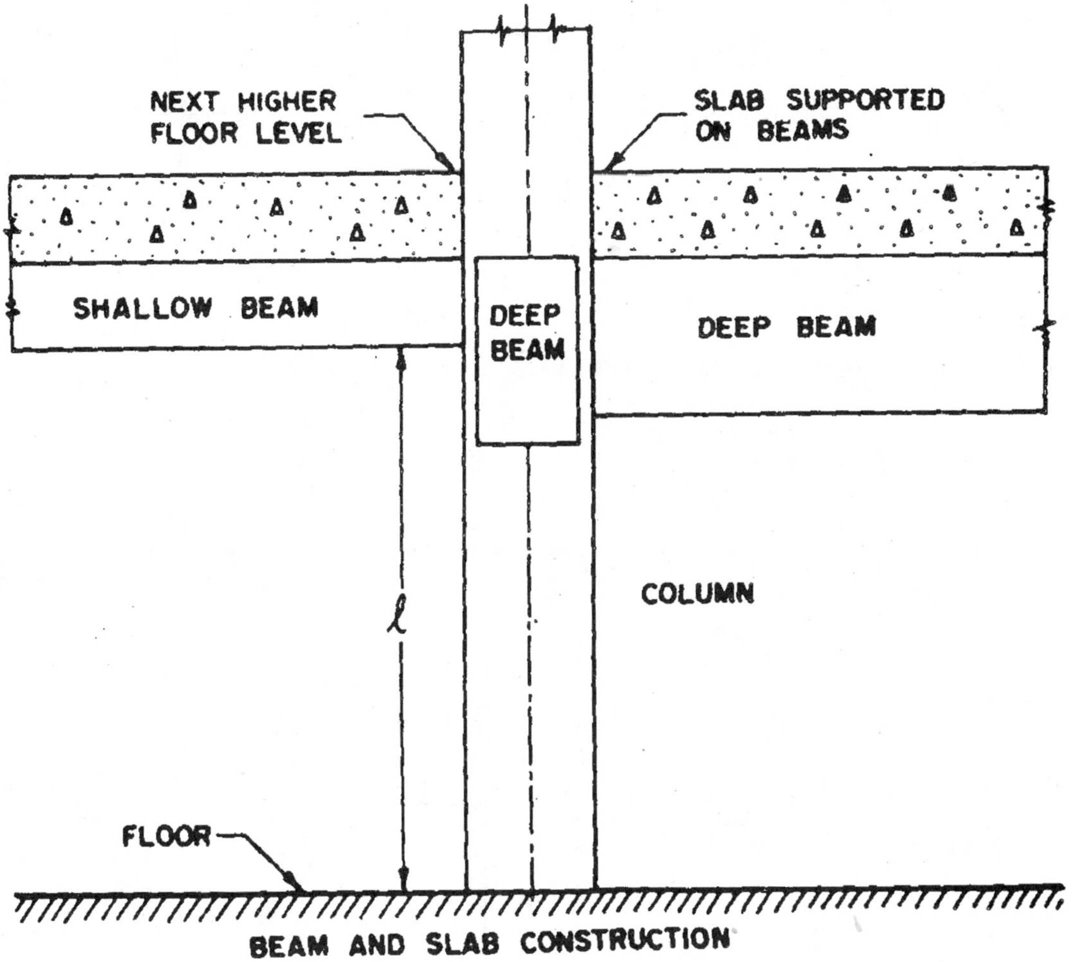

Fig. 12.7

(iii) स्तम्भ जो पार्श्व में थाम (Struts) द्वारा अवरुद्ध है। प्रत्येक ऊर्ध्वाधर प्लेन में क्रमिक/ लगातार थाम (Consecutive struts) के बीच की स्पष्ट दूरी अ–अवलम्बित लम्बाई होती है। बशर्ते कि एक पर्याप्त अवलम्ब (दो इस प्रकार के थाम स्तम्भ में तकरीबन उसी स्तर पर स्तम्भ से मिलते हैं और थाम के थ्रू ऊर्ध्वाधर प्लेनस के बीच के कोण 30° से अधिक के अन्तर पर नहीं हो जैसा कि Fig. 21.11 में दिखाया गया है ऐसे थाम के पर्याप्त माप होने चाहिए और पर्याप्त लंगर (अवयव को पार्श्व में विस्थापन को रोकने के लिए अवलम्ब हो)

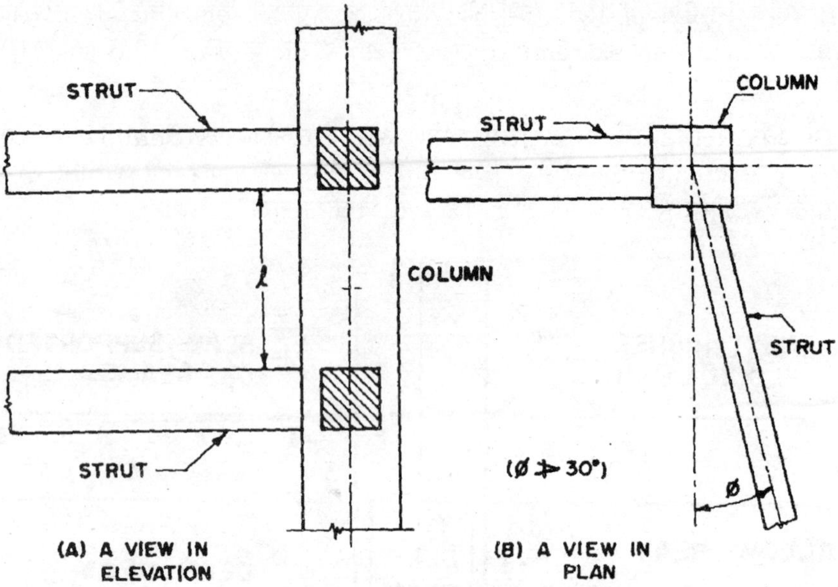

Fig. 12.8

(iv) थाम (Struts) अथवा धरन (beams) जो कि जनशन के साथ ब्रेक्टस का उपयोग हो, उनके द्वारा स्तम्भ पार्श्व दिशा में अवलम्बित हो।

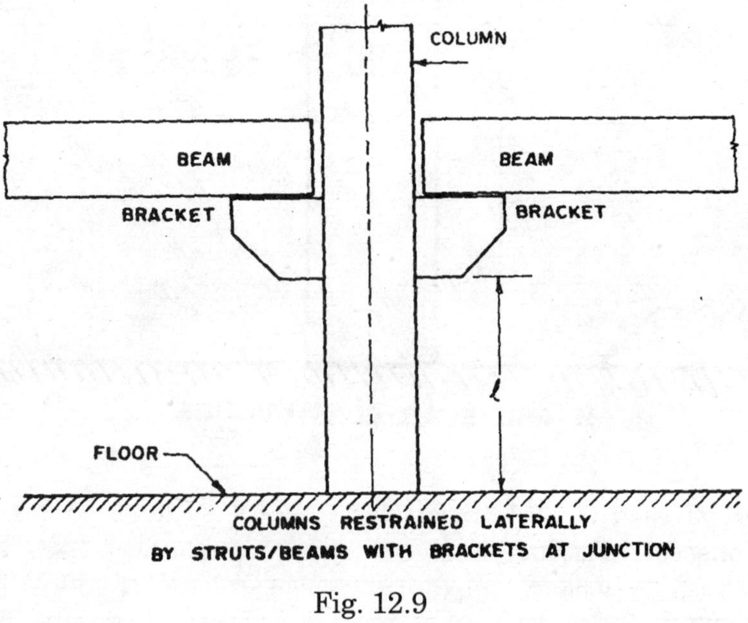

Fig. 12.9

फर्श और ब्रेक्ट की नीचे की किनार के बीच स्पष्ट दूरी को अ–अवलम्बित दूरा कहा गया है। बशर्ते कि ब्रेक्टि की चौड़ाई धरन अथवा थाम की चौडाई के बराबर हो और कम से कम स्तम्भ की चौडाई की आधी हो।

12.9 पार्श्व तान और सर्पिलस (Lateral ties and spirals)

कांक्रीट के स्तम्भ इस्पातीय सिरिये (जिनका उपयोग अनुदैर्ध्य अथवा मुख्य प्रबल्लित सिरियों के लिए किया गया है) को **Fig. 12.10** में दिखाया गया है। इन स्तम्भ पर जब अक्षीय संपीडन बल स्तम्भ पर प्रतियुक्त किया जाता है, जब यदि मुख्य प्रबल्लित सिरियों पर पार्श्व तान अथवा सर्पिलस का उपयोग नहीं किया गया हो तो कांक्रीट स्तम्भ के फलक कांक्रीट उभरने (Bulge) लगती है। जैसा कि **Fig. 12.10** (A) में दिखाया गया है।

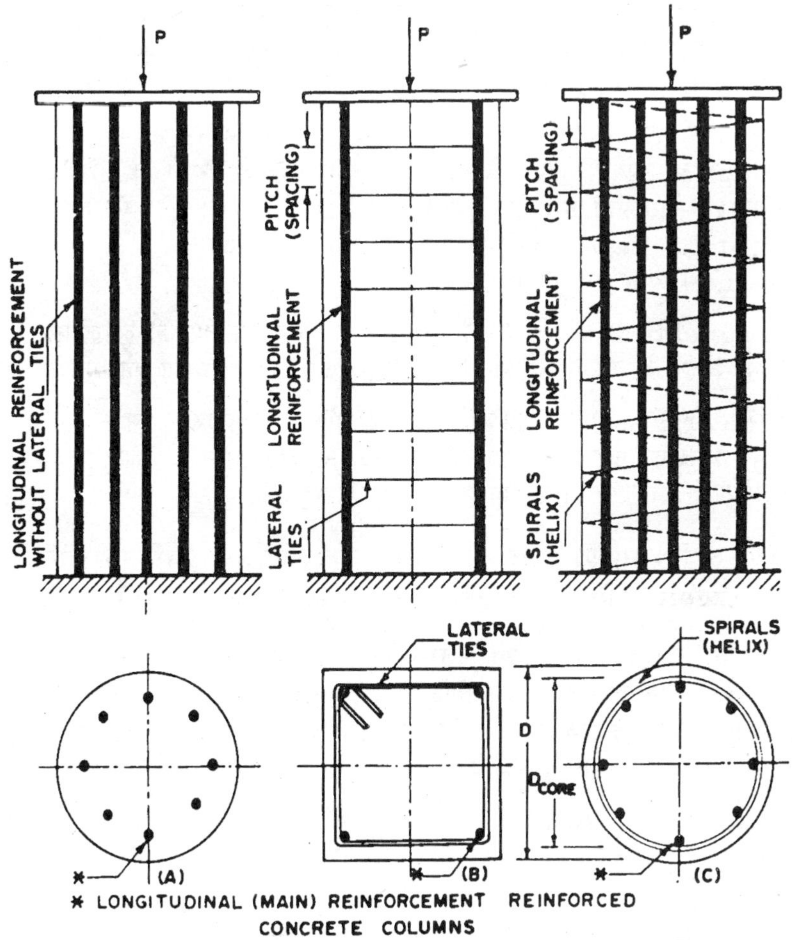

Fig. 12.10

अक्षीय संपीडन भारित प्रबल्लित कांक्रीट के स्तम्भ में इस्पातीय सिरियों में और कांक्रीट में प्रतिबल E_s और E_c के शुरू में समानुपाती होते हैं। इसके पश्चात कांक्रीट में सुकड़न और क्रीप होने लगता है। कांक्रीट से भार इस्पातीय सिरियों में स्थानतरित होना शुरू हो जाता है। तब कांक्रीट में रखी हुई/गाड़ी हुई सिरियों में दबना शुरू हो जाता है। इसके परिणामस्वरूप कांक्रीट के सब तरफ तनन प्रतिबल उत्पन्न हो जाते हैं। इस्पातीय सिरियों में प्रतिबल के मान में वृद्धि होती जाती है और कांक्रीट में प्रतिबल के मान में कमी होती जाती है।

पार्श्व प्रबल्लित तान उचित दूरी पर प्रतियुक्त करने पर अथवा नजदीक कम दूरी पर सर्पिलस का प्रतियुक्त करने पर कई कार्य होते है।

(a) इस प्रकार के प्रबल्लित सिरिये मुख्य प्रबल्लित सिरियों को स्थिति में बांध कर रखते हैं।

(b) पार्श्व सिरिये उच्च प्रतिबल युक्त प्रबल्लित सिरियों को बाहर की तरफ होने वाले व्याकुंचनता (Buckling) रोकते हैं और कांक्रीट आवरण को फटने (Burst) से रोकते हैं।

फिर भी प्रत्येक सिरिया स्तम्भ की तरह कार्य करता है। प्रत्येक सिरे में अक्ष से दूर बाहर की तरफ व्याकुचन (Buckling) होती है। कांक्रीट की बाहर की सतह पर तनन उत्पन्न हो जाती है। तनन बल से कांक्रीट की सतह पर दरारे उत्पन्न हो जाती है। फिर इन दरारों की चौडाई बढती है, दरार खुलती है और कांक्रीट का आवरण टूटने लगता है। इसके परिणामस्वरूप कांक्रीट स्तम्भ अचानक विफल हो जाते हैं।

अनुदैर्ध्य/मुख्य प्रबल्लित सिरियों के निर्माण के अवधि में विस्थापन से बचाने के लिए और पार्श्व व्याकुंचन (Buckling) की प्रवृति का प्रतिरोध हेतु अनुप्रस्थ छोटे व्यास के सिरिये (पार्श्व तान और सर्पिलस) का उपयोग किया जाता है, जैसा कि Fig. 12.10 (B) और (C) में क्रमशः दिखाया गया है। इन पार्श्व तान (Lateral ties) और सर्पिलस (Spirals) को अनुदैर्ध्य सिरियों से उचित दूरी पर (Approciate spacing) बांध दिया जाता है।

पार्श्व तान (Lateral ties) और सर्पिलस (Spiral's) मुख्य सिरियों की व्याकुंचन (Buckling) और कांक्रीट की सतह को बाहर की तरफ उभरने (Building) प्रवृति के क्रियाओं का प्रतिरोध करती है।

पार्श्व तान (Lateral ties) का उपयोग वर्गाकार और आयताकार स्तम्भ में प्रयोग मे लाये जाते हैं सर्पिलस (Spirals) का उपयोग साधारणतया कांक्रीट के वृताकार स्तम्भ के लिए किया जाता है। पूर्णतया विफलता के पूर्व सर्पिलस प्रबल्लित स्तम्भ काफी विकृति दिखाते हैं।

12.10. संपीडन में अक्षीय भारित पार्श्व तान स्तम्भ और सर्पिलस प्रबल्लित स्तम्भ (Axially loaded compression columns with lateral ties and spiral reinforcement)

संपीडन में अक्षीय भारित **पार्श्व–तान स्तम्भ** पर जब धीरे धीरे भार में वृद्धि की जाती है, तब विफलता के स्तर पर पहुंचने पर स्तम्भ की विफलता अचानक कम समय में अवभजन (Crushing) में और अपरूपण में बाहर की तरफ झुके हुए क्षैतिज्य के साथ कोण बनाते हुए जैसा कि Fig. 12.11 (A) में दिखाया गया है, वैसा होता है इस्पातीय सिरियों में दो संलग्न तान के बीच व्याकुचन में विफल होते हैं।

संपीडन में अक्षीय भारित सर्पिलस स्तम्भ में कांक्रीट आवरण में दरारें अथवा पूर्णतया विफलता पराभव बिन्दु पर पहुंचने पर होता है। अधिक बढी हुई आवृति पर सर्पिलस प्रभावी क्रिया में आती है।

IS : 456-2000 कोड के अनुसार हेलीकल प्रबल्लित सिरियों के और कांक्रीट के कोर के आयतन अनुपात में आवश्यकता संतोषप्रद पाये जाने पर स्तम्भ की भार क्षमता में पांच (5) वृद्धि की जाती है। स्तम्भ के तन्यता (Ductility) भी वृद्धि हो जाती है। हेलीकल संलग्न सिरियों की बीच का दूरी पर्याप्त छोटी रखी जाती है।

12.11 कांक्रीट स्तम्भ में न्यूनतम उत्केन्द्रीयता (Minimum eccentricity in concrete columns)

सब अक्षीय भारित कांक्रीट प्रबल्लित स्तम्भ अक्षीय भारित समझे जाते हैं। तथ्य यह है कि ये स्तम्भ परिपूर्ण (perfectily) रूप से अक्षीय भारित नहीं होती। निर्माण में अशुद्धियां पार्श्व विस्थापन और स्तम्भ पर

भार रखने में अशुद्धियों के कारण उत्केन्द्रीयता रह जाती है। यद्यपि, उत्केन्द्रीयता e का मान कम होता है और इससे उत्पन्न आधूर्ण P.e का मान भी कम ही रहता है। IS : 456-2000 में अनुमोदन के अनुसार सब अक्षीय भारित स्तम्भ को न्यूनतम उत्केन्द्रीयता, e_{min} से डीजाइन किये जाते है। जिसका मान

$$e_{min} = \left[\frac{l_u}{500} + \frac{b}{30}\right], \text{ अथवा } e = 20 \text{ mm}$$

जहां पर l_u, अ–अवलम्बित लम्बाई (unsupported length) और b स्तम्भ का पार्श्व माप होता है।

अधिकतर कोड में आयताकार स्तम्भ के लिए उल्लेखित होती है। फिर भी स्तम्भ के अन्य अनुप्रस्थ खण्ड की आकृतियों के लिए न्यूनतम उत्केन्द्रीयता का उल्लेख नहीं होता। इनकी अनुपस्थिति में (l_{eff}/300) की सुझाव दिया गया है।

वास्तविक उत्केन्द्रीयता की गणना (M/P) से की जाती है। जहां पर वास्तविक उत्केन्द्रीय दूरी का मान न्यूनतम उत्केन्द्रीय दूरी से ज्यादा होता है, तब स्तम्भ की डीजाइन वास्तविक उत्केन्द्रीय दूरी से की जाती है। e_{min} की उपेक्षा कर दी जाती है।

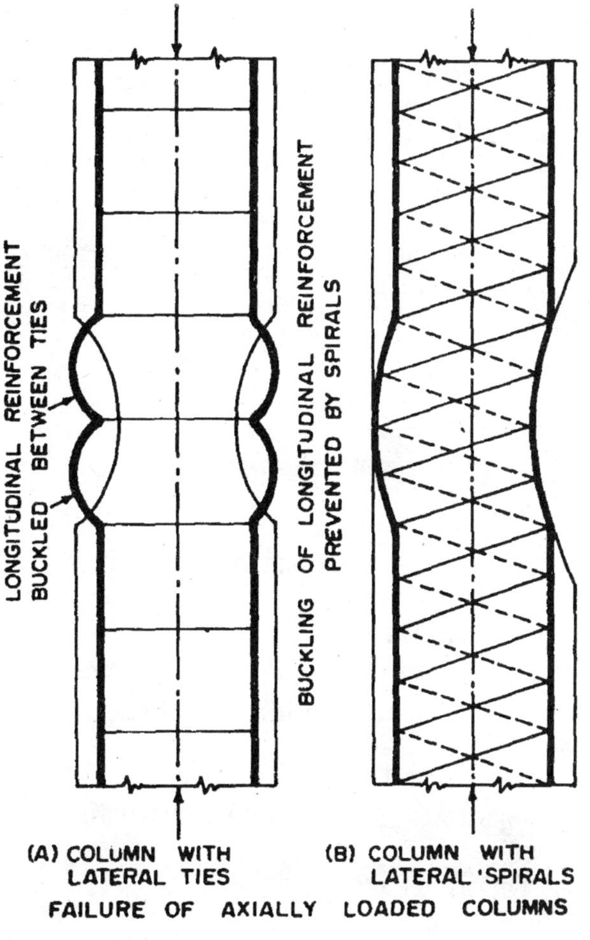

Fig. 12.11

12.12 स्तम्भ में प्रबल्लित सिरियों पर स्पष्ट आवरण (Clear over of column reinforcement)

इस्पातीय सिरिये जिनका कांक्रीट में प्रबल्लित सिरियों की तरह उपयोग किया जाता है, उनका कांक्रीट आवरण रखकर सुरक्षित रखना चाहिए। स्पष्ट आवरण अथवा अकलित आवरण ;छवउपदंस बवअमतद्ध अथवा सिर्फ आवरण शब्द का ही प्रयोग करते हैं। इस्पातीय सिरियों के बाहरी सतह से कांक्रीट की बाहरी सतह तक आवरण मापा जाता है। कांक्रीट की बाहरी सतह से सिरियों के केन्द्र तक मापी गयी दूरी को प्रभावी आवरण कहते हैं।

प्रभावी आवरण = (स्पष्ट आवरण + 1/2 x सिरियों का व्यास)

IS : 456-2000 कोड के अनुसार स्तम्भ पर अकलित आवरण (सामान्य वजन के मिलावे के लिए, जो कि प्रबल्लित सिरियों पर लगाना है, वातावरण के उदभासन (Exposure) और कांक्रीट के टिकाऊपन की आवश्यकताओं को ध्यान में रखते हुए सारणी 12.2 में लिस्ट के अनुसार रखे जाते है।

सारणी 12.2. Nominal cover to meet durability requirements

Exposure conditions	Nominal cover not les than
Mild	20 mm
Moderate	30 mm
Severe	45 mm
Vert severe	50 mm
Extreme	75 mm

टिप्पणी : 1. मुख्य प्रबल्लित सिरिये 12 mm व्यास के लिए उपरोक्त अकलिव आवरण 5 mm कम करना है। यदि M35 ग्रेड और इससे अधिक ग्रेड की कांक्रीट का उपयोग किया जाता है, आवरण का मान 5 mm कम करना है।

यदि M35 ग्रेड और इससे अधिक ग्रेड की कांक्रीट का उपयोग किया जाता है, आवरण का मान 5 mm कम करना है।

12.13 स्तम्भ के लिए मुख्य/अनुदैर्ध्य प्रबल्लित सिरियों के लिए आवश्यकताए (Requirements of longitudinal/main reinforcement for columns)

कांक्रीट स्तम्भ में मुख्य प्रबल्लित सिरियों का प्रतिशत, संख्या, व्यास और संलग्न सिरियों के बीच दूरी और आवरण की आवश्यकताओं का उल्लेख IS : 456-2000 कोड में किये गये हैं, जो इस प्रकार है।

1. अनुदैर्ध्य/मुख्य प्रबल्लित सिरियों का प्रतिशत

(i) उपरोक्त प्रतिशत 0.8 प्रतिशत स्तम्भ के कुल क्षेत्रफल से कम नहीं होना चाहिए।

(ii) यदि स्तम्भ का वास्तविक क्षेत्रफल ज्यादा है, और भार वहन करने के लिए कम क्षेत्रफल की आवश्यकता होती है, तब इस कम क्षेत्रफल से प्रतिशत गणना करनी चाहिए।

(iii) स्तम्भ के लिए अधिकतम प्रतिशत 6 (छ:) प्रतिशत (स्तम्भ के कुल क्षेत्रफल) से अधिक नहीं रखना चाहिए।

2. इस्पातीय सिरियों की संख्या

(i) आयताकार/वर्गाकार स्तम्भ के लिए कम से कम चार सिरियों का उपयोग करना है।

(ii) वृताकार स्तम्भ के लिए कम से कम छः सिरियों का उपयोग करना है। अन्य आकृतियों के लिए कम से कम प्रत्येक कोने पर एक सरिया आवश्यक है।

3. मुख्य प्रबल्लित सिरियों का व्यास

मुख्य प्रबल्लित सिरियों का व्यास 12 mm से कम नहीं होना चाहिए।

4. मुख्य प्रबल्लित सिरियों के बीच दूरी

मुख्य प्रबल्लित सिरियों के बीच परिमिति पर मापी जाने वाली दूरी 300 mm से अधिक नहीं रखनी है।

5 (i) सर्पिलस युक्त प्रबल्लित स्तम्भ

कांक्रीट के वृताकार स्तम्भ में यदि सर्पिलस (Spirals) अथवा Helical प्रबल्लित सिरियों के अन्दर कम से कम छः सिरियों का होना आवश्यक होता है।

(ii) अनुदैर्ध्य/मुख्य प्रबल्लित सिरियों का सर्पिलस (Spiral/helics) के साथ सम्पर्क होना चाहिए और इनकी आपस में दूरी बराबर रखनी है।

पेडेस्टल में प्रबल्लित सिरियों का उपयोग सामर्थ्य गणना के लिए नहीं किया जाता है। फिर भी अकलित अनुदैर्ध्य/मुख्य प्रबल्लित सिरिये 0.15 प्रतिशत (स्तम्भ के अनुप्रस्थ खण्ड) रखना है।

12.14 प्रबल्लित कांक्रीट स्तम्भ के लिए अनुप्रस्थ (पार्श्व) प्रबल्लित सिरियों की आवश्यकताएं (Requirements of transverse/lateral reinforcement)

अनुप्रस्थ (Transverse) अथवा पार्श्व (Lateral) प्रबल्लित सिरियों का मुख्य कार्य अनुदैर्ध्य प्रबल्लित सिरियों का बाहर की तरफ व्याकुंचन (Buckling) को रोकना है। पार्श्व प्रबल्लित सिरियों कांक्रीट को भी पार्श्व अवरुद्धता प्रदान करते हैं। इससे स्तम्भ की भार वहन करने की क्षमता में वृद्धि हो जाता है। इस कारण पार्श्व प्रबल्लित सिरियों का व्यास का संबंध अनुदैर्ध्य/मुख्य प्रबल्लित सिरियों के व्यास से बनाया जाता है।

अनुप्रस्थ (Transverse) प्रबल्लित सिरियों (पार्श्व–तान) और हेलिक्स का साधारण विवरण, अनुप्रस्थ प्रबल्लित सिरियो की व्यवस्था से संबंधी आवश्यकताएं पार्श्व तान और सर्पिलस का व्यास और पिच की दूरी IS : 456-2000 में उल्लेखित हैं, वे इस प्रकार हैं :

1. साधारण विवरण (General description)

एक प्रबल्लित कांक्रीट के संपीडन अवयव में अनुप्रस्थ प्रबल्लित सिरियों (पार्श्व तान/सर्पिलस (हेलिक्सस) का उपयोग किया जाता है। प्रत्येक अनुदैर्ध्य/मुख्य प्रबल्लित सिरियों (जिसको संपीडन अवयव के फलक के नजदीक रखा जाता है।) व्याकुंचना के विरोध में प्रभावी अवलम्ब मिलता है। यह प्रभावी अवलम्ब अनुप्रस्थ प्रबल्लित सिरियों (वृताकार छल्लों से और बहु कड़ियों से (polygonal links) पार्श्व तान से मिलता है। बहु कड़ियों के बीच का कोण 135° से अधिक नहीं होना चाहिए। इन प्रबल्लित सिरियों के सिरों को उचित ढंग से लंगरित कर दिया जाता है। बांध दिया जाता है।

2. अनुप्रस्थ प्रबल्लित सिरियों की व्यवस्था (Arrangement of transverse reinforcement)

IS : 456-2000 कोड में अनुमोदन की गयी निम्न प्रकार की चार व्यवस्था अनुप्रस्थ प्रबल्लित सिरियों के लिए (अर्थात् पार्श्व तान और छल्लों के लिए की जाती है।

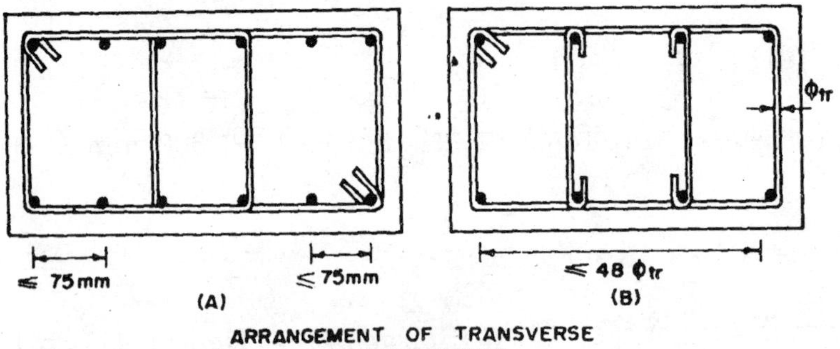

Fig. 12.12

(i) यदि अनुदैर्ध्य सिरियों को 75 mm से अधिक नहीं दूरी पर (एक तरफ अथवा दूसरी तरफ) अनुप्रस्थ सिरिये को कोने के चारों तरफ एक सिरिये को छोडकर एक सिरिये पर प्रभावी अवलम्ब बनाने के लिए **Fig. 12.12 (A)** के अनुसार

(ii) यदि अनुदैर्ध्य सिरियों के बीच की दूरी (जिनको दूरी के दो कोनों पर लगाये गये हैं) 48 गुणा अनुप्रस्थ सिरिये के व्यास से कम हो, तब दोनो दिशाओं में प्रभावी ढंग से बांध दिये जाते हैं। इनके बीच के मुख्य सिरियों को खुल (open) कडी (links) से एक दिशा में बांधे जाते हैं। जैसा कि **Fig. 12.12 (B)** में दिखाया गया है।

(iii) जहां पर अनुदैर्ध्य प्रबल्लित सिरियों को एक से ज्यादा कतारों में रखा जाता है, उनमे अन्दुरीनी अनुदैर्ध्य सिरियों को प्रभावी पार्श्व अवलम्ब निम्न प्रकार से प्रदान किया जाता है, ऐसा माना जाता है:

(a) सबसे बाहरी कतारों के सिरियों को अनुप्रस्थ सिरियों को बांधा जाता है।

(b) अन्दुरीनी मुख्य सिरिये की कोई सिरिया जो कि संपीडन फलक के सबसे पास में हो की दूरी 3 गुणा x सबसे अधिक व्यास के सिरिये की दूरी पर हो, जैसे **Fig. 12.13 (A)** में दिखाया गया है।

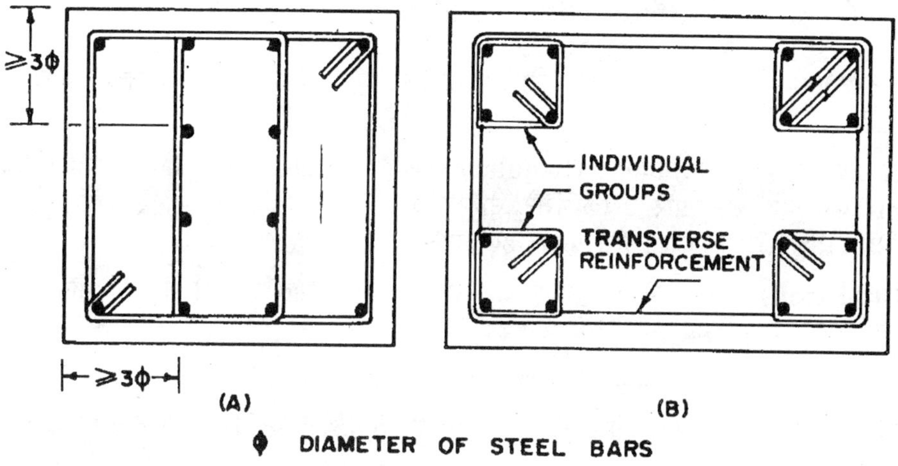

ARRANGEMENT OF TRANSVERSE REINFORCEMENT

Fig. 12.13

(iv) जहां पर अनुदैर्ध्य सिरिये संपीडन अवयव में समूह में (परन्तु आपस में सम्पर्क में नहीं होती) रखे जाते है, वहां पर प्रत्येक समुह को पर्याप्त अनुप्रस्थ प्रबल्लित सिरियों से बांध दिये जाते हैं। इसके अतिरिक्त अनुप्रबल्लित सिरिये पूरे स्तम्भ के लिए (Columns as a whole) बांध दिये जाते है। ऐसा माना जाता है कि प्रत्येक समुह एक अकेला प्रबल्लित सिरिया है, (पिच और सिरिये के व्यास ज्ञात करने के लिए)। ऐसे अनुप्रस्थ सिरिये का व्यास 20 mm से अधिक नहीं होना चाहिए। जैसा कि Fig. 12.13 (B) में दिखाया गया है।

उपरोक्त चार व्यवस्थाएं (Arrangement) में ऐसा निश्चित किया जाता है कि कांक्रीट कोर पर्याप्त प से सीमा के भीतर (Confine) रखी हुई है। यदि स्तम्भ पर अधिक भार (उसकी क्षमता से ज्यादा) गाया जाता है, तब उसका व्यवहार तन्य (Ductile) रहे। ऐसा IS : 456-2000 कोड में अनमोदन किया ग़ा है और कोड में उल्लेखित भी है।

पार्श्व तान (Lateral ties)

IS : 456-2000 कोड में पार्श्व तान के लिए इस्पातीय सिरियों अनुप्रस्थ प्रबल्लित के लिए पिच और रियों का व्यास इस प्रकार उल्लेखित है :

(i) पिच (Pitch) : दो संलग्न अनुप्रस्थ प्रबल्लित सिरियों के बीच की दूरी (पिच) निम्नलिखित दूरी अधिक नहीं होनी चाहिए।

(a) संपीडन अवयव की सबसे छोटी माप अर्थात्, p not more than b (i)

(b) अनुदैर्ध्य/मुख्य प्रबल्लित सिरिये के व्यास की 16 गुणा अर्थात्, p not more than 16 ϕ_{min} (ii)

(c) पार्श्व प्रबल्लित सिरिये के व्यास की 48 गुणा अर्थात्, p not more than 48 ϕ_{tr} (iii)

(ii) व्यास (Diameter) बहु कडी (Polygonal link) अर्थात् पार्श्व तान का व्यास अधिकतम ुदैर्ध्य सिरिये के व्यास से एक चौथाई (अर्थात् (ϕ_{tr} not less than 0.25 ϕ_{max}) से कम नहीं और किसी स्थिति में 5 mm से कम नहीं रखनी चाहिए।

4. हेलिकल प्रबल्लित सिरिये (सर्पिलस Spirals)

IS : 456-2000 में हेलिकल प्रबल्लित सिरियों के लिए पिच (Pitch) और उनका व्यास के बारे में निम्न उल्लेख है।

हेलिकल प्रबल्लित सिरिये नियमित (Regular) आकार (Formation) होने चाहिए। हेलिक्स के लपेट (Turn) की गति सम और इसके सिरे उचित ढंग से लंगरित होने चाहिए। हेलिकल प्रबल्लित सिरियों की पिच (Pitch) और व्यास इस प्रकार होने चाहिए।

(i) पिच (Pitch) : जब हेलिकली प्रबल्लित स्तम्भ में 5 प्रतिशत सामर्थ्य में वृद्धि मान ली जाती है, तब पिच निम्न आवश्यकताओं की पूर्ति होनी चाहिए।

(a) पिच दूरी 75 mm से अधिक नहीं अर्थात् p not more than 75 mm (i)

(b) पिच दूरी (1/6) कोर व्यास से अधिक नहीं अर्थात, p not more than $1/6 \times D_{core}$ (ii)

(c) पिच दूरी 25 mm से कम नहीं अर्थात्, p not less than 25 mm (iii)

(d) पिच दूरी हेलिकल सिरिये के 3 गुणा से कम नहीं अर्थात्, p not less than $3\ \phi_{Helix}$

(ii) व्यास (Dimater) : हेलिकल सिरिये का व्यास (1/4) अनुदैर्ध्य सिरिये के अधिकतम व्यास से कम नहीं (ϕ_{helix} not less than $0.25\ \phi_{max}$) और 5 mm से कम नहीं।

12.15 अक्षीय भारित लघु स्तम्भ और संपीडन अवयव (पार्श्व तान युक्त) का सामर्थ्य (Strength of axially loaded short columns and compression members with lateral ties)

अक्षीय भारित लघु स्तम्भ और संपीडन अवयव (पार्श्व तान युक्त) की चरम भार वहन करने की क्षमता इनका सामर्थ्य कहलाता है। इनकी सामर्थ्य की गणना निम्न प्रकार की जा सकती है –

स्तम्भ में कांक्रीट का और इस्पातीय सिरियों दोनो के सामर्थ्य के योगदान से पूर्ण स्तम्भ का सामर्थ्य ज्ञात किया जाता है। अक्षीय भारित अनुदैर्ध्य/मुख्य प्रबल्लित सिरियों (पार्श्व तान युक्त) की सामर्थ्य निम्न अभियुक्ति से प्राप्त किया जाता है।

$$P_{cu} = [f_{cc}\ A_{cc} + f_{sc}.\ A_{sc}] \qquad (12.10$$

A_{cc} = स्तम्भ में कांक्रीट का क्षेत्रफल = $(A_{gross} - A_{sc})$

A_{gross} = स्तम्भ का सफल क्षेत्रफल

A_{sc}= स्तम्भ में अनुदैर्ध्य प्रबल्लित सिरियों का क्षेत्रफल

f_{sc} = संपीडन में प्रतिबल (सिरियों के लिए)

स्तम्भ पर विकृति का वितरण Fig. 12.14 में दिखाया गया है। विफलता के स्तर पर, स्तम्भ खण्ड पर अधिकतम विकृति का मान 0.0020 होता है। कांक्रीट के लिए सामर्थ्य के लिए आंशिक सुरक्षा गुणांक γ_{ms} का मान 1.5 होता है।

$$f_{cc} = \left(\frac{0.67}{\gamma_{ms}}\right).f_{ck} = \left(\frac{0.67}{1.5}\right) f_{ck} = 0.446\ f_{ck} \qquad (i$$

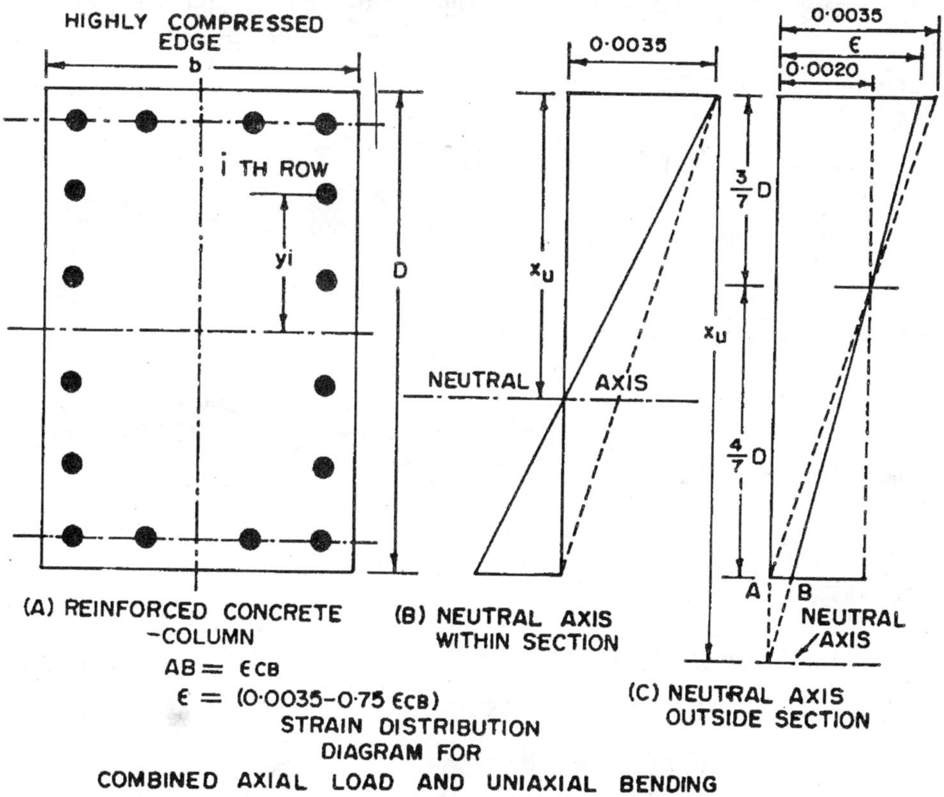

Fig. 12.14

मृदु इस्पात के लिए डीजाइन प्रतिबल जब विकसित होता है, जबकि कांक्रीट विकृति का सीमा में मान).0020

$$f_{sc} = \left[\left(\frac{f_y}{\gamma_{ms}}\right) = \left(\frac{f_y}{1.15}\right) = (0.87\, f_y)\right] \quad \text{(ii)}$$

चरम भार वहन करने की क्षमता (सामर्थ्य)

$$P_{cu} = [0.45\, f_{ck} \,.\, A_{ck} + (0.87\, f_y - 0.45\, f_{ck})]$$

मृदु इस्पात के लिए $f_y = 250$ N/mm²

यदि ऋण चिन्ह युक्त पद की उपेक्षा की जाय,

$$P_{cu} = [0.45\, f_{ck} \,.\, A_{cc} + 0.87\, f_y \,.\, A_{sc}] \quad (12.11)$$

उच्च सामर्थ्य विकृति युक्त सिरिये

फिर भी, जब उच्च सामर्थ्य विकृति युक्त सिरिये (अर्थात्, ठंडे ऐंठन युक्त इस्पातीय सिरियों) की वेशिष्ट क्षमता $f_y = 415$ N/mm² होती है।

तब, पूरा डीजाइन प्रतिबल विकृति के मान 0.0020 पर पूरा विकसित नहीं होता। इसका f_{sc} का मा वक्रीय प्रतिबल – विकृत रेखा से पढ़ते हैं। इस्पातीय पदाथों के लिए (सामर्थ्य के लिए) आंशिक सुरक्ष गुणांक, γ_{ms} का मान 1.15 होता है।

$$\left[f_{sh} = \left(\frac{0.85}{\gamma_{ms}}\right) = \left(\frac{0.85}{1.15}\right) = (0.74\, f_y)\right]$$

f_{cc} और f_{sc} के मान समीकरण 12.10 में प्रत्युक्त करने पर

$$P_{cu} = [0.45\, f_{ck} \,.\, A_{cc} + 0.74\, f_y - 0.45\, f_{ck} \,.\, A_{sc}]$$

यदि चिन्ह ऋण युक्त पद की उपेक्षा कर दी जाय,

$$P_{cu} = [0.45\, f_{ck} \,.\, A_{cc} + 0.74\, f_y \,.\, A_{sc}] \qquad (12.11)\ (\text{I}$$

IS : 456-2000 कोड में यह अनुमोदन करते हुए उल्लेख किया गया है कि स्तम्भ के भार वह क्षमता में करीब 10 प्रतिशत की कमी कर दी जाय (अर्थात् स्तम्भ में न्यूनतम उतकेन्द्रीय का विचार रख हुए), जो कि

$$\left[e_{min} = \left[\left(\frac{l}{500}\right) + \left(\frac{D}{30}\right)\right]\right.$$ यदि (0.05D) के मान से कम अथवा बराबर हो, तब तक]

तब उपरोक्त समीकरण इस प्रकार लिख सकते हैं।

मृदु इस्पात के लिए 10 प्रतिशत कमी करते हुए

$$P_{cu} = 0.9\, [0.45\, f_{ck}.\, A_{cc} + 0.87\, f_y.\, A_{sc})] \qquad (12.12)$$

$$P_{cu} = [(0.4\, f_{ck}.\, A_{cc}) + (0.77\, f_y.\, A_{sc})]$$

HYSD इस्पात के लिए 10 प्रतिशत कमी करते हुए

$$P_{cu} = 0.9\, [(0.45\, f_{ck} \,.\, A_{cc}) + 0.74\, f_y\, A_{sc}]$$

$$P_{cu} = [(0.4\, f_{ck}.\, A_{cc}) + (0.67\, f_y.\, A_{sc})] \qquad (12.12)$$

यदि न्युनतम उतकेन्द्रीयता e_{min} का मान (0.05D) से अधिक होता है, तब स्तम्भ और संपीड अवयव की डीजाइन संयुक्त रूप से अक्षीय भार + बंकन के लिए की जाती है। यदि

$\left(\frac{p}{100} . A_g = A_{sc}\right)$ हो तब **मृदु इस्पात** के लिए

$$p_{cu} = \left[0.04\, f_{ck}\left(1 - \frac{p}{100}\right) A_{gross} + 0.77\, f_y \,.\left(\frac{p}{100}\right) A_{gross}\right]$$

HYSD इस्पात के लिए

$$p_{cu} = \left[0.4\, f_{ck}\left(1 - \frac{p}{100}\right) A_{gross} + 0.67\, f_y \,.\left(\frac{p}{100}\right) A_{gross}\right]$$

उपरोक्त समीकरण में Agross को बायीं और दायीं दोनो तरफ भाग दिया जाय तब मृदु इस्पात लिए

$$\left(\frac{P_{cu}}{A_{gross}}\right) = \left[0.4\,f_{ck}\left(1-\frac{p}{100}\right)-\left(\frac{p}{100}\right)0.77\,f_y\right]$$

$$\left(\frac{P_{cu}}{A_{gross}}\right) = \left[0.4\,f_{ck} + \left(1-\frac{p}{100}\right)-\left(0.77\,f_y - 0.4\,f_{ck}\right)\right] \quad (12.13)\ A$$

HYSD इस्पात के लिए

$$\left(\frac{P_{cu}}{A_{gross}}\right) = \left[0.4\,f_{ck}\left(1-\frac{p}{100}\right)+ 0.67\,f_y\left(\frac{p}{100}\right)\right]$$

$$\left(\frac{P_{cu}}{A_{gross}}\right) = \left[0.4\,f_{ck} + \left(\frac{p}{100}\right)\left(0.67\,f_y - 0.4\,f_{ck}\right)\right] \quad (12.13)\ B$$

आयताकार स्तम्भ के लिए, ($A_{grosss} = bD$)

$$\left(\frac{P_{cu}}{f_{ck}\,.\,b.d}\right) = \left[0.4\,f_{ck} + \left(\frac{p}{100}\right)\left(\frac{0.67\,f_y - 0.4\,f_{ck}}{f_{ck}}\right)\right] \quad (12.14)$$

वृत्ताकार स्तम्भ के लिए, ($A_{gross} = \pi/4\ D^2$)

$$\left(\frac{P_{cu}}{f_{ck}\,.\,\pi\,D^2/4}\right) = \left[0.4\,f_{ck} + \left(\frac{p}{100}\right)\left(\frac{0.67\,f_y - 0.4\,f_{ck}}{f_{ck}}\right)\right] \quad (12.15)$$

12.16 अक्षीय भारित लघु स्तम्भ और संपीडन अवयव (हेलिकल/सर्पिलस प्रबल्लित सिरियों युक्त) का सामर्थ्य (Strength of axially loaded short columns with helical /spiral reinforcement)

यदि निम्नलिखित अभीयुक्त संतोषप्रद पायी जाता है, तब उपरोक्त स्तम्भ के लिए चरम भार वहन करने की क्षमता अन्य इस तरह के लघु स्तम्भ (पार्श्व तान युक्त) होते हैं, उनकी क्षमता के 1.05 गुणा बढाती जाती है, (अर्थात् 5 प्रतिशत अतिरिक्त भार वहन करने के लिए बढा दी जाती है।)

$$\left(\frac{V_{helical}}{V_{core}}\right)\text{not less than } 0.36\left(\frac{A_{gross}}{A_c}-1\right)\left(\frac{f_{ck}}{f_y}\right) \quad (12.16)$$

जहां पर,

$V_{helical}$ = 1 mm ऊंचाई के स्तम्भ के लिए

हेलिकल प्रबल्लित सिरियों का आयतन

V_{core} = 1 mm ऊंचाई के लिए स्तम्भ के लिए कोर का आयतन

$$V_{helical} = \left\{\frac{\text{परिधि की लम्बाई सर्पिलस के खण्ड का अनुप्रस्थ क्षेत्रफल}}{\text{सर्पिलस सिरियों की पिच दूरी}}\right\}$$

$$V_{helical} = \left(\frac{\pi . dc. A_{sp}}{p}\right) \text{ और } V_{core} = \left[\frac{\pi . D_{core}}{4} x 1\right]$$

जहां पर D_{core} = कोर का व्यास (सर्पिलस/हेलिक्स) के बाहर से बाहर मापा जाता है। d_c = सर्पिलस/हेलिक्स के केन्द्रीय (centreline) का व्यास D = पिच दूरी

12.17 स्तम्भ की डीजाइन के लिए परिकल्पनाए/धारणाएं (Assumptions for design of columns)

संपीडन में विफलता के लिमिट स्टेट विधि से डीजाइन के लिए निम्न परिकल्पनाऔ/धारणाओं पर आधारित है।

बंकन में विफलता के लिए लिमिट स्टेट विधि से डीजाइन के लिए धारणाएं अनुच्छेद 3.2 में उल्लेखित हैं। इनमें धारणाएं 1, 3, 4 और 5 जो बंकन अवयव (धरन) के लिए उपयुक्त है, वे स्तम्भ के लिए भी उपयुक्त हैं।

बंकन अवयव में संपीडन रेशे में कांक्रीट में धारणा 2 के अनुसार 0.0035 उल्लेखित हैं। जब उदासीन अक्ष स्तम्भ के अनुप्रस्थ खण्ड में स्थित हो तब यह धारणा भी स्तम्भ के लिए उपयुक्त है। परन्तु यदि उदासीन अक्ष स्तम्भ के एक किनार पर स्थित हों तब अधिकतम विकृति का मान ऊपरी किनार 0.0035 से नीचे की किनार पर शुन्य हो जाता है, जैसा कि Fig. 12.15 (B) में दिखाया गया है।

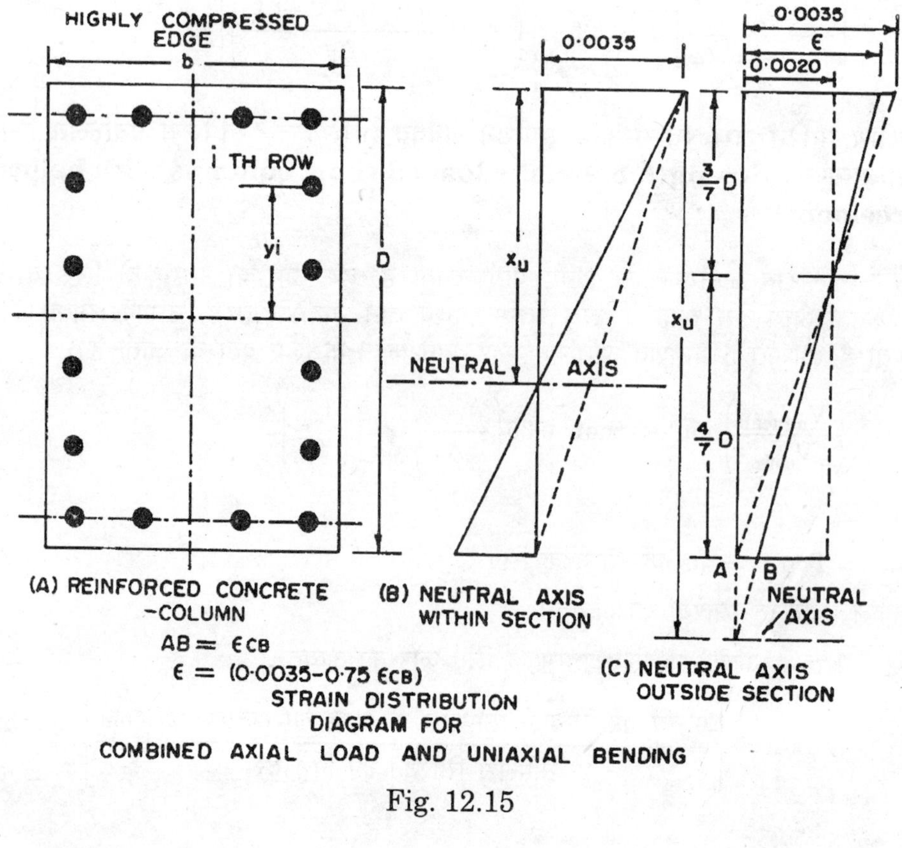

Fig. 12.15

उपरोक्त धारणाओं के अतिरिक्त निम्नलिखित और धारणाओं के लिए **IS : 456-2000** में उल्लेखित हैं।

1. कांक्रीट में केवल शुद्ध रूप में अक्षीय संपीडन होता है, तब विकृति का अधिकतम मान 0.002 समान रूप से माना जाता है।
2. अधिकतम दूरी पर अधिकता से संपीडन रेशे जो संयुक्त रूप से संपीडन. बंकन में हो, तब विकृति 0.0035 – 0.75 गुणा सबसे कम विकृति रेशे पर।

उदाहरण (Example 12.1). एक वर्गाकार प्रबल्लित कांक्रीट स्तम्भ 450 mm x 450 mm माप का है, यह स्तम्भ संपीडन में अक्षीय भारित है।

इस स्तम्भ की प्रभावी लम्बाई 4.5 m है। इस स्तम्भ में 8 इस्पातीय सिरिये 18 mm व्यास के अनुदैर्ध्य सिरियों के लिए उपयुक्त किये गये हैं। 6 mm व्यास के सिरिये पार्श्व तान में उचित दूरी पर लगाये गये हैं। स्तम्भ का सामर्थ्य ज्ञात करो। **M20** ग्रेड कांक्रीट और **HYSD, Fe415** श्रेणी के इस्पातीय सिरियों का प्रयोग करना है।

हल (Solution) :

Step 1 : स्तम्भ की ज्योमिति गुण

वर्गाकार कांक्रीट स्तम्भ का माप 450 mm x 450 mm है और स्तम्भ की प्रभावी लम्बाई 4.5 m है।

कांक्रीट स्तम्भ का सकल क्षेत्रफल

$$A_{gross} = (450 \times 450) = 202500 \text{ mm}^2$$

अनुदैर्ध्य प्रबल्लित सिरियों का क्षेत्रफल

$$A_{sc} = \left[8 \times \frac{\pi}{4} \times 18^2\right] = 2035.75 \text{ mm}^2$$

स्तम्भ में कांक्रीट का क्षेत्रफल

$$A_c = (A_{gross} - A_{sc}) = (202500 - 2035.75) = 200464.25 \text{ mm}^2$$

Step 2 : स्तम्भ का तनुता अनुपात (स्तम्भ की प्रभारी लम्बाई / न्यूनतम पार्श्व माप) अनुपात

$$\lambda = \left(\frac{4.5 \times 1000}{450}\right) = (10 < 12)$$

अतः यह एक लघु स्तम्भ है।

Step 4 : स्तम्भ के लिए चरम सामर्थ्य

स्तम्भ की न्यूनतम उत्केन्द्रीयता

$$e_{min} = \left[\frac{l}{500} + \frac{D}{30}\right] = \left[\frac{4500}{500} + \frac{450}{30}\right] = 24 \text{ mm}$$

$$(0.05 \times D) = (0.05 \times 450) = 22.5 \text{ mm}$$

यह माना जाता है कि स्तम्भ में अनुदैर्ध्य प्रबल्लित सिरियों को पार्श्व तान से उचित दूरी पर बांधा जाता है। न्यूनतम उत्केन्द्रीयता 0.05 पार्श्व माप से अधिक नहीं है।

स्तम्भ का सामर्थ्य = (स्तम्भ का चरम भार वहन करने की संपीडन में क्षमता)

$$P_{cu} = \left[0.4\, f_{ck}\, .\, b.D + \left(\frac{p}{100}\, .\, bD\right)\left(0.67\, f_y - 0.4\, f_{ck}\right)\right]$$

$$P_{cu} = \left[0.4\, f_{ck}\, .\, b.D - A_{sc}\,(0.4\, f_{ck}) + 0.67\, f_y\, A_{sc}\right] \text{ चूंकि } \frac{p}{100}\, .\, b.D = A_{sc}$$

$$P_{cu} = [0.40\, f_{ck}.\, A_c + 0.67\, f_y.\, A_{sc}]$$

$$P_{cu} = \left[\left(\frac{0.40 \times 20 \times 200464.25}{1000}\right) + \left[\frac{0.67 \times 415 \times 2035.75}{1000}\right]\right]$$

$$P_{cu} = [(1603.714) + (566.040)] = 2169.4 \text{ kN}$$

उदाहरण (Example 12.2). यदि उदाहरण (Example 12.1) में स्तम्भ वृताकार है, तब स्तम्भ का सामर्थ्य करो।

हल : (Solution)

Step 1 : स्तम्भ की ज्योमिति गुण

वृताकार स्तम्भ का सकल क्षेत्रफल

$$A_{gross} = \left(\frac{\pi}{4} \times D^2\right) = \left(\frac{\pi}{4} \times 450^2\right) = 159043.13 \text{ mm}^2$$

उदाहरण (Example 12.1) से

इस्पातीय सिरियों का क्षेत्रफल (जिनका उपयोग अनुदैर्ध्य/मुख्य प्रबल्लित सिरियों के लिए किया गया है, $A_{sc} = 2035.75 \text{ mm}^2$

स्तम्भ में कांक्रीट का क्षेत्रफल

$$A_c = (A_{gross} - A_{sc})$$

$$= (159043.13 - 2035.75) = 157007.38 \text{ mm}^2$$

Step 2 : स्तम्भ का तनुता अनुपात

उदाहरण (Example 12.1) से यह देखा गया है कि यह एक लघु स्तम्भ है। पार्श्व प्रबल्लित सिरियों का उचित दूरी से बांधा गया है।

Step 4 : स्तम्भ के लिए चरम संपीडन वहन करने का क्षमता (स्तम्भ का सामर्थ्य)

न्यूनतम उत्केन्द्रीयता, $e_{min} = \left(\frac{l}{500} + \frac{D}{30}\right)$

$$e_{min} = \left[\frac{4500}{500} + \frac{450}{30}\right] = 24 \text{ mm}$$

$$(0.05\, D) = (0.05 \times 450) = 22.5 \text{ mm}$$

यह माना जाता है कि न्यूनतम उत्केन्द्रीयता 0.05 D से अधिक नहीं है।

स्तम्भ का सामर्थ्य (चरम भार वहन करने की क्षमता)

$$P_{cu} = \left[0.4\, f_{ck}\left(\frac{\pi D}{4}\right)^2 + \frac{p}{200}\left(\frac{\pi D}{4}\right)^2 x \left(0.67\, f_y - 0.4\, f_{ck}\right)\right]$$

$$P_{cu} = \left[0.4\, f_{ck}\left[\left(\frac{\pi D}{4}\right)^2 + \frac{p}{200}\left(\frac{\pi D}{4}\right)^2 + 0.67\, f_y\ A_{sc}\right]\right]$$

$$P_{cu} = \left[0.4\, f_{ck} \,.\, A_c + 0.67\, f_y \,.\, A_{sc}\right]$$

$$P_u = \left[\left(\frac{0.4 \times 20 \times 157007.38}{1000}\right) + \left(\frac{0.67 \times 415 \times 2035.75}{1000}\right)\right]$$

$$P_{cu} = [(1256.059) + 566.040)] = 1822.10 \text{ kN}$$

उदाहरण (Example 12.3). एक वृताकार प्रबल्लित कांक्रीट स्तम्भ का व्यास 450 mm है। स्तम्भ में 8 इस्पातीय सिरिये 18 mm व्यास के अनुदैर्ध्य/मुख्य प्रबल्लित सिरियों के लिए उपयोग में लिए गये हैं। सर्पिलस सिरिये 8 mm व्यास के 60 mm पिच दूरी पर लगाया गया है।

M20 ग्रेड कांक्रीट और HYSD Fe 415 इस्पातीय सिरियों का उपयोग किया गया है। स्तम्भ की चरम भार वहन करने की क्षमता सामर्थ्य ज्ञात करो। स्तम्भ की प्रभावी लम्बाई 4.50 m है।

हल (Solution)

Step 1 : स्तम्भ के ज्योमिति गुण

स्तम्भ की प्रभावी लम्बाई = 4.50 m

स्तम्भ का सकल क्षेत्रफल

$$A_{gross} = \left(\frac{\pi}{4} \times 450^2\right) = 159043.13 \text{ mm}^2$$

अनुदैर्ध्य प्रबल्लित सिरियों का अनुप्रस्थ क्षेत्रफल

$$A_{sc} = 8 \times \left(\frac{\pi}{4} \times 18^2\right) = 2035.70 \text{ mm}^2$$

कांक्रीट क्षेत्रफल

$$A_c = (A_{gross} - A_{sc})$$

$$= (159043.13 - 2035.75) = 157007.38 \text{ mm}^2$$

Step 2 : स्तम्भ का तनुता अनुपात

(स्तम्भ की प्रभावी लम्बाई/न्युनतम पार्श्व माप) का अनुपात

$$\left[\frac{l_{eff}}{b}\right] = \left(\frac{4.5 \times 1000}{450}\right) = 10 < 12$$

अतः यह एक लघु स्तम्भ है।

Step 3 : स्तम्भ के लिए न्यूनतम उत्केन्द्रीयता

$$e_{min} = \left[\frac{l}{500} + \frac{D}{30}\right] = \left[\frac{4500}{500} + \frac{450}{30}\right] = 24 \text{ mm}$$

$$(0.05\ D) = (0.05 \times 450) = 22.5 \text{ mm}$$

यह माना जाता है कि न्यूनतम उत्केन्द्रीय 0.05 D से अधिक नहीं है।

Step 4 : स्तम्भ का सामर्थ्य (चरम भार वहन करने की क्षमता)

$$P_{cu} = \left[0.4\, f_{ck}\left(\frac{\pi D^2}{4}\right) + \frac{p}{100}\left(\frac{\pi D^2}{4}\left(0.67\, f_y - 0.4\, f_{ck}\right)\right)\right]$$

$$P_{cu} = \left[0.4\, f_{ck}\left(\frac{\pi D^2}{4}\right) - \frac{p}{100}\left(\frac{\pi\, D^2}{4}\right) + \frac{p}{100}\cdot\frac{\pi\, D^2}{4} \times 0.67\, f_y\right]$$

$$P_{cu} = \left[\left(\frac{0.4 \times 20 \times 157007.38}{1000} + \frac{0.67 \times 415 \times 2035.75}{1000}\right)\right]$$

$$P_{cu} = [(1256.059) + (566.40)] = 1822.10 \text{ kN}$$

Step 5 : सर्पिलस 8 mm व्यास की अनुप्रस्थ प्रबल्लित सिरियों के लिए 60 mm पिच दूरी पर उपयुक्त की गयी है। मुख्य प्रबल्लित सिरियों के बाहर 50 mm का स्पष्ट आवरण रखा गया है। Fig. 21.13 (C) सर्पिलस सिरिये के बाहर से बाहर मापी हुई दूरी = D_{core} कहलाती है।

D_{core} = [स्तम्भ का व्यास 2 x स्पष्ट कांक्रीट का आवरण – 2 x सर्पिलस सिरिये का व्यास]

$$D_{core} = (450 - 2 \times 50 + 2 \times 8) = 366 \text{ mm}$$

$$d_c = (360 - 2 \times 4) = 358 \text{ mm}$$

कांक्रीट स्तम्भ का सकल क्षेत्रफल

$$A_{gross} = 159043.13 \text{ mm}^2$$

हेलिकली प्रबल्लित सिरियों युक्त कांक्रीट कोर का क्षेत्रफल

$$A_c = \left[\frac{\pi}{4} \times 366^2\right] = 105208.8 \text{ mm}^2$$

1 mm लम्बाई के स्तम्भ (हेलिकली प्रबल्लित) का आयतन

$$V_h = \left[\pi \cdot d_c \cdot \frac{\pi}{4} \times \phi^2{}_{helical} / P\right] \times 1$$

$$= \left[\frac{\pi \times 358}{60} \times \frac{\pi}{4} \times 8^2\right] \times 1 = 942.22 \text{ mm}^3$$

1 mm लम्बाई के स्तम्भ का कोर का आयतन

$$V_{core} = \left[\frac{\pi}{4} \text{ x } 366^2 \text{ x } 1\right] = 105208.8 \text{ mm}^3/\text{mm}$$

$$\left(\frac{V_h}{V_{core}}\right) \text{ not less than } 0.36 \left[\frac{A_{gross}}{A_c} - 1\right] . \left(\frac{f_{ck}}{f_y}\right)$$

$$\left[\frac{942.22}{105208.8}\right] \text{ not less than } 0.36 \left[\frac{159043.13}{15208.8} - 1\right]\left(\frac{20}{415}\right) = 0.008954 < 0.008883$$

उपरोक्त स्थिति संतोषप्रद है। स्तम्भ की क्षमता में 5 प्रतिशत वृद्धि करता है।

P_{cr} = (1.05 गुणा x स्तम्भ का सामर्थ्य) = (1.05 x 1822.10) = 1913.21 kN

उदाहरण (Example 12.4). एक 400 mm x 200 mm आयताकार कांक्रीट स्तम्भ को 8 इस्पातीय सिरिये 20 mm व्यास से प्रबल्लित किया गया है। स्तम्भ की प्रभावी लम्बाई 2.20 m है। पार्श्व तान 8 mm व्यास की उचित दूरी पर प्रत्युक्त की गयी है।

M20 ग्रेड कांक्रीट और HySD, Fe 415 इस्पातीय सिरियों का प्रयोग किया गया है। स्तम्भ का चरम भार वहन करने की क्षमता (सामर्थ्य) ज्ञात करो।

हल (Solution)

Step 1 : स्तम्भ के ज्योमिति गुण

कांक्रीट स्तम्भ का स्कल क्षेत्रफल

$$A_{gross} = 400 \text{ x } 200 = 80000 \text{ mm}^2$$

इस्पातीय सिरियों का क्षेत्रफल (अनुदैर्ध्य)

$$A_{sc} = \left(8 \text{ x } \frac{\pi}{4} \text{ x } 20^2\right) = 2513.27 \text{ mm}^2$$

स्तम्भ में कांक्रीट का क्षेत्रफल

$$A_c = (A_{gross} - A_{sc})$$
$$= (80000 - 2513.27) = 77486.73 \text{ mm}^2$$

Step 2 : स्तम्भ का तनुता अनुपात

स्तम्भ की प्रभावी लम्बाई l_{eff} = 2.2 m

स्तम्भ का पार्श्व माप (न्यूनतम माप), b = 200 m

स्तम्भ का तनुता अनुपात $\left(\frac{l_{eff}}{b}\right) = \left(\frac{2.2 \text{ x } 1000}{200}\right) = 11 < 12$

स्तम्भ का तनुता अनुपात $\left(\frac{l_{eff}}{b}\right) = \left(\frac{2.2 \text{ x } 1000}{400}\right) = 5.5 < 12$

अतः यह एक लघु स्तम्भ है।

वृताकार स्तम्भ का माप (व्यास), D

स्तम्भ का सकल क्षेत्रफल, $A_{gross} = (\pi/4\ D^2)$

सकल क्षेत्रफल गणना द्वारा ज्ञात करने के पश्चात्, D का मान ज्ञात हो जाता है। इससे उपयुक्त व्यास निश्चित कर लिया जाता है।

Step 2 : स्तम्भ का तनुता अनुपात

स्तम्भ की आकृति और माप निश्चित करने के पश्चात, स्तम्भ के दोनों तनुता अनुपात (l_{eff}/D) और (l_{eff}/b) की गणना कर लेते हैं। यदि दोनो तनुता अनुपात का मान 12 से कम हो तो, यह एक लघु स्तम्भ होता है।

Step 3 : न्यूनतम उतकेन्द्रीयता, e_{min}

स्तम्भ की प्रभावी लम्बाई, l_{eff} और माप (b, D) ज्ञात होते हैं। इससे $[(l_{eff}/500) + (D/30)]$ का मान मालूम करते है। और (0.05 D) के मान से तुलना करते हैं। यदि वास्तविक का मान अधिक होता है, तब उपकेन्द्रीयता को विचार में रखते हुए डीजाइन की जाती है। अन्यथा अक्षीय भारित स्तम्भ की डीजाइन की जाती है।

Step 4 : अनुदैर्घ्य / मुख्य प्रबल्लित सिरिये

मुख्य प्रबल्लित सिरियों के आवश्यक अनुप्रस्थ क्षेत्रफल A_{sc} की गणना स्तम्भ के माप के अनुसार इस्पात का न्यूनतम और अधिकतम प्रतिशत से जैसा IS : 456-2000 कोड में उल्लेखित है, वैसे, A_{sc} की गणना की जाती है।

$$(A_{sc} = p * A_{gross})$$

मुख्य इस्पातीय प्रबल्लित सिरियों का व्यास 12 mm से कम नहीं होना चाहिए। इस्पातीय सिरियों की संख्या इस प्रकार निश्चित की जाती है, ताकि IS : 456-2000 कोड में उल्लेखित संख्या का संतोषप्रद व्यवस्था की जा सके।

Step 5 : अनुप्रस्थ / पार्श्व प्रबल्लित सिरिये

पार्श्व तान अथवा सर्पिलस प्रबल्लित सिरियों को व्यवस्थित किया जाता है।

IS : 456-2000 कोड में जैसे पिच और दो तानों के बीच की दूरी संतोषप्रद से व्यवस्थित की जाती है।

स्तम्भ का माप, मुख्य प्रबल्लित सिरियों और पार्श्व प्रबल्लित सिरियों की पूर्ण ड्राइंग तैयार करके दी जाती है।

उदाहरण (Example 12.5). एक प्रबल्लित कांक्रीट स्तम्भ पर अक्षीय कुल भार 1200 kN (अचल, चल और स्तम्भ का स्वम्य भार सहित) कार्यरत है। स्तम्भ प्रबल्लित कांक्रीट धरन और स्लैब फर्श पर दोनों सिरों से सतत है।

M20 ग्रेड कांक्रीट और HYSD Fe 415 इस्पातीय सिरियों का उपयोग करना है। फर्श और छिछली (Shallow) धरन के बीच स्पष्ट ऊंचाई 6 m है। एक वर्गाकार प्रबल्लित कांक्रीट के स्तम्भ की डीजाइन करो।

डीजाइन (Design) : M20 ग्रेड कांक्रीट और HYSD Fe 415 इस्पातीय सिरियों का प्रयोग करना है। कांक्रीट का विशिष्ट सामर्थ्य, f_{ck} = 20 N/mm² इस्पातीय सिरियों का विशिष्ट सामर्थ्य, f_y = 415 NM/mm² स्तम्भ पर विशिष्ट भार, P = 1200 kN

फेक्टरड (डीजाइन) भार $f_{cu.Fd} = (1.5 \times 1200) = 1800$ kN

Step 1 : वर्गाकार स्तम्भ का माप (a x a)

माना कि अनुदैर्ध्य प्रबल्लित सिरियों के लिए इस्पात एक प्रतिशत है।

$p = 0.01$

कांक्रीट का आवश्यक सकल क्षेत्रफल

$$A_{gross} \left[\frac{P_{cu.Fd}}{0.4\, f_{ck}\left(1-\frac{p}{100}\right)+\left(\frac{p}{100}\right)\left(0.67\, f_y\right)}\right] mm^2$$

$$A_{gross} = \left[\frac{1800 \times 1000}{0.4 \times 20\left(1-\frac{1}{100}\right)+\left(\frac{1}{100}\right) \times \left(0.67 \times 415\right)}\right] mm^2$$

$$A_{gross} = \left[\frac{1800 \times 1000}{\left(0.4 \times 20 \times 0.99\right)+\left(0.67 \times 4.15\right)}\right] mm^2$$

$$A_{gross} = \left(1800 \times 1000 / 10.7\right) = 168216.44\ mm^2$$

माना कि वर्गाकार स्तम्भ का माप (a x a) है।

अतः $a = (168216.44)^{1/2} = 410.142$ mm

वर्गाकार स्तम्भ का माप (450 mm x 450 mm)

Step 2 : स्तम्भ का तनुता अनुपात

चूंकि, स्तम्भ दोनों सिरों पर धरन और स्लैब फर्श के बीच सतत रहता है, अतः स्तम्भ को दोनों सिरों पर स्थिति और दिशा अवरुद्ध समझा जाता है। स्तम्भ की अ–अवलम्बित लम्बाई, l = स्पष्ट ऊँचाई स्तम्भ की प्रभावी लम्बाई = (0.65 x 6.0) x 1000 = 3900 mm

(प्रभावी लम्बाई और न्यूनतम पार्श्व माप) का अनुपात

$$\left[\frac{3900}{450}\right] = 8.667 < 12$$

अतः यह एक लघु स्तम्भ है।

Step 3 : न्यूनतम उत्केन्द्रीयता, e_{min}

$$e_{min} = \left[\left(\frac{l}{500}\right) + \left[\frac{D}{30}\right]\right] = \left[\left(\frac{3900}{500}\right) + \left(\frac{450}{30}\right)\right] = 22.8 \text{ mm}$$

$$(0.05 \text{ D}) = (0.05 \times 450) = 22.5 \text{ mm}$$

न्यूनतम उत्केन्द्रीय दूरी और (0.05 D) दूरी बराबर ही है।

Step 4 : अनुदैर्ध्य / मुख्य प्रबल्लित सिरिये

इस्पातीय सिरियों का अनुप्रस्थ क्षेत्रफल एक प्रतिशत माना गया है। अतः

$$A_{sc} = \left(\frac{1}{100} \times 168216.44\right) = 1682.164 \text{ mm}^2$$

माना कि HYSD Fe 415 सिरियों का व्यास 18 mm है ।

एक सिरिये का अनुप्रस्थ क्षेत्रफल

$$A_{\phi} = \left[\frac{\pi}{4} \times 18^2\right] = 254.469 \text{ mm}^2$$

$$\text{सिरियों की आवश्यक संख्या} = \left[\frac{1682.164}{254.469}\right] = 6.61$$

18 mm व्यास के 8 इस्पातीय सिरिये HYSD xzsM Fe 415 अनुदैर्ध्य / मुख्य प्रबल्लित सिरियों के लिए प्रतियुक्त किये जायेंगे। कांक्रीट का स्पष्ट आवरण 40 mm रखा जायेगा, जैसा Fig. 12.16 में दिखाया गया है।

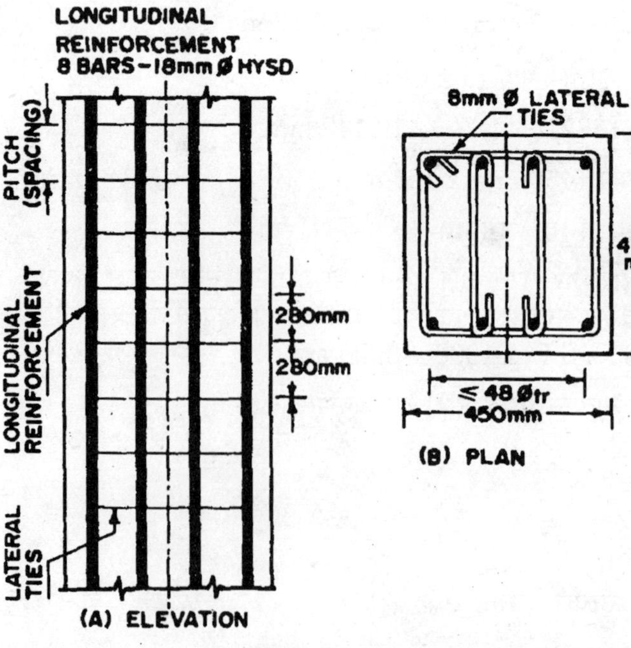

Fig. 12.16

मुख्य सिरियों के बीच केन्द्र से केन्द्र तक की दूरी [माना $\phi_{tr} = 8$ mm]

$$(450 - 2 \times 40 - 2 \times 9) = 352 \text{ mm}$$

$$352 \text{ mm} < \left[(48 \times \phi_{tr}) = (48 \times 8) = 384 \text{ mm}\right]$$

Step 5 : अनुप्रस्थ / पार्श्व तान

पार्श्व तान के लिए 8 mm व्यास के सिरिये जैसा Fig. 12.16 (B) में दिखाया गया है।

पार्श्व तान की पिच

स्तम्भ का न्यूनतम माप, b = 450 mm

16 गुणा मुख्य प्रबल्लित सिरिया = (16 x 18) = 288 mm

48 गुणा पार्श्व तान सिरियों का व्यास = (48 x 8) = 384 mm

अनुप्रस्थ / पार्श्व तान के लिए उपरोक्त तीनों दूरी से अधिक नहीं होनी चाहिए। अतः पार्श्व तान 280
दूरी स्तम्भ के ऊँचाई के साथ रखनी है।

उदाहरण (Example 12.6). उदाहरण (Example 12.5) में एक वृताकार स्तम्भ की डीजाइन
। सर्पिलस प्रबल्लित सिरिये का उपयोग भी करना है।

डीजाइन (Design)

Step 1 : स्तम्भ का माप

माना कि इस्पातीय सिरियों का अनुप्रस्थ क्षेत्रफल स्तम्भ के क्षेत्रफल का एक प्रतिशत रखना है।

कांक्रीट स्तम्भ का सकल क्षेत्रफल

$$A_{gross} = \left[\frac{P_{cu.Fd}}{0.4\, f_{ck}\left(1 - \frac{p}{100}\right) + \left(\frac{p}{100}\right)(0.67\, f_y)}\right] \quad \text{(iv)}$$

सर्पिलस प्रबल्लित कांक्रीट स्तम्भ पर फेक्टरड (डीजाइन) भार = 1800 kN

यह माना जाता है कि हेलीकल प्रबल्लित सिरियों का 1 mm ऊँचाई का आयतन और 1 mm ऊँचाई
न के आयतन निम्न मान से कम नहीं होगा।

$$\frac{V_h}{V_{core}} \text{ not less than } 0.36\left[\left[\frac{A_{gross}}{A_c}\right] - 1\right]\left(\frac{f_{ck}}{f_y}\right)$$

तब, लघु स्तम्भ पर फेक्टरड (डीजाइन) भार

$$P = \left[\frac{1800}{1.05}\right] = 1714.286 \text{ kN}$$

अभियुक्ति (iv) में उदाहरण (Example 12.5) से विभिन्न मान रखने पर

$$A_{gross} = \left[\frac{1714.286 \times 1000}{0.4 \times 20 \times \left(1 - \frac{1}{100}\right) + \left(\frac{1}{100}\right)(0.67 \times 415)}\right]$$

$$A_{gross} = \left[\frac{1714.286x\ 1000}{(0.4 \times 20 \times 0.99) + (0.67 \times 4.15)}\right]$$

$$A_{gross} = [(1714.286 \times 1000)/10.7] = 160213.62\ mm^2$$

माना कि वृताकार स्तम्भ का व्यास Dmm है।

$$\left(\frac{\pi}{4} \times D^2\right) = 160213.62 \quad D = 451.65\ mm\ (500\ mm)$$

Step 3 : न्यूनतम उत्केन्द्रीयता, e_{min}

$$e_{min} = \left[\left(\frac{l}{500}\right) + \left(\frac{D}{30}\right)\right] = \left[\left(\frac{3900}{500}\right) + \left(\frac{500}{30}\right)\right]$$

$$(0.05 \times D) = (0.05 \times 500) = 25\ mm$$

न्यूनतम उत्केन्द्रीय दूरी (0.05 D) के मान अधिक नहीं है।

Step 4 : अनुदैर्ध्य / मुख्य प्रबल्लित सिरिये

मुख्य प्रबल्लित सिरियों के अनुप्रस्थ क्षेत्रफल का मान, P स्तम्भ के सकल क्षेत्रफल का एक प्रति: माना गया है।

$$A_{sc} = \left[\frac{1}{100} \times 160213.62\right] = 1602.136\ mm^2$$

मुख्य प्रबल्लित सिरिये HYSD, Fe 415

18 mm व्यास (एक सिरिये का क्षेत्रफल)

$$A_\phi = \left(\frac{\pi}{4} \times 18^2\right) = 254.69\ mm^2$$

$$\text{सिरियों की संख्या} = \left(\frac{1602.136}{254.69}\right) = 6.296$$

मुख्य प्रबल्लित सिरिये 8 HYSD, Fe 415

18 mm व्यास के उपयुक्त किये जायेंगे। इन सिरियों के लिए स्पष्ट आवरण 60 mm, (जैसे F 12.17 में दिखाया गया है) रखना है। इन सिरियों का वृत्त के परिधि पर समान दूरी पर रखना है।

Step 5 : अनुप्रस्थ / पार्श्व प्रबल्लित सिरियें

सर्पिलस पार्श्व प्रबल्लित सिरियों का व्यास 8 mm रखना है। इन की पिच दूरी 40 mm रखनी स्तम्भ का कोर का व्यास $D_{core} = (500 - 2 \times 60 + 2 \times 8) = 396\ mm$

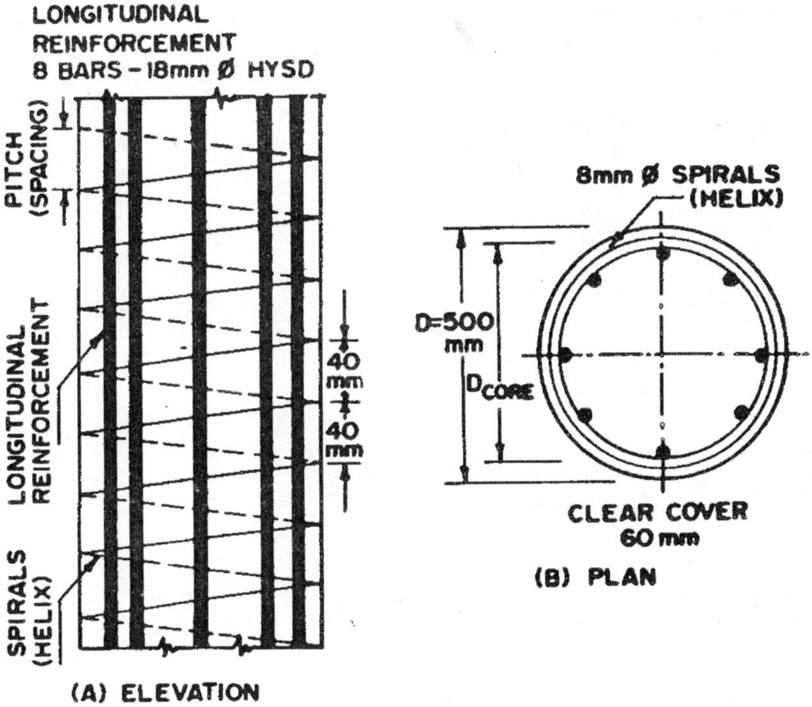

Fig. 12.17

सर्पिलस की पिच दूरी

$p < 75$ mm, $p <$ (1/6 x Core व्यास) < (1/6 x 396) = 66 mm

सर्पिलस की पिच दूरी उपरोक्त से कम रखनी है

$p > 25$ mm, $p >$ (3 x 8 = 24 mm)

सर्पिलस की पिच दूरी उपरोक्त से अधिक रखनी है। अतः पिच दूरी 40 mm रखी जाती है। इस ारा चारों आवश्यकताए पिच दूरी के लिए उल्लेखित की आवश्यकता पूरी हो जाता है।

Step 6 : आयतन अनुपात के लिए चैक

कांक्रीट स्तम्भ का सकल क्षेत्रफल

$$A_{gross} = \left[\frac{\pi}{4} \times 500^2\right] = 196349.54 \text{ mm}^2$$

$$A_{sc} = \left[8 \times \frac{\pi}{4} \times 18^2\right] = 2035.75 \text{ mm}^2$$

हेलीकली प्रबल्लित में कोर का क्षेत्रफल

$$A_c = \left[\frac{\pi}{4} \times 396^2\right] = 123163.0 \text{ mm}^2$$

$$d_c = (396 - 2 \times 4) = 388 \text{ mm}$$

1 mm ऊँचाई स्तम्भ की उचाई में हेलीकल प्रबल्लित स्तम्भ का आयतन

$$V_h = \left[\pi \cdot d_c \cdot \frac{\pi}{4} \cdot \phi^2{}_{helix}/p\right]$$

$$V_h = \left[\frac{\pi \times 388}{40} \times \frac{\pi}{4} \times 8^2\right] = 1531.76 \text{ mm}^3/\text{mm}$$

1 mm ऊँचाई का कांक्रीट स्तम्भ का कोर का आयतन

$$V_{core} = \left[\frac{\pi}{4} \times 396^2\right] = 1231.63 \text{ mm}^3/\text{mm}$$

दोनों आयतन का अनुपात

$$\left[\frac{V_h}{V_{core}}\right] < 0.36 \left[\frac{A_{gross}}{A_c} - 1\right]\left(\frac{f_{ck}}{f_y}\right)$$

$$\left[\frac{1531.76}{12316.0}\right] \text{ not less than } 0.36 \left[\frac{196349.54}{123163.0} - 1\right] \times \left(\frac{210}{415}\right)$$

0.124 not less than 0.36 x (0.594) x 0.0482

0.124 not less than 0.0103 (जैसा कि माना था)

Fig. 12.17 में अनुदैर्ध्य/मुख्य प्रबल्ल्ति सिरियों और सर्पिलस प्रबल्लित सिरियों की डीटेलस दि गयी है।

उदाहरण (Example 12.7). एक आयताकार प्रबल्लित कांक्रीट स्तम्भ पर कुल 1000 kN अक्षीय भार कार्यरत है। स्तम्भ की वास्तविक लम्बाई 5.80 m है। स्तम्भ के दोनो सिरे स्थिति और दोनों में अवरुद्ध हैं। M20 ग्रेड कांक्रीट और HySD इस्पातीय सिरिये Fe 415 को प्रत्युक्त करना है : 456-2000 कोड के अनुसार संपीडन में विफलता के लिए लिमिट स्टेट विधि से स्तम्भ की डीज करो।

डीजाइन (Design)

M20 ग्रेड कांक्रीट और HYSD इस्पातीय सिरिये Fe 415 का प्रयोग करना है। कांक्रीट का वि सामर्थ्य, $f_{ck} = 20 \text{ N/mm}^2$ इस्पातीय सिरियों का विशिष्ट सामर्थ्य, $f_y = 415 \text{ N/mm}^2$

स्तम्भ पर कुल विशिष्य अक्षीय भार = 1000 kN

फेक्टरड (डीजाइन) अक्षीय संपीडन भार

$$P_{cu.FD} = (1.5 \times 1000) = 1500 \text{ kN}$$

Step 1 : कांक्रीट स्तम्भ का माप

माना कि कांक्रीट स्तम्भ में अनुदैर्ध्य/मुख्य प्रबल्लित सिरियों का अनुप्रस्थ क्षेत्रफल स्तम्भ के स क्षेत्रफल का एक प्रतिशत है। कांक्रीट स्तम्भ का आवश्यक सकल क्षेत्रफल,

$$A_{gross} = \left[\frac{P_{cu.Fd}}{0.4\, f_{ck}\left(1-\frac{p}{100}\right)+\left(\frac{p}{100}\right)(0.67 f_y)}\right]$$

$$A_{gross} = \left[\frac{1500 \times 1000}{0.4 \times 20 \times\left(1-\frac{1}{100}\right)+\left(\frac{1}{100}\right).(0.67 \times 415)}\right]$$

$$A_{gross} = \left[\frac{1500 \times 1000}{0.4 \times 20 \times 0.99+(0.67 \times 4.15)}\right]$$

$$A_{gross} = [1500 \times 1000/10.7] = 140986.92 \text{ mm}^2$$

मानाकि आयताकार स्तम्भ का माप (bxD) है।

स्तम्भ की चौडाई, b और स्तम्भ की कुल गहराई, D है। माना (b = D/2) तब

$$(1/2\ D.D) = 140186.92 \text{ mm}^2$$

$$D = 529.50 \text{ mm}$$

माना कि स्तम्भ की कुल गहराई, D = 650 mm है।

तब स्तम्भ की चौडाई b = 325 mm होगी।

Step 2 : स्तम्भ के लिए तनुता अनुपात

स्तम्भ की वास्तविक लम्बाई = 5.80 m है।

स्तम्भ के दोनो सिरे स्थिति और दिशा दोनों में अवरुद्ध है। स्तम्भ की प्रभावी लम्बाई, l_{eff} = (0.65 x 5.8) = 3.77 m

$$\text{तनुता अनुपात, } \left[\frac{l_{eff}}{b}\right] = \left(\frac{3.77 \times 1000}{325}\right) = 11.6 < 12$$

$$\text{तनुता अनुपात, } \left[\frac{l_{eff}}{b}\right] = \left(\frac{3.77 \times 1000}{650}\right) = 5.8 < 12$$

दोनो तनुता अनुपात का मान 12 से कम है। यह स्तम्भ लघु स्तम्भ है।

Step 3 : न्यूनतम उत्केन्द्रीयता, e_{min}

$$e_{min} = \left[\left(\frac{l}{500}\right)+\left(\frac{D}{30}\right)\right] = \left[\left(\frac{3.77 \times 1000}{500}\right)+\left(\frac{650}{30}\right)\right] = 29.21 \text{ mm}$$

$$(0.05 \times D) = (0.05 \times 650) = 32.5 \text{ mm}$$

न्यूनतम उत्केन्द्रीय दूरी (0.05 D) से कम है।

Step 4 : अनुदैर्ध्य / मुख्य प्रबल्लित सिरिये

HYSD इस्पातीय सिरिये **Fe 415** का मुख्य प्रबल्लित सिरियों के लिए उपयोग करना है। इस्पातीय सिरियों का अनुप्रस्थ क्षेत्रफल एक प्रतिशत माना गया है।

$$A_{sc} = \left(\frac{1}{100} \times A_{gross}\right) = \left(\frac{1}{100} \times 1.4018692\right) = 1401.8692 \text{ mm}^2$$

माना कि इस्पातीय सिरियों का व्यास 20 mm है। एक सिरिये का अनुप्रस्थ क्षेत्रफल

$$A_{\phi} = \left(\frac{\pi}{4} \times 20^2\right) = 314 \text{ mm}^2$$

सिरियों की संख्या $\left[\frac{1401.8692}{314}\right] = 4.46$

माना कि 8 सिरियों का उपयोग करना है **Fig. 12.18** में स्पष्ट कांक्रीट आवरण 40 mm दिखाया गया है।

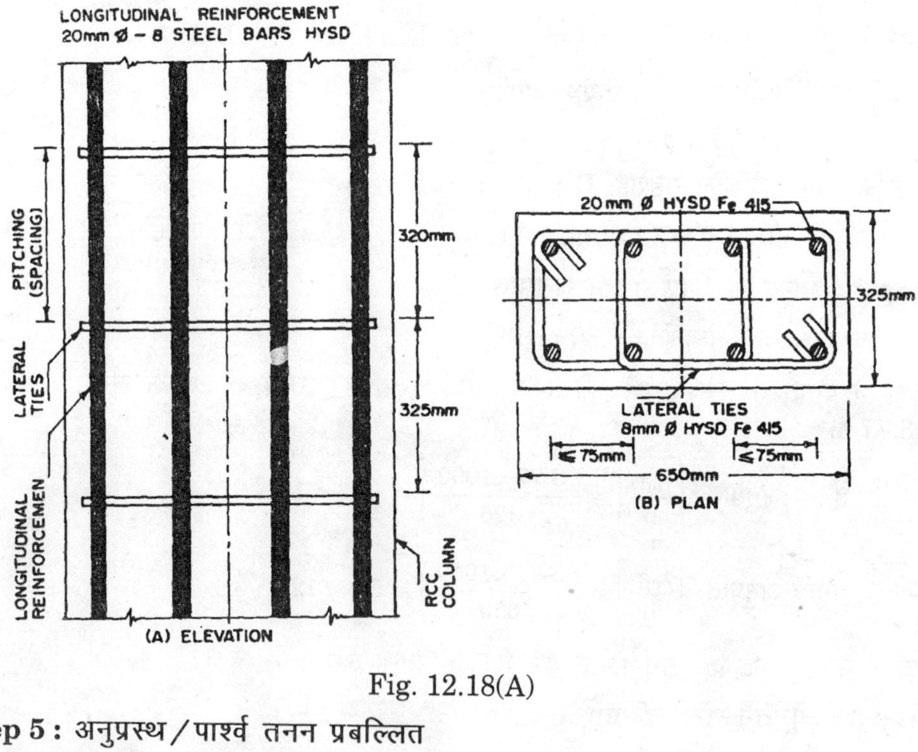

Fig. 12.18(A)

Step 5 : अनुप्रस्थ / पार्श्व तनन प्रबल्लित

माना कि पार्श्व तान के सिरियों का व्यास 8 mm है। HYSD, Fe 415 इस्पात का उपयोग करना है।

पार्श्व तान की पिच की दूरी

कांक्रीट स्तम्भ का न्यूनतम पार्श्व माप b = 325 mm

अनुदैर्ध्य / मुख्य प्रबल्लित सिरियों के व्यास का (16 x 20) = 320 mm

पार्श्व तान प्रबल्लित सिरियों के व्यास का (48 x 8) = 384 mm

इन तीनों मान से पार्श्व तान की दूरी से अधिक नहीं होगी। अतः पिच दूरी 320 mm रखनी है।

कोने के सिरियों के बीच केन्द्र से केन्द्र दूरी

(650 – 2 x 40 – 2 x 10) = 550 mm

Fig. 12.18 (B) में पार्श्व तान दिखाये गये हैं।

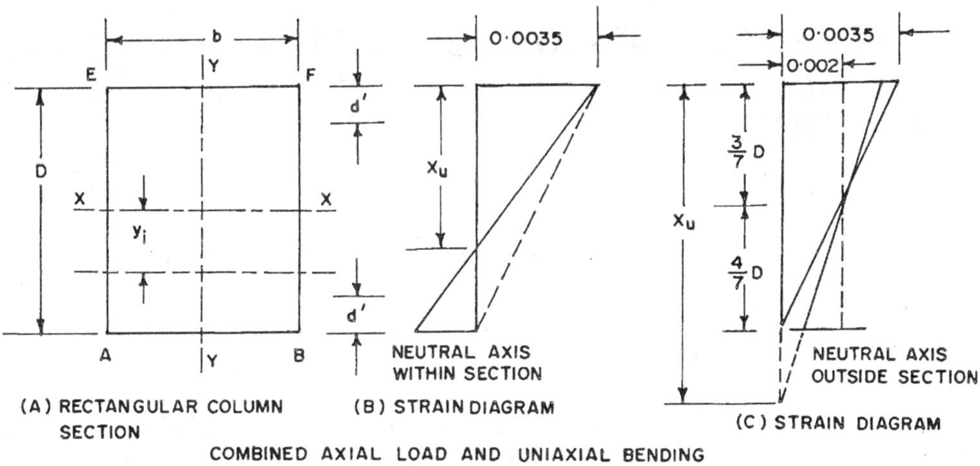

Fig. 12.18(B)

PROBLEMS

12.1 एक वर्गाकार प्रबल्लित कांक्रीट स्तम्भ अक्षीय भारित का माप 400 mm x 400 mm है। इस स्तम्भ की प्रभावी लम्बाई 5.20 m है।

8 इस्पातीय सिरिये 16 mm व्यास के अनुदैर्ध्य प्रबल्लित सिरियों के उपयुक्त किये गये हैं। पार्श्व तान सिरियों का व्यास 6 mm है। M20 ग्रेड कांक्रीट और मृदु इस्पात Fe 250 का उपयोग करना है। स्तम्भ का सामर्थ्य ज्ञात करो।

12.2 (i) प्रश्न 12.1 में यदि स्तम्भ 400 mm व्यास का है, तो स्तम्भ की सामर्थ्य ज्ञात करो।

(ii) यदि स्तम्भ की प्रभावी लम्बाई 6 m है, तो स्तम्भ का सामर्थ्य ज्ञात करो।

12.3 एक वृताकार प्रबल्लित कांक्रीट स्तम्भ का व्यास 360 mm है। स्तम्भ की प्रभावी लम्बाई 5.20 m है। 6 इस्पातीय सिरिये 16 mm व्यास के उपयुक्त करने है। सर्पिलस/हेलीकल प्रबल्लित सिरियों का व्यास 6 mm है। M20 ग्रेड कांक्रीट और HYSD, fe 415 इस्पात के सिरिये उपयोग करने हैं। कांक्रीट का स्पष्ट आवरण 40 mm है। स्तम्भ का सामर्थ्य ज्ञात करो।

12.4 एक 300 mm x 600 mm आयताकार प्रबल्लित कांक्रीट स्तम्भ में 18 mm व्यास के 8 इस्पातीय सिरियों का उपयोग अनुदैर्ध्य/मुख्य प्रबल्लित सिरियों के लिए किया गया है। स्तम्भ की प्रभावी लम्बाई 4.80 m है। पार्श्व तान प्रबल्लित सिरियों का व्यास 6 mm है। अनुज्ञेय अक्षीय संपीडन भार ज्ञात करो, जो कि स्तम्भ पर सुरक्षित रखा जा सके।

चूंकि यह एक प्रबल्लित कांक्रीट स्तम्भ है, E_t का मान E के मान के बराबर होता है, जब तक व्यांकुचता प्रतिबल $\sigma = (Pcr/A)$ का मान समानुपातिका की सीमा (Limit of proportionality), σ_p से कम होता है। यदि σ का मान σ_p से अधिक होता है। तब स्तम्भ में व्याकुंचना प्रत्याक्षी प्रवास (Elastic range) में उत्पन्न होती है। यदि समीकरण 13.1 में प्रतिबल विकृति वक्र के स्पर्श रेखा का ढाल/झुकाव (Slope) (E_t का प्रतिनिधित्व करता है) है, तब इसे **टेन्जेन्ट प्रत्यास्थता मापांक** (Tangent moduluis of elasticitiy) कहते हैं, जैसा कि Fig. 13.1 (A) में दिखाया गया है। जैसे जैसे व्याकुंचनता प्रतिबल का मान बढता है, वैसे वैसे E_t का मान में कमी होती रहती है। यदि एक प्लोट (Plot) व्याकुंचना भार और तनुता अनुपात के बीच तैयार किया जाता है, जैसा कि Fig. 13.1 (B) में दिखाया गया है, इसे **स्तम्भ कर्व** Fig. 13.1 (B) व्याकुंचना सामर्थ्य में कमी दिखाता है, जैसे जैसा तनुता अनुपात बढता है। Fig. 13.1 (B) सकेन्द्रीय वृताकार अक्षीय भार पर तनुता का प्रभाव दिखाती है। तनुता अनुपात की एक सीमा होती है। जब स्तम्भ की तनुता इस सीमा से कम होती है, तब स्तम्भ की विफलता सरल एवं अवभंजन (Simple crushing) में होती है। जब स्तम्भ की तनुता अनुपात इस सीमा के मान से अधिक होती है, तब स्तम्भ की विफलता व्याकुंचनता (Buckling) से होती है।

स्तम्भ के तनुता अनुपात की सीमा (Limits of slenderness ratio for columns)

IS : 456-2000 कोड में इस तथ्य का उल्लेख किया गया है कि स्तम्भ की अ–अवलम्बित लम्बाई स्तम्भ के न्यूनतम माप के 60 गुणा से अधिक नहीं होगी।

यदि किसी दी गयी प्लेन में, स्तम्भ का एक सिरा अवरुद्ध नहीं है, तब इसकी अ–अवरुद्ध लम्बाई का मान ($100\ b^2/D$) d मान से अधिक नहीं होगा। स्तम्भ की चौडाई b, और गहराई D है।

यदि एक स्तम्भ दोनों सिरों पर दिशा और स्थिति दोनों अवरुद्ध है, जैसा अध्याय 12 में Fig. 12.2 (B) में दिखाया गया है, यह दोनो सिरों पर स्थिर (Fixed) स्तम्भ कहलाता है। इस स्तम्भ की वक्रता दो बिन्दुओं पर बदलती है, जहां पर बंकन आघूर्ण का मान शुन्य होता है। इन दो संलग्न बिन्दुओं की स्थिति सही सही वैसी ही है, जैसे दोनों सिरों पर कब्जेदार स्तम्भ की होती है। अतः इस स्तम्भ की प्रभावी लम्बाई इन संलग्न बिन्दुओं के बीच की दूरी के बराबर होती है। थ्योरीटिकली, ($kL = L/2$) अर्थात्, k का मान [(1/2) = 0.5] होता है। समीकरण 13.1 से यह देख सकते हैं कि ऐसे स्तम्भ के लिए क्रान्तिक भार दोनों सिरों पर कब्जेदार स्तम्भ की तुलना में चार गुणा अधिक होता है।

संरचनाओं में वास्तविकता में कोई भी स्तम्भ दोनों सिरों पर कब्जेदार होते हैं, नहीं ही कोई भी स्तम्भ दोनों सिरों पर स्थिर होते हैं। ये स्तम्भ आंशिक रूप में घूर्णन के विरुद्ध अवरुद्ध होते हैं। इनका परिशुद्ध (Precise) मान अवयव की दृढता अनुपात (EI/L)/ सब अवयव जो एक जोड़ पर मिलते हैं, उनकी दृढता के जोड़ $\Sigma = (EI/L)$ के अनुपात पर निर्भर करती है।

यदि एक स्तम्भ एक सिरे पर स्थिर (Fixed) है और पूर्ण रूप से दूसरे सिरे पर मुक्त है, इस स्तम्भ में व्यांकुचनता Fig. 13.2 (B) जैसे होती है। ऊपर की सिरा पार्श्व दिशा में नीचे के सिरे के तुलना में गति करता है। यह विस्थापन साइड स्वे (Side-sway) की तरह होता है। व्यांकुचनता एक चौथाई साइन तरंग की आकृति की तरह होता है। यह आकृति उस स्तम्भ के ऊपर के आधे स्तम्भ की तरह है, जो स्तम्भ दोनों सिरों पर कब्जेदार होता है। स्तम्भ के मुक्त सिरे पर बंकन आघूर्ण का मान शुन्य होता है। दूसरा ऐसा संलग्न बिन्दु का इस प्रकार पत्ता लगाया जाता है। इसी स्तम्भ का नीचे की तरफ काल्पनिक विस्तार सोचा जाता है, जैसा कि दर्पण प्रतिबिंब (Mirror-image) हो। इस प्रकार प्राप्त दो संलग्न बिन्दु (जहां पर बंकन आघूर्ण का मान शुन्य होता है) की दूरी प्रभावी लम्बाई ($kL = 2L$) होता है, (अर्थात् $k = 2$)

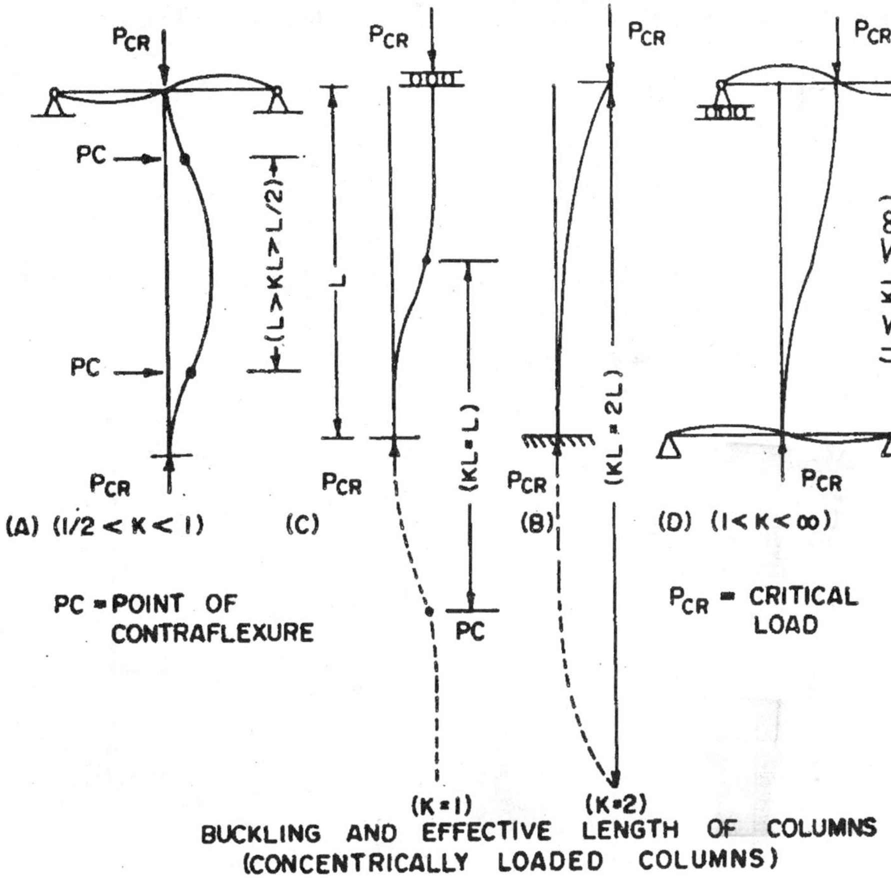

Fig. 13.2

यदि स्तम्भ के दोनों सिरे घूर्णनता के विरुद्ध अवरुद्ध हो, और एक सिरा दूसरे सिरे की तुलना में पार्श्व दिशा में गति करता है। इस स्तम्भ की व्याकुंचनता Fig. 13.2(C) में दिखायी गयी है। इस स्तम्भ की प्रभावी लम्बाई (kL = L) होती है, (अर्थात्, k = 1)

यदि कोई इस स्तम्भ की तुलना ऐसे स्तम्भ से करे, जो कि दोनों सिरों पर स्थिर हैं, परन्तु फिर भी साइड स्वे (Side sway अर्थात् Slide) के लिए मुक्त हैं, यह देखने में आयेगा कि प्रभावी लम्बाई दूसरे स्तम्भ की पहले की तुलना में आधी है। ऐसे स्तम्भ का व्याकुंचना सामर्थ्य एक चौथाई होता है।

फिर से यदि वास्तविक संरचनाओं में देखे, तब ज्ञात होगा कि बिरले ही स्तम्भ दोनों सिरों पर कब्जेदार होते है, अथवा दोनों सिरों पर स्थिर होते हैं, अथवा पूर्णतया मुक्त होते हैं। अक्षर स्तम्भ जोड पर स्तम्भ से मिलने वाले अवयवों से अवरुद्ध होते हैं। यदि साइड स्वे की अनुज्ञा देते हैं (Allow), तब व्याकुंचनता Fig. 13.2 (D) में दिखायी आकृति की तरह घटित होती है। यदि क्रोस धरन स्तम्भ की तुलना में अधिक दृढ़ होती है, तब Fig. 13.2(C) की व्याकुंचना घटित होती है। प्रभावी लम्बाई kL, लम्बाई L से किंचन मात्र (Slight) अधिक होती है। दूसरी तरफ यदि अवरुद्ध करने वाले अवयव अधिकतम लचीली (Flexible) हो तो, कब्जे की स्थिति पहुंचती है। साक्ष्य–तथ्य में (Evidently) यदि कोई स्तम्भ दोनों सिरों पर कब्जेदार हो और साइड स्वे के लिए मुक्त हो तो वे स्तम्भ अस्थिर होते हैं।

13.3 उत्केन्द्रीय भारित तनु स्तम्भ (Eccentrically loaded slender column)

Fig. 13.3 (A) में एक उत्केन्द्रीय भारित स्तम्भ दिखाया गया है। एक सीधे स्तम्भ पर, उत्केन्द्रीय दूरी, e पर दोनों सिरों पर और स्तम्भ की अक्ष के समान्तर भार P, लगाये गये हैं। इस प्रकार भारित स्तम्भ में एकल वक्रता में (Single - curvature) में बंकन होता है। इस प्रकार यह भार उत्केन्द्रीय भारित कहलाता है। इस प्रकार के भार को एक अक्षीय भार P और एक बंकन आघूर्ण Mi के तुल्य मान सकते हैं, जैसा कि Fig. 13.3 (B) में दिखाया गया है। अक्षीय भारित और साथ साथ सिरों पर बंकन आघूर्ण कार्यरत हो तब ऐसे अवयव को **धरन स्तम्भ** (Beam Column) कहते हैं। उत्केन्द्रीय दूरी, e = (E/P) होती है। बंकन विस्तृति से स्तम्भ में **अतिरिक्त उत्केन्द्रीयता**, e_{add} उत्पन्न हो जाता है, जिसका मान स्तम्भ के पार्श्व विस्थापन Δ के बराबर होता है।

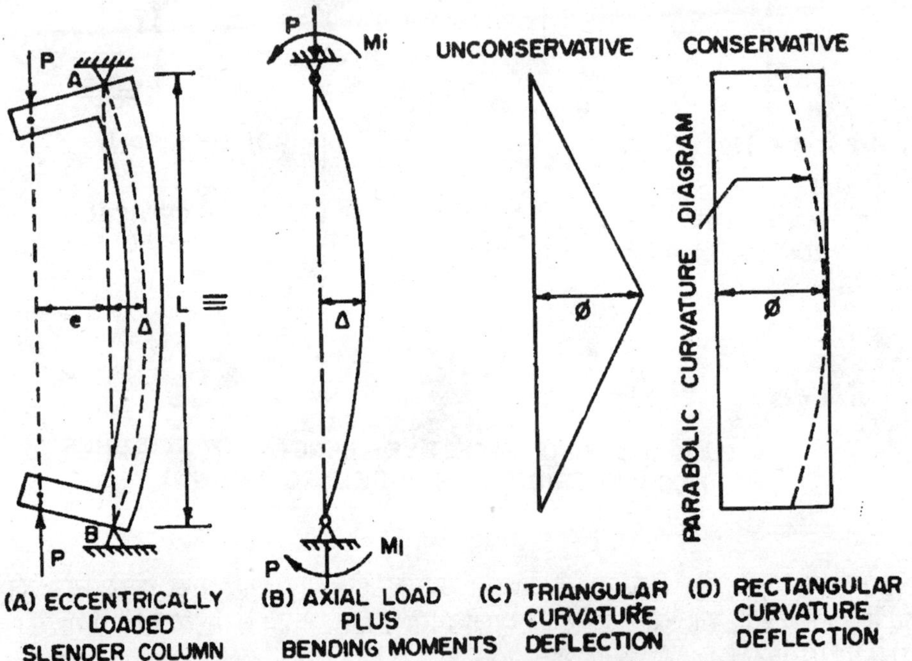

Fig. 13.3

प्रारम्भिक सिरों का आघूर्ण Mi (Initial end moments) प्राथमिक आघूर्ण कहलाते हैं। (Primar moments) यदि पार्श्व विस्थापन, Δ का मान अधिक हो, तब माध्यमिक आघूर्ण अथवा अतिरिक्त आघूर्ण (P. Δ) स्तम्भ के मध्य में विकसित हो जाते हैं। इस प्रकार कुल आघूर्ण को वर्धन आधूर्ण (Amplified moment) अथवा आवर्धन आघूर्ण (Magnified moment) कहते हैं।

$$M_{Total} = (Mi + P.\Delta)$$

$$= (P.e. + P.\Delta) \quad \text{(i)}$$

स्तम्भ के दोनों सिरे पर घूर्णन (Rotation) होता है, जो कि आघूर्ण अथवा कुल आघूण के कारण होता है। दोनों से धूर्णन जो होता है, वे जुड़ जाते हैं। इस अतिरिक्त आघूर्ण को (P - Δ) प्रभाव अथवा **तनु स्तम्भ प्रभाव** (Slender column effect) कहते हैं।

यदि प्रतियुक्त भार, P का मान धीरे धीरे बढाया जाता है, जब तक कि स्तम्भ विफल हो जाय। यह अनुदेश/हिदायत (instructive) होती है कि उनको सयोजित (Combine) कर दिया। अक्षीय भार आघूर्ण वक्र को स्तम्भ के परस्पर क्रिया प्रभाव (Inter action) वक्र Fig. 13.4 की तरह संयोजक (Combined) कर दिया जाय। ऐसा वक्र रेखीय वक्र नहीं होता है।

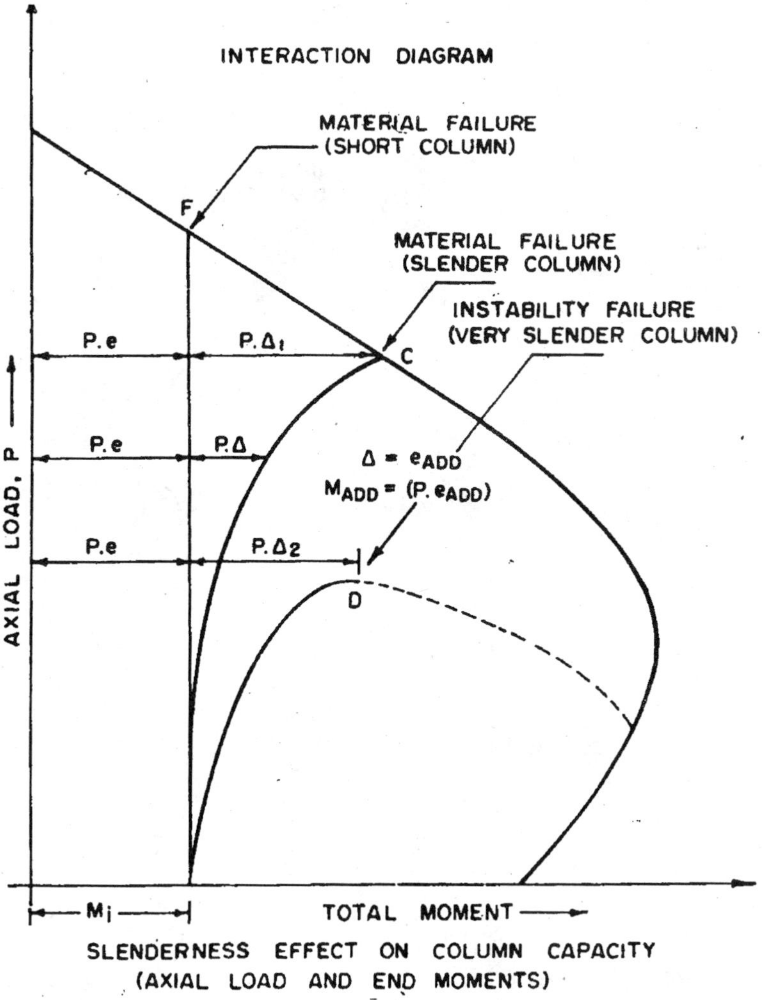

Fig. 13.4

पार्श्व विस्था ($e_{add} = \Delta$) का मान कम होता है, यदि स्तम्भ की लम्बाई कम होती है और अतिरिक्त आघूर्ण का मान (P. $e_{add} = \Delta$) के मान की प्रारम्भिक उपेक्षा की जा सकती है, आघूर्ण P.e = Mi की तुलना में जैसे जैसे भार में वृद्धि की जाती है, कुल आघूर्ण का मान करीब करीब स्थिर रहता है। Fig. 13.4 में रेखा EF द्वारा दिखाया गया है।

स्तम्भ जब विफल होता है जब F बिन्दु स्तम्भ के परस्पर क्रिया प्रभाव के वक्र रेखा पर होता है। इस प्रकार की विफलता को **पदार्थ की विफलता** (Materal failure) कहते हैं। स्तम्भ बिन्दु E से बिन्दु F तक, जब भार बढता है, तब तक दृढ रहता है। स्तम्भ पर उत्केन्द्रीय भार P कार्यरत होता है। अक्षीय भार – आघूर्ण घूर्णन की आकृति विफलता तक ऐसी होती है, जैसी Fig. 13.5 में दिखायी गयी है।

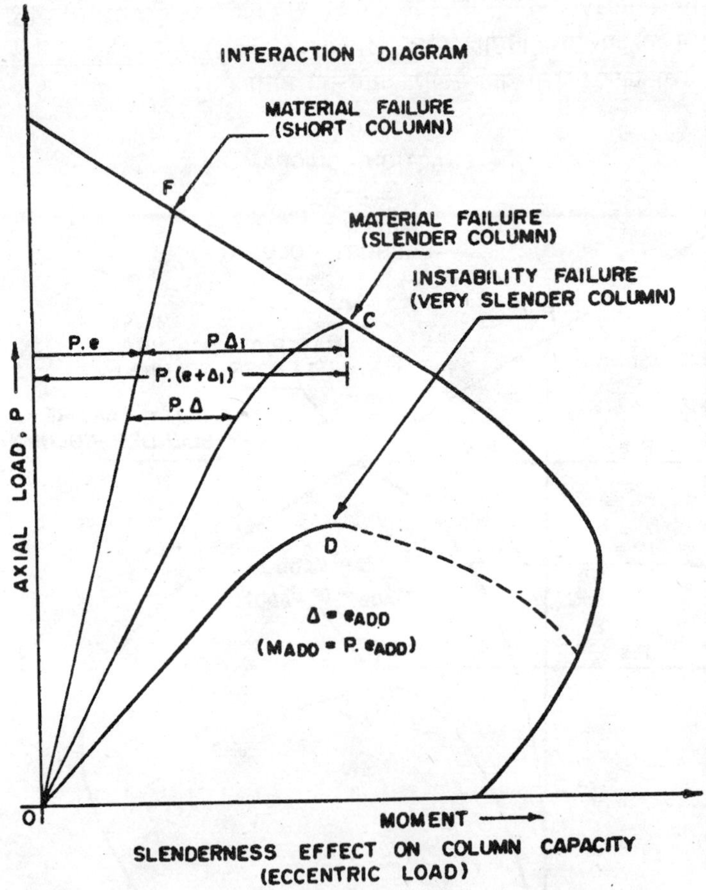

Fig. 13.5

छोटे स्तम्भ की पदार्थ विफलता (Materal failure) **पार्श्व विफलता** (Lateral failure) का प्रतिनिधित्व तनु स्तम्भ के लिए करती है। रेखा OD **अस्थिरता** (Instability) का अथवा **व्याकुचनता में विफलता** का प्रतिनिधित्व तनु स्तम्भ के लिए करती है। वक्र रेखा D बिन्दु पर क्षैतिज्य मोड़ पर आ जाती है। (परस्पर क्रिया के प्रभाव में आने से पूर्व)

तनु स्तम्भ (Slender columns) में अतिरिक्त उत्केन्द्रीय दूरी, e_{add} (पार्श्व विस्थापन प्रारम्भिक आघूर्ण की तुलना में सार्थक (Significant) होता है।

IS : 456-2000 कोड के अनुमोदन के अनुसार इस अतिरिक्त उत्केन्द्रीय दूरी के प्रभाव को बलों और आघूर्ण पर विचार में रखने चाहिए। तनु स्तम्भ के लिए अभियुक्ति (i) से

$$M_{Total} = (Mi + P \,.\, \Delta) \quad (\therefore \Delta = e_{add}) \qquad \text{(ii)}$$

Fig. 13.4 में रेखा EC इसका प्रतिनिधित्व करती है। जब बिन्दु C स्तम्भ के परस्पर क्रिया के वक्र पर होता है, तब स्तम्भ की विफलता होती है। बिन्दु E से बिन्दु C तक भार के प्रत्येक स्तर पर स्तम्भ स्थिर रहता है। तनुता के परिणाम के प्रभाव के कारण आखरी स्तर पर विफलता **पदार्थ विफलता** के कारण होती है। इस प्रकार की विफलता भवन के उन स्तम्भ में होती है, जो कि स्वे (Sway) के विरुद्ध बंधे हुए (Braced) होते हैं।

अधिक तनु स्तम्भ में शिखर भार (Peak load) पदार्थ विफलता के पहले पहुंच जाता है। जो कि रेखा ED द्वारा Fig. 13.4 में दिखाया गया है। स्तम्भ का पतन शीघ्र हो जाता है। इस प्रकृति की विफलता को **अस्थिरता की विफलता** (Instability failure) कहते हैं। इस प्रकार की विफलता भवन के उन स्तम्भ में होती है, जो कि, स्वे (Sway) के विरुद्ध बंधे हुए नहीं होते हैं।

व्यवहारिक (Practical) संरचनाओं में, प्रबल्लित कांक्रीट के स्तम्भ बिरले (Rare) ही इतने तनु (Slender) नहीं होते, जिनमें अस्थिरता में विफल होते है, ऐसे स्तम्भ जो पदार्थ विफलता से विफल होते हैं, उनके विश्लेषण के लिए पर्याप्त परिशुद्ध (Accurate) विधि (Method) की आवश्यकता होती हैं और अस्थिरता विफलता में विफल होने वाले स्तम्भ के विश्लेषण में इतने अधिक परिशुद्ध विधि की आवश्यकता नहीं होती। रूढिवादी विधि (जो कि आवश्यक रूप से इतनी शुद्ध न भी हो) ही विश्लेषण के लिए पर्याप्त होती है।

यह अतिरिक्त उत्केन्द्रीय दूरी e_{add} (पार्श्व विस्थापन) स्तम्भ की वक्रता (Curvature) ($\phi = 1/R$) पर निर्भर करती है और वक्रता के वितरण पर निर्भर करती है। यह वक्रता प्रबल्लित कांक्रीट स्तम्भ के क्रान्तिक अनुप्रस्थ खण्ड पर निर्भर करती है। चरम लिमिट स्टेट पर ऐसा माना जा सकता है कि, यह स्तम्भ की गहराई, D और प्रभावी ऊँचाई के अनुपात पर निर्भर करती है।

$$\phi = \frac{1}{175\,D} \cdot [1 - 0.0035\,(l_{eff} / D)] \qquad \text{(iii)}$$

जहां पर D. बंकन के उचित प्लेन में स्तम्भ की गहराई होती है।

$\phi = (M/EI)$ अवयव की लम्बाई के साथ

$$\left[\frac{d^2 y}{dx^2}\right] = \left[\frac{M}{EI}\right] = \left[\frac{1}{R}\right] = \phi \qquad \text{(iv)}$$

अभियुक्ति (iv) का दो दफह समाकलन करने पर (Intergrating)

$$y = \iint \left(\frac{1}{R} \, . dx\right) dx = \iint \left(\frac{M}{EI}\right) dx \, . \, dx$$

जहां पर, y (उस अवयव के लिए जिसमें बंकन होता है) प्रत्यास्थता विस्थापन (Elastic deflection) होता है।

विस्थापन वक्रता चित्र (Diagram) पर अवयव की लम्बाई के साथ निर्भर करता है। आघूर्ण वक्रता सम्बंध रेखीय हो सकते हैं। अक्षीय भार की उपस्थिति के कारण वक्रता (Curvature) प्रभावित नहीं होता।

दोनों सिरों पर सरल अवलम्बित धरन जिस पर एक समान वितरित भार कार्यरत हो, उसके लिए घूर्ण चित्र परिवलयिक (Parabolic) होता है। अधिकतम विस्थापन (मध्य बिन्दु पर) का मान

$$y = \frac{5}{384}\left(\frac{wl^4}{EI}\right) = \frac{5}{48}\left(\frac{l^2}{EI}\right)\left(\frac{w.l^2}{8}\right)$$

$$y = \left(\frac{M_{max}}{EI}\right).\left(\frac{l^2}{9.6}\right) = \left[\frac{l^2}{9.6}\right].\frac{1}{R} = \left(\frac{l^2}{9.6}\phi\right)$$

इसमें वक्रता का वितरण का चित्र ज्ञात नहीं हैं। फिर भी इनको संयुक्तिक (Reasonably) माना जा सकता है।

वक्रता का वितरण (Distribution of curvature)

(i) Fig. 13.3 (C) में वक्रता का वितरण **त्रिभुजाकार** दिखाया गया है। इसका निहित (implied) अर्थ यह है कि इसमें सिर्फ एक ही क्रान्तिक अनुप्रस्थ खण्ड होता है।

(ii) Fig. 13.3 (D) में वक्रता का वितरण **आयताकार** दिखाया गया है। इसकी निहित (implied) अर्थ यह है कि इसमें क्रान्तिक अनुप्रस्थ खण्ड की संख्या अनन्त (infinite) होती है।

अतिरिक्त उत्केन्द्रीय दूरी, e_{add} का मान **विभिन्न वक्रता के वितरण** के लिए निम्नलिखित होते हैं।

(i) त्रिभुजाकार, $e_{add} = \left(\frac{l^2}{12}\right)\phi$

(ii) आयताकार, $e_{add} = \left(\frac{l^2}{8}\right)\phi$

(iii) परवलयिक, $e_{add} = \left(\frac{l^2}{9.6}\right)\phi$

(iv) साइनुसोइडल, $e_{add} = \left(\frac{l^2}{\pi^2}\right)\phi$

उपरोक्त अतिरिक्त उत्केन्द्रीय दूरी का मान संयुक्तिक (Reasonably), $e_{add} = [(1/10)\ l^2_{eff}\ .\ \phi]$ माना जा सकता है।

अतः अतिरिक्त आघूर्ण का मान

$$M_{add} = (P.e_{add}) = \left[P.\frac{1}{10}\ .\ l_{eff}^2.\phi\right] \quad (13.2A)$$

$$M_{add} = P.\frac{1}{10}.l_{eff}^2\ .\ \frac{1}{175.h}\ (1 - 0.0035\,(l_e/h))$$

$$M_{add} = \left(\frac{P.h}{1750}\right)\left(\frac{l_{eff}^2}{h}\right)[1 - 0.0035\,(l_e/h)] \quad (13.2B)$$

चरम भार पर वक्रता अधिकतम होती है। $\phi = (1/r), \therefore (\phi = 1/r_u)$

यदि कांक्रीट में और इस्पातीय सिरियों में विकृतियों का मान विफलता पर, εc और εs क्रमशः ज्ञात हो, तब

$$\phi_u = \left(\frac{1}{r_u}\right) = \left(\frac{\varepsilon_c + \varepsilon_s}{D}\right) \quad (13.3)$$

इस तथ्य पर ध्यान देना चाहिए कि प्रभावी गहराई का मान सन्निकट (Approximate;y) ऐसा माना जा सकता है, संपीडन फलक और तनन फलक के बीच की दूरी (i.e, d = D)

सन्तुलित अनुप्रस्थ खण्ड के लिए, $\varepsilon_c = 0.0035$ और $\varepsilon_s = 0.0020$ होता है।

संतुलित अनुप्रस्थ खण्ड के लिए

चरम वक्रता का मान

$$\phi_u = \left(\frac{1}{r_u}\right) = \left[\frac{0.0035 + 0.0020}{D}\right] = \left(\frac{55}{1000\,D}\right) = \left[\frac{1}{181.818D}\right] = \left[\frac{1}{182\,D}\right] \quad (13.4)$$

अतिरिक्त आघूर्ण का मान समीकरण (13.1) से

$$M_{add} = \left[\frac{P.D.(L/D)^2}{1820}\right] = \left[\frac{P.D}{1820}\right] \cdot \left[\frac{L}{D}\right]^2 \quad (13.5)$$

तनु संपीडन अवयवों के लिए IS : 456-2000 सिफारिश (Recommendations)

IS : 456-2000 कोड में यह सिफारिश की गयी है कि तनु स्तम्भ (Slender columns) के अनुप्रस्थ खण्ड का क्षेत्रफल संपीडन बल और आघूर्ण पर आधारित रखे जायेंगे, जिसकी गणना संरचनाओं के विश्लेषण द्वारा की जाती है। आघूर्ण और संपीडन बल पर विस्थापन का प्रभाव भी समल्लित रखा जायेगा। यदि विस्थापन का प्रभाव विश्लेषण में समिल्लित रखते हैं, तब **अतिरिक्त आघूर्ण** (Additional moment) की गणना इस प्रकार की जा सकती है।

समीकरण (13.5) में कुछ सुधार किया जाता है। स्तम्भ की लम्बाई, L के स्थान पर, स्तम्भ की प्रभावी लम्बाई, l_{eff} प्रतियुक्त किया जाता है। इससे स्तम्भ के दोनों सिरों के अवलम्ब अवरुद्ध का प्रभाव भी सम्मिलित किया जा सकता है।

इस प्रकार

$$M_{add} = \left[\frac{P_{cu}\,.\,D}{2000}\right] \cdot \left[\frac{l_{eff}}{D}\right]^2 \quad (13.6)$$

समीकरण (13.6) में फिर सुधार करते हैं कि स्तम्भ का बंकन **xx** - अक्ष पर होता है, अथवा **yy**. अक्ष पर होता है।

$$M_{add.x} = \left[\frac{P_{cu} \cdot D}{2000}\right] \cdot \left[\frac{l_{ex}}{D}\right]^2 \qquad (13.7)A$$

$$M_{add.y} = \left[\frac{P_{cu} \cdot D}{2000}\right] \cdot \left[\frac{l_{ey}}{b}\right] \qquad (13.8)\ A$$

समीकरण 13.7 (A) और (B) द्वारा अभिव्यक्त आघूर्ण को उत्केन्द्रीय दूरी में व्यक्त करते हैं।

$M_{add.x} = (P_{cu} \cdot e_{add.x})$ और $M_{add.y} = P_{cu} \cdot e_{add.y}$

इस प्रकार $$\left[\frac{e_{add.x}}{D}\right] = \left[\frac{1}{2000}\right]\left[\frac{l_{ex}}{D}\right]^2 \qquad (13.7)\ B$$

$$\left[\frac{e_{add.y}}{D}\right] = \left[\frac{1}{2000}\right]\left[\frac{l_{ey}}{D}\right]^2 \qquad (13.8)\ B$$

$e_{add.x}$ और $e_{add.y}$ का मान विभिन्न तनुता अनुपात के मान के लिए सारणी 13.1 में दिये गये हैं।

सारणी 13.1. Additional eccentricity for slender compression members

(l_{ex}/D) or $(l_{e.y}/b)$	$(e_{add.x}/D$ or $e_{add.y}/D)$	$(l_{ex}/D$ or $l_{ey}/D)$	$(e_{add.x}/D$ or $e_{add.y}/b)$
12	0.072	25	0.313
13	0.085	30	0.450
14	0.098	35	0.613
15	0.113	40	0.800
16	0.128	45	1.013
17	0.145	50	1.250
18	0.162	55	1.513
19	0.181	60	1.800
20	0.200	-	-

13.4 तनु स्तम्भ का व्यवहार (Behaviour of slender columns)

उत्केन्द्रीय भारित (Eccentrically load) तनु स्तम्भ का व्यवहार का विवरण अनुच्छेद 13.3 में दिया गया है। ऐसी स्थिति में कुल आघूर्ण M_{Total} का मान स्तम्भ के मध्य ऊँचाई पर अधिकतम होता है। यह भी संभव है कि स्तम्भ में बंकन असममित (Unsymmetrical) बंकन से हो रहा हो। ऐसी स्थिति में कुल आघूर्ण M_{Total} का मान स्तम्भ के मध्य बिन्दु पर अथवा उसके आस पास के बिन्दु पर अधिकतम नहीं भी होता है। ऐसी स्थिति में अतिरिक्त आघूर्ण, M_{add} का उचित मान ज्ञात करना आवश्यक हो जाता है। जब अतिरिक्त आघूर्ण, M_{add} का प्रारम्भिक आघूर्ण $Mi = P.e$ के मान में जोड़ने से कुल आघूर्ण का मान M_t ज्ञात होता है।

दोनों सिरों पर कब्जेदार स्तम्भ साइड स्वे के विरुद्ध बंधे हुए भार के कारण अकेले वक्रता अथवा द्वि–वक्रता में बंकन होता है।

1. अकेले वक्रता में स्तम्भ का बंकन (Columns bending in single curvature)

अकेले वक्रता में स्तम्भ का बंकन Fig. 13.6 (A) में दिखाया गया है। स्तम्भ पर ऊपरी सिरे पर उत्केन्द्रीय दूरी, e_1 और नीचे के सिरे पर उत्केन्द्रीय दूरी, e_2 पर कार्यरत है। ये उत्केन्द्रीय दूरियां स्तम्भ के एक ही तरफ (Fig. 13.6 (A) में दाहिनी तरफ) हैं। इस तरह भार की यह स्थिति Fig. 13.6 (B) में दिखायी भार की स्थिति के तुल्य है। Fig. 13.6 (B) में स्तम्भ के ऊपरी सिरे पर अक्षीय भार, P और आघूर्ण, M_1 कार्यरत हैं और स्तम्भ के नीचे के सिरे पर अक्षीय भार, P और आघूर्ण, M_2 है। स्तम्भ का बंकन अकेले वक्रता में (Fig. 13.6 में दिखाया गया है) होता है। Fig. 13.6 में बंकन आघूर्ण चित्र दिखाया गया है।

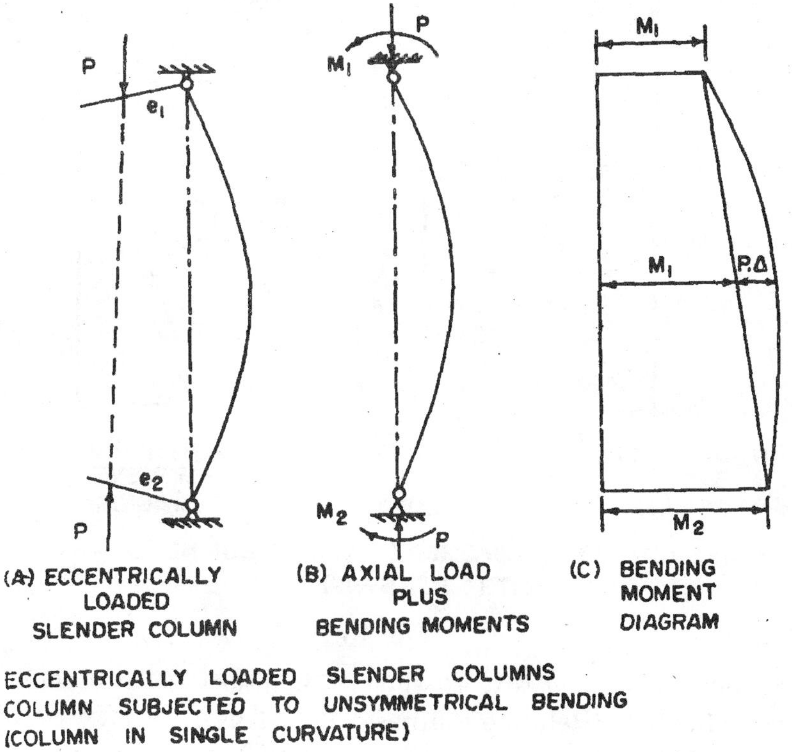

Fig. 13.6

बंकन विकृतियों के कारण अतिरिक्त आघूर्ण उत्पन्न होते हैं। स्तम्भ के दोनो सिरों पर अधिकतम आघूर्ण के मान में प्रवर्धन (Amplication) नहीं होता। यदि अतिरिक्त आघूर्ण के मान अधिक होते हैं, तब कुल आघूर्ण का मान M_{Total} स्तम्भ के मध्य ऊचाई के बिन्दु के पास हो सकता है। IS : 456-2000 कोड में स्तम्भ के मध्य ऊँचाई के पास प्रारम्भिक आघूर्ण के मान का सुझाव दिया गया है।

$$Mi = (0.4\, M_1 + 0.6\, M_2) \qquad (13.9)$$

जहां पर आघूर्ण M_1 का मान अक्षर न्यूनतम $0.4\, M_2$ लिया जाता है।

यदि स्तम्भ साइड स्वे के विरुद्ध बंधे हुए नहीं होते हैं, तब अतिरिक्त आघूर्ण (अधिकतम मान) स्तम्भ के सिरों के पास उत्पन्न होते हैं और अधिकतम आधूर्ण के मान में सार्थक (Significanct) वृद्धि होती है।

यदि स्तम्भ साइड स्वे के विरुद्ध बंधे हुए नहीं हो, तब अतिरिक्त आघूर्ण (अधिकतम मान युक्त) का स्तम्भ के सिरों पर विकसित होती है और अधिकतम आघूर्ण के मान में सार्थक (Significant) वृद्धि होती है। Fig. 13.7 में दोनो सिरों पर स्थिर स्तम्भ में आघूर्ण में वृद्धि दिखायी गयी है। यदि स्तम्भ के सिरे पूर्णरूप में घूर्णन के विरुद्ध अवरुद्ध नहीं है (अर्थात्, सिरे आंशिक स्थिर हैं) परन्तु स्तम्भ के सिरे प्रत्यास्थता (Elastically) अवरुद्ध हैं, तब सिरों पर कुछ घूर्णनन (Rotation) हो जाता है। साइड स्वे विस्थापन भी अधिक होता है, क्योंकि लचक (Flexibility) में वृद्धि हो जाता है। अतः अतिरिक्त आधूर्ण के मान में भी वृद्धि हो जाती है।

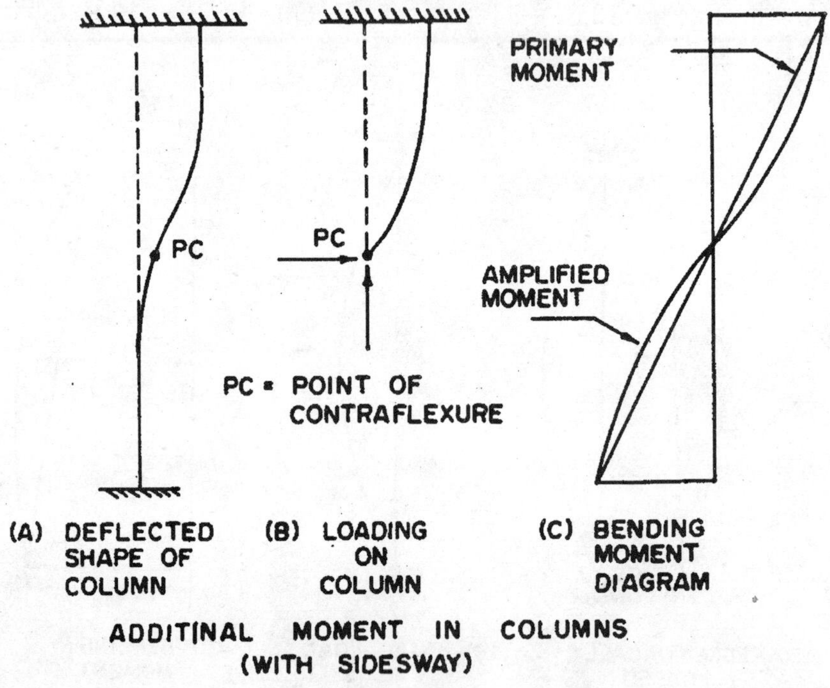

Fig. 13.7

फ्रेमस (Frames) में, स्तम्भ के सिरों पर आघूर्ण का मान स्तम्भ और धरन अवयव जो उस जोड पर मिलते हैं, उनके सापेक्ष दृढता (Relative stiffness) के मान पर निर्भर करते हैं। धरन और स्तम्भ के दृढता के मान में (कांक्रीट में दरारें उत्पन्न होने से) कमी आ जाती है और बाद में भार के समय अप्रत्यास्थ विकृति (Inelastic deformation) होता है। स्तम्भ की दृढता में भी अतिरिक्त आघूर्ण (जो कि स्तम्भ में पार्श्व विस्थापन के कारण उत्पन्न होते है) के कारण कमी होती है।

बंधी हुई फेमस (Braced-frames) (वे फ्रेमस, जिनमें साइड स्वे नहीं होता/अथवा साइड स्वे होने से अवरुद्ध कर दिया गया है)

लघु स्तम्भ में, स्तम्भ के सिरों पर आघूर्ण के मान में कमी (दृढता में कमी होने के कारण) अधिक होती है और विस्थापन के कारण उत्पन्न आघूर्ण में वृद्धि कम होती है। परिणामस्वरूप आघूर्ण के अधिकतम मान में कमी होती है। अतः स्तम्भ के लिए भार वहन करने की क्षमता बढ जाती है।

बंधी हुई फ्रेमस (Braced framesd) तनु स्तम्भ (Slender columns) के लिए विस्थापन से उत्पन्न आघूर्ण के मान में अधिक तेजी से वृद्धि होने की प्रवृति (Tendency) रहती है। (अवरुद्ध आघूर्ण की तुलना मे)। इससे आघूर्ण के अधिकतम मान में वृद्धि होती है। परिणामस्वरूप स्तम्भ की भार वहन करने की क्षमता में कमी आ जाती है।

बेजकड (Unbraced) फ्रेमस में (हवा के बल और भूकम्प बल जो कि क्षैतिज्य बल होते है, के कारण) अपरूपण (Shear) होता है। यह एक बडी स्थिति है। यदि फर्श पद्धति अधिक भारी होती है यानि अध्ययन विचार हेतु अत्यंत दृढ़ (Infinity stiff), तब स्तम्भ की विस्थापन **Fig. 13.7 (A)** जैसा होता है। इसका विश्लेषण केवल ऊपरी आधे भाग को लेकर कर सकते हैं। हालांकि माप **(P. Δ/2)**, जहां पर Δ ऊपरी सिरे का विस्थापन होता है, टर्म **P.e** **(H.l_u/2)** की तुलना में अलग होता है। ये दोनों जोडे जाते है। फिर भी अनन्त दृढ़ फर्श (जहां पर धूर्णन बिन्दु **A** और बिन्दु **B** पर शुन्य होता है) साधारण नहीं है।

बेजकड स्तम्भ (Unbraced column) के सिरों पर आधूर्ण कार्यरत हो सकते हैं। जो कि माप में करीब करीब बराबर होते हैं, परन्तु दिशा में विरुद्ध होते हैं, जैसा कि **Fig. 13.7** में दिखाया गया है। यहां पर कुल आघूर्ण का मान प्रारम्भिक आघूर्ण और अतिरिक्त आघूर्ण के जोड के बराबर होता है।

$$M_{total} = (M_i + M_{add})$$

बेजकड फ्रेमस (Unbraced framed) (फ्रेमस जिनमें साइड स्वे पूरे फ्रेम में होता है।)

यदि भार व्यक्तिगत स्तम्भ पर परिरुद्ध (confined) (Individual) कार्यरत रहता है, तब ऐसी स्थिति में फ्रेम को बंधे हुए स्तम्भ की तरह साइड स्वे के विरुद्ध प्रभावी लम्बाई और अतिरिक्त आधूर्ण M_{add} की गणना करने के लिए व्यवहार कर सकते हैं।

यदि जोड A और जोड B पर घूर्णन होता है, तब विस्थापन Δ में वृद्धि हो जाती है और इसका मान Δ_1 हो जाता है। हालांकि आघूर्ण (H.l$_u$/.2) के मान में परिवर्तन नहीं होता है। ऊपरी सिरे **A** से मध्य उचाई बिन्दु तक वक्रता में परिवर्तन होता है। जो कि आघूर्ण के मान में स्तम्भ के लम्बाई के साथ वृद्धि के कारण होता है। क्योंकि (P.y) के मान में वृद्धि हो जाती है (जहां, y किसी बिन्दु खण्ड पर विस्थापन है)। इस प्रकार बाहु धरन/प्रास धरन (Cantilever beam) में विस्थापन (स्तम्भ की आधी लम्बाई) में परिवर्तन होता है। यदि जोड (Joint) पर धूर्णनन अधिक होता है, तब सिरे के आघूर्ण में बहुत ज्यादा वृद्धि हो जाती है। जैसे कि P. Δ_2 में वृद्धि कई गुणा स्टेटिक आघूर्ण की तरह (H.l$_u$/2) होता है। इस स्थिति में तनुता का प्रभाव और भी अधिक महत्वपूर्ण हो जाता है। इसकी महत्वपूर्णता की डिग्री का अभास प्रत्येक सिरे पर कोण θ का मान ज्ञात करने से मालूम होता है। हालाकि यह कोण θ कुल आघूर्ण के मान पर निर्भर करता है। कुल आघूर्ण जो कि स्तम्भ पर कार्यरत होता है। इस आघूर्ण के ज्ञात मान के लिए इस कोण का नियंत्रण धरन की दृढता पर एक सरल रेखीय संबंध से होता है। यदि एक धरन इससे आधी ही दृढ़ हो तो भी कोण का मान दुगना हो जाता है। यह देखा गया है कि कोई भी तनु स्तम्भ का विश्लेषण बंकन अवरुद्ध स्तम्भ के सिरों पर इसके साथ साथ स्तम्भ के सिरों पर पार्श्व गति का अवरुद्ध को ध्यान में रखते हुए सावधानीपूर्वक करना चाहिए।

(2) स्तंभ में बंकन के कारण द्वि वक्रता (Columns bending in double curvature)

Fig. 13.8 (A) में एक स्तम्भ जो कि द्वि वक्रता से मुडा हुआ है, दिखाया गया है। भार उत्केन्द्रीय दूरियां क्रमश e_1 और e_2 पर ऊपरी सिरे पर और नीचे के सिरे पर कार्यरत है। ये उत्केन्द्रीय दूरिया आपस विरुद्ध फलक पर हैं। यह भार की स्थिति निम्न स्थिति के एक अक्षीय भार **P** और दो आघूर्ण जो आपस में

बराबर नहीं है, स्तम्भ के सिरे पर कार्यरत है। जैसा कि Fig. 13.8 (B) में दिखाया गया है। स्तम्भ क बंकन द्वि वक्रता में होता है। बंकन आघूर्ण चित्र Fig. 13.8 (C) में दिखाया गया है।

ऐसे स्तम्भ (जो बंधे हुए braced हो अथवा बेजकड (Unbraced हो) जिनका द्वि वक्रता में बंकन होता है, Fig. 13.8 यह संभव है कि कुल आघूर्ण $M_{Total} = (M_i + M_{add})$ स्तम्भ के मध्य उचाई के पार किसी बिन्दु पर गणना की गयी है, और उसका मान प्रारम्भिक आघूर्ण M_2 किस सिरे पर प्रत्युक्त हो उससे कम हो, तो स्तम्भ की डीजाइन M_2 के लिये की जाती है।

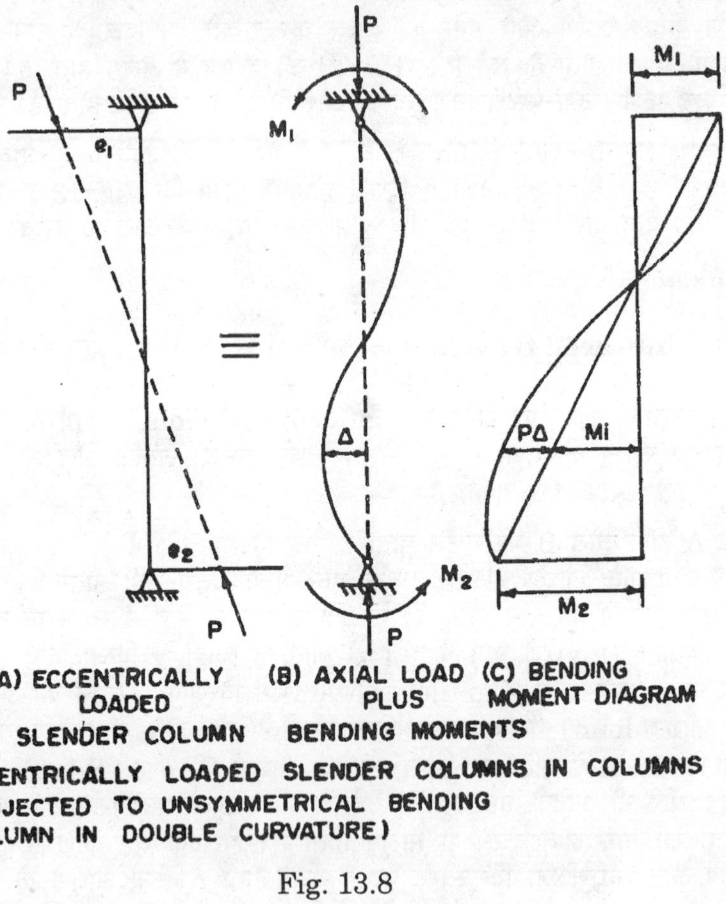

(A) ECCENTRICALLY LOADED SLENDER COLUMN (B) AXIAL LOAD PLUS BENDING MOMENTS (C) BENDING MOMENT DIAGRAM

ECCENTRICALLY LOADED SLENDER COLUMNS IN COLUMNS SUBJECTED TO UNSYMMETRICAL BENDING (COLUMN IN DOUBLE CURVATURE)

Fig. 13.8

13.5 चरम वक्रता के लिए संशोधन गुणांक (Correction factor for ultimate curvature)

स्तम्भ के लिए चरम वक्रता और अतिरिक्त आघूर्ण संतुलित अनुप्रस्थ खण्ड के लिए समीकरण 13. और 13.5 में व्यक्त किये गये हैं। IS : 456-2000 कोड में सुधार किया गया अनुवाद (Modifie version) समीकरण 13.5 को समीकरण 13.6 और तब समीकरण 13.7 और 13.8 क्रमश xx- अ और yy- अक्ष पर बंकन में बतायी गयी है। इन अभिव्यक्तियों का एक अक्षीय और द्वि अक्षीय बंकन दोन के लिए प्रतियुक्त किया जा सकता है।

IS : 456-2000 में अतिरिक्त आघूर्ण के मान में जैसे कि समीकरण 13.7 और 13.8 में दिये गये हैं, उनमें कमी करने का उल्लेख हैं। इसके लिए चरम वक्रता के लिए निम्न संशोधन गुणाक (Correction factor) का उल्लेख किया गया है:

$$k = \left[\frac{P_{cu.z} - P_{cu}}{P_{cu.z} - P_B}\right] < 1.00 \qquad (13.9)\ A$$

$$k = \left[\frac{1-(P_{cu}/P_{cu.z})}{1-(P_B/P_{cu.z})}\right] < 1.00 \qquad (13.9)\ B$$

जहां पर k एक संशोधन गुंणाक है। इसे Reductor अथवा Multilication गुणांक भी कहा जाता है। इसका उपयोग ऐच्छिक है।

P_{cu} = स्तम्भ पर कार्यरत संपीडन अक्षीय भार

$$P_{cuz} = (0.45\, f_{ck} \,.\, A_c + 0.75\, f_y \,.\, A_{sc})$$

P_B = स्तम्भ पर कार्यरत अक्षीय भार है। जो कि स्तम्भ में कांक्रीट में अधिकतम संपीडन विकृति $E_c = 0.0035$ और इस्पातीय सिरियों में अधिकतम विकृति ($E_{st} = 0.0020$) तनन इस्पात के बाहरी परत पर के अनुरूप है।

संशोधन गुंणाक k के मान में परिवर्तन k = 1.0 से संतुलित अनुप्रस्थ खण्ड की स्थिति के लिए अक्षीय भार के अनुरूप होता है। और k = 0 जैसे प्रत्युक्त भार में वृद्धि शुद्ध अक्षीय भार, $P_{cu.z}$ क्षमता के अनुरूप होता है।

जैसे जैसे अक्षीय भार में किसी अनुप्रस्थ खण्ड पर संतुलित भार से ज्यादा वृद्धि होती जाती है, वैसे वैसे वक्रता में कमी होती जाती है (वक्रता के त्रिज्या, R में वृद्धि होती है। और वक्रता ($\phi = 1/R$) में कमी होती है।) जब तक इसका मान शुन्य ($P_{cu} = P_{cuz}$) हो जाता है। और विकृति का विवरण स्थिर हो जाता है। यदि डीजाइन अक्षीय भार P_{cu} का मान P_B के मान से कम होता है, तब तक k का मान एक लिया जाता है।

व्यापक रूप में P_{cuz} और P_B के मान आवश्यकता होती है, ताकि k की गणना की जा सके। k का मान अनुप्रस्थ खण्ड के क्षेत्रफल और प्रबल्लित सिरियों की व्यवस्था, प्रबल्लित सिरियों के आवरण कांक्रीट का ग्रेड और इस्पात की श्रेणी पर निर्भर करता है।

आयतकार अनुप्रस्थ खण्ड के लिए

$$P_B = (q_1 \,.\, f_{ck} \,.\, b.D + p \,.\, q_2 \,.\, b \,.\, D)$$

$$P_B = \left[q_1 + p\,.\left(\frac{q_2}{f_{ck}}\right)\right] f_{ck} \,.\, bD \qquad (13.10)$$

वृत्ताकार अनुप्रस्थ खण्ड के लिए

$$P_B = (q_1\ f_{ck} \,.\, D^2 + p \,.\, q_2 \,.\, D^2)$$

$$P_B = \left[(q_1) + p.\left(\frac{q_2}{q_1}\right)\right] f_{ck} . D^2 \qquad (13.11)$$

सारणी 13.2 और 13.3 से क्रमशः q_1 और q_2 का मान नोट किया जा सकता है।

सारणी 13.2. q_1 का मान

अनुप्रस्थ खण्ड	(d/D) का मान			
	0.05	0.10	0.15	0.20
1. आयताकार	0.219	0.207	0.196	0.184
2. वृत्ताकार	0.172	0.160	0.149	0.138

सारणी 13.3. q_2 का मान

अनुप्रस्थ खण्ड	इस्पात का ग्रेड	d/d का मान			
		0.05	0.10	0.15	0.20
1. (A) आयताकारसिरिये दोनों फलक पर बराबर	Fe 250	-0.045	-0.045	-0.045	-0.045
	Fe 415	0.096	0.082	0.046	-0.022
	Fe 500	0.213	0.173	0.104	-0.001
(B) आयताकार सिरिये चारों फलक पर बराबर	Fe 250	0.215	0.146	0.061	-0.011
	Fe 415	0.424	0.328	0.203	0.028
	Fe 500	0.545	0.425	0.256	0.040
2. वृत्ताकार	Fe 250	0.193	0.148	0.077	-0.020
	Fe 415	0.410	0.323	0.201	0.036
	Fe 500	0.543	0.443	0.291	0.056

k का मान प्रारम्भ में ज्ञात होता है। एक त्रिटु और सुधार की विधि की हल ज्ञात करने के लिए आवश्यकता होती है, जहां पर डीजाइन चरम भार (फेक्टरड भार) का मान P_B के मान से अधिक होता है। पहली कोशिश में k का मान एक मान लेते है। फिर इसमें सुधार किया जाता है। जब इस्पातीय प्रबल्लित सिरियों का क्षेत्रफल ज्ञात हो जाता है। IS : 456-2000 कोड में इस ऐच्छिक बताया गया है। फिर भी

एक लाभ जो उपलब्ध है उसे हमेशा अपनाया जा सकता है। क्योंकि k का मान बाद में एक से कम हो सकता है।

तनु स्तम्भ के लिए उपराक्त कार्य करने की विधि (रीति Procedure) से डीजाइन आघूर्ण का मान प्राप्त हो जाता है। परंतु, बंकन आघूर्ण का मान स्तम्भ की पूरी लम्बाई पर ज्ञात नहीं कर सकते हैं। यह आवश्यक भी नहीं है। व्यापक रूप में, अक्षर एक स्तम्भ की आकृति का माप एक समान रखा जाता है और इस्पातीय सिरियों की व्यवस्था सममित (Symmetrical) रखी जाती है।

स्तम्भ के सिरों की स्थिति ज्ञात होती है। इस प्रकार कुल आघूर्ण का मान भी ज्ञात कर सकते है, यह जानने के बाद की स्तम्भ बंधे हुए है (Braced) अथवा बेजकड (Unbraced) हैं। और अवयवों में बंकन अकेला वक्रता में होता है अथवा द्वि वक्रता में होता है।

1. बंधी हुई फ्रेमस के अवयव

(A) अकेले वक्रता में बंकन

बंधे हुए (Braced) स्तम्भ, जिन पर अनुप्रस्थ भार स्तम्भ की ऊँचाई पर कहीं भी कार्यरत नहीं हो, उन स्तम्भ के लिए कुल बंकन आघूर्ण कर सकते हैं।

$$M_{Total} = (M_i + M_{ADD}) < M_2$$

$$M_{Total} = (0.4\ M_1 + 0.6\ M_2) < 0.4\ M_2 \quad (13.12)$$

जहां पर M_2 और M_1 का निरपेक्ष मान (Absolute values) छोटा और बडा सिरों पर आघूर्ण होता है।

(B) द्वि वक्रता में बंकन

जब स्तम्भ द्वि वक्रता में बंकन होता है, तब स्तम्भ के सिरों के बीच आघूर्ण का मान कहीं पर शुन्य होता है। कुल आधूर्ण का मान इस प्रकार प्राप्त किया जाता है।

$$M_{Total} = (M_i + M_{ADD}) < M_2$$

$$M_{Total} = (-0.4\ M_1 + 0.6\ M_2) \quad (13.13)$$

2. बेजकड फ्रेमस के अवयव (Members of unbraced frames)

बेजकड (Unbraced) फ्रेमस में, साइड स्वे (अर्थात सापेक्ष में स्तम्भ के सिरों पर पार्श्व विस्थापन) होता है। बेजकड संपीडन अवयवों में किसी दिये हुए स्तर पर अथवा मंजिल पर, जिस पर पार्श्व भार कार्यरत है, अक्षर विकृति इस प्रकार होती है कि विस्थापन बराबर हो। ऐसी स्थिति में तनुता अनुपात का मान प्रत्येक स्तम्भ के लिए सब स्तम्भ के औसत मान के बराबर लेते हैं, जिन पर भार एक दिशा में कार्यरत हो।

ऐसे अवयवों में

$$M_{Total.1} = (M_1 + M_{ADD})$$

$$M_{Total.2} = (M_2 + M_{ADD}) \quad (13.14)$$

जहां पर $M_{Total.1}$ और $M_{Total.2}$ स्तम्भ के दोनों सिरों पर कुल आघूर्ण होते है जहां पर M_1 और M_2 क्रमशः आघूर्ण कार्यरत हैं।

उदाहरण (Example 13.1). द्वि अक्षीय उत्केन्द्रीय भारित आयताकार प्रबल्लित कांक्रीट के स्तम्भ की डीजाइन करो। स्तम्भ का अकेले वक्रता में बंकन होता है। निम्न आंकडो (Data) के आधार पर डीजाइन करनी है।

चरम अक्षीय भार, P_{cu} = 1000 kN

चरम आघूर्ण लम्बी दिशा में तह पर M_{cux1} = 110 kN-m

ऊपरी तह पर M_{cux2} = 80 kN-m

चरम आघूर्ण छोटी दिशा में तह पर M_{cuy1} = 40 kN-m

ऊपरी तह पर M_{cuy2} = 30 kN-m

स्तम्भ का माप (b x D) = (300 mm x 480 mm)

स्तम्भ की अ–अवलम्बित लम्बाई सन = 5.80 m

स्तम्भ की प्रभावी लम्बाई लम्बी दिशा में l_{ex} = 5.40 m

स्तम्भ की प्रभावी लम्बाई छोटी दिशा में l_{ey} = 4-20 m

M20 ग्रेड कांक्रीट और HYSD इस्पातीयों का प्रयोग करना है।

डीजाइन (Design)

Step 1 : दीर्घ / लघु स्तम्भ की जांच

स्तम्भ खण्ड के लिए अनुपात (l_x/Depth)

$$\left[\frac{l_{ex}}{D}\right] = \left[\frac{5.40 \times 1000}{480}\right] = 11.25 < 12$$

स्तम्भ खण्ड के लिए अनुपात (l_{ey}/न्यूनतम माप चौडाई)

$$\left[\frac{l_{ey}}{b}\right] = \left[\frac{4.2 \times 1000}{300}\right] = 14 > 12$$

अतः यह y- दिशा में दीर्घ स्तम्भ है।

Step 2 : न्यूनतम उत्केन्द्रीय दूरी के कारण आघूर्ण

x -axis की दिशा में न्यूनतम उत्केन्द्रीय दूरी

$$e_{x.min} = \left[\frac{l_y}{500} + \frac{D}{30}\right] = \left[\left[\frac{5800}{500}\right] + \left[\frac{480}{30}\right]\right] = 27.6 \text{ mm} > 20 \text{ mm}$$

न्यूनतम उत्केन्द्रीय दूरी के कारण उत्पन्न आघूर्ण x-axis

$$M_{ex} = (P_{cu} \cdot e_{x.min}) = \left[\frac{1000 \times 27.6}{1000}\right] = 27.6 \text{ kN-m} < M_{cu} \cdot x$$

y-axis की दिशा में न्यूनतम उत्केन्द्रीय दूरी

$$e_{y.min} = \left[\frac{l_y}{500} + \frac{D}{30}\right] = \left[\left[\frac{5800}{500}\right] + \left[\frac{300}{30}\right]\right] = 21.6 \text{ mm} > 20 \text{ mm}$$

न्यूनतम उत्केन्द्रीय दूरी के कारण उत्पन्न आघूर्ण y-axis

$$M_{e.y} = (P_{cu} \cdot e_{y.min}) = \left(\frac{1000 \times 21.6}{1000}\right) = 21.6 \text{ kN-m} < M_{cu} \cdot y$$

Step 3 : तनुता के प्रभाव के कारण

अतिरिक्त आघूर्ण

छोटी दिशा में अतिरिक्त आघूर्ण (तनुता के प्रभाव) से समीकरण 13.8 (A) और 13.8 (B)

$$M_{add.y} = (P_{cu}.\ e_{Add.y})$$

$$\left[\frac{1000 \times b}{2000} \times \left(\frac{l_{ey}}{b}\right)^2\right] = \left(\frac{1000 \times 300}{1000 \times 2000}\right) \times \left(\frac{4200}{30}\right)^2 = 0.294 \text{ kN-m}$$

इस अतिरिक्त आघूर्ण के मान में ($M_{add.y}$) गुणांक k से गुणा करके कमी करदी जाती है। IS : 456-2000 कोड के अनुसार समीकरण 13.9 (A) से

$$k_y = \left[\frac{P_{cu.z} - P_{cu}}{P_{cu.z} - P_B}\right]$$

मुख्य प्रबल्लित सिरियों के माने हुए क्षेत्रफल के लिए $P_{cu.z}$ और P_B की गणना की जाती है, तब स्तम्भ की जांच की जाती है कि स्तम्भ पर्याप्त है अथवा नहीं। मानाकि इस्पातीय सिरियों का प्रतिशत 2 है और इसका वितरण चारों फलक पर समान रूप से किया गया है। प्रभावी आवरण 60 mm है।

$$P_{cu.z} = (0.45\ f_{ck}.A_c + 0.75\ f_y.A_c)$$

$$= \left[0.45\ f_{ck} \cdot b.D + (0.75 \times 415 - 0.45\ f_{ck} \times \frac{2}{100} \times b \times D\right]$$

$$= \left[\frac{0.45 \times 20 \times 300 \times 480}{1000} + \left(\frac{0.75 \times 415 - 0.45 \times 20}{1000}\right) \times \frac{2}{100} \times 300 \times 480\right]$$

$$= (1296 + 870.48) = 2166.48 \text{ kN}$$

समीकरण 13.10 (A) और 13.10 (B) से

$$P_B = (q_1 \cdot f_{ck} \cdot b.D + q_2 \cdot p \cdot b \cdot D) = \left[q_1 + p \cdot \left(\frac{q_2}{f_{ck}}\right)\right] f_{ck} \cdot b.D$$

सारणी 13.2 और सारणी 13.3 से

d' = 60 mm, D = 480 mm (आयताकार स्तम्भ)

(d/D) = (60/480) = 0.125

HYD इस्पात Fe 415 (वितरण चारों फलक पर एक समान)

(d'/D) के मान	q_1	q_2
0.10	0.207	0.328
0.15	0.196	0.203
0.125	0.2015	0.2655

$$PB = \left[0.2015 + \frac{2}{100} x \left(\frac{0.2655}{20}\right)\left(\frac{20 \text{ x } 300 \text{ x } 480}{1000}\right)\right]$$

$$= \left[\frac{0.2017655 \text{ x } 20 \text{ x } 300 \text{ x } 480}{1000}\right] = 58108 \text{ kN}$$

$$k_y = \left[\frac{2166.48 - 1000}{2166.48 - 581.08}\right] = 0.736$$

कम किया गया अतिरिक्त आघूर्ण

$$M_{add.y} = [(0.736) x 21.6] = 15.893 \text{ kN - m}$$

Step 4 : कुल चरम फेक्टरड (डीजाइन) आघूर्ण

$$M_{cu.y} = (M_{add.y} + M_{cu.y})$$

जहां पर $M_{cu.y} = (0.6\ M_{cuy.max} + 0.40\ M_{cu.y.min})$

$$= (0.6 \text{ x } 40 + 0.4 \text{ x } 30) = 36 \text{ kN - m} > 0.4\ M_{cu.y.max}$$

अतः $M_{c.y} = (36 + 15.893) = 51.893$ kN-m

Step 5 : निम्न विभिन्न अनुपात की गणना

अनुपात $\left(\frac{p}{f_{ck}}\right) = \left(\frac{2}{20}\right) = 0.10$

अनुपात $\left(\frac{P_{cu}}{f_{ck} . b . D}\right) = \left(\frac{1000 \text{ x } 1000}{20 \text{ x } 300 \text{ x } 480}\right) = 0.347$

अनुपात $\left(\frac{d'}{D}\right) = \left(\frac{60}{480}\right) = 0.125$

अनुपात $\left(\frac{d'}{b}\right) = \left(\frac{60}{300}\right) = 0.20$

Step 6 : आघूर्ण क्षमता के लिए बिना ईकाई के अनुपात SP : 16-1980 से

(d/b) अनुपात = 0.20, चार्ट 46 और

$\left[\dfrac{P_{cu}}{f_{ck}\,.\,b\,.\,D}\right]$ अनुपात = 0.347 और $\left(\dfrac{p_{cy}}{f_{ck}}\right)$ अनुपात = 0.10

स्तम्भ की आधूर्ण प्रतिरोधी क्षमता (अकेले अक्षीय बंकन में)

$$\left[\frac{M_{cu.y/.lim}}{f_{ck}\, b^2\, D}\right] = 0.115$$

$$M_{cuy.lim} = \left[\frac{0.115 \times 20 \times 300 \times 400 \times 480}{1000 \times 1000}\right] = 99.36 \text{ kN - m}$$

(d'/D) अनुपात = 0.15

स्तम्भ की आघूर्ण प्रतिरोधी क्षमता चार्ट 45 से

$$\left[\frac{M_{cux\text{-}lim}}{f_{ck}\,.\,b\,.\,D^2}\right] = 0.118$$

$$[M_{cux.lim}] = \left[\frac{0.118 \times 20 \times 300 \times 480 \times 480}{1000 \times 1000}\right] = 163.12 \text{ kN - m}$$

Step 7 : स्तम्भ खण्ड के लिए द्वि अक्षीय बंकन की पर्याप्ता की जांच

अनुपात $\left[\dfrac{P_{cu}}{P_{cu.z}}\right] = \left[\dfrac{1000}{2166.48}\right] = 0.4616$

$$\alpha_n = \left[1.0 + \left(\frac{0.4616 - 0.2}{0.8000 - 0.2}\right) \times 1\right] = 1.436$$

प्रतिक्रिया अ–बराबर की दायीं साइड

$$\left[\frac{M_{cu.x}}{M_{cux.lim}}\right]^{\alpha_n} + \left[\frac{M_{cu.y}}{M_{cuy.lim}}\right] = \left[\frac{110}{163.12}\right]^{1.436} + \left[\frac{51.893}{99.36}\right]^{1.436}$$

$= (0.5679 + 0.3935) = 0.9614 < 1.00$ सुरक्षित है।

Step 8 : स्तम्भ के लिए मुख्य प्रबल्लित सिरिये

स्तम्भ के लिए दी गयी माप का सामर्थ्य उसके लिए आवश्यक विभिन्न मान, माना गया इस्पात का प्रतिशत संतोषप्रद है। अतः

$$A_{sc} = \left(\frac{2 \times 300 \times 480}{100}\right) = 2880 \text{ mm}^2$$

एक प्रबल्लित सिरिया 20 mm व्यास का अनुप्रस्थ क्षेत्रफल

$$A_\phi = 314.159 \text{ mm}^2$$

प्रबल्लित सिरियों की संख्या = $\left[\dfrac{2880}{314.159}\right] = 9.17$

HYSD इस्पात के 20 mm व्यास के सिरिये प्रतियुक्त किये जायेंगे, जैसा Fig. 13.9 दिखाया गया है।

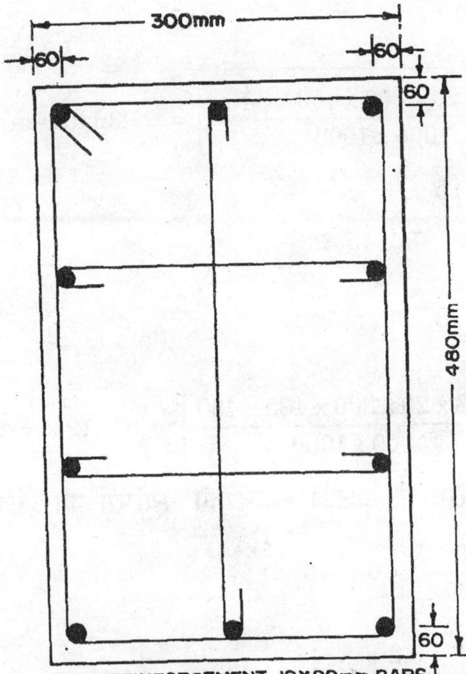

MAIN REINFORCEMENT 10X20mm BARS
TRANS REINFORCEMENT 8mm BARS

DESIGN OF COLUMN CARRYING AXIAL COMPRESSION AND BI-AXIAL BENDING

Fig. 13.9

Step 9 : स्तम्भ के लिए अनुप्रस्थ प्रबल्लित सिरिये

अनुप्रस्थ सिरियों का व्यास (पार्श्व तान के लिए) 5 mm अथवा $\left(\dfrac{20}{4}\right) = 5\,\text{mm}$ से कम नहीं होना चाहिए। HYSD इस्पातीय सिरिये 8 mm व्यास का प्रयोग करना है। HYSD इस्पातीय सिरियों का उपयोग किया जायेगा।

पिच की दूरी (पार्श्व तान) के लिए, p 300 mm से अधिक नहीं होनी चाहिए।

पिच का मान (16 x 20) = 320 mm से अधिक नहीं

पिच का मान (48 x 8) = 384 mm से अधिक नहीं

अतः पार्श्व तान 300 mm की दूरी पर लगानी हैं।

कोने के पास लगाई गयी मुख्य प्रबल्लित सिरियों की दूरी (480 – 2 x 60) = 360 mm है जो कि 48 x 8 = 384 mm से कम है।

अतिरिक्त मुख्य प्रबल्लित सिरिये जो कोनों के बीच होंगे, उनको खुली तान द्वारा बांधा जायेगा। IS : 456-2000 द्वारा व्यवस्था जैसे Fig. 13.9 में दिखायी गयी है। रखी जायेगी। Fig. 13.9 में इनके व्यवस्था को दिखाया गया है।

PROBLEMS

13.1 एक द्वि अक्षीय उत्केन्द्रीय भारित बंधे हुए (Braced) आयताकार प्रबल्लित कांक्रीट स्तम्भ की डीजाइन करनी है, जो कि अकेले वक्रता (Single curvature) में मुड़ी हुई है। निम्न आंकडों (Data) का उपयोग करना है।

चरम अक्षीय भार, P_{cu} = 1500 kN

स्तम्भ के नीचे के सिरे पर M_{cux1} = 160 kN-m और ऊपर के सिरे पर M_{cux2} = 100 kN-m

आघूर्ण कार्यरत हैं। (लम्बी दिशा में)

चरम आघूर्ण छोटी दिशा में

स्तम्भ के नीच के सिर पर $M_{cu.y1}$ = 60 kN-m

और उपर के सिरे पर $M_{cu.y2}$ = 40 kN-m कार्यरत हैं।

स्तम्भ का माप (b x D) = (380 mm x 580 mm)

स्तम्भ की अ–अवलम्बित लम्बाई l_u = 6.40 m

लम्बी दिशा में स्तम्भ की प्रभावी लम्बाई, l_{ex} = 6.20 m

छोटी दिशा में स्तम्भ की प्रभावी लम्बाई, l_{ey} = 3.80 m

M20 ग्रेड कांक्रीट और HYSD इस्पातीय सिरिये Fe 415 का उपयोग करना है।

भाग – 7 (Part - 7)

स्वतंत्र/पृथक प्रबल्लित कांक्रीट फुटिंग

(REINFORCED CONCRETE INDEPENDENT/ISOLATED FOOTING)

अध्याय – 14

बंकन और अपरूपण में स्तम्भ की विफलता के लिमिट स्टेट पृथक/प्रबल्लित कांक्रीट फुटिंग की डीजाइन

(Limit State of collapse in bending and shear)

(Design of reinforced concrete independent footing)

14.1 प्रस्तावना (Introduction)

संरचना का वह निर्मित भाग जो कि प्लिन्थ (Plinth) से ऊपर होता है, वह भाग **अति संरचना** (Super structure) कहलाता है। संरचना का वह निर्मित भाग जो कि प्लिन्थ से नीचे होता है, वह भाग **उप संरचना** (Sub structure) कहलाता है। उप संरचना को ऐसे भी परिभाषित किया जाता है कि संरचना का वह भाग जो जमीन के स्तर से निर्मित है। **फुटिंग अथवा नींव** (Footing or Foundation) को ऐसे परिभाषित किया जाता है कि उप संरचना का वह भाग जो कि चट्टान अथवा मृदा (Rock or soil) के सम्पर्क में रहता है।

फुटिंग अथवा नींव मृदा की सतह (जिसमें पर्याप्त सामर्थ्य हो) के स्तर पर सुरक्षित स्थानतरित करके एक पर्याप्त बडे क्षेत्रफल पर वितरण करता है, ताकि धारण दबाव (Bearing pressure) जो विकसित होता है, उसका मान मृदा की सुरक्षित धारण क्षमता (Bearing capacity) से कम रहता है। यह निश्चित रखा जाती है कि फुटिंग अथवा नींव के नीच का कोई भाग धसता है (Settle) तो उसका धसना (Settlement) जहां तक संभव हो एक समान हो और संरचना के किसी का अवकलित धसना (Differential settlement) नहीं हो। यदि उप संरचना के ठीक नीचे के स्तर पर संतोषप्रद मृदा सीधे उपलब्ध हो, तब **फुटिंग** द्वारा ऊपरी भार का बडे क्षेत्रफल पर विस्तार कर दिया जाता है। यदि उप संरचना के ठीक नीचे पर्याप्त सामर्थ्य युक्त मृदा उपलब्ध नहीं हो, तो फिर गहरी नींव (Deep foundation) प्रतियुक्त की जाती है। नींव के वे तत्व जो उप संरचना में स्लाइट, ओवर टर्निंग और अप लिफ्ट के प्रतिरोधी होते हैं, फुटिंग का हिस्सा होते हैं।

मृदा संरचनाओं का भार और अन्य बलों को स्थानतरित करने का कई विधि और तरीके होते हैं। जो कि भार के माप पर, अति संरचना की दृढता और व्यवहार पर निर्भर करते हैं। विशेष कर मृदा की धारण क्षमता (Bearing capacity) नींव की जमीन स्तर से गहराई और उपलब्ध मृदा का पर्याप्त सामर्थ्य बहुत महत्वपूर्ण होते हैं। नींव की डीजाइन के तीन स्टेजेज होती है।

1. **प्रथम स्टेज (स्तर) पर** : मृदा की प्रकृति और मृदा की धारणा (Bearing capacity) ज्ञात की जाती है।

2. **द्वितीय स्टेज (स्तर) पर** : नींव किस प्रकार की हो, उसकी उपयोगिता अन्य संभव नींव से तुलना की जाती है।

3. **तृतीय स्टेज (स्तर) पर** : नींव पर भार स्थानतरण करना और भार वितरण करना के विधि का चयन किया जाता है।

नींव के इंजीनियरिंग प्रोफेसर तरजागी (Professor Terzaghi) ने नींव का वर्गीकरण (i) छिछली Shallow) और (ii) गहरी (Deep) नींव के रूप में की।

(i) छिछली नींव : जो नींव की गहराई उसकी चौडाई के बराबर अथवा कम हो।

(ii) गहरी नींव : जो नींव की गहराई उसकी चौडाई से अधिक हो।

4.2 पृथक स्वतंत्र फुटिंग के प्रकार (Types of isolated/independent footing)

पृथक फुटिंग (Isolated footing अलग थलग नींव) स्वतंत्र फुटिंग ही पृथक फुटिंग कहलाती है, जो के केवल एक स्तम्भ (और उसी स्तम्भ भार) को अवलम्ब करती है। पृथक्क फुटिंग भार का वितरण और वेस्तार पर्याप्त बडे क्षेत्रफल पर करती है। ताकि, मृदा पर धारण दबाव को कम किया जा सके। इसी जह से इस फुटिंग को स्प्रेड फुटिंग कहा जाता है। जो कि निम्न दो प्रकार की होती है।

(i) अक्षीय भारित स्प्रेड फुटिंग (Axial load spread footing)

(ii) उत्केन्द्रीय भारित स्प्रेड फुटिंग (Eccentrically loaded spread footing)

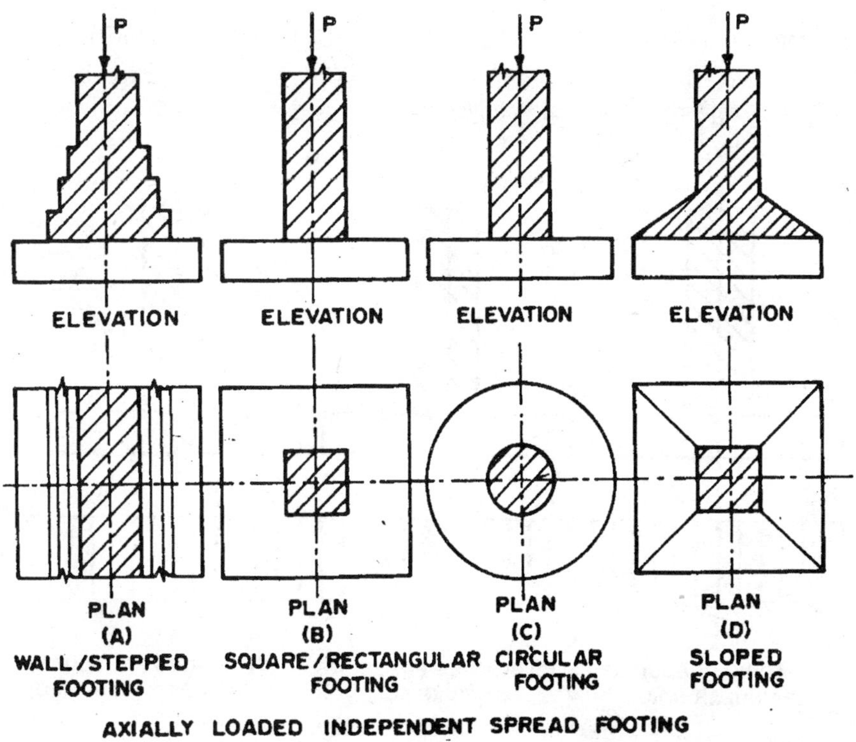

Fig. 14.1

अक्षीय भारित स्प्रेड फुटिंग का उपयोग सकेन्द्रीय भार का प्रतिरोध करने और फुटिंग के परिकेन्द्र और भार अक्ष दोनों संपतन (Coincide) रहे। थ्योरिटिकली, फुटिंग की कोई भी आकृति हो सकती है। दिवार के लिए फुटिंग सतत (Continuous) स्ट्रिप होती है, जैसा कि Fig. 14.1 (A) में दिखाया गया है। **वर्गाकार** और **आयताकार** आकृति के फुटिंग Fig. 14.1 (B) में दिखाये गये हैं। **वृत्ताकार** फुटिंग Fig. 14.1 (C) में दिखाये गये हैं। ढलाऊ (Sloped) फुटिंग Fig. 14.1 (D) में दिखाये गये हैं।

कई दफ्ह स्तम्भ और फुटिंग के बीच एक पेडस्टल (Pedestal) लगाया जाता है। पेडस्टल उपयुक्त ढंग से भार को स्थानतरित करने में सहायक रहता है। कई दफ्ह पेडस्टल का उपयुक्त करना आवश्यक हो जाता है। जो कि आवश्यक विकास लम्बाई प्रतियुक्त करता है।

फुटिंग का विस्तार स्टेपस (खसके) लगाकर भी किया जाता है, तब इसको **स्टेपड फुटिंग** (stepped footing) कहा जाता है। ढलाऊ फुटिंग में स्टेपड फुटिंग की तुलना में कम कांक्रीट की आवश्यकता होती है। ढलाऊ फुटिंग में लेबर ज्यादा चाहिए।

14.3 मृदा में धारण दबाव का वितरण (Distribution of bearing pressure)

दीवार अथवा स्तम्भ के भार ऊर्ध्वाधर और अक्षीय फुटिंग को स्थानतरित होते हैं। सभी मृदाए, जब उन पर भार स्थानतरित होता है, तब ध्यान में आने जैसी दब जाती है। इसके परिणाम स्वरूप, मृदा में धारण दबाव विकसित होता है, जो कि ऊपर की तरफ दिशा में कार्यरत होता है, और ऊपर से स्थानतरित भार को अवलम्ब करता है। ऊर्ध्वाधर अक्षीय भार जो नीचे की दिशा में कार्यरत होते हैं, वे धारण क्षेत्रफल के सीमित रहते हैं।

वास्तविक धारणा का दबाव का वितरण **मोटे दानेदार मृदा में** (Coarse grained soil) फुटिंग के मध्य में अधिक होते हैं और उनमें किनारों की तरफ कमी हो जाती है, जैसे कि Fig. 14.2(A) में दिखाया गया है, दानेदार मृदा में व्यक्तिगत प्रत्येक दाने अस्थिर होते हैं।

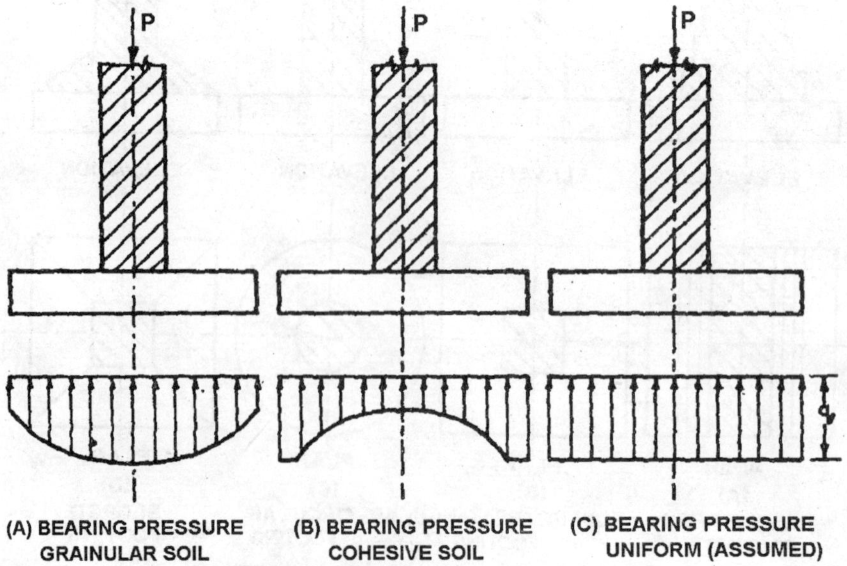

BEARING PRESSURE DISTRIBUTION IN SOILS

Fig. 14.2(A)

ऐसी मृदाये किनारों के पास बाहर की दिशा में बहुत कम हटती हैं।

जहां पर, वास्तविक धारण दबाव फुटिंग के नीचे होती है, और क्ले–मृदा पर स्थिर रहते हैं, ऐसी मृदा के किनारों पर अधिक और मध्य की तरफ कम होते हैं, जैसा कि Fig. 14.2 (B) में दिखाया गया है। क्ले मृदा चिपकु मृदा होती है और उनमें अपरूपण प्रतिरोध परिमिति के सब तरफ विकसित होता है, और ऊपर की दिशा में जुडता है।

संख्यानुसार धारणा का दबाव इन दोनों मृदाओं के मान अनिश्चित होते हैं और उच्च श्रेणी के अस्थिर होते हैं। यह व्यवहारिक रहा है कि इन असमानताओं की उपेक्षा करदी जाती है। Fig. 14.2 (C) में जैसा दिखाया गया है, धारण का दबाव का **वितरण एक समान** पूरे धारणा क्षेत्रफल पर माना जाता है। यह डीजाइन प्रेक्टिस साधारण है। इसको सरल है, इस कारण अपनायी जाती है। यह अभिकल्पना/धारणा सुरक्षा की दृष्टि से सुरक्षित है, और कई तरह की मृदाओं में धारणा दबाव का वितरण एक समान होता है।

14.4 विभिन्न मृदाओं की धारण क्षमताएं (Bearing capacity of various soils)

मृदा की **धारणा क्षमता** मृदा यांत्रिकी द्वारा ज्ञात की जाती है। मृदा द्वारा अधिकतम दबाव की अनुज्ञा (Allow) की जा सकती है, उसे मृदा की धारण क्षमता कहते हैं। धारणा क्षमता स्थल की स्थिति और स्थल पर परस्ताविक अति संरचना का निर्माण दोनों पर संयुक्त रूप से निर्भर करती है। इसको इस प्रकार परिभाषित किया जाता है कि भार की अधिकतम तीव्रता जो मृदा वहन कर सकती है। नींव के आधार पर यह भार की तीव्रता जिसके परिणाम स्वरूप मृदा के अवलम्ब में अपरूपण में विफलता आ जाता है। अथवा सहन करने योग्य मृदा का धसना (Tolerable ettlement) की आशा कर सकते हैं। और प्रस्ताविक अति संरचना जो इस प्रकार मृदा के धसने की ले सकता है। धारणा क्षमता मृदा के लिए उच्चतम क्षमता से क्षमता से प्लेट बियरिंग भार की जांच द्वारा ज्ञात की जाती है।

अनुज्ञेय धारणा दबाव, q_a सेवा भार के लिए प्राप्त की जाती है। उचित सुरक्षा गुणांक का मान 2, 2.5, 3 के करीब माना जाता है। मृदा का धसना सहन करने योग्य सीमा में होता हैं।

बहुत से भवन निर्माण के कोड में अनुज्ञा योग्य धारणा दबाव के मान का विभिन्न प्रकार की मृदाओं के लिए उल्लेख करते हैं। विभिन्न बस्तियों में पायी जाने वाली मृदा की स्थितियों को ध्यान में रखा जाता है।

फुटिंग के आधार का क्षेत्रफल जो स्तम्भ का भार, स्वयं का भार और अन्य फुटिंग पर आनेवाले बोझ का पर्याप्त सावधानी रख सकता है। कभी इस प्रकार के दबाव को **सकल मृदा का दबाव** कहते हैं, ताकि **शुद्ध मृदा के दबाव** के अन्तर को समझा जा सके। फुटिंग का भार और उस पर आने वाले बोझ का वितरण करीब करीब समान वितरित समझा जाता है।

फुटिंग के लिए डीजाइन आघूर्ण और डीजाइन अपरूपण बल किसी अनुप्रस्थ खण्ड पर ऊपर की तरफ कार्यरत दबाव बाकी (Minus) डीजाइन भार और फुटिंग पर बोझ जो कि नीचे की तरफ कार्यरत होता है। परिणामस्वरूप भार का (शुद्ध मृदा का दबाव) सोचना सुविधाजनक रहता है। ऊपर की तरफ कार्यरत बाकी नीचे की तरफ कार्यरत ईकाई मृदा दबाव प्राप्त किया जाता है। सबसे सरलतम विधि शुद्ध दबाव प्राप्त करने के लिए ऊर्ध्वाधर अक्षीय भार (बिना किसी आघूर्ण के) को फुटिंग के क्षेत्रफल से विभाजित किया जाता है। सारणी 14.1 में विभिन्न मृदाओं के लिए सुरक्षित धारण क्षमताओं का मान दिया गया है।

सारणी 14.1. Safe Bearing Capacity, σ_{br}

S.N.	Types of rocks/soil	σ_{br} kN/m^2	Remarks
1	**Rocks**		
	(a) Rocks-hard without lamination and defects e.g., granite, trap and diorite)	3300	—
	(b) Laminated rocks (e.g. sand stone and lime stone in sound condition)	1650	—
	(c) Residual deposits of sheltered and broken bed rock and hard shale cemented material	900	—
	(d) Soft rock.	450	—
2.	**Non-cohesive soils**		
	(a) Gravel, sand and gravel, compact and offering high resistance to penetration when excavated by tools	450	(See NB : 2)
	(b) Coarse sand, compact and dry*	450	*Depth of water table < width o foundation below the base of th foundation
	(c) Medium sand, compact and dry*	250	—
	(d) Fine sand, silt (dry lumps easily pulverized by the fingers)	150	—
	(e) Loose gravel or sand gravel mixture, loose coarse to medium sand, dry	150	—
	(f) Fine sand, loose and dry	100	—
3.	**Cohesive soils**		
	(a) Soft shale, hard or stiff clay in deep bed dry	450	Susceptible to long tern consolidation settlement
	(b) Medium clay, readily indented with a thumb-nail	250	—
	(c) Moist clay and sand clay mixture which can be indented with strong thumb pressure	150	—
	(d) Soft clay indented with moderate thumb pressure	100	—
	(e) Very soft clay which can be penetrated several centimeters with the thumb	50	(See NB:3)
	(f) Black cotton soil or other shrinkage or expansive clay in dry condition (50 percent saturation)		To be found by investigation
4.	**Peat**		
	Peat	—	(See NB : 3 and 4)
5.	**Made-up ground**		
	Fills or made up ground	—	(See NB : 3 and 4)

14.5 नींव की न्यूनतम गहराई (Minimum depth of foundation)

निम्नलिखित घटकों पर विचार रखते हुए नींव की गहराई के बारे में निर्णय किया जाता है।

1. मृदा के लिए सुरक्षित धारणा क्षमता के बारेमें निश्चय किया जाता है।
2. क्ले (Clay) मृदा के लिए, नींव की गहराई उस क्षेत्र से नीचे रखी जाती है, जहां मृदा का सुकडना और फूलना (Swelling) मौसम के अनुसार वातावरण में परिवर्तन होता है, जो कि महत्वपूर्ण गति का कारण होता है।
3. बारीक रेत और सिल्टस में, नींव की गहराई वहां तक रखते हैं, ताकि वहां पर तुषार/पाला (Frost) का असर नहीं हो।
4. नींव की गहराई अभिधर्षण/तल का रोदना/तल का खुरोंचना अथवा कटना (Scour) का प्रभाव की गहराई से अधिक रखा जाता है।

IS : 456-2000 कोड में इस तथ्य की सुफारिश की गयी है कि नींव की न्यूनतम गहराई प्राकृतिक जमीन की सतह से सभी प्रकार की मृदाओं के लिए 500mm की गहराई से अधिक रखनी चाहिए।

यदि मजबूत चट्टानी सतह हों तो अथवा मौसम प्रतिरोधी प्राकृतिक सतह हो तो, ऊपर की सतह पर मृदा को हटा देना चाहिए। यदि आवश्यक हो तो सतह पर चौरस–पेडिया (Steps) बना दी जाती है। ताकि, उपयुक्त धारणा उपलब्ध हो सके। किसी भी प्रकार की फिसलन (Slip) अथवा अन्य गति नहीं हो और यदि हों तो उसे रोकी जाती है।

नींव की न्यूनतम गहराई, D_{min} रेनकीन सूत्र से ज्ञात की जाती है।

$$D_{min} = \frac{p}{d}\left(\frac{1-\sin\phi}{1+\sin\phi}\right)^2 \tag{14.1}$$

जहां पर, p मृदा के लिए सकल धारण क्षमता होती है

d = मृदा के लिए धनत्व

ϕ = मृदा के विश्राम कोण (Angle of repose) होता है।

यदि पूर्व में कभी जमीन अथवा मृदा में किसी प्रकार की खुदाई हुई है। (Excavation)। या जमीन पर किसी प्रकार भराव हुआ है, उससे नींव और संरचना दोनों को हानि हो सकती है। ऐसी स्थिति में नींव की गहराई इतनी रखी जाता है जोकि पूर्व में खुदाई या भराव से प्रभावित रही हो, उससे अधिक रखा जाती है।

14.6 फुटिंग की किनारों पर मोटाई (Thickness at edges of footing)

IS : 456-2000 कोड में यह सुफारिश की गयी है कि प्लेन कांक्रीट और प्रबल्लित कांक्रीट की मृदा पर फुटिंग की किनारों पर मोटाई 150 mm से कम नहीं रखी जायेगी। पाईलस फुटिंग की ऊपरी भाग से 300 mm से कम नहीं रखी जायेगी।

ढलाऊ अथवा स्टेपड फुटिंग की डीजाइन एक ईकाई की तरह की जायेगी। यह भी निश्चित किया जाता है कि फुटिंग एक ईकाई की तरह कार्य भी करे। संपीडन में प्रभावी अनुप्रस्थ खण्ड उदासीन प्लेन के

ऊपर के क्षेत्रफल से सीमित रहेंगे। ढलान का कोण अथवा गहराई और स्टेपस का स्थान निर्धारण इस प्रकार किया जाता है कि प्रत्येक अनुप्रस्थ खण्ड पर डीजाइन की आवश्यकताओं की पूर्ति संतोषप्रद रहे।

प्लेन कांक्रीट पेडस्टल में कोण α पेडस्टल की नीचे की किनारों और तदनुसार (Corresponding) स्तम्भ के किनारों के जक्शन पेडस्टल के साथ और क्षैतिज्य प्लेन Fig. 14.2 में जैसे दिखाया गया है, वैसा हो।

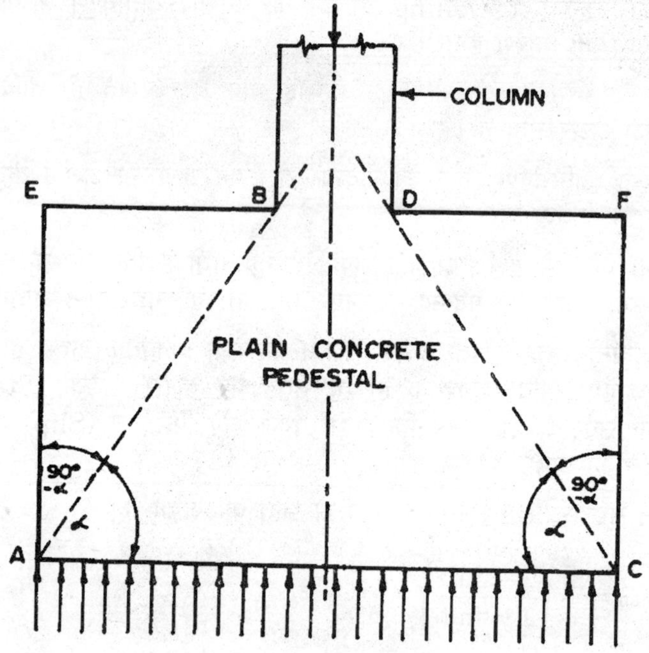

Fig. 14.2

समीकरण 14.2 द्वारा इसका नियंत्रण रखा जाता है।

$$\tan\alpha < 0.9\left(\frac{100\,q_o}{f_{ck}} + 1\right)^{1/2} \tag{14.2}$$

जहां पर q_0 गणना किया हुआ अधिकतम पेडस्टल के आधार पर धारणा दबाव N/mm² ईकाई में

f_{ck} = कांक्रीट की 28 दिन का विशिष्ट सामर्थ्य प्रक्षेपस BE/DF की, चौडाई का निर्णय करने के पश्चात्, पेडस्टल की गहराई AE/CF की गणना निम्न प्रकार से की जाती है।

$$\tan(90 - \alpha) = (BE/AE)$$

अतः AD = BE . tan α

14.7 फुटिंग में घूर्ण और बंकन आघूर्ण (Moment and bending moments in footings)

IS : 456-2000 कोड में यह उल्लेखित है कि पाईलस पर फुटिंग के लिए घूर्ण के लिए गणना इस परिकल्पना (Assumption) पर की जाती है कि पाईलस पर प्रतिक्रिया बल पाईलस के केन्द्र पर रहे।

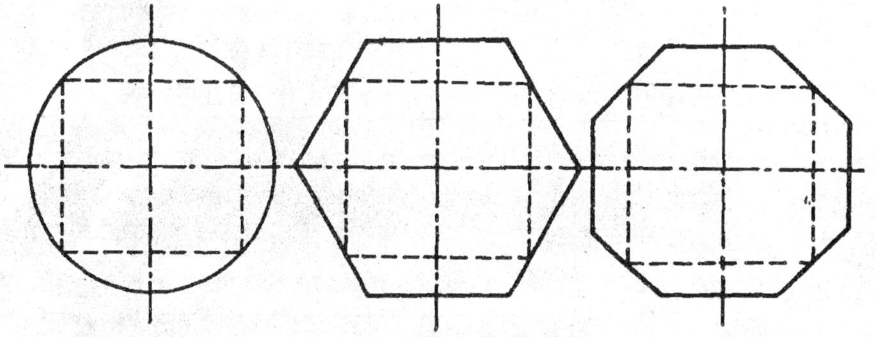

Fig. 14.3

फुटिंग में प्रतिबल की गणना (Determination of stresses)

फुटिंग जो कि वृत्ताकार षट्कोणीय (Hexagonal;) अथवा अष्ट पार्श्वीय (Octagonal) कांक्रीट स्तम्भ अथवा पेडस्टल से अवलम्बित है, उनमें स्तम्भ के अथवा पेडस्टल के फलक से एक वर्ग जोकि उनमें उत्कीर्णन (Inscribe) किया जा सके, जैसा Fig. 14.3 में दिखाया गया है।

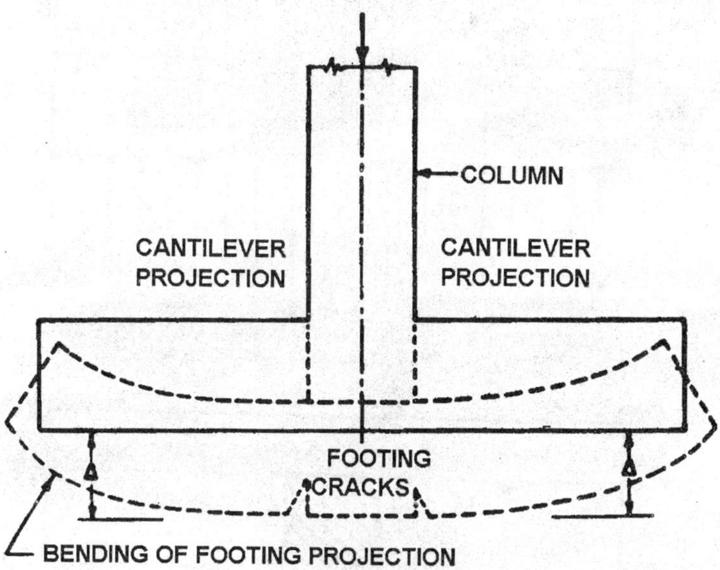

Fig. 14.4

बंकन आघूर्ण : फुटिंग पर आने वाला स्तम्भ से भाग का एक समान नींव पर वितरण नहीं होता। सबसे पहले भार का एक बडा भाग जो स्तम्भ के सीधे नीचे होता है, उस पर आता है। इससे नींव में ठीक स्तम्भ के नीचे धसना होता है। यदि स्तम्भ और फुटिंग जुडे हुए नहीं हो, तो यह धसना सतत रहता है,

जब तक कि जमीन भार वहन करते हुए पर्याप्त दब जाती है। परन्तु स्तम्भ और फुटिंग जुडे हुए होते हैं। प्रारंभ में स्तम्भ में नीचे की दिशा में गति से संलग्न अपरूपण बल उत्पन्न होता है। और उनको नीचे धकेलता है, (हालांकि इनकी डिग्री कम ही होती है, क्योंकि बंकन उत्पन्न होता है। ये अनुप्रस्थ खण्ड अपने साथ लगे अनुप्रस्थ खण्डों को भी क्रियान्वित कर देते है। ताकि आखिर में (अन्त मे) पूरा फुटिंग जमीन पर दब जाता है। और पूरा फुटिंग घस जाता है। इस धसकने का माप किनारों पर केन्द्र अथवा मध्य से कम होता है। अतः केन्टीलिवर प्रक्षेप जो कि स्तम्भ के दोनों तरफ प्रक्षेपित होते हैं और उपर से भारित रहते है। मृदा के दबाव से इस भाग में बंकन होता है, जैसा कि **Fig. 14.4** में दिखाया गया है।

Fig. 14.4 में दिखायो गये केन्टीलीवर प्रक्षेप बंकन के कारण, बंकन में तनाव प्रतिबल दोनों तरफ नीचे की (तह की) सतह पर विकसित होते है। इस कारण, इस्पातीय सिरिये प्रतियुक्त करते हुए दोनों दिशों में फुटिंग को प्रबल्लित किया जाता है। ये प्रबल्लित सिरिये दो परतों में एक दूसरों के लम्बवत और किनारों के समान्तर रखते हैं।

मृदा का धारणा दबाव, q_0 फुटिंग के आधार पर जैसा कि **Fig. 14.5** में दिखाया गया है (जिसका अनुच्छेद 14.3 में विवरण दिया गया है), एक समान वितरित माना जाता है।

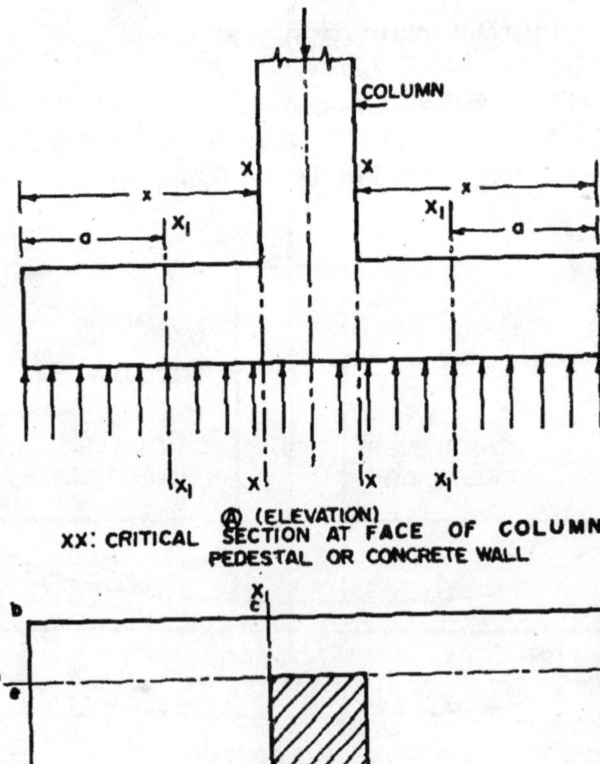

Ⓐ (ELEVATION)
XX: CRITICAL SECTION AT FACE OF COLUMN, PEDESTAL OR CONCRETE WALL

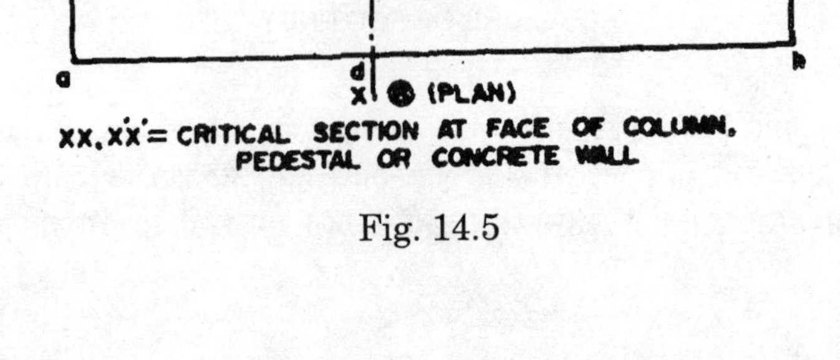

Ⓑ (PLAN)
XX, X'X' = CRITICAL SECTION AT FACE OF COLUMN, PEDESTAL OR CONCRETE WALL

Fig. 14.5

अनुप्रस्थ खण्ड x_1x_1 मुक्त किनारों से a दूरी पर होता है, से गणना की जाती है। एक ऊर्ध्वाधर अनुप्रस्थ प्लेन पूरे फुटिंग की चौडाई पर समझा जाता है, लिया जाता है। उनका बलो का (जो कि पूरे फुटिंग के क्षेत्रफल पर कार्यरत होते हैं) धूर्णन एक तरफ इस प्लेन के की गणना की जाती है।

$$M_{x,x1} = \left(q_u \cdot d^2/2\right) \quad (14.3)$$

एक पृथक कांक्रीट फुटिंग (जो कि एक स्तम्भ को अवलम्बित करता है, के लिए बंकन आघूर्ण का अधिकतम मान का डीजाइन के लिए उपयोग किया जाता है इस बंकन आघूर्ण की **Fig. 14.5 (A)** में जैसा दिखाया गया है और f_d मुक्त किनार से x दूरी पर होते हैं।

$$m_{xx} = \left(q_u \cdot x^2/2\right) \quad (14.4)$$

बंकन आघूर्ण के लिए क्रान्तिक अनुप्रस्थ खण्ड (Critical cross-sections)

बंकन आघूर्ण की गणना करने के लिए अनुप्रस्थ खण्ड की स्थिति स्तम्भ पेडस्टल अथवा कांक्रीट के दीवार के फलक पर समझी जाती है। जैसा कि Fig. 14.5 (B) में प्लान में दिखाया गया है।

Fig. 14.5 (B) में xx अनुप्रस्थ खण्ड पर (अर्थात्, CD पर) बंकन आधूर्ण उपरी दिशा में अनुप्रस्थ खण्ड के एक तरफ क्षेत्रफल abcd पर कार्यरत q_0 है, उसके कारण जो उत्पन्न होता है, उसकी गणना की जाती है।

प्रबल्लित सिरिये अनुप्रस्थ खण्ड xx के लम्बवत (अर्थात्, वे सिरिये लम्बी दिशा में लगाये जाते है) की गणना की जाती है। इसी प्रकार, अनुप्रस्थ खण्ड x'x', Fig. 14.5 (B) के लिए q- धारणा दबाव के कारण क्षेत्रफल befg पर कार्यरत और प्रबल्लित सिरिये छोटी दिशा में (अर्थात्, ef के लम्बवत) के लिए इस बंकन आघूर्ण के लिए गणना की जाती है।

चुनाई की दिवार के लिए क्रान्तिक अनुप्रस्थ खण्ड के लिए आधी दूरी (स्तम्भ के फलक और दीवार की केन्द्रीय रेखा के बीच) ली जाती है। जैसा कि Fig. 14.6 में दिखाया गया है।

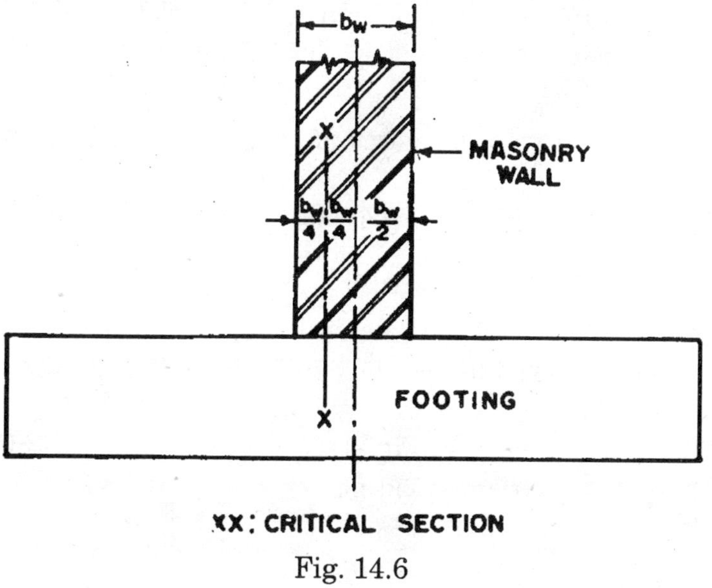

Fig. 14.6

गसटेड आधार के नीचे बंकन आघूर्ण के लिए क्रान्तिक अनुप्रस्थ खण्ड आधी दूरी (स्तम्भ के फलक अथवा पेडस्टल और गसट के किनार के बीच) ली जाती है।

प्रबल्लित सिरियों के विकसित लम्बाई के लिए क्रान्तिक अनुप्रस्थ खण्ड

फुटिंग में प्रबल्लित सिरियों के लिए विकसित लम्बाई (Development length) मानी जाती है। इनके लिए जैसे उपरोक्त बंकन आघूर्ण के लिए उपर मानी गयी है। इसके अतिरिक्त उन सब ऊर्ध्वाधर प्लेनस जहां पर अचानक फुटिंग खण्ड में अचानक परिवर्तन होते हैं। यदि प्रबल्लित सिरियों के लम्बाई में कटौति की जाती है, तब लंगर की आवश्यकताओं की जांच की जाती है। जैसे धरन की डीजाइन के लिए जांच की जाती है।

एक अकेले स्तम्भ के फुटिंग के लिए उपलब्ध विकसित लम्बाई (इस्पातीय सिरिये के सिरे से स्तम्भ के फलक से फुटिंग के किनारे तक बाकी किनार पर कांक्रीट का आवरण)

फुटिंग की विफलता : जब फुटिंग विफल होते हैं, इसका तात्पर्य यह नहीं होता है कि मृदा के प्रतिबलों से फुटिंग उपर की तरफ उठ जाती है। फुटिंग के प्रक्षेपित भाग स्तम्भ को रोक नहीं पाते हैं और स्तम्भ धस जाते हैं। जैसाकि Fig. 14.4 में दिखाया गया है कि फुटिंग में दरार का अनुसरण करने की बजाय, इनसे टूट जाते हैं।

14.8 फुटिंग में अपरूपण बल (Shear forces in footings)

IS : 456-2000 कोड में यह सिफारिश की गयी है कि पाइलस पर फुटिंग के लिए, अपरूपण के लिए गणना इस आधार पर मानी जा सकता है कि पाइलसपर प्रतिक्रिया बल पाइलस के केन्द्र पर सकेन्द्रित (Concentrated) है।

फुटिंगस जो कि वृत्ताकार अथवा षटकोणीय (Hexagonal) अथवा अष्ट पार्श्वीय (Octagonal) कांक्रीट या पेंडसट को अवलम्बित करते हैं, उन फुटिंग में प्रतिबल की गणना करने के कार्य के लिए, एक वर्गा जो कि उनमें उत्कीर्णन (Inscribe) किया जा सके, जैसे कि Fig. 14.7 में दिखाया गया है, उस वर्ग के फलक को लिया जाता है।

फुटिंगस में निम्नलिखित दो प्रकार के अपरूपण की पहचान (Distinguish) की गयी है।

1. एक तरफ अपरूपण (अर्थात्, धरन अपरूपण) (Beam/one-way shear)

इस तथ्य का विचार किया जाता है कि फुटिंगस आवश्यक रूप से एक चौडी धरन की तरह क्रिया करती है और विभव विकर्णय तनन में दरार (Potential diagonal tension crack) तकरीबन 45° प्लेन पर विस्तारित (Extend) होती है। इस दरार को अपरूपण में अवभंजन (Crushing) x के बायीं तरफ ऊपरी भार से उत्पन्न होता है। (अर्थात्, प्लेन xx के परे, प्रभावी गहराई के बराबर दूरी फुटिंग स्तम्भ के फलक से अथवा दीवार फुटिंग जैसा कि Fig. 14.7 में दिखाया गया है। अनुप्रस्थ खण्ड गग धरन अपरूपण के लिए **क्रान्तिक अनुप्रस्थ खण्ड** होते हैं।

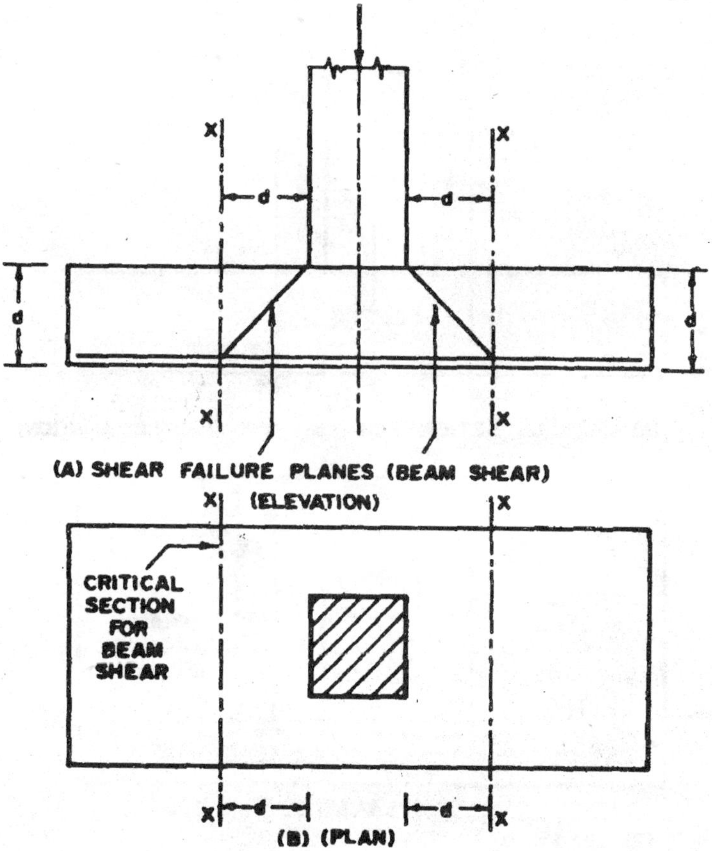

Fig. 14.7

पाइलस पर फुटिंग के लिए क्रान्तिक अनुप्रस्थ खण्ड प्रभावी गहराई के आधी दूरी पर होते हैं।

2. फ्लैट स्लेब अपरूपण (दो तरफा अपरूपण) (Flat slab/two way shear)

जब फुटिंग विफल होते हैं, तब अस्थि भंग (Fracture) एक वृत्ताकार स्तम्भ के लिए तिर्यक् छिन्न शंकु (Truncated cone) होता है अथवा वर्गाकार या आयताकार स्तम्भ के लिए तिर्यक् छिन्न पिरामिड (Truncated pyramid) होता है, उनमें सब फलक बाहर की तरफ ढलाऊ होते है। इस प्रकार की विफलता की संभाव्य कारण (Probable reasons) फुटिंग में भारी संपीडन प्रतिबल होता है। इस संपीडन के लिए मृदा का ऊपर की तरफ प्रतिक्रिया बल का दबाव का चिन्ह करना (Accentuated) होता है।

कांक्रीट जिसमें अपरूपण प्रतिबल होता है, वह भी ऊर्ध्वाधर संपीडन होता है जो प्रतिबल के स्तम्भ से बाहरी तरफ विस्तृत होता है और क्षैतिज्य संपीडन में दोनों दिशा में फुटिंग में (द्वि अक्षीय बंकन आघूर्ण) से होता है। त्रि अक्षीय प्रतिबल में अपरूपण सामर्थ्य में कांक्रीट में वृद्धि होती है। कांक्रीट में औसत अपरूपण प्रतिबल जिसके कारण कांक्रीट इस प्रकार विफल होती है को ऐसा ले सकते हैं जैसे कि ऊर्ध्वाधर प्लेन स्तम्भ के फुटिंग के सब तरफ परिमिति (Perimeter) पर कार्यरत है। जिसकी दूरी प्रभावी गहराई की आधी (d/2) ली जाती है। जिसको स्तम्भ के फलक से मापा जाता है (ऊर्ध्वाधर प्लेन abcd) जैसा कि Fig. 14.8 में दिखाया गया है।

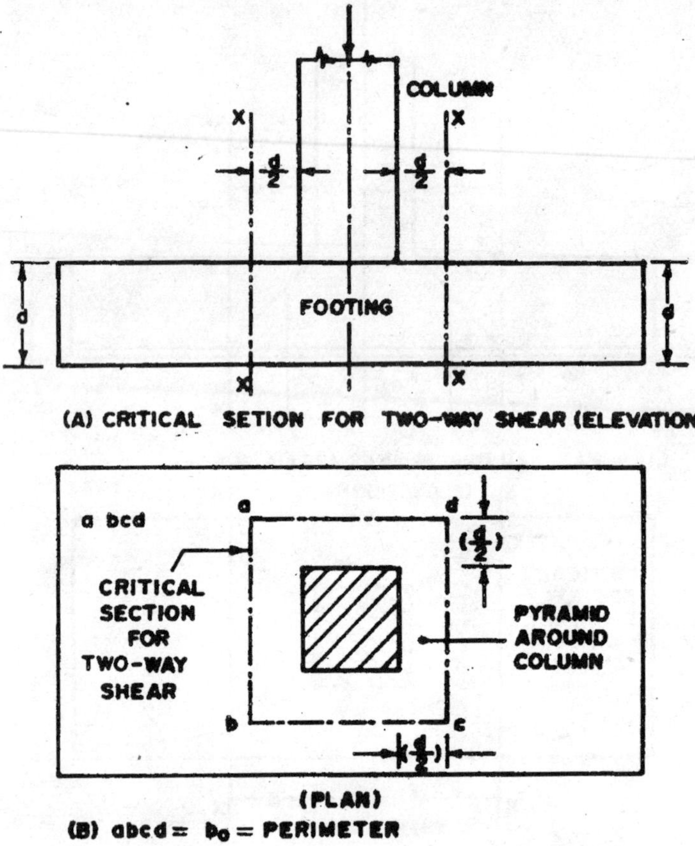

Fig. 14.8

फुटिंग में अकलित अपरूपण प्रतिबल (Nominal shear stress in footing)

$$\tau_v = \left[\frac{V_{Fd}}{b_o \cdot d}\right] \text{N/mm}^2$$

जहां पर V_{Fd} फेक्टरड (डीजाइन) अपरूपण बल जो कि डीजाइन भार के कारण विकसित होता है। b_0 = क्रान्तिक अनुप्रस्थ खण्ड की परिमिति (abcd जैसा Fig. 14.8 (B) में दिखायी गयी है। d = फुटिंग की प्रभावी गहराई होती है।

अनुज्ञेय अपरूपण प्रतिबल (Allowable shear stress)

जब अपरूपण प्रबल्लित सिरियों को उपयोग नहीं किया जाता है, तब क्रान्तिक अनुप्रस्थ खण्ड पर गणना किया गया अपरूपण प्रतिबल का मान अनुज्ञेय अपरूपण प्रतिबल ($= k_s \cdot \tau_c$) से अधिक नहीं होगा।

जहां पर,

$k_s = (0.5 + \beta_c)$, परन्तु इसका मान एक से अधिक नहीं

β_c = फुटिंग की लम्बी भुजा और छोटी भुजा का अनुपात

$$\tau_c = 0.25\,(f_{ck})^{1/2}\ \text{N/mm}^2 \qquad (14.6)$$

फुटिंगस में अपरूपण प्रबल्लित सिरियों का उपयोग करना सुविधाजनक नहीं है और व्यापक रूप में किफायती भी नहीं है। केवल इसी के कारण फुटिंग की डीजाइन इस प्रकार की जाती है कि कांक्रीट ही सारा अपरूपण वहन करें।

14.9 स्तम्भ के आधार पर भार का स्थानतरण (स्तम्भ के नीचे धारणा) (Transfer of load at base of column (Bearing under column))

एक स्तम्भ एक फुटिंग पर पेडस्टल पर अवलम्बित रहता है। स्तम्भ भार का स्थानतरण अवलम्बित अवयव के कुल क्षेत्रफल के कुछ भाग पर ही करता है। फुटिंग का संलग्न कांक्रीट पार्श्व अवलम्ब सीधा कांक्रीट के भारित भाग पर अवलम्ब करता है। इसके कारण त्रि अक्षीय संपीडन प्रतिबल की स्थिति बन जाती है। इससे कांक्रीट (जो कि स्तम्भ के नीचे भार वहन करती है।) के सामर्थ्य में वृद्धि होती है।

फुटिंग पर स्तम्भ के लिए स्तम्भ की उसी कांक्रीट की तुलना में अधिक धारणा अनुज्ञेय है। अतः कुछ कम सामर्थ्य की कांक्रीट का उपयोग (कांक्रीट के भार वहन करने की क्षमता को बिना कम किये) किया जाता है। आवश्यकता हो तो डोवलस का प्रयोग करके इसमें वृद्धि करदी जाती है।

स्तम्भ के आधार पर या पेडस्टल पर कांक्रीट में संपीडन प्रतिबल पर इस प्रकार विचार किया जाता है कि जैसे पेडस्टल के फुटिंग के ऊपरी भाग पर धारणा से स्थानतरित किया गया है। IS : 456-2000 (मूल तह जांच पर आधारित है और ACI कोड के अनुच्छेद पर आधारित है। यह सुफारिश करता है कि भार वहन करने वाला भार स्थानतरण करने वाला क्षेत्रफल अवलम्ब करने वाला क्षेत्रफल चौडा होता है।

डीजाइन धारणा प्रतिबल फुटिंग के भारित क्षेत्रफल अनुज्ञेय धारणा प्रतिबल से अधिक नहीं होगा। अनुज्ञेय धारणा प्रतिबल का मान सीधे संपीडन में $(A_1/A_2)^{1/2}$ के बराबर होता है, परन्तु 2 से अधिक नहीं होना चाहिए। अर्थात्,

$$q_o \text{ not more than } \sigma_{cbr1}\ (A_1/A_2)^{1/2} \qquad (14.7)\ \text{A}$$

कांक्रीट के पूरे क्षेत्रफल पर अनुज्ञेय धारणा प्रतिबल का मान = $0.45\ f_{ck}$, अर्थात्

$$\sigma_{cbr1} = (0.45\ f_{ck}) \qquad (14.7)\ \text{B}$$

समीकरण 14.7 तब इस प्रकार लिख सकते हैं।

$$q_o \text{ not more than } \left[0.45\ f_{ck} \cdot (A_1/A_2)^{1/2}\right] < 0.90\, f_{ck} \qquad (14.8)$$

धारणा क्षेत्रफल के बंधित होने के कारण यह लाभप्रद होता है, क्योंकि त्रि–अक्षीय प्रतिबल की संपीडन में स्थिति बनती है। भारित क्षेत्रफल के सब तरफ ठीक पास में फुटिंग के भारित क्षेत्रफल पर यह स्थिति बनती है, इससे सब तरफ की कांक्रीट अवलम्ब उपलब्ध करती है।

समीकरण 14.7 और 14.8 में A_2 स्तम्भ आधार के नीचे भारित क्षेत्रफल और A_1 अवलम्बित सतह का अधिकतम क्षेत्रफल होता है। Fig. 14.9 में जैसे दिखाया गया है वैसे A_1 क्षेत्रफल होता है। A_1 नीचे के आधार पर अधिकतम पिरामिड छिन्नक (Largest frustum of a pyramid) अथवा शंकु छिन्नक अथवा ढलाऊ वेज (Tapered wedge) का क्षेत्रफल होता है।

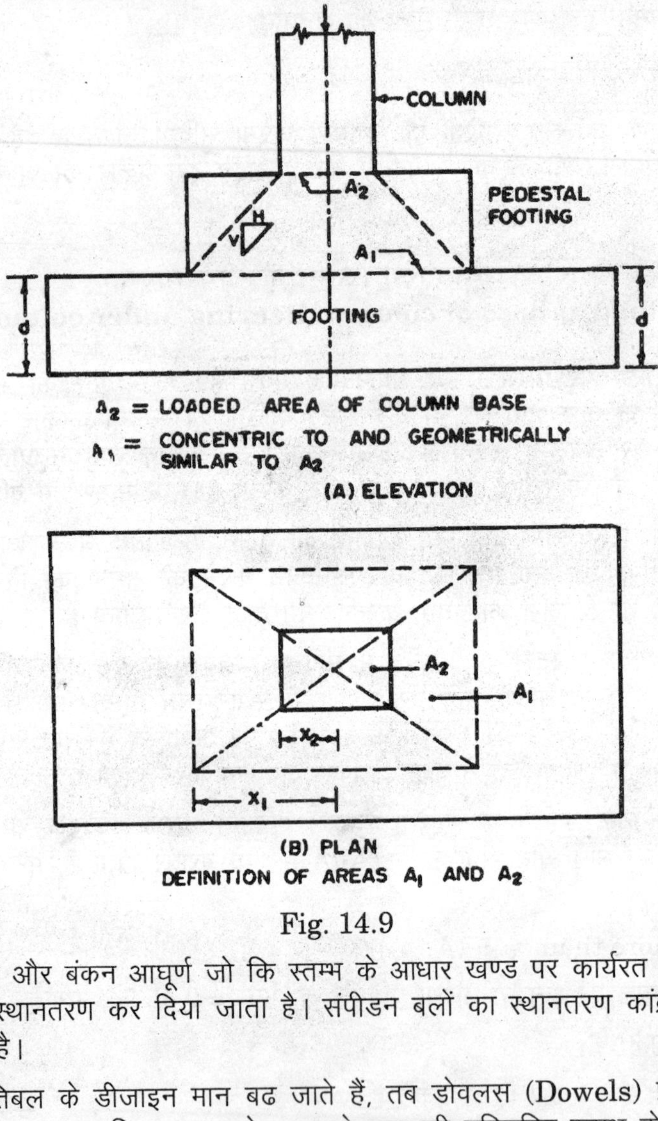

Fig. 14.9

सारे अक्षीय बल और बंकन आघूर्ण जो कि स्तम्भ के आधार खण्ड पर कार्यरत हैं, उन सब को फुटिंग के धारण सतह पर स्थानतरण कर दिया जाता है। संपीडन बलों का स्थानतरण कांक्रीट में संपीडन धारणा पर कर दिया जाता है।

यदि धारणा प्रतिबल के डीजाइन मान बढ जाते हैं, तब डोवलस (Dowels) प्रतियुक्त किये जाते है, ताकि शेष बलों का स्थानतरण किया जा सके। इन डोवलस की प्रतियुक्ति स्तम्भ के अंतह प्रतिक्रिया सतह के अन्दर और साथ साथ फुटिंग में किया जाता है, ताकि पर्याप्त विकसित लम्बाई साईडस में उपलब्ध रहे।

तनन बल (उत्क्षेप Uplift) का स्थानतरण प्रबल्लित सिरियों को उचित स्तम्भ और फुटिंग के भीतर लंगरित किया जाता है। पार्श्व बलों का स्थानतरण अपरूपण, घर्षण, और अपरूपण वेज से करते हैं।

फुटिंग में गुज्जी (Dowels into footings)

अनुदैर्ध्य प्रबल्लित सिरियों को स्तम्भ के फुटिंग के भीतर विस्तार कर दिया जाता है अथवा डोवलस को फुटिंग के भीतर प्रतियुक्त करके गाड़ दिया जाता है, जो कि ऊपर की तरफ प्रक्षेप करती है। इसमें स्तम्भ के सिरिये केवल फुटिंग के भीतर अवलम्बित रहते हैं। अधिकतर इन सिरियों को डोवलस के साथ बांध दिया जाता है। इससे निर्माण सरल हो जाता है। IS : 456-2000 कोड में प्रबल्लित सिरियों का

यूनतम क्षेत्रफल (जो कि धारणा सतह को आर पार रहते है) को 0.005 गुणा (अथवा 0.5 प्रतिशत) सकल अनुप्रस्थ खण्ड का क्षेत्रफल की सुफारिश की गई है और कम से कम चार सिरियों के उपयोग की सुफारिश की गयी है।

जहां पर डोवलस का उपयोग किया जाता है, वहां पर उनका व्यास स्तम्भ के सिरियों से 3 mm से ज्यादा अधिक नहीं होगा।

यदि स्तम्भ के सिरियों का व्यास 36 mm से अधिक हो तो ही उनको संपीडन में फुटिंग में डोवल किया जा सकता है। डोवल करने के लिए छोटे व्यास के सिरिये (आवश्यक क्षेत्रफल के लिए) उपयोग में लिए जाते हैं। डोवलस का स्तम्भ के भीतर विकसित लम्बाई के बराबर विस्तार किया जाता है। यह विकसित लम्बाई स्तम्भ के सिरियों की होती है। जबकि फुटिंग के भीतर विस्तार तो विकसित लम्बाई के बराबर ही की जाती है, परन्तु विकसित लम्बाई डोवलस की होती है।

सामान्य परिस्थितियों में सिरियों में लेप जोड की मनाई है।

14.10 स्तम्भ के लिए मूल/बुनयादी आवश्यकताएं (Basic requirements for columns)

यदि पृथक फुटिंग (Isolated footing) और संयुक्त फुटिंग (Combined footings) भी अकेले धारणा का दबाब से आधार के विरुद्ध स्थैतिक संतुलन (Static equilibrium) में हो, तो निम्नलिखित चार बुनयादी आवश्यकताएं संतोषप्रद होनी चाहिए।

1. फुटिंग आधार के विरुद्ध (प्रतिक्रिया बल) सब धारणओं के दबाब के परिणामी बल बराबर तीव्रता के और विरोधी दिशा में होने चाहिए (सब भार के परिणामी के)। ऊर्ध्वाधर प्रभाव फुटिंग पर आघूर्ण और पार्श्व बल के कारण।
2. परिणामी सदिश (प्रतिक्रिया बल) की क्रिया रेखा और परिणामी सदिश की क्रिया रेखा (प्रतियुक्त क्रियाओं के) का संपात (Coincide) होनी चाहिए।
3. सेवा भार के कारण भारी से भारी (Severe) संयोजन के कारण अधिकतम तीव्रता का धारणा दबाब का मान कम अथवा करीब करीब बराबर अधिकतम धारणा के .दबाब पर इस भार के लिए अनुज्ञेय है, मृदा यांत्रिकी के सिद्धान्त से ज्ञात किये जाते हैं।
4. ऊर्ध्वाधर भार, क्षैतिज्य अपरूपण बल और बंकन आघूर्ण (जो कि सेवाभार की स्थिति से उत्पन्न होते है और जिसमे हवा अथवा भुकम्प से उत्पन्न बल भी सम्मिलित हैं), इन सबका परिणामी सदिश बल फुटिंग के आधार के अधिकतम अनुज्ञेय उत्केन्द्रीय दूरी से कम पर प्रतिच्छेद (Intersect) करना चाहिए। ताकि, प्रतिविलन (Over turning) के विरुद्ध सुरक्षित रहे।

जब स्तम्भ अक्षीय संपीडन भार से भारित होता है, तब फुटिंग के पूर्ण क्षेत्रफल पर एक समान धारणा का दबाब वितरित रहता है।

14.11 वर्गाकार फुटिंग्स (Square footings)

पृथक पृथक अकेले स्तम्भ को अवलम्ब करने के लिए वर्गाकार फुटिंग्स का उपयोग किया जाता है। वर्गाकार फुटिंगस में स्तम्भ के दोनो दिशा में और दोनों बाहु/प्रास प्रक्षेप (Cantilever projections) रहते हैं। नीचे की दिशा में कार्यरत अक्षीय (सकेन्द्रीय) भार को स्तम्भ फुटिंग्स पर स्थानतरण करते हैं। फुटिंगस पर मृदा दबाब से (उपर की दिशा में) भारित रहते हैं। फुटिंगस के नीचे की सतह पर दोनों

दिशाओं में तनन प्रतिबल विकसित होते हैं। अतः फुटिंग को दो परतों में इस्पातीय सिरियों से प्रबल्लित किया जाता है। एक परत के ये सिरिये दूसरी परत के सिरियों के लम्बवत होते हैं और फुटिंगस के किनारों के समान्तर रहते हैं।

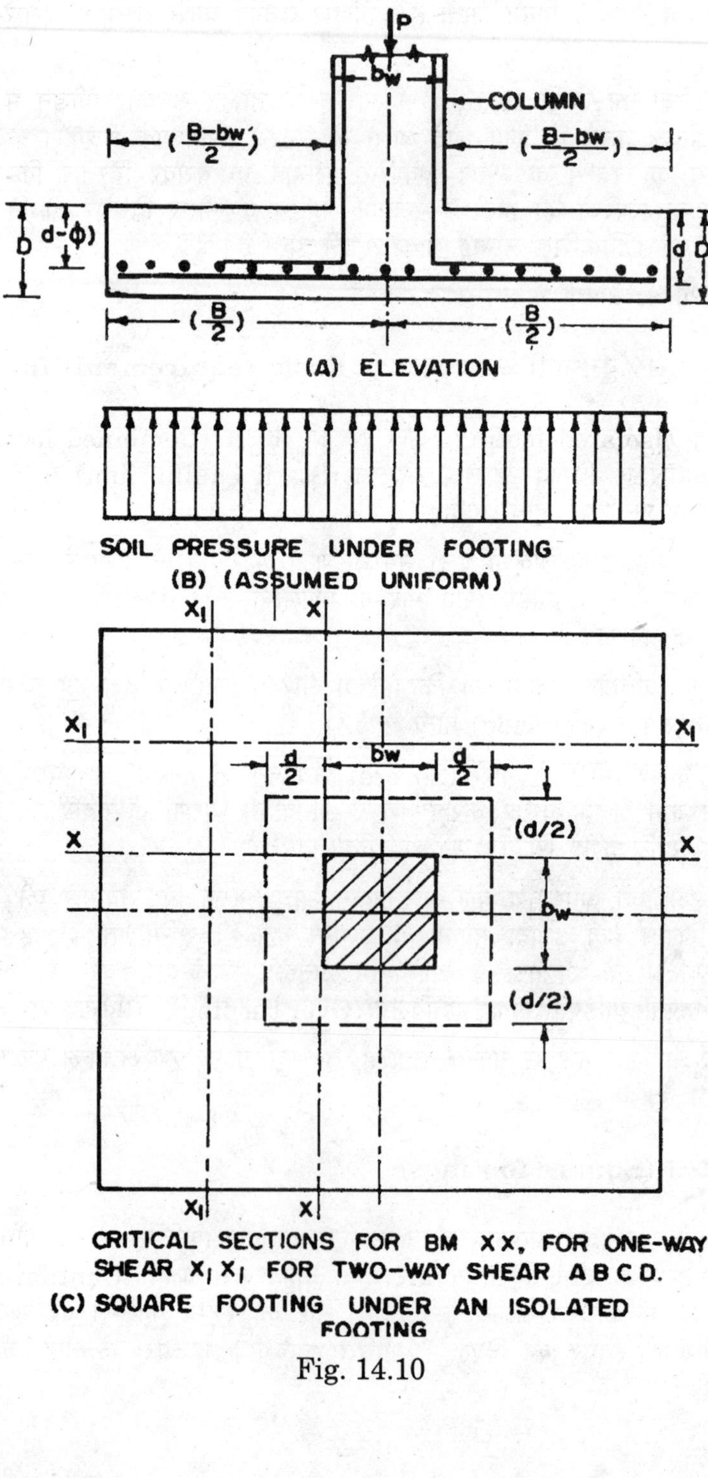

Fig. 14.10

Fig. 14.10 में वर्गाकार फुटिंग एक अकेले स्तम्भ के नीचे कार्यरत बलों के साथ दिखाया गया है। फुटिंग का आवश्यक धारणा क्षेत्रफल निम्न प्रकार से प्राप्त किया जाता है।

$$\text{धारणा क्षेत्रफल} = \left(\frac{\text{स्तम्भ का अक्षीय भार} + 10 \text{ प्रतिशत स्तम्भ का भार}}{\text{मृदा की धारणा} - \text{क्षमता}}\right)$$

फेक्टरड (डीजाइन) भार सेवा भार गुणा भार के लिए आंशिक सुरक्षा गुणांक, ($\gamma_{fL} = 1.50$) ज्ञात किया जाता है। मृदा की चरम धारणा क्षमता सुरक्षित मृदा क्षमता की दो गुणा $q_a = 2\ q_0$) मानी जाती है।

फुटिंग का आवश्यक क्षेत्रफल

$$A_F = \left(\frac{1.5 \times 1.10\, P}{q_u}\right) \text{ और } A_F = (B \times B)m^2 \qquad \text{(i)}$$

जहां पर B वर्गाकार फुटिंग की चौडाई m में

बंकन आघूर्ण के लिए क्रान्तिक अनुप्रस्थ खण्ड, **xx**, स्तम्भ के फलक (**Face**) पर रहता है, जैसा कि Fig. 14.10 में दिखाया गया है। अधिकतम फेक्टरड (डीजाइन) बंकन आघूर्ण फुटिंग पर **xx** खण्ड पर निम्नलिखित तरीके से गणना की जाती है।

$$M_{Fd} = \frac{1}{2} \cdot q_u \left(\frac{B - b_w}{2}\right)\left(\frac{B - b_w}{2}\right)$$

$$M_{Fd} = \frac{1}{2}\left(\frac{1.5 \times P}{B \times B}\right)\left[\left(\frac{B - b_w}{2}\right)\left(\frac{B - b_w}{2}\right)\right] \qquad (14.9)$$

फेक्टरड (डीजाइन) अपरूपण बल क्रान्तिक अनुप्रस्थ खण्ड **xx** पर

$$V_{Fd} = \left[\frac{1.5 \times P}{B \times B}\right]\left[\left(\frac{B - b_w}{2}\right)\right] \qquad (14.10)$$

फुटिंग की प्रभावी गहराई

$$0.36\, f_{ck}\left[\frac{x_{u.max}}{d}\right] \cdot \left(1 - \frac{0.42\, x_{u.max}}{d}\right) bd^2 = M_{Fd} \qquad (14.11)$$

तनन में प्रबल्लित सिरिये (Reinforcement bars in tension)

कुल तनन प्रबल्लित सिरिये किसी अनुप्रस्थ खण्ड पर आघूर्ण प्रतिरोध क्षमता कम से कम उस अनुप्रस्थ खण्ड पर बंकन आघूर्ण क्षमता प्रदान करते हैं। तनन प्रबल्लित सिरियों (प्रत्येक दिशा में) का फुटिंग की चौडाई पर एक एक समान वितरण किया जाता है। वर्गाकार फुटिंग में प्रबल्लित सिरियों को दो तरफ प्रतियुक्त किया जाता है।

ऊपरी परत में प्रबल्लित सिरियों के लिए प्रभावी गहराई (d- ϕ) होती है जबकि नीचे की परत में प्रबल्लित सिरियों के लिए प्रभावी गहराई, d होती है, जहां पर (ϕ) एक सिरिये का व्यास होता है इस वजह, ऊपरी परत में प्रबल्लित सिरियों का क्षेत्रफल नीचे की परत में प्रबल्लित सिरियों की तुलना में गणना में अधिक होता है।

अतः उपरी परत के लिए प्रबल्लित सिरियों की गणना की जाती है। नीचे की प्रबल्लित सिरियों का क्षेत्रफल रखा जाता है। इस प्रकार दोनो परतो में अलग अलग क्षेत्रफल बराबर होते हैं।

$$0.87\, f_y .\, A_{sc} .\, (d - \phi) \left[1 - \frac{A_{st} . f_y}{b(d - \phi)\, f_{ck}} \right] = M_{Fd} \qquad (14.12)$$

फुटिंग की पूरी चौडाई पर इस्पातीय सिरियों का वितरण एक समान बराबर रखा जाता है। यदि Aϕ एक सिरिये का क्षेत्रफल हो तो, दो संलग्न सिरियों की बीच की दूरी निम्न प्रकार से ज्ञात की जाती है।

$$s = [(1000\, B) .\, A\phi / A_{st}] \qquad (14.13)$$

फुटिंग की गहराई की एक तरफ और दोनों तरफ अपरूपण में जांच की जाती है। प्रबल्लित सिरियों को विकसित लम्बाई के लिए लगायी जाती है।

उदाहरण (Example 14.1). एक प्रबल्लित कांक्रीट स्तम्भ का माप **450 mm x 450 mm** है। इसमें 8 इस्पातीय सिरियों (18 mm व्यास के) का प्रयोग किया गया है। यह स्तम्भ फुटिंग को 620 kN का अचल भार और 860 kN का चल भार का स्थानतरण करता है। मृदा की सुरक्षित धारण क्षमता 120 kN/m^2 है। M20 ग्रेड कांक्रीट और **HYSD Fe 415** इस्पातीय सिरियों का उपयोग किया जायेगा। स्तम्भ को अवलम्ब करने के लिए फुटिंग की डीजाइन करो।

डीजाइन (Design) M20 ग्रेड कांक्रीट और HYSD इस्पातीय सिरिये **Fe 415** का उपयोग किया जायेगा।

Step 1 : डीजाइन स्थिर अंक

फुटिंग का अनुप्रस्थ खण्ड एक संतुलित प्रबल्लित खण्ड की तरह डीजाइन किया जाता है। डीजाइन के स्थिर अंक इस प्रकार है। उदासीन अक्ष की गहराई की लिमिटिंग सीमा का मान का प्रभावी गहराई का अनुपात $(x_{u.max}/d) = 0.48$

Step 2 : अनुज्ञेय मृदा दबाव बनाये रखने के लिए फुटिंग का माप

(अचल भार चल भार) जिसका स्तम्भ द्वारा फुटिंग पर स्थानतरण करना है।

$$P = (620 + 860) = 1480 \text{ kN}$$

फुटिंग का स्वंम्य का भार = भार का 10 प्रतिशत माना जाता है = 148 kN

कुल भार = (1480 + 148) = 1628 kN

फेक्टरड (डीजाइन) भार

$$W_{Fd} = (1.5 \times 1628) = 2442 \text{ kN}$$

मृदा के लिए चरम धारणा क्षमता

$$q_u = (2 \times q_0) = (2 \times 120) = 240 \text{ kN/m}^2$$

फुटिंग के लिए आवश्यक प्लान क्षेत्रफल

$$A_F = \left(\frac{1.5 \times 1628}{2 \times 120} \right) = 10.1295 \text{ m}^2$$

वर्गाकार स्तम्भ के लिए वर्गाकार फुटिंग प्रतियुक्त की जाती है।

$$B = (10.1295)^{1/2} = 3.1827 \text{ m}$$

एक वर्गाकार फुटिंग (3.70 m x 3.70 m) माप की Fig. 14.11 में जैसे दिखायी गयी है।

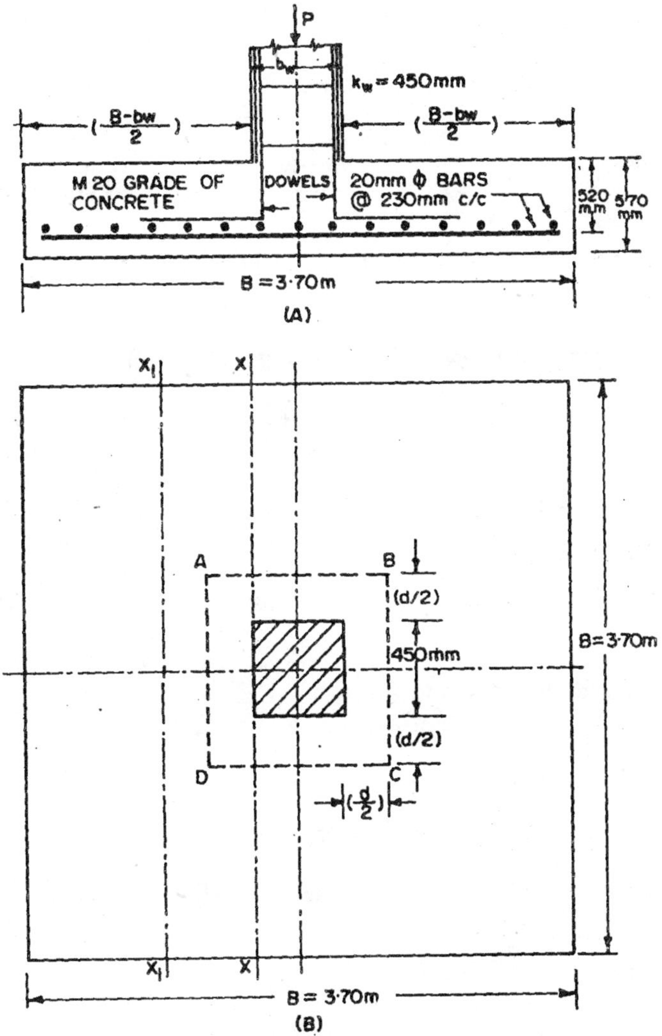

CRITICAL SECTION FOR BM XX, FOR ONE-WAY SHEAR $X_1 X_1$ AND FOR TWO-WAY SHEAR ABCD (SQUARE FOOTING UNDER COLUMN)

Fig. 14.11

प्रतियुक्त करनी है। मृदा के लिए शुद्ध चरम दबाब जो कि उपर की दिशा में कार्यरत रहता है।

$$q_u = \left(\frac{1.5 \times 1480}{3.70 \times 3.70}\right) = (1.5 \times 108.11)$$

$$= 162.165 \text{ kN/m}^2$$

मृदा के लिए चरम धारणा क्षमता अतः फुटिंग सुरक्षित है।

Step 3 : फेक्टरड (डीजाइन) बंकन आघूर्ण

स्तम्भ के फलक पर क्रान्तिक अनुप्रस्थ खण्ड पर फुटिंग के 1 m

चौडी पट्टी के लिए (बंकन आघूर्ण)

$$M_{Fd} = \frac{1}{2} q_u \left(\frac{B - b_w}{2}\right)^2 \text{ x } 1 \text{ kN-m/m}$$

$$M_{Fd} = \left[1.5 \text{ x } \frac{1}{2} \text{ x } 108.11\right] \text{ x } \left[\frac{3.70 - 0.450}{2}\right]^2 \text{ x } 1 \text{ kN-m/m}$$

$$M_{Fd} = (1.5 \text{ x } 142.739) = 214.1085 \text{ kN-m/m}$$

Step 4 : फुटिंग की प्रभावी गहराई, d

चूंकि 1 m चौडाई पट्टी पर विचार कर रहे हैं। फुटिंग की प्रभावी गहराई, d

$$0.36 f_{ck} \left[\frac{x_{u.max}}{d}\right]\left[1 - 0.42 \frac{x_{u.max}}{d}\right] bd^2 = M_{Fd}$$

$$0.36 \text{ x } 0.48 \text{ x } (1 - 0.42 \text{ x } 0.48) \, bd^2 = M_{Fd}$$

$$d = 278.56 \text{ mm}$$

माना कि प्रबल्लित सिरियों के लिए कांक्रीट का प्रभावी आवरण की मोटाई 50 mm होगी। फुटिंग की कुल गहराई

$$D = (278.56 + 50) = 328.56 \text{ mm}$$

D = 450 mm मान ली जाती है।

अतः d = (450-50) = 400 mm होगी।

Step 5 : एक तरफ अकेले अपरूपण के लिए जांच

स्तम्भ के फलक तक क्रान्तिक अनुप्रस्थ खण्ड x_1x_1 पर प्रभावी गहराई, d

$$V_{Fd} = q_u \left[\left(\frac{B - b_w}{2}\right) - d\right] \text{ x } 1$$

$$V_{Fd} = 1.5 \text{ x } 108.11 \left[\left(\frac{370 - 0.450}{2}\right) - 0.40\right] \text{ x } 1 \text{ kN/m}$$

$$V_{Fd} = (1.5 \text{ x } 108.11 \text{ x } 1.225) = 1.5 \text{ x } 132.435) = 198.653 \text{ kN/m}$$

अकलित अपरूपण प्रतिबल (फुटिंग की गहराई पर)

$$\tau_v = \left[\frac{1.5 \text{ x } 132.435 \text{ x } 1000}{1000 \text{ x } 400}\right] = 0.4965 \text{ N/mm}^2$$

फुटिंग के संतुलित अनुप्रस्थ खण्ड के इस्पातीय सिरियों का प्रतिशत

$$P_B = \left(\frac{100\ A_s}{b.d}\right) = 0.96 \text{ प्रतिशत}$$

IS : 456-2000 से कांक्रीट (बिना अपरूपण प्रबल्लित सिरियों के) में अनुज्ञेय अपरूपण प्रतिबल

$$\tau_c = \left[0.56 + \left(\frac{0.06 + 0.21}{0.25}\right)\right] = 0.61\ N/mm^2$$

अतः फुटिंग के लिए एक तरफ अपरूपण (one way shear) के लिए आवश्यक गहराई

$$d = \left[\frac{1.5 \times 132.435 \times 1000}{1000 \times 0.61}\right] = 325.66\ mm$$

इसका मान 400 mm से कम है। प्रभावी आवरण की मोटाई 50 mm

कांक्रीट की कुल मोटाई D = (325.66 + 50) = 375.66 mm

इसका मान 450 mm से कम है।

फिर, फुटिंग की मोटाई 520 mm रखते हैं। फिर प्रभावी गहराई (520 – 50) = 470 mm

$$\tau_v = \left(\frac{1.5 \times 132.435 \times 1000}{100 \times 470}\right) = 0.423\ N/mm^2$$

जो कि कांक्रीट के अनुज्ञेय प्रतिबल के मान से कम है। अतः फुटिंग सुरक्षित है।

Step 6 : दो तरफ अपरूपण के लिए जांच

Fig. 14.11 (B) में फुटिंग के लिए दो तरफ अपरूपण के क्रान्तिक अनुप्रस्थ खण्ड BCDA दिखाया गया है। परिमीय परिमिति (Peripheral perimeter)

$$b_o = 4\left[450 + \frac{470}{2} + \frac{470}{2}\right] = 3680\ mm \qquad \therefore\ AB = 920\ mm$$

कुल अपरूपण बल

$$V_{Fd} = q_u\left(B^2 - AB^2\right)$$
$$= 1.5 \times 108.11\ (3.702 - 0.9202)$$
$$= (1.5 \times 108.11 \times 12.8436)$$
$$= (1.5 \times 1388.523) = 2078.27\ kN$$

अकलित अपरूपण प्रतिबल (Nominal Shear stress)

$$\tau_v = \left[\frac{V_{Fd}}{b_o \cdot d}\right] = \left[\frac{1.5 \times 1388.523}{3680 \times 470}\right] = 1.204\ N/mm^2$$

M20 ग्रेड कांक्रीट के लिए दो तरफ अपरूपण के लिए अनुज्ञेय अपरूपण प्रतिबल

$$\tau_c = k_s \cdot \tau_c\ ,\ k_s = (0.5 + \beta_c) > 1$$

$$k_s = 4.00 \quad \left(\beta_c = \frac{B}{B} = 1.0\right)$$

$$\tau_c = 0.25 \ (f_{ck})^{1/2} = 0.25 \times (20)^{1/2} = 1.118 \text{ N/mm}^2$$

दो तरफ अपरूपण के लिए फुटिंग के लिए प्रतिरोध करने के लिए आवश्यक प्रभारी गहराई

$$d = \left[\frac{1.5 \times 1388.523 \times 1000}{3680 \times 1.118}\right] = 506.24 \text{ mm}$$

प्रभावी कांक्रीट का आवरण = 50 mm

जोडने पर, फुटिंग की कुल गहराई (आवश्यक)

$$D = (506.24 + 50) = 556.24 \text{ mm}, \ D = 570 \text{ mm}$$

$$E_C = 50 \text{ mm}, \ d = 520 \text{ mm}$$

Fig. 14.11 (B) से

$$AB = \left[450 + \frac{520}{2} + \frac{520}{2}\right] = 970 \text{ mm}$$

$$b_o = (4 \times 970) = 3880 \text{ mm}$$

$$\tau_v = \left(\frac{1.5 \times 1388.523 \times 1000}{3880 \times 520}\right) = 1.03 \text{ N/mm}^2$$

इसका अनुज्ञेय प्रतिबल ($\tau_c = 1.118 \ \text{N/mm}^2$) से कम है। अतः फुटिंग दो तरफ, अपरूपण में सुरक्षित है।

Step 7 : बंकन आघूर्ण के लिए प्रबल्लित सिरिये

वर्गाकार फुटिंग में प्रबल्लित सिरिये दो परतों में एक दूसरे के लम्बवत लगाये जाते हैं। उपर की परत में प्रबल्लित सिरियों का नीचे की परत की तुलना में अधिक होता है।

अतः फुटिंग के आधार पर उपर की परत पर आवश्यक प्रबल्लित सिरियों का क्षेत्रफल

$$0.87 \ f_y . A_{st} \times d \left(1 - \frac{A_{st} . f_y}{b.d' \ . \ f_{ck}}\right) = M_{Fd}$$

$$0.87 \times 415 \times A_{st} \times (520 - 20) \left(1 - \frac{A_{st} \times 415}{1000 \times 500 \times 20}\right)$$

$A_{st} = 1251.01 \text{ mm}^2$ और $A\phi = 314.159 \text{ mm}^2$

$\phi = 20$ mm

उपर की परत में दो संलग्न सिरियों के बीच दूरी

$$s = \left(\frac{1000 \times 314.159}{1251.01}\right) = 251.124 \text{ mm}$$

HYSD इस्पातीय सिरिये 20 mm व्यास के 220 mm सिरियों के केन्द्र से केन्द्र तक दूरी रखी जाती है। दोनों परतों पर इस्पातीय सिरियों का क्षेत्रफल बराबर रखते हैं।

Step 8 : स्तम्भ के आधार पर भार के स्थानतरण की जांच

फुटिंग में उपयुक्त कांक्रीट और स्तम्भ में उपयुक्त कांक्रीट एक ही ग्रेड की हैं। इनका सामर्थ्य बराबर है। फुटिंग के उपरी सतह पर पर्याप्त धारणा उपलब्ध है।

14.12 दीवार के लिए फुटिंग (Footing under wall)

दीवार के नीचे प्रतियुक्त होने वाली फुटिंग दीवार की पूरी लम्बाई तक सतत रहती है। दीवार से भार जो स्थानतरन होता है, वह अक्षीय और एक समान वितरत होता है। अतः दीवार के नीचे फुटिंग की एक मीटर पट्टी को लिया जाता है। धरन के सरल सिद्धान्त को कुछ सुधार करते हुए प्रतियुक्त किये जाते हैं। बंकन आघूर्ण के लिए क्रान्तिक अनुप्रस्थ खण्ड दीवार के निर्माण में उपयोग होने वाले पदार्थों पर निर्भर करते हैं। दीवार चुनाई में भी अथवा कांक्रीट की निर्मित कर सकते हैं।

(A) चुनाई के दीवार के नीचे फुटिंग का विश्लेषण

Fig. 14.12 में दीवार के नीचे एक सतत फुटिंग और उस पर कार्यरत बल दिखाये गये हैं।

दीवार का स्वंम्य का भार स्तम्भ के भार का 10 प्रतिशत माना जाता है। फेक्टरड (डीजाइन) भार की गणना $\gamma_{fL} = 1.50$ से गुणा करके (अचल भार जोड चल भार) से प्राप्त किया जाता है। मृदा के लिए चरम धारणा क्षमता q_u मृदा के लिए सुरक्षित धारणा क्षमता के दो गुणा ली जाती है। फुटिंग का क्षेत्रफल

$$A_F = \left[\frac{1.10\,(1.5 \times p)}{q_u}\right] \quad A_\sigma = (B \times 1)$$

जहां पर B फुटिंग की चौडाई है।

बंकन आघूर्ण के लिए क्रान्तिक अनुप्रस्थ खण्ड की दूरी दीवार के केन्द्रीय रेखा और दीवार के फलक की दूरी का आधा मानी जाती है। जैसा कि Fig. 14.12 में दिखाया गया है।

फुटिंग की 1 m की पट्टी के लिए बंकन आघूर्ण के लिए अधिकतम फेक्टरड (डीजाइन) भार की क्रान्तिक खण्ड पर निम्न प्रकार से गणना की जाती है।

$$M_{Fd} = \frac{1}{2} \cdot q_u \left[\left(\frac{B - b_w}{2}\right) + \frac{b_w}{4}\right]^2 - \frac{1}{2} q_u \cdot \left(\frac{b_w}{4}\right)^2$$

$$M_{Fd} = \frac{1}{2} \times \left(\frac{1.50 \times P}{B \times 1}\right) \cdot \left[\left(\frac{B - b_w}{2}\right) + \frac{b_w}{4}\right]^2 - \frac{1}{2} \cdot \left(\frac{1.5 \times P}{b_w \times 1}\right)\left(\frac{b_w}{4}\right)^2 \qquad (14.14)$$

फुटिंग के लिए अधिकतम फेक्टरड (डीजाइन) अपरूपण बल क्रान्तिक खण्ड xx पर 1m चौडी पट्टी के लिए की गणना निम्न प्रकार से की जाती है।

$$V_{Fd} = q_u \left[\left(\frac{B-b_w}{2}\right) + \frac{b_w}{4}\right] - q_u \cdot \left(\frac{b_w}{4}\right)$$

$$V_{Fd} = \left(\frac{1.50 \times P}{B \times 1}\right)\left[\left(\frac{B-b_w}{2}\right) + \frac{b_w}{4}\right] - \left(\frac{1.5 \times P}{b_w \times 1}\right) \cdot \left(\frac{b_w}{4}\right) \quad (14.15)$$

प्रभावी गहराई : 1m चौडी फुटिंग की डीजाइन पट्टी के लिए संतुलित खण्ड की तरह डीजाइन की जाती है।

$$0.36\, f_{ck} \cdot \left[\frac{x_{u.max}}{d}\right]\left[1 - 0.42\frac{x_{u.max}}{d}\right] bd^2 = M_{Fd} \quad (14.16)$$

तनन में प्रबल्लित सिरिये

फुटिंग के किसी अनुप्रस्थ खण्ड पर कुल तनन मे प्रबल्लित सिरिये प्रतिरोधी आघूर्ण (**Moment of resistance**) उस अनुप्रस्थ खण्ड पर बंकन आघूर्ण के बराबर होता है। तनन प्रबल्लित सिरियों को दीवार की लम्बाई के लम्बवत लगाये जाते हैं। अर्थात् प्रबल्लित सिरिये एक दिशा में (एक तरफा) ही होते हैं। इस कारण, दीवार के नीचे की फुटिंग को एक दिशा में प्रबल्लित फुटिंग कहा जाता है। प्रबल्लित सिरियों का वितरण एक समान किया जाता है। प्रबल्लित सिरियों का अनुप्रस्थ क्षेत्रफल तनन में प्रति एक मीटर लम्बाई में, A_{st} होता है।

$$0.87\, f_y \cdot A_{st} \cdot d\left(1 - \frac{A_{st} \cdot f_y}{b.d \cdot f_{ck}}\right) = M_{Fd} \quad (14.17)$$

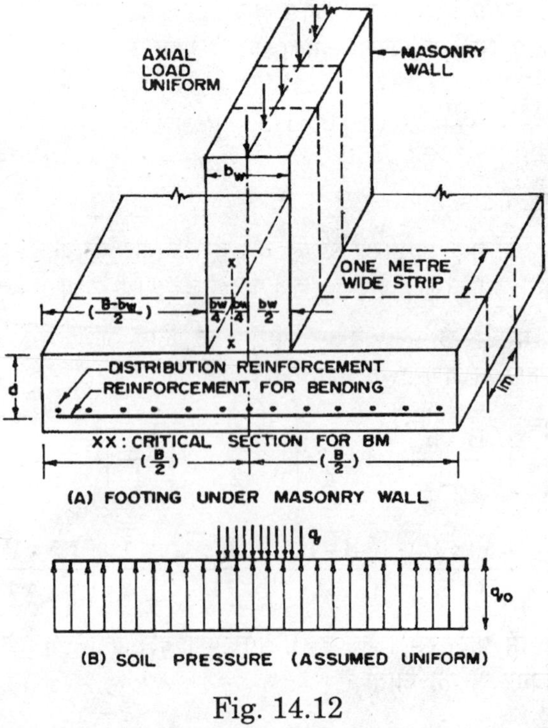

Fig. 14.12

यदि एक प्रबल्लित सिरिये का क्षेत्रफल, $A\phi$ है तब दो संलग्न सिरियों के बीच की दूरी

$$s = (1000\ A_{\phi} / A_{st}) \tag{14.18}$$

इसके अतिरिक्त तापमान और सुकडन (अर्थात् वितरण प्रबल्लित सिरिये Distribution reinforcement) को दीवार की लम्बाई की दिशा में प्रतियुक्त किया जाता है। इसको अनुदैर्ध्य प्रबल्लित सिरिये भी कहा जाता है।

फुटिंग के अनुप्रस्थ खण्ड की एक तरफा अपरूपण में जांच की जाती है बंकन आघूर्ण के अधिकतम मान के लिए सिरियों के लिए पूरी विकसित लम्बाई।

(B) कांक्रीट की दीवार के नीचे फुटिंग का विश्लेषण

फुटिंग में और दीवार में कांक्रीट एक साथ की जाती है। बंकन आघूर्ण के लिए क्रान्तिक अनुप्रस्थ खण्ड दीवार के फलक पर लिया जाता है। जैसा कि Fig. 14.13 में दिखाया गया है।

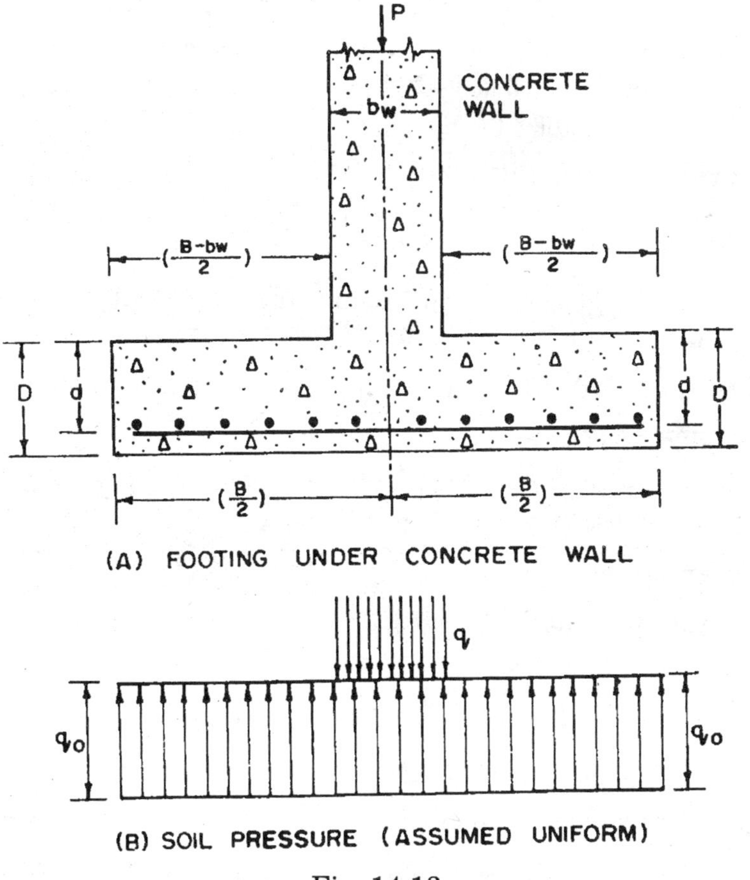

Fig. 14.13

दीवार और फुटिंग का स्वयं का भार कुल भार का –10 प्रतिशत लिया जाता है। फेक्टरड (डीजाइन) भार 1.50 गुणा सेवा भार होता है। (अर्थात् 1.50 x (DL + L.L)। चरम धारणा क्षमता, $q_u = 2 \times q_0$ मृदा

की सुरक्षित धारणा क्षमता के ली जाती है। फुटिंग के लिए आवश्यक क्षेत्रफल की गणना इस प्रकार की जाती है।

$$A_F = \left(\frac{1.10\,(1.50\,P)}{q_u}\right)\ (A_f = B \times 1)$$

जहां पर B = फुटिंग की चौडाई होती है।

फेक्टरड (डीजाइन) बंकन आघूर्ण का अधिकतम मान क्रान्तिक अनुप्रस्थ खण्ड **xx** पर

$$M_{Fd} = \frac{1}{2} \cdot q_u \left[\frac{B - b_w}{2}\right]^2 = \frac{1}{2}\left[\frac{1.50}{B \times 1}\right]\left(\frac{B - b_w}{2}\right)^2 \tag{14.19}$$

फेक्टरड (डीजाइन) अपरूपण बल का अधिकतम मान

$$V_{Fd} = q_o \left(\frac{B - b_w}{2}\right) = \left(\frac{1.5 \times P}{B \times 1}\right)\left(\frac{B - b_w}{2}\right) \tag{14.20}$$

फुटिंग के लिए प्रभावी गहराई, d, मुख्य तनन में प्रबल्लित सिरियों का क्षेत्रफल, वितरण प्रबल्लित सिरियों का क्षेत्रफल और इन सिरियों के लिए विकसित लम्बाई की गणना उसी प्रकार की जाती है, जैसा कि, चुनाई के लिए विवरण दिया गया है।

उदाहरण (Example 14.2). एक 450 mm चौथी चुनाई की दीवार 180 kN/m अचल भार और 160 kN/m चल भार को अवलम्बित करती है। मृदा पर अनुज्ञेय धारणा दबाव का मान 150 kN/m² है। दीवार के नीचे प्रबल्लित कांक्रीट फुटिंग की डीजाइन करो।

M20 ग्रेड कांक्रीट और मृदु इस्पात सिरिये 20 mm व्यास के या इससे कम व्यास के उपयुक्त किये जायेंगे। फुटिंग की गहराई 1.24 m जमीन की सतह से नीचे है। दीवार का ऊँचाई 3 m है।

डीजाइन (Design) M20 ग्रेड कांक्रीट और मृदु इस्पात Fe 250 को उपयुक्त करना है।

Step 1 : डीजाइन स्थिर अंक

फुटिंग का अनुप्रस्थ खण्ड संतुलित अनुप्रस्थ खण्ड के लिए डीजाइन करना है उदासीन अक्ष और प्रभावी गहराई का अनुपात का सीमा में मान $(x_{u.max}/d) = 0.53$

Step 2 : फुटिंग की चौडाई

चुनाई की दीवार की 1 m लम्बाई ली जाती है। चुनाई की इस दीवार का भार

$$\left[\frac{450}{1000} \times 3 \times 1 \times 20\right] = 27 \text{ kN/m}$$

दीवार द्वारा अवलम्बित अचल भार = 180 kN/m

दीवार द्वारा अवलम्बित चल भार = 160 kN/m

दीवार द्वारा अवलम्बित कुल भार = 367 kN/m

फुटिंग दीवार का स्वयं का भार = $\left(\frac{10}{100} \times 367\right) = 36.70$ kN/m

फुटिंग की चौडाई ज्ञात करने के लिए

कुल भार (367.00 + 36.70) = 403.70 kN/m

फेक्टरड (डीजाइन) भार

$$W_{Fd} = (1.5 \times 403.70) = 605.55 \text{ kN}$$

फुटिंग जमीन के स्तर से 1.240 m नीचे हैं। फुटिंग की कुल गहराई 350 mm मानते हैं। फुटिंग का प्रतिरोधी आघूर्ण का दो त्रिभुजाकार भाग (फुटिंग का) MR_2 मान ज्ञात किया जाता है।

मृदा के दबाव के कारण बंकन आघूर्ण को ($MR_1 = MR_2$) के बराबर रखते हैं, और फुटिंग की प्रभावी गहराई ज्ञात करते हैं। इसके बजाय, एक इसके तुल्य आयताकार अनुप्रस्थ खण्ड, जिसकी चौडाई,

b_{equiv}, और गहराई d, [सन्निकट समलम्बाकार (Trapezoidal) अनुप्रस्थ खण्ड के लिए] और गहराई ज्ञात की जाती है।

फुटिंग की एक तरफा और द्वि तरफा अपरूपण बल के लिए जांच की जाती है। और आवश्यक विकसित लम्बाई के लिए भी जांच की जाती है।

इस्पातीय सिरियों का दोनों दिशाओं के लिए अनुप्रस्थ क्षेत्रफल ज्ञात किये जाते हैं, और प्रबल्लित सिरिये प्रतियुक्त किये जाते हैं, जैसे वर्गाकार फुटिंग के लिए किये जाते हैं।

$$b_{equiv} \text{ approx} = [b_w + (B - b_w)/8]$$

और $MR_{approx} = M_{Fd}$

अतः $$0.36 f_{ck} \left(\frac{x_{u.max}}{d}\right)\left(1 - 0.42\frac{x_{u.max}}{d}\right) x \;\; b_{equiv} - d_2 = M_{Fd}$$

मृदा का भार प्रति वर्ग मीटर

$$[(1.24 - 0.35) \times 1 \times 1 \times 20] = 17.8 \text{ kN/m}$$

परिणामस्वरूप, अनुज्ञेय धारणा दबाव का भाग, जो कि दीवार का भार वहन करने के लिए उपलब्ध है या प्रभावी है

$$q_u - 1.5 \times (150 - 17.8) = (1.5 \times 132.2) = 198.3 \text{ kN/m}^2$$

फुटिंग की आवश्यक चौडाई

$$B = \left[\frac{1.5 \times 403.67}{1.5 \;\; \times \;\; 132.2}\right] = 3.053 \text{ m}$$

जैसे Fig. 14.14 में दिखायी गयी है, फुटिंग की चौडाई 3 m रखी जायेगी।

Step 3 : बंकन आघूर्ण और अपरूपण बल

फुटिंग द्वारा कुल भार जो स्थानतरण करना है = 367 kN/m (चौडाई = 3 m)

अतः मृदा का वास्तविक दबाव प्रति मीटर

$$q_u = \left[\frac{1.5 \times 367}{3}\right] = (1.5 \times 122.33) = 183.495 \text{ kN/m}^2$$

फुटिंग का 1 m चौडी पट्‌टी द्वारा दबाव

$$q_u = (1.5 \text{ x } 122.33) \text{ x } 1 = 183.495 \text{ kN/m}$$

$$\left[\frac{B - b_w}{2}\right] = \left[\frac{3.00 - 0.450}{2}\right] = 1.275 \text{ m}$$

चुनाई की दीवार के लिए क्रान्तिक अनुप्रस्थ खण्ड (बंकन आघूर्ण के लिए) दीवार की मोटाई का एक चौथाई पर होता है। Fig. 14.14 में चुनाई की दीवार में क्रान्तिक अनुप्रस्थ खण्ड xx दिखाया गया है।

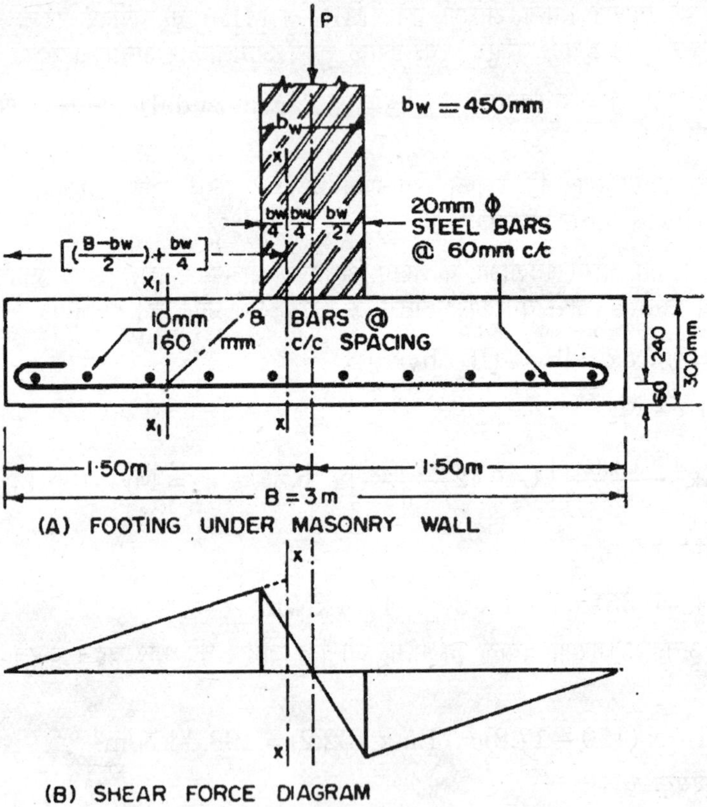

Fig. 14.14

फुटिंग के किनार से xx की दूरी

$$\left(\frac{B - b_w}{2}\right) + \left(\frac{b_w}{4}\right) = \left(1.275 + \frac{0.450}{4}\right) = 1.3875 \text{ m}$$

क्रान्तिक अनुप्रस्थ खण्ड xx पर (Fig. 14.14)

बंकन आघूर्ण

$$M = \left(\frac{1}{2} \text{x} 1.5 \text{x} 122.33 \text{x} 1.3875^2\right) = (1.5 \text{x} 117.75) = 176.625 \text{ kN-m}$$

Fig. 14.14 (B) में क्रान्तिक अनुप्रस्थ खण्ड की व्याख्या (Explained) की गयी है।

Fig. 14.14 (B) में अपरूपण बल का चित्र दिखाया गया है। इस Fig. 14.14 (B) को देखने से यह ज्ञात होता है कि अधिकतम बंकन आघूर्ण दीवार के मध्य में होता है (जहां पर, अपरूपण बल चिन्ह बदलता है। यदि बाहु (Cantilever) प्रक्षेप (Projection) का पीछे की तरफ विस्तार किया जाता है। (दीवार की मोटाई का एक चौथाई पर), जो कि डोटेड रेखा से बताया गया है। अपरूपण बल चित्र के नीचे का क्षेत्रफल करीब करीब बराबर ही है।

Step 4 : फुटिंग की प्रभावी गहराई, d

माना कि फुटिंग की प्रभावी गहराई, d है।

तब $0.36\, f_{ck}.\left(\frac{x_{u.max}}{d}\right)\left[1-0.42\frac{x_{u.max}}{d}\right]$

$$b.d^2 = M_{Fd}$$

$$0.36\, f_{ck} \times 0.53\,(1 - 0.42 \times 0.53)\, b.d^2 = M_{Fd}$$

$$0.14833\, f_{ck}.f_{ck}./\, bd^2 = M_{Fd}$$

$$0.14833 \times 20 \times 3000 \times d^2 = (1.5 \times 117.75 \times 106)$$

$$d = 140.88 \text{ mm}$$

60 mm का कांक्रीट का प्रभावी आवरण रखा जाता है। अतः फुटिंग की कुल गहराई = 140.88 . 60) = 200.88 mm

फुटिंग की कुल मोटाई 300 mm रखी जायेगी। फुटिंग की तब प्रभावी गहराई

$d = (300 - 60) = 24$ mm होगी।

Step 5 : क्रान्तिक अनुप्रस्थ खण्ड पर

अपरूपण बल

Fig. 14.15 में x_1x_1 पर दीवार से d दूरी पर

$$V_{Fd} = 1.50 \times 122.33 \times (1.3875 - 0.240)$$

$$= (1.50 \times 140.37) = 210.555 \text{ kN}$$

Step 6 : बंकन आघूर्ण के लिए प्रबल्लित सिरिये मुख्य प्रबल्लित सिरिये

तनन में प्रबल्लित सिरियों का अनुप्रस्थ क्षेत्रफल A_{st}

$$0.87\, f_y\, A_{st}.\, d\left(1-\frac{A_{st}\,.\,f_y}{b.d\,.\,f_{ck}}\right) = M_{Fd}$$

$$0.87 \times 250 \times A_{st} \times 240\left(1-\frac{A_{st} \times 250}{3000 \times 240 \times 20}\right) = (1.5 \times 117.75 \times 10^6)$$

$$A_{st} = 3700.626 \text{ mm}^2$$

20 mm इस्पात के सिरियों का उपयोग करना है।

एक सिरिये का अनुप्रस्थ क्षेत्रफल

$$A_\phi = 314.16 \text{ mm}^2$$

दो संलग्न सिरियों के बीच की दूरी

$$s = \left[\frac{1000 \times 314.16}{3700.626}\right] = 84.89 \text{ mm}$$

दो संलग्न सिरियों के बीच केन्द्र से केन्द्र तक की दूरी 60 mm रखनी है।

वितरण प्रबल्लित सिरियें

फुटिंग के अनुप्रस्थ खण्ड के क्षेत्रफल का 0.15 प्रतिशत वितरण प्रबल्लित सिरियें तापमान और सुकडन से उत्पन्न प्रतिबल के प्रतिरोध के लिए लगाये जाते हैं।

$$A_d = \left(\frac{0.15}{100} \times b \times D\right) \quad b = 1\text{m}$$

$$A_d = \left(\frac{0.15}{100} \times 1000 \times 300\right) = 450 \text{ mm}^2$$

10 mm व्यास के सिरियों का उपयोग करना है। $A_\phi = 78.54 \text{ mm}^2$

$$S_d = \left(\frac{1000 \times 78.54}{450}\right) = 174.53 \text{ mm}$$

10 mm व्यास के सिरिये 160 mm की केन्द्र से केन्द्र के बीच की दूरी रखनी है।

Step 7 : सिरियों के लिए विकसित लम्बाई

मृदु इस्पात के लिए आवश्यक विकसित लम्बाई

$$L_d = (58.3 \times \phi) = (58.3 \times 20) = 1166 \text{ mm}$$

फुटिंग के किनार के पास सिरे पर 25 mm दूरी रखनी है। बंकन के लिए क्रान्तिक अनुप्रस्थ खण्ड xx तक उपलब्ध दूरी

$$\left[\left(\frac{B - b_w}{2}\right) - 25\right] = \left[\left(\frac{3000 - 450}{2}\right) - 25\right] = 1250 \text{ mm}$$

सिरियों की उपलब्ध सिरियों के लिए आवश्यक विकसित लम्बाई से अधिक है। सिरियों के सिरों पर मानक हुक भी बनाने है।

टिप्पणी : कांक्रीट की दीवार के नीचे इसी प्रकार से फुटिंग की डीजाइन की जाती है। केवल, बंकन आघूर्ण की गणना करने के लिए क्रान्तिक अनुप्रस्थ खण्ड कांक्रीट की दीवार के फलक पर लिया जाता है।

PROBLEMS

14.1 एक वर्गाकार प्रबल्ल्ति कांक्रीट स्तम्भ का माप 500 mm x 500 mm है। स्तम्भ 840 kN का अक्षीय भार फुटिंग को स्थानतरण करता है।

मृदा की सुरक्षित धारणा क्षमता 180 kN/m^2 है। M20 ग्रेड कांक्रीट और HYSD इस्पातीय सिरिये Fe 415 का उपयोग करना है।

उपरोक्त स्तम्भ के लिए वर्गाकार पृथक फुटिंग की डीजाइन करो।

अध्याय – 15

बंकन एवं आघूर्ण में विफलता के लिए लिमिट स्टेट विधि से बाहु/प्रास पुश्ता/धारक दीवार की डीजाइन (LIMIT STATE OF COLLAPSE IN FLEXURE AND SHEAR) (DESIGN OF CANTILEVER RETAINING WALLS)

15.1 प्रस्तावना (Introduction)

वे संरचनाएँ जिनका उपयोग उनके दोनों तरफ दो अलग अलग स्तर पर मृदा का प्रतिधारण (Retaining) करने के लिए किया जाता है, उनको पुश्ता/धारक दीवारे (Retaining walls) कहते हैं। पुश्ता/धारक दीवारें मृदा और ढीले पदार्थों को पीछे की तरफ रोकें रखती हैं। ढलानों/ढालु सतहों को नीचे की तरफ फिसलने से रोकने के लिए पुश्ता/धारक दीवारों का प्रयोग किया जाता है।

पुश्ता/धारक दीवारें मृदा को (जहां पर जमीन के स्तर में ऊर्ध्वाधर परिवर्तन होते हैं) दृढता/स्थिरता प्रदान करते हैं। पुश्ता/धारक दीवारें मृदा को प्राकृतिक विश्राम कोण (Angle of repose) पुनर्ग्रहण करने से रोकती हैं। (जहां पर, जमीन के स्तर पर आकस्मिक (Abrupt) परिवर्तन होते हैं।) रेल मार्गों पर और सड़क मार्गों पर, सड़क मार्गों की चौडाई निश्चित होती है। इसी चौडाई में कटाव/भराव को भी रखना है। घर के सबसे नीचे के भाग (Basements) को भी अपनी सम्पति के सीमा के अन्दर रखना होता है। सेत/पुल (Bridges) में पाये (Abutments) और बाजु की दीवारें (Wing-walls) भी मृदा को प्रतिधारण (Retain) रखती हैं। ढीले पदार्थों को जिनको पीछे का बाद में भराव (Back fill) के लिए उपयोग में लाये जाते हैं। ये प्रतिधारण पदार्थ संरचनाओं दाब (Push) बनाते हैं और इनकी प्रवृति संरचनाओं को प्रतिवलन/उलटने (Over turn) करने की होती है। ये संरचनाएं इस दाब से फिसल/सरक भी सकती है।

दृढता/अस्थिरता प्राप्त करने के लिए और बनाये रखने के लिए पुश्ता/धारक दीवारों का स्वंम्य का भार भी बहुत महत्वपूर्ण होता है। पुश्ता/धारक दीवारें स्वंम्य में मुक्त संरचनाएं होती हैं और वे किसी अन्य संरचनाओं का हिस्सा/ भाग नहीं होती।

15.2 विभिन्न प्रकार की पुश्ता/धारक दीवारें (Various types of retaining walls)

Fig. 15.1 में विभिन्न प्रकार की पुश्ता/धारक दीवारें दिखायी गयी हैं।

पुश्ता/धारक दीवार की प्रकार इस तथ्य पर निर्भर करती हैं कि वे किस प्रकार मृदा दबाव का प्रतिरोध करती है। उनकी आकृति भी इसी तथ्य पर निर्भर करती है। अधिकतर साधारण प्रकार की पुश्ता/धारक दीवारें निम्न प्रकार की होती है।

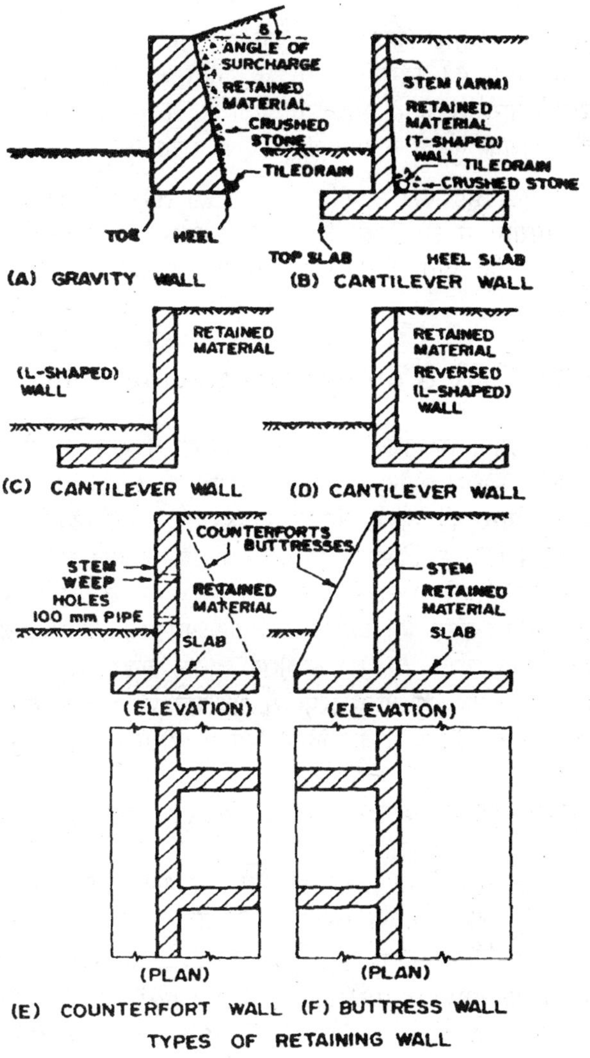

Fig. 15.1

1. गुरुत्व दीवारें (Gravity walls)

Fig. 15.1 (A) में दिखायी गयी गुरुत्व पुश्ता/धारक दीवारें पूरा मृदा को केवल अपने वजन से पुश्ता दीवारों को आवश्यक दृढता/स्थिरता प्रदान करनी हैं। प्लेन कांक्रीट की दीवारें और चुनाई की दीवारों का साधारणतया बहुताय उपयोग होता है। इनकी ऊँचाई 3 m तक होती है। इन दीवारों में मुख्यतया दबाव रेखा को मध्य एक तिहाई अनुप्रस्थ खण्ड के भीतर रखा जाता है। साथ में किसी भी अनुप्रस्थ खण्ड पर तनन प्रतिबल विकसित नहीं होता।

2. बाहु/प्रास पुश्ता/धारक दीवारें (Cantilever retaining walls)

प्रबल्लित कांक्रीट बाहु/प्रास (Cantilever) पुश्ता/धारक दीवारें (Retaining walls) अधिकतर 3 m से 8 m की ऊँचाई तक बनायी जाती है।

ऊर्ध्वाधर धरन (Vertical stem) (बाहु धरन) जो कि मृदा को प्रतिधारण रखती है और फुटिंग की आधार स्लैब पर स्थिर रखी जाती है। स्वंम्य के भार के अतिरिक्त बैक फिल स्लैब की हील के ऊपर का भार भी दृढता और स्थिरता बनाये रखने में सहयोगी होता है। Fig. 15.1 (B) बताये गये स्टेम, स्लैब की हील और स्लैब का दो तीनों पृथक पृथक रूप में बाहु/प्रास स्लैब की तरह कार्य करती है।

एल आकृति और पीछे मुडी हुई एल आकृति Fig. 15.1 (C) और (D) भी इस बाहु/प्रास पुश्ता/धारक दीवारों के लिए भी उपयोग में ली जाती है। बाहु दीवार की जैसे जैसे ऊँचाई में बृद्धि होती है, वैसे वैसे बंकन आघूर्ण में तेजी से वृद्धि होती है। इसी कारण से ऊर्ध्वाधर दीवार की मोटाई में भी वृद्धि होती है।

3. प्रति फोर्ट पुश्ता/धारक दीवारें (Counter fort retaing walls)

बंकन आघूर्ण के मान में और ऊर्ध्वाधर दीवार की मोटाई में कमी करने के लिए त्रिभुजाकार दीवारें ऊर्ध्वाधर दीवारों के साथ और आधार स्लैब के साथ स्थिरता से (rigidity) जोडी जाती है। दो संलग्न त्रिभुजाकार दीवारों के बीच दीवार की आधी ऊँचाई के बराबर अथवा आधी ऊँचाई से कुछ ज्यादा रखी जाती है। जैसा कि Fig. 15.1 (E) में दिखायी गयी है। ये त्रिभुजाकार दीवारे बेक फिल की तरफ निर्मित की जाती है। ये काउन्टर फोर्ट दीवारें तनन में तान की तरह कार्य करती है, साथ में क्षैतिज बल जो कि मृदा के दबाव के विपरित कार्यरत होता है। काउन्टर दीवारें अवलम्ब ऊर्ध्वाधर दीवार और आधार स्लैब की स्थिति में बदलाव/परिवर्तन कर देती है। ये ऊर्ध्वाधर दीवार को काउन्टर के बीच क्षैतिज्य धरन की पट्टियों में बदल देती है। हील स्लैब की तीन तरफ से अवलम्ब प्राप्त होता है। इनका 8 m की ऊचाई से ज्यादा के लिए निर्माण किया जाता है। ये दीवारें किफायती भी होती है।

4. पुश्ता दीवारें युक्त पुश्ता/धारक दीवारें (Buttress retaining walls)

पुश्ता दीवारें काउन्टर फोर्ट दीवारों की तरह ही होती है। पुश्ता दीवारें भी त्रिभुजाकार दीवारें ही होती है। इनको ऊर्ध्वाधर दीवार और टो स्लैब से स्थिरता से जोडा जाता है। इन पुश्ता दीवारें का काउन्टर फोर्ट दीवारों के विपरीत निर्माण किया जाता है। जैसा कि Fig. 15.1(F) में दिखाया गया है। ये पुश्ता दीवारें संपीडन थाम (Compression struts) की तरह कार्य करते हैं। ये पुश्ता दीवारें अधिक दक्षतायुक्त होती हैं क्योंकि ये संपीडन अवयव होती है, जबकि काउन्टर दीवारें तनन अवयव होती है।

परन्तु काउन्टर फोर्ट पुश्त/धारक दीवारों का अधिक उपयोग होता है। पुश्ता दीवारें उपयोग जगह सामने बनती है।

15.3 सक्रीय मृदा दबाव (Active earth pressure)

जहां तक भौतिक व्यवहार पर विचार करते हैं, तो मृदाएं और दानेदार पदार्थ की स्थिति द्रव्य और ठोस पदार्थों के बीच की स्थिति होती है। यदि, रेत को डम्पर ट्रक से उंधेला जाता है, तब, यह एक क्षैतिज्य सतह की तरह घर्षण मुक्त द्रव्य पदार्थ की तरह नहीं फैलती। मृदा एक स्थिर ढेर की आकृति

अपना लेती है। ढेर की ढलाऊ सतह क्षैतिज्य के साथ कोण बनाती है। इस कोण को **विश्राम कोण** (Angle of repose) कहते हैं। इस विश्राम कोण का टेनजेन्ट (tangent) मोटे तौर पर अतः **दानेदार घर्षण गुणाक** (Coefficient of intergrainular friction अर्थात् ($\tan \phi = p_c$) होता है।

क्ले मृदा के लिए, यदि एक पिट (Pit) खोदा जाय और इस गड्ढे की दीवार काफी गहराई ऊर्ध्वाधर रखी जाय, बिना किसी अवलम्ब तक तब यह देखा जाता है कि क्ले का व्यवहार एक ठोस की तरह होता है। क्ले अपनी आकृति बनाये रखती है। यदि, इनमें पानी भर दिया जाय, तो यह उसको रास्ता दे देती है। संतृप्त (Saturated) क्ले करीब करीब द्रव्य जैसा व्यवहार करती है। क्ले मृदा दीवार पर कम दबाव बनाती है। परन्तु संतृप्त स्थिति में, क्ले मुलायम हो जाती है और द्रव्य जैसा व्यवहार करती है। कुछ क्ले आयतन में विस्तार करती है, जैसे कि, प्लास्टिक क्ले। ये आयतन में विस्तार करने वाली मृदाए समस्याएं उत्पन्न करती हैं।

संसंजक मुक्त मृदाओं (Cohensionless soil) में दानेदार पदार्थ होते हैं। इन संसंजक मृदाओं को और ग्रेवल को बेक फिल के लिए उत्तम पदार्थ माने जाते हैं।

Fig. 15.2 में एक दीवार बाहर की तरफ मामूली झूकी हुई बतायी गयी है। इस दीवार के पीछे (रेत और ग्रेवल) बेक फिल पदार्थ में उपयोग किया गया है। दीवार की सतह चिकनी (Smooth घर्षण मुक्त) है। दीवार के पीछे फिसलन (Sliding) दो प्लेनस के सेट की तरह खूटी नुमा (Wedge shape) होती है। ये प्लेनस एक कोण ($45 + \phi/2$) क्षैतिज्य के साथ बनाते है, जहां पर, ϕ विश्रामकोण है।

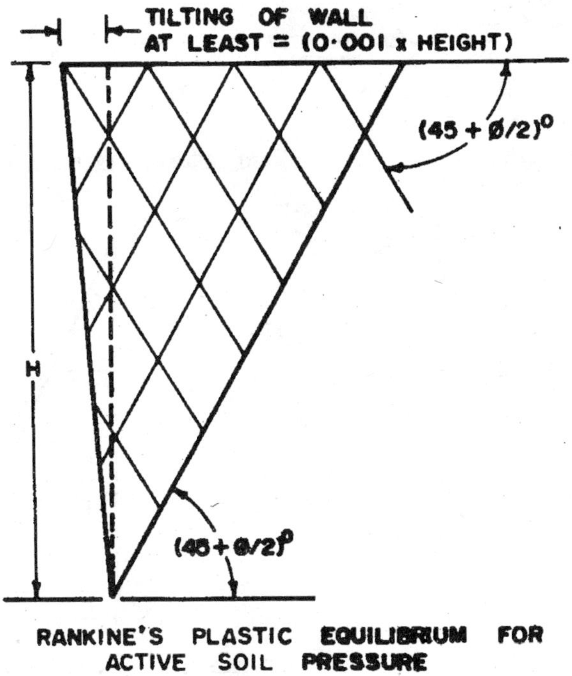

Fig. 15.2

ये प्लेनस अधिकतम दबाव दीवार की सतह पर उत्पन्न करते हैं यदि दीवार पर बाहरी झुकाव नहीं हो तो और ज्यादा दबाव बनाते हैं।

Fig. 15.3 (A) में एक दीवार AB बतायी गयी है। दीवार AB मृदा का प्रतिधारण (Retain) करती है। मृदा किसी प्लेन BC_1 पर फिसलने की प्रवृति रखती है। एक मृदा ABC की वेज (खुंटी की तरह एक मुक्त पिण्ड (Body) तीन बलों के बीच संतुलन में है। ये तीन बल (i) मृदा का भार, W_1, (ii) BC_1 के नीचे प्रतिक्रिया बल R और (iii) दीवार से एक पकड बल (Holding force), PH_1 होते हैं। मृदा के प्रतिक्रिया R_1 को लम्बवत बल RN_1 (BC_1 के लम्बवत) और एक पर्षण बल RF_1 (BC_1 के समान्तर/BC_1 पर फिसलन का विरोध करते हुए) दो बलों के घटक के रूप में समझ सकते हैं। किसी दिये हुए ढालू कोण, θ बल PH_1 (और R_1 यदि इच्छा हो तो) त्रिभुज बल के सिद्धान्त से ज्ञात कर सकते हैं, Fig. 15.3 (B)।

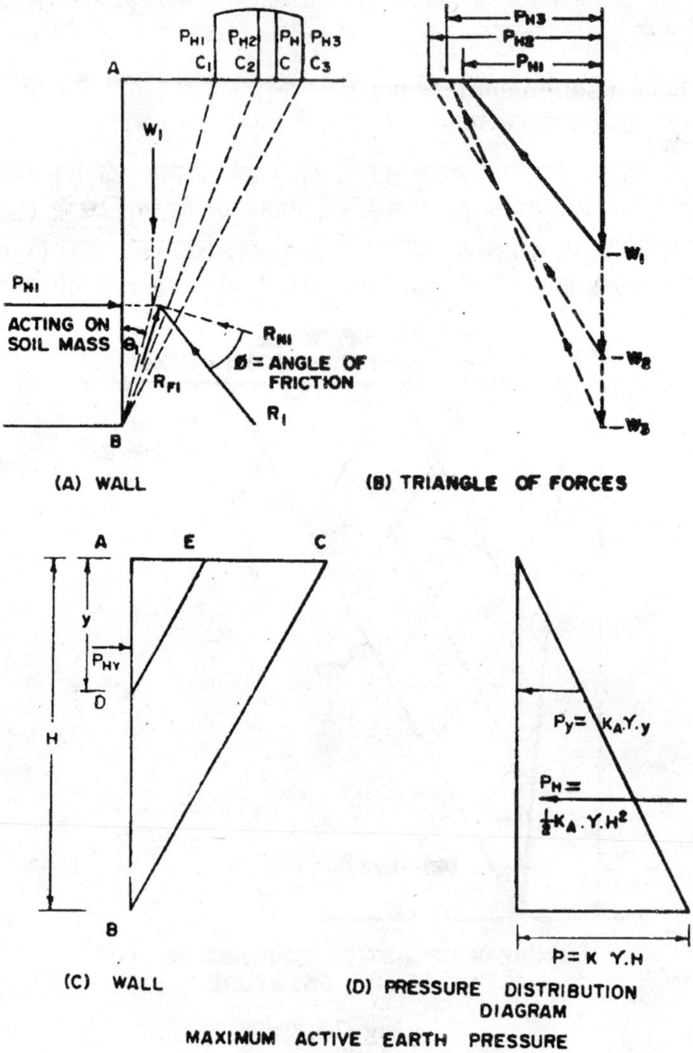

Fig. 15.3

इसी प्रकार त्रिभुज बल PH_2 और PH_3 भी बना सकते है। PH बल का अधिकतम मान इस तरह बनाकर कोशिश करके ज्ञात कर सकते हैं। इस प्रकार चिन्हित बिन्दु C_1, C_2 किये जाते है। PH_1 को

C_1 पर ओरडिनेट, PH_2 का C_2 पर ओरडिनेट बनाते हुए एक वक्र बनाया जाता है। जैसा कि Fig. 15.3 (C) में बताया गया है, वैसा PH का अधिकतम के लिए एक फिसलन प्लेन, BC चिन्हित करते हैं।

इसी प्रकार से बिन्दु व के उपर विश्लेषण किया जाता है (एक बिन्दु A और B के बीच, Fig. 15.3 (A)) इससे एक क्रान्तिक फिसलन प्लेन बिन्दु D से गुजरता हुआ जो कि BC के समान्तर हो पकडने का बल PHy, गहराई AD के लिऐ रेत की वेज आकृति के भार के समानुपाती होती है। इसका अर्थ यह होता है कि यह y के वर्ग और मृदा के ईकाई भार γ के समानुपाती होता है।

$$P_{Hy} \; \alpha \; \gamma \; . \; y^2$$

$$P_{Hy} = \frac{1}{2}\left(K_A \, . \gamma \, . \, y^2\right) \qquad (15.1)$$

जहाँ पर $(K_A/2)$ समानुपाती का स्थिर अंक है। इस स्थिर अंक को, मृदा का **सक्रीय दबाव का गुणांक** (Coefficient of active earth-pressure) कहते हैं। इसका मान फिसलन–घर्षण के कोण पर निर्भर करता है। इसका मान 0.27 से 0.34 तक होता है।

कुल दबाव P_{Hy} जिसमें गहराई के वर्ग के साथ वृद्धि होती है, वह इकाई दबाव के अनुरूप होता है। p_y में सीधा गहराई के साथ वृद्धि होती है Fig. 15.3 (D)

$$p_y = (K_A \, . \gamma \, . y) \qquad (15.2)$$

मृदा का सक्रीय दबाव सक्रिय कहलाता है, क्योंकि ये दबाव सतत रूपसे पुश्ता/धारक दीवार पर थोड़ा सा झुकन के और फिसलने के बाद कार्यरत रहते हैं। दीवार का यह झुकाव आवश्यक है। यह झुकाव दीवार की ऊँचाई का 0.001 गुणा रखा जाता है।

यदि मृदा की सतह एक कोण δ क्षैतिज्य के साथ (जैसा कि Fig. 15.1(A) में दिखायी गई है), मृदा के दबाव के रेनकीन थ्योरी/सिद्धान्त से **सक्रिय मृदा का दबाव गुणांक** निम्न दी गई अभियुक्ति से ज्ञात किया जाता है।

$$K_A = \left[\frac{\cos\delta - (\cos^2\delta \; - \; \cos^2\;\phi)^{1/2}}{\cos\delta \; + \; (\cos^2 - \cos^2\phi)^{1/2}}\right] \qquad (15.3)$$

अक्षर, मृदा की सतह क्षैतिज्य रहती है, अतः $\delta = 0$ तब सक्रिय मृदा के दबाव का गुणांक

$$K_{A.H} = \left(\frac{1 - \sin\phi}{1 + \sin\phi}\right) \qquad (15.4)$$

15.4 निष्क्रिय मृदा का दबाव (Passive earth presure)

सक्रिय मृदा दबाव की स्थिति में दीवार आगे तरफ गति करती है अथवा आगे तरफ झुकती है, अर्थात् प्रतिधारित (Retained) मृदा से दूर। यदि पुश्ता/धारक दीवार बेक फिल की तरफ धकेली जाती है, तब फिसलन एक प्लेन इस प्रकार बनता है कि वेज (Wedge खुंटि के) आकृति की मृदा दीवार उपर की तरफ गति करती है। यह फिसलन का प्लेन काफी सपाट/चपटा होता है। रेनकीन की थ्योरी/सिद्धान्त से क्षैतिज्य के साथ (45 – ϕ/2) का कोण बनाती है और मृदा का एक बड़ा भाग इसमें फंसा (Involved) रहता है। इस स्थिति में दीवार का घर्षण बहुत महत्वपूर्ण होता है। सच्ची विफलता की सतह वक्र बन

जाती है यह वेज आकृति की मृदा से जो दबाव का प्रयत्न दीवार के विरुद्ध करती है, उसको **निष्क्रिय मृदा दबाव** कहते हैं। यह **निष्क्रिय मृदा का दबाव** सक्रीय दबाब की तुलना में कई गुणा बडा होता है। गुणाक

$$k_p = \left[\frac{\cos\delta + (\cos^2\delta - \cos^2\phi)^{1/2}}{\cos\delta - (\cos^2\delta - \cos^2\phi)^{1/2}}\right] . \cos\delta \qquad (15.5)$$

जब δ का मान शुन्य होता है तब $k_{pH} = \left(\frac{1+\sin\phi}{1-\sin\phi}\right)$ होता है सतह क्षैतिज्य होती है। (15.6)

15.5 मृदा के दबाव पर अधिभार का प्रभाव (Effect of surcharge on earth pressure)

अक्षर पुश्ता/धारक दीवार के पीछे बेक फिल की सतह क्षैतिज्य रहती है। कभी कभी यह बेक फिल सतह उपर की तरफ (जो कि उपर की तरफ अधिभार कोण, ϕ घनात्मक) अथवा नीचे की तरफ (अधिभार कोण, ϕ, ऋणात्मक) पुश्ता दीवार के ऊपरी सतह से। कभी कभी क्षैतिज्य सतह पर एक समान वितरित अतिरिक्त भार (उदाहरण के लिए, गोदाम में रखा हुआ सामान का भार अथवा सड़क पर टेफिक)। बाद की इन दो स्थितियों में, इनका प्रभाव यह होता है कि क्षैतिज्य दबाव में वृद्धि करता है। यह अतिरिक्त भार जमीन के सतह के उपर संभवतया फिसलन प्लेन को **अधिभार (Surchage)** कहते हैं।

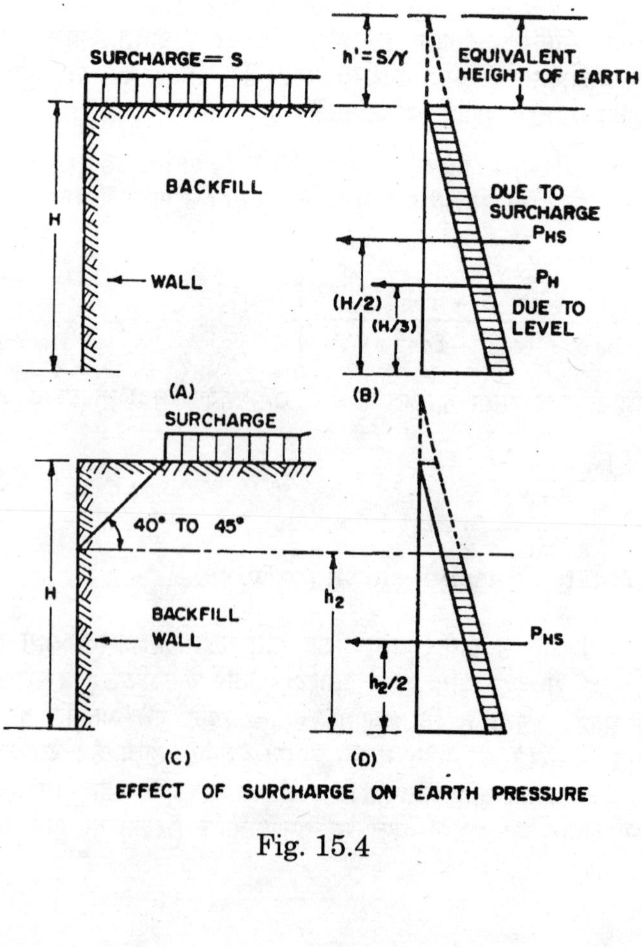

Fig. 15.4

अधिभार (Surcharge) के लिए मृदा की अतिरिक्त उचांई ली जाती है, जिसका भार अधिभार के तुल्य हो। यह अधिभार एक समान दबाव में त्रिभुजाकार मृदा में जोडा जाता है। एक समान वितरित बेक फिल की (क्षैतिज्य सतह पर) भार जैसा **Fig. 15.4** में दिखाया गया है।

एक समान वितरित अधिभार से मृदा के दबाव में वृद्धि हो जाती है। इस वृद्धि की गणना की जाती है। इसकी गणना करन के लिए, इस भार को एक मृदा के एक काल्पनिक उंचाई पर, h जो कि पुश्ता/धारक के उपर के सिरे से ली जाती है।

$$h = (s/\gamma) \tag{15.7}$$

जहां पर, γ मृदा का ईकाई भार है।

इसका प्रभाव यह होता है कि जैसे कि बेक फिल क्षैतिज्य सतह से (H + h) से बदल दी गई है।

जहां पर, $$P_{HS} = K_{AH}\ (\gamma . h) \tag{15.8}$$

Fig. 15.3 (C) में बिन्दु **C** के ठीक दांयीं तरफ एक भार है। जो कि फिसलन को एक सपाट हल्का सा चौरस प्लेन प्रभावित करता है, और प्लेन को क्रान्तिक बना देता है।

Fig. 15.3(C) में बिन्दु **C** के दायीं तरफ एक अधिभार बहुत अधिक दूरी तक जो होता है, वह फिसलन के प्लेन BC को या दबाव PH को प्रभावित नहीं करता।

साधारण रूप में यह माना जाता है कि अधिभार दबाव को उस बिन्दु से उपर प्रभावित नहीं करता, जहां से एक नीचे की तरफ ढलाऊ रेखा भार से दीवार की तरफ परिच्छेद करती है, जैसा कि **Fig. 15.4** (C) में दिखाया गया है। भूतकाल में 40° से 45° ढलान का उपयोग किया जाता था। वास्तविक दबाव इतना अचानक परिवर्तन नहीं करता, जितना **Fig. 15.4** में दिखाया गया है। यह मानना ज्यादा तर्क संगत है।

15.6 साधारण बेक फिल की कई स्थितियों के लिए मृदा का दबाव (Earth Pressure for common conditions of back fill)

रेनकीन की मृदा दबाव की थ्योरी/सिद्धान्त से मृदा का सक्रीय दबाव की गणना इस प्रकार कर सकते हैं।

1. सुखा हुआ बेक फिल : पुश्ता/ धारक दीवारें सुखी हुई बेक फिल पदार्थ/मृदा का प्रतिधारण (Retain) करने के लिए उपयोग में आ सकती हैं। इन बेक फिल सुखी हुई मृदा की सतह क्षैतिज्य सतह हो सकती है अथवा ढलाऊ सतह हो सकती है, जैसा कि **Fig. 15.5** (A) और (B) में क्रमशः दिखायी गयी है।

1 (A) समतलित सतह (Levelled surface): मृदा का दबाव का वितरण त्रिभुजाकार है। क्षैतिज्य दबाव PH आधार से उचांई (H/3) पर कार्यरत है। ईकाई लम्बाई पर सक्रीय मृदा का दबाव

मृदा दबाव के वितरण का क्षेत्रफल

$$p_H = (1/2 \text{ आधार x ऊँचाई})$$

$$= \left(\frac{1}{2} K_{AH} . r . H x H\right) = \frac{1}{2}\left(K_{AH} . r . H^2\right)$$

जहां पर, r = बेक फिल पदार्थ का ईकाई भार

H = बेक फिल की उंचाई

सक्रीय मृदा के दबाव का गुणांक का मान

$$k_{AH} = \left(\frac{1 - \sin\phi}{1 + \sin\phi}\right)$$

1(B) ढलाऊ सतह (Sloping surface)

यदि बेक फिल मृदा (अन्य पदार्थ की सतह उपर की तरफ कोण क्षैतिज्य के साथ ढलाउ है, जैसा कि Fig. 15.5 (B) में दिखाया गया है। मृदा का दबाव का वितरण अभी भी त्रिभुजाकार ही होता है।

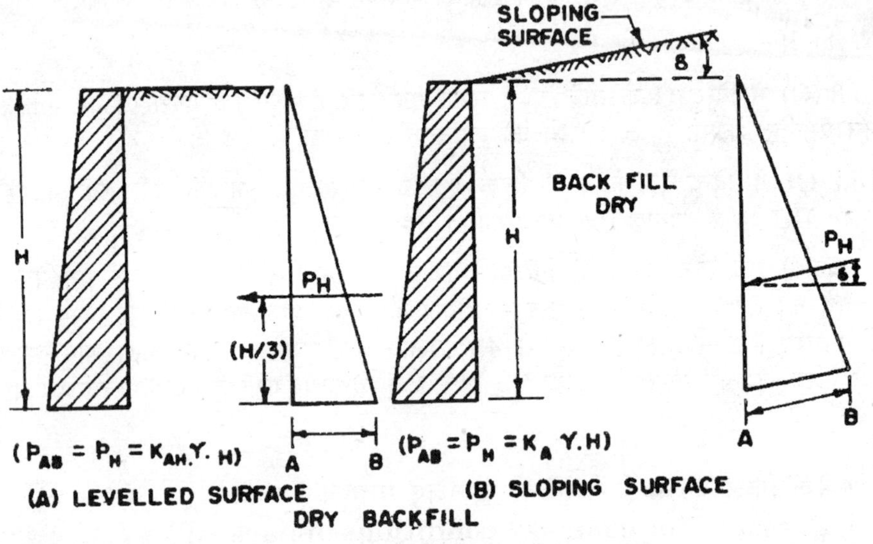

Fig. 15.5

त्रिभुज के आधार पर मृदा का दबाव

$$pH = (K_A . r . H) \tag{i}$$

मृदा के इस दबाव की दिशा ढालू सतह के समान्तर होती है। यह (H/3) की ऊँचाई पर आधार कार्यरत रहती है। इसकी गणना दबाव वितरण के क्षेत्रफल से की जाती है, जो कि एक त्रिभुजाकार होती है। अतः

$$p = (1/2 \text{ आधार x ऊँचाई})$$

$$= \left(\frac{1}{2} K_{AH} . r . H x H\right) = \frac{1}{2} K_{AH} . r . H^2$$

मृदा के सक्रीय दबाव की गणना की जाती है।

$$K_A = \left[\frac{\cos(\delta) - (\cos^2\delta - \cos^2\phi)^{1/2}}{\cos\delta + (\cos^2\delta - \cos^2\phi)^{1/2}}\right] . \cos\delta$$

जहां पर ϕ मृदा का विश्राम कोण (Angle of repose) होता है।

2. निमज्जित बेक फिल (Submerged back fill)

बेक फिल पदार्थ/मृदा जो कि पुश्ता/धारक दीवार द्वारा प्रति धारित (Retained) है, पूर्णतया निमज्जित है और आंशिक भी निमज्जित हो सकती है। (H/3) = 1.533 m

2 (A) पूर्णतया निमज्जित बेक फिल (Completely submerged backfill)

ऐसी स्थिति में पानी का स्तर पुश्ता/धारक दीवार के उपरी सतह तक होता है। निमज्जित बेक फिल संतृप्त (Saturated) हो जाता है। पार्श्व दबाव संतृप्त मृदा के भार के कारण और पानी के भार से उत्पन्न होता है। अतः पार्श्व दबाव Fig. 15.6 (A) में दिखाया गया है इसका मान

$$p_H = (K_{AH} \cdot r' H + w \cdot H) \qquad \text{(i)}$$

जहां पर (r') संतृप्त मृदा का ईकाई भार होता है और w पानी का ईकाई भार है।

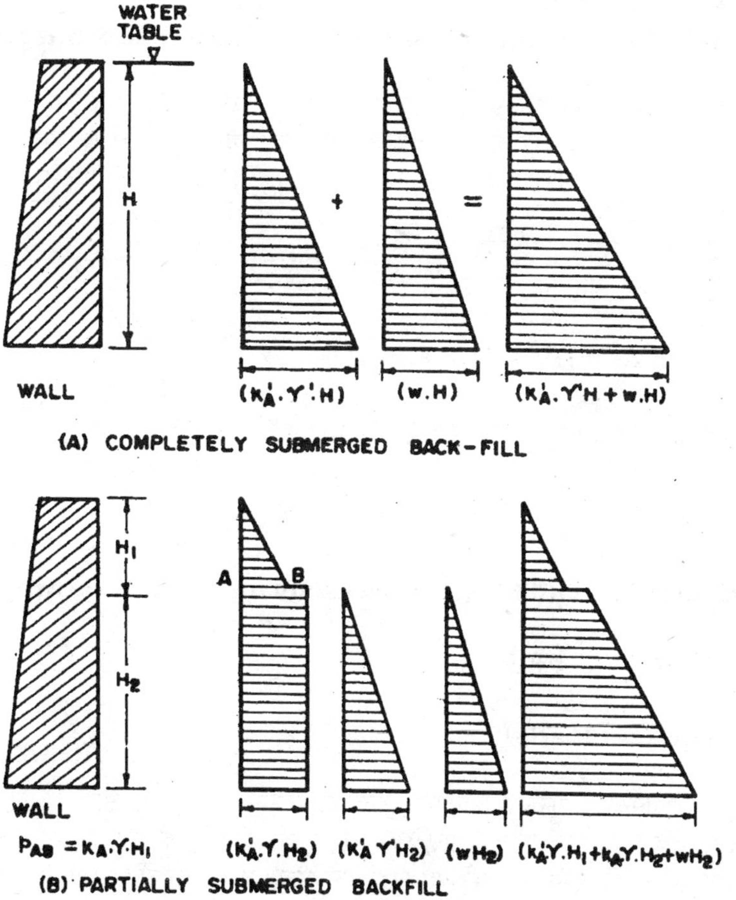

Fig. 15.6

यह पार्श्व दबाव क्षैतिज्य होता है। इसका मान

$$P_H = (1/2 \text{ आधार x ऊँचाई})$$

$$= (K_{AH} . r' . H + w . H) H \quad \text{(ii)}$$

यह आधार से (H/3) की ऊँचाई पर कार्यरत रहता है। यदि पानी पुश्ता दीवार के दोनों तरफ होता है, तब $P_H = (K_{AH} . r' . H)$

2 (B) आंशिक निमज्जित बेक फिल (Partially submerged back fill)

यदि पानी की सतह पुश्ता दीवार के उपरी सतह से नीचे होता है, तब मृदा आंशिक निमज्जित रहती है। और आंशिक सुखी रहती है। मृदा का दबाव जैसा कि Fig. 15.6 (B) में दिखाया गया है, वैसा होता है।

$$P_H = (K_{AH} . r' . H_1 + K_{AH} . r' \ H_2 + w.b_2)$$

3. सममलित बेक फिल एक समान वितरित अधिभार के साथ (Levelled back fill carrying uniformly distributed surcharge)

यदि पुश्ता दीवार के पीछे सुखी हुई बेक फिल दीवार के उपरी सिरे तक है और उसके उपर एक समान वितरत अधिभार s ईकाई लम्बाई पर है, तब अधिभार को काल्पनिक तुल्य भार युक्त मृदा से बदल दिया जाता है, जिसकी ऊचाई h आधार पर मृदा का दबाव Fig. 15.7 (B) में दिखाया गया है।

$$P_H = (K_A . r . H + K_A . r . h) \quad \text{(ii)}$$

क्षैतिज्य दबाव इस प्रकार ज्ञात कर सकते हैं कि

$$P_H = \left(\frac{1}{2} K_{AH} . r . H^2 + K_{AH} . r . h' . H\right) \quad (15.9)$$

Fig. 15.7 में दोनों घटक की कार्यरत रेखाएं दिखायी हुई हैं।

$$P_H = \frac{1}{2} K_{AH} . r . H (H + 2h)$$

15.7 पुश्ता/धारक दीवार पर कार्यरत बल (Forces acting over retaining wall)

पुश्ता दीवार पर कार्यरत बल इस प्रकार के होते हैं :

1. ऊर्ध्वाधर भार (Vertical loads)

पदार्थों से भार पर कार्यरत गुरुत्व आकर्षण बल से उत्पन्न ऊर्ध्वाधर भार कहलाते हैं। इनमें पुश्ता दीवार के (i) उर्ध्वाधर दीवार या स्वंम्य का भार, W_1 (ii) पुश्ता दीवार की आधार स्लैब का स्वंम्य का भार, W_2 और (iii) आधार स्लैब की एडी पर कार्यरत मृदा का भार, W_3 होते हैं। सभी गुरुत्व भार का परिणामी भार ज्ञात किया जाता है। पुश्ता दीवार का भार काफी महत्वपूर्ण होता है। इससे पुश्ता दीवार की दृढता और स्थिरता बनी रहती है। इस बल से प्रतिबलन (Over turning) का प्रतिरोध क्षमता प्राप्त होती है।

इस बल के द्वारा पुश्ता दीवार में क्षैतिज्य फिसलन (Horizontal sliding) नहीं होती। मृदा का भार जो कि आधार स्लैब के एडी के उपर कार्यरत होता है, जो कि पुश्ता दीवार के स्वंम्य के भार के होता है। अतिरिक्त स्थिरता बनाये रखने में सहायक होता है।

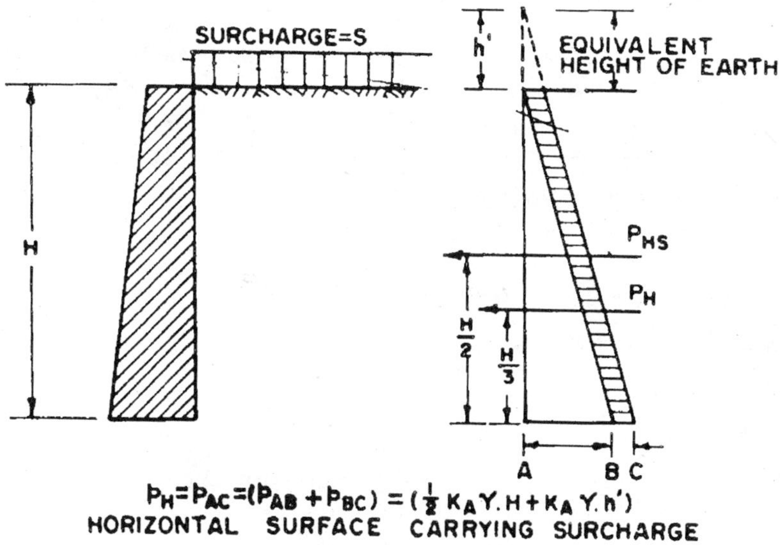

Fig. 15.7

2. पार्श्व भार (Lateral forces)

पुश्ता दीवार द्वारा प्रतिधारित (Retained) बेक फिल से पार्श्व भार उत्पन्न होत हैं। यदि बेक फिल के उपर यदि अधिभार कार्यरत हो तो अतिरिक्त पार्श्व भार प्रदान करते हैं। इन पार्श्व भार को **सक्रीय मृदा का भार** भी कहते हैं, जिसका विवरण अनुच्छेद 15.3 में दिया गया है। अधिभार का प्रभाव का भी विवरण अनुच्छेद 15.3 में दिया गया है।

मृदा के सक्रीय भार के अतिरिक्त, कभी कभी **निष्क्रिय भार** (Passive earth pressure) भी कार्यरत होता है, जिसका विवरण अनुच्छेद 15.4 में दिया गया है। यह निष्क्रिय भार भी पार्श्व भार होता है, जो सक्रिय मृदा के भार के विरुद्ध कार्यरत होता है। पुश्ता दीवार की स्थिरता बढाता है।

इस तथ्य का ध्यान रखना चाहिय कि बेक फिल पदार्थों में पानी इकट्ठा नहीं हो। यदि किसी कारण पानी बेक फिल पर आता है, तो उसके निकासी की व्यवस्था पहले से ही करनी चाहिए।

15.8 पुश्ता/धारक दीवार का सामर्थ्य (Strength of retaining wall)

पुश्ता दीवार के पृथक पृथक अवयवों काफी शक्तिशाली और सामर्थ्य वान बनाया जाता है, जो कि इन अवयवों पर कार्यरत बलों का पूर्णतया प्रतिरोध उत्पन्न कर सके। इन अवयवों की आवश्यक माप (मोटाई) और इनके लिए आवश्यक इस्पातीय सिरियों से प्रबल्लित किया जाता है, जो कि प्रतियुक्त आघूर्ण और अपरूपण बल का प्रतिरोध कर सकें।

IS : 456-2000 कोड के अनुसार प्रबल्लित कांक्रीट के अवयवों की डीजाइन की जाती है।

यदि उर्ध्वाधर बाहु/प्रास दीवार स्वयं में इतना सामर्थ्य नहीं हो तो सक्रिय मृदा के दबाब से इनमें दरारें उत्पन्न हो सकती है।

सामर्थ्य की आवश्यकता के अतिरिक्त पुश्ता दीवार की स्थिरता की जांच होती है।

15.9 पुश्ता/धारक दीवार की स्थिरता (Stability of retaining wall)

पुश्ता दीवार की स्थिरता मृदा बलों के कार्य के पूर्व ही निश्चित कर ली जाती है। पहले से आवश्यक माप पुश्ता दीवार के अवयवों की मोटाई और इन अवयवों के लिए इस्पातीय सिरिये जिनका प्रबल्लित सिरियों में उपयोग किया जायेगा। जो कि पुश्ता दीवार के विभिन्न अवयवों में उत्पन्न बंकन आघूर्ण और विकसित होने वाला अपरूपण बल का प्रतिरोध करने में सक्षम हो।

पुश्ता दीवार की स्थिरता के लिए (Stability) के लिए निम्न जांच की जाती है।

1. प्रतिवलन (Over turning)
2. फिसलन (Sliding)
3. धसना (Subsidence)

एक बाहु/प्रास पुश्ता दीवार Fig. 15.8 (A) में दिखायी गयी है।

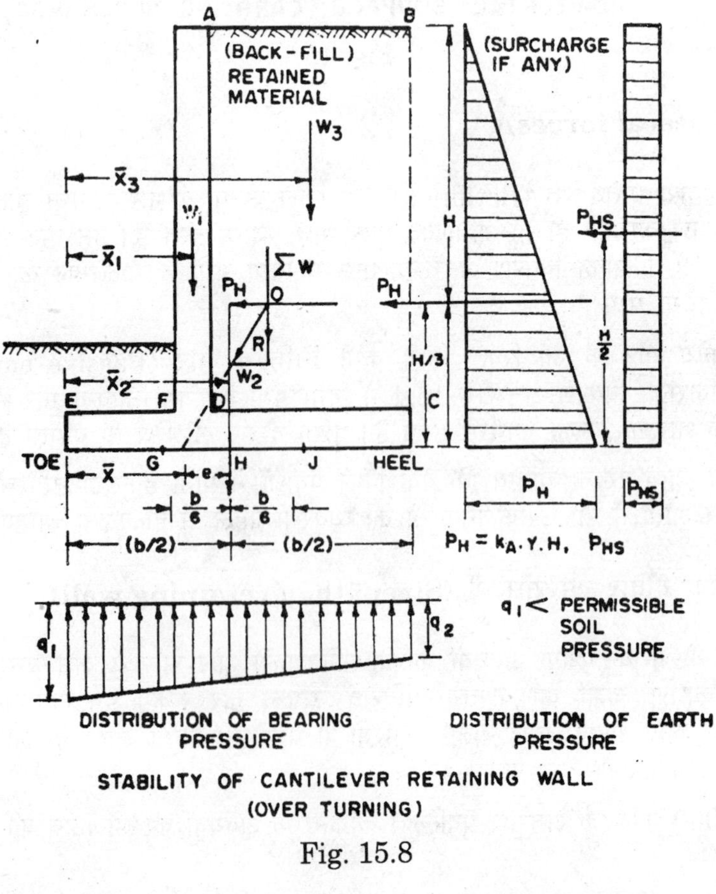

STABILITY OF CANTILEVER RETAINING WALL
(OVER TURNING)

Fig. 15.8

मानाकि पुश्ता दीवार की उर्ध्वाधर दीवार का भार, W_1 आधार स्लैब का भार W_2 और आधार स्लैब की एडी पर मृदा का भार, W_3 है। ये कार्यरत भार और इनकी कार्यरत रेखाओं की अलग अलग स्थिति भी Fig. 15.8 (A) में दिखायी गयी है। मानाकि x_1, x_2 और x_3 उर्ध्वाधर भार W_1, W_2 और W_3 के कार्यरत रेखाओं की क्रमशः दूरियां है, जो कि क्षैतिज्य मापी जाती है। इन दूरियों को आधार स्लैब के टो (Toe) से मापा जाता है। मानाकि परिणामी उर्ध्वाधर भार W नीचे की तरफ कार्यरत है।

मृदा का सक्रिय दबाव पार्श्व बल P_H जो कि क्षैतिज्य दिशा में कार्यरत है (यदि पुश्ता दीवार के पीछे बेक फिल की सतह समतल है और पुश्ता दीवार के उपरी सतह के बराबर है। यह पार्श्व बल आधार से (H/3) की उंचाई पर कार्यरत है। जहां पर, H पुश्ता दीवार की पूरी (कुल) उंचाई है। जैसा कि Fig. 15.8 (B) में दिखायी गयी है। पुश्ता दीवार की निम्न प्रभावों के लिए जांच की जाती है।

1. प्रतिवलन (Over turning) का प्रभाव

पार्श्व बल, P_H मृदा के दबाव से उत्पन्न पुश्ता दीवार का प्रतिवलन (Over turn) आधार स्लैब के टो पर करना चाहती है।

प्रतिवलन आघूर्ण (Overturning moment)

$$M_o = (P_H \,.\, H/3) \tag{i}$$

$$M_o = \left(\frac{1}{2} K_{AH} \,.\, \gamma \,.\, H^2 \,.\, H/3\right) \tag{ii}$$

$$M_o = \left[K_{AH} \,.\, \gamma \,.\, H^2 \,.\, H/6\right] \tag{iii}$$

विभिन्न उर्ध्वाधर भार W_1, W_2 और W_3 पूर्व स्थिति को प्रत्यावर्तन (Restore) करना चाहते हैं। ये उर्ध्वाधर भार प्रतिवलन (Overturning) का प्रतिरोध करते हैं। टो स्लैब पर मृदा (यदि हो तो) और निष्क्रिय मृदा का बल (यदि हो तो) उनकी उपेक्षा कर दी जाती है।

प्रत्यावर्तन (Restoring) आघूर्ण पुश्ता दीवार के टो स्लैब के कोने पर

$$M_R = \left(W_1 \,.\, \overline{x_1} + W_2 \,.\, \overline{x_2} + W_3 \,.\, \overline{x_3}\right) \tag{15.10}$$

यह भी ध्यान में रखना चाहिए कि यदि चल भार हो तो उसको सम्मिलित नहीं करते हैं।

चल भार का पुश्ता दीवार के आधार स्लैब के एडी पर स्थानतरण डाट क्रिया (Arch action) के कारण नहीं होता है।

प्रतिवलन (Overturning) के विरुद्ध सुरक्षा/गुणाक/घटक की निम्न प्रकार से गणना की जा सकती है। प्रत्यावर्तन आघूर्ण (Restoring moment) में प्रतिवलन आघूर्ण (Over turning moment) का भाग दिया जाता है।

$$F.S_{OT} = \left(\frac{\text{प्रत्यावर्तन आघूर्ण}}{\text{प्रतिवलन आघूर्ण}}\right) = \left(\frac{MR}{M_o}\right) \tag{15.11}$$

IS : 456-2000 में यह सुफारिश की गयी है कि प्रत्यावर्तन आघूर्ण का अधिकतम मान 1.2 गुणा प्रतिवलन आघूर्ण विशिष्ट अचल भार के मान से कम नहीं हो। और 1.4 गुणा अधिकतम प्रतिवलन आघूर्ण आरोपित भार से उत्पन्न $M_{c.il}$) (15.12)

$$M_R \text{ not less than } (1.2\, M_{o.CDL} + 1.4\, M_{o.CiL}) \tag{15.12}$$

यदि अचल भार ही प्रत्यावर्तन आघूर्ण (Restoring moment) उपलब्ध करवाते हो। तब केवल 0.9 गुणा विशिष्ट अचल भार से गणना की जाती है।

$$M_R = 0.9 * \left(W_1 . \overline{x_1} + W_2 . \overline{x_2} + W_3 . \overline{x_3}\right) \tag{15.13}$$

विशिष्ट अचल भार और विशिष्ट आरोपित भार (imposed load/live load) अधिभार (surcharge) की तरह कार्य करते हैं। अधिभार का प्रभाव से पार्श्व बल P_{HS} विकसित होता है, जो कि (H/2) की ऊँचाई आधार से कार्यरत रहता है।

प्रतिवलन आघूर्ण (Overturning momwent) विशिष्ट अचल भार के कारण

$$M_{C.DL} = P_{SH1}\,(H/2) \text{ और}$$

$$M_{C.iL} = P_{HS2}.\,(H/2)$$

जहां पर, P_{SH1} = अधिभार का प्रभाव (विशिष्ट अचल भार के कारण) और

P_{HS2} = अधिभार का प्रभाव (विशिष्ट आरोपित भार के कारण)

2. फिसलन (Sliding) का प्रभाव

प्रतिवलन (Overturning) का पार्श्व बल P_H के कारण (सक्रिय मृदा के बल से) उत्पन्न प्रभाव के अतिरिक्त, पार्श्वबल P_H पुश्ता दीवार को फिसलाने की यानि धक्का देने की कोशिश करता है। नींव की मृदा के कारण घर्षण बल (frictional force) इसका प्रतिरोध करता है, जैसा कि Fig. 15.9 में दिखाया गया है।

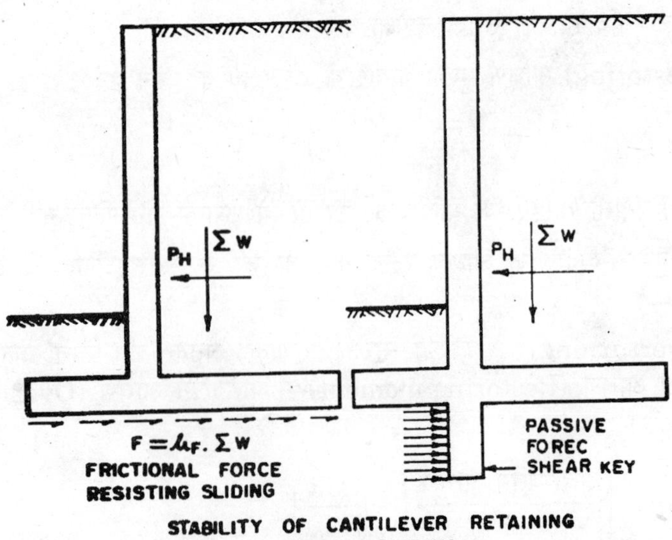

STABILITY OF CANTILEVER RETAINING (WALL SLIDING)

Fig. 15.9

$F_R = \mu_F . (0.9\ W)$

$F_R = \mu_F . [0.9 (W_1 + W_2 + W_3)]$ + पार्श्व बल निष्क्रिय मृदा बल के कारण (यदि हो तो)

जो बल फिसलन का विरोध करता है वह बल घर्षण बल (**Fritional force**) कहलाता है। यह र्षण बल कांक्रीट स्लैब और नींव की मृदा दोनों के बीच कार्यरत रहता है। घर्षण बल का मान $F_R = l_i \Sigma$ W) होता है, जहां पर μ_F घर्षण गुणांक कहलाता है।

फिसलन बल $F_S = (P_H + P_{HS})$

फिसलन के विरुद्ध सुरक्षा घटक ज्ञात किया जाता है। जो बल फिसलन का विरोध करता है, इस बल i उस बल का भाग देते हैं, जिसके कारण फिसलन (Sliding) होती है। अतः

$$F.S\ (S.L) = \left(\frac{\text{फिसलन का प्रतिरोध बल}}{\text{फिसलन करने वाला बल}}\right) = \left(\frac{F_R}{F_S}\right)$$

IS : 456-2000 कोड में इसका < 1.4 उल्लेख किया गया है कि फिसलन के विरोध में सुरक्षा घटक का मान 1.4 से कम नहीं होना चाहिए।

यह तथ्य पर ध्यान देना चाहिए कि अभियुक्ति में (i) उपरोक्त 0.9 W कोड में अनमोदित किया गया है कि केवल 0.9 गुणा विशिष्ट अचल भार ही लिया जाता है।

घर्षण गुणाक l_F, विश्राम कोण ϕ और विभिन्न मृदाओं के लिए बेक फिल पदार्थों (अर्थात्, इकाई भार धनत्व), V) सारणी 15.1 में दिया गया है।

सारणी 15.1. Unit weights effective angles of internal friction (Viz., Angle of repose and coefficients of friction with concrete)

S.N.		Unit wegith kN/m³	ϕ	μ_p
1	Sand or gravel without fine particles, highly premeable	17.28– 18.85	33-40	0.5-0
2	Sand or gravel with silt mixture, low premeability	18.85–20.42	25-35	0.4-0
3	Silty sand, sand and gravel with high clay content	17.28–18.85	23-30	0.3-0
4	Medium or stiff clay	15.71–18.85	25-35	0.2-0
5	Soft clay, silt	14.14 –17.28	20-25	0.2-0

टिप्पणी : संतृप्त मृदाओं के लिए और असंसंजक (cohesiveless) मृदा के लिए और सिल्टस के लिए, विश्राम कोण, ϕ का मान शुन्य के करीब होता है।

जैसा कि Fig. 15.9 में दिखाया गया है, कभी कभी अपरूपण चाबी (**Shear key**) जो कि आधार स्लैब से और उर्ध्वाधर दीवार के नीचे भीतर मृदा के प्रक्षेपित होती है (उसका निर्माण किया जाता है, जो कि फिसलन नहीं होने देता। उस स्थिति में, निष्क्रिय मृदा दबाव बल जो कार्यरत होता है, उसको भी सम्मलित करना चाहिए।

3. धंसना (Subsidence)

यह निश्चित करना आवश्यक है कि

(i) आधार स्लैब के एडी के नीचे दबाव अनुज्ञेय धारणा दवाब के मान से अधिक नहीं हो।

(ii) गुरुत्व भार के परिणामी बल और पार्श्व बल आधार स्लैब की चौडाई के मध्य (1/3) चौडाई के भाग के अन्दर रहना चाहिये।

(iii) आधार स्लैब और नींव की मृदा के बीच किसी प्रकार का तनाव नहीं होना चाहिए।

उपरोक्त पूर्ति संतोषप्रद है अथवा नहीं, इनकी निम्नलिखित जांच की जाती है।

1. दबाव के लिए जांच (Check for pressures)

दबाव के वितरण का दबाव उर्ध्वाधर भार और पार्श्व बल के संयुक्त प्रभाव से (अर्थात्, परिणामी बल से) जैसा कि Fig. 15.8 (C) में दिखाया गया है। आधार क्षैतिज्य स्लैब के टो पर दबाव ज्यादा है और एडी पर दबाव कम है।

आधार क्षैतिज्य स्लैब के टो के नीचे, दबाव, q_1 उर्ध्वाधर भार और पार्श्व बल के संयुक्त प्रभाव से

$$q_1 = \left[\frac{\Sigma W}{A_F} + \frac{\Sigma M}{Z}\right] \qquad (15.15)\ (A)$$

$$A_F = (b \times 1), \quad \Sigma M = \Sigma W.e$$

और $$Z = \left(\frac{1}{6}.1.b^2\right)$$

$$q_1 = \frac{\Sigma W}{b}\left[1 + \frac{6.e}{b}\right] \qquad (15.15)\ (B)$$

आधार क्षैतिज्य स्लैब के एडी के नीचे दबाव, q_2 उर्ध्वाधर भार और पार्श्व बल के संयुक्त प्रभाव से

$$q_2 = \left(\frac{\Sigma W}{A_F} - \frac{\Sigma M}{Z}\right) \qquad (15.16)\ A$$

$$q = \left(\frac{\Sigma W}{b}\right)\left(1 \pm \frac{6.e}{b}\right) \qquad (15.16)\ (B)$$

ΣW = उर्ध्वाधर भार की जोड

(अर्थात् $W_1 + W_2 + W_3$)

ΣM = उर्ध्वाधर भार और पार्श्व बल से परिणामी आघूर्ण का टो पर बीजीय जोड

$$\Sigma M = \left(W_1 . \overline{x_1} + W_2 . \overline{x_2} + W_3 . \overline{x_3} - \left(P_H \frac{H}{3} + P_{HS} . \frac{H}{2}\right)\right) \qquad (ii)$$

A_F = फुटिंग का क्षेत्रफल (आधार का क्षेत्रफल)

$$A_F = (b \times 1)$$

पुश्ता दीवार और क्षैतिज्य स्लैब की 1 m की चौडाई पर ही विश्लेषण में विचार किया जाता है। b आधार स्लैब की चौडाई है।

Z = अनुप्रस्थ खण्ड का मापांक

$$= \left(\frac{1}{6}.1.b^2\right) = \left(\frac{1}{6}b^2\right) \qquad \text{(iii)}$$

धारणा दबाव q_1 का मान अनुज्ञेय धारणा दबाव से अधिक नहीं होना चाहिए।

2. परिणामी बल की स्थिति के लिए जांच (Check for location of resultant)

माना कि उस बिन्दु तक की दूरी जहां पर परिणामी बल (उर्ध्वाधर भार और पार्श्व बल) परिच्छेद अक्षीय स्लैब के नीचे की सतह पर करता है, 2 x है, जिसको स्लैब के टो से मापा जाता है।

$$\bar{x} = (\Sigma M / \Sigma W) \qquad (15.17)$$

क्षैतिज्य स्लैब के मध्य रेखा से मापी जाने वाली उत्केन्द्रीय दूरी, e है।

$$e = \left[\frac{b}{2} - \bar{x}\right] \qquad (15.18)$$

यह परिच्छेद बिन्दु (जहां पर परिणामी बल आधार स्लैब की नीचे होता है) मध्य एक तिहाई दूरी से कम होनी चाहिए, ताकि (e > b/6)। इससे यह प्रतीत होता है कि क्षैतिज्य स्लैब के नीचे स्लैब की पूरी चौडाई पर दबाव का वितरण संपीडन है।

यह एक अच्छा अभ्यास है कि परिणामी बल की स्थिति मध्य की एक तिहाई चौडाई के अन्दर रखा जाता है। यह अधिकतम धारणा दबाव के माप में कमी रखता है और बहुत ज्यादा असमान दबाव के वितरण को रोकता है।

यदि मृदा बहुत अधिक ही दबाई जा सकती है, इस प्रकार की कुछ निश्चित क्ले होती है, वहां पर टो पर ज्यादा धंसना होता है, आधार स्लैब की एडी की तुलना में। इसके परिणाम स्वरूप उर्ध्वाधर दीवार में झुकाव (Tilt) उत्पन्न हो जाता है। ऐसी स्थिति में ऐसा प्रयत्न करना चाहिए कि परिणामी बल आधार स्लैब के मध्य रेखा के काफी पास परिच्छेद करें।

यदि मृदा ऐसी है कि उसको दबाया नहीं जा सकता (उदाहरण के लिए ठीक तरह से कमपेक्टड ग्रेवल या चट्टान) तब परिणामी बल के परिच्छेद बिन्दु को मध्य एक तिहाई चौडाई से कुछ बाहर भी रख सकते हैं।

(iii) तनन के लिए जांच (Check for tension)

यदि परिणामी बल आधार स्लैब की नीचे का सतह पर मध्य एक तिहाई चौडाई से बाहर परिच्छेद करती है, तब यह प्रतीत होता है कि आधार स्लैब के नीचे की सतह से नीचे तनन उत्पन्न होता है। मृदा और स्लैब के बीच तनन बल विकसित नहीं हो सकता। कांक्रीट की स्लैब सरल तौर पर मृदा पर विश्राम करती है। इसका तात्पर्य यह होता है कि आधार स्लैब पिछले बिन्दु पर (अर्थात्, एडी पर) कुछ उपर उठ

जाती है। इससे स्लैब का सम्पर्क बिन्दु एडी से हट कर कुछ दूरी पर मध्य रेखा की तरफ आ जाता है। अतः यह कोशिश रहती है कि कहीं पर तनाव उत्पन्न नहीं हो।

15.10 बाहु/प्रास पुश्ता/धारक दीवारों का व्यवहार (Behaviour of cantilever retaining wall)

एक बाहु/प्रास (Cantilever) पुश्ता/धारक दीवार (Retaining wall) Fig. 15.10 में दिखायी गयी है। पुश्ता दीवार बेक फिल पदार्थों को प्रतिधारित (Retain) करती है। पुश्ता दीवार के उर्ध्वाधर दीवार और आधार स्लैब दो मुख्य अवयव होते हैं। फिर भी क्षैतिज्य आधार स्लैब के दो भाग होते हैं, उनको टो स्लैब एडी (Heel) स्लैब कहते हैं। इस प्रकार उर्ध्वाधर दीवार, टो स्लैब और एडी (Heel Slab) पुश्ता दीवार के तीन मूल तत्व होते हैं। इन तीनों मूल तत्वों का व्यवहार इस प्रकार होता है :

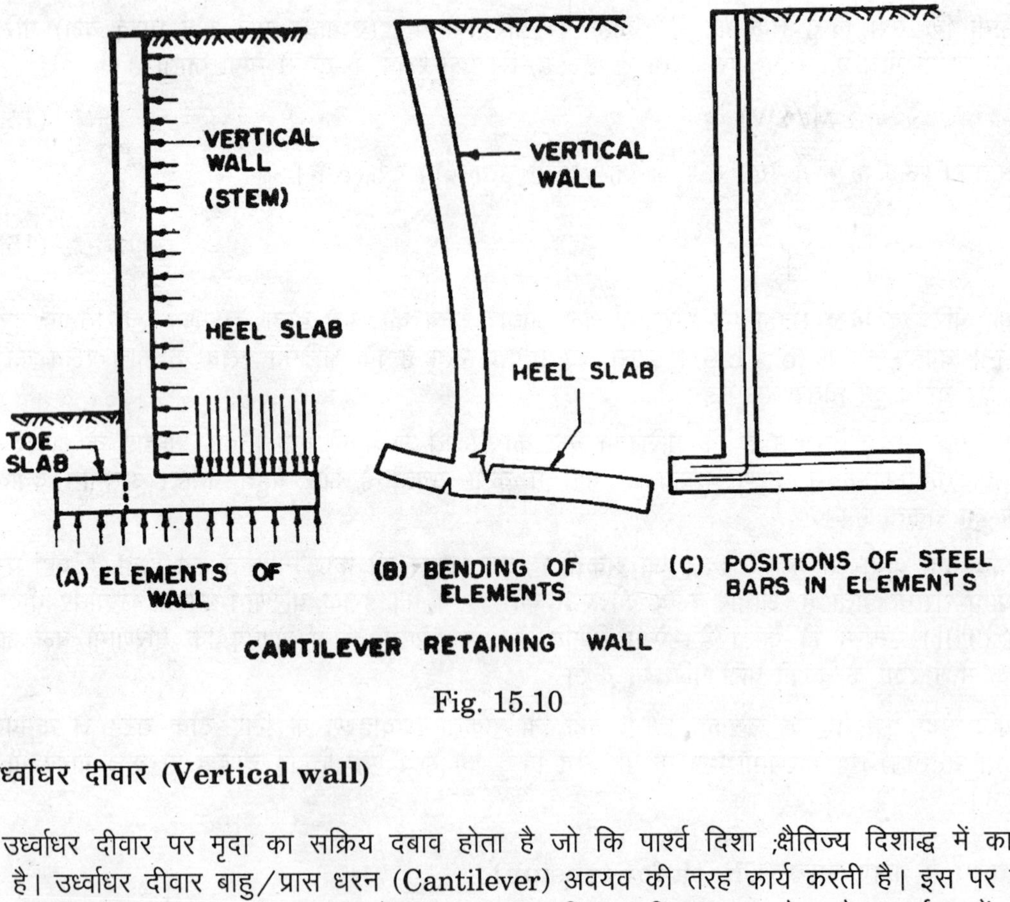

Fig. 15.10

1. उर्ध्वाधर दीवार (Vertical wall)

उर्ध्वाधर दीवार पर मृदा का सक्रिय दबाव होता है जो कि पार्श्व दिशा ;क्षैतिज्य दिशाद्ध में कार्यरत रहता है। उर्ध्वाधर दीवार बाहु/प्रास धरन (Cantilever) अवयव की तरह कार्य करती है। इस पर पार्श्व बल (सक्रिय मृदा दबाव) कार्यरत रहता है। इस बल का वितरण त्रिभुजाकार होता है। उर्ध्वाधर में बंकन होता है और बेक फिल से दूर (अर्थात् बाहर की तरफ) विस्थापन होता है। बेक फिल के साथ की दीवार में तनन बंकन प्रतिबल विकसित होते हैं। इस उर्ध्वाधर दीवार को बेक फिल दीवार सतह अथवा तनन फलक (Tension side) कहते हैं। बाहर की तरफ की उर्ध्वाधर दीवार की सतह बेक फिल के संपर्क में नहीं होती। अतः इसको मुक्त सतह कहते हैं, जो कि बंकन में संपीडन प्रतिबल्लित होती है। उर्ध्वाधर

दीवार की विस्थापित आकृति Fig. 15.10 (B) में दिखायी गयी है। इस उर्ध्वाधर बाहु/प्रास दीवार में स्लैब के जनशन पर अधिकतम बंकन आघूर्ण होता है। अतः संभवतया इस जनशन पर दरार उत्पन्न होने की संभावना रहती है। अतः यह उर्ध्वाधर दीवार बंकन में विफल हो सकती है।

2. एडी स्लैब (Heel slab)

एडी स्लैब का स्वंम्य का भार, उर्ध्वाधर दीवार का भार और बेक फिल पदार्थों का भार (जो कि तीनों नीचे की तरफ) कार्यरत रहते हैं। एडी स्लैब पर नींव की मृदा का दबाव भी (नीचे की सतह पर) कार्यरत रहता है, जो कि उपर की दिशा में कार्यरत होता है। एडी स्लैब का विस्थापन/बंकन Fig. 15.10 (B) में दिखाया गया है। इसकी विकृत आकृति है। एडी स्लैब की उपर की सतह पर तनन और नीचे की सतह पर संपीडन में होती है। उर्ध्वाधर दीवार और एडी की स्लैब के जोड को खुलने और इनके बीच के कोण की बढने की संभावना रहती है। इससे इस जोड़ पर दरार उत्पन्न हो सकती है और विफल हो सकती है।

3. टो स्लैब (Toe Slab)

पुश्ता दीवार के निर्माण के समय टो स्लैब के उपर की मिट्टी हटा दी जाती है। इस प्रकार, निर्माण के पश्चात भी टो स्लैब किसी प्रकार के बोझ से मुक्त रहती है। फिर भी टो स्लैब के नीचे की सतह पर नींव की मृदा का दबाव रहता है, जो कि उपर की दिशा में कार्यरत रहता है। इससे टो स्लैब में विस्थापन/बंकन होता है और टो स्लैब की विकृति की आकृति Fig. 15.10 (B) में दिखायी गयी है। यह आकृति भी एक बाहु/प्रास धरन (Cantilever) की तरह होती है। टो–स्लैब की नीचे की सतह पर तनन प्रतिबल और उपर की सतह पर संपीडन प्रतिबल होते है। टो स्लैब में उर्ध्वाधर दीवार के ठीक नीचे दरार विकसित हो सकती है, और इस स्लैब के इस भाग में विफल हो सकती है।

यह जानकारी बहुत रूचिपूर्ण है कि पुश्ता दीवार की ये तीनों अवयव बाहु/प्रास (Cantilever) की तरह कार्य करते है। इसी के कारण इस पुश्ता दीवार को बाहु/प्रास पुश्ता दीवार कहा जाता है।

4. पुश्ता दीवार के विभिन्न अवयवों में मुख्य इस्पातीय प्रबल्लित सिरिये (Main reinforcement in different elements of retaining wall)

पुश्ता दीवार के विभिन्न अवयवों में इन अवयवों की विकृत आकृति को ध्यान में रखते हुए अवयवों के तनन सतहों पर मुख्य इस्पातीय सिरियों को मुख्य प्रबल्लित सिरियों के लिए लगाये जाते है।

अतः इस्पातीय सिरियों को बेक फिल सतह की तरफ उर्ध्वाधर दीवार में और एडी स्लैब में मुख्य प्रबल्लित सिरिये जैसे Fig. 15.10 (C) में दिखाये गये है, वैसे लगाये जाते हैं। एडी स्लैब में उपरी सतह के पास सिरिये लगाये जाते हैं। टो स्लैब में नीचे की सतह के पास लगाये जाते हैं।

15.11 बाहु/प्रास पुश्ता दीवार के अवयवों का प्रारम्भिक समानुपात (माप) (Preliminary proportions of elements of cantilever retaining wall)

बाहु/प्रास पुश्ता दीवार के अवयवों का प्रारम्भिक समानुपात (उदाहरण के लिए, अवयवों की चौडाई और मोटाई) और उर्ध्वाधर दीवार की स्थिति (आधार स्लैब पर) प्रारम्भ में ही निश्चिय करने की आवश्यकता होता है। पुश्ता दीवार की इसके बाद स्थिरता की जांच होती है। यदि पुश्ता दीवार की स्थिरता की

आवश्यकता की पूर्ति होती है, तो ठीक है, अन्यथा उनमें आवश्यक सुधार (Modification) किये जाते है इस प्रकार पुश्ता दीवार की फिर डीजाइन की जाती है।

पुश्ता दीवार के इन तीनों अवयवों के प्रारम्भिक माप की अनुमान सन्निकट स्टेटिक्स के आधार पर निम्न प्रकार से किया जाता है।

1. आधार स्लैब की चौडाई (width of base slab) आधार स्लैब की चौडाई निम्न सिद्धान्त से ज्ञात की जाती है।

उर्ध्वाधर भार और पार्श्व बल (क्षैतिज्य बल) का परिणामी बल की कार्य रेखा आधार स्लैब के मध्य एक तिहाई चौडाई में आधार स्लैब के नीचे की सतह के साथ परिच्छेद करे। आधार स्लैब की चौडाई और उर्ध्वाधर दीवार की स्थिति आधार स्लैब की तुलना में (अर्थात् टो स्लैब की चौडाई और एडी स्लैब की चौडाई का अनुपात) का अनुमान सन्निकट विधि से लगाया जाता है। आधार स्लैब की चौडाई का अनुमान प्रतिवलन (Overturning) और पुश्ता दीवार के फिसलन (Sliding) पर विचार करते हुए निम्न प्रकार से अनुमान लगाया जाता है।

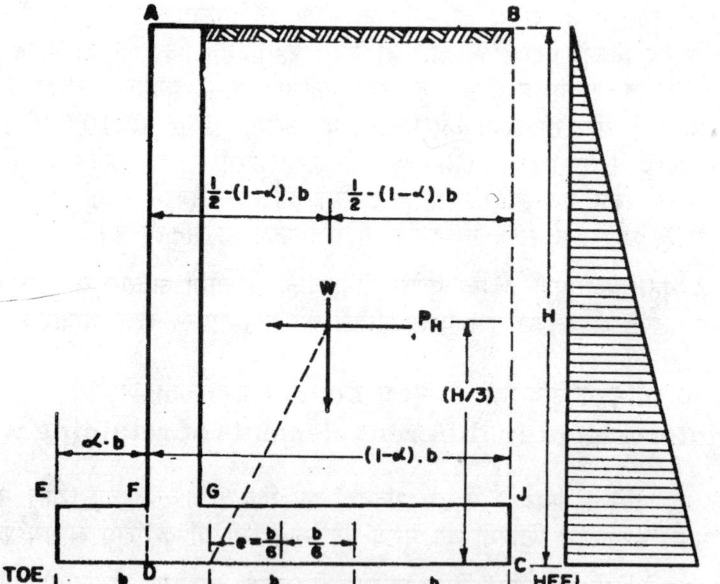

Fig. 15.11

1. पुश्ता दीवार का प्रतिवलन पर विचार
(Consideration of overturning for retaining wall)

एक बाहु पुश्ता दीवार, और इसके उर्ध्वाधर दीवार के उपरी स्तर के साथ बेक फिल पदार्थ समस्तरीय सतह Fig. 15.11 (A) में दिखायी गयी है और सक्रिय मृदा के दबाव का वितरण Fig. 15.11 (B) में दिखाया गया है।

उर्ध्वाधर भार का परिणामी भार W और पार्श्व (क्षैतिज्य) बल, PH पुश्ता दीवार पर कार्यरत सक्रिय मृदा दबाव से उत्पन्न दिखाये गये हैं। टो स्लैब का भार की अपेक्षा की जाती है।

माना कि बेक फिल पदार्थों का ईकाई भार, γ है। कांक्रीट का ईकाई भार और बेकफिल पदार्थो का (जो कि ABCD क्षेत्र के अन्दर है, उसका ईकाई पर 1.10 γ माना जाता है। आधार स्लैब की एक मीटर लम्बाई पर विचार किया जाता है। तब

$$W = CD.BC.1. \text{ (औसत ईकाई भार)}$$

$$W = [(1-\alpha).b.H.1(1.10\gamma)] \quad \text{(i)}$$

जहां पर, α एडी की स्लैब की चौडाई पूरी आधार स्लैब का अनुपात है। (अर्थात्, α = FJ/EJ)। परिणामी उर्ध्वाधर भार की कार्य रेखा की दूरी 0.5 $(1 - \alpha)$ बिन्दु C से (अर्थात्, CD चौडाई के मध्य से) सक्रिय मृदा के दबाव से विकसित पार्श्व (क्षैतिज्य) बल, P_H, (H/3) की उंचाई पर जो कि आधार से मापी जाती है। जैसा कि Fig. 15.11 में दिखाया गया है।

$$P_H = \left[\frac{1}{2} x\, K_{AH}.\gamma.H^2\right] \quad \text{(ii)}$$

जहाँ पर, K_{AH} सक्रिय मृदा दबाव का गुणांक है। बेक फिल पदार्थों की समस्तरीय सतह AB है।

यदि उर्ध्वाधर भार, W और पार्श्व बल, P_H, (मध्य एक तिहाई चौडाई के बिन्दु x_1x_2, जैसा कि Fig. 15.11 (A) में दिखाया गया है।) का परिणामी बल गुजरता है, तब आधार स्लैब की नीचे की सतह पर कहीं तनन प्रतिबल उत्पन्न नहीं होता।

परिणामी बल, R का बिन्दु x_1 पर (जैसे कि R बिन्दु x_1 से गुजरता है) आघूर्ण का मान शुन्य होता है। अर्थात्, इस बिन्दु X_1 पर उर्ध्वाधर बल W का और पार्श्व बल P_H दोनों का आघूर्ण बराबर होते हैं। और विपरीत दिशा में कार्यरत होते हैं। अतः

$$W.e = W.\left[\frac{2b}{3} - \frac{1}{2}(1-\alpha)\,b\right] = P_H.(H/3) \quad \text{(iii)}$$

अभियुक्ति (i) से W का मान प्रतियुक्त करने पर और PH का मान अभियुक्ति (ii) से रखने पर

$$1.10\gamma\,(1-\alpha).\,b.H.\left[\frac{2b}{3} - \frac{1}{2}(1-\alpha).b\right] = \left[\frac{K_{AH}}{2}.\gamma.\frac{H^3}{3}\right]$$

$$1.10\gamma.(1-a).b^2\,H.(1-\alpha)(1+3\alpha) = \left(K_{AH}.\gamma.\frac{H^3}{3}\right)$$

$$b = 0.95\left[\frac{K_{AH}}{(1-\alpha)(1+3\alpha)}\right]^{1/2} \quad (15.19)$$

एक दफह, α ज्ञात होने पर, आधार स्लैब की चौडाई, b का गणना हो जाता है। अनुपात α का मान इस प्रकार होना चाहिए कि टो स्लैब के टो पर दबाव का अधिकतम मान सुरक्षित धारणा क्षमता से अधिक नहीं हो। यदि परिणामी बल, R की कार्यरेखा बिन्दु X_1 से गुजरती है, तब उत्केन्द्रीय दूरी (b/6) = [(b/2) – (b/3)] होती है। टो स्लैब के टो के नीचे अधिकतम दबाव q का मान अधिकतम मृदा दबाव से ज्यादा नहीं होता।

$$q_1 = \left(\frac{\Sigma W}{A_F} + \frac{\Sigma M}{Z}\right) \quad \text{(iv}$$

यहां पर, $\Sigma W = W$, $\Sigma M = (W.e)$ और

$A_F = (b \times 1)$ और $Z = \left(\frac{1}{6} x 1 x b^2\right)$

और (e = b/6) अत:

$$q_1 = \left[\frac{W}{b x 1} + \frac{6.b}{b^2.6}\right] = \left\{\frac{W}{b}\right\}(1+1) = \left[\frac{2}{b} x 1.10\, \gamma (1-\gamma)\ b.H\right] \quad \text{(V}$$

मानाकि $q_1 = q_0$ (अधिकतम अनुज्ञेय मृदा का दबाव है।

$$(1-\alpha) = q_o\ .\ (2.2.\gamma.H)$$

$$\alpha = \left[1 - \left(\frac{q_o}{2.2.\gamma.H}\right)\right] \quad \text{(15.20}$$

आधार स्लैब की चौडाई, b और अनुपात समीकरण (15.19) और (15.20) से ज्ञात कर सकते हैं इनका मान सन्निकट मान का मार्ग दर्शक करते हैं। यदि बेक फिल का क्षैतिज्य से δ कोण होता है, त α का और b का मान निम्न अभियुक्ति से ज्ञात करते हैं।

$$\alpha = \left[1 - \left(\frac{q_o}{2.7.\gamma.H}\right)\right] \quad \text{(15.21}$$

$$\text{और} \quad b = H.\left[\frac{K_A . \cos\delta}{(1-\alpha)(1+3\alpha)}\right]^{1/2} \quad \text{(15.22}$$

आधार स्लैब की चौडाई b का सन्निकट मान सारणी 15.2 से अपना सकते हैं। ये मान विभिन्न बे फिल पदार्थों के लिए और विभिन्न प्रकार की पुश्ता दीवारों के लिए हैं।

सारणी 15.2. Approximate values of b = Width of base slab

S.N.		To surface of backfill	
		Levelled	Sloping
1	T-shaped, Fig. 15.1 (B)	b = 0.46 H	b = 0.65 H
2	L-shaped, Fig. 15.1 (C)	b = 0.55 H	b = 0.74 H
3	Reversed L-shaped Fig. 15.1(D)	b = 0.65 H	b = 0.8 H

1(B) पुश्ता दीवार पर फिसलन (Sliding) पर विचार (Consideration of sliding for retaining wall)

आधार स्लैब की चौडाई का अनुमान पुश्ता दीवार पर फिसलन पर विचार से किया जा सकता है। पुश्ता दीवार के लिए फिसलन के विरुद्ध सुरक्षा गुणांक का मान (IS : 456-2000 कोड के अनुसार अधीकाधिक प्रतिकूल (Adverse) प्रतियुक्त बलों के संयोजक की स्थिति में) 1.4 से कम नहीं होना चाहिए। इस स्थिति में केवल 0.9 गुणा W विशिष्ट अचल भार पर ही विचार किया जाता है।

$$FS\,(S.L) = \left[\frac{F_R}{F_S}\right] < 1.4 \qquad \text{(i)}$$

अर्थात्, $$\left[\frac{\mu_F \text{ x } (0.9\,W)}{P_H}\right] \qquad \text{(ii)}$$

जहां पर, $W = (1.10\ \gamma\,.\,b\,.\,[H\,(1-\alpha)]$ और

$$P_H = \left(\frac{1}{2} K_{AH}\,.\,\gamma\,.\,H^2\right)$$

अभियुक्ति (ii) को इस प्रकार लिख सकते है :

$$\mu_F\left(0.90 \text{ x } 1.10\,\gamma\,.\,[b\,H\,(1-\alpha)] = \left(\frac{1}{2} \text{ x } K_{AH}\,.\,\gamma\,.\,H^2 \text{ x } 1.4\right)\right)$$

$$b = \left[\frac{0.707\,.\,H}{(1-\alpha)}\right].\left[\frac{K_{AH}}{l_F}\right] \qquad (15.23)$$

α का मान समीकरण (15.21) से गणना की जाती है। आधार स्लैब की चौडाई, b की गणना समीकरण (15.23) से की जाती है। α और b के मान की गणना करने के पश्चात टो स्लैब और एडी स्लैब की चौडाइयां $\alpha\,.\,b$ और $(1-\alpha)\,b$ क्रमशः से ज्ञात की जा सकती है।

आधार स्लैब की मोटाई करीब 7 से 10 प्रतिशत पुश्ता दीवार की उंचाई के रखनी होती है, परन्तु यह मोटाई 300 mm से कम नहीं होनी चाहिए। वास्तविक आवश्यक मोटाई की गणना बंकन आघूर्ण और अपरूपण के विचार के बाद की जाती है।

2. उर्ध्वाधर दीवार (Vertical wall)

उर्ध्वाधंर दीवार की स्थिति (अर्थात्, टो स्लैब के कोने से दूरी), α का मान ज्ञात करने के बाद ज्ञात हो जाती है। उर्ध्वाधर दीवार की उंचाई और मोटाई का निर्णय निम्न प्रकार से किया जाता है।

2(A). उर्ध्वाधर दीवार की उंचाई (Height of Vertical wall)

जमीन (बेक फिल) का स्तर और जमीन का स्तर दीवार के दोनों तरफ के अन्तर जोड जमीन की नीचे की गहराई की जोड से ज्ञात की जाती है। अर्थात्,

$$H = [\,(R_{L1} - R_{L2}) + D]$$

जहां R_{L1} = उर्ध्वाधर दीवार के उपर की सतह का स्तर (अर्थात् बेक फिल पदार्थो का स्तर)

R_{L2} = उर्ध्वाधर दीवार के बाहर की सतह तक जमीन का स्तर

D = पुश्ता दीवार की गहराई जमीन के स्तर के नीचे

रेनकीन सूत्र से नींव की न्यूनतम गहराई (जमीन के नीचे) की गणना की जाती है।

$$D_{min} = \frac{q_o}{\gamma}\left(\frac{1-\sin\phi}{1+\sin\phi}\right) \quad (15.24)$$

जहां पर γ = विश्राम कोण

ϕ = मृदा का ईकाई भार

q_0 = मृदा के लिए सुरक्षित धारणा क्षमता

नींव की न्यूनतम गहराई करीब एक मीटर होनी चाहिए।

2(B) उर्ध्वाधर दीवार की मोटाई (Thickness of vertical wall)

उर्ध्वाधर दीवार की मोटाई करीब 150 mm से 300 mm रखी जाती है।

यह दीवार की उंचाई पर निर्भर करती है। उर्ध्वाधर दीवार को आधार की मोटाई 8 से 15 प्रतिशत दीवार की उंचाई रखते हैं।

पुश्ता दीवार की स्थिरता की जांच की जाती है। अनुमानित मान में सुधार कर दिया जाता है। स्थिरता की आवश्यकताओं की पूर्ति पर पुश्ता दीवार की डीजाइन कर दी जाती है।

15.12 बाहु/प्रास पुश्ता/धारक दीवार की डीजाइन (Design of cantilever retaining wall)

पुश्ता दीवार के तीनों अवयवों [(i) उर्ध्वाधर दीवार (ii) टो स्लैब (iii) एडी स्लैब] के प्रारम्भिक मान का अनुमान कर लेने के पश्चात पुश्ता दीवार की स्थिरता की जांच की जाती है। दीवार की स्थिरता की आवश्यकताओं की पूर्ति होने के पश्चात पुश्ता दीवार की डीजाइन निम्न क्रम में की जाती है :

1. एडी की स्लैब (Heel Slab)
2. टो स्लैब (Toe Slab)
3. उर्ध्वाधर दीवार (Vertical wall)

इन अवयवों की डीजाइन इस प्रकार की जाती है :

1. एड़ी स्लैब की डीजाइन (Desin of heel- slab)

एडी की स्लैब पर बेक फिल पदार्थों का भार रहता है। इस स्लैब का स्वयं का भार रहता है। ये भार नीचे की तरफ कार्यरत रहते हैं। नींव की मृदा का प्रतिक्रिया बल उपर की दिशा में कार्यरत रहता ह। इस उपर की तरफ कार्यरत प्रतिक्रिया बल का वितरण त्रिभुजाकार होता है। स्लैब की डीजाइन करते समय इस प्रतिक्रिया बल की अपेक्षा कर दी जाती है। वास्तविकता में इस प्रतिक्रिया का वितरण परिवलयक

(Parabolic) होता है। यदि इस परिवलयकता में वृद्धि होती हैं, तो बल अदृश्य (दिखायी नही पडता) हो जाता है। यह भी आवश्यक नहीं हैं कि यह त्रिभुजाकार वितरण अस्तित्व में रहे। फिर इस प्रतिक्रिया बल का प्रभाव बंकन आघूर्ण के और अपरूपण बल के मान में कमी करना होता है।

एडी स्लैब (Heel-slab) बाहु/प्रास धरन की तरह कार्य करती है। यह उर्ध्वाधर दीवार के पीछे की तरफ से प्रक्षेपित (Project) हाती है। अवलम्ब पर उपर की दिशा में प्रतिक्रिया बल एडी स्लैब के तनन से प्राप्त होता है।

इस एडी स्लैब (Heel-Slab) का निर्माण की लम्बाई इतनी ही काफी समझी जाती है, जो कि परिणामी बल को उर्ध्वाधर दीवार क नीचे परिच्छेर करें।

एडी स्लैब (Heel-Slab) का निर्णय इस प्रकार से किया जाता है कि नींव की मृदा के साथ पर्याप्त घर्षण बल प्राप्त हो सकें। एक अपरूपण चाबी (Shear key) का निर्माण इस आधार स्लैब के नीचे किया जाता है। जो कि घर्षण में पुश्ता दीवार का विफल होने से रोक सकें। यदि घर्षण प्रतिरोधी बल का मान कम हो। एडी स्लैब की लम्बाई में वृद्धि करने से उर्ध्वाधर भार में वृद्धि होती है। स्लैब के स्वंम्य के भार में वृद्धि होती ह जो कि घर्षण प्रतिरोध बल में भी वृद्धि करती है। परन्तु पुश्ता दीवार के निर्माण की लागत में वृद्धि हो जाती है। खुदाई की लागत में वृद्धि हो जाती है।

2. टो स्लैब की डीजाइन (Design of toe slab)

टो स्लैब का स्वंम्य का भार नीचे की तरफ कार्यरत रहता है। टो स्लैब पर मृदा का भराव का भार की अपेक्षा करदी जाती है। यह संभव हैं कि टो स्लैब पर मृदा का भराव को हटा दिया जाता है या स्वंम्य ही हट जाती है। इस मृदा का भराव का भूक्षरण (Erosion) हो जाय।

टो स्लैब भी बाहु/प्रास धरन (जो कि उर्ध्वाधर दीवार से प्रक्षेपित होती है) की तरह कार्यरत रहती है। अधिकतम बंकन आघूर्ण वहां पर होता है, जहां पर अपरूपण बल का चिन्ह बदलता है (उर्ध्वाधर दीवार के नीचे किसी बिन्दु पर)। फिर भी टो स्लैब उर्ध्वाधर दीवार के फलक से अवलम्बित रहती है। टो स्लैब का बंकन उपर की तरफ होता है क्योंकि नींव की मृदा का दबाव उपर की तरफ कार्यरत रहता है। अतः टो स्लैब के नीचे की सतह के पास तनन में प्रबल्लित की जाती है।

टो स्लैब की कुल मोटाई अपरूपण से नियंत्रित होता है। फिर भी टो स्लैब की और एडी (Heel) स्लैब दोनों की मोटाई बराबर रखी जाती है, क्योंकि ये दोनों अवयव एक ही आधार स्लैब की ही दो अवयव हैं जो कि उर्ध्वाधर दीवार के नीचे रहती है।

विकर्णीय तनन क्रान्तिक रहता है। इसकी दूरी टो स्लैब की प्रभावी दूरी के बराबर (उर्ध्वाधर दीवार के फलक से मापते हुए) रहती है।

टो स्लैब और एडी की स्लैब आपस में अन्तर सम्बन्धित हैं। फिर भी इनकी लम्बाईयां क्रम में ही निश्चित की जाती है।

3. उर्ध्वाधर दीवार की डीजाइन (Design of vertical wall)

टो स्लैब और एडी की स्लैब दोनों की डीजाइन करने पश्चात तीसरे क्रम में उर्ध्वाधर दीवार की डीजाइन की जाती है। वास्तविकता में उर्ध्वाधर दीवार की उपर के सिरे की मोटाई, नीचे आधार स्लैब के जनशन के पास मोटाई और दीवार की प्रारम्भिक निश्चित किये गये माप में आवश्यक सुधार किया जाता है।

आधार स्लैब की कुल मोटाई उर्ध्वाधर दीवार की कुल उंचाई को प्रभावित करती है। इस कारण, उर्ध्वाधर दीवार की डीजाइन एडी की स्लैब और टो स्लैब की डीजाइन करने के पश्चात की जाती है।

मृदा के क्षैतिज्य (पार्श्व) दबाव के कारण उर्ध्वाधर दीवार का बंकन बाहर की तरफ होता है। बंकन आघूर्ण का अधिकतम मान एडी की स्लैब और टो स्लैब के जनशन पास होता है। बंकन के अधिकतम इस मान के लिए उर्ध्वाधर दीवार की आवश्यक मोटाई और अन्दर की उर्ध्वाधर सतह पर तनन में प्रबल्लित की जाती है। इस मोटाई की और तनन प्रबल्लित सिरियों के अनुप्रस्थ खण्ड के क्षेत्रफल की अधिकतम आघूर्ण के मान के लिए गणना की जाती है।

जैसे जैसे उर्ध्वाधर दीवार की उंचाई आधार स्लैब के जनशन से बढती है, वैसे वैसे बंकन आघूर्ण का मान तेजी से कम होता है। अतः उपर की तरफ प्रबल्लित सिरियों का कुछ भाग (Portions) की ही आवश्यकता होता है। उर्ध्वाधर दीवार में मुख्य प्रबल्लित सिरियें में एक को छोडकर एक सिरियें की कटौती कर दी जाती है, जहां पर इनकी आवश्यकता नहीं होती। दो या दो से ज्यादा अन्य मध्य बिन्दुओं पर बंकन आघूर्ण का मान ज्ञात किया जाता है। उर्ध्वाधर दीवार के लिए बंकन आघूर्ण चित्र बना लिया जाता है। इस चित्र से प्रबल्लित सिरियों की कटौती बिन्दु निश्चित किया जाता है। उपलब्ध लम्बाई की जांच विकसित लम्बाई के लिए की जाती है।

उर्ध्वाधर दीवार के लिए मुख्य प्रबल्लित सिरियों की डीजाइन के पश्चात निम्न दो अन्य तत्वों पर भी विचार किया जाता है।

1. वितरण प्रबल्लित सिरिये (Distribution reinforcement)

कांक्रीट के सुकडन और तापमान के कारण विकसित होने वाली दरारों के लिए वितरण प्रबल्लित सिरिये का उर्ध्वाधर दीवार के अन्दर की सतह पर प्रतियुक्त किये जाते हैं।

इसके साथ ही बाहरी सतह पर उर्ध्वाधर और क्षैतिज्य दिशा में बाहर की सतह पर भी वितरण प्रबल्लित सिरिये लगाये जाते हैं।

2. नालियां (Drainage)

पुश्ता दीवारों की पानी के दबाव के लिए डीजाइन नहीं की जाती) बेक फित के लिए अच्छी तरह से नालियों की व्यवस्था की जाती है, ताकि पानी को बाहर बहने की सुचारू व्यवस्था मिल जाय।

उदाहरण (Example 15.1): एक गुरुत्व पुश्ता दीवार को बेक फिल पदार्थो के मिश्रण को प्रतिधारित करना है। इस मिश्रण में रेत, ग्रेवल और कुछ मात्रा में बारीक सिल्टी कण है। एक चल अधिभार 19.20 kN/m^2 बेक फिल के समस्तर पर कार्यरत रहता है। इस गुरुत्व पुश्ता दीवार की डीजाइन करो।

डीजाइन (Design) : गुरुत्व दीवार की डीजाइन इस प्रकार की जाती है।

Step 1 : बेक फिल पदार्थ के पदार्थ गुण

सारणी 15.1 से

बेक फिल पदार्थ का ईकाई भार, $\gamma = 18.85\ kN/m^3$

विश्राम कोण ;आन्तरिक घर्षण कोण = $\phi = 30^o$

कांक्रीट की सतह और नींव की मृदा के बीच घर्षण गुणांक का मान, $l_F = 0.5$

सक्रिय मृदा दबाव दिये हुए बेक फिल पदार्थों के लिए समीकरण (15.4) से, $\phi = 30°$

$$K_{AH} = \left(\frac{1-\sin\phi}{1+\sin\phi}\right) = 0.333$$

माना कि मृदा के लिए सुरक्षित

धारणा क्षमता, $q_0 = 250$ kN/m²

सीमेंट कांक्रीट का ईकाई भार 25 kN/m³

निष्क्रिय मृदा का गुणांक, $\phi = 30°$

$$K_{PH} = \left(\frac{1+\sin\phi}{1-\sin\phi}\right) = 3.0$$

बेक फिल की क्षैतिज्य सतह पर चल अधिभार = 19.20 kN/m²

अधिभार के लिए तुल्य उंचाई

$$[h' = S/\gamma], \quad h' = \left[\frac{19.20}{18.85}\right] = 1.02 \text{ m}$$

Step 2 : गुरुत्व दीवार के प्रारम्भिक समानुपात (माप) : गुरुत्व दीवार के प्रारम्भिक समानुपात (माप) Fig. 15.12 में जैसे दिखाये गये हैं, माने गये हैं। इन मापों में यदि आवश्यकता हुई, तो इनमें बाद में सुधार किये जायेंगे।

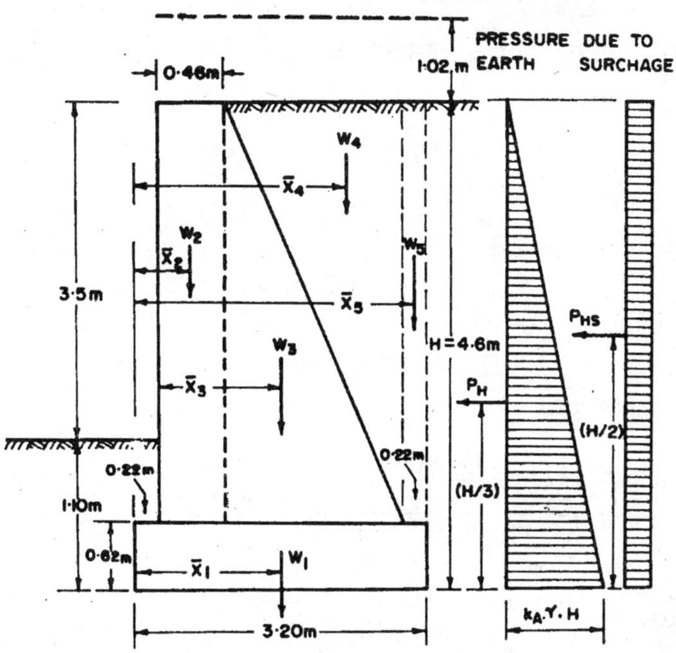

DESIGN OF GRAVITY RETAINING WALL

Fig. 15.12

Step 3 : गुरुत्व भार

विभिन्न गुरुत्व भार W_1, W_2, ... इत्यादि Fig. 15.12 (A) में दिखाये गये हैं। इनकी क्रमशः दूरी टो स्लैब के कोने से x_1, x_2, ... इत्यादि भी Fig. 15.12 (A) में दिखायी गयी है।

इन भार से प्राप्त पुनः स्थिति प्राप्त करने वाले आघूर्ण के मान की गणना की गयी है।

सारणी

Weight of Components	W (kN)	x (m)	MR = W . x
Base Height			
$W_1 = (3.20 \times 0.62 \times 1 \times 24)$	47.616	1.600	76.185
$W_2 = (0.46 \times 398 \times 1 \times 12)$	43.939	0.450	19.773
$W_3 = (2.3/2) \times (3.98 \times 1 \times 24)$	109.848	1.447	158.950
$W_4 = (2.3/2) \times (3.98 \times 1 \times 18.85)$	86.276	1.533	132.261
$W_5 = (0.22 \times 3.98 \times 1 \times 18.85)$	16.505	3.090	51.000
Total $\Sigma W' = 304.184$ kN M = 438.169 kN-m			

फेक्टरड (डीजाइन) भार

$$W_{Fd} = (1.5 \times \Sigma W)$$

$$= (1.5 \times 304.184) = 456.276 \text{ kN}$$

फेक्टरड (डीजाइन) आघूर्ण

$$M_{Fd} = (1.5 \times 438.169) = 657.254 \text{ kN-m}$$

Step 4 : क्षैतिज्य बल

सक्रिय मृदा से उत्पन्न क्षैतिज्य बल

$$P_H = \frac{1}{2}(K_{AH} \cdot \gamma \cdot H) \cdot H$$

$$P_H = \frac{1}{2}(0.333 \times 1.5 \times 18.85 \times 4.6 \times 4.6) \text{kN}$$

$$P_H = (1.5 \times 66.411) = 99.617 \text{ kN}$$

यह क्षैतिज्य बल आधार स्लैब की नीचे की सतह से (H/3) की उंचाई पर कार्यरत रहता है अधिभार से क्षैतिज्य बल

$$P_{HS} = (K_{AH} \cdot \gamma \cdot h') \text{ H}$$

$$P_{HS} = (0.333 \times 1.5 \times 18.85 \times 1.02 \times 4.6) = \text{kN}$$

$$P_{HS} = (44 \times 178) \text{ kN}$$

यह क्षैतिज्य बल आधार स्लैब से (H/2) उंचाई पर कार्यरत रहता है। H/2 2.3 m

Step 5 : स्थिरता के लिए जांच

Step 5(A) : प्रतिवलन आघूर्ण (Overturning momen)

पुनः स्थिति प्राप्त करते हुए आघूर्ण

प्रतिरोधी आघूर्ण $M_R = (1.5 \times 438.169) = 657.254$ kN-m

प्रतिवलन आघूर्ण (Overturning moment)

$$M_0 = 1.5 \times [P_H \cdot (H/3) + P_{HS} * (H/2)]$$

$$M_o = 1.5 \times [66.411 \times 1.533 + 29.452 \times 2.3]$$

$$= 254.32 \text{ kN-m}$$

टो स्लैब के कोने से दूरी

$$\bar{x} = (\Sigma M / \Sigma W)$$

$$\bar{x} = \left[\frac{1.5 \times (438.169 - 169.547)}{1.5 \times 304.184}\right]$$

$$\bar{x} = 0.8831 \text{ m}$$

$$\left(\frac{b}{2} - \bar{x}\right) = \left(\frac{3.20}{2} - 0.8831\right) = 0.7169 \text{ m}$$

आधार स्लैब की चौडाई b = 3.20 m

मध्य एक तिहाई चौडाई $\frac{b}{3} = 3.20$ m

अधिकतम उत्केन्द्रीय दूरी का मान $e_{max} = 0.5033$ m से परिणामी बल की परिच्छेदन की दूरी मध्य रेखा

$$(b/2 - x) = 0.7169 \text{ m} > 0.5033 \text{ m}$$

परिणामी बल की परिच्छेदन दूरी कुछ e_{max} अधिकतम उत्केन्द्रीय दूरी से कुछ ही ज्यादा है।

प्रतिवलन आघूर्ण के प्रतिरोध में सुरक्षा गुणांक

$$\text{F.S. (O.T)} = \left[\frac{M_R}{M_O}\right] = \left[\frac{1.5 \times 438.169}{1.5 \times 169.547}\right] = 2.584$$

IS : 456- 2000 कोड के अनुसार पुनः स्थिति प्राप्त करने हेतु आघूर्ण (प्रतिरोधी आघूर्ण)

$$M_R = (1.5 \times 438.169) \text{ kN-m}$$

अचल भार के कारण उत्पन्न प्रतिवलन आघूर्ण

$$M_{O.DL} = \left[P_H \cdot \frac{H}{3}\right] = \left[\frac{1.5 \times 66.41 \times 4.6}{3}\right] = 152.712 \text{ kN-m}$$

चूंकि, चल भार को सम्मिलित नहीं किया गया है। चल भार के कारण उत्पन्न प्रतिवलन आघूर्ण $M_{o.IL}$ = 0

$$M_R < (1.2\, M_{O.DL} + 1.4\, M_{O.IL})$$
$$< 1.5\,(438.169)\ \text{kN-m}$$
$$< 1.5\,(1.2 \times 101.808)$$
$$< (1.5 \times 122.17) = 183.255\ \text{kN-m}$$

अतः गुरुत्व दीवार प्रतिवलन में सुरक्षित है।

Step 5 (B) फिसलन में जांच (Check for sliding)

बल जिसमें फिसलन होती है।

$$F_S = (P_H + P_{HS})$$
$$F_S = 1.5\,(66.411 + 29.452)$$
$$F_S = (1.5 \times 95.863) = 143.795\ \text{kN}$$

बल जो फिसलन रोकता है। फिसलन प्रतिरोधी बल

$$F_R = \mu_F * 0.9\,(w_1 + w_2 + w_3 + w_4 + w_5)\ \text{kN}$$
$$F_R = (0.5 \times 0.9 \times 1.5 \times 304.184) = 205.3245\ \text{kN}$$

फिसलन के विरुद्ध सुरक्षा गुणांक

$$F.S(SL) = \left[\frac{F_R}{F_S}\right] = \left[\frac{1.5 \times 136.883}{1.5 \times 95.863}\right] = 1.428 \text{ not less than } 1.4$$

अतः गुरुत्व गुरुत्व दीवार फिसलन के विरुद्ध सुरक्षित है।

Step 6 : धारणा दबाव के लिए जांच (Check for bearing pressure)

परिणामी बल मध्य एक तिहाई चौडाई के थोडा बाहर है।

$$e = \left(\frac{b}{2} - \bar{x}\right) = \left(\frac{3.2}{2} - 0.8831\right) = 0.7169\ \text{m}$$

गुरुत्व दीवार के टो स्लैब के कोने पर दबाव समीकरण 15.15 से

$$q = \frac{W_{Fd}}{b \times 1}\left(1 + \frac{6\,e}{b}\right) = \frac{1.5\,\Sigma W}{b \times 1}\left(1 + \frac{6e}{b}\right)$$

$$q = \left(\frac{1.5 \times 304.184}{3.2}\right)\left(1 + \frac{6 \times 0.7169}{3.2}\right) = 334.245\ \text{kN-m}^2$$

चरम दबाव एडी स्लैब के नीचे समीकरण (15.16) से

$$q_2 = \left(\frac{1.5 \times 304.184}{3.2 \times 1}\right)\left(1 - \frac{6 \times 0.7169}{3.2}\right) = 49.08\ \text{kN-m}^2\ \text{(Tension)}$$

शुन्य दबाव का बिन्दु कुछ छोटी दूरी के अन्दर हैं। (अर्थात् 0.041 m) दबाव के लिए गणना इसी के अनुसार कर सकते हैं। गुरुत्व दीवार सुरक्षित है। माप में सुधार की आवश्यकता नहीं हैं।

उदाहरण (Example 15.2): एक बाहु/प्रास पुश्ता/धारक प्रबल्लित दीवार की डीजाइन करो। दीवार को रेत और ग्रेवल मिश्रण युक्त कुछ मात्रा में बारीक सिल्टी कण सहित बेकफिल पदार्थ का प्रतिधारण करना है। जिसकी जमीन की सतह से ऊँचाई 3.5 m उपर है। एक चल अधिभार 19.20 kN/m^2 क्षैतिज्य समतल बेकफिल सतह से उपर कार्यरत है।

M20 ग्रेड कांक्रीट और HYSD इस्पातीय सिरिये **Fe 415** का उपयोग करना है। मृदा की सुरक्षित धारणा दबाव 140 kN/m^2 है।

डीजाइन (Design) : बाहु/प्रास पुश्ता/प्रास प्रबल्लित कांक्रीट दीवार की डीजाइन निम्न प्रकार से की जाती है।

डीजाइन स्थिर अंक (Design constants)

उदासीन अक्ष की गहराई और प्रभावी गहराई के अनुपात का सीमित मान $(X_{u.max}/d) = 0.48$

Step 1 : बेक फिल पदार्थ के गुण धर्म

बेक फिल पदार्थ के लिए ईकाई बार, $\gamma = 18.82\ kN/m^3$

विश्राम कोण (आन्तरिक घर्षण का प्रभावी कोण) $\phi = 30^\circ$

कांक्रीट सतह और मृदा के बीच घर्षण गुणांक का मान, $l_F = 0.50$

सक्रिय मृदा दबाव का गुणांक, $\phi = 30^\circ$

$$K_{AH} = \left(\frac{1-\sin\phi}{1+\sin\phi}\right) = 0.333$$

मृदा के लिए सुरक्षित धारणा क्षमता, $q_0 = 140\ kN/m^2$

प्रबल्लित कांक्रीट का ईकाई भार, $= 25\ kN/m^3$

निष्क्रिय मृदा दबाव का गुणांक, $\phi = 30^\circ$

$$K_{PH} = \left(\frac{1+\sin\phi}{1-\sin\phi}\right) = 3.0$$

बेक फिल पदार्थ के समतल क्षैतिज्य सतह पर चल अधिभार = 19.20 kN/m^2

अधिभार के तुल्य भार

$$h' = \left[\frac{S}{\gamma}\right] = \left[\frac{19.20}{18.85}\right] = 1.02\ m$$

पुश्ता दीवार की ऊँचाई

(3.5 m + नींव की गहराई 1.10 m) = 4.6 m

Step 2 : पुश्ता दीवार के प्रारम्भिक समानुपात (माप)

पुश्ता दीवार के अवयव एडी की स्लैब, टो स्लैब, उर्ध्वाधर दीवार की उपर की मोटाई, नीचे जनशन की मोटाई का अनुमान सन्निकट स्टेटिक्स के सिद्धान्त से निश्चित किये जाते हैं।

(i) टो स्लैब और पूरी आधार स्लैब की चौडाई का अनुपात समीकरण (15.20) से

$$\alpha = \left[1-\left(\frac{q_o}{2.2\gamma . H}\right)\right] = \left[1-\left(\frac{140}{2.2 \times 18.85 \times 4.6}\right)\right] = 0.266$$

(ii) आधार स्लैब की पूरी चौडाई

(A) प्रतिवलन आघूर्ण (Over turning moment) के विचार से समीकरण (15.19)

$$b = 0.95 \text{ H} \left[\frac{K_{AH}}{(1-\alpha)(1+3\alpha)}\right]^{1/2}$$

$$b = 0.95 \times 4.6 \left[\frac{0.333}{(1-0.266)(1+3 \times 0.266)}\right]^{1/2} = 2.195 \text{ m}$$

(B) फिसलन (Sliding) के विचार से समीकरण (15.23) से

$$b = \left(\frac{0.707 \text{ H}}{1-\alpha}\right)\left(\frac{K_{AH}}{l_F}\right) = \left[\left(\frac{0.707 \times 4.6}{1-0.266}\right)\left(\frac{0.333}{0.5}\right)\right] = 2.951 \text{ m}$$

आधार स्लैब की औसत चौडाई

$$b = \frac{1}{2}(2.195 + 2.951) = 2.573 \text{ m}$$

आधार स्लैब की पूरी चौडाई $b = 2.76$ m मानते हैं।

(iii) टो स्लैब की चौडाई

$$\alpha . b = (0.266 \times 2.76) = 0.774 \text{ m}$$

टो स्लैब की चौडाई $(\alpha - b) = 0.70$ m रखते है।

(iv) एडी स्लैब की चौडाई

$$(1-\alpha) = (1-0.266) \times 2.76 = 2.026 \text{ m}$$

एडी स्लैब की चौडाई $(2.76 - 0.70) = 2.06$ m रखते है।

माना कि एडी स्लैब की मोटाई 400 mm

एडी स्लैब की मोटाई उर्ध्वाधर दीवार के नीचे की तरफ जनशन की मोटाई के बराबर रखते हैं। (8 से 15 प्रतिशत उर्ध्वाधर दीवार की उंचाई के बराबर)

(v) उर्ध्वाधर दीवार

(A) मोटाई : उर्ध्वाधर दीवार के उपर के सिरे पर मोटाई 150 mm से 300 mm ली जाती है। माना कि इस उपर की मोटाई 240 mm रखते हैं। उर्ध्वाधर दीवार के नीचे की मोटाई

$$\left[\left(\frac{8}{100}\text{x }4.6\right) \text{ से } \left(\frac{15}{100}\text{x }4.6\right)\right] = \left(0.368 \text{ m से } 0.690 \text{ m}\right) \text{ तक}$$

माना कि उर्ध्वाधर दीवार की नीचे की मोटाई 400 mm रखते हैं। यदि आवश्यकता हुई तो इसमें सुधार किया जा सकता हैं।

(B) उर्ध्वाधर दीवार की उंचाई : प्रतिधारित मृदा (Retained earth) की उंचाई + नींव की न्यूनतम गहराई)

$$= (3.50 + 1.10) = 4.6 \text{ m}$$

पुश्ता दीवार के इन तीनों अवयवों के प्रारम्भिक समानुपात (माप) Fig. 15.13 में दिखाये गये हैं।

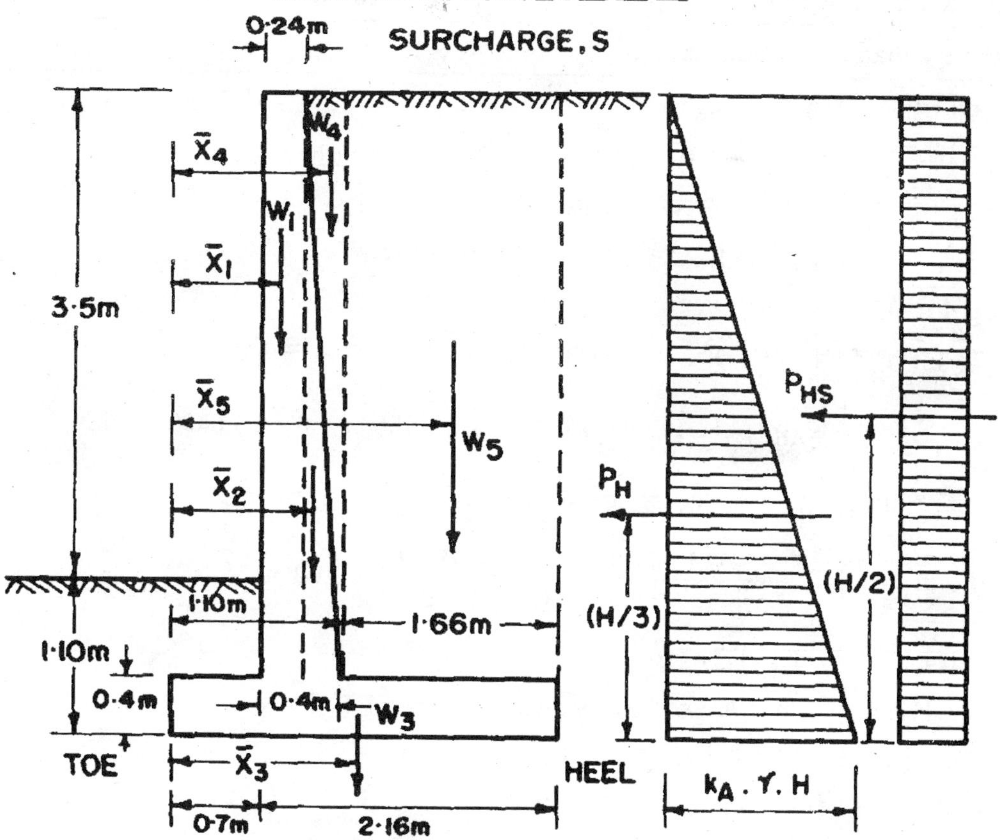

Fig. 15.13

Step 3 : गुरुत्व भार

पुश्ता दीवार के अलग अलग तत्वों का गुरुत्व भार W_1, W_2, ... etc. और उनकी क्रमशः दूरी x_1, x_2, ... टो स्लैब के बाहरी कोने से Fig. 15.13 में दिखाये गये हैं।

पुश्ता दीवार की 1 m की लम्बाई ली जाती है।

Weight of Components	W (kN)	x (m)	$M_R = W.\bar{x}$ (kN-m)
Base Height			
$W_1 = 0.24 \times 4.2 \times 1 \times 1.24$	25.20	0.820	20.664
$W_2 = 1/2 \times 0.16 \times 4.2 \times 1.25$	4.40	0.873	7.333
$W_3 = 2.76 \times 0.40 \times 1 \times 25$	27.60	1.380	38.088
$W_4 = 1/2 \times 0.16 \times 4.2 \times 1 \times 18.85$	6.334	1.047	6.632
$W_5 = 1.66 \times 4.2 \times 1 \times 18.85$	131.42	1.930	253.406
Total gravity load $\Sigma W = 98.954$ kN			358.811

फेक्टरड (डीजाइन) उर्ध्वाधर भार

$$W_{Fd} = 1.5\ \Sigma W = (1.5 \times 98.95) = 148.43 \text{ kN}$$

फेक्टरड (डीजाइन) आघूर्ण टो स्लैब के बाहरी कोने पर

$$M_{FD} = (1.5 \times 358.811) = 538.216 \text{ kN-m}$$

Step 4 : पार्श्व (क्षैतिज्य) बल

सक्रिय मृदा के दबाव कारण और चल अधिभार से सक्रिय मृदा दबाव से उत्पन्न

$$P_H = \left(\frac{1}{2} K_{AH} \cdot \gamma \cdot H \cdot H\right) = \left(\frac{1}{2} \times 0.333 \times 1.5 \times 18.85 \times 4.6 \times 4.6\right) = 99.615 \text{ kN}$$

यह पार्श्व दबाव (H/3) उंचाई पर कार्यरत रहता है। अधिभार की तुल्य उंचाई

$$h' = \left(\frac{s}{\gamma}\right) = \left(\frac{\text{चल अधिभार}}{\text{बेक फिल का ईकाई भार}}\right) = \left(\frac{19.20}{18.85}\right) = 1.02 \text{ m}$$

अतः पार्श्व (क्षैतिज्य) बल अधिभार से

$$P_{HS} = (0.333 \times 1.5 \times 18.85 \times 1.02 \times 4.6) = 44.176 \text{ kN}$$

यह बल (H/2) उंचाई पर कार्यरत रहती है।

Step 5 : पुश्ता दीवार की स्थिरता की जांच

बाहु/प्रास पुश्ता/धारक दीवार की स्थिरता की जांच (अर्थात्, प्रतिवलन आघूर्ण (Overturning) और फिसलन (Sliding) के विरुद्ध)

Step 5A : प्रतिवलन आघूर्ण (Overturning moment)

प्रतिरोधी आघूर्ण (Resisting moment)

$$M_R = (1.5 \times 358.811) = 538.216 \text{ kN-m}$$

प्रतिवलन आघूर्ण (Overtuirning moment)

$M_o = 1.5 \times (66.411 \times 1.533 + 29.452)$

$= (1.5 \times 169.547) = 254.321$ kN-m

टो स्लैब के बाहर के कोने से दूरी

$$\bar{x} = \left(\frac{\Sigma M}{\Sigma W}\right) = \left(\frac{1.5 \times 358.811 - 169.547}{1.5 \times 198.954}\right) = 1.087 \text{ m}$$

$$\left(\frac{b}{3}\right) = \left(\frac{2.76}{3}\right) = 0.92 \text{ m}$$

$$e = \left(\frac{b}{2} - \bar{x}\right) = \left(\frac{2.76}{2} - 1.087\right) = 0.294 \text{ m}$$

उत्केन्द्रीय दूरी 0.294 m (b/6) = 0.46 m से कम है। परिणामी बल एक तिहाइ आधार स्लैब की चौडाई के भीतर नीचे की सतह पर परिच्छेद करती है। अतः सुरक्षित है।

टो स्लैब के बाहर के कोने से एडी स्लैब के पीछे के कोने तक कहीं पर भी तनन प्रतिबल उत्पन्न नहीं होता है। प्रतिवलन आघूर्ण (अचल भार से)

$M_{o.DL} = (P_H - H/3)$

$$= \left(\frac{1.5 \times 66.411 \times 4.6}{3}\right) = (1.5 \times 101.808) = 152.712 \text{ kN-m}$$

चल विचार गणना में काम नहीं आता है।

$M_{0.IL} =$ शुन्य

M_R not less than $(1.2 \ M_{O.D4} + 1.4 \ M_{O.DL})$

(1.5 x 358.811) not less than 1.5 x (1.2 x 101.808) = 183.255 kN-m

अतः प्रतिवलन (overturning moment) में पुश्ता दीवार सुरक्षित है।

Step 5(B) : फिसलन (Sliding) के लिए जांच बल जिससे फिसलन हो सकती है।

$F_S = (P_H + P_{HS})$

$= 1.5 \times (66.411 + 29.452 = 143.795$ kN

बल जो फिसलन को रोकते हैं (प्रतिरोधी बल)

$F_R = l_f \times 0.9 \times 1.5 \ \Sigma W$

$F_R = (0.5 \times 0.9 \times 1.5 \times 198.954) = 134.294$ kN

फिसलन के विरुद्ध सुरक्षा गुणांक/घटक

$$F.S._{(SL)} = \left[\frac{F_R}{F_S}\right] = \left[\frac{1.5 \times 89.529}{1.5 \times 95.863}\right] = 0.934 < 1.4$$

IS : 456-2000 कोड के अनुसार, इस सुरक्षा गुणांक/घटक का मान 1.4 से कम नहीं होना चाहिए। **एक अपरूपण चाबी आधार** स्लैब के लिए निर्मित की जायेगी (अर्थात्, उर्ध्वाधर दीवार के ठीक नीचे) ताकि फिसलन के विरुद्ध सुरक्षा गुणांक/घटक की आवश्यकता संतोषप्रद हो।

$$F_R = (89.529 + \text{निष्क्रिय मृदा दबाव})$$

$$F_R = 1.5\,(89.529 + 1/2\,.\,K_{PH}\,.\,\gamma\,.\,h^2)$$

$$\text{Now}\quad \left[\frac{F_R}{F_S}\right] = \left[\frac{1.5\,(89.529 + 28.275\,h^2)}{1.5 \times 95.863}\right] = 1.4$$

$$h = \left(\frac{44.68}{28.275}\right)^{1/2} = 1.2574 \text{ m}$$

अपरूपण चाबी की गहराई 1.26 m रखते हैं। नींव की गहराई 1.10 m निष्क्रिय मृदा दबाव प्रदान करते हैं। तब अपरूपण चाबी की गहराई (1.26 – 1.10) = 0.16 m = 160 mm रखते हैं।

Step 6 : धंसने के विरुद्ध जांच (Check for Subsidence)

टो स्लैब और एडी स्लैब के नीचे संपीडन और तनन के लिए क्रमशः निम्न प्रकार जांच की जाती है।

Step 6 (A) : टो स्लैब के बाहर के कोने के नीचे मृदा का दबाव, x = 1.087 m

(परिणामी बल की टो स्लैब की कोने से दूरी) आधार स्लैब के केन्द्रीय रेखा से उत्केन्द्रीय दूरी)

$$e = \left(\frac{b}{2} - \bar{x}\right) = \left[\frac{2.76}{2} - 1.087\right] = 0.294 \text{ m}$$

उत्केन्द्रीय दूरी (e = 0.294 m), [b/6 = 2.76/6 = 0.46 m] से कम है। इस प्रकार वास्तविक चरम दबाव टो स्लैब के बाहरी कोने के नीचे

$$q_1 = 1.5 \times \frac{\Sigma W}{b \times 1}\left[1 + \left(\frac{6 \times e}{b}\right)\right]$$

$$q_1 = 1.5 \times \frac{198.954}{2.76 \times 1}\left[1 + \left(\frac{6 \times 0.294}{2.76}\right)\right] = 118.0 \text{ kN/m}^2$$

अधिकतम चरम धारणा दबाब से q_1 का मान कम है। (q_u का मान $2 \times q_0$ माना जाता है) अतः $q_1 < (2 \times 140) = 280$ kN/m²

Step 6(B) : एडी स्लैब के अन्दर के कोने के नीचे मृदा दबाव

Fig. 15.14 में एडी स्लैब के नीचे वास्तविक दबाव का वितरण दिखाया गया है।

$$q_2 = 1.5 \times \frac{\Sigma W}{b \times 1}\left[1 - \frac{6\,.\,e}{b}\right]$$

$$q_2 = 1.5 \times \frac{198.954}{2.76 \times 1}\left[1 + \frac{6 \times 0.293}{2.76}\right] = 39.255 \text{ kN/m}^2$$

वास्तविक धारणा दबाव का वितरण पूरी आधार स्लैब के नीचे दिखाया गया है

F बिन्दु के नीचे दबाव

$$= \left[26.17 + \frac{2.06}{2.76}(118 - 26.17)\right] = 94.71 \text{ kN/m}^2$$

G बिन्दु के नीचे दबाव

$$= 1.5 \text{ x } \left[26.17 + \frac{(2.06 - 0.4)}{2.76} \text{ x } (118 - 25.17)\right] = 122.10 \text{ kN/m}^2$$

q_2 दबाव भी संपीडन में हैं। इस प्रकार पुश्ता दीवार स्थिरता की आवश्यकताओं की संतोषप्रद पूर्ति करती है।

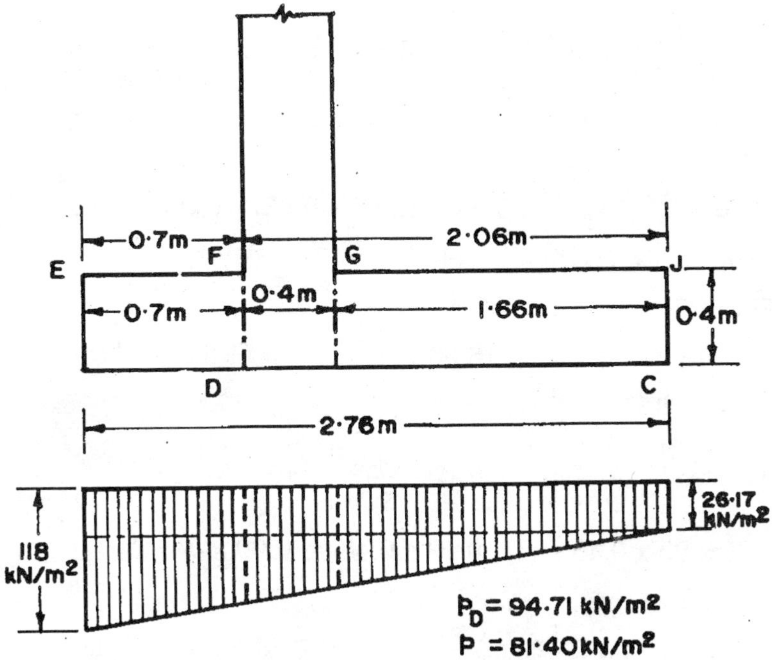

PRESSURE DISTRIBUTION BELOW BASE SLAB

Fig. 15.14

Step 7 : एडी स्लैब की डीजाइन (Design of heel slab)

निम्नलिखित भार और बल एडी स्लैब पर कार्यरत रहते हैं। बेक फिल पदार्थों का भार जो नीचे की तरफ कार्यरत रहता है।

$$W_{SH} = (1.5 \text{ x } 1.66 \text{ x } 4.2 \text{ x } 1 \text{ x } 18.85)$$

$$= (1.5 \text{ x } 131.42) = 197.13 \text{ kN}$$

G बिन्दु से W_{SH} भार की क्रिया रेखा की दूरी

$$= (1.66/2) = 0.83 \text{ m}$$

एडी स्लैब (Heel Slab) का स्वयं का भार

$$W_{SH} = (1.5 \times 1.66 \times 0.4 \times 1 \times 25) = (1.5 \times 16.68) \text{ kN}$$

G बिन्दु से W_{SH} भार की क्रिया रेखा की दूरी (1.66/2) = 0.83 m.

मृदा का प्रतिक्रिया बल जो उपर की तरफ कार्यरत रहता है।

$$1.5 \times \left(\frac{81.40 + 26.17}{2}\right) \times 1.66 = (1.5 \times 89.28) = 133.92 \text{ kN}$$

G बिन्दु से मृदा के प्रतिक्रिया बल की कार्यरत रेखा की दूरी

$$\left(\frac{1.66}{3}\right) \times \left(\frac{81.40 + 2 \times 26.17}{81.40 + 26.17}\right) = 0.688 \text{ m}$$

जो भार नीचे की दिशा में कार्यरत हैं, वे मृदा के प्रतिक्रिया बल जो कि उपर की दिशा में कार्यरत है उन पर अधिक प्रबल हैं। अतः एडी की स्लैब का बंकन नीचे की तरफ होता है। यह बाहु/प्रास धरन (Cantilwever beam) की तरह कार्य करती है। बिन्दु G पर बंकन आघूर्ण का मान अधिकतम होता है समीकरण (15.14) से ($M_{Fd} = M_G$)

$$M_G = 1.5 \left[(131.42 \times 0.83 + 16.60 \times 0.83) - (89.28 \times 0.68) \right]$$

$$= (1.5 \times 61.43) = 92.145 \text{ kN-m}$$

बिन्दु G पर अपरूपण का मान अधिकतम होता है।

$$V_G = 1.5 \times [(131.42 + 16.60) - (89.28)] = (1.5 \times 58.74) = 88.11 \text{ kN}$$

आवश्यक प्रभावी गहराई

$$0.36 f_{ck}. \left(\frac{x_{u.max}}{d}\right). \left[1 - 0.42 \frac{x_{u.max}}{d}\right] bd^2 = M$$

$$0.36 \times 20 \times 0.48 \times [1 - 0.42 \times 0.48] \times 1000 \times d^2 = M_{Fd}$$

$$d = 182.74 \text{ mm}$$

स्लैब की मोटाई 400 mm रखी हुई है। माना कि प्रभावी आवरण की मोटाई 40 mm है, तब d = 360 mm

तनन में उपयुक्त प्रबल्लित सिरियों का क्षेत्रफल

$$0.87 f_y A_{st}.d \left[1 - \frac{A_{st} . f_y}{b . d . f_{ck}}\right] = M_{Fd}$$

$$0.87 \times 415 \times A_{st} \times 360 \left[1 - \frac{A_{st} \times 415}{1000 \times 360 \times 20}\right] = 1.5 \times 61.43 \times 10^6$$

$$A_{st} = 740.508 \text{ mm}^2$$

माना कि इस्पातीय सिरियों का व्यास 12 mm है।

$$A\phi = \left[\frac{\pi}{4} x 12^2\right] = 113.10 \text{ mm}^2$$

एडी के स्लैब में दो संलग्न सिरियों के बीच दूरी

$$S_H = \left[\frac{1000 \times 113.10}{740.508}\right] = 152.733 \text{ mm}$$

HYSD इस्पातीय सिरिये **Fe 415 12 mm** व्यास के **130 mm** की दूरी (केन्द्र से केन्द्र के बीच) उपर सतह के पास लगाये जायेंगे। 8 mm व्यास के सिरिये वितरण प्रबल्लित सिरियों के लिए उपयुक्त किये जायेंगे।

$$A_d = \left[\frac{0.12}{100} x 1000 x 400\right] = 480 \text{ mm}^2$$

$$A_\phi = \left[\frac{\pi}{4} x 8^2\right] = 50.26 \text{ mm}^2$$

दो संलग्न वितरण प्रबल्लित सिरियों के बीच दूरी

$$S_d = \left(\frac{1000 \times 50.26}{480}\right) = 104.72 \text{ mm}$$

वितरण प्रबल्लित सिरियों के केन्द्र से केन्द्र के बीच की दूरी 100 mm रखी जायेगी।

अकलित अपरूपण प्रतिबल एडी स्लैब में G बिन्दु पर

$$\tau_v = \left[\frac{1.5 \times 58.64 \times 1000}{1000 \times 360}\right] = 0.2445 \text{ mm}^2$$

M20 कांक्रीट के लिए अनुज्ञेय अपरूपण प्रतिबल के मान से यह कम है। ($\tau_c = 0.61 \text{ N/mm}^2$)

Step 8 : टो स्लैब की डीजाइन (Design of toe slab)

टो स्लैब के उपर की मृदा का भार की अपेक्षा कर दी जाती है। इस मिट्टी का अपरदन (Erosion) हो सकता है। निम्न भार और बल टो स्लैब पर कार्यरत रहते हैं। टो स्लैब का स्वंम्य का भार

$$W_{ST} = (1.5 \text{ x } 1.10 \text{ x } 0.40) = (1 \text{ x } 25) = (1.5 \text{ x } 11) = 16.5 \text{ kN}$$

Fig. 15.14 में इस भार की बिन्दु **F** से दूरी बतायी गयी है = (1.10/2) = 0.55 m

मृदा द्वारा कुल प्रतिक्रिया बल जो उपर की दिशा में कार्यरत रहता है।

$$1.5 \text{ x } \left[\frac{94.71 + 118}{2}\right] \text{ x } 1.10 = (1.5 \text{ x } 116.99) = 175.485 \text{ kN}$$

बिन्दु G से मृदा प्रतिक्रिया बल की कार्य रेखा से दूरी

$$\left[\frac{1.10}{3}\right] \text{ x } \left[\frac{94.71 + 2 \times 118}{94.71 + 118}\right] = 0.57 \text{ m}$$

नीचे की दिशा में कार्यरत भार की तुलना में उपर की दिशा में कार्यरत मृदा प्रतिक्रिया बल अधिक प्रबल है। टो स्लैब बाहु/प्रास धरन की तरह कार्य करती है। (Cantilever beam)

बिन्दु F पर बंकन आघूर्ण का मान अधिकतम होता है।

$$M_F = 1.5 \times (116.99 \times 0.57 - 11 \times 0.55) = 90.945 \text{ kN-m}$$

G बिन्दु पर अपरूपण बल

$$V_G = 1.5\,(116.99 - 11) = (1.5 \times 105.99) = 158.985 \text{ kN}$$

टो स्लैब के लिए आवश्यक प्रभावी गहराई

$$0.36\, f_{ck}.\left[\frac{x_{u.max}}{d}\right]\left[1-\frac{0.42\,x_{u.max}}{d}\right] bd^2\ \ M_{Fd}$$

$$0.36 \times 20 \times 0.48 \times [1 - 0.42 \times 0.48]\ 1000 \times d^2 = 90.945 \times 10^6$$

$$d = 181.55 \text{ mm}$$

आधार स्लैब की कुल मोटाई 400 mm है।

कांक्रीट का प्रभावी आवरण की मोटाई 20 mm रखते है। तब स्लैब की प्रभावी गहराई 380 mm है।

तनन में इस्पातीय प्रबल्लित सिरियों का क्षेत्रफल

$$0.87 \times 415 \times A_{st} \times 380\left[1-\frac{A_{st} \times 415}{1000 \times 380 \times 20}\right] = 1.5 \times 60.63 \times 10^6$$

$$A_{st} = 688.784 \text{ mm}^2$$

माना कि इस्पातीय सिरियों का व्यास 12 mm है।

$$A_\phi = \left(\frac{\pi}{4} \times 12^2\right) = 113.10 \text{ mm}^2$$

दो संलग्न सिरियों के बीच की दूरी

$$S_t = \left(\frac{1000 \times 113.10}{688.784}\right) = 164.203 \text{ mm}$$

12 mm सिरियों को 130 mm की केन्द्र से केन्द्र की दूरी रखी जायेगी।

वितरण प्रबल्लित सिरिये $Ad = \left(\frac{0.12}{100} \times 1000 \times 400\right) = 480 \text{ mm}^2$

8 mm व्यास के सिरिये वितरण प्रबल्लित सिरियों के लिए उपयोग में लाने हैं।

$$A_{\phi d} = \left(\frac{\pi}{4} \times 8^2\right) = 50.28 \text{ mm}^2$$

दो संलग्न सिरियों के बीच की दूरी

$$s_d = \left[\frac{1000 \times 50.26}{480}\right] = 104.72 \text{ mm}$$

8 mm व्यास के सिरिये 100 mm

केन्द्र से केन्द्र के बीच की दूरी रखनी है।

अकलित अपरूपण प्रतिबल

$$\tau_v = \left[\frac{1.5 \times 105.99 \times 1000}{1000 \times 380}\right] = 0.417 \text{ N/mm}^2$$

Step 9 उर्ध्वाधर दीवार की डीजाइन (Design of vertical wall)

उर्ध्वाधर दीवार भी बाहु/प्रास धरन (Cantilever beam) की तरह कार्य करती है। एडी स्लैब (hee; Slab) के जनशन पर अधिकतम बंकन आघूर्ण होता है।

पार्श्व मृदा बल (Step 4) से $P_H = (1.5 \times 66.41)$ kN

आधार से एक तिहाई की उंचाई पर यह बल कार्यरत रहता है।

$$(H/3) = (4.6 / 3) = 1.533 \text{ m}$$

अधिभार से उत्पन्न पार्श्व बल (Step 4) से, $P_{HS} = (1.5 \times 29.452)$ kN

यह बल आधी उंचाई पर कार्यरत रहता है।

$(H/2) = (4.6/2) = 2.3$ m आधार से जनशन पर पार्श्व बलों से विकसित बंकन आघूर्ण

$$M_{Fd} = 1.5 \times [66.41 \times (1.533 - 0.4) + 29.452 \times (2.3 - 0.4]$$

$$= 196.83 \text{ kN-m}$$

जनशन पर आवश्यक प्रभावी गहराई, d

$$0.36\, f_{ck} \cdot \left[\frac{x_{u.max}}{d}\right]\left[1 - 0.42 \times \frac{x_{u.max}}{d}\right] bd^2 = M_{Fd}$$

$$0.36 \times 20 \times 0.48\,(1 - 0.42 \times 0.48)\,1000 \times d^2$$

$$(1.5 \times 131.22) = 196.83 \times 10^6 \text{ kN-mm}$$

$$d = 267.088 \text{ mm}$$

माना कि कांक्रीट के प्रभावी आवरण की मोटाई = 20 mm

जनशन पर उर्ध्वाधर दीवार का मोटाई 400 mm है। अतः प्रभावी गहराई, d = 380 mm

इस्पातीय सिरियों का अनुप्रस्थ क्षेत्रफल, A_{st}

$$0.87 \times 415 \times 380 \left(1 - \frac{A_{st} \times 415}{1000 \times 380 \times 20}\right) = 1.5 \times 131.22 \times 10^6$$

$$A_{st} = 365.74 \text{ mm}^2 \text{ x}$$

HYSD इस्पातीय सिरिये Fe 415, 12 mm व्यास के उपयुक्त किये जायेंगे। $A_\phi = 113.10 \text{ mm}^2$

दो संलग्न इस्पातीय सिरिये के बीच की दूरी

$$s = \left(\frac{1000 \times 113.10}{365.74}\right) = 277.49 \text{ mm}$$

इन सिरियों को 225 mm केन्द्र से केन्द्र की दूरी पर लगाये जायेंगे।

जैसे जैसे उर्ध्वाधर दीवार से उपरी सतह से उंचाई (गहराई) कम होती जाती है, बंकन आघूर्ण का मान क्षैतिज्य अनुप्रस्थ खण्ड पर कम होता जाता है। अतः जितना इस्पातीय सिरिया जनशन पर उपयुक्त होता है, उसमें कटौती की जाती है। इस प्रकार इस्पातीय सिरियों का क्षेत्रफल उर्ध्वाधर दीवार के उपरी सिरे से H_1 की गहराई पर

$$0.87 \times f_y \times A_{st1} \times d_1 \left(1 - \frac{A_{st2} \times f_y}{bd_1 \cdot f_{ck}}\right) = M_1 \qquad \text{(i)}$$

इसी प्रकार सिरियों का क्षेत्रफल H2 गहराई पर

$$0.87 \times f_y \times A_{st2} \times s_2 \left(1 - \frac{A_{st2} \times f_y}{bd_2 \cdot f_{ck}}\right) = M_2 \qquad \text{(ii)}$$

तब $\left(\frac{A_{st2}}{A_{st1}}\right) = \left(\frac{M_2}{M_1}\right)\left(\frac{d_1}{d_2}\right)$ (iii)

सक्रिय मृदा के दबाव से उत्पन्न बंकन आघूर्ण M_1 उर्ध्वाधर दीवार की उपरी सतह से

(ब्रेकिटस के मध्य संख्यों को सन्निकट बराबर मानते हुए)

$$M_1 = K_A \cdot \gamma \cdot H_1^3 / 6, \quad M_2 = K_A \cdot \gamma \cdot H_2^3/6 \qquad \text{(iv)}$$

तब $\left(\frac{M_2}{M_1}\right) = \left(\frac{H_2}{H_1}\right)^3$

अभियुक्ति (iii) में प्रतियुक्ति करने से

$$\left(\frac{A_{st2}}{A_{st1}}\right) = \left(\frac{H_2}{H_1}\right)^3 \left(\frac{d_1}{d_2}\right)$$

उर्ध्वाधर दीवार के उपरी सिरे से H_2 की गहराई पर इस्पातीय सिरियों का क्षेत्रफल H_1 पर आवश्यक से आधे की कटौती कर सकते हैं।

$$A_{st2} = 0.54\, A_{st1},\ 0.5 \left(\frac{d_2}{d_1}\right) = \left(\frac{H_2}{H_1}\right)^3$$

उर्ध्वाधर दीवार के उपरी सतह पर दीवार की मोटाई 240 mm रखते हैं।

प्रभावी कांक्रीट का आवरण 20 mm, तब प्रभावी गहराई H_2 गहराई पर

$$d_2 = (220 + x) \text{ mm}$$

प्रभावी गहराई H_1 की गहराई पर 380 mm

अनुरूप त्रिभुजों से $\left(\dfrac{H_2}{x}\right) = \dfrac{H_1}{380}$

$$H_2 = \frac{x}{380}.H_1 \text{ , } d_2 = \left(220 + 300\,\frac{H_2}{H_1}\right)$$

उपरोक्त अभियुक्ति पर प्रतियुक्त करने पर

$$\frac{0.5}{d_1}\left[220 + 380\,\frac{H_2}{H_1}\right] = \left[\frac{H_2}{H_1}\right]^3$$

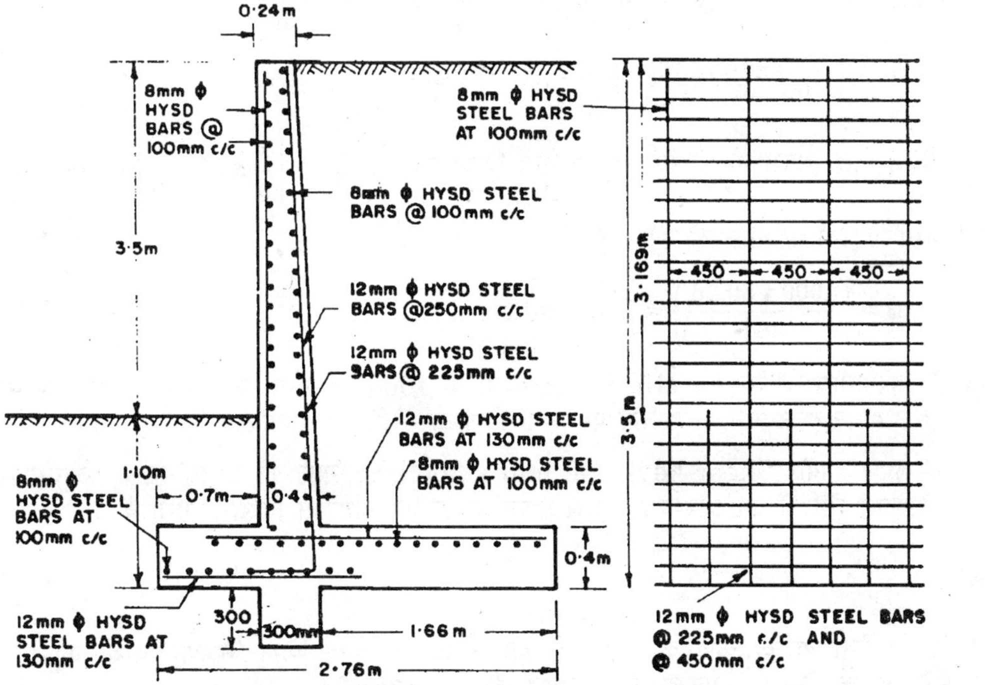

(A) SECTION OF VERTICAL WALL (B) DETAILS OF CURTAILED BARS

DESIGN OF CANTILEVER RETAINING WALL

Fig. 15.15

उर्ध्वाधर दीवार के उपर की सतह से, H_1 की गहराई पर, दीवार की प्रभावी गहराई, d_1 का मान 380 mm है। अतः $\left(\dfrac{H_2}{H_1} = y\right)$ माना

$$\frac{1}{2} x \frac{1}{380}\ (200 + 380\,y) = y^3$$

इस क्युबिव समीकरण का हल ट्रायल और एरर से

$$y^3 - \frac{1}{2} x \frac{220}{380} - \frac{1}{6}\,\frac{380}{380}\ y = 0$$

$$y^3 - 0.5\,y - 0.2895 = 0$$

y का सन्निकट मान 0.9055 होता है, तब $H_2 = 0.9055\ H_1$, $H_2 = (0.9055 \times 380) = 3.169$ m

उर्ध्वाधर दीवार के लिए,

दीवार के सबसे उपर मोटाई = 240 mm

दीवार के सबसे नीचे मोटाई = 400 mm

दीवार की औसत मोटाई = 320 mm

आवश्यक वितरण प्रबल्लित सिरियों का क्षेत्रफल

$$A_d = \left(\frac{0.12}{100} \times 100 \times 1000 \times 320\right) = 384\ mm^2$$

माना कि 8 mm व्यास के सिरियों का उपयोग किया जायेगा $A_\phi = \left[\frac{\pi}{4} \times 8^2\right] = 50.26\ mm^2$

दो संलग्न सिरियों के बीच की दूरी

$$s_d = \left(\frac{1000 \times 50.26}{384}\right) = 130.9\ mm$$

HYSD इस्पातीय सिरिये Fe 415, 8 mm व्यास के 100 mm केन्द्र से केन्द्र की दूरी पर उपयुक्त किये जायेंगे। उर्ध्वाधर के सामने के फलक पर दोनों दिशाओं में वितरण प्रबल्लित सिरिये लगाये जायेंगे।

एक अपरूपण चाबी (Shear key) 300 mm x 300 mm माप की प्रतियुक्त की जायेगी। Fig. 15.15 में प्रबल्लित सिरियों की और बाहु/प्रास पुश्ता दीवार की डीटेलस दिखायी गयी है।

PROBLEMS

15.1 रेत, ग्रेवल बिन बारीक कण के 3.20 m की ऊँचाई की बेक फिल मिश्रण पदार्थों का प्रतिधारण करना है। इसके लिए एक गुरुत्व पुश्ता दीवार की डीजाइन करो।

एक चल अधिभार 12 kN/m² बेक फिल की समतल (क्षैतिज्य) सतह पर कार्यरत रहेगा।

15.2 एक बाहु/प्रास पुश्ता/धारक दीवार की डीजाइन करनी है।

दीवार द्वारा रेत और ग्रेवल बिना बारीक कणों के बेक फिल मिश्रण 3.20 m की उंचाई का प्रतिधारण करना है। इसके अतिरिक्त बेक फिल की समतल सतह पर 12 kN/m² का अधिभार भी क्षैतिज्य सतह पर रहेगा। M20 ग्रेड कांक्रीट और HYSD इस्पातीय सिरियों का प्रयोग करना है।

नींव की मृदा के लिए सुरक्षित धारणा क्षमता 220 kN/m² है। नींव की गहराई 1 m रखनी है।

ppendix - A

भूकम्प सम्बन्धी परिचय जानकारी, जागृति, भूकम्परोधी मकान का निर्माण

ूकम्प संबंधी परिचय

पृथ्वी की सतह के नीचे से उत्पन्न पृथ्वी की सतह के ऊपर तक कम्पन्न होता है, उस बिन्दु से म्पन्न क्रिया का रेडियली विस्तार होता है, इसी को भूकम्प कहते हैं।

भूकम्प से उत्पन्न कम्पन्न से विस्तरित अफवाहें और गलत धारणाओं से आप प्रभावित नहीं हों। ापको याद होगा कि 26 जनवरी 2001 में कच्छ भुज गुजरात में करीब 6.35 बजे सुबह जो भूकम्प आया ा, उसमें कई व्यक्ति मकानों के ध्वस्त होने से मारे गये और कई व्यक्ति घायल हो गये। हजारों व्यक्ति स दुख से पीड़ित रहे और एक लम्बे समय तक बिना छत खुले में सोना सहन करते रहे। भूकम्प के डर घृणा और मन में नापसन्दी घर कर गयी।

भूकम्प इंजीनियर्स का कहना है कि इस विस्तृत पृथ्वी के भूमि पर दो घण्टों की अवधि में इस कारण कम्प आ सकते हैं क्यों करीब 10,000 भूकम्प तीन परिमाप के प्रतिवर्ष आते हैं। करीब 3000 भूकम्प पाँच ा पाँच से अधिक परिमाप रीचटर्सस्केल के प्रतिवर्ष आते हैं। औसतन प्रतिदिन तीन भूकम्प से लोग भावित होते हैं।

हमारे देश भारतवर्ष में दो–तिहाई क्षेत्र में मध्यम और कष्टदायक तीव्रता वाले भूकम्प से प्रभावित है। मालय नागालुशाई क्षेत्र, गंगा के मैदानी क्षेत्र, पश्चिमी भारत के समुद्र तटीय क्षेत्र और काठियावाड़ क्षेत्र गौलिक दृष्टि से अशान्त क्षेत्र है।

भूकम्प से संबंधित वरिष्ठ इंजीनियरस के विचार से भूकम्प आने से पूर्व उसके आने की सही समय र स्थान की जानकारी के लिए कई बदलाव हुए। इसके साथ कितनी तीव्रता का भूकम्प आ सकता है। नक भवन दिल्ली से प्रकाशित IS : 1893-2000 कोड प्रकाशित है। इसके अनुसार हमारे भारत देश के त्रों को पाँच भागों में बांटा गया है। इनमें कच्छ, उत्तरी पूर्वी भारत और कुछ हिमालय के क्षेत्र उच्च व्रता वाले क्षेत्र घोषित है। IS : 1893-2000 कोड में भी ऐसी किसी विधि की जानकारी नहीं दी गयी , जो भूकम्प के समय, स्थान और तीव्रता का जानकारी बता सके।

हमारे देश में ऐसा कोई क्षेत्र नहीं हैं कि जहाँ पर भूकम्प की संभावना नहीं हो। परन्तु पूरे विश्व में हीं पर भूकम्प आया हो, उसकी पूरी जानकारी रखी जाती है। इससे भूकम्प के पश्चात कम तीव्रता के कम्प से उत्पन्न कम्पन्न के बारे में घोषणा करने में सहायक रहती है।

लाटूर में जो भूकम्प आया था, उसके पश्चात् इंजीनियरस भूकम्प से उत्पन्न होने वाली जानकारी दे सकते थे, परन्तु कोई चेतावनी नहीं दी गयी। इस भूकम्प में कई लोग मारे गये। परन्तु गुजरात के कच्छ क्षेत्र के जनवरी 26, 2001 के भूकम्प के पश्चात होने वाले पृथ्वी पर कम्पन्न की जानकारी दी गयी। इससे करीब 14 लाख लोग घरों से बाहर आ गये और एक बड़ी दुखातिक त्रासदी से बच गये।

अपने भारत देश में पश्चिमी तट क्षेत्र के बारे में भूकम्प वैज्ञानिकों को ज्यादा चिन्ता रहती है। जहाँ से क्षेत्र की रेखा गुजरात कच्छ भुज अहमदाबाद, अजमेर दिल्ली (अरावली – श्रेणी) तक विस्तृत है। इन क्षेत्रों में शक्तिशाली भूकम्प की संभावना बना रहती है।

चमौली और उत्तरकाशी का भूकम्प, वर्ष 1991 के विस्तारपूर्वक अध्ययन से उच्च कोटि की संभावना लगी रहती है। भारत और यूरोपियन प्लेट के अध्ययन से राष्ट्रीय और अन्तरराष्ट्रीय वर्कशॉप समय समय पर वाडिया संस्थान (इंस्टीट्यूट) हिमालियन भूगोलिक संस्थान में चिन्ता का विषय मानती है।

बहुत से भूगर्भशास्त्री तर्कसंगत अनुमान प्रस्तुत करते हैं कि सेडीमेन्ट्री और मेटामोरफिक हिमक्यास के कवर के विच्छेद (यानि अलगाव) से विशाल भूकम्प आ सकता है। पिछले एक सौ वर्षों में आज से दस वर्ष पूर्व चार विशाल भूकम्प आ गये हैं, जिनकी रीच्टर्स स्केल पर तीव्रता सात से अधिक रही, हिमालय क्षेत्र को थर्रा दिया था। और जीवन और संपति की महान हानि हुई। भूकम्प इंजीनियरस ने संभावना व्यक्त की है कि भविष्य में बड़े पैमाने के भूकम्प फिर से आ सकते हैं।

अन्य वरिष्ठ भूकम्प वैज्ञानिक के अनुसार एक बड़ा आधारभूत अस्थिभंग जो हिमालय श्रेणी को पूर्वी और पश्चिमी दो भागों में विभाजित करता है, वह बहुत ही भूकम्प संभावना के लिए सक्रिय है। इसका इन वैज्ञानिकों ने नामाकरण दिल्ली–हरिद्वार–हर्षि रिज रखा है। जबकि इसका पश्चिमी भाग हिमाचल प्रदेश, जम्मू और कश्मीर क्षेत्र को सम्मितिल करता है। इसका पूर्वी भाग गढ़वाल, नेपाल और कुमाऊँ क्षेत्र को सम्मिलित करता है। इस रिज की चौड़ाई 65 किलोमीटर से 70 किलोमीटर है। जबकि गंगा और यमुना नदियों के बीच इसकी गहराई (depth) देहरादून के एक ओर से दूसरी ओर केवल 2–1/2 किलोमीटर ही है।

पूर्वी और पश्चिमी संरचनाओं की बनावट बिल्कुल ही भिन्न है। वैज्ञानिक इस अन्तर की व्याख्या इस प्रकार करते हैं। दिल्ली–हरिद्वार–हर्षि रिज इस क्षेत्र की पश्चिमी सीमा है, और यह भारत और चीन प्लेटर नई उत्पन्न हुई है।

यह रिज हिन्द महासागर में कार्लबर्ग रिज से आरंभ होती है और सब मेरीन रिज के रूप में माले लक्ष्यद्वीप और केमबे की खाड़ी से होते हुए अपने देश के पश्चिमी समुद्र तट के घाट क्षेत्र के साथ साथ होते हुए अहमदाबाद, अजमेर, दिल्ली (अरावली श्रेणी) से जारी रहती है। पूर्वी उत्तर और उत्तरी दिशा में भूमि के नीचे दिल्ली और हरिद्वार और इसके आगे हिमालय में उत्तरकाशी जो कि देहरादून जिले में आता है। जिले में हर्षि।

एक अन्य भूकम्प से संबंधित वैज्ञानिक जो कि ओरेगन विश्वविद्यालय में प्रोफेसर हैं, कि भविष्य में एक बड़ा भूकम्प हिमालय क्षेत्र में आने की पूरी संभावना है। यह कथन सभी वैज्ञानिकों ने एकमत से अन्तरराष्ट्रीय वर्कशॉप में कहा। इन भूकम्पस में कुछ भूकम्प की तीव्रता रिचर्ट्स स्केल में 8 तक हो सकती है। तेजी से बढ़ती हुई जनसंख्या के कारण जीवन और सम्पति की अधिक हानि हो सकती है। वैज्ञानिकों में इस बात की आपस में अच्छी समझ है कि भूकम्प से होने वाली हानि का आकलन करने में बहुत जोखिम होता है। क्योंकि भूकम्प क्रिया से उत्पन्न भूकम्प संबंधी जानकारी बहुत सीमित होती है।

यह जानकारी ज्ञात होने पर कि यह क्षेत्र उच्च तीव्रता के भूकम्प के (PRONE) प्रवृतियुक्त है, कुछ वैज्ञानिक विनाश प्रबंध मंडल बनाने की योजना बनाने के बारे में सोचने लगे हैं (ताकि ऐसी प्रणाली विधि विकसित करना चाहते हैं कि किसी क्षेत्र में भविष्य में आने वाले बड़े भूकम्प की स्थान, समय और तीव्रता

की जानकारी पहले से ही बता सके। भूकम्प से सुरक्षा से संबंधित उच्च प्राथमिकता का आधार हो। इस तथ्य के लिए पहले से तैयारी हो। भूत समय में असफल व्यवस्था भले ही भूकम्प आने के पश्चात रही हो। उतरकाशी (हर्षि) के भूकम्प के कारण विनाश इसके लिए गंभीर रूप से योजना और व्यूह रचना बनाने के लिए हिमालय क्षेत्र में दबाव बना रहे हैं।

. भविष्य में और अधिक भूकम्प की संभावनाएँ

गुजरात भूकम्प से प्रभावित विनाश को जीतने के संघर्ष कर रहा है। शेष भारतदेश में विशेषकर वे क्षेत्र जो भविष्य में भूकम्प संभावना के लिए (Prone) प्रवृतियुक्त है, उन क्षेत्रों में कठिन समय आने की संभावना अभी समाप्त नहीं हुई है। उन क्षेत्रों में विनाश से होने वाली क्षति से सुरक्षा कैसे करें, गंभीरता से सोचना चाहिये।

इस तथ्य की जानकरी होते हुए कि हमारा देश भारत उत्तरी हिमालय की तरफ 76 मि.मि. प्रतिवर्ष की दर से गतिशील है। उत्तरी टेक्टोनिक प्लेटस पर अतिपरिमापी प्रतिबल उत्पन्न होने से हिमालय से भयानक टक्कर से और अधिक भूकम्प आने की पूरी संभावना है। ज्यादा निराश होने की यह बात है कि अन्य देश उपलब्ध तकनीकी का उपयोग पूर्व जानकारी प्राप्त करने की कोशिश कर रहे है परन्तु हमारे देश की सरकार इस क्षेत्र में काफी पीछे है।

जापान, चीन, तुर्की, अमेरिका में (केलीफोर्निया) देश इस कार्य के लिए अच्छी उदाहरण है। यूरोप के देशों का संगठन GLOBAL POSITIONING SYSTEM (GPS) सेटेलाइट द्वारा पृथ्वी की सतह पर गतिविधियों की जानकारी प्राप्त कर रहे हैं। ये सेटेलाइट द्वारा प्राप्त आंकडों की इन प्लेटस के गतिशीलता की जानकारी दे रहे हैं। ये आंकड़े भविष्य में आने वाले भूकम्प और उसकी आवृति को आंकने की क्षमता देता है।

अमेरिका में मेसाच्यूसेटस इन्सटिट्यूट ऑफ टेक्नोलोजी केम्ब्रिज के अनुभवी प्रोफेसर एम. नफी टोकसोज जो कि EARTH RESOURCES LABORATORY स्थापित करने वाले संस्थापक भी हैं, कहते है कि तकनीकी उपलब्ध है, और कोई भी इसको खरीद सकते हैं। भारतीय क्षेत्र की भूमि प्लेट बाउन्ड्री की तुलना में पश्चिमी भाग की तरफ तेजी से गतिमय है और कोई भी नहीं कह सकता कि भविष्य में जल्दी ही उच्च शक्तिशाली भूकम्प आ सकता है या नहीं। GPS संस्था के सेटेलाइटस ग्रहपथ पर गतिशील है, उन पर विशेष सेन्सब्र (जिनको GPS Receivers कहते है) माउन्टेड हैं, वे पृथ्वी पर परिचित FAULT रेखाओं पर केन्द्रित हैं। ये सेन्सरस भूमि की गति (जो एक मिमि भी छोटी हो) को मापने की क्षमता रखते हैं। इस तथ्य को जानते हुए भी कोई भी भूकम्प इंजीनियर या वैज्ञानिक भविष्य में कब, किस स्थान पर और कितनी तीव्रता का भूकम्प आ सकता है, इसकी समय से पहले घोषणा कर सके। एम.नफी टोकसेज कहते है कि कोई भी वैज्ञानिक भूकम्प से संबंधित भौतिकी को समझता हो। फिर भी वे कहते हैं कि तीन विधियाँ हैं, जिनसे समस्या पर विचार हो सकता है।

साधारण व्यक्तियों को इसके बारे में शिक्षित किया जा सकता है कि वे भूकम्प से प्रभावित और प्रवृतियुक्त (PRONE) क्षेत्र में रहते हैं और एक भूकम्प आने पर पृथ्वी कुछ डिग्री गति कर सकती है।

व्यक्तियों को नई भवन का निर्माण जो कि भूकम्प प्रतिरोधी हो के निर्माण करना चाहिए। इसके साथ जो पुराने भवन हैं, उनकी ताकत में भी वृद्धि करनी चाहिए। स्थानीय अधिकारियों को प्रशिक्षण देना चाहिए। ताकि लोग भूकम्प के दौरान उचित व्यवस्था कर सकें। यदि व्यक्ति जागृत होंगे और उनको जानकारी होगी तो वे सरकार पर दबाव बना सकते हैं।

भूकम्परोधी निर्माण के लिए नियम बनाये और उन नियमों को लोगों पर मानने के लिए बाध्य करें वैज्ञानिक इस विषय में दो उदाहरण का दृष्टान्त करते हैं। उत्तरी–रिज, केलीफोर्निया में 1994 में रिचर्ट स्केल 6.8 तीव्रता का भूकम्प आया था और जापान में क्युबा में 1985 में 7.2 तीव्रता का भूकम्प आया था दोनों भूकम्प बहुत से दृष्टि से एक समान थे। परन्तु इनसे जो विध्वंस हुए उनमें बहुत अन्तर था। 1994 व भूकम्प में 57 व्यक्ति मारे गये, 9300 व्यक्तियों को चोट आयी और 13000 भवन नष्ट हुए और 13 बिलिय डॉलर की हानि हुई। परन्तु क्युबा में 5200 व्यक्ति मारे गये, 26000 व्यक्तियों के चोटें आई, 50,000 भव नष्ट हुए और आर्थिक दृष्टि से 200 बिलियन डालर की हानि हुई। वैज्ञानिक इस हानि के अन्तर के लि तकनीकी भवन निर्माण को दोषी मानते हैं। कैलिफोर्निया में **ACTIVE FAULTS** से कम से कम इतन दूरी रखने के आवश्यक नियम है। सेडीमेन्ट्री चट्टानों पर भवन निर्माण में विशिष्ट भवन निर्माण तकनीक पर जोर देते हैं।

नियम की पालना पर दबाव के लिए प्रोफेसर टोकसोज कहते हैं कि तुर्की में हाल ही एक बड़ भूकम्प आया था। वहां पर भी भवन निर्माण के नियम बने हुए हैं। फिर भी नियमों के बाध्य नहीं करने औ ढिलाई के कारण 1999 में भारी संख्या में लोग मारे गये।

हमारे देश भारत में ऐसे कोई नियम नहीं है। सिवाय ढिलाई के। जब सरकारी अधिकारी यह कहते कि हमको इन सब का अनुमान नहीं था। तो पूरे विश्व में ये अधिकारी हँसी का पात्र बनते हैं।

भूकम्प का वर्गीकरण भी किया गया है। भूकम्प टेक्टोनिक श्रेणी के भूकम्प कहा जाता है। क्योंकि इनका संरचनात्मक परिवर्तन से गहरा संबंध होता है। इनके कारण भूमि के कठोर सतह और उस के नीच की परतों में परिवर्तन आते हैं। भूकम्प को दो और समूह से भी देखा जाता है। क्योंकि इनका उद्ग ज्वालीमुखी (Volcano) से जुड़ा होता है।

भूकम्प के पश्चात अक्सर कमजोर तीव्रता से कम्पन्न क्रिया होती रहती है। इसका कारण कुछ स्थान पर भारी दबाव और असफलता की स्थिती होती है। परन्तु इनके कारण कोई बड़ा विच्छेद (रफचर) नह होता। क्योंकि ये कम्पन्न कमजोर भी होते हैं।

भूकम्प के बाद भी जो शक्ति मुक्त नहीं हो पाती, वह भी दबाव विकसित करती रहती है। भूकम्प व पश्चात जो पृथ्वी (भूमि) की सतह में नये बन्धन बन जाते है, उनके टूटने की क्षमता से दबाव बढ जात है, उससे फिर नये विच्छेद हो जाते हैं। भूकम्प के पश्चात कम्पन्न पूर्व भूकम्प के समान करीब करी शक्तिशाली भी हो सकते हैं।

3. भूकम्प से पूर्व घोषणा

भूकम्प वैज्ञानिक और इंजीनियर्स स्वयं इस तकनीकी की जानकारी के लिए प्रयत्नशील है, जिससे व भूकम्प के पूर्व आनेवाले भूकम्प का स्थान, समय और उसकी तीव्रता के बारे में बता सकें। पूर्व जानकारी यदि प्राप्त हो जाय तो होने वाले विनाश से बचा जा सकता है। हालांकि यह तथ्य सही है कि भारी संख्य में लोगों को उस स्थान से दूसरे स्थान पर पलायन भी नहीं किया जा सकता। लोगों को अपनी संपति भ किसी सुरक्षित स्थान पर भी नहीं ले जायी जा सकती।

वैज्ञानिक और इंजीनियर्स भी इस सच्चाई को स्वीकार करते हैं कि विश्व में किसी भी देश में आनेवाले भूकम्प की जानकारी देने की क्षमता हों।

गुजरात के भूकम्प की परिमाप अपने देश के अन्य भूकम्प के परिमापों से सबसे अधिक खराब रहा हालांकि अपने देश को कई बड़े भूकम्प के अनुभव किए हैं। उनका सर्वेक्षण भी किया है।

आसाम में भी स्वतंत्र दिवस के रोज रिचर्ट् स्केल 8.5 की तीव्रता का भूकम्प आया था। कुछ वर्षो पहले जून 1819 में गुजरात के कच्छ क्षेत्र में रिचर्ट्स स्केल पर 8 तीव्रता का भूकम्प आया था। महाराष्ट्र जो कि न्यूनत्तम प्रवृतियुक्त (PRONE) क्षेत्र है और प्रथम जोन क्षेत्र में भी है, लाटूर में सितम्बर 1993 में ओसमानाबाद जिले में भूकम्प से विध्वंस का अनुभव किया है। इस भूकम्प की तीव्रता रिचर्ट्स स्केल पर 6. 4 थी। करीब 7500 व्यक्ति मारे गये थे।

हिमालय श्रेणी, उत्तरी–पूर्वी क्षेत्र, कच्छ, दिल्ली ऐसे क्षेत्र हैं जहां पर रिचर्ट्स स्केल पर 8 तीव्रता के भूकम्प आ सकते हैं। वैज्ञानिक केवल इतना ही बता सकते हैं। आर.आर. केलकर जो कि मौसम विभाग में (IMD/ डाइरेक्टर इन जनरल के पद पर रहे। इनका भी यही कहना है कि भूकम्प की पूर्व घोषणा करने पर वैज्ञानिक और इंजीनियर्स असफल रहे।

उदाहरण के लिए भावनगर, गुजरात भी भूमि के कम्पन्न का अनुभव करते रहे। परन्तु कोई भूकम्प की पूर्व घोषणा नहीं कर सके।

भूकम्प से कितनी हानि हो सकती है, विध्वंस हो सकता है, यह बात कई तथ्य पर निर्भर करती है। उदाहरण के लिए वैज्ञानिक कहते हैं कि एपीसन्टर की गहराई 700 कि. मीटर तक हो सकती है। इस गहराई से भी अन्तर रहता है। तब सतह पर कम हानि होती है। परन्तु गुजरात के भूकम्प में एपीसन्टर की गहराई बहुत कम थी। करीब 15 किमी गढ़वाल में जो भूकम्प मार्च 1999 में आया था, जिसमें 103 लोग मारे गये थे, उसमें यह गहराई 25 किमी थी।

वैज्ञानिकों का कहना है कि प्रतिवर्ष विश्व में करीब 18 उच्च शक्ति के 7 से 7.9 रिचर्ट्स स्केल की तीव्रता वाले भूकम्प आते हैं। मध्यम शक्ति के जिनकी तीव्रता रिचर्ट्स स्केल पर 5 से 5.9 होती है ऐसे 1000 भूकम्प प्रतिवर्ष देखते हैं। वैज्ञानिकों का यह कहना है कि अक्सर उन क्षेत्रों में ये भूकम्प देखते हैं कि जहां आबादी नहीं होती। आबादी निवास नहीं करती। एक भूकम्प जिसकी रिचर्ट्स स्केल पर तीव्रता 7.6 रही देखा गया, जिसमें करीब 700 व्यक्ति मारे गये। जो कि ई आई (सल्वोडोर) में आया था।

परन्तु वैज्ञानिक इन भूकम्प को अक्सर आनेवाले भूकम्प ही मानते है। कुछ भूकम्प ऐसे भी हैं, जो अक्सर आने वाले भूकम्प की श्रेणी में नहीं आते।

दिसम्बर 16, 1811, फरवरी 7 और 23, 1812 में न्यू मेडरिड (जोकि अमेरिका में, मिसोडरी के पास है) जनवरी 22, 1988 में रिचर्ट्स स्केल 8 की तीव्रता के रहे। तीन भूकम्प केवल 12 घण्टे की अवधि में टेनाउन्ट, क्रीक, आस्ट्रेलिया में आये। वे कुछ अनयुज्वल भी थे। कुछ नहीं भी थे।

एस.बी. पोल्याकोव, रसिया USSR के, जो कि भूकम्प निरोधक भवन पुस्तक के लेखक है और मिर प्रकाशक मोस्को के है, अपनी पुस्तक के द्वितीय संस्करण 1985 में कहते हैं कि प्रयत्न करने चाहिए। कुछ बिन्दुओं को ध्यान में रखने के लिए प्रेरणा भी दी है ताकि पूर्व अनुमान किया जा सकें।

INDEX

GLOSSARY OF TECHNICAL TERMS PLUS INDEX